计算机基础与实训教材系列

中文版 Office 2003 实用教程

徐贤军 魏惠茹 编著

清华大学出版社
北 京

内 容 简 介

本书由浅入深、循序渐进地介绍了微软公司推出的办公自动化套装软件——中文版 Office 2003。全书共分 17 章，分别介绍了 Word 2003、Excel 2003、PowerPoint 2003、Access 2003 及 Outlook 2003 的常用操作和使用技巧等内容。最后一章还安排了综合实例，用于提高和拓宽读者对 Office 软件操作的掌握与应用。

本书内容丰富，结构清晰，语言简练，图文并茂，具有很强的实用性和可操作性，是一本适合于大中专院校、职业学校及各类社会培训学校的优秀教材，也是广大初、中级电脑用户的自学参考书。

本书对应的电子教案、实例源文件和习题答案可以到 http://www.tupwk.com.cn/edu 网站下载。

图书在版编目(CIP)数据

中文版 Office 2003 实用教程/徐贤军，魏惠茹 编著. —北京：清华大学出版社，2009.5
(计算机基础与实训教材系列)
ISBN 978-7-302-19723-2

Ⅰ.中… Ⅱ.①徐…②魏… Ⅲ.办公室—自动化—应用软件，Office 2003—教材 Ⅳ.TP317.1

中国版本图书馆 CIP 数据核字(2009)第 037197 号

责任编辑：胡辰浩(huchenhao@263.net) 袁建华
装帧设计：孔祥丰
责任校对：成凤进
责任印制：李红英
出版发行：清华大学出版社　　**地　址**：北京清华大学学研大厦 A 座
http://www.tup.com.cn　　**邮　编**：100084
社 总 机：010-62770175　　**邮　购**：010-62786544
投稿与读者服务：010-62776969，c-service@tup.tsinghua.edu.cn
质 量 反 馈：010-62772015，zhiliang@tup.tsinghua.edu.cn
印 刷 者：清华大学印刷厂
装 订 者：三河市新茂装订有限公司
经　销：全国新华书店
开　本：190×260　**印　张**：22.75　**字　数**：612 千字
版　次：2009 年 5 月第 1 版　**印　次**：2009 年 5 月第1 次印刷
印　数：1～5000
定　价：35.00 元

本书如存在文字不清、漏印、缺页、倒页、脱页等印装质量问题，请与清华大学出版社出版部联系调换。联系电话：(010)62770177 转 3103　　产品编号：029707-01

编审委员会

计算机基础与实训教材系列

丛书序

计算机已经广泛应用于现代社会的各个领域，熟练使用计算机已经成为人们必备的技能之一。因此，如何快速地掌握计算机知识和使用技术，并应用于现实生活和实际工作中，已成为新世纪人才迫切需要解决的问题。

为适应这种需求，各类高等院校、高职高专、中职中专、培训学校都开设了计算机专业的课程，同时也将非计算机专业学生的计算机知识和技能教育纳入教学计划，并陆续出台了相应的教学大纲。基于以上因素，清华大学出版社组织一线教学精英编写了这套“计算机基础与实训教材系列”丛书，以满足大中专院校、职业院校及各类社会培训学校的教学需要。

一、丛书书目

本套教材涵盖了计算机各个应用领域，包括计算机硬件知识、操作系统、数据库、编程语言、文字录入和排版、办公软件、计算机网络、图形图像、三维动画、网页制作以及多媒体制作等。众多的图书品种可以满足各类院校相关课程设置的需要。

◎ 已出版的图书书目

《计算机基础实用教程》	《中文版 Excel 2003 电子表格实用教程》
《计算机组装与维护实用教程》	《中文版 Access 2003 数据库应用实用教程》
《五笔打字与文档处理实用教程》	《中文版 Project 2003 实用教程》
《电脑办公自动化实用教程》	《中文版 Office 2003 实用教程》
《中文版 Photoshop CS3 图像处理实用教程》	《JSP 动态网站开发实用教程》
《Authorware 7 多媒体制作实用教程》	《Mastercam X3 实用教程》
《中文版 AutoCAD 2009 实用教程》	《Director 11 多媒体开发实用教程》
《AutoCAD 机械制图实用教程(2009 版)》	《中文版 Indesign CS3 实用教程》
《中文版 Flash CS3 动画制作实用教程》	《中文版 CorelDRAW X3 平面设计实用教程》
《中文版 Dreamweaver CS3 网页制作实用教程》	《中文版 Windows Vista 实用教程》
《中文版 3ds Max 9 三维动画创作实用教程》	《电脑入门实用教程》
《中文版 SQL Server 2005 数据库应用实用教程》	《中文版 3ds Max 2009 三维动画创作实用教程》
《中文版 Word 2003 文档处理实用教程》	《Excel 财务会计实战应用》
《中文版 PowerPoint 2003 幻灯片制作实用教程》	

◉ 即将出版的图书书目

《Oracle Database 11g 实用教程》	《中文版 Pro/ENGINEER Wildfire 5.0 实用教程》
《中文版 Premiere Pro CS3 多媒体制作实用教程》	《ASP.NET 3.5 动态网站开发实用教程》
《Java 程序设计实用教程》	《中文版 Office 2007 实用教程》
《Visual C#程序设计实用教程》	《中文版 Word 2007 文档处理实用教程》
《网络组建与管理实用教程》	《中文版 Excel 2007 电子表格实用教程》
《AutoCAD 建筑制图实用教程（2009 版）》	《中文版 PowerPoint 2007 幻灯片制作实用教程》
《中文版 Photoshop CS4 图像处理实用教程》	《中文版 Access 2007 数据库应用实例教程》
《中文版 Illustrator CS4 平面设计实用教程》	《中文版 Project 2007 实用教程》
《中文版 Flash CS4 动画制作实用教程》	《中文版 CorelDRAW X4 平面设计实用教程》
《中文版 Dreamweaver CS4 网页制作实用教程》	《中文版 After Effects CS4 视频特效实用教程》
《中文版 Indesign CS4 实用教程》	《中文版 Premiere Pro CS4 多媒体制作实用教程》

二、丛书特色

1、选题新颖，策划周全——为计算机教学量身打造

本套丛书注重理论知识与实践操作的紧密结合，同时突出上机操作环节。丛书作者均为各大院校的教学专家和业界精英，他们熟悉教学内容的编排，深谙学生的需求和接受能力，并将这种教学理念充分融入本套教材的编写中。

本套丛书全面贯彻“理论→实例→上机→习题”4 阶段教学模式，在内容选择、结构安排上更加符合读者的认知习惯，从而达到老师易教、学生易学的目的。

2、教学结构科学合理，循序渐进——完全掌握“教学”与“自学”两种模式

本套丛书完全以大中专院校、职业院校及各类社会培训学校的教学需要为出发点，紧密结合学科的教学特点，由浅入深地安排章节内容，循序渐进地完成各种复杂知识的讲解，使学生能够一学就会、即学即用。

对教师而言，本套丛书根据实际教学情况安排好课时，提前组织好课前备课内容，使课堂教学过程更加条理化，同时方便学生学习，让学生在学习完后有例可学、有题可练；对自学者而言，可以按照本书的章节安排逐步学习。

3、内容丰富、学习目标明确——全面提升“知识”与“能力”

本套丛书内容丰富，信息量大，章节结构完全按照教学大纲的要求来安排，并细化了每一章内容，符合教学需要和计算机用户的学习习惯。在每章的开始，列出了学习目标和本章重点，

便于教师和学生提纲挈领地掌握本章知识点，每章的最后还附带有上机练习和习题两部分内容，教师可以参照上机练习，实时指导学生进行上机操作，使学生及时巩固所学的知识。自学者也可以按照上机练习内容进行自我训练，快速掌握相关知识。

4、实例精彩实用，讲解细致透彻——全方位解决实际遇到的问题

本套丛书精心安排了大量实例讲解，每个实例解决一个问题或是介绍一项技巧，以便读者在最短的时间内掌握计算机应用的操作方法，从而能够顺利解决实践工作中的问题。

范例讲解语言通俗易懂，通过添加大量的"提示"和"知识点"的方式突出重要知识点，以便加深读者对关键技术和理论知识的印象，使读者轻松领悟每一个范例的精髓所在，提高读者的思考能力和分析能力，同时也加强了读者的综合应用能力。

5、版式简洁大方，排版紧凑，标注清晰明确——打造一个轻松阅读的环境

本套丛书的版式简洁、大方，合理安排图与文字的占用空间，对于标题、正文、提示和知识点等都设计了醒目的字体符号，读者阅读起来会感到轻松愉快。

三、读者定位

本丛书为所有从事计算机教学的老师和自学人员而编写，是一套适合于大中专院校、职业院校及各类社会培训学校的优秀教材，也可作为计算机初、中级用户和计算机爱好者学习计算机知识的自学参考书。

四、周到体贴的售后服务

为了方便教学，本套丛书提供精心制作的 PowerPoint 教学课件(即电子教案)、素材、源文件、习题答案等相关内容，可在网站上免费下载，也可发送电子邮件至 wkservice@vip.163.com 索取。

此外，如果读者在使用本系列图书的过程中遇到疑惑或困难，可以在丛书支持网站(http://www.tupwk.com.cn/edu)的互动论坛上留言，本丛书的作者或技术编辑会及时提供相应的技术支持。咨询电话：010-62796045。

前言

当今社会竞争越来越激烈，通过办公自动化提高工作效率可以让自己处于领先地位。Microsoft 公司推出的 Office 2003 办公套装软件以其强大的功能、体贴入微的设计，方便的使用方式而受到广大用户的欢迎。使用 Office 软件可以处理文档和表格、制作演示文稿，进行数据库管理以及收发电子邮件，涉及了办公领域的方方面面。

本书从教学实际需求出发，合理安排知识结构，从零开始、由浅入深、循序渐进地讲解 Office 2003 的基本知识和使用方法。本书共分 17 章，主要内容如下：

第 1 章介绍了 Office 2003 各种常用组件功能、各组件的工作界面以及 Office 帮助系统等。

第 2 章介绍了 Word 2003 文档制作的基础知识。

第 3 和 4 章介绍了 Word 2003 文档格式的设置方法，以及表格、图片、艺术字、自选图形、文本框和图示的操作方法和技巧。

第 5 章介绍了文档的高级处理技巧。

第 6 章介绍了 Excel 2003 表格制作的基础知识。

第 7 和 8 章介绍了表格数据的输入与编辑操作，以及美化工作表的方法和技巧。

第 9 章介绍了 Excel 2003 中的数据计算与分析的方法。

第 10 章介绍了 PowerPoint 2003 演示文稿制作的基础知识。

第 11 和 12 章介绍了幻灯片的设计和放映操作的方法和技巧。

第 13 和 14 章介绍了 Access 2003 数据管理的基础知识，以及创建查询、窗体的创建与使用等内容。

第 15 和 16 章介绍了使用 Outlook 2003 管理办公信息，以及使用 Office 2003 组件协同工作的方法和技巧。

第 17 章介绍了使用 Word、Excel、PowerPoint 制作综合实例的方法和技巧。

本书图文并茂，条理清晰，通俗易懂，内容丰富，在讲解每个知识点时都配有相应的实例，方便读者上机实践。同时在难于理解和掌握的部分内容上给出相关提示，让读者能够快速地提高操作技能。此外，本书配有大量综合实例和练习，让读者在不断的实际操作中更加牢固地掌握书中讲解的内容。

除封面署名的作者外，参加本书编写的人员还有洪妍、方峻、何亚军、王通、高娟妮、杜思明、张立浩、孔祥亮、陈笑、孔祥娜、王维、牛静敏、牛艳敏、何俊杰、葛剑雄等人。由于作者水平有限，本书难免有不足之处，欢迎广大读者批评指正。我们的邮箱是 huchenhao@263.net，电话 010-62796045。

作者

2009 年 3 月

推荐课时安排

计算机基础与实训教材系列

章　名	重点掌握内容	教学课时
第 1 章　Office 2003 概述	1. Office 各组件的功能 2. 安装 Office 2003 3. Office 组件的工作界面	2 学时
第 2 章　Word 2003 文档制作	1. 文档的基本操作 2. 文本的基本操作 3. Word 2003 的视图方式	2 学时
第 3 章　文档的格式设置	1. 设置文本样式和段落格式 2. 设置项目符号和编号 3. 设置边框和底纹 4. 设置页面	3 学时
第 4 章　丰富文档内容	1. 使用表格 2. 使用图片 3. 使用艺术字 4. 使用自选图形	2 学时
第 5 章　文档的高级处理技巧	1. 样式和模板的使用 2. 长文档的编辑 3. 文档批注与目录制作	2 学时
第 6 章　Excel 2003 表格制作	1. 工作簿、工作表和单元格 2. 工作簿和工作表的操作 3. 单元格的操作	2 学时
第 7 章　表格数据的输入与编辑	1. 输入不同格式的数据 2. 快速填充和修改数据 3. 查找与替换数据	2 学时
第 8 章　美化工作表	1. 设置单元格格式 2. 设置行列格式 3. 使用条件格式 4. 设置表格和单元格样式	3 学时
第 9 章　数据的计算与分析	1. 使用公式和函数 2. 使用图表分析数据 3. 创建和编辑数据透视表	2 学时

(续表)

章 名	重点掌握内容	教学课时
第 10 章 PowerPoint 2003 演示文稿制作	1. PowerPoint 2003 的视图 2. 新建演示文稿 3. 编辑幻灯片	2 学时
第 11 章 幻灯片的设计	1. 为幻灯片配色 2. 设置幻灯片背景 3. 编辑幻灯片母版 4. 幻灯片动画设置	2 学时
第 12 章 幻灯片的放映	1. 幻灯片放映前的设置 2. 放映幻灯片 3. 幻灯片的打包和发布	2 学时
第 13 章 Access 2003 数据管理	1. 认识数据库 2. 数据库的创建 3. 表的创建与使用 4. 编辑表中的数据 5. 定义表之间的关系	2 学时
第 14 章 应用数据管理系统	1. 创建查询 2. 窗体的创建与使用 3. 报表的创建和使用	2 学时
第 15 章 Outlook 2003 办公信息管理	1. 收发电子邮件 2. 管理联系人 3. 日历 4. 任务	2 学时
第 16 章 使用 Office 2003 组件协同工作	1. 在 Word 中调用其他资源 2. 在 Excel 中调用其他资源 3. 在 PowerPoint 中调用其他资源 4. 共享 Access 数据	2 学时
第 17 章 综合应用实例	1. 使用 Word 编辑文档 2. 使用 Excel 制作表格 3. 使用 PowerPoint 制作演示文稿	2 学时

注：1. 教学课时安排仅供参考，授课教师可根据情况作调整。

2. 建议每章安排与教学课时相同时间的上机练习。

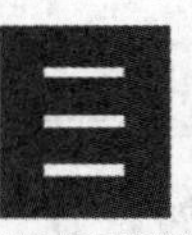

计算机基础与实训教材系列

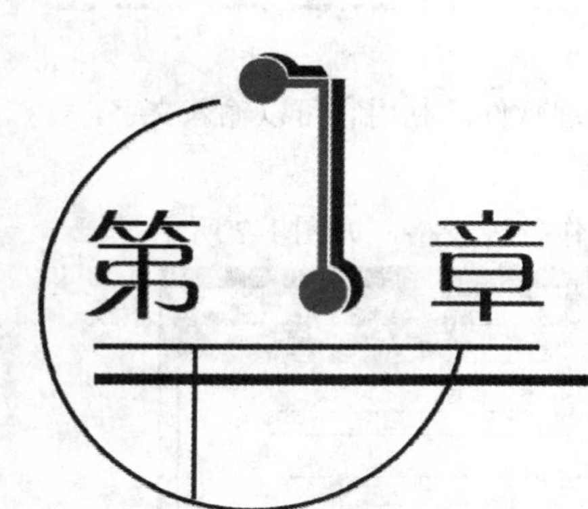

第1章 Office 2003 概述

学习目标

Microsoft Office 2003 是 Microsoft 推出的办公自动化套装软件，它以其强大的功能、体贴入微的设计及方便的使用方法而深受广大用户的欢迎。

本章重点

- Office 各组件的功能
- 安装 Office 2003
- Office 2003 的启动和退出
- Office 组件的工作界面
- Office 2003 的帮助系统

1.1 Office 2003 在办公中的应用

使用 Office 2003 软件可以制作文档、表格和演示文稿，也可以进行数据库管理、邮件收发等操作，其应用范围几乎涉及了计算机办公的各个领域。在办公中最常用的 5 大组件为 Word 2003、Excel 2003、PowerPoint 2003、Access 2003 和 Outlook 2003。

1.1.1 Word 2003

Word 2003 是一个功能强大的文档处理软件。它既能够制作各种简单的办公商务和个人文档，又能满足专业人员制作用于印刷的版式复杂的文档。使用 Word 2003 来处理文件，大大提高了企业办公自动化的效率。

◎ 文字处理功能。Word 2003 是一个功能强大的文字处理软件，利用它可以输入文字，并可设置不同的字体样式和大小，如图 1-1 所示。

◎ 表格制作功能。Word 2003 不仅能处理文字，还能制作各种表格，如图 1-2 所示。

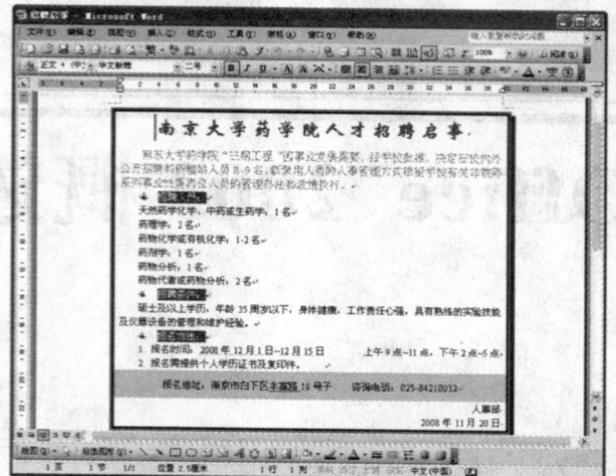
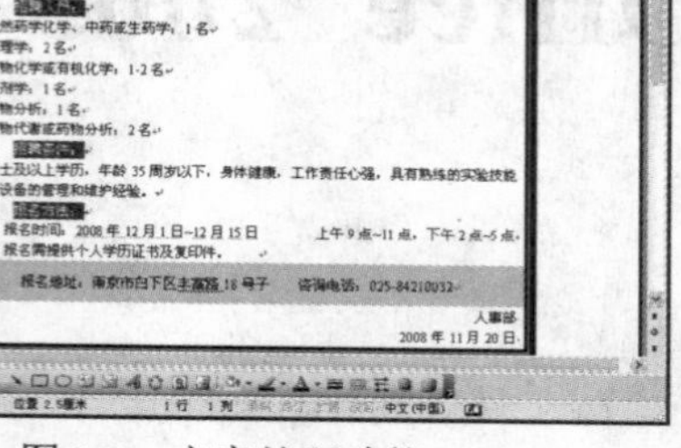

图 1-1　文字处理功能

图 1-2　表格制作功能

◎ 图形图像处理功能。在 Word 2003 中可以插入图形图像对象，例如文本框、艺术字和图表等，制作出图文并茂的文档，如图 1-3 所示。

◎ 文档组织功能。在 Word 2003 中可以建立任意长度的文档，还能对长文档进行管理。例如使用大纲视图方式组织文档，用主控制文档来合并和管理子文档，在文档中编辑目录和索引等，如图 1-4 所示。

图 1-3　图形图像处理功能

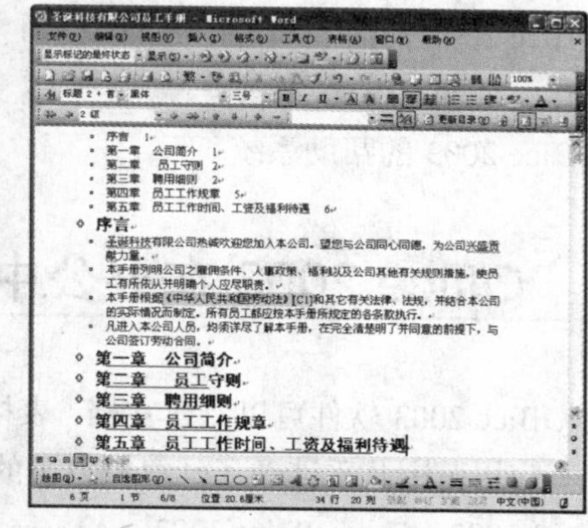

图 1-4　文档组织功能

◎ 页面设置及打印功能。在 Word 2003 中可以设置出各种大小不一的版式，以满足不同用户的需求。使用打印功能可轻松地将电子文本转换到纸上。

1.1.2　Excel 2003

Excel 2003 是最强大的电子表格制作软件，它不仅具有强大的数据组织、计算、分析和统

计功能，还可以通过图表、图形等多种形式对处理结果加以形象地显示，更能够方便地与 Office 2003 其他组件相互调用数据，实现资源共享。

◎ 创建统计表格。Excel 2003 的制表功能就是把用户所用到的数据输入到 Excel 2003 中以形成表格，例如把图书馆相关信息输入到 Excel 2003 中，如图 1-5 所示。

◎ 进行数据计算。在 Excel 2003 的工作表中输入完数据后，还可以对用户所输入的数据进行计算，例如进行求和、求平均值、求最大值以及最小值等。此外，Excel 2003 还提供强大的公式运算与函数处理功能，可以对数据进行更复杂的计算工作，以节省大量的时间，并且降低出现错误的概率。如图 1-6 所示为进行求和计算。

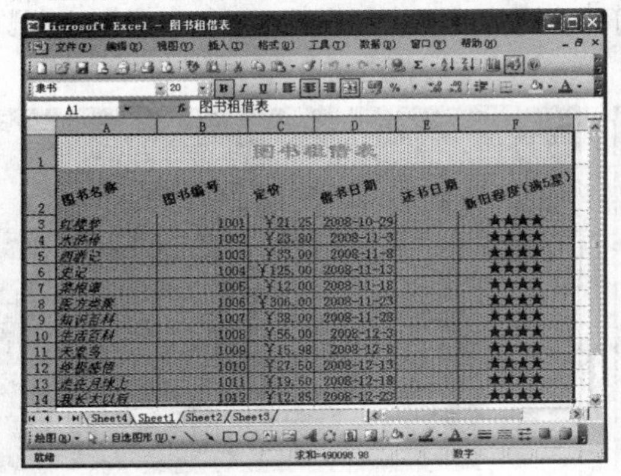

图 1-5　创建统计表格

图 1-6　数据计算

◎ 建立多样化的统计图表。在 Excel 2003 中，可以根据输入的数据来建立统计图表，以便更加直观地显示数据之间的关系，让用户可以比较数据之间的变动、成长关系以及趋势等。如图 1-7 所示为将初一各班平均成绩表进行统计。

◎ 分析与筛选数据。当用户对数据进行计算后，就要对数据进行统计分析。例如，可以对数据进行排序、筛选，还可以对数据进行数据透视表、单变量求解、模拟运算表和方案管理统计分析等操作。如图 1-8 所示为筛选出【学生成绩】表中【语文】成绩大于 90 分的记录。

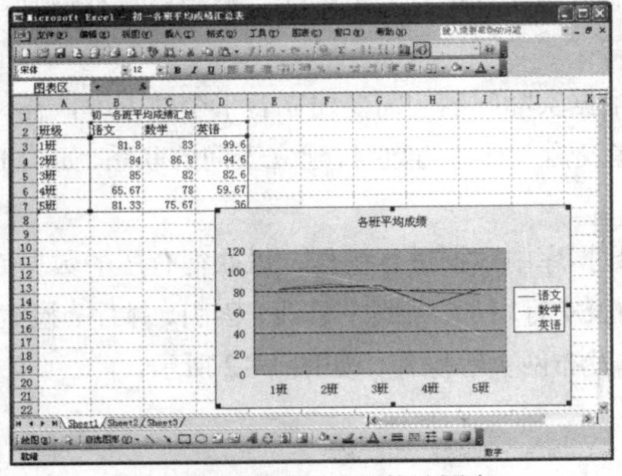

图 1-7　建立多样化的统计图表

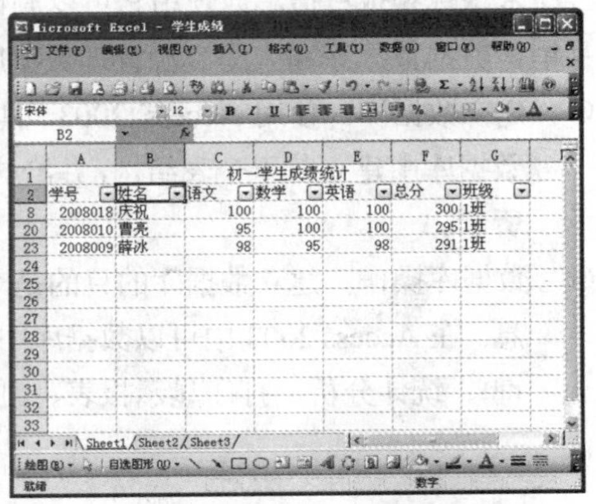

图 1-8　分析与筛选数据

1.1.3 PowerPoint 2003

PowerPoint 是一款专门用来制作演示文稿的应用软件，使用它可以制作出集文字、图形、图像、声音以及视频等多媒体元素为一体的演示文稿，让信息以更轻松、更高效的方式表达出来。

- 制作多媒体课件。在 PowerPoint 2003 中，可以创建包含文字、表格、形状、影片和声音等对象的多媒体课件，如图 1-9 所示。
- 制作贺卡。在 PowerPoint 2003 中，可以将图片或照片制作成电子贺卡供用户浏览，如图 1-10 所示。

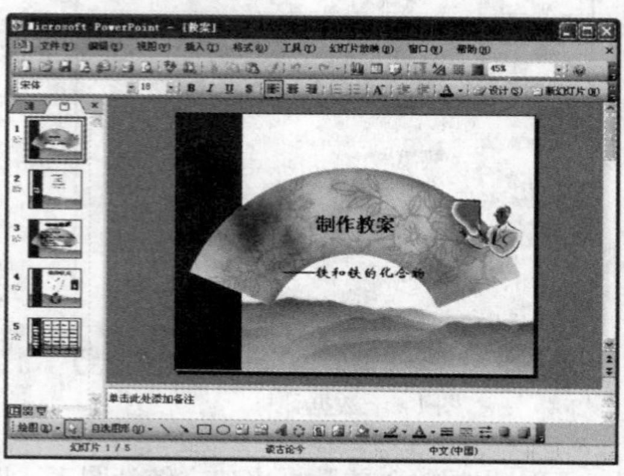

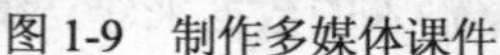

图 1-9　制作多媒体课件

图 1-10　制作贺卡

1.1.4 Access 2003

Access 是美国 Microsoft 公司推出的关系型数据库管理系统(RDBMS)，使用它可以创建和使用程序来跟踪和报告信息。使用它可以制作的数据库包括办公数据库、网站后台数据库、公司产品销售数据数据库和人力资源管理数据库等。

- 建立数据库。使用 Access 2003 可以根据实际问题的需要建立若干个数据库，在每个数据库中建立若干个表结构，并给这些表输入具体的数据，建立表间的联系，如图 1-11 所示。
- 数据库操作。建立数据库的目的是对数据库中数据进行操作，以获得有用的数据或信息。在 Access 2003 中可以数据库中的表实行增加、删除、修改、索引、排序、检索(查询)、统计分析、打印显示报表、制作发布网页等操作，如图 1-12 所示。

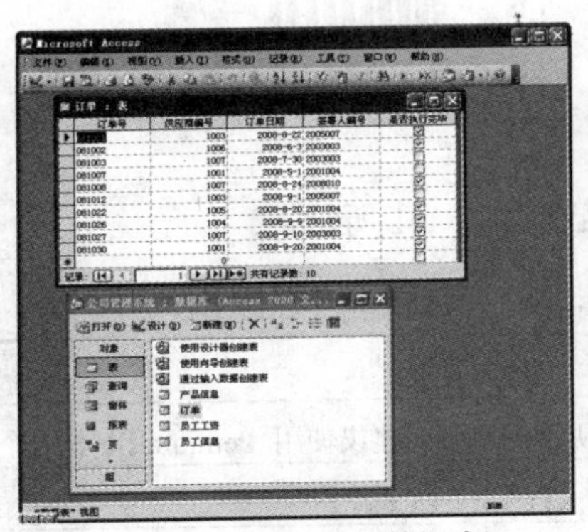

图 1-11　建立数据库

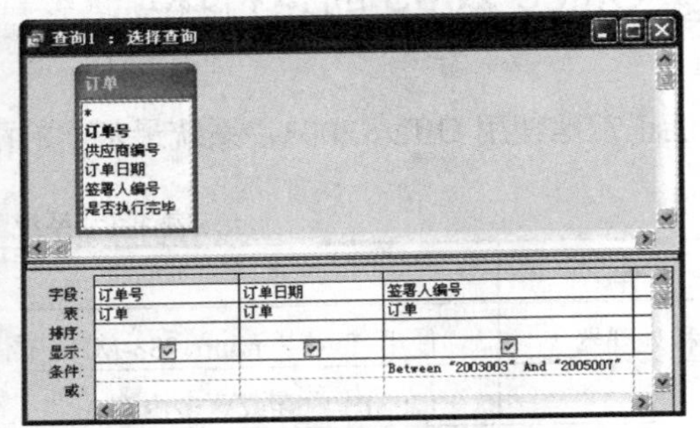

图 1-12　数据库操作

1.1.5　Outlook 2003

Outlook 2003 是集通信程序与个人信息管理为一体的应用程序，使用它可以快速搜索通信、组织等，并能更好地与他人共享信息。

- 收发电子邮件。Outlook 2003 的主要功能就是用来实现电子邮件的接收、发送和各种管理工作，如图 1-13 所示。
- 管理个人信息。使用 Outlook 2003 可以处理所有的日常事务。通过提供的【联系人】、【日历】、【任务】等功能，可以方便地记录联系人相关信息，制定约会或会议要求，安排任务或任务要求等，大大地提高了工作效率，如图 1-14 所示。

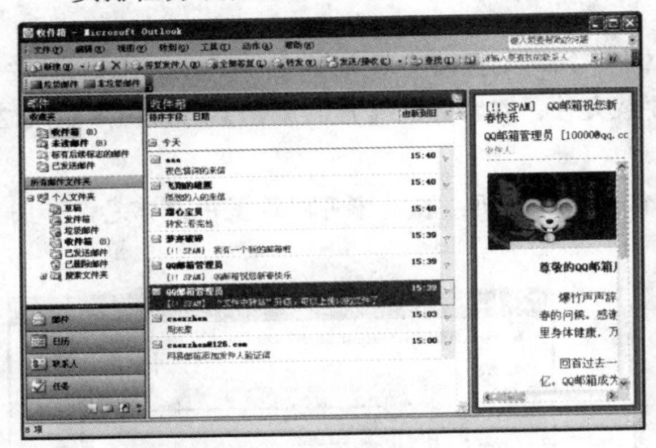

图 1-13　收发电子邮件

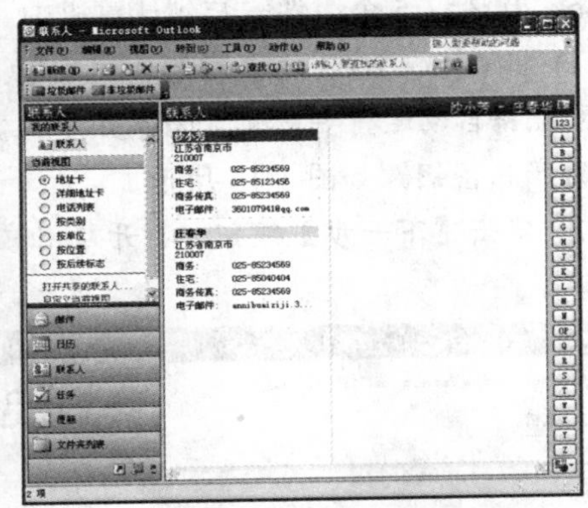

图 1-14　管理个人信息

1.2　安装 Office 2003

使用 Microsoft Office 2003 办公之前，首先需要将其安装到计算机中。

1.2.1 Office 2003 的运行环境

为了能正常地使用 Office 2003，系统最基本的配置如表 1-1 所示。

表 1-1 系统配置

组　件	要　求
计算机和处理器	使用 Intel Pentium 233-MHz 或更快处理器（建议使用 Pentium III ）的个人计算机
内存	128MB 内存或更多内存
硬盘	400 MB 可用硬盘空间。硬盘要求配置而异，选择自定义安装需要的硬盘空间可能更多，也可能更少
操作系统	安装了 Service Pack 3(SP3)或更高版本服务包的 Microsoft Windows® 2000；Windows XP 或更新的操作系统
显示器	至少具有 800×600 的分辨率和 256 色的 Super VGA 监视器

1.2.2 首次安装 Office 2003

安装 Office 2003 的方法很简单，只需要运行安装程序，按照操作向导提示，就可以轻松地将该软件安装到计算机中。

【例 1-1】将 Office 2003 中的 Word 2003、Excel 2003、PowerPoint 2003、Access 2003、Outlook 2003 这 5 个组件安装到计算机中。

(1) 将 Office 2003 的安装光盘放入光驱中，找到光盘的安装文件 setup.exe，并双击该安装图标，系统将自动运行安装配置向导并复制安装文件，在打开的【产品密钥】对话框中输入 25 个字符的产品密钥，如图 1-15 所示。

(2) 单击【下一步】按钮，打开【用户信息】对话框，在其中可以设置用户信息，如图 1-16 所示。

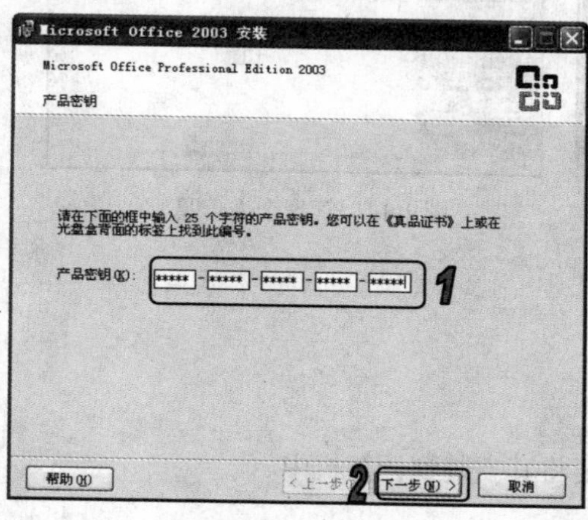

图 1-15 输入产品密钥

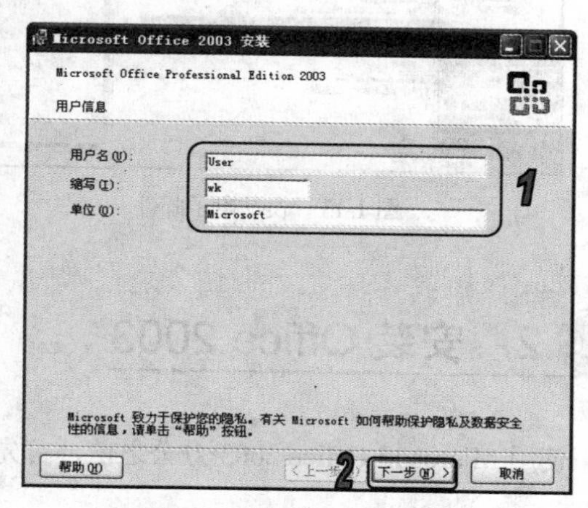

图 1-16 输入用户信息

(3) 单击【下一步】按钮，打开【最终用户许可协议】对话框，选择【我接受<<许可协议>>中的条款】复选框，如图 1-17 所示。

(4) 单击【下一步】按钮，打开【安装类型】对话框，选择【自定义安装】复选框，并在【安装位置】文本框中设置安装路径，如图 1-18 所示。

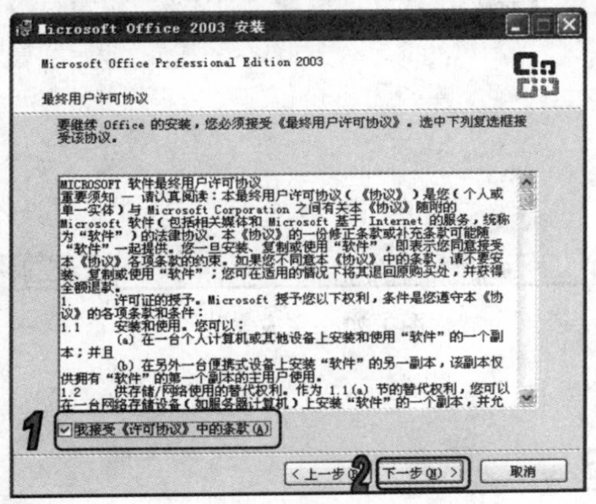

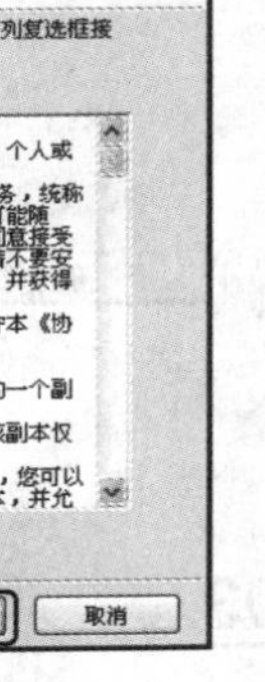

图 1-17　接受许可协议

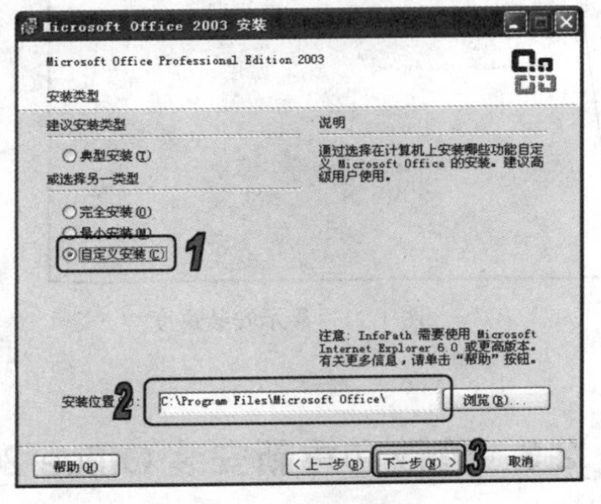

图 1-18　设置安装类型

(5) 单击【下一步】按钮，打开【自定义安装】对话框，选择需要安装的组件，如图 1-19 所示。

(6) 单击【下一步】按钮，打开【摘要】对话框，显示所要安装的应用程序，如图 1-20 所示。

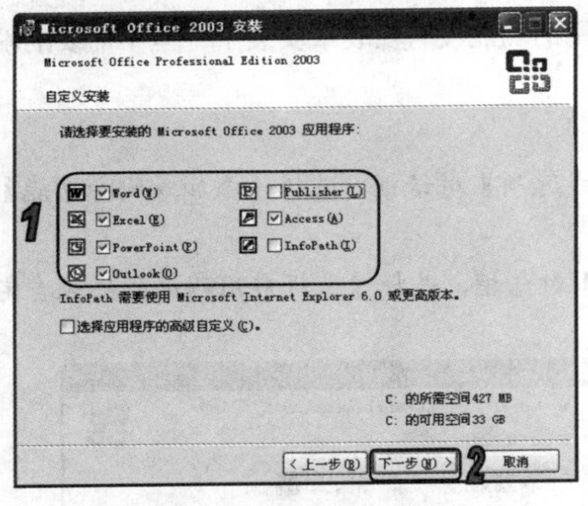

图 1-19　选择要安装的程序

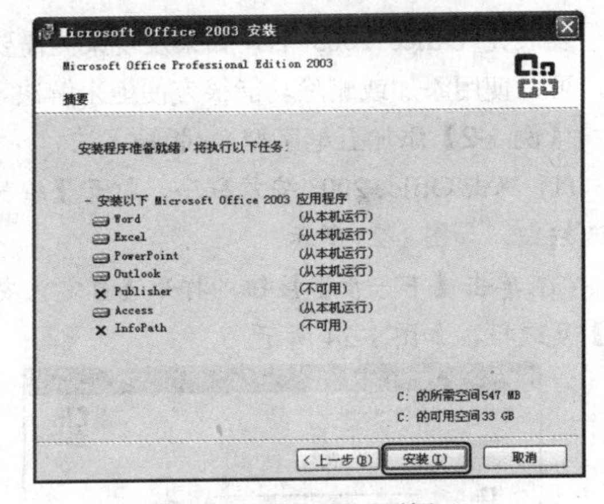

图 1-20　【摘要】对话框

(7) 单击【安装】按钮，打开【正在安装 Office】对话框，显示安装的进度，如图 1-21 所示。

(8) 单击【下一步】按钮，打开【安装已完成】对话框，提示已成功安装 Office 2003，如图 1-22 所示。

(9) 单击【完成】按钮，完成 Office 2003 的安装。

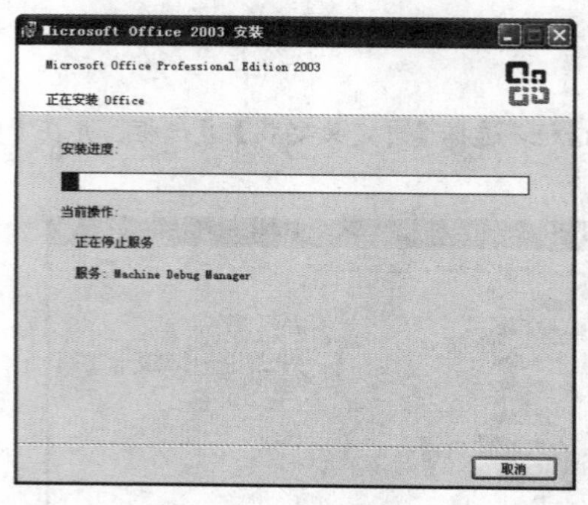

图 1-21　显示安装进度

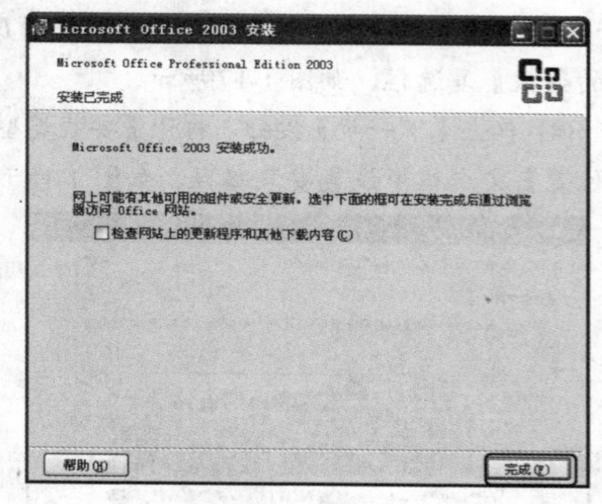

图 1-22　完成安装

1.2.3　修改和重新安装 Office 2003

在使用 Office 2003 办公时，为了减少占用的计算机资源，可以根据需要删除某些不常用的功能；有时由于某些误操作导致一些功能不可用，还可以进行修复操作。

1. 添加或删除功能

安装完 Office 2003 后，如果发现某些需要使用的功能没有安装或安装了一些不需要的功能，可以使用添加或删除功能很方便地来解决。

【例 1-2】添加五笔字型 86 版输入法。

(1) 双击 Office 2003 安装程序，打开【维护模式选项】对话框，选择【添加或删除功能】单选按钮，如图 1-23 所示。

(2) 单击【下一步】按钮，打开【自定义安装】对话框，选择【选择应用程序的高级自定义】复选框，如图 1-24 所示。

图 1-23　使用添加或删除功能

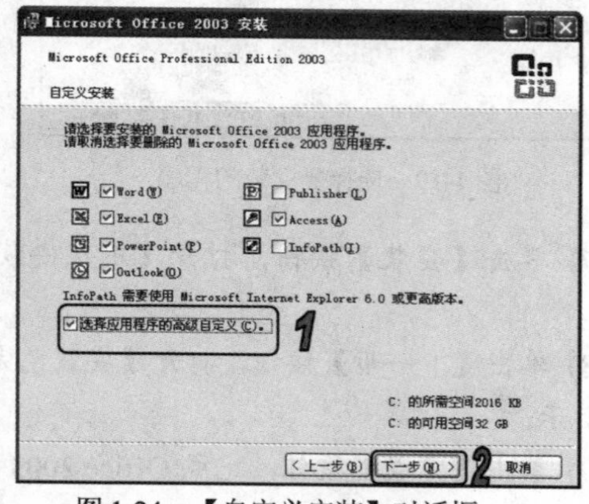

图 1-24　【自定义安装】对话框

(3) 单击【下一步】按钮，打开【高级自定义】对话框，展开【Office 共享功能】|【中文可选用户输入方法】|【五笔型输入法】选项，单击【五笔型输入法 86 版】选项前的按钮，在弹出的快捷菜单中选择【从本机运行】命令，如图 1-25 所示。

(4) 单击【更新】按钮，在打开的对话框中会显示配置进度，配置完成后，打开如图 1-26 所示的对话框，提示用户已成功更新。

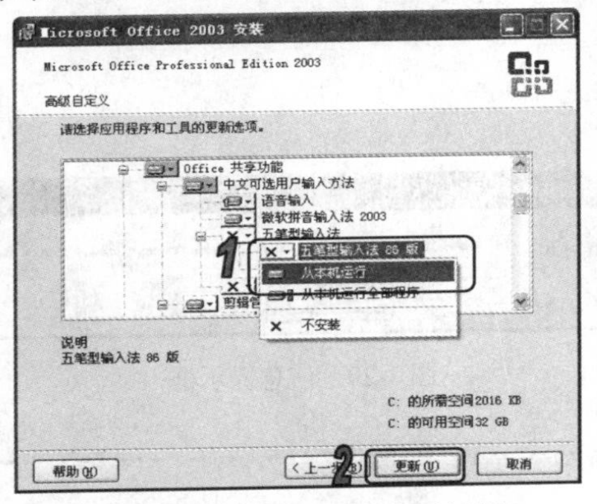

图 1-25　【高级自定义】对话框

图 1-26　成功更新

2. 修复

在使用 Office 2003 办公时，由于误操作导致了某些功能不能正常使用，可以进行修复。在【维护模式选择】对话框中选择【重新安装或修复】单选按钮，单击【下一步】按钮，打开【重新安装或修复 Office】对话框，选择【检测并修复 Office 安装中的错误】单选按钮，如图 1-27 所示，然后单击【安装】按钮，待完成修复后系统会打开信息提示框，提示用户完成修复操作。

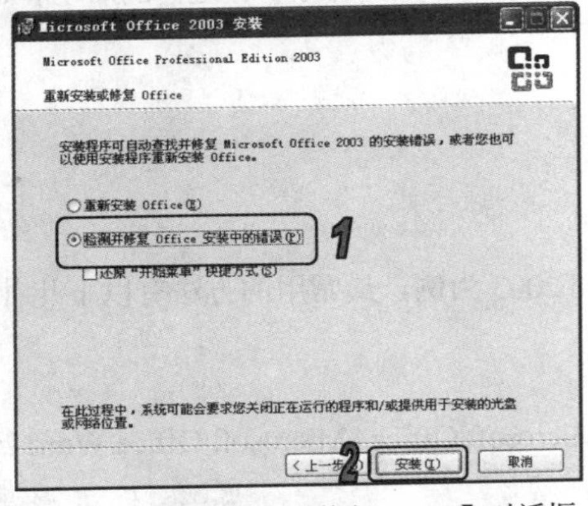

图 1-27　【重新安装或修复 Office】对话框

> **提示**
>
> 在如图 1-27 所示的对话框中，选择【重新安装 Office】单选按钮，可以使用安装程序重新安装 Office。

3. 卸载

如果不需要使用 Office 2003 时，可以通过安装程序或控制面板来卸载该应用程序。

⊙　双击 Office 2003 安装程序，打开如图 1-23 所示的对话框，选择【卸载】单选按钮。

◉ 选择【开始】|【控制面板】命令，打开【控制面板】窗口，双击【更改或删除程序】图标，打开【添加或删除程序】窗口，选择 Microsoft Office Professional 2003，如图 1-28 所示，单击【删除】按钮，系统弹出信息提示框，提示用户是否要删除该程序，如图 1-29 所示，然后单击【是】按钮。

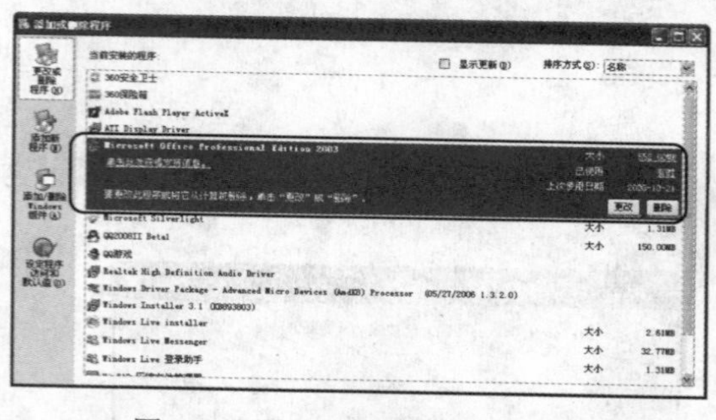

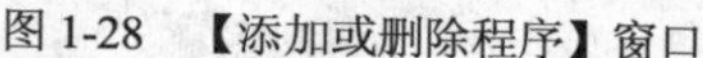
图 1-28 【添加或删除程序】窗口

图 1-29 信息提示框

提示

在【添加或删除程序】窗口中选择 Microsoft Office Professional 2003，单击【更改】按钮，同样可以打开如图 1-23 所示的对话框。

1.3 Office 2003 的启动和退出

完成 Office 2003 的安装后，就可以启动其中的组件进行相关操作了。各组件的启动和退出操作基本上是相同的。

1.3.1 启动 Office 2003

启动 Office 2003 各组件的方法都类似，以 Word 2003 为例，最常用的方法有以下几种。

1. 从【开始】菜单启动

启动 Windows 后，选择【开始】|【所有程序】| Microsoft Office | Microsoft Office Word 2003 命令，启动 Word 2003，如图 1-30 所示。

2. 从【开始】菜单的高频栏启动

单击【开始】按钮，在弹出的【开始】菜单中的高频栏中选择 Microsoft Office Word 2003 命令，启动 Word 2003，如图 1-31 所示。

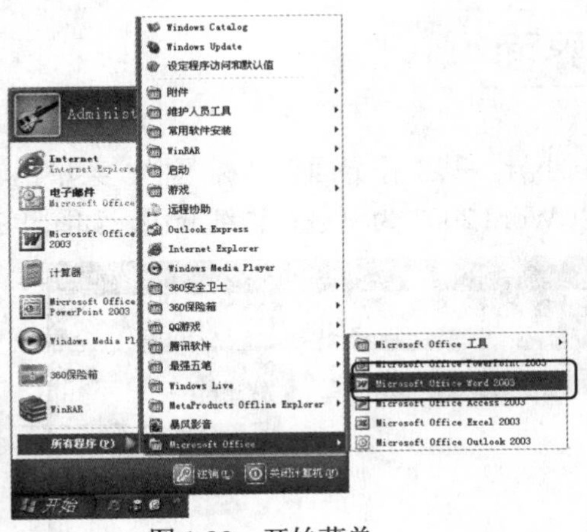

图 1-30　开始菜单

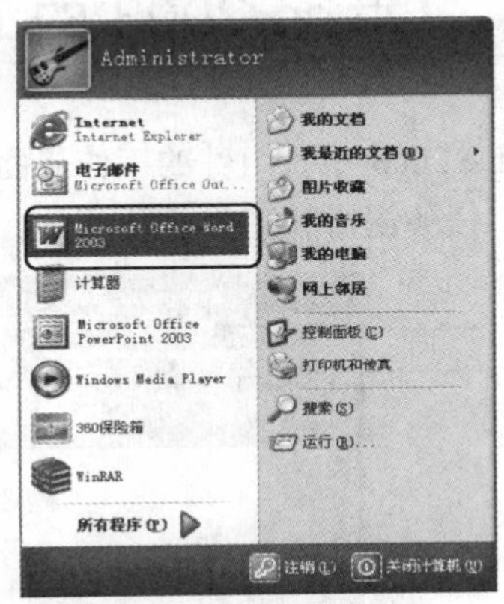

图 1-31　从高频栏选择

3. 通过桌面快捷方式启动

当 Word 2003 安装完成后，可手动在桌面上创建 Word 2003 快捷图标。要创建快捷图标，可在【开始】菜单的 Word 2003 处右击，在弹出的快捷菜单中选择【发送到】|【桌面快捷方式】命令即可，如图 1-32 所示。双击桌面上的快捷图标，就可以启动 Word 2003 了。

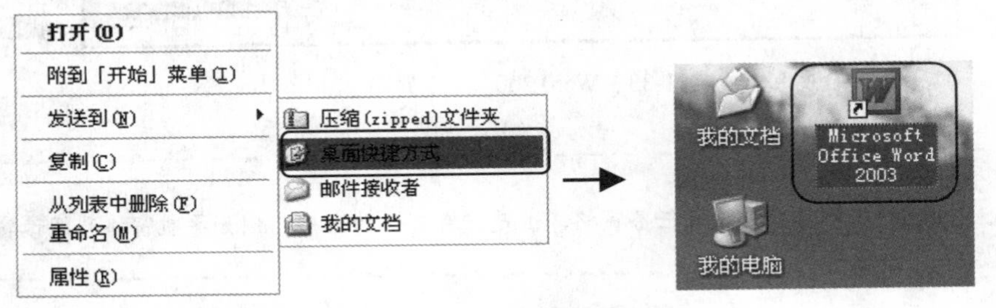

图 1-32　桌面快捷方式

1.3.2　退出 Office 2003

退出 Office 2003 各组件的操作方法相似，常用的主要有以下几种。

- 单击 Office 2003 各组件标题栏上的【关闭】按钮☒。
- 在 Office 2003 组件的工作界面中，单击程序图标按钮，在弹出的菜单中选择【关闭】命令。
- 在 Office 2003 组件的工作界面中按 Alt+F4 组合键。
- 在 Office 2003 各组件标题栏上右击，在弹出的菜单中选择【关闭】命令。
- 在 Office 2003 组件的工作界面中，双击程序图标按钮。

1.4 Office 2003 的工作界面

Office 2003 中各组件的工作界面都大同小异，其工作界面包括标题栏、菜单栏、工具栏、状态栏、任务窗格和工作区几部分。下面以 Word 2003 为例进行详细介绍，如图 1-33 所示。

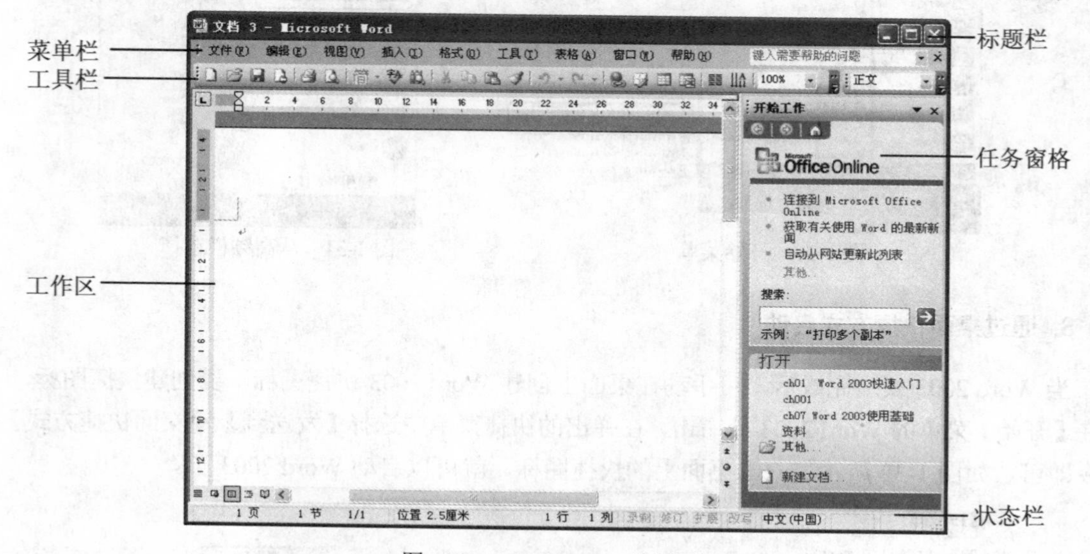

图 1-33　Word 2003 工作界面

提示

Outlook 2003 的工作界面中没有任务窗格，但是它有其他的窗格，例如导航窗格和阅读窗格等。

1. 标题栏

标题栏位于窗口的顶端，用于显示当前正在运行的程序名及文件名等信息。标题栏最右端的 3 个按钮，分别用来控制窗口的最小化、最大化和关闭应用程序。单击标题栏最左边的【程序图标】按钮，弹出一个控制菜单，可以进行还原、移动和调整窗口大小等操作。

2. 菜单栏

标题栏下方是菜单栏，包括【文件】、【编辑】、【视图】、【插入】、【格式】、【工具】、【表格】、【窗口】和【帮助】9 个菜单，涵盖了用于 Word 文件管理、正文编辑的所有菜单命令。

3. 工具栏

工具栏是一般应用程序调用命令的另一种方式，它包含许多由图标表示的命令按钮。Word 2003 提供了 20 多个已命名的工具栏。如果要显示当前已隐藏的工具栏，可以在任意工具栏上右击，从弹出的快捷菜单中，选择某一命令即可显示对应的工具栏。

4. 状态栏

状态栏位于 Word 窗口的底部，显示了当前的文档信息，如当前文档页码、总的页数以及当前光标定位在文档中位置信息等。

5. 任务窗格

任务窗格位于操作界面右侧的分栏窗口中，它提供了许多常用选项。例如【帮助】、【新建文档】、【剪贴板】、【搜索】和【插入剪贴画】等，用户可以非常方便地使用各个选项。任务窗格会根据操作要求自动弹出，使用户及时获得所需的工具，从而有效地控制 Word 的工作方式。单击任务窗格右侧的下拉箭头，从打开的菜单中还可以选择其他任务窗格。

1.5 Office 2003 的帮助系统

Office 2003 各组件都提供了完善的帮助系统，它能够帮助用户解决使用中遇到的各种问题，加快用户掌握软件的进度。

1.5.1 【帮助】任务窗格

打开 Office 2003 各组件的【帮助】任务窗格的方法都相似，以 Word 2003 为例，选择【帮助】|【Microsoft Office Word 帮助】命令即可，如图 1-34 所示。

在该窗格的【搜索】文本框中输入要查询的相关问题，单击➔按钮，就可以打开【搜索结果】任务窗格，在其列表框中提供了有关问题的解决方案，如图 1-35 所示。单击某个链接，就可以查看相关的资料。

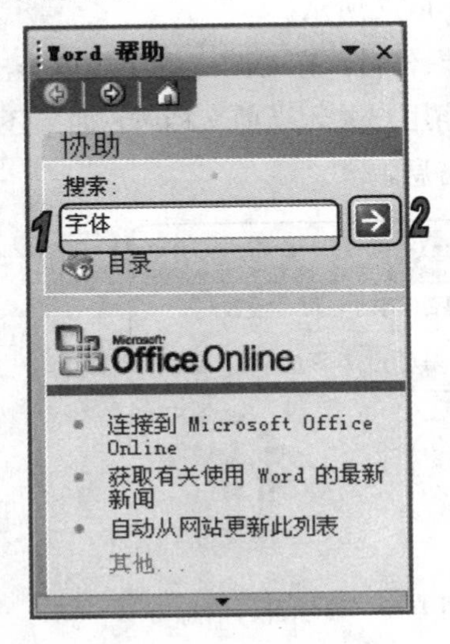

图 1-34 【帮助】任务窗格

图 1-35 显示搜索结果

单击任务窗格中的【目录】链接，可以显示所有帮助内容的目录，单击其中的链接，同样可以获取帮助信息；单击【连接到 Microsoft Office Online】链接，可以连接到 Microsoft Web 站点访问技术资源网站下载所需的免费资料。

1.5.2 Office 助手

Office 助手是所有 Office 应用程序共有的助手，它能够根据当前工作提供相应的帮助主题，可以回答用户提出的问题，给出所需的操作步骤提示，还可以提供详尽的说明和直观的示例。使用 Office 助手可以方便地从中获取所需要的帮助信息。

选择【帮助】|【显示 Office 助手】命令，就可以在屏幕上出现 Office 助手，如图 1-36 所示。

图 1-36　Office 助手

提示

Office 助手是所有 Office 程序共享的，如果修改了助手的任何一个选项，在其他的 Office 程序中也同样会被修改。

Office 助手可以显示以下 3 种信息。

- 【向导帮助】信息：能够提供与正在执行的一些特殊任务相关的帮助，可以在请求帮助之前出现。
- 【提示】信息：能够帮助用户更有效地使用程序的功能或快捷键。当助手的上方出现一个黄色灯泡时，单击即可查看提示，如图 1-37 所示。
- 【显示警告】信息：当用户执行某些重要的操作时，在 Office 助手中就会出现警告信息，提示用户是否确认下一步操作。例如，当用户关闭当前文档时，如果还没有保存，则 Office 助手将显示如图 1-38 所示的提示信息。

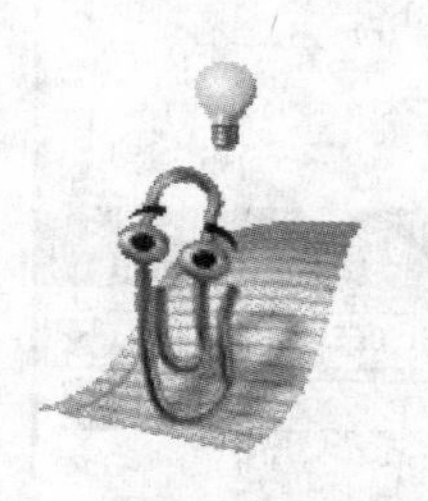

图 1-37　用灯泡显示提示

图 1-38　显示警告信息

Office 提供了多个助手供用户选择，右击 Office 助手，在弹出的快捷菜单中选择【选择助手】命令，打开【Office 助手】对话框中的【助手之家】选项卡，单击【上一位】或【下一位】按钮，可以选择自己喜欢的助手，如图 1-39 所示。

除了可以选择 Office 助手外，还可以设置助手的其他选项。在【Office 助手】对话框中选择【选项】选项卡，从中可以设置 Office 助手的功能和显示提示信息的类型，如图 1-40 所示。

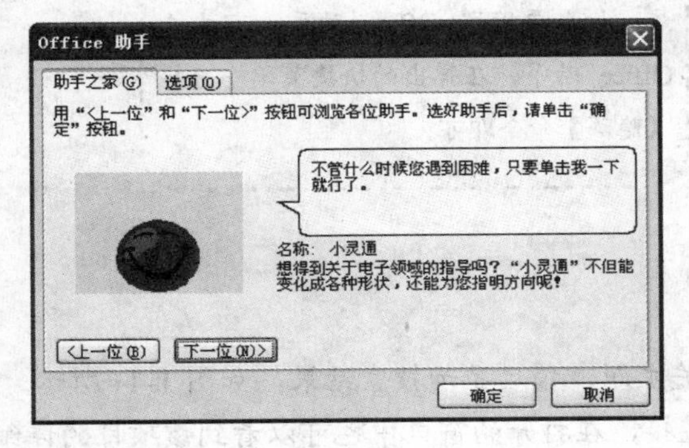

图 1-39　【助手之家】选项卡

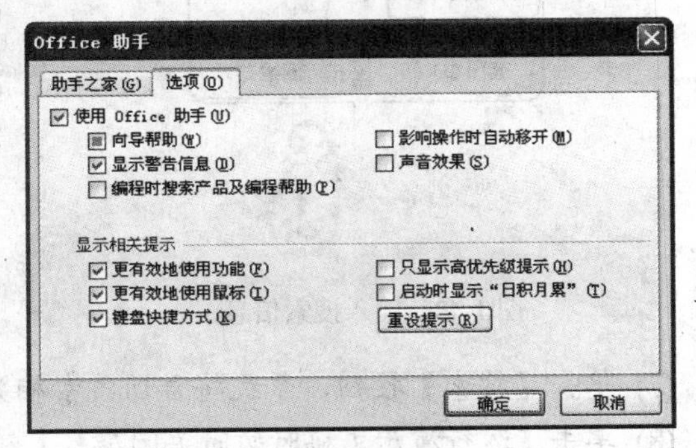

图 1-40　【选项】选项卡

1.6　上机练习

本章上机练习主要通过在 PowerPoint 中查询【创建相册】和【运行演示文稿】的相关信息，来练习使用 Office 帮助系统解决问题等操作。

(1) 启动 PowerPoint 2003，选择【帮助】|【Microsoft Office PowerPoint 帮助】命令，打开【PowerPoint 帮助】任务窗格，在【搜索】文本框中输入“创建相册”。

(2) 单击 按钮，系统将自动搜索相关的主题，并在任务窗格中显示搜索结果，如图 1-41 所示。

(3) 单击【创建相册】链接，打开【创建相册】窗口，显示创建相册的操作步骤，如图 1-42 所示。

图 1-41　搜索结果

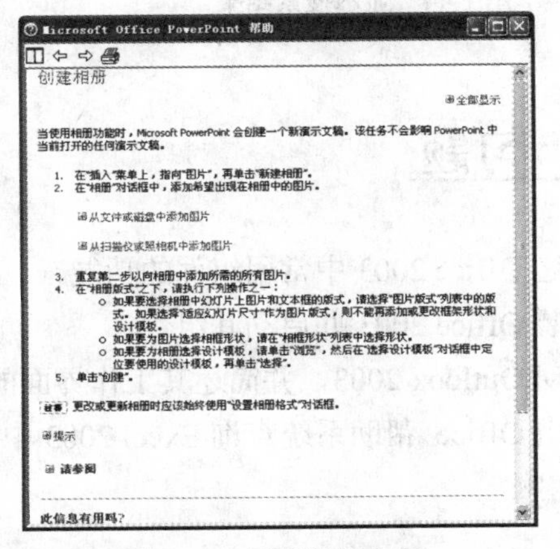

图 1-42　显示详细内容

(4) 查看完内容之后，单击任务窗格右上角的【关闭】按钮，关闭任务窗格。

(5) 选择【帮助】|【显示 Office 助手】命令，在屏幕上即可出现 Office 助手。

(6) 单击 Office 助手，在弹出的文本框中输入【运行演示文稿】，如图 1-43 所示。

图 1-43　输入搜索信息

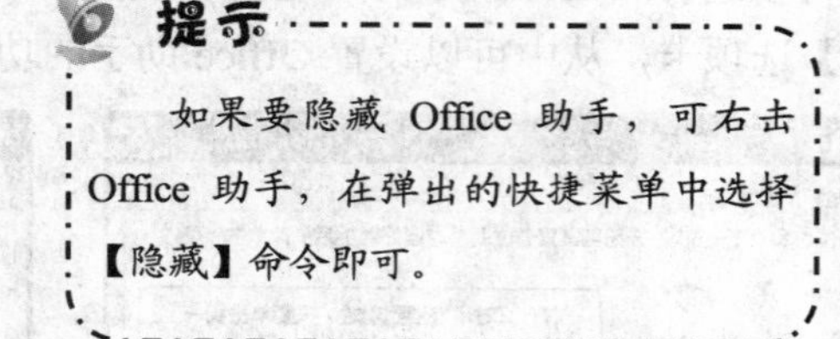

提示
如果要隐藏 Office 助手，可右击 Office 助手，在弹出的快捷菜单中选择【隐藏】命令即可。

(7) 单击【搜索】按钮，系统将自动搜索相关主题，稍后显示搜索结果，如图 1-44 所示。

(8) 单击【运行演示文稿时暂时关闭屏幕】链接，在打开的窗口中也可以看到该项目的详细内容，如图 1-45 所示。查看完内容后，单击任务窗格右上角的【关闭】按钮，关闭任务窗格。

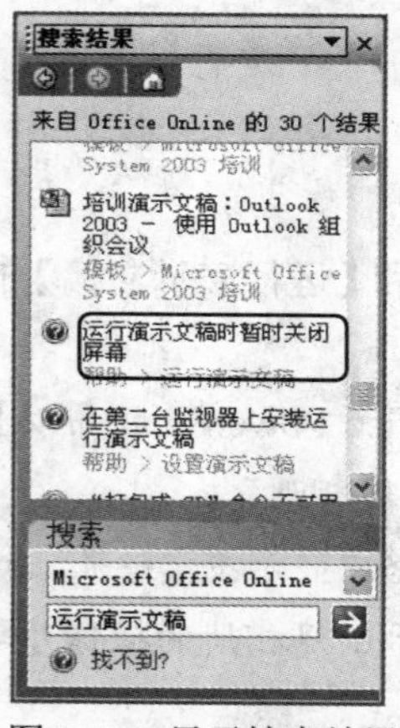

图 1-44　显示搜索结果

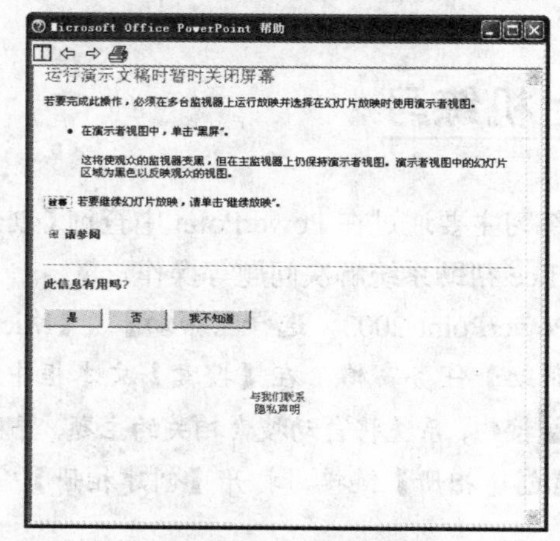

图 1-45　查看主题的详细信息

1.7　习题

1. 简述 Office 2003 中常用组件的功能。
2. 安装 Office 2003 并启动其组件。
3. 启动 Outlook 2003，并简述其工作界面的组成及其功能。
4. 使用 Office 帮助系统查询 Excel 2003 中函数的类型。

第2章 Word 2003文档制作

学习目标

Word 2003 文档的制作是系统学习 Word 的基础，只有充分了解这些基本操作后，才可以更好地深入学习 Word 2003 的中高级操作。

本章重点

- 文档的基本操作
- 文本的基本操作
- Word 2003 的视图方式
- 打印文档

2.1 文档的基本操作

文档的基本操作主要包括创建新文档、保存文档、打开文档以及关闭文档等。

2.1.1 新建文档

Word 文档是文本、图片等对象的载体，要在文档中进行操作，必须先创建文档。创建的文档可以是空白文档，也可以是基于模板的文档。

1. 创建空白文档

空白文档是最常使用的传统文档。要创建空白文档，可在【常用】工具栏上单击【新建空白文档】按钮，或选择【文件】|【新建】命令，打开【新建文档】任务窗格，在【新建】选项区域中选择【空白文档】选项即可，如图 2-1 所示。

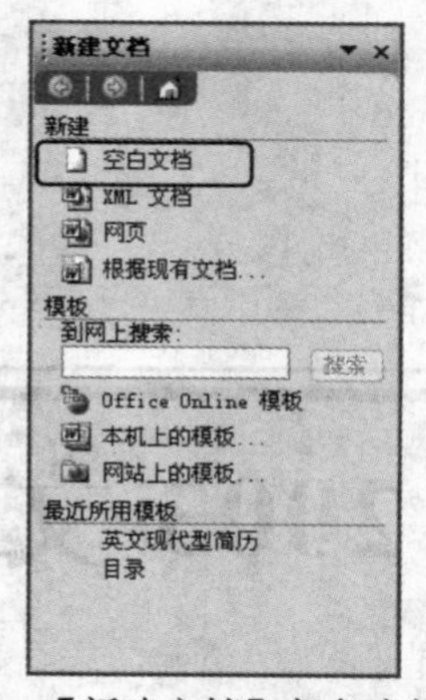

图 2-1　【新建文档】任务窗格

提示

启动 Word 2003 后，系统将自动新建一个名为【文档 1】的文档，如果还需要新的空白文档，可以继续新建，并且自动以【文档 2】、【文档 3】等命名。

2. 根据现有文档创建文档

根据现有文档创建新文档，可将选择的文档以副本方式在一个新的文档中打开，这时就可以在新的文档中编辑文档的副本，而不会影响到原有的文档。选择【文件】|【新建】命令，打开【新建文档】任务窗格，在【新建】选项区域中选择【根据现有文档】选项，打开【根据现有文档新建】对话框，在其中选择要创建文档副本的文档即可，如图 2-2 所示。

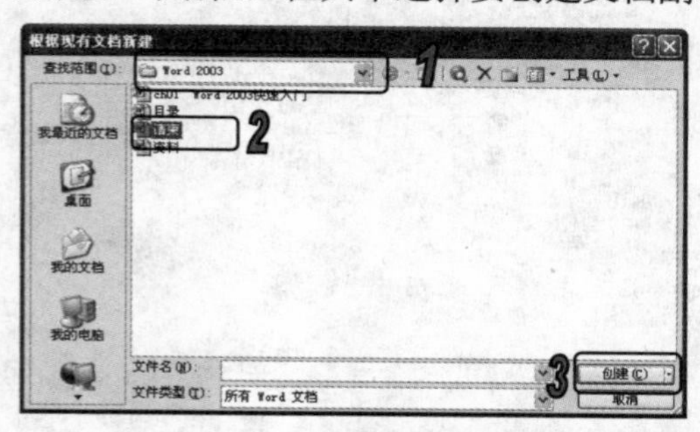

图 2-2　【根据现有文档新建】对话框

提示

Word 2003 提供了多种模板，用户还可以通过模板方便地创建文档，该部分内容在第 5 章详细介绍。

2.1.2　保存文档

对于新建的 Word 文档或正在编辑某个文档时，如果出现了计算机突然死机、停电等非常关闭的情况，文档中的信息就会丢失，因此为了保护劳动成果，保存文档是十分重要的。

1. 保存新创建的文档

如果要对新创建的文档进行保存，可选择【文件】|【保存】命令或单击【常用】工具栏上的【保存】按钮，在打开的【另存为】对话框中，设置保存路径、名称及保存格式，如图 2-3 所示。

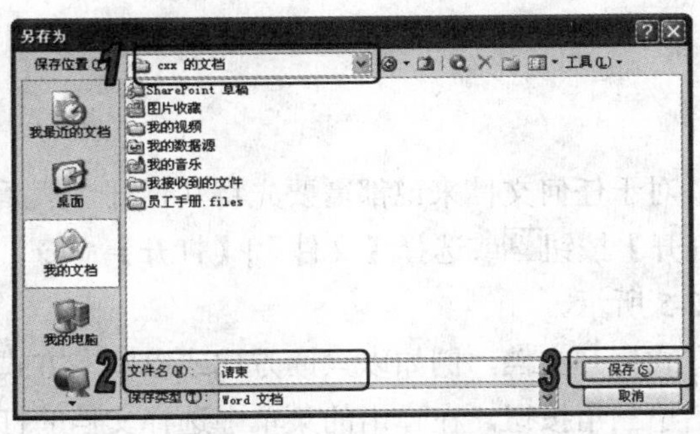

图 2-3　【另存为】对话框

提示

在保存新建的文档时，如果在文档中已输入了一些内容，Word 2003 自动将输入的第一行内容作为文件名。

2. 保存已保存过的文档

要对已保存过的文档进行保存时，可选择【文件】|【保存】命令或单击【常用】工具栏上的【保存】按钮，就可以按照原有的路径、名称以及格式进行保存。

3. 另存为其他文档

如果文档已保存过，但在进行了一些编辑操作后，需要将其保存下来，并且希望仍能保存以前的文档，这时就需要对文档进行另存为操作。

要另存为其他文档，可选择【文件】|【另保存】命令，在打开的【另存为】对话框中，设置保存路径、名称及保存格式。

4. 自动保存

在编辑文档时，如果设置了 Word 的自动保存，当遇到停电、计算机死机等意外情况后，重新启动计算机并打开 Word 文档，即可恢复自动保存的内容，减小数据丢失的几率。要自动保存文档，可选择【工具】|【选项】命令，打开【选项】对话框，选择【保存】选项卡，选择【自动保存时间间隔】复选框，并在其后的微调框中输入每次进行自动保存的时间间隔即可，如图 2-4 所示。

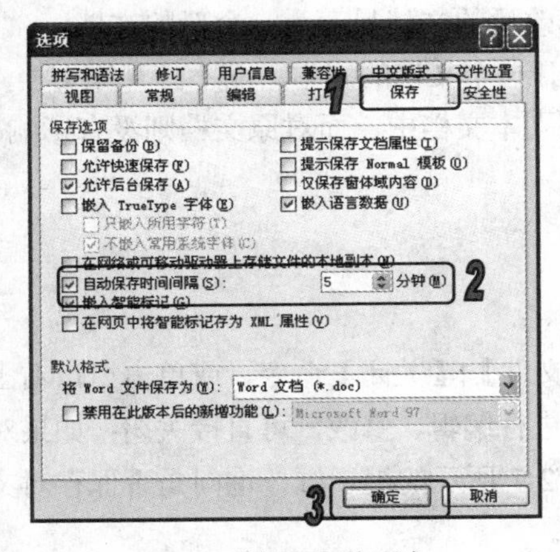

图 2-4　【保存】选项卡

提示

如果要保持另存为的文档与源文档同名，则必须选择与源文档不同的保存路径；如果要与源文档保存在同一个文件夹中则必须重命名另存为的文档。

2.1.3 打开文档

打开文档是 Word 的一项最基本的操作，对于任何文档来说都需要先将其打开，然后才能对其进行编辑。单击【常用】工具栏上的【打开】按钮或选择【文件】|【打开】命令，在打开的【打开】对话框中选择文件即可，如图 2-5 所示。

在【打开】对话框中，还可以选择多种方式打开文档，例如以只读方式或以副本方式打开文档等。在对话框中单击【打开】按钮右侧的小三角按钮，在弹出的菜单中选择文档的打开方式即可，如图 2-6 所示。

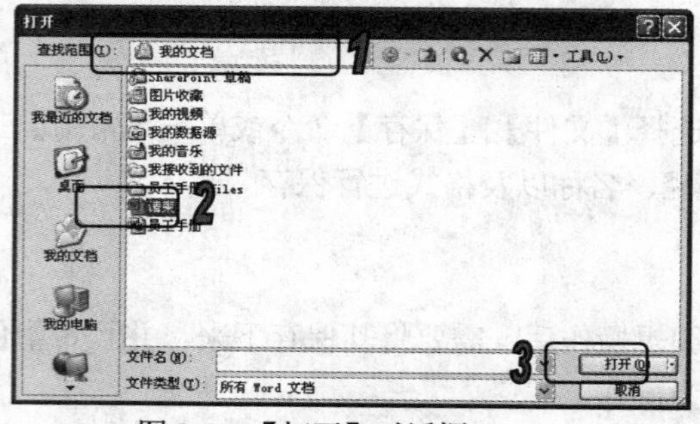

图 2-5 【打开】对话框

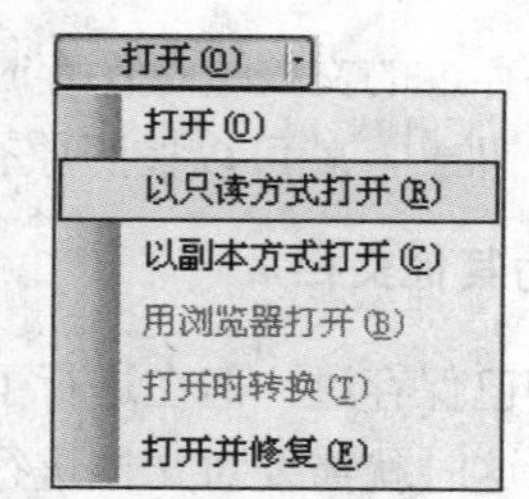

图 2-6 选择文档的打开方式

提示

在打开文档时，如果要一次打开多个连续的文档，可按住 Shift 键进行选择；如果要一次打开多个不连续的文档，可按住 Ctrl 键进行选择。

【打开】菜单中文档打开方式的说明如下。

- 打开：以正常方式打开文档，该打开方式为 Word 默认的文档打开方式。
- 以只读方式打开：使用该方式打开的文档以只读方式存在，对文档的编辑、修改将无法直接保存到原文档上，而需要将编辑、修改后的文档另存为一个新的文档。
- 以副本方式打开：使用该方式打开文档将打开一个文档的副本，而不打开原文档，对该副本文档所作的编辑、修改将直接保存到副本文档中，而对原文档则没有影响。

2.1.4 关闭文档

对文档完成所有的操作后，要关闭时，可选择【文件】|【关闭】命令，或单击窗口右上角的【关闭】按钮。在关闭文档时，如果没有对文档进行编辑、修改，可直接关闭；如果对文档做了修改，但还没有保存，系统将会打开一个如图 2-7 所示的提示框，询问是否保存对文档所做的修改。单击【是】按钮即可保存并关闭该文档。

图 2-7　提示对话框

> **提示**
>
> Word 2003 允许同时打开多个 Word 文档进行编辑操作，因此关闭文档并不等于退出 Word 2003，这里的关闭只是当前文档。

2.2 文本的基本操作

创建新文档后，就可以选择合适的输入法输入文档的内容，并对其进行编辑操作。

2.2.1 输入文本

输入文本是 Word 的一项基本操作。当新建一个 Word 文档后，在文档的开始位置将出现一个闪烁的光标，称之为【插入点】，在 Word 中输入的任何文本都会在插入点处出现。当定位了插入点的位置后，选择一种输入法即可开始文本的输入。

1. 输入英文

在英文状态下，通过键盘可以直接输入英文、数字及标点符号。需要注意的是：

- 按 Caps Lock 键可输入英文大写字母，再次按该键则输入英文小写字母。
- 按 Shift 键的同时按双字符键，将输入上档字符；按 Shift 键的同时按字母键，可输入英文大写字母。
- 按 Enter 键，插入点自动移到下一行行首。
- 按空格键，在插入点的左侧插入一个空格符号。

2. 输入中文

在 Word 2003 中，选择一种中文输入法，就可以在插入点处开始文本的输入。

【例 2-1】用五笔输入法输入“T5 高效节能灯说明”内容。

(1) 启动 Word 2003，新建一个文本文档【T5 高效节能灯说明】。

(2) 单击 Windows 任务栏上的输入法图标，从弹出的快捷菜单中选择【最强五笔输入法】选项。

(3) 在文档开始处输入标题“T5 高效节能灯说明”，然后将插入点移至该行的开始，连续按下空格键，将标题移至该行的中间位置。

(4) 按 Enter 键，将插入点移至下一行行首。

(5) 按前面的方法继续输入所需的文本，效果如图 2-8 所示。

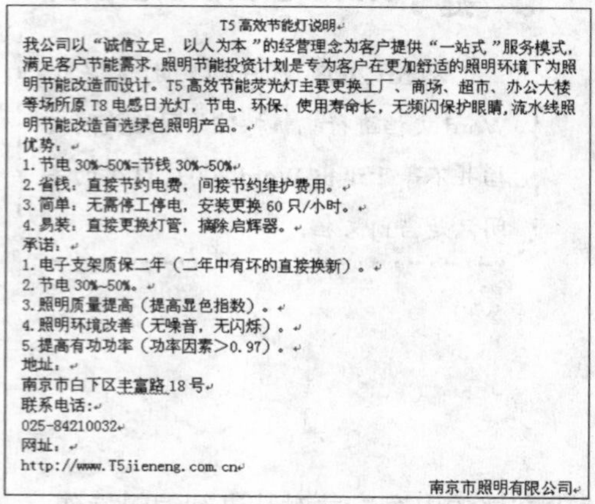

T5 高效节能灯说明

我公司以“诚信立足，以人为本”的经营理念为客户提供“一站式”服务模式，满足客户节能需求，照明节能投资计划是专为客户在更加舒适的照明环境下为照明节能改造而设计。T5 高效节能荧光灯主要更换工厂、商场、超市、办公大楼等场所原 T8 电感日光灯，节电、环保、使用寿命长，无频闪保护眼睛，流水线照明节能改造首选绿色照明产品。

优势：

1. 节电 30%~50%=节钱 30%~50%
2. 省钱：直接节约电费，间接节约维护费用。
3. 简单：无需停工停电，安装更换 60 只/小时。
4. 易装：直接更换灯管，摘除启辉器。

承诺：

1. 电子支架质保二年（二年中有坏的直接换新）。
2. 节电 30%~50%。
3. 照明质量提高（提高显色指数）。
4. 照明环境改善（无噪音，无闪烁）。
5. 提高有功功率（功率因素>0.97）。

地址：

南京市白下区丰富路 18 号

联系电话:

025-84210032

网址：

http://www.T5jieneng.com.cn

南京市照明有限公司

图 2-8　输入文本

知识点

Word 中文本的输入可分为 2 种模式：插入模式和改写模式。在 Word 2003 中，默认的文本输入模式为插入模式。在插入模式下，输入的文本将在光标的左侧出现，而光标右侧的文本将依次向后顺延；在改写模式下，输入的文本将依次替换光标右侧的文本。如果要在 2 种模式之间切换，可使用键盘上的 Insert 键在插入和改写模式之间切换。

3. 输入符号

在输入文本的过程中，有时需要插入一些特殊符号，例如希腊字母、商标符号、图形符号和数字符号等，这时通过键盘是无法输入的。Word 2003 提供了插入符号的功能，用户可以在文档中插入各种符号。

(1) 插入符号

要在文档中插入符号，可先将插入点定位在要插入符号的位置，然后选择【插入】|【符号】命令，打开【符号】|对话框，在其中选择要插入的符号，单击【插入】按钮即可，如图 2-9 所示。

在该对话框中各选项的功能如下所示。

- 【字体】下拉列表框：可以从中选择不同的字体集，以输入不同的字符。
- 【子集】下拉列表框：选择包含有多个子集的字体集后，会在【字体】列表框后出现一个【子集】列表框，从中可以选择子集选项。
- 【子集】列表框：显示各种不同的符号。
- 【近期使用过的符号】选项区域：显示了用户最近使用过的 16 个符号，以方便用户查找符号。
- 【字符代码】下拉列表框：显示所选的符号的代码。
- 【来自】下拉列表框：显示符号的进制，例如，符号十进制。
- 【自动更正】按钮：单击该按钮，可弹出【自动更正】对话框，可以对一些经常使用的符号使用自动更正功能。
- 【快捷键】按钮：单击该按钮，打开【自定义键盘】对话框，将光标置于【请按新快捷键】文本框中，在键盘上按下用户设置的快捷键，单击【指定】按钮就可以将快捷键指定给该符号，如图 2-10 所示。这样用户就可以在不打开【符号】对话框的情况下，直接按快捷键插入符号。

图 2-9　【符号】对话框

图 2-10　【自定义键盘】对话框

(2) 插入特殊符号

如果需要插入一些特殊、比较常用的符号，无需在【符号】对话框中寻找，可以直接使用【插入特殊符号】功能来实现。

要插入特殊符号，可以将插入点定位在要插入符号的位置，然后选择【插入】|【特殊符号】命令，打开【特殊符号】对话框，从中选择相应的符号即可，如图 2-11 所示。该对话框共提供了单位符号、数字序号、拼音、标点符号、特殊符号以及数学符号 6 种类型的符号。

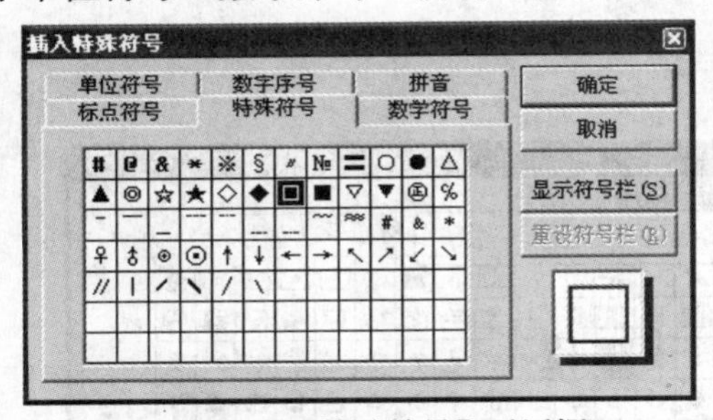

图 2-11　【特殊符号】对话框

提示

通过【符号栏】也可以插入标点符号和特殊符号。选择【视图】|【工具栏】|【符号栏】菜单，【符号栏】显示在屏幕上，然后单击【符号栏】中的某个符号按钮，即可将所需的符号插入到文档中。

4. 输入日期和时间

在使用 Word 2003 编辑文档时，若要输入当前的日期和时间，可以使用插入日期和时间功能来输入。

(1) 使用【日期和时间】对话框插入日期和时间

将插入点置于要插入日期和时间的位置，选择【插入】|【日期和时间】命令，打开【日期和时间】对话框，如图 2-12 所示。

在该对话框中各选项的功能如下所示。

- 【可用格式】列表框：用来选择一种日期和时间的显示格式。
- 【语言】下拉列表框：用来选择日期和时间应用的语言，如中文和英文。
- 【使用全角字符】复选框：选中该复选框可以用全角方式显示插入的日期和时间。

◉ 【自动更新】复选框：选中该复选框可对插入的日期和时间格式进行自动更新。

◉ 【默认】按钮：单击该按钮可将当前设置的日期和时间格式保存为默认的格式。

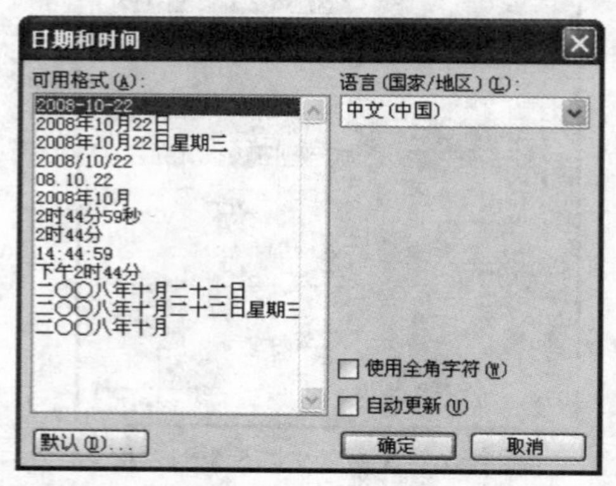

图 2-12　【日期和时间】对话框

在【日期和时间】对话框的【可用格式】列表框中显示的日期和时间是系统当前的日期和时间，因此每次打开该对话框，显示的数据都会不同。

【例 2-2】在文档【T5 高效节能灯说明】中，插入符号和日期，如图 2-13 所示。

(1) 启动 Word 2003，打开文档【T5 高效节能灯说明】。

(2) 将光标插入点定位在“优势”文字前面，选择【插入】|【符号】命令，打开【符号】对话框，在【字体】下拉列表框中选择 Wingdings，并在列表框中选择一种符号，如图 2-14 所示。

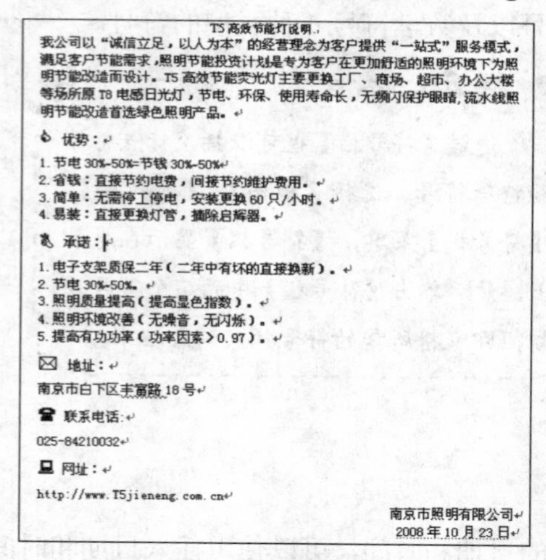

T5 高效节能灯说明

我公司以“诚信立足，以人为本”的经营理念为客户提供“一站式”服务模式，满足客户节能需求，照明节能投资计划是专为客户在更加舒适的照明环境下为照明节能改造而设计。T5 高效节能荧光灯主要更换工厂、商场、超市、办公大楼等场所原 T8 电感日光灯，节电、环保、使用寿命长，无频闪保护眼睛，流水线照明节能改造首选绿色照明产品。

优势：

1. 节电 30%-50%=节钱 30%-50%
2. 省钱：直接节约电费，间接节约维护费用。
3. 简单：无需停工停电，安装更换 60 只/小时。
4. 易装：直接更换灯管，摘除启辉器。

承诺：

1. 电子支架质保二年（二年中有坏的直接换新）。
2. 节电 30%-50%。
3. 照明质量提高（提高显色指数）。
4. 照明环境改善（无噪音，无闪烁）。
5. 提高有功功率（功率因素>0.97）。

地址：

南京市白下区丰富路 18 号

联系电话:

025-84210032

网址：

http://www.T5jieneng.com.cn

南京市照明有限公司

2008 年 10 月 23 日

图 2-13　插入符号和日期效果图

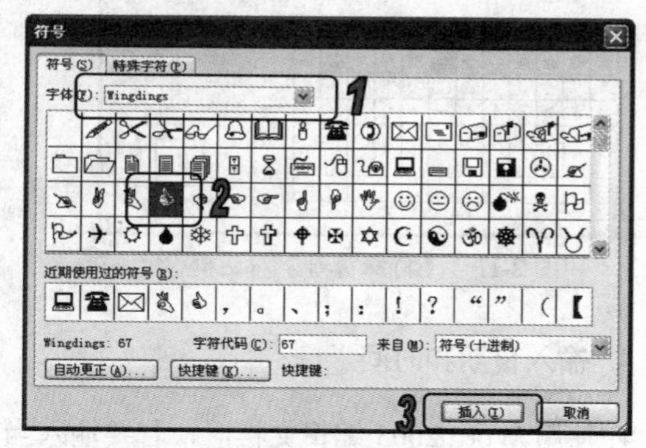

图 2-14　插入符号

(3) 单击【插入】按钮，就可以将该符号插入到文档中。

(4) 使用同样的方法，插入其他符号。

(5) 将插入点定位至文档落款需要添加日期的地方，选择【插入】|【日期和时间】命令，打开【日期和时间】对话框，在【可用格式】列表框中选择所需要的日期格式，如图 2-15 所示。

(6) 单击【确定】按钮，完成日期的输入，效果如图 2-13 所示。

提示

在【符号】对话框中选择【特殊字符】选项卡，可以插入例如™(商标符)、®(注册符)等特殊的字符。

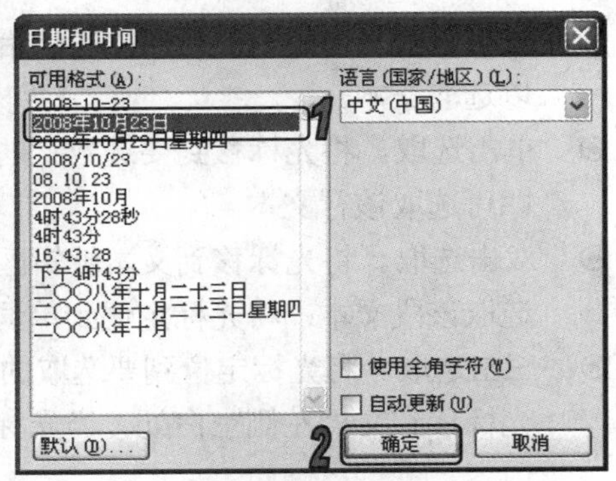

图 2-15　选择日期格式

(2) 自动插入当前日期

使用 Word 2003 的自动插入当前日期功能，可以将用户设置好的日期和时间的默认格式自动插入到文档中。当用户输入日期的前一部分后，Word 会自动显示完整的日期，用户只需按 Enter 键接受该日期或继续输入忽略该日期，如图 2-16 所示。

要设置自动插入当前日期，可选择【插入】|【自动图文集】|【自动图文集】命令，打开【自动更正】对话框，选择【自动图文集】选项卡，选择【显示“记忆式键入”建议】复选框，如图 2-17 所示。

2008-10-24　(按 Enter 插入)
2008↵

图 2-16　自动插入当前日期

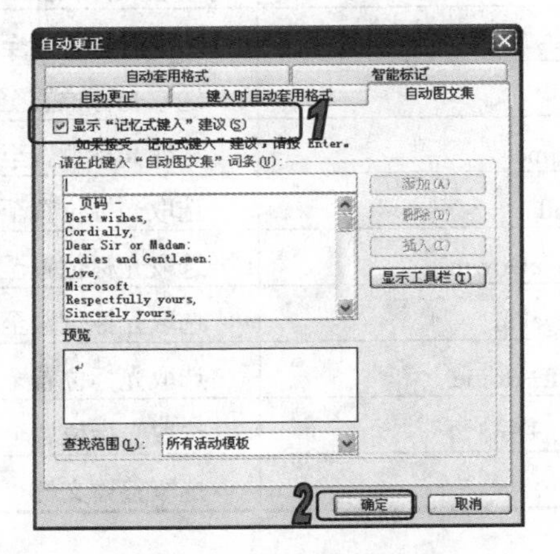

图 2-17　【自动图文集】选项卡

2.2.2　选择文本

在编辑文本之前，首先必须选取文本。既可以使用鼠标选取文本，也可以使用键盘选取，还可以结合鼠标和键盘进行选取。

1. 使用鼠标选取文本

使用鼠标可以轻松地改变插入点的位置，因此使用鼠标选取文本十分方便。

- 拖动选取。将鼠标指针定位在起始位置，再按住鼠标左键不放，向目的位置拖动鼠标以选取文本。
- 单击选取。将光标移到要选定行的左侧空白处，当光标变成↗形状时，单击鼠标左键即可选取该行文本。
- 双击选取。将光标移到文本编辑区左侧，当光标变成↗形状时，双击鼠标左键，即可选取该段文本；将光标定位到单词中间或左侧，双击鼠标左键即可选取该单词。
- 三击选取。将光标定位到要选取的段落中，三击鼠标左键可选中该段的所有文本；将光标移到文档左侧空白处，当光标变成↗形状时，三击鼠标左键即可选中文档中所有内容。

2. 使用键盘选取文本

使用键盘上相应的快捷键，同样可以选取文本。利用快捷键选取文本内容的功能如表 2-1 所示。

表 2-1　选取文本的快捷键及功能

快 捷 键	功　能
Shift+→	选取光标右侧的一个字符
Shift+←	选取光标左侧的一个字符
Shift+↑	选取光标位置至上一行相同位置之间的文本
Shift+↓	选取光标位置至下一行相同位置之间的文本
Shift+Home	选取光标位置至行首
Shift+End	选取光标位置至行尾
Shift+PageDowm	选取光标位置至下一屏之间的文本
Shift+PageUp	选取光标位置至上一屏之间的文本
Ctrl+Shift+Home	选取光标位置至文档开始之间的文本
Ctrl+Shift+End	选取光标位置至文档结尾之间的文本
Ctrl+A	选取整篇文档

3. 鼠标键盘结合选取文本

使用鼠标和键盘结合的方式，不仅可以选取连续的文本，也可以选择不连续的文本。

- 选取连续的较长文本。将插入点定位到要选取区域的开始位置，按住 Shift 键不放，再移动光标至要选取区域的结尾处，单击鼠标左键即可选取该区域之间的所有文本内容。
- 选取不连续的文本。选取任意一段文本，按住 Ctrl 键，再拖动鼠标选取其他文本，即可同时选取多段不连续的文本。
- 选取整篇文档。按住 Ctrl 键不放，将光标移到文本编辑区左侧空白处，当光标变成↗形状时，单击鼠标左键即可选取整篇文档。

◉ 选取矩形文本。将插入点定位到开始位置，按住 Alt 键并拖动鼠标，即可选取矩形文本。

提示

选择【编辑】|【全选】命令，也可以实现整篇文档的选取操作。

2.2.3 删除、移动和复制文本

在编辑文档的过程中，经常需要将一些重复的文本进行复制以节省输入时间，或将一些位置不正确的文本从一个位置移到另一个位置，或将多余的文本删除。

1. 删除文本

在编辑文本时，如果输入错误、多余或重复的文本，可以将其删除。常用的删除文本的方法如下所示。

◉ 按 Back Space 键删除文本插入点左侧的文本。

◉ 按 Delete 键删除文本插入点右侧的文本。

◉ 选择一段文本，按 Back Space 键或 Delete 键均可删除所选文本。

2. 移动文本

移动文本就是将文本从文档的某个位置移动到另一个位置。移动文本主要有两种方法。

◉ 选择需要移动的文本，按住鼠标左键将其拖至目标位置。

◉ 选择需要移动的文本，选择【编辑】|【剪切】命令，将文本剪切到剪贴板中，然后将鼠标光标定位到目标位置，再选择【编辑】|【粘贴】命令。

◉ 选择需要移动的文本，按组合键 Ctrl+X，将文本剪切到剪贴板中，然后将鼠标光标定位到目标位置，再按组合键 Ctrl+V。

◉ 选择需要移动的文本，单击鼠标右键，在弹出的快捷菜单中选择【剪切】命令，将文本剪切到剪贴板中，然后将鼠标光标定位到目标位置，单击鼠标右键，在弹出的快捷菜单中选择【粘贴】命令。

3. 复制文本

复制文本与移动文本的方法类似。只是移动文本后原位置的文本将不存在，而复制文本后原位置的文本还存在。复制文本的方法有如下几种：

◉ 选择需要复制的文本，按住 Ctrl 键并按住鼠标左键拖动其至目标位置。

◉ 选择需要复制的文本，选择【编辑】|【剪切】命令，然后将鼠标光标定位到目标位置，选择【编辑】|【粘贴】命令。

◉ 选择需要复制的文本，按组合键 Ctrl+C，将文本剪切到剪贴板中，然后将鼠标光标定位到目标位置，再按组合键 Ctrl+V。

- 选择需要复制的文本，单击鼠标右键，在弹出的快捷菜单中选择【复制】命令，将文本剪切到剪贴板中，然后将鼠标光标定位到目标位置，单击鼠标右键，在弹出的快捷菜单中选择【粘贴】命令。

提示

选取要复制的文本，按下鼠标右键拖动到目标位置，松开鼠标后会弹出一个快捷菜单，从中选择【复制到此位置】命令也可以实现复制操作。

文本复制一次后，可以进行多次粘贴，复制相同的内容。

2.2.4 撤销和恢复操作

在输入文本或编辑文档时，Word 会自动记录所执行的每一步操作，如果执行了错误的操作，可以撤销操作；如果撤销了某些操作，还可以恢复操作。

1. 撤销操作

在 Word 2003 中可以使用以下几种方法来撤销最近执行的操作：

- 选择【编辑】|【撤销】命令可撤销上一次的操作，连续选择该命令可撤销最近执行过的多次操作。
- 在【常用】工具栏中单击【撤销】按钮可撤销上一次的操作，连续单击该按钮可撤销最近执行过的多次操作。也可以单击【撤销】按钮后面的按钮，在弹出的列表框中选择要撤销的操作。
- 按组合键 Ctrl+Z 可撤销最近一次的操作，连续按该组合键可撤销多次操作。

2. 恢复操作

进行撤销操作后，还可以使用【恢复】功能恢复以前的操作。恢复操作主要有以下几种方法：

- 选择【编辑】|【恢复】命令可撤销上一次的操作，连续选择该命令可撤销最近执行过的多次操作。
- 在【常用】工具栏中单击【恢复】按钮可撤销上一次的操作，连续单击该按钮可撤销最近执行过的多次操作。也可以单击【恢复】按钮后面的按钮，在弹出的列表框中选择要撤销的操作。
- 按组合键 Ctrl+Y 可撤销最近一次的操作，连续按该组合键可撤销多次操作。

2.2.5 查找和替换文本

在文档中查找某一个特定内容，或在查找到特定内容后，将其替换为其他内容，可以说是

一项费时费力，又容易出错的工作。Word 2003 提供了查找与替换功能，使用该功能可以非常轻松、快捷地完成操作。

1. 查找文本

在 Word 2003 中，不仅可以查找文档中的普通文本，还可以查找特殊格式的文本、符号。

(1) 常规查找

选择【编辑】|【查找】命令，打开【查找与替换】对话框的【查找】选项卡，如图 2-18 所示。在【查找内容】文本框中输入要查找的内容，单击【查找下一处】按钮，即可将光标定位在文档中的第一个查找目标处。多次单击该按钮，可依次查找文档中的相应内容。

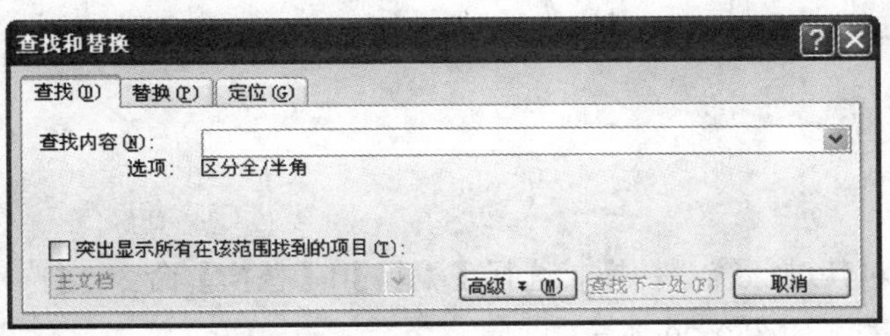

图 2-18　【查找】选项卡

提示

在【查找】选项卡中选择【突出显示所有在该范围找到的项目】复选框，【查找下一处】按钮变成【查找全部】按钮，单击该按钮，在文档中查找到的内容会呈黑底显示。

(2) 高级查找

在【查找与替换】对话框的【查找】选项卡中单击【高级】按钮，可展开该对话框的高级选项，如图 2-19 所示。其中各选项的功能如下所示。

- 【搜索】下拉列表框：用来选择文档的搜索范围。选择【全部】选项，将在整个文本中进行搜索；选择【向下】选项，可从插入点处向下进行搜索；选择【向上】选项，可从插入点处向上进行搜索。
- 【区分大小写】复选框：选择该复选框，可在搜索时区分大小写。
- 【全字匹配】复选框：选择该复选框，可在文档中搜索符合条件的完整单词，而不搜索长单词中的一部分。
- 【使用通配符】复选框：选择该复选框，可搜索输入【查找内容】文本框中的通配符、特殊字符或特殊搜索操作符。
- 【同音(英文)】复选框：选择该复选框，可搜索与【查找内容】文本框中文字发音相同但拼写不同的英文单词。
- 【查找单词的所有形式(英文)】复选框：选择该复选框，可将【查找内容】文本框中的英文单词的所有形式替换为【替换为】文本框中指定单词的相应形式。
- 【区分全/半角】复选框：选择该复选框，可在查找时区分全角与半角。
- 【格式】按钮：单击该按钮，将在弹出的下一级子菜单中设置查找文本的格式，例如字体、段落、制表位等。
- 【特殊字符】按钮：单击该按钮，在弹出的下一级子菜单中可选择要查找的特殊字符，如段落标记、省略号和制表符等。
- 【不限定格式】按钮：若设置了查找文本的格式后，单击该按钮可取消查找文本的格式设置。

图 2-19　展开的高级设置选项

> **提示**
> Microsoft Word 不能查找或替换浮动对象、艺术字、文字效果、水印和图形对象。但是，如果将浮动对象更改为嵌入对象，则可以对其进行查找和替换。

2. 替换文本

在查找到文档中的特定内容后，可以对其进行统一替换。选择【编辑】|【替换】命令，打开【查找与替换】对话框的【替换】选项卡，如图 2-20 所示。

图 2-20　【替换】选项卡

> **提示**
> 在【替换】选项卡中，单击【高级】按钮，可以设置查找和替换的高级选项。这些设置与【查找】选项卡中各选项的功能一致。

在【查找内容】文本框中输入要查找的文本，在【替换为】文本框中输入要替换的文本，如果单击【替换】按钮，Word 自动从插入点开始查找，找到第一个要查找的文本，并以黑底显示，再次单击该按钮将替换该文本内容，并将下一个要查找的文本以黑底显示；如果单击【全部替换】按钮，就可以替换文档中所有查找到的内容；如果单击【查找下一处】按钮，跳过查找到的一处文本，即不对该文本进行替换。替换完毕后，将弹出一个消息对话框显示替换的结果，如图 2-21 所示。

图 2-21　显示替换结果

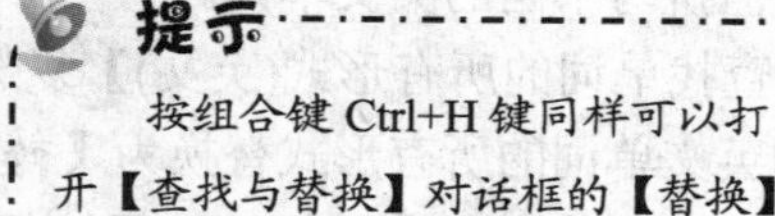

> **提示**
> 按组合键 Ctrl+H 键同样可以打开【查找与替换】对话框的【替换】选项卡。

【例 2-3】将文档【T5 高效节能灯说明】中的全角括号替换成半角括号。

(1) 启动 Word 2003，打开文档【T5 高效节能灯说明】。

(2) 选择【编辑】|【替换】命令，打开【查找与替换】对话框的【替换】选项卡，在【查找内容】文本框中输入全角左半括号，在【替换为】文本框中输入半角左半括号，单击【高级】按钮，选择【区分全/半角】复选框，如图 2-22 所示。

(3) 单击【全部替换】按钮，完成替换操作。

(4) 使用同样的方法，完成右半括号的替换，效果如图 2-23 所示。

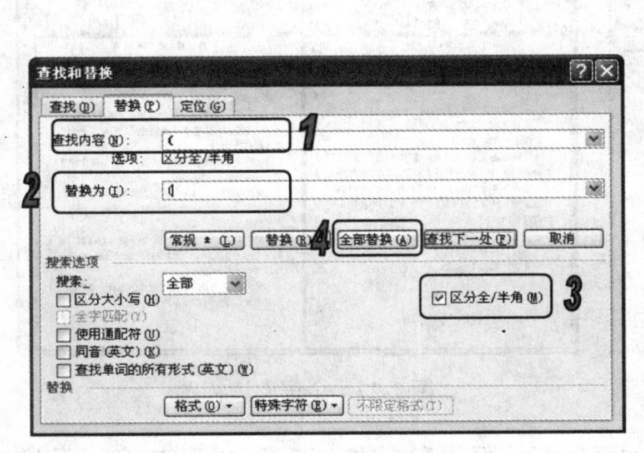

图 2-22　【查找与替换】对话框

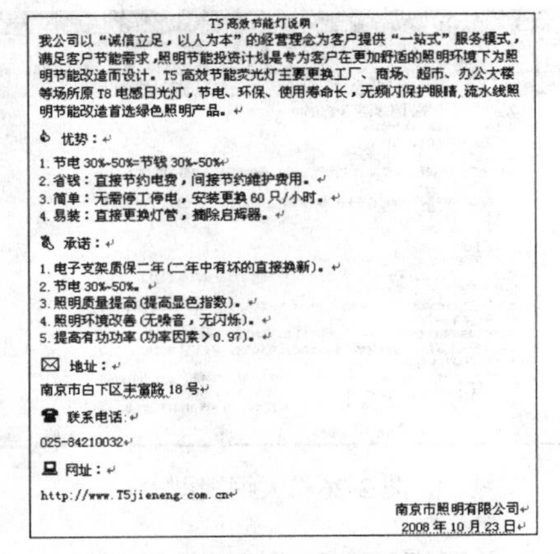

T5 高效节能灯说明

我公司以“诚信立足，以人为本”的经营理念为客户提供“一站式”服务模式，满足客户节能需求，照明节能投资计划是专为客户在更加舒适的照明环境下为照明节能改造而设计。T5 高效节能荧光灯主要更换工厂、商场、超市、办公大楼等场所原 T8 电感日光灯，节电、环保、使用寿命长，无频闪保护眼睛，流水线照明节能改造首选绿色照明产品。

优势：

1. 节电 30%-50%=节钱 30%-50%
2. 省钱：直接节约电费，间接节约维护费用。
3. 简单：无需停工停电，安装更换 60 只/小时。
4. 易装：直接更换灯管，摘除启辉器。

承诺：

1. 电子支架质保二年(二年中有坏的直接换新)。
2. 节电 30%-50%。
3. 照明质量提高(提高显色指数)。
4. 照明环境改善(无噪音，无闪烁)。
5. 提高有功功率(功率因素＞0.97)。

地址：

南京市白下区丰富路 18 号

联系电话:

025-84210032

网址：

http://www.T5jieneng.com.cn

南京市照明有限公司

2008 年 10 月 23 日

图 2-23　替换括号

2.3　Word 2003 的视图方式

Word 2003 中有 5 种文档显示的方式，即页面视图、Web 版式视图、大纲视图、阅读视图和普通视图。各种显示方式应用于不同的场合，一般使用页面视图。通过选择【视图】菜单下的相应命令或通过单击文档编辑区左下角的相应按钮，就可以在这几种显示方式之间进行切换。

- 页面视图：可以显示与实际打印效果完全相同的文件样式，文档中的页眉、页脚、页边距、图片及其他元素均会显示其正确的位置，如图 2-24 所示。在该视图下可以进行 Word 的一切操作。
- Web 版式：可以看到背景和为适应窗口而换行显示的文本，且图形位置与在 Web 浏览器中的位置一致，如图 2-25 所示。

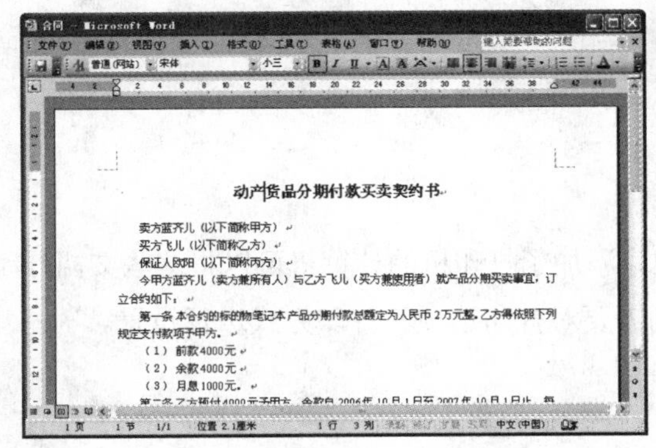

图 2-24　页面视图

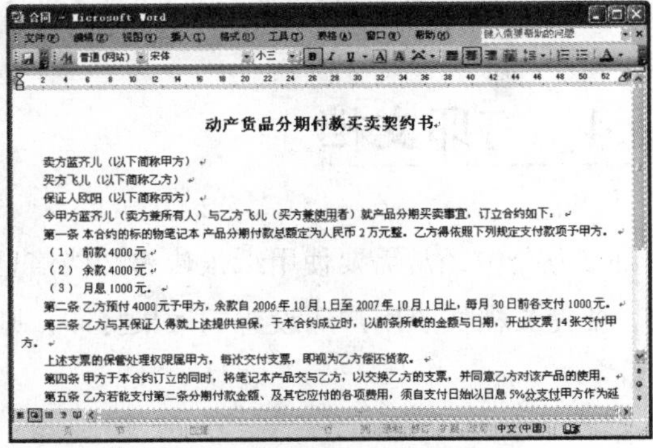

图 2-25　Web 版式视图

◎ 大纲视图：可以非常方便地查看文档的结构，并可以通过拖动标题来移动、复制和重新组织文本。在大纲视图中，可以通过双击标题左侧的【+】号标记，展开或折叠文档，使其显示或隐藏各级标题及内容，如图 2-26 所示。

◎ 阅读视图：以最大的空间来阅读或批注文档，如图 2-27 所示。在该版式下，将显示文档的背景、页边距，并可进行文本的输入、编辑等，但不显示文档的页眉和页脚。

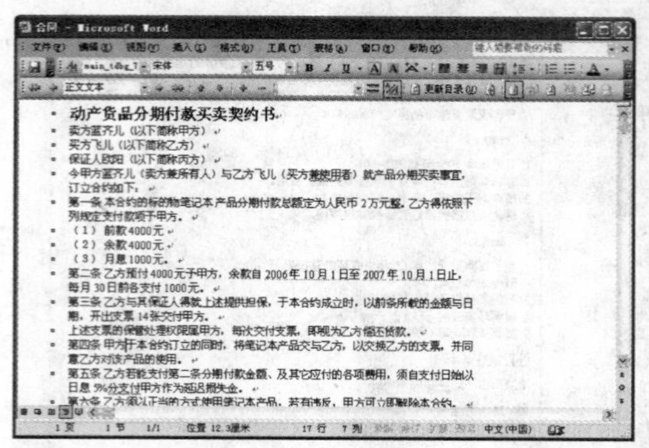

图 2-26　大纲视图

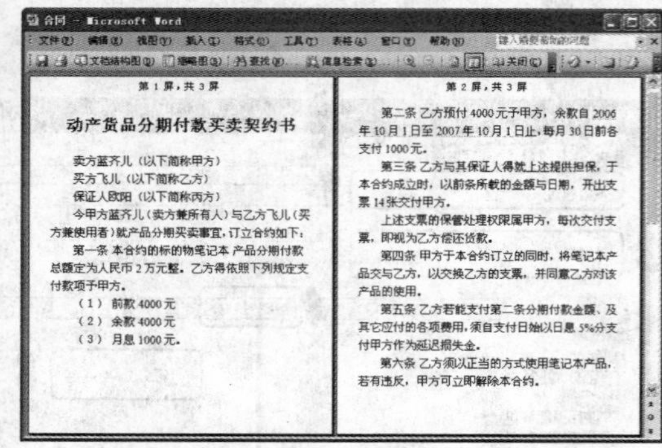

图 2-27　全屏阅读视图

◎ 普通视图：简化了页面的布局，诸如页边距、页眉和页脚、背景、图形对象以及没有设置为【嵌入型】环绕方式的图片都不会在普通视图中显示，如图 2-28 所示。在该视图中，可以非常方便地进行文本的输入、编辑以及设置文本格式。

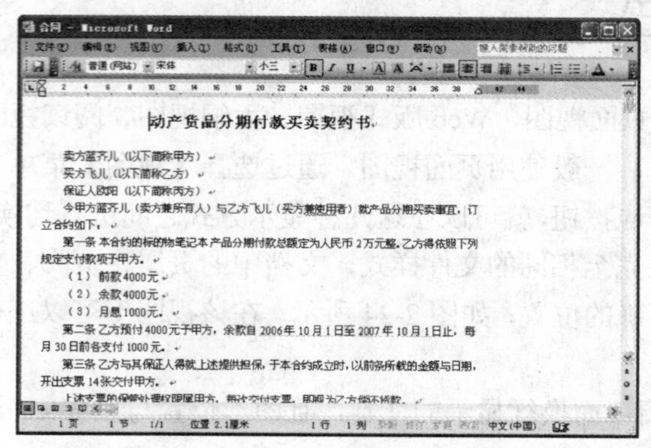

图 2-28　普通视图

> **提示**
>
> 在【常用】工具栏的【显示比例】下拉列表框中选择合适的显示比例，可以用来查看文档的细节或是全貌。

2.4　打印文档

日常办公中经常需要使用纸张传递文档信息，添加了打印机的计算机可以将这些文档打印出来。要使文档按照用户所设想的效果打印，则需要对打印选项和打印方式进行设置。

2.4.1 打印预览

在进行打印操作之前，可以使用打印预览功能观察文档的实际打印效果，这就是所谓的所见即所得功能。

选择【文件】|【打印预览】命令或单击【常用】工具栏上的【打印预览】按钮，就可以进入打印预览窗口，如图 2-29 所示。在该窗口可以预览文档的打印效果，并且与打印效果完全一致。

提示

按组合键 Ctrl+F2，可以快速进入打印预览页面。在打印预览页面，按 Esc 键可以快速退出该界面，返回页面视图。

与编辑窗口一样，在打印预览窗口中有一个【打印预览】工具栏，如图 2-30 所示，在这个工具栏中包含了一些常用的打印预览按钮，使用这些按钮可以快速设置打印预览。如表 2-2 所示列出了从左到右各按钮对应的功能。

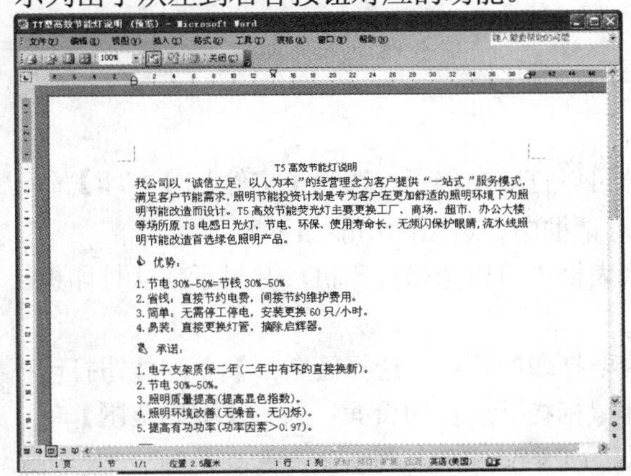

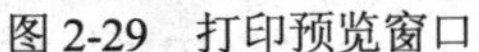

图 2-29 打印预览窗口

图 2-30 打印预览工具栏

表 2-2 打印预览窗口中按钮的功能

按 钮	名 称	操 作
	打印	打印活动文件或所选内容。如果要选择打印选项，可以选择【文件】|【打印】命令
	放大镜	在打印预览中改变文档的显示比例，以便于用户阅读。单击【放大镜】按钮，在鼠标指针变为放大镜形状后，再单击文档，便可以放大或缩小显示比例。显示比例的变动不会影响打印时的大小
	单页	缩放编辑视图，以便能在普通视图中看到整个页面
	多页	在同一预览窗口中显示多个页面。单击该按钮会打开一个列表，便于用户选择需要显示的页数

(续表)

按　钮	名　称	操　作
50%	显示比例	输入一个在10%~400%之间的比例数，根据该数值缩小或扩大活动文档的显示比例
	查看标尺	显示或隐藏水平标尺，可用此标尺定位对象，更改段落缩进量、页边距和其他间距设置
	缩小字体填充	缩小字体填充文档，以防止将文档的一小部分单独排在一页上
	全屏显示	暂时隐藏菜单和状态栏等对象，以全屏的方式显示文档
关闭(C)	关闭	单击该按钮，可以退出打印预览或关闭工具栏，并返回到以前的视图中

在打印预览窗口可以进行如下操作：

- 查看文档的总页数，以及当前预览的页码。
- 可通过放大镜工具对文档进行局部查看。
- 可以使用多页、单页、全屏按钮进行查看。
- 可通过【显示比例】下拉列表设置显示适当比例进行查看。
- 可在文档进行编辑操作。

2.4.2 打印设置

预览完成后，如果对文档的效果表示满意，就可以打印文档了。选择【文件】|【打印】命令，打开【打印】对话框，如图 2-31 所示。在该对话框中各选项的功能如下所示。

- 【打印机】选项区域：在【名称】下拉列表框中可以选择打印机，并显示默认打印机的状态、类型和位置等信息。
- 【页面范围】选项区域：可以指定文档中要打印的页数。选择【全部】单选按钮打印整篇文档；选择【当前页】单选按钮打印鼠标指针所在的页面；选择【页码范围】单选按钮，可在其后的文本框中输入要打印的页码或页码范围。
- 【副本】选项区域：可以设置打印的份数。在【份数】微调框中可以输入要打印的份数，选择【逐份打印】复选框，可以在一份完整的文档打印完之后，再开始打印下一份，若取消选择该复选框，则在打印完第一页的设定份数后再开始打印文档的下一页。
- 【缩放】选项区域：可以更改文档的缩放比例，以便将多页文档打印到一张纸上，打印完成后，文档还原为正常的比例。
- 【打印内容】下拉列表框：可以选择指定文档中要打印的部分，如文档、文档属性、样式等。
- 【打印】下拉列表框：可以选择打印奇数页、偶数页还是所有的页面。
- 【属性】按钮：单击该按钮，将打开打印机的【属性】对话框，如图 2-32 所示。在【纸张/质量】选项卡中可以设置纸张的尺寸、类型等，在【效果】选项卡中可以设置适合的页面以及水印效果，在【完成】选项卡中可以设置文档的选项和打印质量，在【基本】选项卡中可以设置打印的份数和方向。

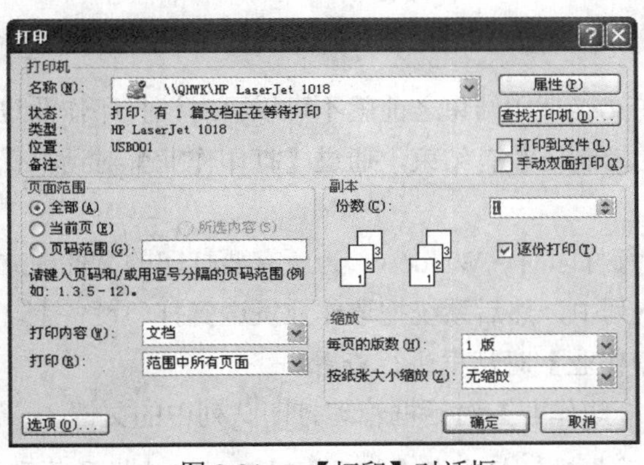

图 2-31　【打印】对话框

图 2-32　【属性】对话框

◉ 【选项】按钮：单击该按钮，将打开【打印】对话框，在其中可以设置按草稿格式打印、按倒序打印、打印时修改域等，如图 2-33 所示。

◉ 【手动双面打印】复选框：选择该复选框，打印完一面后，提示将打印后的纸背面向上放回送纸器，再发送打印命令完成双面打印。

◉ 【打印到文件】复选框：如果要打印 Word 文档，而打印机所连接的计算机上没有安装 Word，此时可以选择该复选框，将文档打印输出到一个文件中，然后将文件复制到那台计算机上，这样就可以在不运行 Word 的情况下打印 Word 文档了。

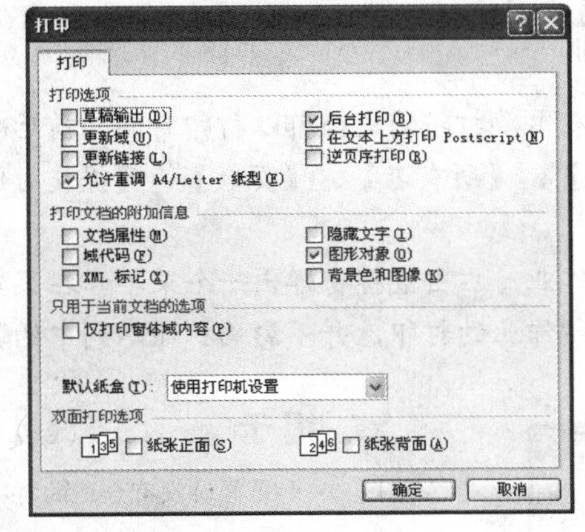

图 2-33　【打印】对话框

知识点

选择奇数页打印完成后，将打印后的纸重新放入送纸器，再选择偶数页打印，也可以实现双面打印。

计算机基础与实训教材系列

提示

在【常用】工具栏中单击【打印】按钮，也可以进行打印，但是用该方法进行打印时，不会打开【打印】对话框，而是直接将文档按系统默认的设置输送到打印机中进行打印。

2.4.3 管理打印队列

一般用户都认为将文档送向打印机之后，在文档打印结束之前就不可以再对该打印作业进行控制了。实际上此时对打印机和该打印作业的控制还没有结束，通过【打印作业】对话框仍然可以对发送到打印机中的打印作业进行管理。

在 Windows 这样一个多任务操作系统上进行打印时，Windows 为所有要打印的文件建立一个列表，把需要打印的作业加入到这个打印队列中，然后系统把该作业发送到打印设备上。需要查看打印队列中的文档时，可以打开【打印作业】对话框进行查看。

【例 2-4】打印多篇 Word 文档，并使用【打印作业】对话框管理打印队列中的文档。

(1) 选择【文件】|【打开】命令，打开【打开】对话框，在【打开】对话框中选择多篇要打印的 Word 文档，然后单击【工具】按钮，在弹出的菜单中选择【打印】命令。

(2) 选择【开始】|【设置】|【打印机和传真】命令，打开【打印机和传真】窗口，双击默认的打印机图标，打开【打印作业】对话框，如图 2-34 所示。

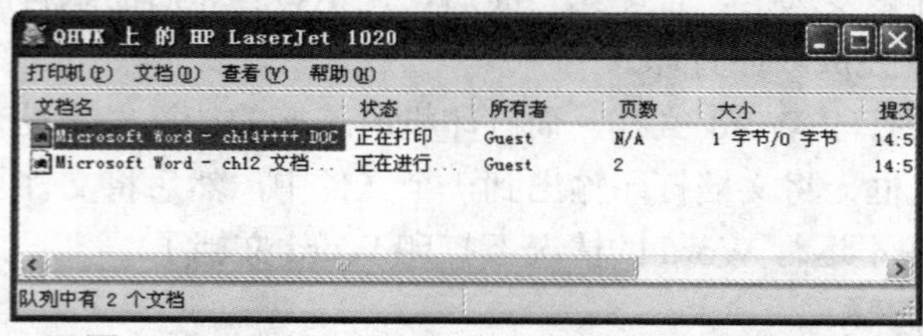

图 2-34 【打印作业】对话框中的多个打印作业

打印文档中所选的文本时，打印机默认从纸张开始位置进行打印，与其在文档中的位置无关。

(3) 在对话框的打印队列窗口中可以看到，所有需要打印的文档都以打印时间的前后顺序地排列，并且显示该打印作业的【文档名】、【状态】、【所有者】、【页数】、【提交时间】等信息。

(4) 如果要暂停某个打印作业，可以先选中该作业，右击鼠标将弹出一个菜单，在菜单中选择【暂停】命令，如图 2-35 所示。暂停了某个打印作业的打印，并不影响打印队列中的其他文档的打印。

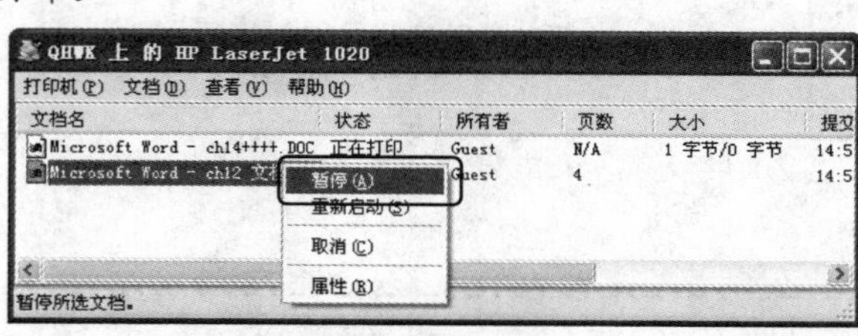

图 2-35 暂停某个打印作业

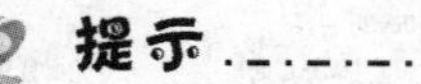

如果暂时没有合适的打印机，可在【打印】对话框中选择【打印到文件】复选框，将文件创建成打印文件后再进行打印。

(5) 如果要重新启动暂停的打印作业或者要取消该打印作业，可以右击该打印作业，在打开的快捷菜单中单击【继续】或【取消】命令即可。

(6) 如果要同时将所有打印队列中的打印作业清除，可以选择【打印机】|【取消所有文档】命令，即可清除所有打印文档。

2.5　上机练习

本章上机练习主要通过编辑【表扬信】，来练习新建文档、保存文档、输入文本等操作，其效果如图 2-36 所示。

(1) 启动 Word 2003，程序自动新建一个名为“文档 1”的空白文档。

(2) 在【常用】工具栏中单击【保存】按钮，弹出【另存为】对话框，在【保存位置】下拉列表框中选择【桌面】，在【文件名】下拉列表框中输入“表扬信”，如图 2-37 所示。

(3) 单击【保存】按钮，将文档【表扬信】保存在桌面上。

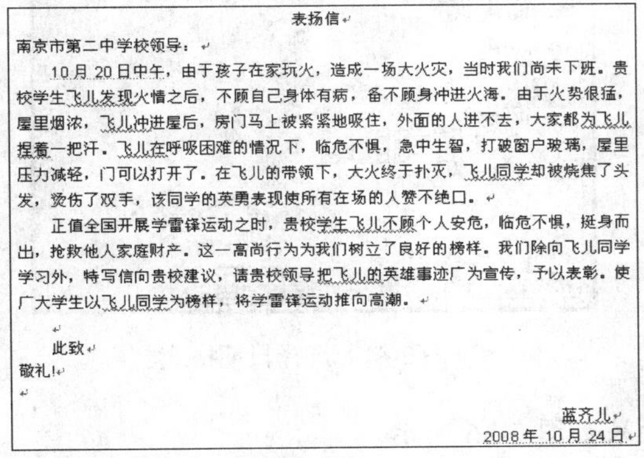

表扬信

南京市第二中学校领导：

10 月 20 日中午，由于孩子在家玩火，造成一场大火灾，当时我们尚未下班。贵校学生飞儿发现火情之后，不顾自己身体有病，奋不顾身冲进火海。由于火势很猛，屋里烟浓，飞儿冲进屋后，房门马上被紧紧地吸住，外面的人进不去，大家都为飞儿捏着一把汗。飞儿在呼吸困难的情况下，临危不惧，急中生智，打破窗户玻璃，屋里压力减轻，门可以打开了。在飞儿的带领下，大火终于扑灭，飞儿同学却被烧焦了头发，烫伤了双手，该同学的英勇表现使所有在场的人赞不绝口。

正值全国开展学雷锋运动之时，贵校学生飞儿不顾个人安危，临危不惧，挺身而出，抢救他人家庭财产。这一高尚行为为我们树立了良好的榜样。我们除向飞儿同学学习外，特写信向贵校建议，请贵校领导把飞儿的英雄事迹广为宣传，予以表彰。使广大学生以飞儿同学为榜样，将学雷锋运动推向高潮。

此致

敬礼！

蓝齐儿

2008 年 10 月 24 日

图 2-36　表扬信

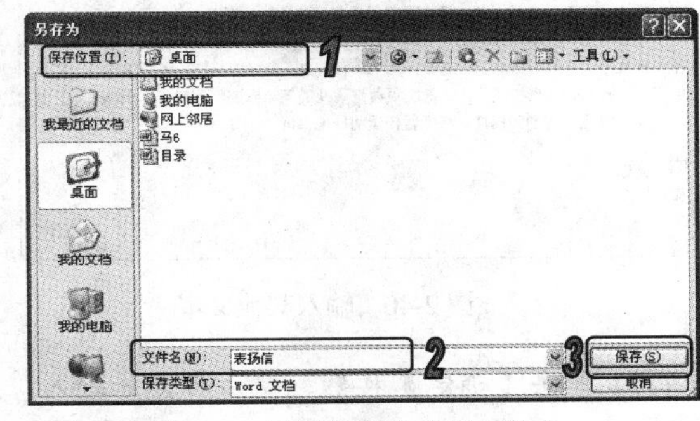

图 2-37　设置保存位置和文件名

(4) 选择【工具】|【选项】命令，打开【选项】对话框，选择【保存】选项卡，选择【自动保存时间间隔】复选框，并在其后的微调框中输入 4，如图 2-38 所示。

(5) 单击【确定】按钮，就可以每隔 4 分钟自动保存文档。

(6) 选择五笔字型输入法，在文档开始处输入标题“表扬信”，然后将插入点移至该行的开始，连续按下空格键，将标题移至该行的中间位置。

(7) 按 Enter 键换行，输入“南京市第二中学校领导：”，再按 Enter 键换行。

(8) 连续按 4 次空格键，并输入正文，如图 2-39 所示。

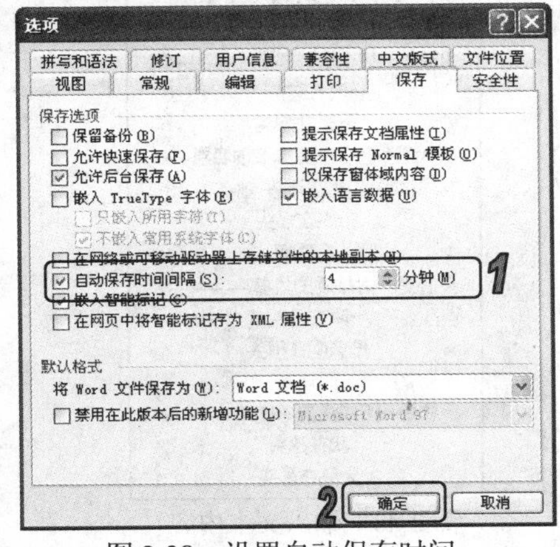

图 2-38　设置自动保存时间

表扬信

南京市第二中学校领导：

10 月 20 日中午，由于孩子在家玩火，造成一场大火灾，当时我们尚未下班。贵校学生飞儿发现火情之后，不顾自己身体有病，奋不顾身冲进火海。由于火势很猛，屋里烟浓，

图 2-39　输入正文

(9) 选择需要复制的文本，如“飞儿”，按组合键 Ctrl+C，将选择的文本复制到剪贴板中，在需要输入文本“飞儿”处，按组合键 Ctrl+V，将其复制到该位置。

(10) 按照同样的方法继续输入其他文本，如图 2-40 所示。

(11) 将插入点定位到需要插入日期的位置，这里将鼠标光标定位于文档右下角并单击。

(12) 选择【插入】|【日期和时间】命令，打开【日期和时间】对话框，在【可用格式】列表框中选择所需要的日期格式，如图 2-41 所示。

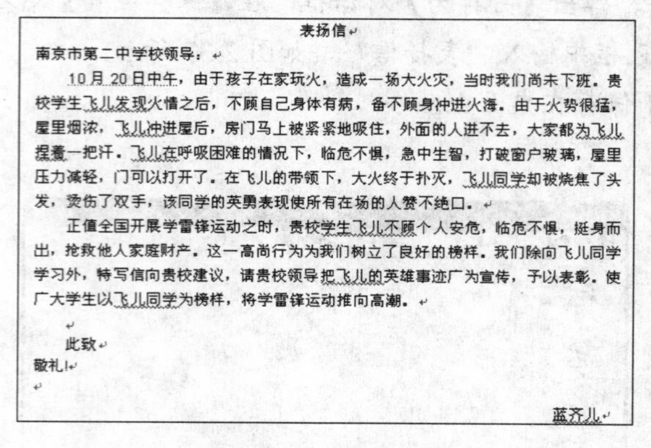

表扬信

南京市第二中学校领导：

10月20日中午，由于孩子在家玩火，造成一场大火灾，当时我们尚未下班。贵校学生飞儿发现火情之后，不顾自己身体有病，奋不顾身冲进火海。由于火势很猛，屋里烟浓，飞儿冲进屋后，房门马上被紧紧地吸住，外面的人进不去，大家都为飞儿捏羞一把汗。飞儿在呼吸困难的情况下，临危不惧，急中生智，打破窗户玻璃，屋里压力减轻，门可以打开了。在飞儿的带领下，大火终于扑灭，飞儿同学却被烧焦了头发，烫伤了双手，该同学的英勇表现使所有在场的人赞不绝口。

正值全国开展学雷锋运动之时，贵校学生飞儿不顾个人安危，临危不惧，挺身而出，抢救他人家庭财产。这一高尚行为为我们树立了良好的榜样。我们除向飞儿同学学习外，特写信向贵校建议，请贵校领导把飞儿的英雄事迹广为宣传，予以表彰。使广大学生以飞儿同学为榜样，将学雷锋运动推向高潮。

此致

敬礼！

蓝齐儿

图 2-40 输入其他文本

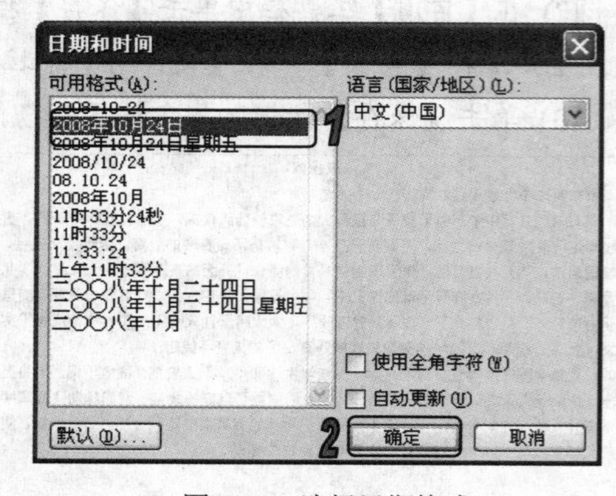

图 2-41 选择日期格式

(13) 单击【确定】按钮，完成日期的输入，效果如图 2-36 所示。

2.6 习题

1. 以副本方式打开一个 Word 文档，对其进行编辑修改后将其保存，并且在多种视图模式浏览。

2. 在文档中插入图 2-42 中的“版权所有”符号和“商标”符号。

3. 新建一个 Word 文档，并输入如图 2-43 所示的内容。

版权所有 © 2005-2006 Chenxx™

图 2-42 插入特殊符号

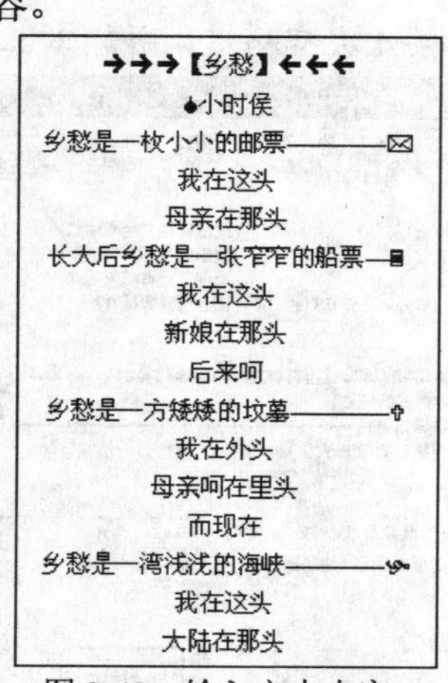

→→→【乡愁】←←←
小时侯
乡愁是一枚小小的邮票——✉
我在这头
母亲在那头
长大后乡愁是一张窄窄的船票——
我在这头
新娘在那头
后来啊
乡愁是一方矮矮的坟墓——
我在外头
母亲啊在里头
而现在
乡愁是一湾浅浅的海峡——
我在这头
大陆在那头

图 2-43 输入文本内容

文档的格式设置

学习目标

在文档中，文字是组成段落的最基本内容，任何一个文档都是从段落文本开始进行编辑的。如果能够快速、巧妙地设置文档格式，不仅可以使文档样式美观，还能加快编辑速度。

本章重点

- 设置文本样式
- 设置段落格式
- 设置项目符号和编号
- 设置边框和底纹
- 使用特殊排版方式
- 复制和清除格式
- 设置页面

3.1 设置文本样式

在 Word 文档中输入的文字默认字体为【宋体】，默认字号为【五号】，为了使文档更加美观、条理更加清晰，通常需要对文本进行格式化操作。

3.1.1 使用【格式】工具栏

使用【格式】工具栏可以快速地设置文本的样式，例如，设置字体、字号、颜色和字形等，如图 3-1 所示。

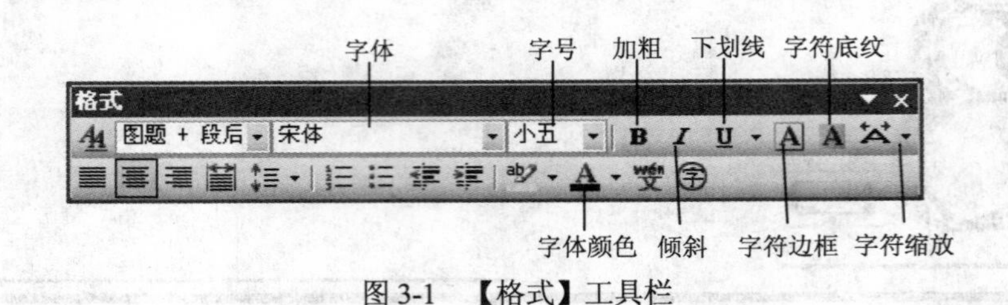

图 3-1 【格式】工具栏

- 设置字体。字体是指文字的外观，Word 2003 提供了多种可用的字体，默认字体为【宋体】。在【格式】工具栏的【字体】下拉列表框中选择需要的字体选项即可。
- 设置字号。字号是指文字的大小，设置字号的方法与设置字体的方法类似。
- 设置字体颜色。单击【字体颜色】按钮后面的三角按钮，在弹出的调色板中选择需要的色块。
- 设置字形。字形是指文字的一些特殊外观，例如加粗、倾斜、下划线、边框、底纹等。在【格式】工具栏中单击相应的按钮即可。

3.1.2 使用【字体】对话框

通过【字体】对话框不仅可以完成【格式】工具栏中所有字体设置功能，而且还能给文本添加特殊的效果，设置字符间距等。

1. 设置字符格式

选择【格式】|【字体】命令，打开【字体】对话框中的【字体】选项卡，在其中可以设置字体、字形、字号及特殊效果，如图 3-2 所示。其中文本效果的作用如下所示。

- 删除线：为所选字符的中间添加一条线。
- 双删除线：为所选字符的中间添加两条线。
- 上标：提高所选文字的位置并缩小该文字，例如 3^3=27。
- 下标：降低所选文字的位置并缩小该文字，例如 H_2SO_4。
- 阴影：在文字的后、下和右方加上阴影。
- 空心：将所选字符留下内部和外部框线。
- 阴文：将所选字符成凹型。
- 阳文：将所选字符成凸型。
- 小型大写字母：将小写的字母变为大写字母，并将其缩放。
- 全部大写字母：将小写的字母变为大写字母，但不改变字号。
- 隐藏文字：防止选定字符显示或打印。

提示

如果要设置字体格式的文本中既包含中文又包含西文(例如英文、希腊文、阿拉伯数字)时，可在【中文字体】下拉列表框中设置中文的字体，在【西文字体】下拉列表框中设置西文的字体。

2. 设置字符间距

字符间距是指文档中字与字之间的距离。在通常情况下，文本是以标准间距显示的，这样的字符间距适用于绝大多数文本。但有时为了创建一些特殊的文本效果，需要扩大或缩小字符间距。

要设置字符间距，可在【字体】对话框中选择【字符间距】选项卡，如图 3-3 所示。在该对话框中各选项的功能如下所示。

- 【缩放】下拉列表框：设置字在水平方向上的缩放比例。
- 【间距】下拉列表框：设置字符之间的间距，包含【标准】、【加宽】和【紧缩】3 个选项，在默认情况下为标准间距。
- 【位置】下拉列表框：设置字符的位置，包含【标准】、【提升】和【降低】3 个选项，在默认情况下为标准位置。需要注意的是，提升与降低的效果只对同一行中的部分文字有效，而不能对整行或整段文字应用该效果。
- 【为字体调整字间距】复选框：选择该复选框，可以在大于某一尺寸的条件下自动调整字符间距。

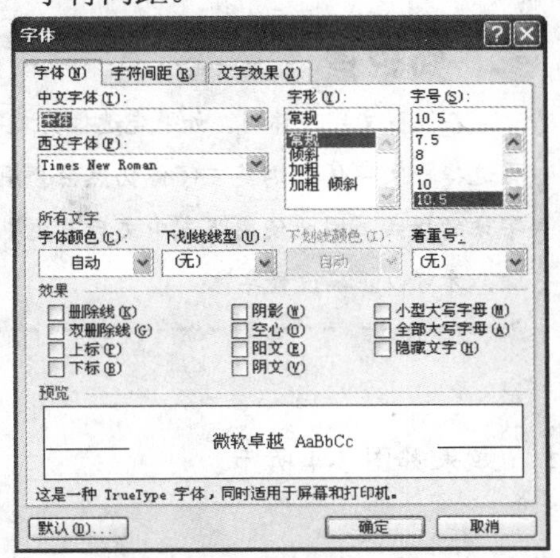

图 3-2　【字体】对话框

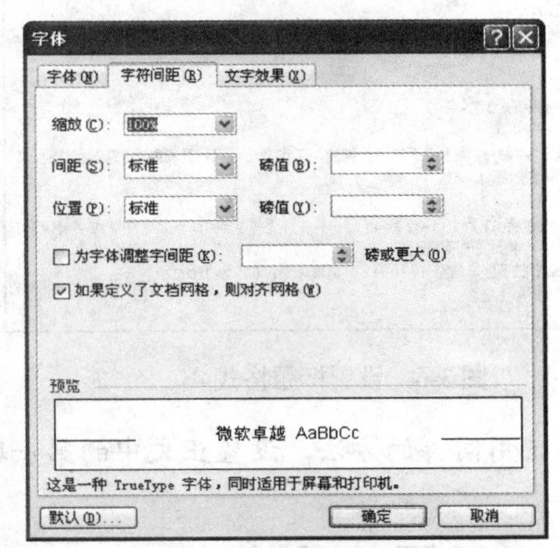

图 3-3　【字符间距】选项卡

【例 3-1】将文档【招聘启事】标题字体设为华文新魏，字号为二号，字体颜色为红色，字符间距加宽 2 磅，并且设置阴文和加粗效果；设置正文的第一段文本的字号为小四，字体颜色为橙色，并且设置阴影效果，如图 3-4 所示。

(1) 启动 Word 2003，新建一个名为“招聘启事”的文档，然后输入文本内容，如图 3-5 所示。

南京大学药学院人才招聘启事
南京大学药学院"三期工程"因事业发展需要，经学校批准，决定在校内外公开招聘科研辅助人员 8~9 名，新录用人员的人事管理方式根据学校有关非教师系列事业性质岗位人员的管理办法和政策执行。
招聘人员：
天然药学化学、中药或生药学：1 名
药理学：2 名
药物化学或有机化学：1-2 名
药剂学：1 名
药物分析：1 名
药物代谢或药物分析：2 名
招聘条件：
硕士及以上学历，年龄 35 周岁以下，身体健康，工作责任心强，具有熟练的实验技能及仪器设备的管理和维护经验。
报名方法：
1. 报名时间：2008 年 12 月 1 日~12 月 15 日　　上午 9 点~11 点，下午 2 点~5 点
2. 报名需提供个人学历证书及复印件。
报名地址：南京市白下区丰富路 18 号子　　咨询电话：025-84210032
人事部
2008 年 11 月 20 日

图 3-4　格式化文本

南京大学药学院人才招聘启事
南京大学药学院"三期工程"因事业发展需要，经学校批准，决定在校内外公开招聘科研辅助人员 8~9 名，新录用人员的人事管理方式根据学校有关非教师系列事业性质岗位人员的管理办法和政策执行。
招聘人员：
天然药学化学、中药或生药学：1 名
药理学：2 名
药物化学或有机化学：1-2 名
药剂学：1 名
药物分析：1 名
药物代谢或药物分析：2 名
招聘条件：
硕士及以上学历，年龄 35 周岁以下，身体健康，工作责任心强，具有熟练的实验技能及仪器设备的管理和维护经验。
报名方法：
1. 报名时间：2008 年 12 月 1 日~12 月 15 日　　上午 9 点~11 点，下午 2 点~5 点
2. 报名需提供个人学历证书及复印件。
报名地址：南京市白下区丰富路 18 号子　　咨询电话：025-84210032
人事部
2008 年 11 月 20 日

图 3-5　输入文本

(2) 选取【招聘启事】的标题，选择【格式】|【字体】命令，打开【字体】对话框，选择【字体】选项卡，在【中文字体】下拉列表框中选择【华文新魏】选项，在【字号】列表框中选择【二号】选项，在【字体】颜色下拉列表框中选择【红色】，并且选择【阴文】复选框。

(3) 选择【字符间距】选项卡，在【间距】下拉列表框中选择【加宽】选项，在其后的【磅值】微调框中输入 2 磅，然后单击【确定】按钮，效果如图 3-6 所示。

南京大学药学院人才招聘启事
南京大学药学院"三期工程"因事业发展需要，经学校批准，决定在校内外公开招聘科研辅助人员 8~9 名，新录用人员的人事管理方式根据学校有关非教师系列事业性质岗位人员的管理办法和政策执行。
招聘人员：
天然药学化学、中药或生药学：1 名
药理学：2 名
药物化学或有机化学：1-2 名
药剂学：1 名
药物分析：1 名
药物代谢或药物分析：2 名
招聘条件：
硕士及以上学历，年龄 35 周岁以下，身体健康，工作责任心强，具有熟练的实验技能及仪器设备的管理和维护经验。
报名方法：
1. 报名时间：2008 年 12 月 1 日~12 月 15 日　　上午 9 点~11 点，下午 2 点~5 点
2. 报名需提供个人学历证书及复印件。
报名地址：南京市白下区丰富路 18 号子　　咨询电话：025-84210032
人事部
2008 年 11 月 20 日

图 3-6　设置标题格式

知识点

在设置文字字体时，如果先选择英文字体，再选择中文字体，则英文字体仍然会套用中文字体的格式。因此使用【先中文后英文】的步骤，才可以正确设置字体。

(4) 使用同样的方法，设置正文中的第一段文本，效果如图 3-4 所示。

3.2　设置段落格式

段落是构成整个文档的骨架，它是由正文、图表和图形等加上一个段落标记构成。段落的格式化包括段落对齐、段落缩进、段落间距设置等。

3.2.1　设置段落对齐

段落对齐指文档边缘的对齐方式，包括两端对齐、居中对齐、左对齐、右对齐和分散对齐。

- 两端对齐：默认设置，两端对齐时文本左右两端均对齐，但是段落最后不满一行的文字右边是不对齐的。
- 左对齐：文本左边对齐，右边参差不齐。
- 右对齐：文本右边对齐，左边参差不齐。
- 居中对齐：文本居中排列。
- 分散对齐：文本左右两边均对齐，而且每个段落的最后一行不满一行时，将拉开字符间距使该行均匀分布。

要设置段落对齐方式可以通过单击【格式】工具栏上的相应按钮来实现，也可以通过【段落】对话框来实现。通过【格式】工具栏是最快捷最方便的，因此也是最常使用的方法。

提示

按 Ctrl+E 组合键可以设置段落居中对齐；按 Ctrl+Shift+D 组合键可以设置段落分散对齐；按 Ctrl+R 组合键可以设置段落右对齐；按 Ctrl+J 组合键可以设置段落两端对齐。

3.2.2　设置段落缩进

段落缩进是指段落中的文本与页边距之间的距离。Word 2003 中共有 4 种格式：左缩进、右缩进、悬挂缩进和首行缩进。

- 左缩进：设置整个段落左边界的缩进位置。
- 右缩进：设置整个段落右边界的缩进位置。
- 悬挂缩进：设置段落中除首行以外的其他行的起始位置。
- 首行缩进：设置段落中首行的起始位置。

1. 使用标尺设置段落缩进

通过水平标尺可以快速设置段落的缩进方式及缩进量。水平标尺中包括首行缩进标尺、悬挂缩进、左缩进和右缩进 4 个标记，如图 3-7 所示。拖动各标记就可以设置相应的段落缩进方式。

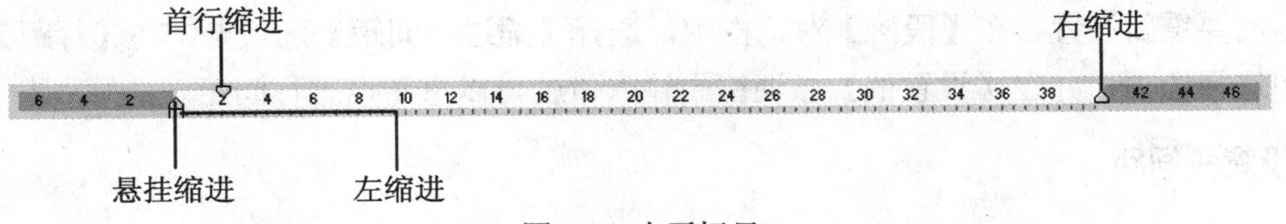

图 3-7　水平标尺

提示

在使用水平标尺格式化段落时，按住 Alt 键不放，用鼠标光标拖动标记，水平标尺上将显示具体的值，用户可以根据该值设置缩进量。

2. 使用【段落】对话框设置缩进

通过【段落】对话框可以更精确地设置段落缩进量。选择【格式】|【段落】命令，打开【段落】对话框，选择【缩进和间距】选项卡，如图 3-8 所示。

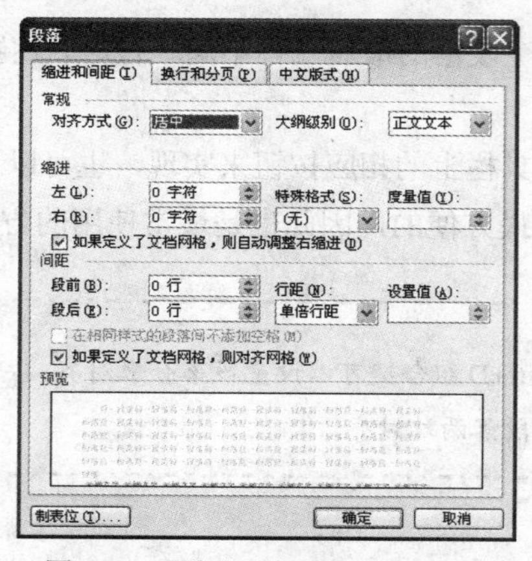

图 3-8　【缩进和间距】选项卡

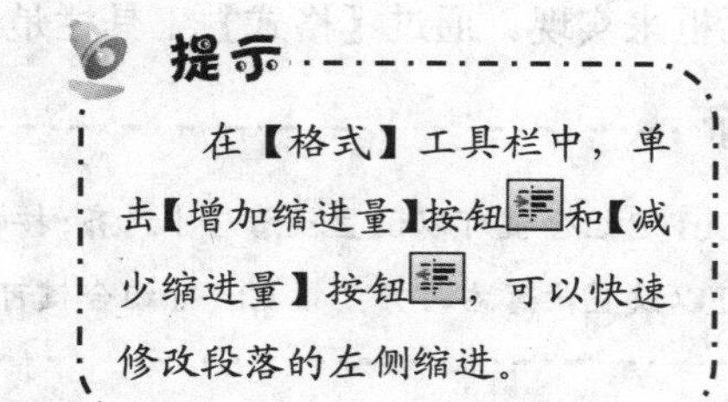

提示

在【格式】工具栏中，单击【增加缩进量】按钮和【减少缩进量】按钮，可以快速修改段落的左侧缩进。

在【缩进】选项区域的【左】文本框中输入左缩进值，则所有行从左边缩进；在【右】文本框中输入右缩进的值，则所有行从右边缩进；在【特殊格式】下拉列表框可以选择段落缩进的方式。

3.2.3　设置段落间距

段落间距的设置包括文档行间距与段间距的设置。所谓行间距是指段落中行与行之间的距离；所谓段间距，就是指前后相邻的段落之间的距离。

1. 设置行间距

行间距决定段落中各行文本之间的垂直距离。Word 2003 中默认的行间距值是单倍行距，可以根据需要重新设置。在【段落】对话框中，选择【缩进和间距】选项卡，在【行距】下拉列表框中选择选项，并在【设置值】微调框中输入值就可以重新设置行间距。

2. 设置段间距

段间距决定段落前后空白距离的大小。在【段落】对话框中，选择【缩进和间距】选项卡，在【段前】和【段后】微调框中输入值，就可以设置段间距。

【例 3-2】将文档【招聘启事】的标题设置为居中对齐，行距为 1.5 倍行距，段后间距为 0.5 行；设置正文的前第 13 段文本为两端对齐，首行缩进两个字符；设置正文的倒数第 3 段文本为居中对齐，段前、段后间距为 0.5 行；设置正文的最后一段文本为右对齐，如图 3-9 所示。

(1) 启动 Word 2003，打开文档【招聘启事】，将插入点定位在标题文本中，选择【格式】|【段落】命令，打开【段落】对话框，选择【缩进和间距】选项卡，在【对齐方式】下拉列表框中选择【居中】选项，在【段后】微调框中输入【0.5 行】，在【行距】下拉列表框中选择【1.5 倍行距】，然后单击【确定】按钮，效果如图 3-10 所示。

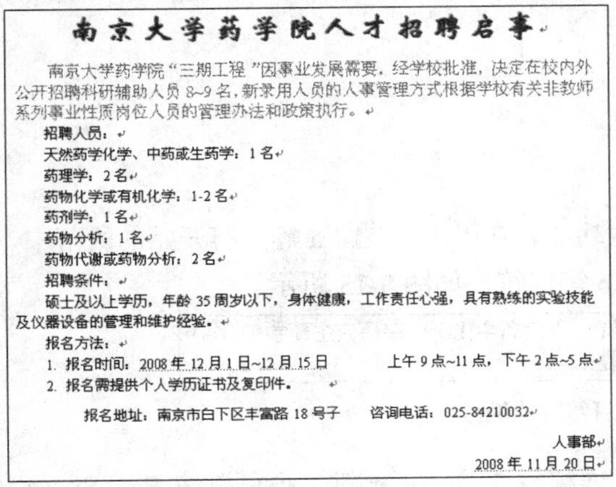

南京大学药学院人才招聘启事

南京大学药学院"三期工程"因事业发展需要，经学校批准，决定在校内外公开招聘科研辅助人员 8~9 名，新录用人员的人事管理方式根据学校有关非教师系列事业性质岗位人员的管理办法和政策执行。
招聘人员：
天然药学化学、中药或生药学：1 名
药理学：2 名
药物化学或有机化学：1-2 名
药剂学：1 名
药物分析：1 名
药物代谢或药物分析：2 名
招聘条件：
硕士及以上学历，年龄 35 周岁以下，身体健康，工作责任心强，具有熟练的实验技能及仪器设备的管理和维护经验。
报名方法：
1. 报名时间：2008 年 12 月 1 日~12 月 15 日　上午 9 点~11 点，下午 2 点~5 点
2. 报名需提供个人学历证书及复印件。
报名地址：南京市白下区丰富路 18 号子　咨询电话：025-84210032
人事部
2008 年 11 月 20 日

图 3-9　设置段落格式

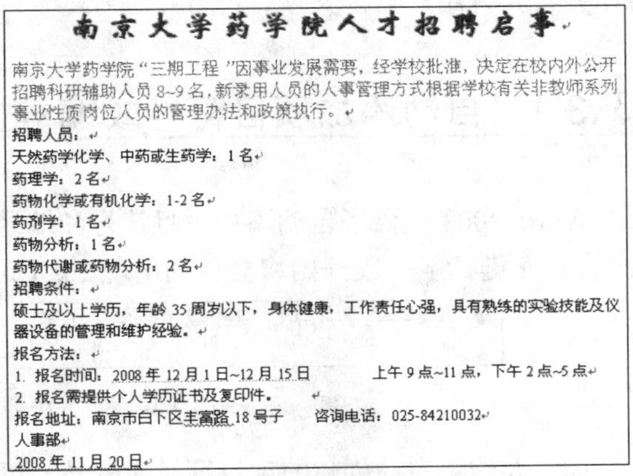

南京大学药学院人才招聘启事

南京大学药学院"三期工程"因事业发展需要，经学校批准，决定在校内外公开招聘科研辅助人员 8~9 名，新录用人员的人事管理方式根据学校有关非教师系列事业性质岗位人员的管理办法和政策执行。
招聘人员：
天然药学化学、中药或生药学：1 名
药理学：2 名
药物化学或有机化学：1-2 名
药剂学：1 名
药物分析：1 名
药物代谢或药物分析：2 名
招聘条件：
硕士及以上学历，年龄 35 周岁以下，身体健康，工作责任心强，具有熟练的实验技能及仪器设备的管理和维护经验。
报名方法：
1. 报名时间：2008 年 12 月 1 日~12 月 15 日　上午 9 点~11 点，下午 2 点~5 点
2. 报名需提供个人学历证书及复印件。
报名地址：南京市白下区丰富路 18 号子　咨询电话：025-84210032
人事部
2008 年 11 月 20 日

图 3-10　设置标题段落

(2) 选取正文的前 13 段，选择【格式】|【段落】命令，打开【段落】对话框，选择【缩进和间距】选项卡，在【特殊格式】下拉列表框中选择【首行缩进】选项，在【度量值】微调框中输入【2 字符】，然后单击【确定】按钮，效果如图 3-11 所示。

(3) 将光标定位在倒数第 3 段，选择【格式】|【段落】命令，打开【段落】对话框，选择【缩进和间距】选项卡，在【对齐方式】下拉列表框中选择【居中】选项，在【段前】微调框中输入【0.5 行】，在【段后】微调框中输入【0.5 行】，然后单击【确定】按钮，效果如图 3-12 所示。

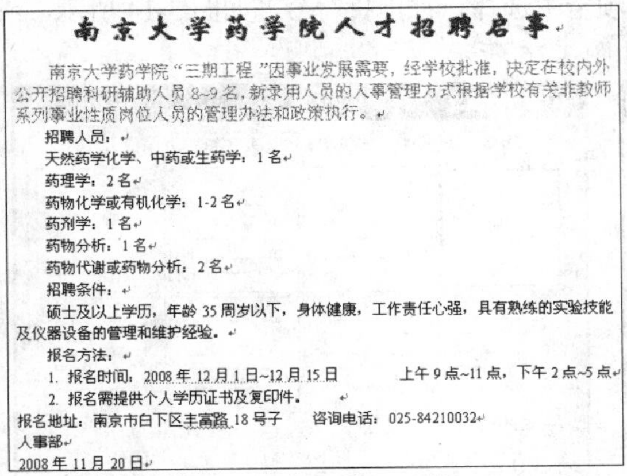

南京大学药学院人才招聘启事

南京大学药学院"三期工程"因事业发展需要，经学校批准，决定在校内外公开招聘科研辅助人员 8~9 名，新录用人员的人事管理方式根据学校有关非教师系列事业性质岗位人员的管理办法和政策执行。
招聘人员：
天然药学化学、中药或生药学：1 名
药理学：2 名
药物化学或有机化学：1-2 名
药剂学：1 名
药物分析：1 名
药物代谢或药物分析：2 名
招聘条件：
硕士及以上学历，年龄 35 周岁以下，身体健康，工作责任心强，具有熟练的实验技能及仪器设备的管理和维护经验。
报名方法：
1. 报名时间：2008 年 12 月 1 日~12 月 15 日　上午 9 点~11 点，下午 2 点~5 点
2. 报名需提供个人学历证书及复印件。
报名地址：南京市白下区丰富路 18 号子　咨询电话：025-84210032
人事部
2008 年 11 月 20 日

图 3-11　设置正文段落格式

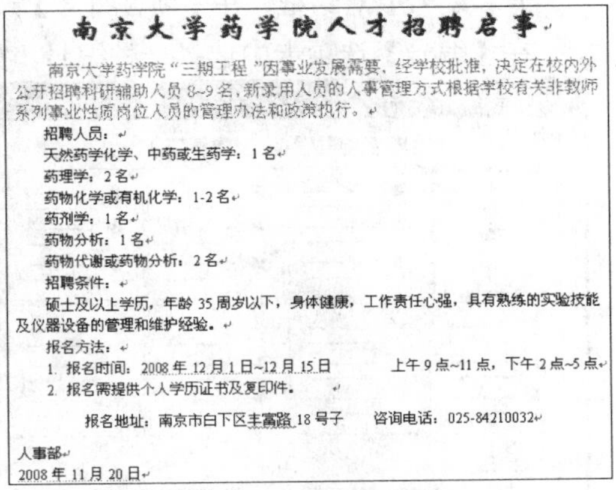

南京大学药学院人才招聘启事

南京大学药学院"三期工程"因事业发展需要，经学校批准，决定在校内外公开招聘科研辅助人员 8~9 名，新录用人员的人事管理方式根据学校有关非教师系列事业性质岗位人员的管理办法和政策执行。
招聘人员：
天然药学化学、中药或生药学：1 名
药理学：2 名
药物化学或有机化学：1-2 名
药剂学：1 名
药物分析：1 名
药物代谢或药物分析：2 名
招聘条件：
硕士及以上学历，年龄 35 周岁以下，身体健康，工作责任心强，具有熟练的实验技能及仪器设备的管理和维护经验。
报名方法：
1. 报名时间：2008 年 12 月 1 日~12 月 15 日　上午 9 点~11 点，下午 2 点~5 点
2. 报名需提供个人学历证书及复印件。
报名地址：南京市白下区丰富路 18 号子　咨询电话：025-84210032
人事部
2008 年 11 月 20 日

图 3-12　设置段落间距

(4) 选取正文的最后两段，在【格式】工具栏中单击【右对齐】按钮，其效果如图 3-9 所示。

3.3 设置项目符号和编号

使用项目符号和编号列表，可以对文档中并列的项目进行组织，或者将顺序的内容进行编号，以使这些项目的层次结构更清晰、更有条理。Word 2003 提供了 7 种标准的项目符号和编号，并且允许用户自定义项目符号和编号。

3.3.1 自动添加项目符号或编号

Word 2003 提供了自动添加项目符号和编号的功能。在以 1.、(1)、a 等字符开始的段落中按下 Enter 键，下一段开始将会自动出现 2.、(2)、b 等字符，如图 3-13 所示。

● 天然药学化学、中药或生药学：1 名↵
● ↵

1. 天然药学化学、中药或生药学：1 名↵
2. ↵

图 3-13 自动添加项目符号或编号

如果要结束自动创建的项目符号或编号，可以连续按 2 次 Enter 键，也可以按 BackSpace 键删除刚刚创建的项目符号或编号。

3.3.2 添加项目符号或编号

除了使用 Word 2007 的自动添加项目符号和编号功能，也可以在输入文本之后，为其添加符号或编号。

- 在文档中选择要添加项目的若干个段落，选择【格式】|【格式】命令，打开【项目符号和编号】对话框，在【项目符号】选项卡中选择一种项目符号，如图 3-14 所示，或在【编号】选项卡中选择一种编号，如图 3-15 所示。

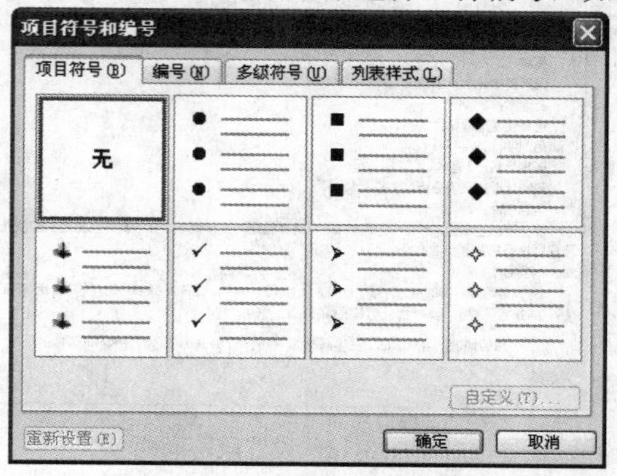

图 3-14 【项目符号】选项卡

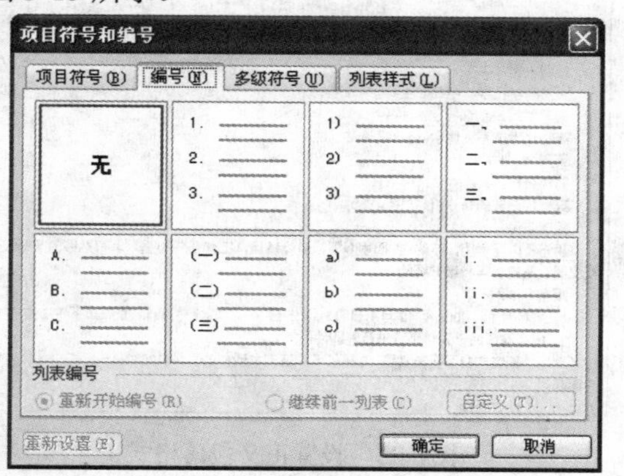

图 3-15 【编号】选项卡

◉ 在文档中选择要添加项目的若干个段落，单击【格式】工具栏中的【项目符号】按钮或【项目符号】按钮。

3.3.3 自定义项目符号或编号

在 Word 2007 中，除了可以使用提供的项目符号和编号外，还可以使用图片等自定义项目符号和编号样式。

1. 自定义项目符号

要自定义项目符号，可在【项目符号】选项卡中单击任意一种样式，单击【自定义】按钮，打开【自定义项目符号列表】对话框，在其中自定义一种项目符号即可，如图 3-16 所示。在该对话框中各选项的功能如下所示。

◉ 【项目符号字符】列表：列出了最近使用的几种项目符号。

◉ 【字体】按钮：单击该按钮，打开【字体】对话框，可用于设置项目符号的字体格式。

◉ 【字符】按钮：单击该按钮，打开【符号】对话框，可从中选择合适的符号作为项目符号，如图 3-17 所示。

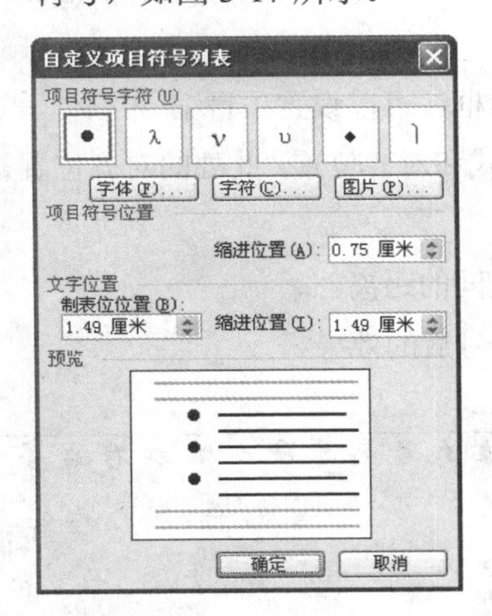

图 3-16　【自定义项目符号列表】对话框

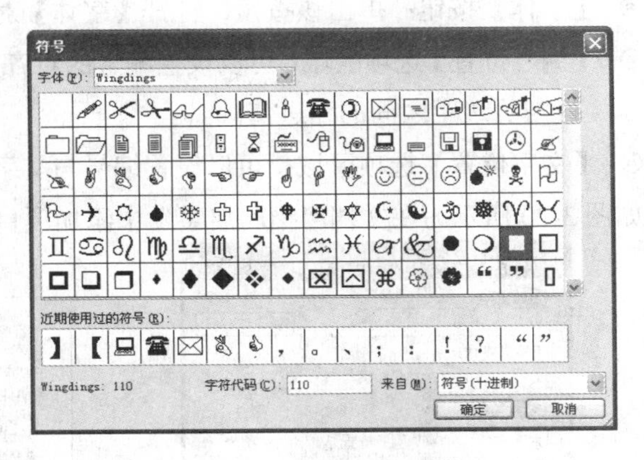

图 3-17　【符号】对话框

◉ 【图片】按钮：单击该按钮，打开【图片项目符号】对话框，可从中选择合适的图片符号作为项目符号，也可以单击【导入】按钮，导入一个图片作为项目符号，如图 3-18 所示。这里导入的图片只支持 BMP、JPEG、TIF 等几种最常用的格式。

◉ 【项目符号位置】选项区域：在【缩进位置】文本框中可以指定项目符号与页边距之间的缩进值。

◉ 【文字位置】选项区域：在【制表位位置】和【缩进位置】文本框中可以指定项目符号与文字之间的距离。

◉ 【预览】框：可以预览用户设置的项目符号的效果。

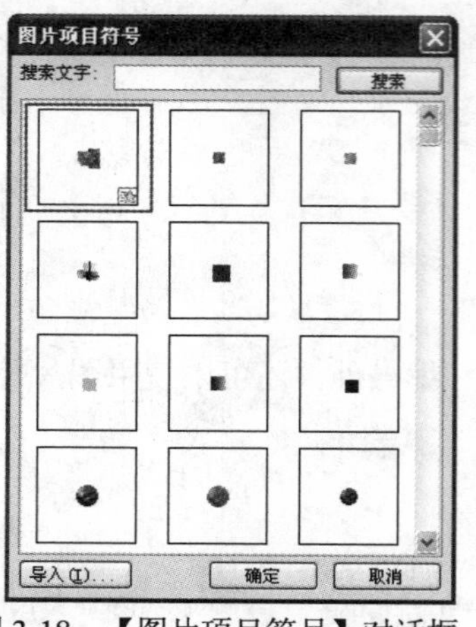

图 3-18 【图片项目符号】对话框

提示

如果要取消项目符号或编号，可选择设置项目符号或编号的文本，单击【格式】工具栏中的【项目符号】按钮或【项目符号】按钮。

2. 自定义编号

要自定义编号，可在【编号】选项卡中单击任意一种样式，单击【自定义】按钮，打开【自定义编号列表】对话框，如图 3-19 所示。在该对话框中各选项的功能如下所示。

- 【编号样式】选项区域：在【编号样式】下拉列表框中可以选择其他的编号样式，并在【起始编号】微调框中输入起始的编号。
- 【字体】按钮：单击该按钮，打开【字体】对话框，可以设置项目编号字体。
- 【编号位置】选项区域：可以设置编号的对齐方式和对齐位置，此处的对齐位置是指编号与页边距之间的缩进值。
- 【文字位置】选项区域：可以设置编号与文字之间的距离。

如图 3-20 所示为在文档“招聘启事”中添加项目符号后的效果。

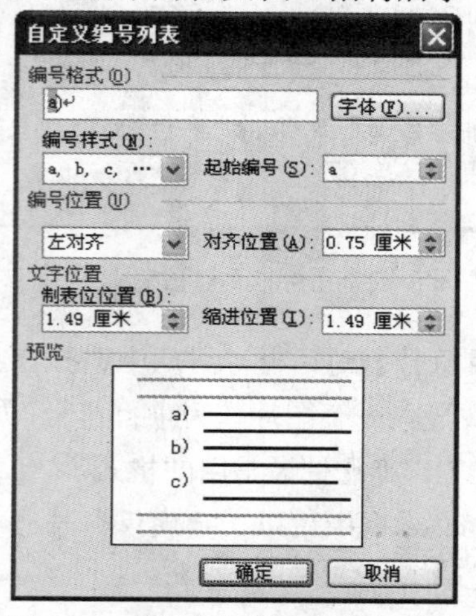

图 3-19 【自定义编号列表】对话框

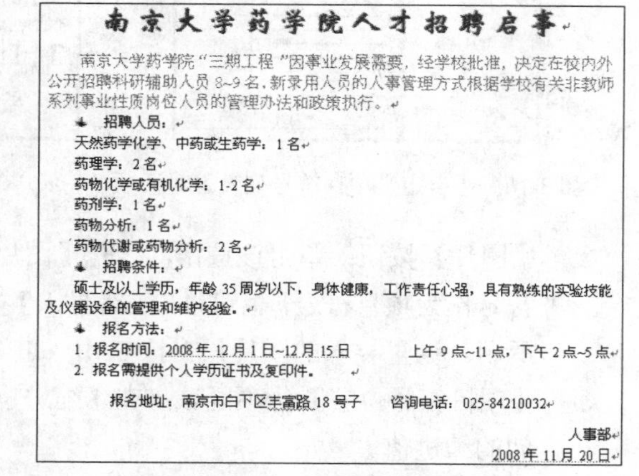

南京大学药学院人才招聘启事

南京大学药学院“三期工程”因事业发展需要，经学校批准，决定在校内外公开招聘科研辅助人员 8~9 名，新录用人员的人事管理方式根据学校有关非教师系列事业性质岗位人员的管理办法和政策执行。

- 招聘人员：

天然药学化学、中药或生药学：1 名

药理学：2 名

药物化学或有机化学：1-2 名

药剂学：1 名

药物分析：1 名

药物代谢或药物分析：2 名

- 招聘条件：

硕士及以上学历，年龄 35 周岁以下，身体健康，工作责任心强，具有熟练的实验技能及仪器设备的管理和维护经验。

- 报名方法：

1. 报名时间：2008 年 12 月 1 日~12 月 15 日　　上午 9 点~11 点，下午 2 点~5 点
2. 报名需提供个人学历证书及复印件。

报名地址：南京市白下区丰富路 18 号子　　咨询电话：025-84210032

人事部

2008 年 11 月 20 日

图 3-20 添加项目符号

3.4　设置边框和底纹

使用 Word 编辑文档时，为了让文档更加吸引人，需要为文字和段落添加边框和底纹，来增加文档的生动性。

3.4.1　设置文字或段落边框

Word 2003 提供了多种边框供选择，用来强调或美化文档内容。选择要添加边框的文本，选择【格式】|【边框和底纹】命令，打开【边框和底纹】对话框，选择【边框】选项卡，如图 3-21 所示。在该对话框中各选项的功能如下所示。

- 【设置】选项区域：提供了 5 种边框样式，从中可选择所需的样式。
- 【线型】列表框：列出了各种不同的线条样式，从中可选择所需的线型。
- 【颜色】下拉列表框：可为边框设置所需的颜色。
- 【宽度】下拉列表框：可为边框设置相应的宽度。
- 【应用于】下拉列表框：可以设定边框应用的对象是文字或段落。

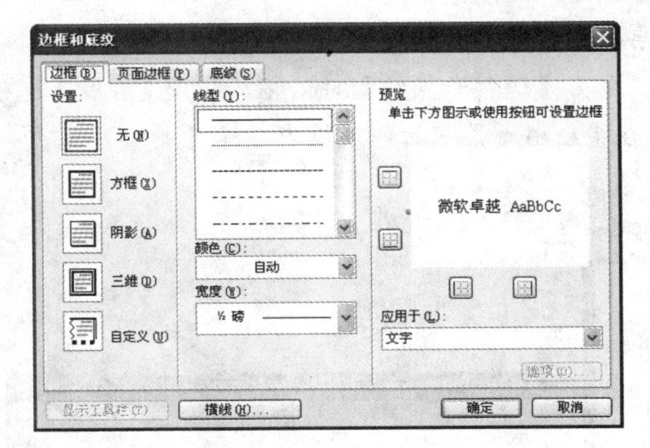

图 3-21　【边框】选项卡

提示

对段落进行边框设置时，如果需要删除段落一边的边框，要在【预览】选项区域中单击要删除的边框。

3.4.2　设置页面边框

若要为文档的整个页面添加边框，则可以在【边框和底纹】对话框中选择【页面边框】选项卡，如图 3-22 所示。其中的设置基本上与【边框】选项卡相同，只是多了一个【艺术型】下拉列表框，通过该列表框可以定义页面的边框样式为艺术型样式。

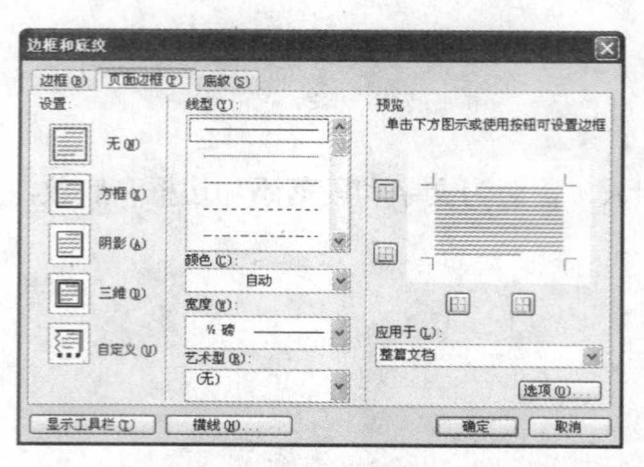

图 3-22　【页面边框】选项卡

> **提示**
>
> 在【页面边框】选项卡的【应用于】下拉列表框中选择【整篇文档】选项，所有的页面都将应用边框样式；如果选择【本节】选项，只有当前的页面应用边框样式。

3.4.3　设置底纹

要设置底纹，只需在【边框和底纹】对话框中选择【底纹】选项卡，对填充的颜色和图案等进行设置即可。

【例 3-3】在文档【招聘启事】中，给文字添加红色的底纹，给段落【报名地址】添加 20%的灰色底纹，给所有的段落添加边框，效果如图 3-23 所示。

(1) 启动 Word 2003，打开文档【招聘启事】，按 Ctrl 键选取第 2 段、第 4 段和第 8 段落。

(2) 选择【格式】|【边框和底纹】命令，打开【边框和底纹】对话框，选择【底纹】选项卡，在【填充】选项区域中选择【红色】色块，在【应用于】下拉列表框中选择【文字】选项，如图 3-24 所示。

(3) 单击【确定】按钮，就可以给文字添加底纹。

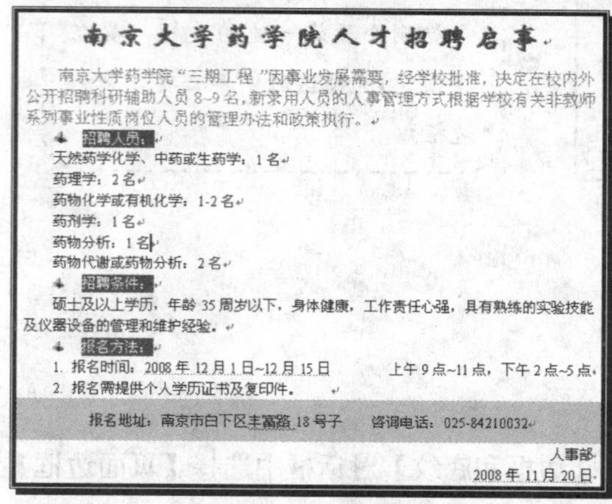

南京大学药学院人才招聘启事

南京大学药学院"三期工程"因事业发展需要，经学校批准，决定在校内外公开招聘科研辅助人员 8~9 名，新录用人员的人事管理方式根据学校有关非教师系列事业性质岗位人员的管理办法和政策执行。

招聘人员：

天然药学化学、中药或生药学：1 名

药理学：2 名

药物化学或有机化学：1-2 名

药剂学：1 名

药物分析：1 名

药物代谢或药物分析：2 名

招聘条件：

硕士及以上学历，年龄 35 周岁以下，身体健康，工作责任心强，具有熟练的实验技能及仪器设备的管理和维护经验。

报名方法：

1. 报名时间：2008 年 12 月 1 日~12 月 15 日　　上午 9 点~11 点，下午 2 点~5 点
2. 报名需提供个人学历证书及复印件。

报名地址：南京市白下区丰富路 18 号子　　咨询电话：025-84210032

人事部

2008 年 11 月 20 日

图 3-23　【底纹】选项卡

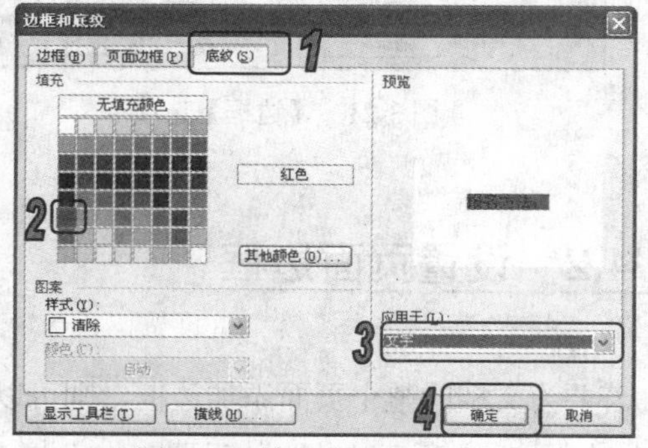

图 3-24　给文字添加底纹

(4) 在【格式】工具栏中单击【字体颜色】按钮右侧的小三角按钮，在弹出的列表中选择【白色】色块，设置字体颜色为白色，如图 3-25 所示。

(5) 将指针定位在倒数第 3 段，选择【格式】|【边框和底纹】命令，打开【边框和底纹】对话框

话框，选择【底纹】选项卡，在【图案】选项区域的【样式】下拉列表框中选择20%选项，在【应用于】下拉列表框中选择【段落】选项。

(6) 单击【确定】按钮，完成设置，最终效果如图3-26所示。

南京大学药学院人才招聘启事

南京大学药学院“三期工程”因事业发展需要，经学校批准，决定在校内外公开招聘科研辅助人员8~9名，新录用人员的人事管理方式根据学校有关非教师系列事业性质岗位人员的管理办法和政策执行。

招聘人员：

天然药学化学、中药或生药学：1名

药理学：2名

药物化学或有机化学：1-2名

药剂学：1名

药物分析：1名

药物代谢或药物分析：2名

招聘条件：

硕士及以上学历，年龄35周岁以下，身体健康，工作责任心强，具有熟练的实验技能及仪器设备的管理和维护经验。

报名方法：

1. 报名时间：2008年12月1日~12月15日　　上午9点~11点，下午2点~5点

2. 报名需提供个人学历证书及复印件。

报名地址：南京市白下区主富路18号子　　咨询电话：025-84210032

人事部

2008年11月20日

图3-25　设置底纹和字体颜色

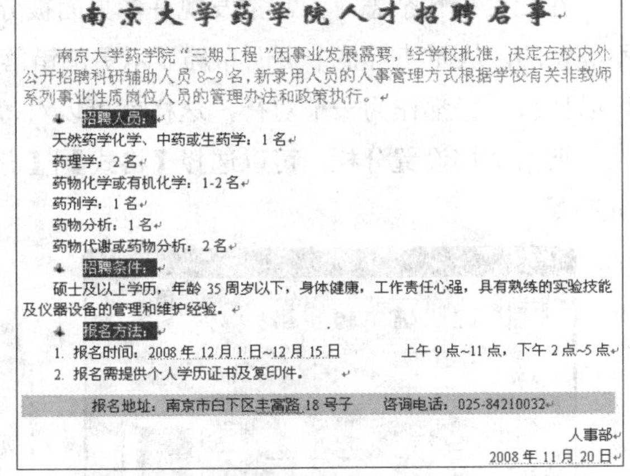

南京大学药学院人才招聘启事

南京大学药学院“三期工程”因事业发展需要，经学校批准，决定在校内外公开招聘科研辅助人员8~9名，新录用人员的人事管理方式根据学校有关非教师系列事业性质岗位人员的管理办法和政策执行。

招聘人员：

天然药学化学、中药或生药学：1名

药理学：2名

药物化学或有机化学：1-2名

药剂学：1名

药物分析：1名

药物代谢或药物分析：2名

招聘条件：

硕士及以上学历，年龄35周岁以下，身体健康，工作责任心强，具有熟练的实验技能及仪器设备的管理和维护经验。

报名方法：

1. 报名时间：2008年12月1日~12月15日　　上午9点~11点，下午2点~5点

2. 报名需提供个人学历证书及复印件。

报名地址：南京市白下区主富路18号子　　咨询电话：025-84210032

人事部

2008年11月20日

图3-26　为段落设置底纹

(7) 选取所有的段落，选择【格式】|【边框和底纹】命令，打开【边框和底纹】对话框，选择【边框】选项卡，在【设置】选项区域中选择【阴影】选项，在【线型】列表框中选择一种线型，如图3-27所示。

(8) 单击【确定】按钮，完成设置，最终效果如图3-23所示。

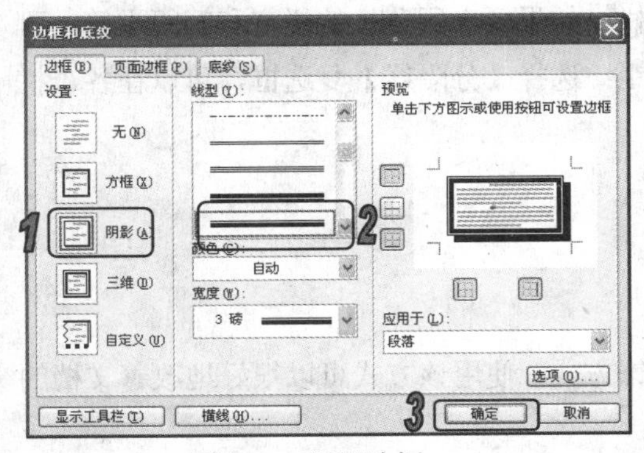

图3-27　设置边框

提示

在【边框和底纹】对话框中单击【显示工具栏】按钮，可显示【边框和底纹】工具栏。

如果要清除已设置的底纹，只要在【边框和底纹】对话框的【底纹】选项卡中，将填充颜色设为【无填充颜色】即可。

3.5　特殊排版方式

一般报刊杂志都需要创建带有特殊效果的文档，这就需要使用一些特殊的排版方式。Word 2003提供了多种特殊的排版方式，例如，首字下沉、中文版式、分栏排版等。

3.5.1 分栏排版

在阅读报刊杂志时，常常发现许多页面被分成多个栏目。这些栏目有的是等宽的，有的是不等宽的，从而使得整个页面布局显示更加错落有致，更易于阅读。Word 2003 具有分栏功能，可以把每一栏都作为一节对待，这样就可以对每一栏单独进行格式化和版面设计。

要给文档设置分栏，可以选择【格式】|【分栏】命令，将打开【分栏】对话框，如图 3-28 所示。

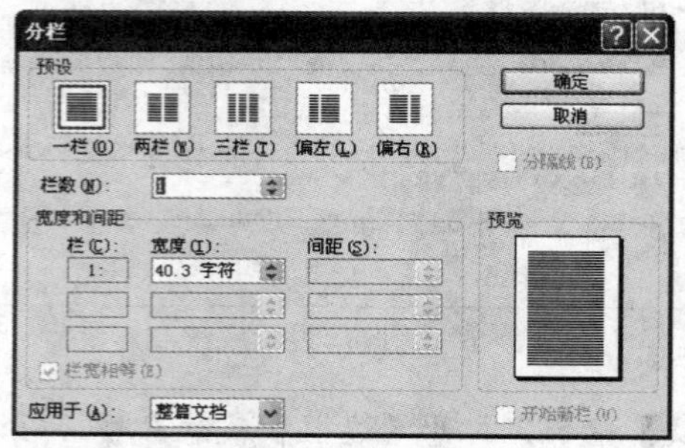

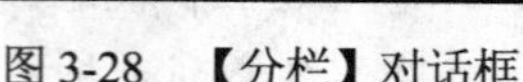
图 3-28　【分栏】对话框

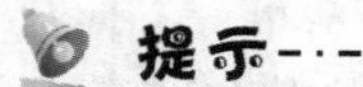
提示

分栏操作仅适合于文本中的正文，对页眉、页脚、批注或文本框是不能分栏的。如果要取消分栏，可在【分栏】对话框中【预设】选区中单击【一栏】项即可。

在对话框的【预设】选项区域中选择所要分的栏数，如果没有符合需要的栏数，则可在【栏数】文本框中指定 2～45 之间的任意数字作为分栏数；选择【栏宽相等】复选框，可以设定当前所有栏的宽度和间距都相等，即将页面按平均分栏。如果要求所分栏的栏宽和间距不等，可在【宽度和间距】选区中分别指定各栏的栏宽和栏距；选择【分隔线】复选框，可以在各个栏之间添加分隔线。

3.5.2 首字下沉

首字下沉是报刊杂志中较为常用的一种文本修饰方式，使用该方式可以很好地改善文档的外观。

在 Word 2003 中，首字下沉共有两种不同的方式，一个是普通的下沉、另外一个是悬挂下沉。两种方式区别之处就在于：【下沉】方式设置的下沉字符紧靠其他的文字，而【悬挂】方式设置的字符可以随意的移动其位置。

要设置首字下沉，可以选择【格式】|【首字下沉】命令，将打开【首字下沉】对话框，如图 3-29 所示。在该对话框的【位置】选区中，可以选择首字下沉的方式。在【选项】选区的【字体】下拉列表框中，可以选择下沉字符的字体。在【下沉行数】文本框中，可以设置首字下沉时所占用的行数。在【距正文】文本框中，可以设置首字与正文之间的距离。

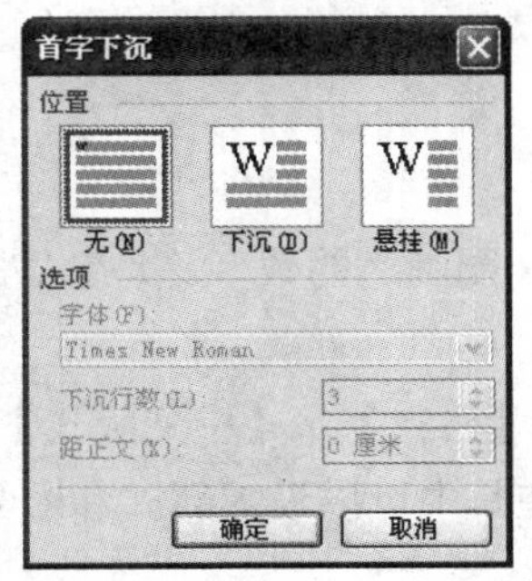

图 3-29　【首字下沉】对话框

知识点

在文档中，设置了首字下沉排版方式后，将段落的第一个文字置于文本框中，用户可以将插入点定位在该文本框中，输入其他文字。

3.5.3　中文版式

为了使 Word 2003 更符合中国人的使用习惯，开发人员还特意增加了中文版式的功能，用户可在文档内添加【拼音指南】、【带圈字符】、【纵横混排】、【合并字符】与【双行合一】等效果。

1. 拼音指南

Word 2003 提供的拼音指南功能，可对文档内的任意文本添加拼音，添加的拼音位于所选文本的上方，并且可以设置拼音的对齐方式。

要给文本添加拼音，可以选择【格式】|【中文版式】|【拼音指南】命令，打开【拼音指南】对话框，如图 3-30 所示。

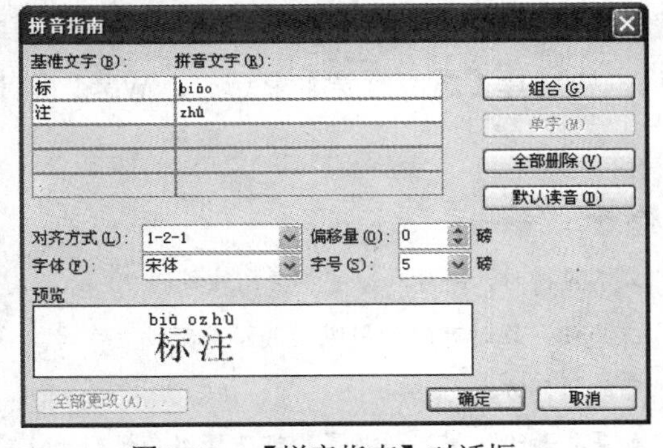

图 3-30　【拼音指南】对话框

知识点

在 Word 2003 中，使用拼音指南一次只能对 30 个字符进行标注拼音，如果选中的字符大于 30，在标注的时候对于前 30 个字符以后的字符将不再进行标注拼音。

在该对话框中设置的字体和字号只针对拼音，不包括文字。

在该对话框的【基准文字】文本框中可以改变被标注拼音的字符；在【拼音文字】区域的文本框中可以修改标注的拼音字母；在【对齐方式】下拉选列表框中可以选择汉字上方汉语拼音的对齐位置；在【偏移量】文本框中可以设置拼音与文字之间的间隔距离；单击【组合】按钮可以使分开标注拼音的单字组合成一个词组，标注的拼音也相应地产生组合；单击【单字】按钮可以拆散组合在一起的词组，使词组分解成单字分别标注拼音。单击【全部删除】按钮是把【拼音文字】文本框中的拼音全部清除。单击【默认读音】按钮可以对【基准文字】恢复拼

音输入的标准读音。

2. 带圈字符

在编辑文字时，有时候要输入一些较特殊的文字，像圆圈围绕的数字等，在 Word 2003 中，可以使用带圈字符功能，轻易地制作出各种带圈字符。

在制作带圈字符时，先选择需要被圈文字，然后选择【格式】|【中文版式】|【带圈字符】命令，打开【带圈字符】对话框，如图 3-31 所示，在其中可以设置新式和圈号等。

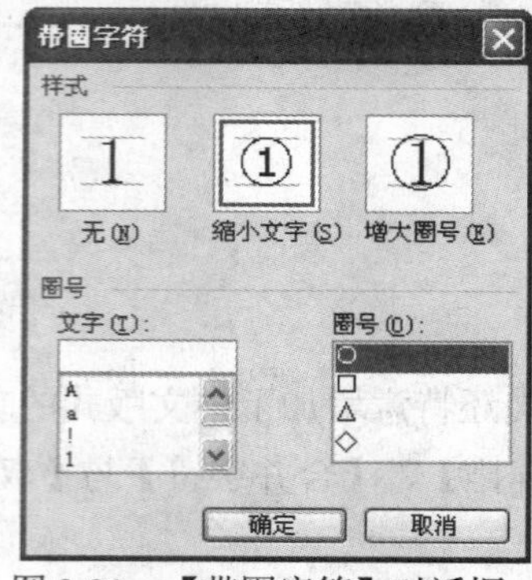

图 3-31 【带圈字符】对话框

> **提示**
>
> 选取要添加带圈的字符，在【格式】工具栏中单击【带圈字符】按钮，同样可以打开【带圈字符】对话框。

3. 纵横混排

在默认的情况下，文档窗口中的文本内容都是横向排列的，有时出于某种需要必须使文字纵横混排(如对联中的横联和竖联等)，这时可以使用 Word 2003 的纵横混排功能，使横向排版的文本在原有的基础上向左旋转 90°。

要给文本设置纵横混排效果，可以选择【格式】|【中文版式】|【纵横混排】命令，打开【纵横混排】对话框，如图 3-32 所示。在该对话框中选择【适应行宽】复选框，Word 将自动调整文本行的宽度。

图 3-32 【纵横混排】对话框

> **提示**
>
> 文本竖排时，字母和数字都会向左旋转 90°，不方便阅读，此时可以使用纵横混排重新设置字母和数字的排列方式。
>
> 如果要删除纵横混排效果，可选择纵向排列的文本，然后打开【纵横混排】对话框，单击【删除】按钮即将恢复所选文本的横向排列。

4. 合并字符

在 Word 2003 的文档窗口中可以设置合并字符效果，该效果能使所选的字符排列成上、下

两行，并且可以设置合并字符的字体、字号。在进行字符合并之后，需要选择合并字符的内容，否则即使打开【合并字符】对话框，【确定】按钮将处于无效状态。

要给文本设置合并字符效果，可以选择【格式】|【中文版式】|【合并字符】命令，打开【合并字符】对话框，如图 3-33 所示。在【文字】文本框中，可以对需要设置的文字内容进行修改；在【字体】下拉列表框中选择文本的字体；在【字号】下拉列表框中选择文本的字号。单击【确定】按钮，将显示文字合并后的效果，如图 3-34 所示。

在合并字符时，【文字】文本框内出现的文字及其合并效果将显示在【合并字符】对话框右侧的【预览】框内。合并的字符不能超过 6 个汉字的宽度，也就是说可以合并 12 个半角英文字符。超过此长度的字符，将被 Word 2003 截断。

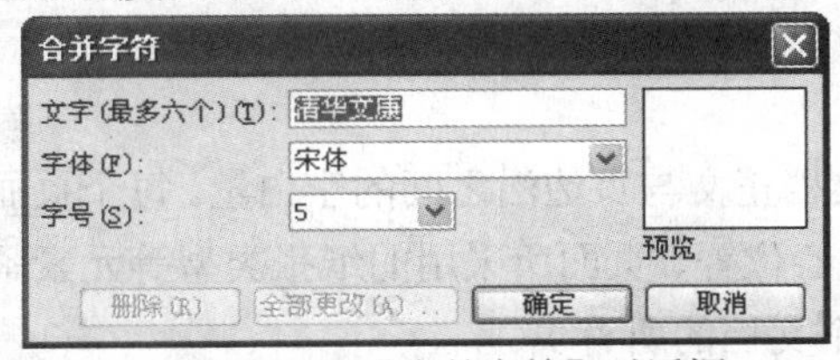

图 3-33　【合并字符】对话框

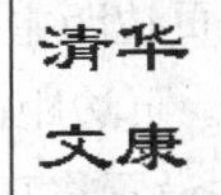

图 3-34　合并字符效果

另外，选择已合并的字符之后，在打开的【合并字符】对话框内，单击【删除】按钮，即可取消所选字符的合并效果。

5. 双行合一

在 Word 2003 文档窗口中可以设置双行合一效果，该效果能使所选的位于同一文本行的内容平均地分为 2 部分，前一部分排列在后一部分的上方。在必要的情况下，还可以给双行合一的文本添加不同类型的括号。

要给文本设置双行合一效果，可以选择【格式】|【中文版式】|【双行合一】命令，打开【双行合一】对话框，如图 3-35 所示。在【文字】文本框中，可以对需要设置的文字内容进行修改；选择【带括号】复选框后，在右侧的【括号样式】下拉列表框中可以选择为双行合一的文本添加不同类型的括号。

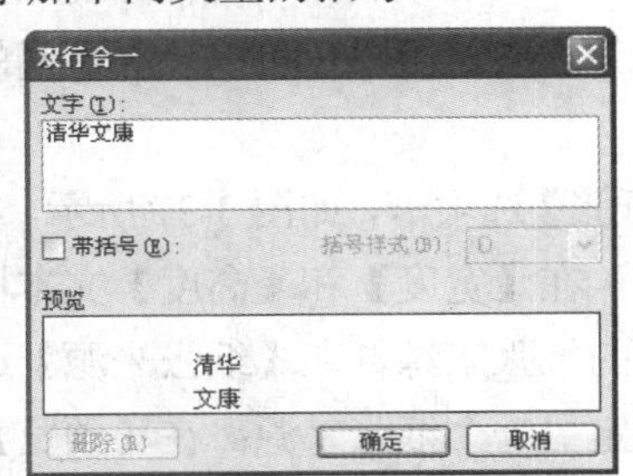

图 3-35　【双行合一】对话框

知识点

合并字符是将多个字符用两行显示，且将多个字符合并成一个整体；双行合一是在一行的空间显示两行文字，且不受字符数限制。

在 Word 2003 中，设置双行合一的文本只能是位于同一文本行的内容，如果选择多行文本，那么只有首行文本设置为双行合一。需要删除双行合一的文本时，可在文档窗口内选择这些文本，然后打开【双行合一】对话框，单击【删除】按钮即可。

3.6 页面设置

在使用 Word 进行排版时，经常会要求对同一个文档中的不同部分使用不同的页面设置，整洁和美感是页面设置的目标。

3.6.1 设置文档页面

在编辑文档时，可以根据需要随时更改页面布局。

1. 设置页边距

在 Word 2003 中，页边距主要用来控制文档正文与页边沿之间的空白量。每个页面都有上、下、左、右 4 个页边距。页边距的值与文档版心位置、页面所采用的纸张类型等元素紧密相关。在改变页边距时，新的设置将直接影响到整个文档的所有页。

要设置页边距，可以选择【文件】|【页面设置】命令，打开【页面设置】对话框，选择【页边距】选项卡，如图 3-36 所示。在【上】、【下】、【左】和【右】微调框中可设置页边距的尺寸；在【装订线】微调框中可设置装订所需的页边距大小；在【装订线位置】下拉列表框中可选择装订线的位置；在【方向】选项区域中可指定当前页面的方向，选择【纵向】选项可以将纸张的短边作为页面的上边，选择【横向】选项将以纸张的长边作为页面的上边；在【页码范围】选项区域的【多页】下拉列表框中可以指定当前正在编排文档的装订方式，不同的装订方式将影响到装订线的位置。如果不需要装订，则选择【普通】选项，并在【装订线】微调框中指定数值 0。

2. 设置纸张大小

纸张的大小不仅对输入的最终效果产生影响，而且对当前文档的工作区大小、工作窗口的显示方式都能够产生直接的影响。在默认状态下，Word 2003 将自动使用 A4 幅面的纸张来显示新的空白文档，纸张大小为 21 厘米×29.7 厘米，方向为纵向。用户也可以选择不同的纸张大小或自定义纸张大小。

要设置纸张大小，可在【页面设置】对话框中选择【纸张】选项卡，如图 3-37 所示。在【纸张大小】下拉列表框中可以选择不同类型的标准纸张大小，在【宽度】和【高度】文本框中可以自定义纸张大小；由于不同型号的打印机支持不同方式的纸张来源，在【纸张来源】选项区域中，用户可以为第一页指定一个纸张来源，为其他页指定另一个纸张来源；在【预览】选项区域的【应用于】下拉列表框中可以设定当前设置的页面大小所适用的范围，例如可以选择【整篇文档】选项将此设置应用于整篇文档，或选择【插入点之后】选项将此设置应用于当前光标所在位置之后的页面。

如果要使当前页面设置恢复到系统默认状态，可在【纸张】选项卡中单击【默认】按钮，在弹出的信息提示框中单击【是】按钮即可。

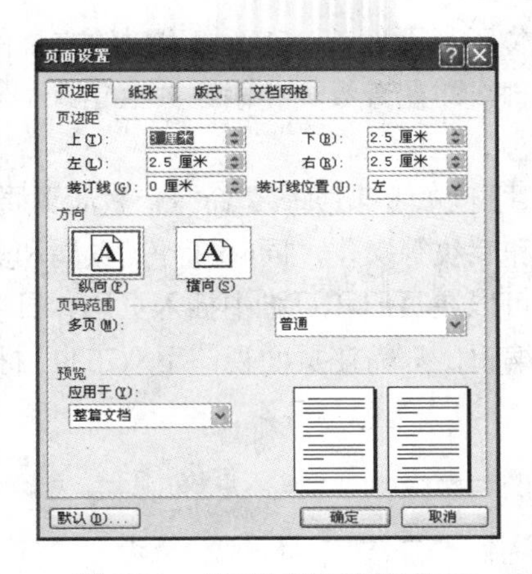

图 3-36　【页边距】选项卡

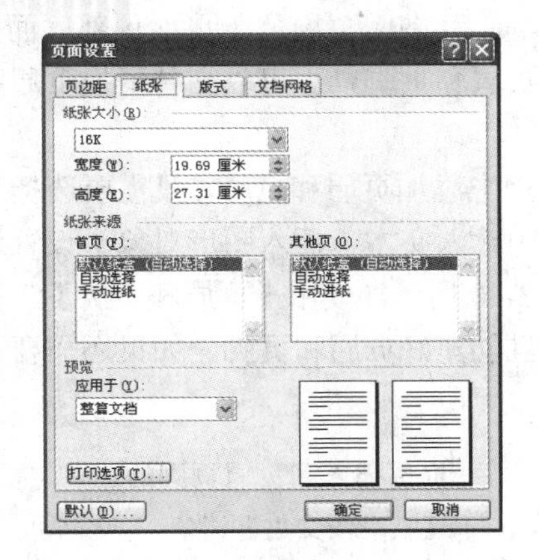

图 3-37　【纸张】选项卡

3. 设置文档网格

要设置文档网格，可在【页面设置】对话框中选择【文档网格】选项卡，如图 3-38 所示。在【文字排列】选项区域中选择【水平】单选按钮，可设置文字方向为水平排列；选择【垂直】单选按钮，可设置文字方向为垂直排列；在【栏数】微调框中可设置每页的栏数。在【网格】选项区域中，选择【无网格】单选按钮，每页的行数、行跨度、每行的字符数和字符跨度都为默认值；选择【指定行和字符网格】单选按钮，每页的行数、行跨度、每行的字符数和字符跨度都可由用户指定；选择【只指定行网格】单选按钮，每页的行数和行跨度可由用户指定，而每行的字符数和字符跨度都为默认值；选择【文字对齐字符网格】单选按钮，每页的行数和每行的字符数可由用户指定，而行跨度和字符跨度都为默认值。单击【绘图网格】按钮，可打开【绘图网格】对话框，使用该对话框可选择附加的绘图网格选项，如图 3-39 所示。

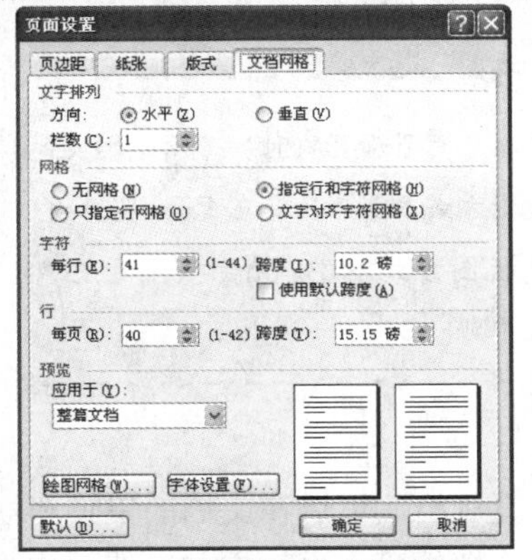

图 3-38　【文档网格】选项卡

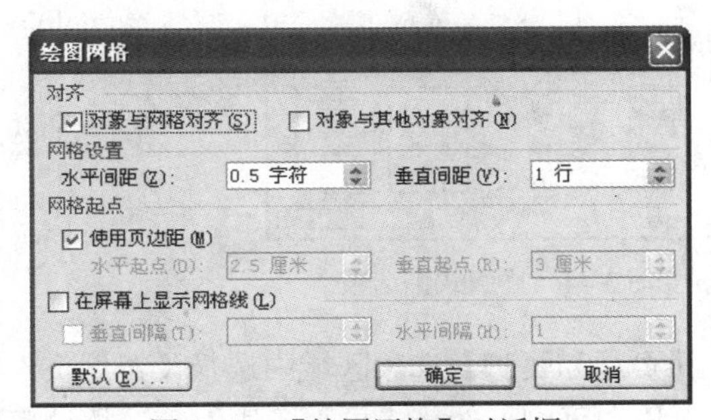

图 3-39　【绘图网格】对话框

3.6.2　添加页眉和页脚

页眉和页脚通常用于显示文档的附加信息，例如页码、日期、作者名称、单位名称、徽标

或章节名称等。其中，页眉位于页面顶部，而页脚位于页面底部。Word 可以给文档的每一页建立相同的页眉和页脚，也可以交替更换页眉和页脚，即在奇数页和偶数页上建立不同的页眉和页脚。

要在文档中添加页眉和页脚，只需要选择【视图】|【页眉和页脚】命令，激活页眉和页脚，就可以在其中输入文本、插入图形对象、设置边框和底纹等操作，同时打开【页眉和页脚】工具栏，如图 3-40 所示。使用【页眉和页脚】工具栏可以在页眉和页脚中插入页码、日期和时间等信息。一旦创建好页眉和页脚，如果还需要再次编辑，只需在页面视图下双击页眉和页脚区域即可。

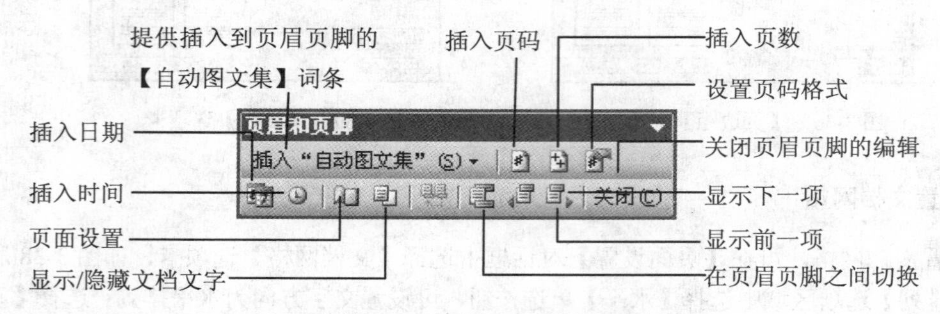

图 3-40 【页眉和页脚】工具栏

使用上面的方法，只能创建同一种类的页眉和页脚，即整篇文档的每页页眉和页脚都完全相同。在一些书籍等出版物中，通常需要双页页眉和单页页眉上设置不同的文字，并且在每章的首页不显示页码，此时可以在【页面设置】对话框中选择【版式】选项卡，如图 3-41 所示。

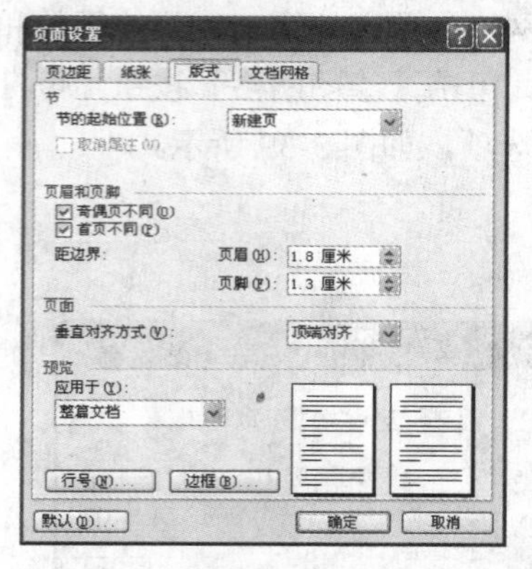

图 3-41 【版式】选项卡

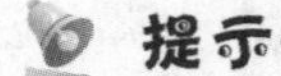

在添加页眉和页脚时，必须先切换到页面视图方式，因为只有在页面视图和打印预览视图方式下才能看到页眉和页脚的效果。

在【页眉和页脚】选项区域中选择【奇偶页不同】复选框，可以在文档的单页和双页指定不同的页眉和页脚；选择【首页不同】复选框，可以在文档的第一页建立与其他页均不相同的页眉和页脚。

要删除页眉和页脚，可在文档中双击页眉使页眉和页脚中所有的内容都处于编辑状态，并按下 Delete 键，这时，如果文档没有分节，那么整个文档的页眉和页脚都将被删除；如果文档已分节，则只会删除当前节的页眉和页脚。

3.7 上机练习

本章上机练习主要通过制作如图3-42所示的宣传单页，来练习设置字体、段落、项目符号、带圈字符、边框、底纹和页面等操作。

(1) 启动Word 2003，新建文档【宣传单页】，并输入文本，如图3-43所示。

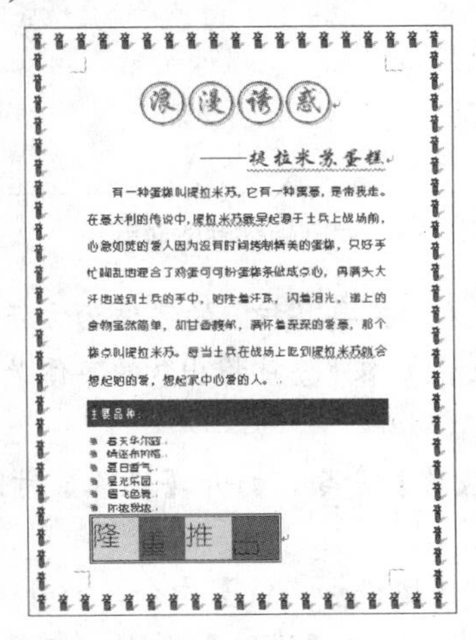

图3-42　宣传单页

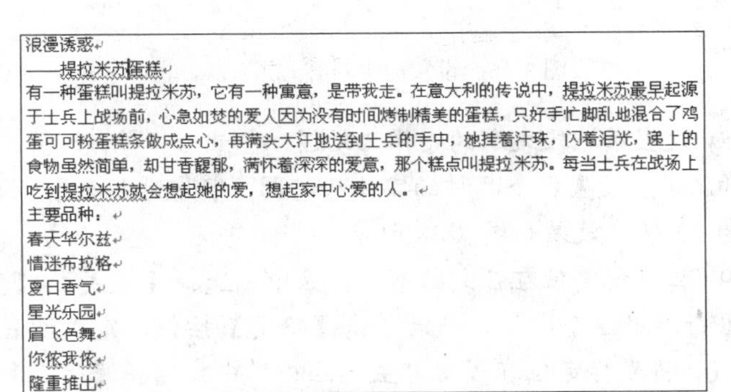

浪漫诱惑
——提拉米苏蛋糕
有一种蛋糕叫提拉米苏，它有一种寓意，是带我走。在意大利的传说中，提拉米苏最早起源于士兵上战场前，心急如焚的爱人因为没有时间烤制精美的蛋糕，只好手忙脚乱地混合了鸡蛋可可粉蛋糕条做成点心，再满头大汗地送到士兵的手中，她挂着汗珠，闪着泪光，递上的食物虽然简单，却甘香馥郁，满怀着深深的爱意，那个糕点叫提拉米苏。每当士兵在战场上吃到提拉米苏就会想起她的爱，想起家中心爱的人。
主要品种：
春天华尔兹
情迷布拉格
夏日香气
星光乐园
眉飞色舞
你侬我侬
隆重推出

图3-43　输入文本

(2) 选取标题“浪漫诱惑”，选择【格式】|【字体】命令，打开【字体】对话框，设置字体为华文行楷，字号为小初，字体颜色为红色，并添加阴影效果。

(3) 单击【确定】按钮，完成标题文字格式设置，如图3-44所示。

(4) 选取第一个文字“浪”，选择【格式】|【中文版式】|【带圈字符】命令，打开【带圈字符】对话框，选中【增大圈号】选项。

(5) 单击【确定】按钮，完成带圈效果设置，如图3-45所示。

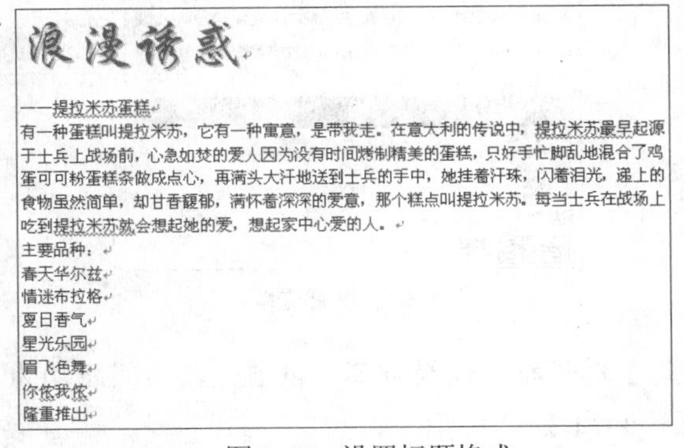

浪漫诱惑
——提拉米苏蛋糕
有一种蛋糕叫提拉米苏，它有一种寓意，是带我走。在意大利的传说中，提拉米苏最早起源于士兵上战场前，心急如焚的爱人因为没有时间烤制精美的蛋糕，只好手忙脚乱地混合了鸡蛋可可粉蛋糕条做成点心，再满头大汗地送到士兵的手中，她挂着汗珠，闪着泪光，递上的食物虽然简单，却甘香馥郁，满怀着深深的爱意，那个糕点叫提拉米苏。每当士兵在战场上吃到提拉米苏就会想起她的爱，想起家中心爱的人。
主要品种：
春天华尔兹
情迷布拉格
夏日香气
星光乐园
眉飞色舞
你侬我侬
隆重推出

图3-44　设置标题格式

浪漫诱惑
——提拉米苏蛋糕
有一种蛋糕叫提拉米苏，它有一种寓意，是带我走。在意大利的传说中，提拉米苏最早起源于士兵上战场前，心急如焚的爱人因为没有时间烤制精美的蛋糕，只好手忙脚乱地混合了鸡蛋可可粉蛋糕条做成点心，再满头大汗地送到士兵的手中，她挂着汗珠，闪着泪光，递上的食物虽然简单，却甘香馥郁，满怀着深深的爱意，那个糕点叫提拉米苏。每当士兵在战场上吃到提拉米苏就会想起她的爱，想起家中心爱的人。
主要品种：
春天华尔兹
情迷布拉格
夏日香气
星光乐园
眉飞色舞
你侬我侬
隆重推出

图3-45　设置带圈效果

(6) 使用同样的方法，设置标题的其他字符的带圈效果，并在【格式】工具栏中单击【居中】按钮，将标题改为居中对齐，如图3-46所示。

(7) 选取副标题，设置其字体为华文行楷，字号为一号，并右对齐，效果如图3-47所示。

浪漫诱惑

——提拉米苏蛋糕

有一种蛋糕叫提拉米苏，它有一种寓意，是带我走。在意大利的传说中，提拉米苏最早起源于士兵上战场前，心急如焚的爱人因为没有时间烤制精美的蛋糕，只好手忙脚乱地混合了鸡蛋可可粉蛋糕条做成点心，再满头大汗地送到士兵的手中，她挂着汗珠，闪着泪光，递上的食物虽然简单，却甘香馥郁，满怀着深深的爱意，那个糕点叫提拉米苏。每当士兵在战场上吃到提拉米苏就会想起她的爱，想起家中心爱的人。

主要品种：
春天华尔兹
情迷布拉格
夏日香气
星光乐园
眉飞色舞
你侬我侬
隆重推出

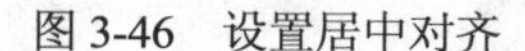

图 3-46　设置居中对齐

浪漫诱惑

——提拉米苏蛋糕

有一种蛋糕叫提拉米苏，它有一种寓意，是带我走。在意大利的传说中，提拉米苏最早起源于士兵上战场前，心急如焚的爱人因为没有时间烤制精美的蛋糕，只好手忙脚乱地混合了鸡蛋可可粉蛋糕条做成点心，再满头大汗地送到士兵的手中，她挂着汗珠，闪着泪光，递上的食物虽然简单，却甘香馥郁，满怀着深深的爱意，那个糕点叫提拉米苏。每当士兵在战场上吃到提拉米苏就会想起她的爱，想起家中心爱的人。

主要品种：
春天华尔兹
情迷布拉格
夏日香气
星光乐园
眉飞色舞
你侬我侬
隆重推出

图 3-47　设置副标题的格式

(8) 设置第一段文本的字体为幼圆，字号为 4 号；设置文本“主要品种”的字体为方正姚体，字号为 4 号；设置各个品种的字体为幼圆，字号为小 4 号；设置文本“隆重推出”的字体为幼圆，字号为 32 磅，效果如图 3-48 所示。

(9) 将光标定位在正文的第一段落中，选择【格式】|【段落】命令，打开【段落】对话框，设置首行缩进 2 个字符，然后单击【确定】按钮，完成设置。

(10) 将光标定位在段落“主要品种”中，选择【格式】|【边框和底纹】命令，打开【边框和底纹】对话框，选择【底纹】选项卡，在【填充】选项区域中选择【深红】色块，在【样式】下拉列表框中选择【20%】选项，在【应用于】下拉列表框中选择【段落】选项，然后单击【确定】按钮，完成底纹的设置，如图 3-49 所示。

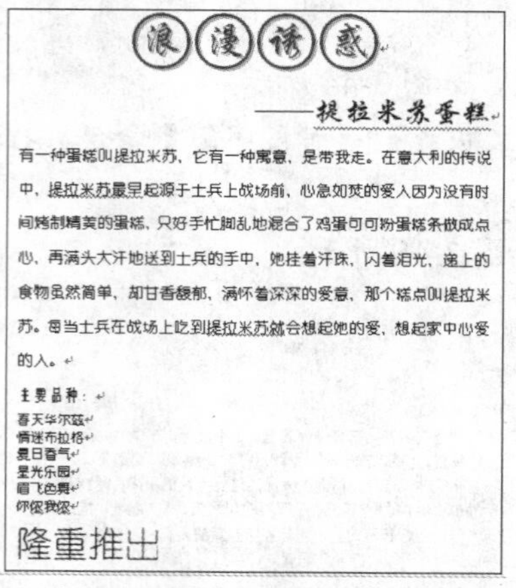

浪漫诱惑

——提拉米苏蛋糕

有一种蛋糕叫提拉米苏，它有一种寓意，是带我走。在意大利的传说中，提拉米苏最早起源于士兵上战场前，心急如焚的爱人因为没有时间烤制精美的蛋糕，只好手忙脚乱地混合了鸡蛋可可粉蛋糕条做成点心，再满头大汗地送到士兵的手中，她挂着汗珠，闪着泪光，递上的食物虽然简单，却甘香馥郁，满怀着深深的爱意，那个糕点叫提拉米苏。每当士兵在战场上吃到提拉米苏就会想起她的爱，想起家中心爱的人。

主要品种：
春天华尔兹
情迷布拉格
夏日香气
星光乐园
眉飞色舞
你侬我侬
隆重推出

图 3-48　设置其他文本的字体

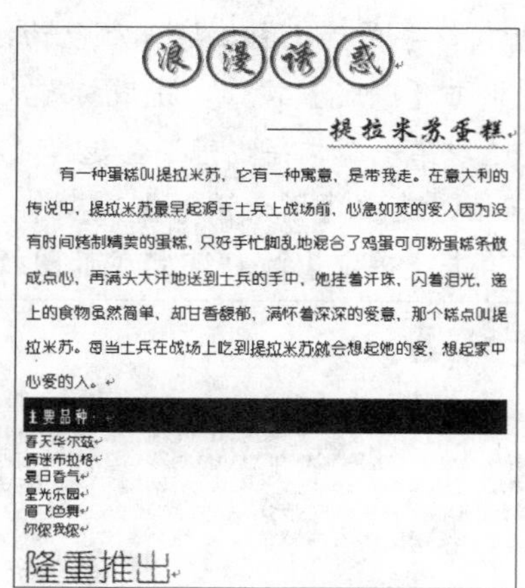

浪漫诱惑

——提拉米苏蛋糕

有一种蛋糕叫提拉米苏，它有一种寓意，是带我走。在意大利的传说中，提拉米苏最早起源于士兵上战场前，心急如焚的爱人因为没有时间烤制精美的蛋糕，只好手忙脚乱地混合了鸡蛋可可粉蛋糕条做成点心，再满头大汗地送到士兵的手中，她挂着汗珠，闪着泪光，递上的食物虽然简单，却甘香馥郁，满怀着深深的爱意，那个糕点叫提拉米苏。每当士兵在战场上吃到提拉米苏就会想起她的爱，想起家中心爱的人。

主要品种：
春天华尔兹
情迷布拉格
夏日香气
星光乐园
眉飞色舞
你侬我侬
隆重推出

图 3-49　设置底纹

(11) 选择【格式】|【段落】命令，打开【段落】对话框，设置段落的段前、段后间距均为 0.5 行，然后单击【确定】按钮，完成间距的设置，如图 3-50 所示。

(12) 选取所有品种段落，选择【格式】|【项目符号和编号】命令，打开【项目符号和编号】对话框，在【项目符号】选项卡中选择一种项目符号，单击【自定义】按钮，打开【自定义项目符号列表】对话框。

(13) 单击【图片】按钮，打开【图片项目符号】对话框，从中选择需要的图片符号，然后单击【确定】按钮，完成项目符号的设置，如图 3-51 所示。

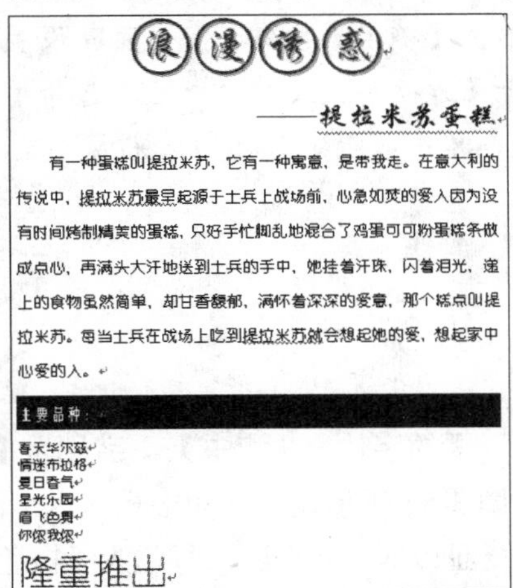

图 3-50　设置间距

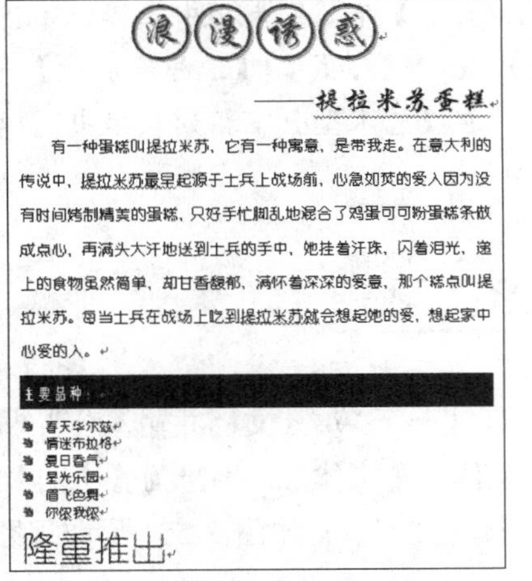

图 3-51　设置项目符号

(14) 选取文本“隆重推出”，选择【格式】|【字体】命令，打开【字体】对话框，选择【字符间距】选项卡，在【间距】下拉列表框中选择【加宽】选项，并在其后的【磅值】文本框中输入 10 磅，然后单击【确定】按钮，完成设置。

(15) 按 Ctrl 键，选取文本“重”和“出”，选择【格式】|【字体】命令，打开【字体】对话框，选择【字符间距】选项卡，在【位置】下拉列表框中选择【降低】选项，并在其后的【磅值】文本框中输入 10 磅，然后单击【确定】按钮，完成设置，如图 3-52 所示。

(16) 选取文本“隆重推出”，选择【格式】|【边框和底纹】命令，打开【边框和底纹】对话框，选择【边框】选项卡，在【设置】选项区域中选择【方框】选项，在【线型】列表中选择【双线】，在【应用于】下拉列表框中选择【文字】，然后单击【确定】按钮，完成设置。

(17) 选取文本“隆”和“推”，选择【格式】|【边框和底纹】命令，打开【边框和底纹】对话框，选择【底纹】选项卡，设置填充色为 15%的灰色。使用同样的方法设置文本“重”和“出”的填充色为 65%的灰色，效果如图 3-53 所示。

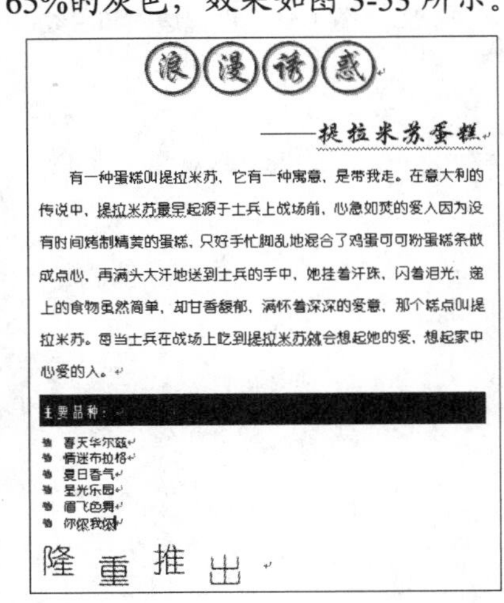

图 3-52　设置字符间距

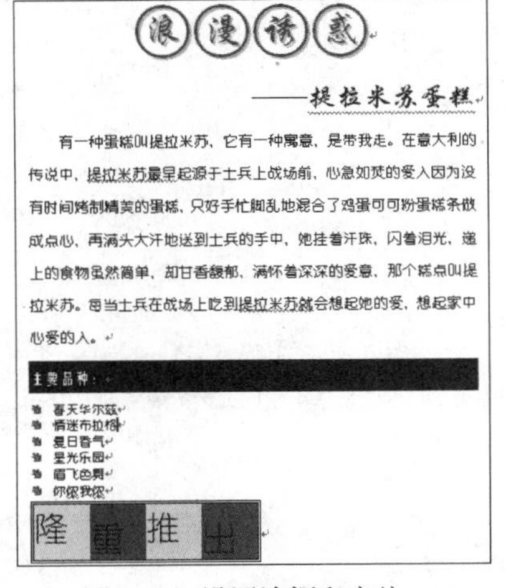

图 3-53　设置边框和底纹

(18) 选择【文件】|【页面设置】命令，打开【页面设置】对话框，选择【纸张】选项卡，在【纸张大小】下拉列表框中选择 B5(JIS)选项，单击【确定】按钮，完成页面设置。

(19) 选择【格式】|【边框和底纹】命令，打开【边框和底纹】对话框，选择【页面边框】选项卡，在【艺术型】下拉列表框中选择一种样式，单击【确定】按钮，完成设置，如图 3-42 所示。

3.8 习题

1. 新建一个 Word 文档并输入公告内容，设置标题的字体为【隶书】，字号为【一号】，正文的字体为【宋体】，字号为【小四】，并参照图 3-54 所示设置其他格式。

2. 试为文档设置如图 3-55 所示的段落底纹和页面边框，要求底纹颜色为【橙色】，样式为 10%。

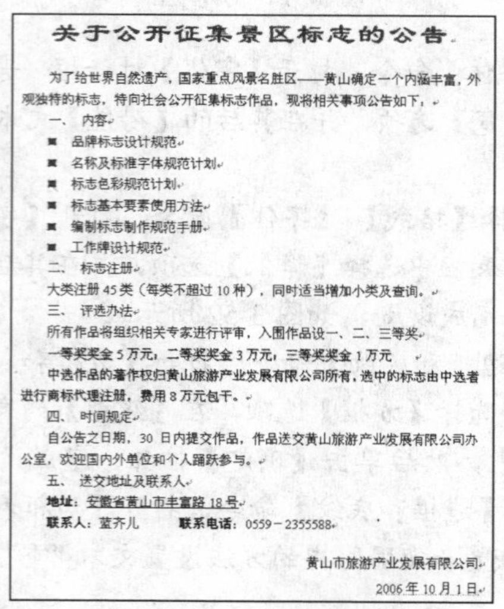

关于公开征集景区标志的公告

为了给世界自然遗产，国家重点风景名胜区——黄山确定一个内涵丰富，外观独特的标志，特向社会公开征集标志作品，现将相关事项公告如下：

一、 内容

- 品牌标志设计规范
- 名称及标准字体规范计划
- 标志色彩规范计划
- 标志基本要素使用方法
- 编制标志制作规范手册
- 工作牌设计规范

二、 标志注册

大类注册 45 类（每类不超过 10 种），同时适当增加小类及查询。

三、 评选办法

所有作品将组织相关专家进行评审，入围作品设一、二、三等奖

一等奖奖金 5 万元，二等奖奖金 3 万元，三等奖奖金 1 万元

中选作品的著作权归黄山旅游产业发展有限公司所有，选中的标志由中选者进行商标代理注册，费用 8 万元包干。

四、 时间规定

自公告之日期，30 日内提交作品，作品送交黄山旅游产业发展有限公司办公室，欢迎国内外单位和个人踊跃参与。

五、 送交地址及联系人

地址：安徽省黄山市丰富路 18 号

联系人：蓝齐儿　　联系电话：0559－2355588

黄山市旅游产业发展有限公司

2006 年 10 月 1 日

图 3-54　设置文本格式

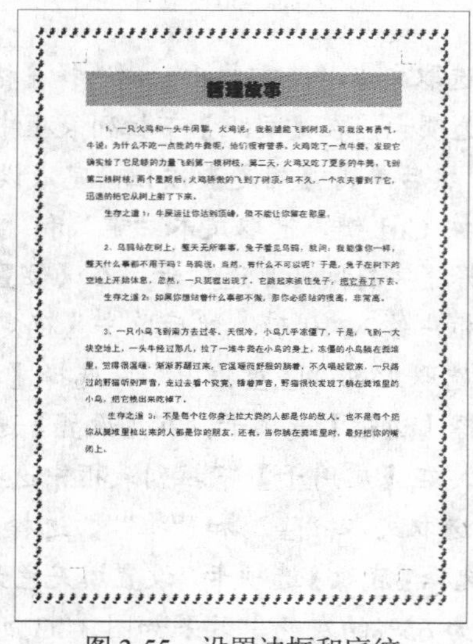

哲理故事

1、一只火鸡和一头牛闲聊，火鸡说：我希望能飞到树顶，可我没有勇气。牛说：为什么不吃一点我的牛粪呢，他们很有营养。火鸡吃了一点牛粪，发现它确实给了它足够的力量飞到第一根树枝，第二天，火鸡又吃了更多的牛粪，飞到第二根树枝，两个星期后，火鸡骄傲的飞到了树顶，但不久，一个农夫看到了它，迅速的把它从树上射了下来。

生存之道 1：牛屎运让你达到顶峰，但不能让你留在那里。

2、乌鸦站在树上，整天无所事事，兔子看见乌鸦，就问：我能像你一样，整天什么事都不用干吗？乌鸦说：当然，有什么不可以呢？于是，兔子在树下的空地上开始休息，忽然，一只狐狸出现了，它跳起来抓住兔子，把它吞了下去。

生存之道 2：如果你想站着什么事都不做，那你必须站的很高，非常高。

3、一只小鸟飞到南方去过冬，天很冷，小鸟几乎冻僵了，于是，飞到一大块空地上，一头牛经过那儿，拉了一堆牛粪在小鸟的身上，冻僵的小鸟躺在粪堆里，觉得很温暖，渐渐苏醒过来，它温暖而舒服的躺着，不久唱起歌来，一只路过的野猫听到声音，走过去看个究竟，循着声音，野猫很快发现了躺在粪堆里的小鸟，把它拽出来吃掉了。

生存之道 3：不是每个往你身上拉大粪的人都是你的敌人，也不是每个把你从粪堆里拉出来的人都是你的朋友，还有，当你躺在粪堆里时，最好把你的嘴闭上。

图 3-55　设置边框和底纹

第4章 丰富文档内容

学习目标

如果一篇文章全部都是文字，没有任何的修饰性内容，不仅缺乏吸引力，而且阅读起来劳累不堪。在文章中适当地插入一些图形或图片，不仅会使文章显得生动有趣，还能帮助读者快速地理解文章内容。

本章重点

- 使用表格
- 使用图片
- 使用艺术字
- 使用自选图形
- 使用文本框
- 使用图示

4.1 表格的使用

在编辑文档时，为了更形象地说明问题，常常需要在文档中制作各种各样的表格。例如，课程表、学生成绩表、个人简历表、商品数据表和财务报表等。Word 2003 提供了强大的表格功能，可以快速创建与编辑表格。

4.1.1 创建表格

表格的基本单元称为单元格，它由许多行和列的单元格组成一个综合体。在 Word 2003 中可以使用多种方法来创建表格，例如按照指定的行、列插入表格；绘制不规则表格和插入 Excel

电子表格等。

1. 使用工具栏上的按钮创建表格

使用【常用】工具栏上的【插入表格】按钮，可以直接在文档中插入表格，这也是最快捷的方法。首先将光标定位在需要插入表格的位置，然后在【常用】工具栏上单击【插入表格】按钮，将弹出如图 4-1 所示的网格框。

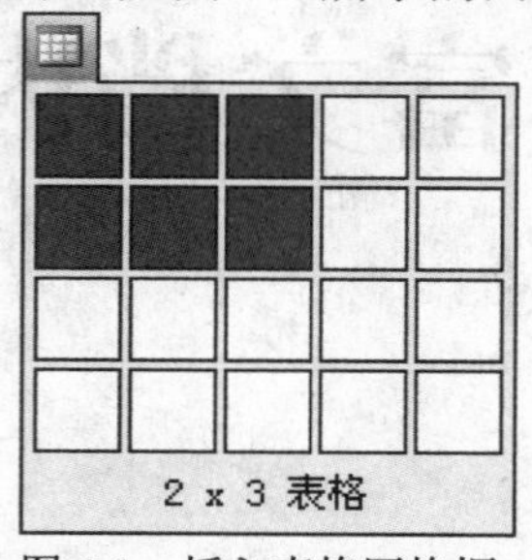

图 4-1　插入表格网格框

提示

网格框底部出现的“m×n 表格”表示要创建的表格是 m 行 n 列。使用该方法创建的表格最多是 4 行 5 列，并且不套用任何样式，列宽是按窗口调整的。

在网格框中，拖动鼠标左键确定要创建表格的行数和列数，然后单击鼠标左键，即可完成一个规则表格的创建。

2. 使用对话框创建表格

使用【插入表格】对话框来创建表格，可以在建立表格的同时设定列宽并自动套用格式。具体方法是选择【表格】|【插入】|【表格】命令，打开【插入表格】对话框，如图 4-2 所示。

在该对话框的【行数】和【列数】文本框中可以输入表格的行数和列数；选择【固定列宽】单选按钮，可在其后的文本框中指定一个确切的值来表示创建表格的列宽；单击【自动套用格式】按钮，将打开如图 4-3 所示的【表格自动套用格式】对话框，可以从中选择一种表格样式。

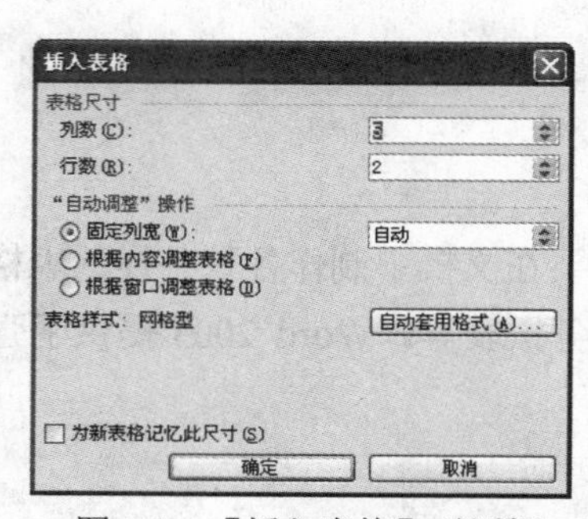

图 4-2　【插入表格】对话框

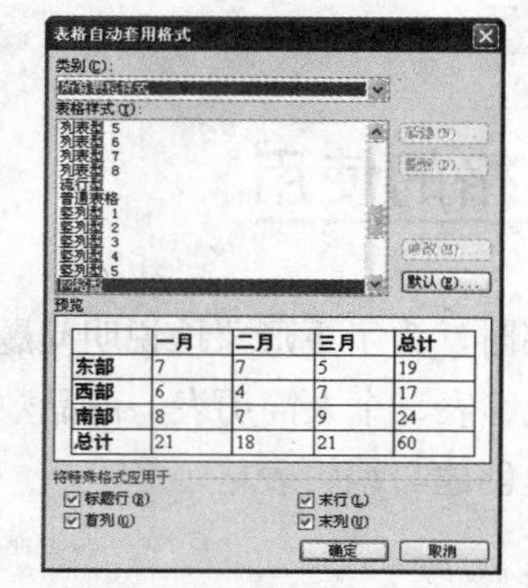

图 4-3　【表格自动套用格式】对话框

3. 自由绘制表格

在实际应用中，行与行之间以及列与列之间都是等距的规则表格很少，在很多情况下，还需要创建各种栏宽、行高都不等的不规则表格。在 Word 2003 中，通过【表格和边框】工具栏

可以创建不规则的表格，如图 4-4 所示。

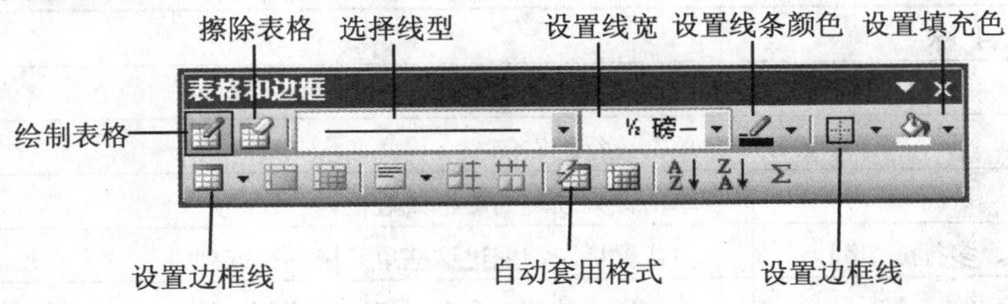

图 4-4　【表格和边框】工具栏

提示

如果在文档中不显示表格，可以选择【表格】|【显示虚框】命令，这样表格就能显示出来。即使表格未显示，表格也是存在的，只是没有显示表格线而已。

【例 4-1】新建文档【个人简历】，在其中插入表格【个人简历】。

(1) 启动 Word 2003，新建文档【个人简历】。在插入点处输入表题"个人简历"，设置其格式为宋体、小二、加粗、居中，且字符间距加宽 3 磅，如图 4-5 所示。

(2) 将插入点定位表题的下一行，选择【编辑】|【清除】|【格式】命令，清除格式。

(3) 选择【表格】|【插入】|【表格】命令，打开【插入表格】对话框，在【行数】和【列数】文本框中均输入 5。

(4) 单击【确定】按钮，关闭对话框，在文档中将插入一个 6×17 的规则表格，如图 4-6 所示。

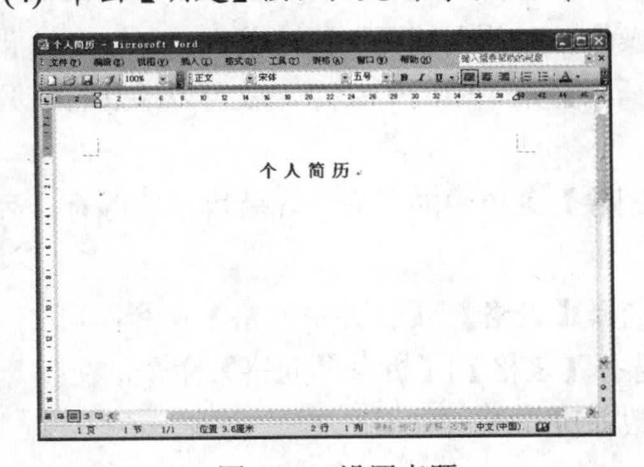

图 4-5　设置表题

图 4-6　插入表格

4.1.2　编辑表格

表格创建完成后，还需要对其进行编辑修改操作，以满足不同的需要。

1. 在表格中选取对象

在对表格进行编辑之前，首先需要选取编辑对象。选取单元格、行、列、多行和多列的操作方法如表 4-1 所示。

表 4-1　选择单元格、行、列、多行、多列的操作方法

选 择 目 标	操 作 方 法
一个单元格	单击单元格左边框
一行	单击该行的左侧
一列	单击该列顶端的虚框或边框
选定多个单元格、多行或多列	按住鼠标左键拖过这些单元格、行或列
选定不按顺序排列的多个项目	单击所需的第一个单元格、行或列，按 Ctrl 键，再单击所需的下一个单元格、行或列
下一单元格中的文字	按 Tab 键
前一单元格中的文字	按下 Shift+Tab 组合键
整张表格	单击该表格移动句柄，或按住鼠标左键拖过整张表格

提示

在表格中，每一个单元格就是一个独立的单位。在对每个单元格的文本进行编辑操作时，基本上与对正文文本的操作相同。

2. 添加或删除行、列和单元格

在创建表格后，经常会遇到表格的行、列和单元格不够用或多余的情况。在 Word 2003 中，可以很方便地完成行、列和单元格的添加或删除操作，以使文档更加紧凑美观。

- ⊙ 添加行、列和单元格。选择【表格】|【插入】菜单中的子命令，就可以添加行、列、单元格。
- ⊙ 删除行、列和单元格。选择【表格】|【删除】菜单中的子命令，就可以删除行、列、单元格。
- ⊙ 合并单元格。选中需要合并的单元格，选择【表格】|【合并单元格】命令即可。
- ⊙ 拆分单元格。选中需要拆分的单元格，选择【表格】|【拆分单元格】命令，在打开的【拆分单元格】对话框中设置行数和列数即可。

3. 调整表格的尺寸

创建表格时，表格的行高和列宽都是默认值，而在实际工作中常常需要随时调整表格的行高和列宽。在 Word 2003 中，可以使用多种方法调整表格的行高和列宽。

- ⊙ 自动调整。将插入点定位在表格内，选择【表格】|【自动调整】菜单中的子命令，可以十分便捷地调整表格的行与列。
- ⊙ 使用鼠标拖动进行调整。将插入点定位在表格内，将鼠标指针移动到需要调整的边框线上，按下鼠标左键拖动即可。
- ⊙ 使用对话框进行调整。将插入点定位在表格内，选择【表格】|【表格属性】命令，在打开的【表格属性】对话框中进行设置。

4. 设置单元格对齐方式

在默认情况下，单元格中输入的文本内容为底端对齐，用户可以根据需要调整文本对齐方式。要设置单元格对齐方式，可以通过【表格和边框】工具栏上的按钮来实现，其功能如表4-2所示。

表4-2　单元格对齐方式按钮说明

按　钮	名　称	功　能
	靠上两端对齐	文字靠单元格左上角对齐
	靠上居中对齐	文字靠单元格顶部对齐
	靠上右对齐	文字靠单元格右上角对齐
	中部两端对齐	文字垂直居中，并靠单元格左侧对齐
	水平居中	文字在单元格内水平和垂直都居中
	中部右对齐	文字垂直居中，并靠单元格右侧对齐
	靠下两端对齐	文字靠单元格左下角对齐
	靠下居中对齐	文字居中，并靠单元格底部对齐
	靠下右对齐	文字靠单元格右下角对齐

【例4-2】在文档【个人简历】中，对表格进行编辑操作。

(1) 启动Word 2003，打开文档【个人简历】，选取表格的第1行，选择【表格】|【合并单元格】命令，合并单元格。使用同样的方法，合并表格的倒数第1~6行单元格，如图4-7所示。

(2) 选取表格第1列的第3~11行，选择【表格】|【合并单元格】命令，合并单元格，如图4-8所示。

图4-7　合并行单元格

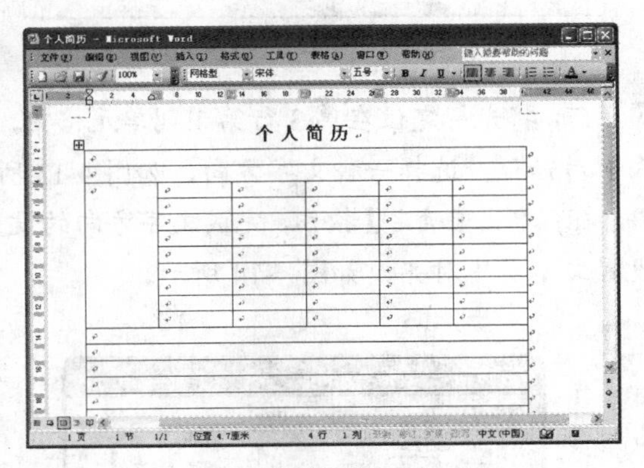

图4-8　合并列单元格

(3) 使用同样的方法，合并其他单元格，如图4-9所示。

(4) 参照如图4-10所示，输入表格文本。

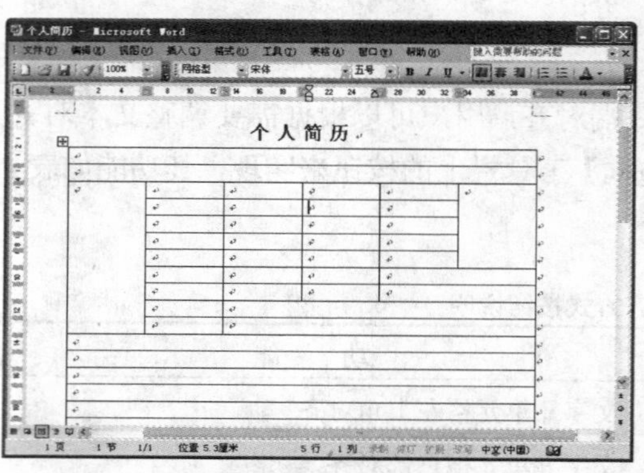

图 4-9　合并单元格

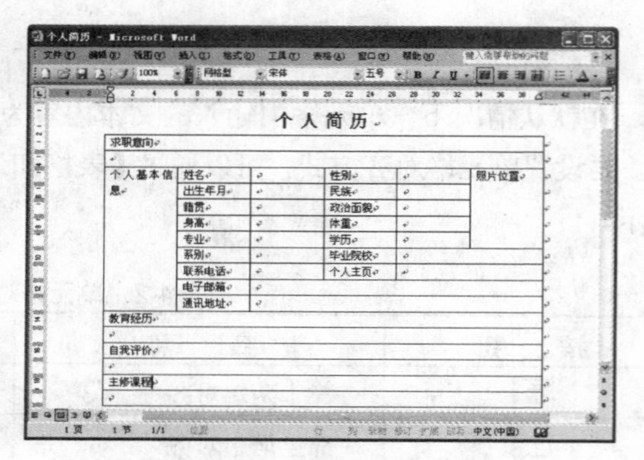

图 4-10　输入文本内容

(5) 选中表格，在【表格和边框】工具栏中单击【中部两端对齐】按钮，设置表格文本的对齐方式，如图 4-11 所示。

(6) 选中第 2 列文本、第 4 列和第 6 列文本，在【格式】工具栏中单击【分散对齐】按钮，设置文本分散对齐，如图 4-12 所示。

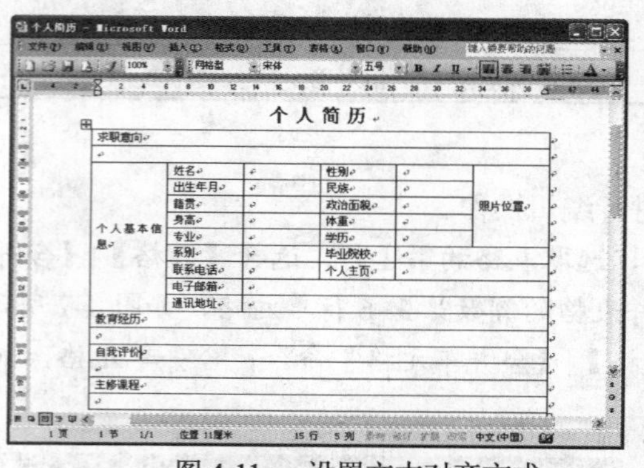

图 4-11　设置文本对齐方式

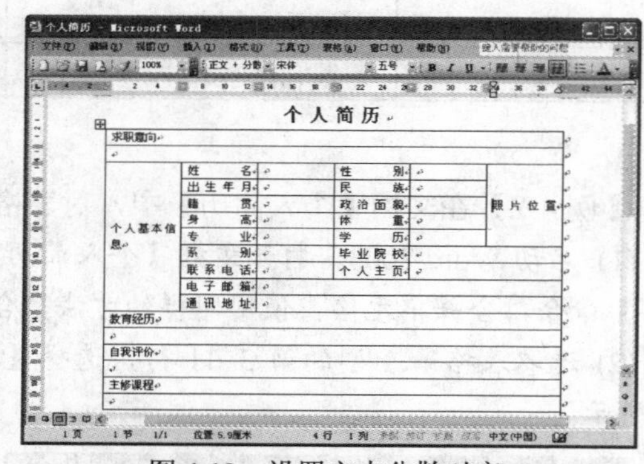

图 4-12　设置文本分散对齐

(7) 将光标定位在第 3 行第 1 列单元格中，选择【格式】|【文字方向】命令，打开【文字方向】对话框，选择一种文字方向，如图 4-13 所示。

(8) 单击【确定】按钮，完成文字方向的设置，并且在【格式】工具栏中单击【居中】按钮，设置文本居中对齐，如图 4-14 所示。

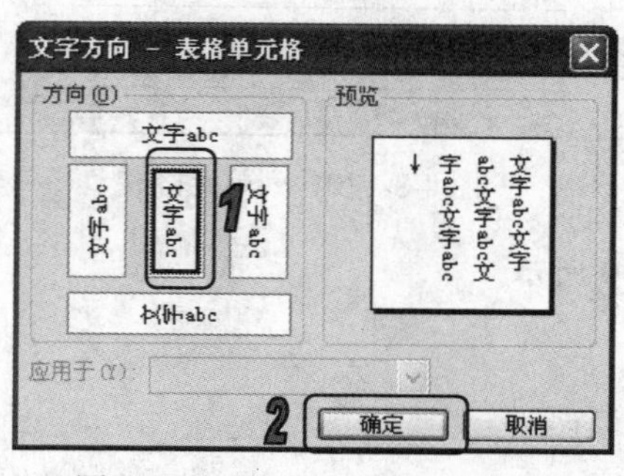

图 4-13　【文字方向】对话框

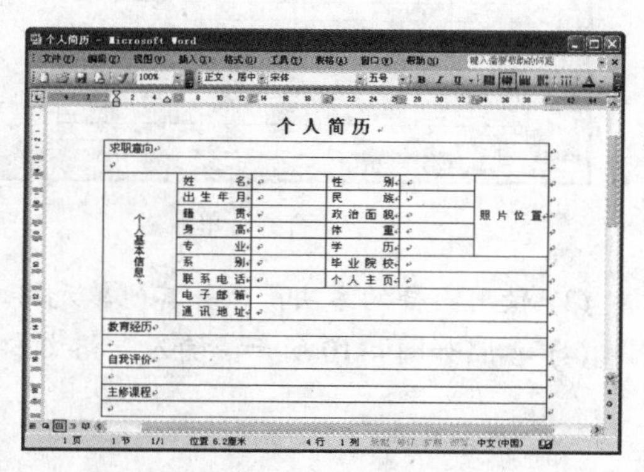

图 4-14　设置文字方向

(9) 选取表格中的文本，在【格式】工具栏中单击【加粗】按钮**B**，设置文本的加粗效果，如图 4-15 所示。

(10) 将光标定位在第 1 行，选择【表格】|【表格属性】命令，打开【表格属性】对话框，选择【行】选项卡，选择【指定高度】复选框，并在其后的微调框中输入 0.8，如图 4-16 所示。

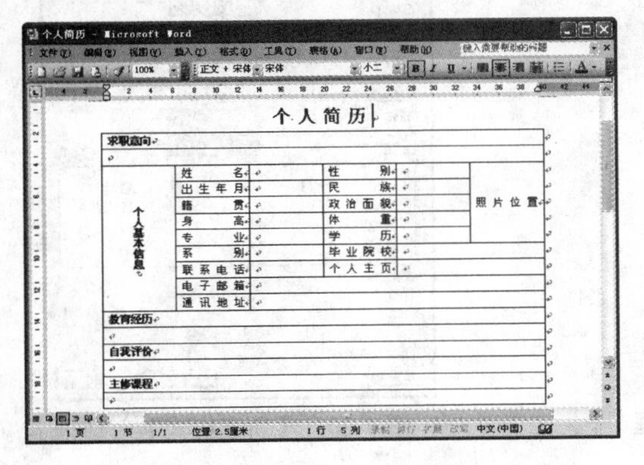

图 4-15　设置文本加粗效果

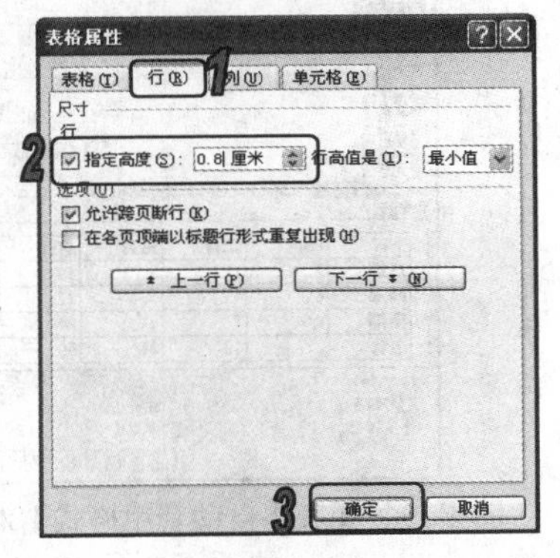

图 4-16　【行】选项卡

(11) 单击【确定】按钮，完成行高度的设置，如图 4-17 所示。

(12) 使用同样的方法，设置其他行的高度，效果如图 4-18 所示。

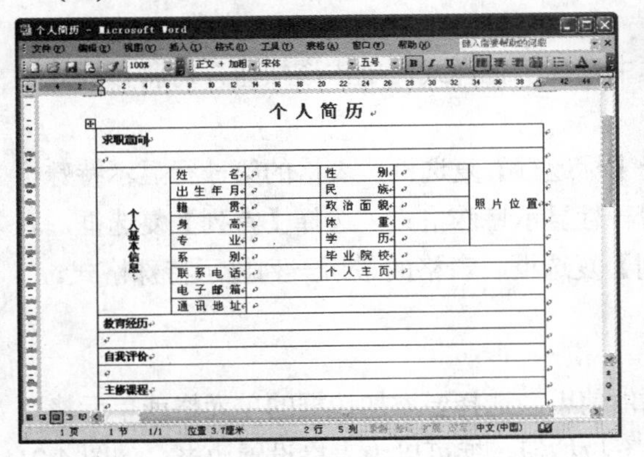

图 4-17　设置行高

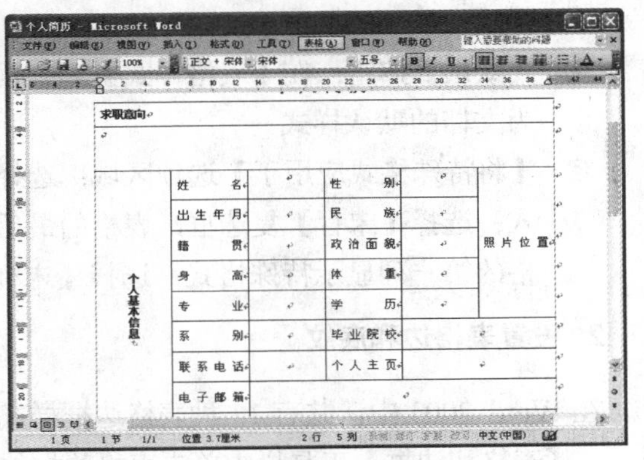

图 4-18　设置其他行的高度

4.1.3　设置表格格式

在表格中输入数据后，可以对表格样式进行设置，如应用表格样式或设置边框，以增强表格的视觉效果。

1. 应用表格样式

Word 2003 提供了多种内置样式供用户使用。选择【表格】|【表格自动套用格式】命令，打开【表格自动套用格式】对话框，如图 4-19 所示。在该对话框中各主要选项的功能如下所示。

- ◎ 【表格样式】列表框：提供了多种表格样式，可从中选择一种样式设置表的外观样式。
- ◎ 【新建】按钮：单击该按钮，打开【新建样式】对话框，可自定义表格的样式，如图 4-20 所示。

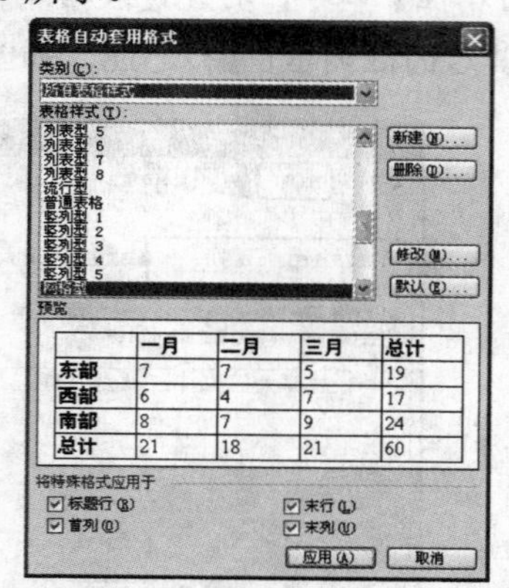

图 4-19　【表格自动套用格式】对话框

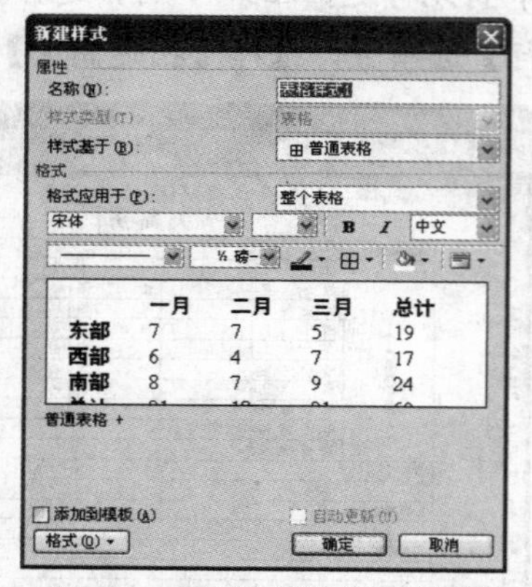

图 4-20　【新建样式】对话框

- ◎ 【修改】按钮：在【表格样式】列表框中选择一种样式，然后单击该按钮，打开【修改样式】对话框，可修改表格的样式。
- ◎ 【删除】按钮：在【表格样式】列表框中选择一种样式，单击该按钮，可删除表格的样式。
- ◎ 【默认】按钮：在【表格样式】列表框中选择一种样式，单击该按钮，可将该样式设为文档的默认样式。
- ◎ 【将特殊格式应用于】选项区域：选择【标题行】复选框，表格的第一行显示特殊格式；选择【末行】复选框，表格的最后一行显示特殊格式；选择【首列】复选框，表格的第一列显示特殊格式；选择【末列】复选框，表格的最后一列显示特殊格式。

2. 设置表格边和底纹

在 Word 2003 中，共有 13 种表格边框样式供使用。选择要添加边框的单元格或单元格区域，在【表格和边框】工具栏中单击表格边框的下拉按钮，就可以为表格设置边框，如图 4-21 所示。

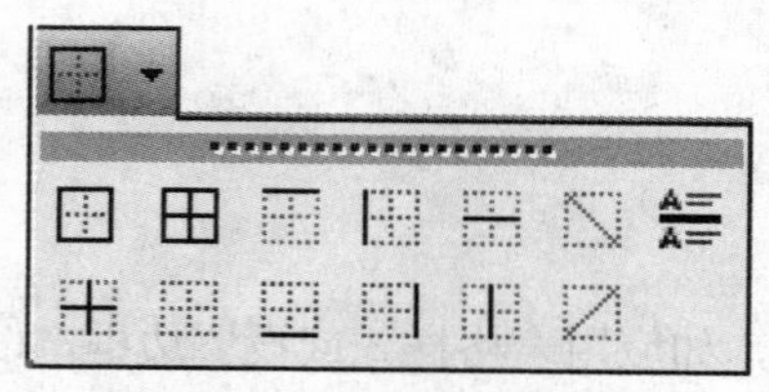

图 4-21　表格边框按钮

> **提示**
>
> 单击两次相同的边框按钮，如果第一次为所选单元格添加边框线，则第二次将删除边框线。

要设置表格的底纹，可在【表格和边框】工具栏中单击【边框颜色】按钮，打开【边框和底纹】对话框，可详细设置边框的样式、颜色、宽度及底纹的颜色和图片填充。

4.2　图片的使用

为了使文档更加美观、生动，可以在其中插入图片对象。在 Word 2003 中，不仅可以插入系统提供的图片，还可以从其他程序或位置导入图片，或者从扫描仪或数码相机中直接获取图片。

4.2.1　插入剪贴画

Word 2003 所提供的剪贴画库内容非常丰富，设计精美、构思巧妙，能够表达不同的主题，适合于制作各种文档，从地图到人物、从建筑到名胜风景，应有尽有。

要插入剪贴画，可以选择【插入】|【图片】|【剪贴画】命令，打开【剪贴画】任务窗口，如图 4-22 所示。在任务窗口的【搜索文字】文本框中输入剪贴画的相关主题或文件名称后，单击【搜索】按钮，来查找计算机与网络上的剪贴画文件。

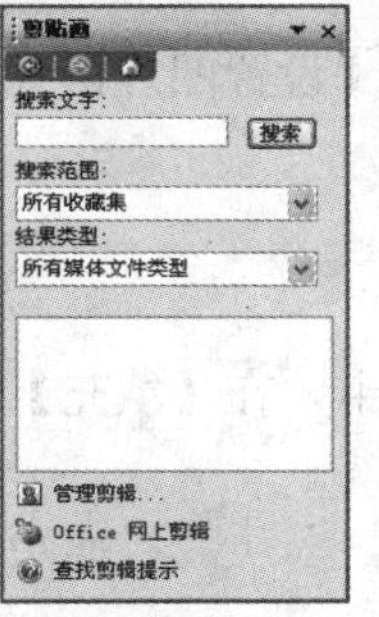

图 4-22　【剪贴画】任务窗口

提示

如果不知道剪贴画准确的文件名，可以使用通配符代替一个或多个字符来进行搜索，在【搜索文字】文本框中输入*号代替文件名中的多个字符，输入？号代替文件中的单个字符。

在【剪贴画】任务窗口的【搜索范围】下拉列表框中可以缩小搜索的范围，将搜索结果限制为剪辑的特定集合；在【结果类型】下拉列表框中可以将搜索的结果限制为特定的媒体文件类型。搜索完成后，在搜索结果预览框中列出所有可以插入的剪贴画的预览样式，单击其中任一幅图片都可以将其插入到 Word 文档中；也可以右击剪贴画，在弹出的快捷菜单中选择【插入】命令，将其插入到文档中。

4.2.2　插入来自文件的图片

在 Word 中不但可以插入剪贴画，还可以从磁盘的其他位置中选择要插入的图片文件。这些图片文件可以是 Windows 的标准 BMP 位图，也可以是其他应用程序所创建的图片，例如，CorelDRAW 的 CDR 格式矢量图片，JPEG 压缩格式的图片，TIFF 格式的图片等。

选择【插入】|【图片】|【来自文件】命令，打开【插入图片】对话框，在其中选择图片文件，如图 4-23 所示，单击【插入】按钮即可将该图片插入到文档中。

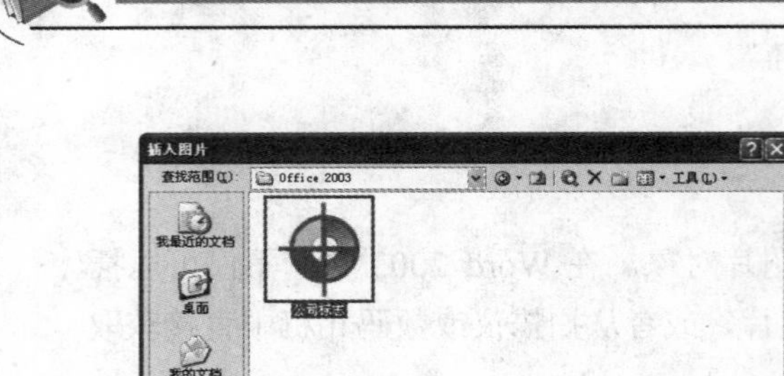

图 4-23　【插入图片】对话框

提示

如果要链接图形文件，而不是插入图片，可在【插入图片】对话框中选择要链接的图形文件，然后单击【插入】按钮旁的下拉箭头，从弹出的菜单中选择【链接文件】命令即可。

需要注意的是，使用链接方式插入的图片在 Word 中不能被编辑。

4.2.3　编辑图片

在文档中插入图片后，可以对图片进行编辑操作，例如裁剪与缩放图形、设置其版式、添加图片效果等。

选中要编辑的图片，选择【格式】|【图片】命令，打开【设置图片格式】对话框，就可以编辑图片。

1. 设置填充颜色

在【设置图片格式】对话框中，打开【颜色与线条】选项卡，在【填充】选项区域中可以设置填充的颜色和透明度，如图 4-24 所示。

2. 设置图片大小

在【设置图片格式】对话框中，打开【大小】选项卡，可以设置图片的大小，如图 4-25 所示。

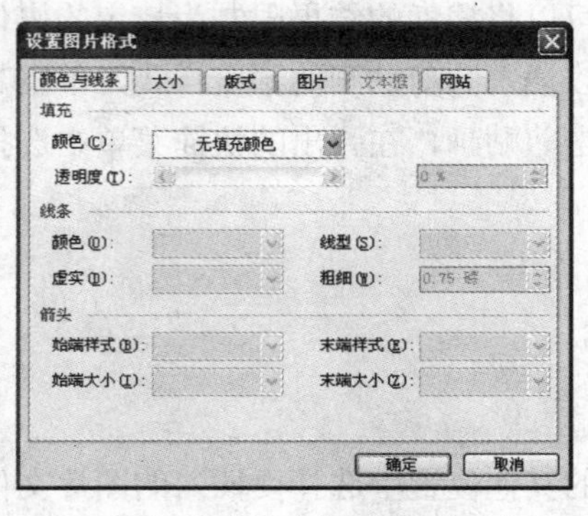

图 4-24　【颜色与线条】选项卡

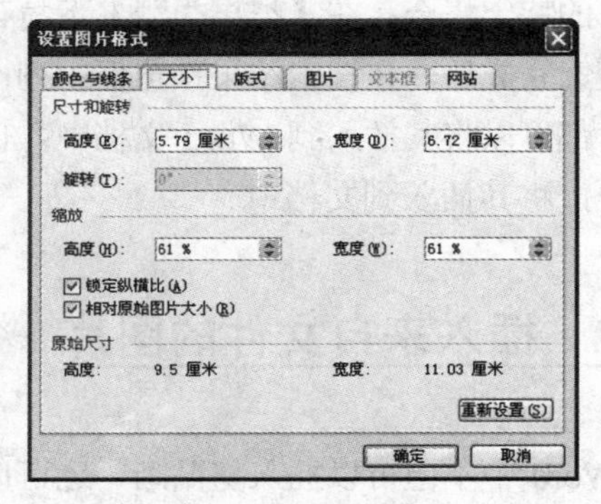

图 4-25　【大小】选项卡

在该选项卡中，各选项的功能如下所示。

- 【尺寸和旋转】选项区域：用于设置图片在屏幕上的高度与宽度，以及旋转的角度。
- 【缩放】选项区域：用于将图片的高度和宽度按百分比进行缩放。

- 【锁定纵横比】复选框：选中该复选框后，在调整缩放比例时可保持占位符原有的高度与宽度比例，不会引起变形。
- 【相对原始图片大小】复选框：选中该复选框，对原始图片大小进行缩放。
- 【原始尺寸】选项区域：该区域显示了原始图片的高度和宽度。

3. 裁剪图片

在【设置图片格式】对话框中，打开【图片】选项卡，可以裁剪图形，如图 4-26 所示。在【裁剪】选项区域的文本框中，输入正数表示减少图形区域；输入负数表示放大图形区域。

4. 设置图片版式

在【设置图片格式】对话框中，打开【版式】选项卡，可以设置图片的环绕和对齐方式，如图 4-27 所示。

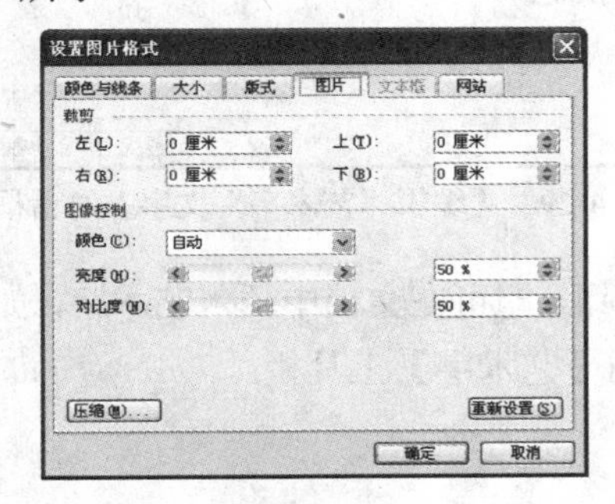

图 4-26　【图片】选项卡

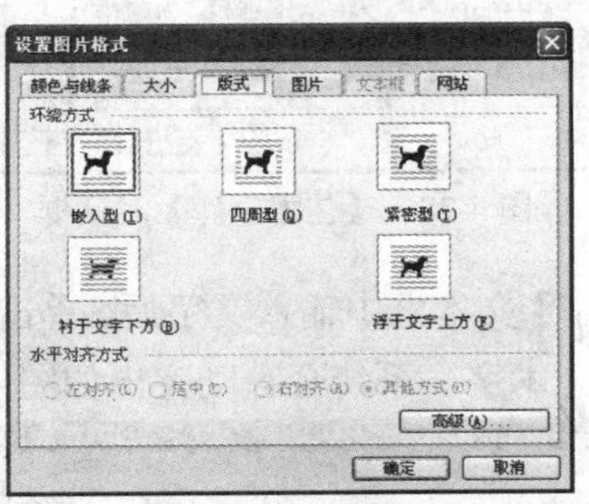

图 4-27　【版式】选项卡

在该选项卡中，提供了如下 5 种环绕方式。

- 嵌入型：该方式使图像的周围环绕文字，并将图像置于文档中文本行的插入点位置，并且与文本位于相同的层上。
- 四周型：该方式将文字环绕在所选图像边界框的四周。
- 紧密型：该方式将文字紧密环绕在图像自身的边缘(而不是图像的边界框)的周围。
- 衬于文字下方：该方式将取消文本环绕，并将图像置于文档中文本层之后，对象在其单独的图层上浮动。
- 浮于文字上方：该方式将取消文本环绕，并将图像置于文档中文本层上方，对象在其单独的图层上浮动。

此外，水平对齐方式用于设置图片的对齐方式，包括左对齐、居中、右对齐等。设置对齐方式的方法很简单，选中对齐方式前的单选按钮即可。

4.3　艺术字的使用

Word 2003 提供了艺术字功能，可以把文档的标题以及需要特别突出的地方用艺术字显示出来，从而使文章更生动、醒目。使用艺术字功能往往能够使文字达到最佳效果。

4.3.1 插入艺术字

在 Word 2003 中，单击【绘图】工具栏上的【插入艺术字】按钮，或者选择【插入】|【图片】|【艺术字】命令，打开【艺术字库】对话框，如图 4-28 所示。然后在该对话框中选择自己喜欢的一种艺术字样式，单击【确定】按钮，打开【编辑“艺术字”文字】对话框，如图 4-29 所示。

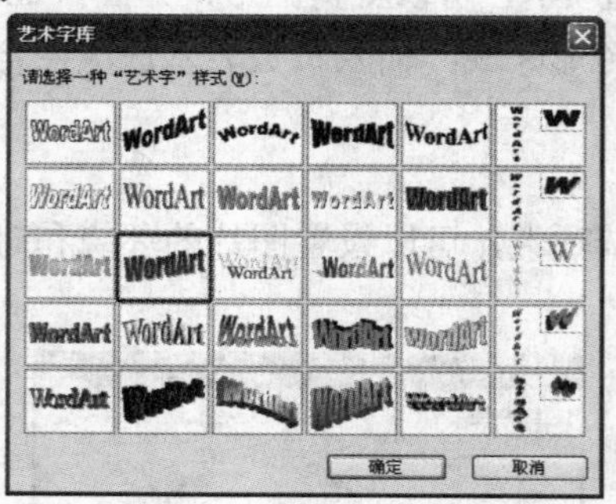

图 4-28 【艺术字库】对话框

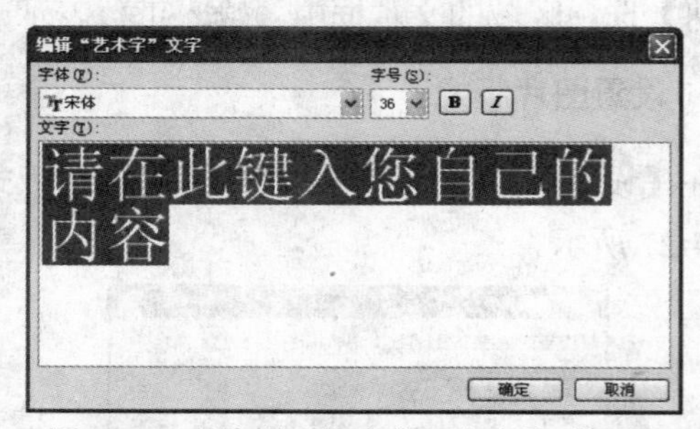

图 4-29 【编辑“艺术字”文字】对话框

在【文字】文本框中输入文字后，单击【确定】按钮，即可在文档中插入艺术字，如图 4-30 所示。选中艺术字，系统会自动弹出如图 4-31 所示的【艺术字】工具栏。

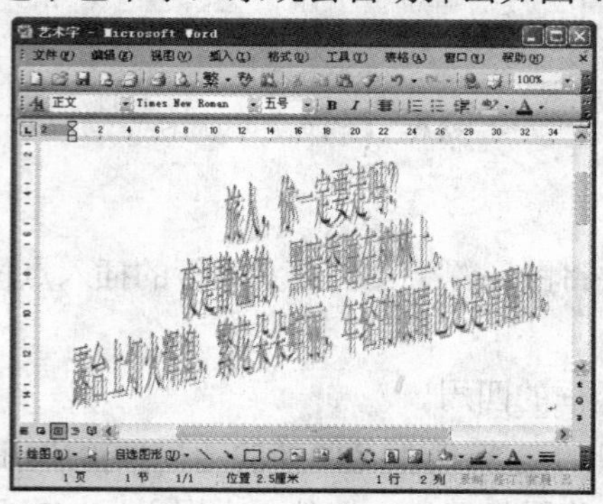

图 4-30 插入艺术字

图 4-31 【艺术字】工具栏

4.3.2 编辑艺术字

用户在创建好艺术字效果后，如果对艺术字的样式不满意，可以对其进行编辑修改。

1. 修改艺术字中的文字内容

在文档中选中需要修改的艺术字，双击该艺术字或单击【艺术字】工具栏上的【编辑文字】按钮，打开如图 4-29 所示的【编辑“艺术字”文字】对话框。在【文字】文本框中可以修改艺术字的文字内容，然后单击【确定】按钮即可。

2. 修改艺术字的样式

在文档中选中需要修改的艺术字，单击工具栏中的【艺术字库】按钮，打开如图 4-28 所示的【艺术字库】对话框。在该对话框中选择所需的样式，单击【确定】按钮即可。

3. 修改艺术字格式

在文档中选中需要修改的艺术字，单击工具栏中的【设置艺术字格式】按钮，打开【设置艺术字格式】对话框，如图 4-32 所示。在该对话框中更改相应的设置选项，然后单击【确定】按钮即可。

4. 修改艺术字的外观形状

在文档中选中需要修改的艺术字，单击工具栏中的【艺术字形状】按钮，将弹出如图 4-33 所示的快捷菜单。在该菜单中选择相应的性质即可。

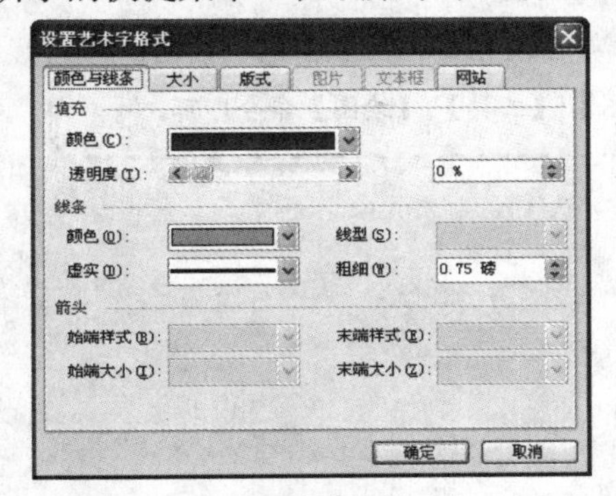

图 4-32　【设置艺术字格式】对话框

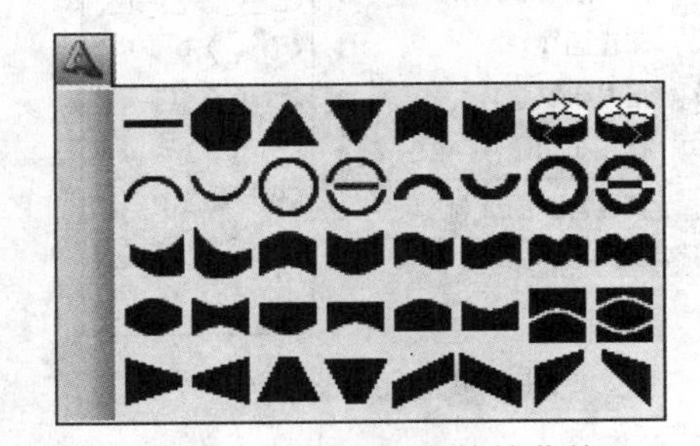

图 4-33　艺术字形状快捷菜单

5. 修改艺术字其他的属性

在【艺术字】工具栏中，用户还可以通过其他按钮更改艺术字的其他属性设置。

- 【文字环绕】按钮：用于修改艺术字的版式。
- 【艺术字字母高度相同】按钮：用来设置艺术字中所有字符都有相同的高度。
- 【艺术字竖排文字】按钮：用来设置艺术字中的文字从上向下排列。
- 【艺术字对齐方式】按钮：用来设置艺术字的对齐方式。
- 【艺术字字符间距】按钮：用来设置艺术字的字符间距。

4.4　自选图形的使用

Word 2003 包含一套可以手工绘制的现成图形，例如，直线、箭头、流程图、星与旗帜、标注等，这些图形称为自选图形。用户可以在文档中使用这些自选图形。

4.4.1 自选图形的绘制

在 Word 2003 的【绘图】工具栏上的【自选图形】菜单中包含了许多类型的图形，如线条、基本性质、连接符等。使用 Word 2003 所提供的功能强大的绘图工具，就可以在文档中绘制这些自选图形。

使用【绘图】工具栏上的【自选图形】按钮，可以制作各种图形及标志。在【绘图】工具栏上单击【自选图形】按钮，将弹出一个菜单，在其中选择一种图形类型，即可弹出子菜单，如图 4-34 所示。根据需要选择菜单上相应的图形按钮，在文档中拖动鼠标就可以绘制出对应的图形。

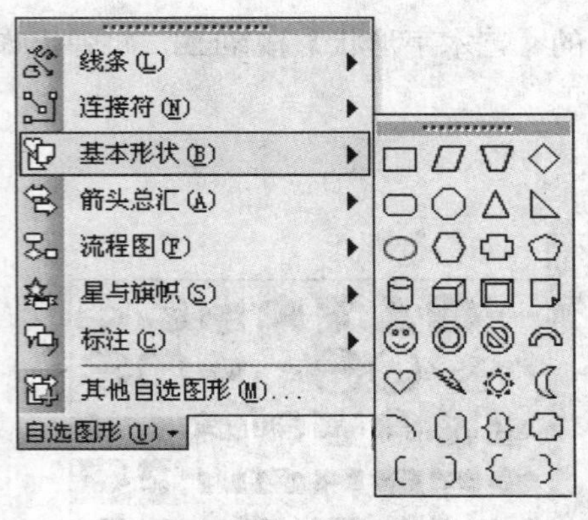

图 4-34 自选图形菜单

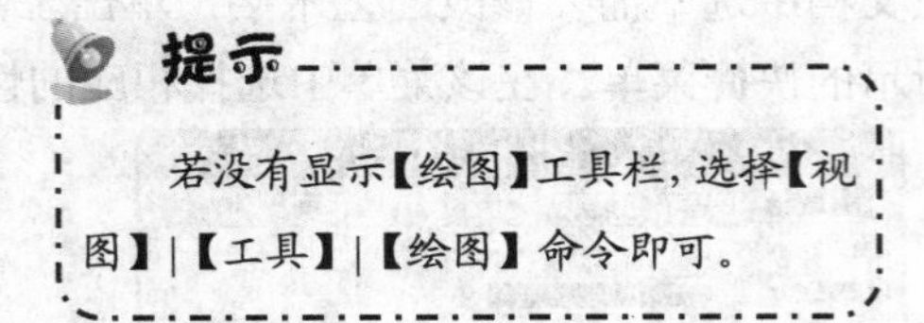

提示
若没有显示【绘图】工具栏，选择【视图】|【工具】|【绘图】命令即可。

4.4.2 自选图形的格式设置

绘制完自选图形后，需要对其进行编辑。右击自选图形，从弹出的快捷菜单中选择【设置自选图形格式】命令，打开【设置自选图形格式】对话框，如图 4-35 所示。在该对话框中可以对自选图形的大小、颜色与线条、版式等进行设置。

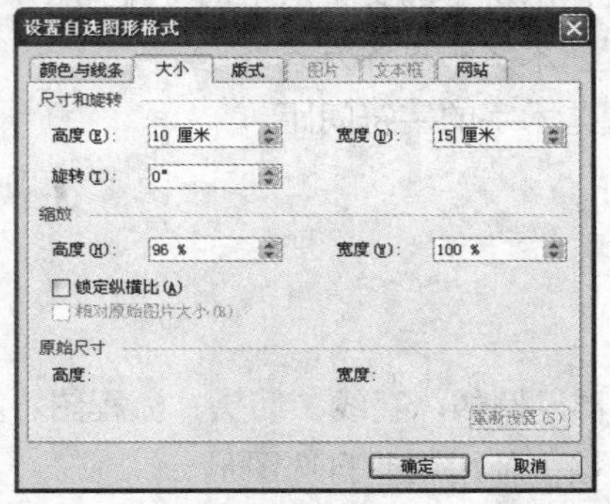

图 4-35 【设置自选图形格式】对话框

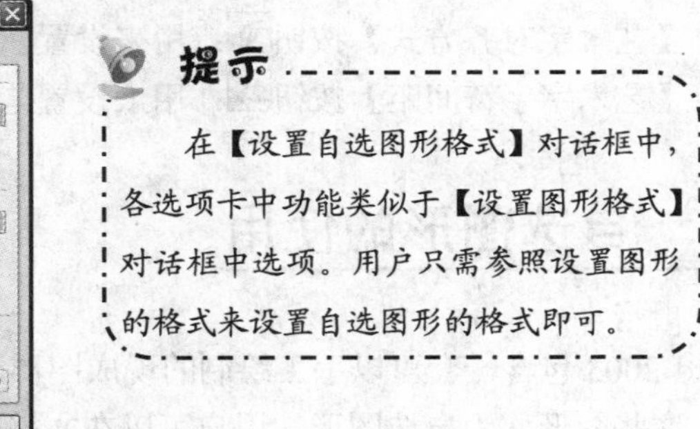

提示
在【设置自选图形格式】对话框中，各选项卡中功能类似于【设置图形格式】对话框中选项。用户只需参照设置图形的格式来设置自选图形的格式即可。

4.5　文本框的使用

在文档中插入文本框不但可使文档内容更直观，而且文本框中也可插入图片和艺术字等对象，从而能使文档更为美观。

4.5.1　文本框的绘制

在文本框中加入文字或图片等内容，并且将其移动到适当的位置，可以使文档更具有阅读性。Word 2003 提供了水平和垂直两种形式的文本框，可以通过选择【插入】|【文本框】|【横排】命令或【插入】|【文本框】|【竖排】命令来创建不同类型的文本框。

绘制文本框的方法很简单，选择【插入】|【文本框】|【横排】或【竖排】命令，或者单击【绘图】工具栏上的【文本框】按钮和【竖排文本框】按钮，然后在文档中拖动鼠标绘制出文本框，效果如图 4-36 所示。

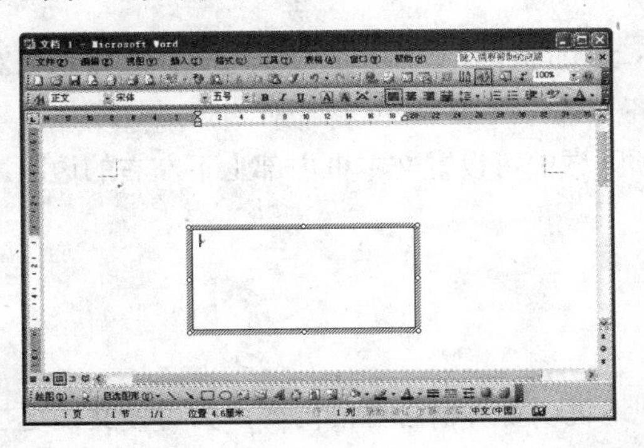

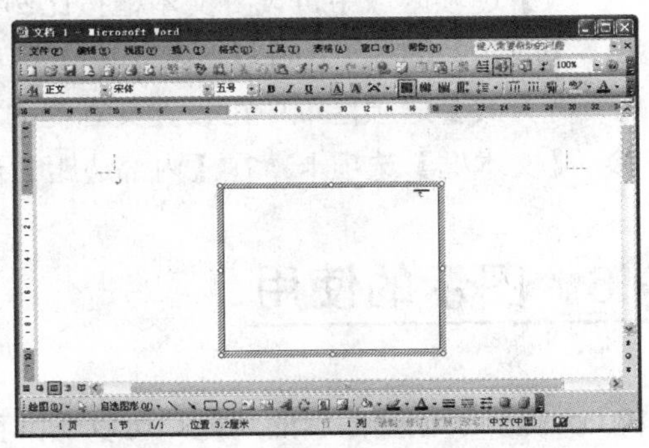

图 4-36　绘制文本框

提示

横排文本框的光标插入点以小竖线的方式闪烁显示，而竖排文本框的光标插入点将以小横线的方式闪烁显示。

4.5.2　文本框的格式设置

绘制完文本框后，还可对文本框的格式进行设置，使其更加美观和整齐。要设置文本框格式，可以右击该文本框，从弹出的快捷菜单中选择【设置文本框格式】命令，打开【设置文本框格式】对话框，如图 4-37 所示。在该对话框中同样可以设置文本框的大小、位置、边框、填充色和版式等。

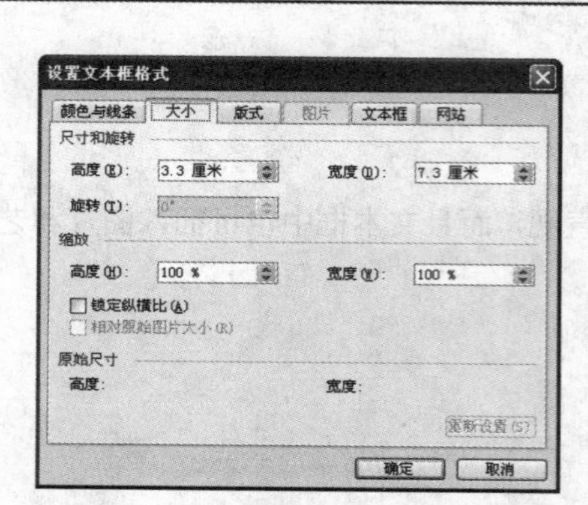

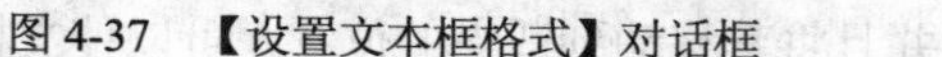
图 4-37 【设置文本框格式】对话框

提示

单击选中文本框后，将会在文本框边框中出现 8 个控制柄，用户也可以通过拖动控制柄的方法来改变文本框的大小。

在图 4-37 中，各选项卡格式设置功能如下。

- 【颜色和线条】选项卡：在【填充】选项区域中可设置文本框的背景颜色；在【线条】选项区域中可设置文本框边框颜色、线型、粗细和虚实等。
- 【大小】选项卡：在【尺寸和旋转】选项区域中可设置文本框的高度和宽度；在【缩放】选项区域中可设置文本框按比例缩放。
- 【版式】选项卡：在【环绕方式】选项区域中可设置文本框的显示方式；在【水平对齐方式】选项区域中可设置文本框的对齐方式。
- 【文本框】选项卡：在【内部边距】选项区域中可设置文本框内部上下左右的边距。

4.6 图示的使用

Word 提供了创建图示的功能，可以非常直观地说明各种概念性的内容，并可使文档更加形象生动、条理清晰。

4.6.1 插入图示

在 Word 2003 中，插入图示的方法非常简单，选择【插入】|【图示】命令，打开【图示库】对话框，如图 4-38 所示，其中包括组织结构图、循环图、射线图、棱锥图、维恩图和目标图等，用户可以根据需要选择合适的类型，单击【确定】按钮，即可插入对应的图示。如图 4-39 所示的就是插入图示后的效果。

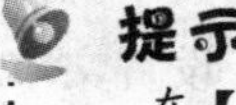

在【绘图】工具栏中，单击【插入组织结构图或其他图示】按钮，同样可以打开【图示库】对话框。

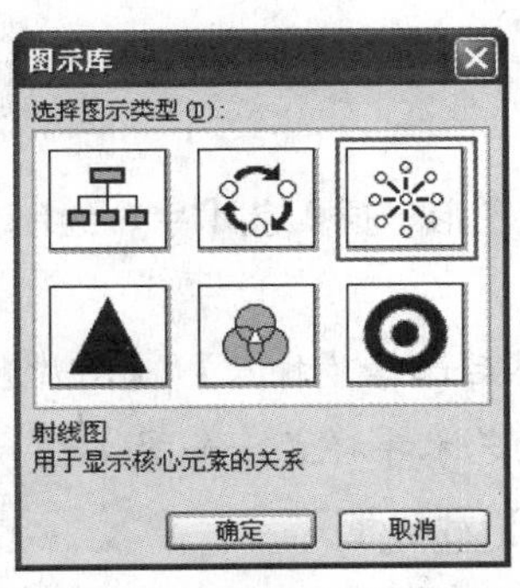

图 4-38 【图示库】对话框

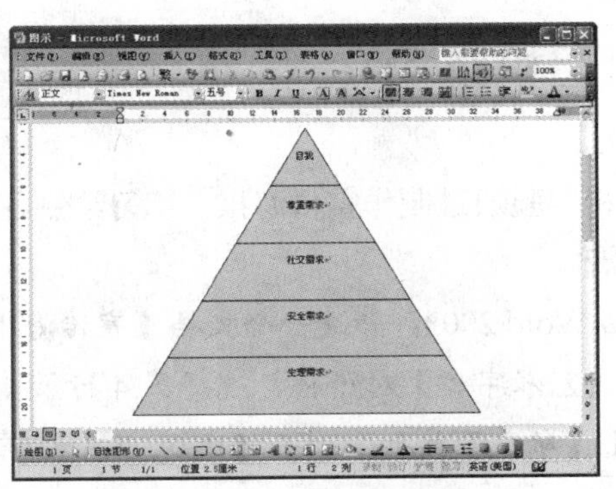

图 4-39 绘制文本框

4.6.2 编辑图示

插入图示后，选中图示，系统字段打开【图示】工具栏，用户可以根据自己的需求使用与之相对应的工具栏对其进行进一步的编辑，如添加和删除组件、反转图示、设置版式和更换图示类型等。如图 4-40 所示为【棱锥图】工具栏。

图 4-40 【棱锥图】工具栏

【棱锥图】工具栏中常用按钮功能如下。

- 【插入形状】按钮：单击该按钮，即可在棱锥图中添加一个组件。
- 【后移形状】按钮：单击该按钮，即可向棱锥顶部移动组件。
- 【前移形状】按钮：单击该按钮，即可向棱锥底端移动组件。
- 【反转图示】按钮：单击该按钮，即可反转显示棱锥中的所有组件。
- 【版式】按钮：单击该按钮，从弹出的下拉列表中可以选择棱锥图的形状。
- 【更改为】按钮：单击该按钮，即可将棱锥图转化为其他图示。
- 【环绕方式】按钮：单击该按钮，可以从弹出的菜单中选择图示显示方式。
- 【自动套用格式】按钮：单击该按钮，打开如图 4-41 所示的【图示样式库】对话框，在该对话框中可以选择 Word 自带的棱锥图样式。

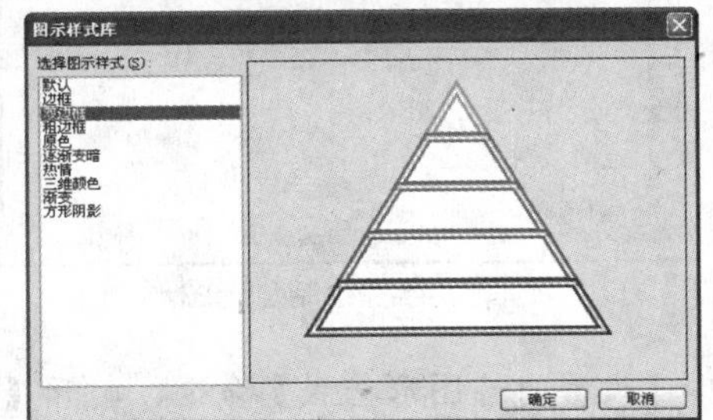

图 4-41 【图示样式库】对话框

提示

其他几种图示工具栏按钮的功能基本相同，在此就不再阐述，用户可以自行进行插入与编辑操作。

4.7 上机练习

本章上机实验通过制作宣传海报，练习绘制各种形状图形、插入艺术字、绘制文本框、插入图片等方法。

(1) 启动 Word 2003，新建一个文档【宣传海报】，然后选择【插入】|【图片】|【艺术字】命令，打开【艺术字库】对话框，选择第 4 行第 4 列中的艺术字样式，如图 4-42 所示。

(2) 单击【确定】按钮，打开【编辑“艺术字”文字】对话框。

(3) 在【文字】文本框中输入文字“为足球呐喊”，并设置文字字体隶书、字号为 40、字形为加粗，如图 4-43 所示。

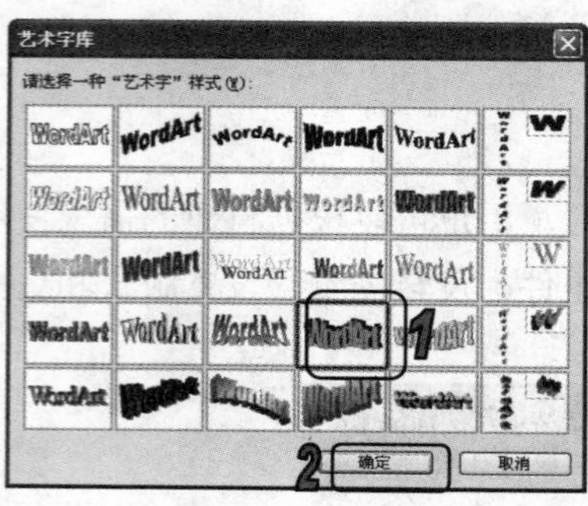

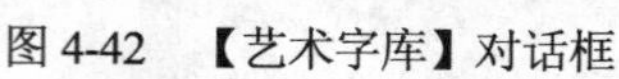
图 4-42 【艺术字库】对话框

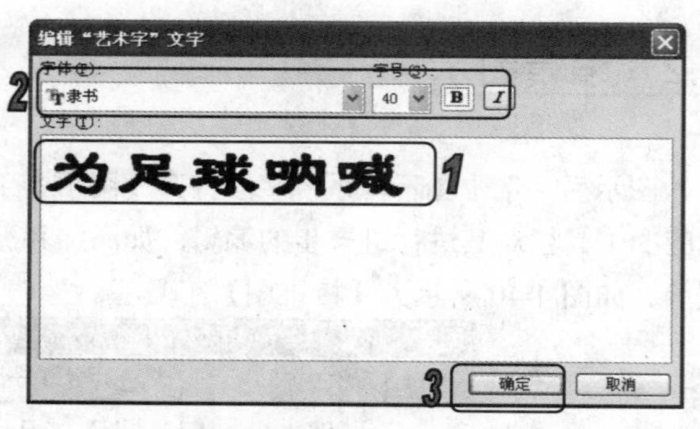

图 4-43 【编辑“艺术字”文字】对话框

(4) 单击【确定】按钮，将艺术字插入到文档。然后单击【艺术字】工具栏上的【环绕方式】按钮，从弹出的快捷菜单中选择【浮于文字上方】命令，并拖动鼠标调整艺术字大小和位置，效果如图 4-44 所示。

(5) 在【绘图】工具栏上单击【自选图形】按钮，从弹出的菜单中选择【星与旗帜】|【爆炸形 2】命令。

(6) 按下 Esc 键后，拖动鼠标在文档中绘制图形，如图 4-45 所示。

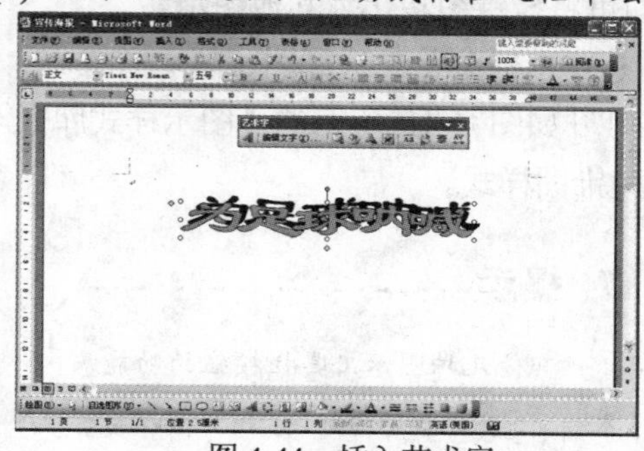

图 4-44 插入艺术字

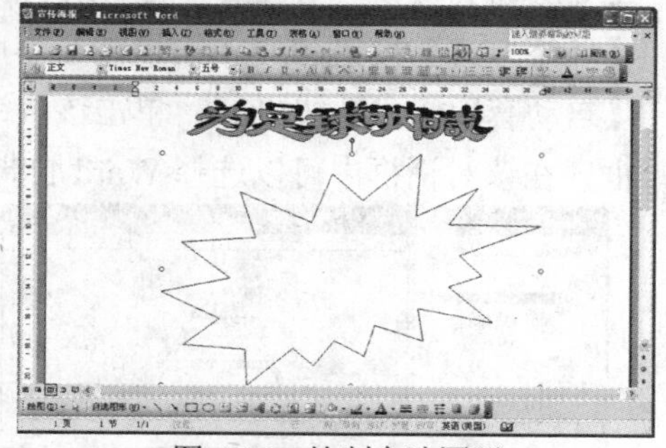

图 4-45 绘制自选图形

(7) 右击自选图形，从弹出的快捷菜单中选择【设置自选图形格式】命令，打开【设置自选图形格式】对话框。

(8) 切换至【颜色与线条】选项卡，设置填充颜色为玫瑰红，线条颜色为红色，线条粗细度为3磅，如图4-46所示。

(9) 单击【确定】按钮，此时自选图形的效果如图4-47所示。

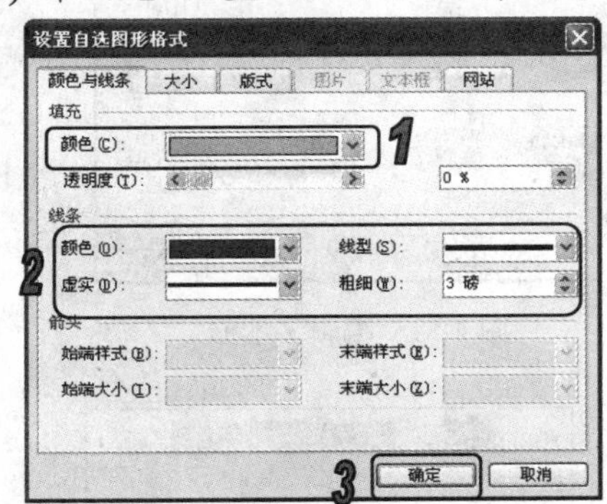

图4-46　【设置自选图形格式】对话框

图4-47　编辑自选图形后的效果

(10) 选择【插入】|【图片】|【来自文件】命令，打开【插入图片】对话框，选择需要插入的图片，如图4-48所示。

(11) 单击【确定】按钮，将图片插入文档中，然后单击【图片】工具栏上的【环绕方式】按钮，从弹出的快捷菜单中选择【浮于文字上方】命令，并拖动鼠标调整图片大小和位置，效果如图4-49所示。

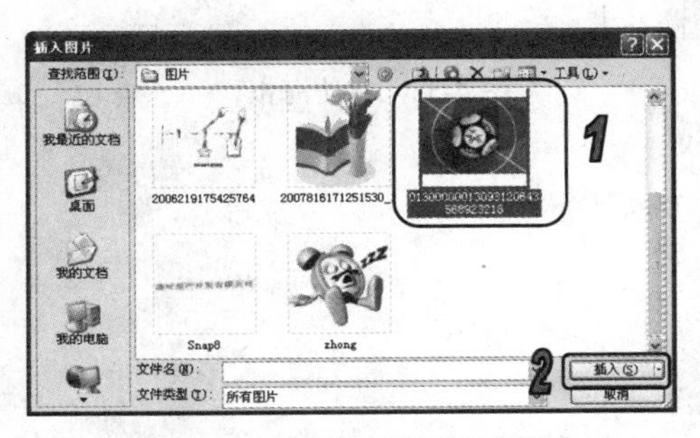

图4-48　【插入图片】对话框

图4-49　插入图片

(12) 选择【插入】|【文本框】|【横排】命令，按Esc键，拖动鼠标在文档中绘制文本框，在闪烁的光标处输入如图4-50所示的文本，并设置文本字体为楷体、字号为3号。

(13) 右击该文本框，从弹出的快捷菜单中选择【设置文本框格式】命令，打开【设置文本框格式】对话框，切换至【颜色与线条】选项卡，设置填充颜色为淡绿色，如图4-51所示。

(14) 单击【确定】按钮，此时文本框的效果如图4-52所示。

(15) 参照步骤(1)~(4)，在文本框中插入艺术字，此时【宣传海报】的最终效果如图4-53所示。

(16) 单击【保存】按钮，将文档【宣传海报】保存。

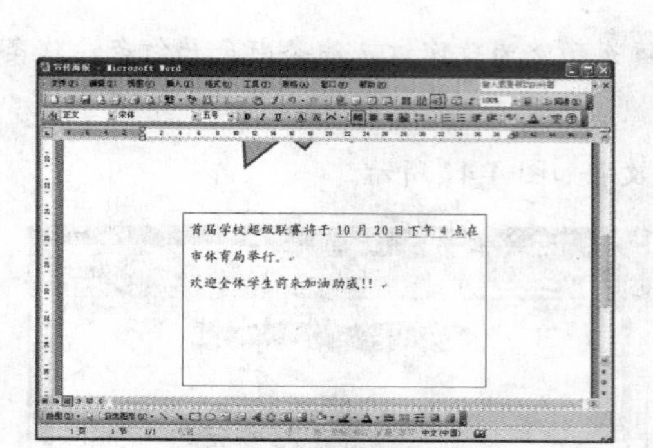

图 4-50　绘制文本框

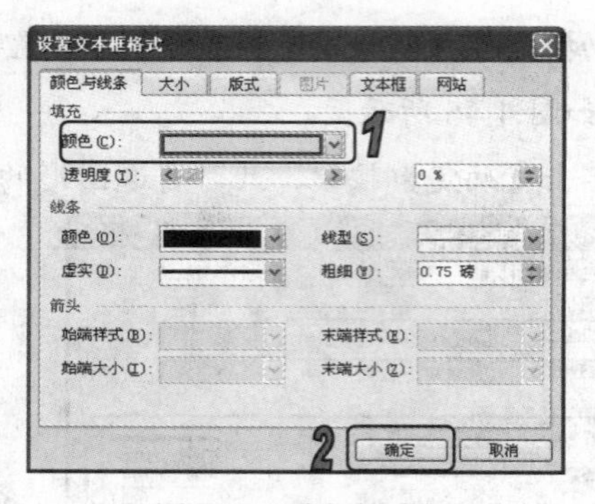

图 4-51　编辑文本框

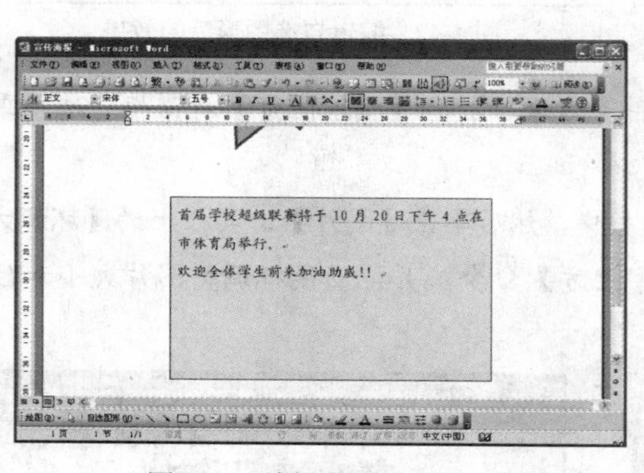

图 4-52　编辑文本框后的效果

图 4-53　宣传海报

4.8　习题

1. 制作如图 4-54 所示的表格。
2. 制作如图 4-55 所示的荣誉证书，在其中插入自选图形和艺术字。

出差补贴领款凭证

（内部自制凭证）　　　　年　月　日　　　　单位：元

姓名（领款签章）			所属部门			
出差补贴内容	地 点	事 由	起讫日期	（住勤）天 数	标 准	金 额
			___月___日至___月___日			
			___月___日至___月___日			
			___月___日至___月___日			
	财务审核实领金额￥：					
实领金额（大写）　万　千　百　拾　元　角　分　￥：________						
公司领导批准	年 月 日	财务审核	（签章）年 月 日	部门意见	（签章）年 月 日	

图 4-54　习题 1

图 4-55　习题 2

第5章 文档的高级处理技巧

学习目标

对于书籍、手册等长文档，Word 2003 提供了许多便捷的操作方式及管理工具。例如，应用模板对文档进行快速的格式应用；利用【样式】任务窗格创建、查看、选择、应用甚至清除文本中的格式；使用大纲视图组织文档，帮助用户清理文档思路；在文档中插入目录，便于用户参考和阅读；还可以在需要的位置插入批注表达意见等。

本章重点

- 样式的使用
- 模板的使用
- 长文档的编排
- 文档批注与目录制作

5.1 样式的使用

所谓样式就是应用于文档中的文本、表格和列表的一套格式特征，它能迅速改变文档的外观。每个文档都是基于一个特定的模板，每个模板中都会自带一些样式，又称为内置样式。当 Word 提供的内置样式有部分格式定义和需要应用的格式组合不相符，还可以修改该样式，甚至可以重新定义样式，以创建规定格式的文档。

5.1.1 创建样式

如果现有文档的内置样式与所需格式设置相去甚远时，创建一个新样式将会更有效率。选择【格式】|【样式和格式】命令，在打开的如图 5-1 所示的【样式和格式】任务窗格中，单击

【新样式】按钮，打开【新建样式】对话框，如图 5-2 所示。

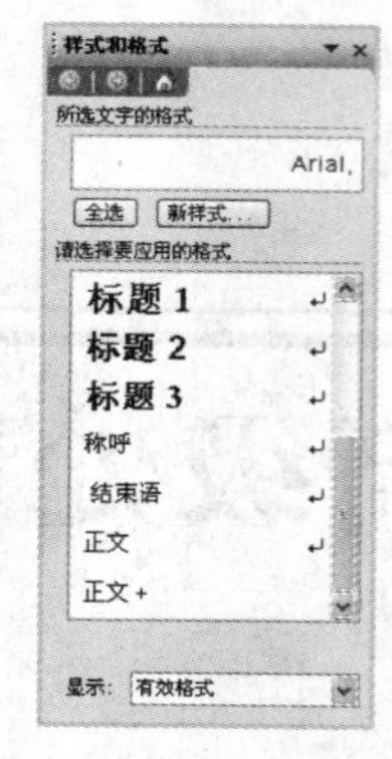

图 5-1　【样式和格式】任务窗格

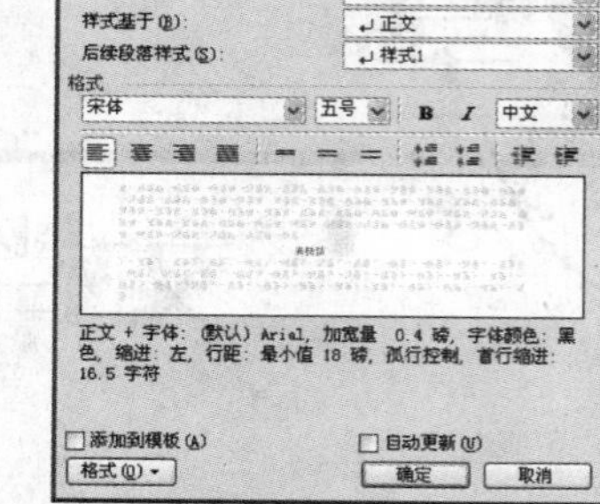

图 5-2　【新建样式】对话框

在【新建样式】对话框的【名称】文本框中输入要创建的新样式的名称；在【样式类型】下拉列表框中可以选择【字符】或【段落】选项；在【样式基于】下拉列表框中选择该样式的基准样式(所谓基准样式就是最基本或原始的样式，文档中的其他样式都以此为基础)。

【例 5-1】将【表扬信】文档中的日期创建为新的样式。

(1) 启动 PowerPoint 2003 应用程序，打开【表扬信】文档，将光标定位于文档中“日期”所在的行中，然后选择【格式】|【样式和格式】命令，打开【样式和格式】任务窗格。

(2) 在任务窗格中单击【新样式】按钮，打开【新建样式】对话框。

(3) 在【名称】文本框中输入“新日期”，在【样式类型】下拉列表中选择【段落】选项，在【样式基于】下拉列表框中选择【日期】选项，并将字号设置为小四，单击【加粗】按钮和【右对齐】按钮，如图 5-3 所示。

(4) 单击【确定】按钮，返回至【样式和格式】任务窗格，此时将显示创建的【新日期】样式，如图 5-4 所示。

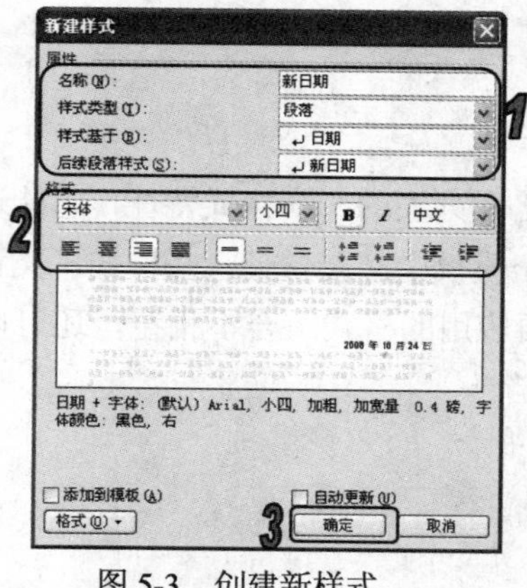

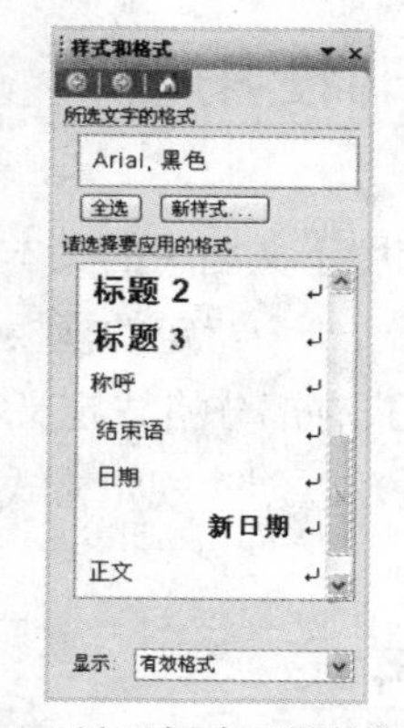

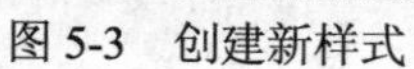
图 5-3　创建新样式　　　图 5-4　显示创建日期的样式

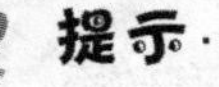
提示

在【格式】工具栏上单击【格式窗格】按钮，或者选择【视图】|【任务窗格】命令，打开任务窗格，在【其他任务窗格】下拉列表框中选择【样式和格式】命令，也可以打开【样式和格式】任务窗格。

5.1.2　应用样式

利用样式可以快速改变文本的外观。一般情况下，用户可以将 Normal 模板(Word 默认的模板)中内置了多种样式应用于文档的文本中，还可以将打开并设置好样式的文档应用于文档的文本中。

通常情况下，在 Word 2003 中输入文本内容时，默认应用【正文】样式。如果用户要将所输入的文本应用某种内置样式，首先必须选中需要应用样式的文本，然后选择【格式】|【样式和格式】命令，打开【样式和格式】任务窗格。在【请选择要应用的格式】列表框中选择要应用的样式即可。

【例 5-2】对【表扬信】文档中的标题应用【标题 1】样式，日期应用【新日期】样式。

(1) 启动 PowerPoint 2003 应用程序，打开【表扬信】文档。

(2) 将插入点置于文档的标题位置，或选中该段文字，选择【格式】|【样式和格式】命令，打开【样式和格式】任务窗格，在【请选择要应用的格式】列表框中选择【标题 1】选项，此时样式【标题 1】将应用于该段文字，如图 5-5 所示。

(3) 使用同样的方式，将日期段落应用【新日期】样式，最终效果如图 5-6 所示。

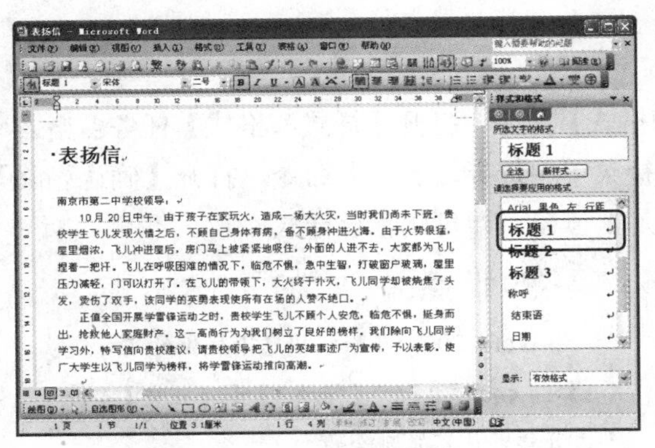

图 5-5　应用【标题 1】样式

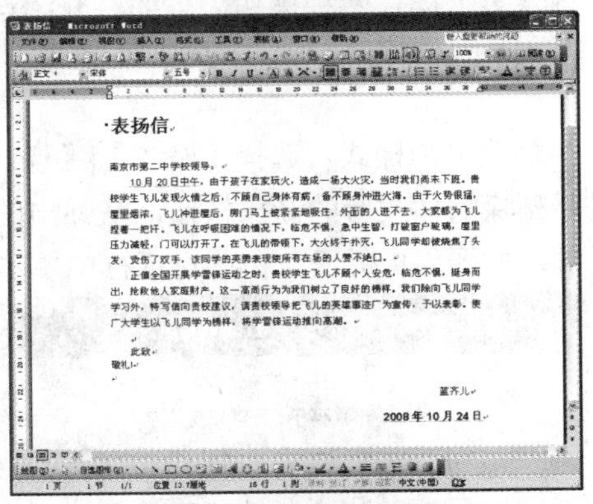

图 5-6　应用格式后文档的效果

5.1.3　查看和修改样式

如果要查看文本的样式，可将光标定位到文本中，选择【格式】|【样式和格式】命令，打开【样式和格式】任务窗格，系统将以蓝色的矩形框显示所选文本的样式，如图 5-7 所示。

对该样式进行修改，可在【样式和格式】任务窗格中单击要修改的样式选项右侧的下拉按钮，在弹出的下拉列表中选择【修改】选项，然后在打开的【修改样式】对话框中对样式进行修改。如图 5-8 所示的是将如图 5-7 所示的样式修改为正文样式后的效果。

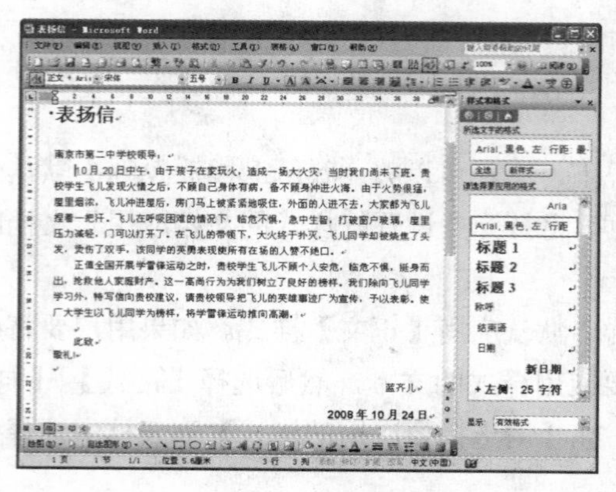

图 5-7　查看样式

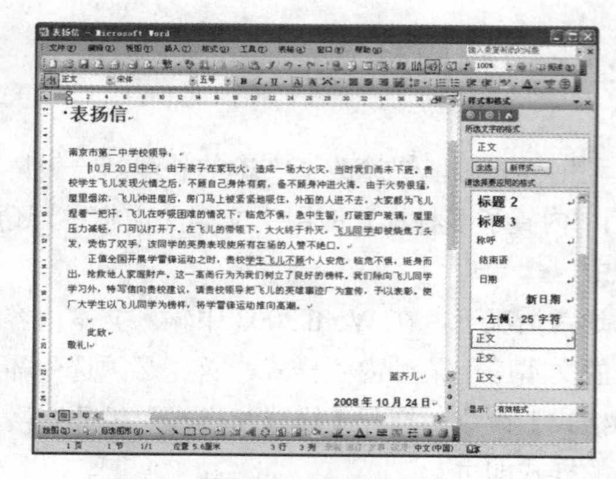

图 5-8　修改样式

5.1.4　删除样式

在 Word 2003 中，对于不需要的样式可将其删除。通常情况下，删除样式包括删除单个样式和删除多个样式两种操作。下面将介绍这两种操作。

1. 删除单个样式

要删除单个样式，选择【格式】|【样式和格式】命令，打开【样式和格式】任务窗格，单击需要删除的样式旁的箭头按钮，从弹出的快捷菜单中选择【删除】命令，打开【确认删除】对话框，如图 5-9 所示。在该对话框中单击【是】按钮，即可删除该样式。

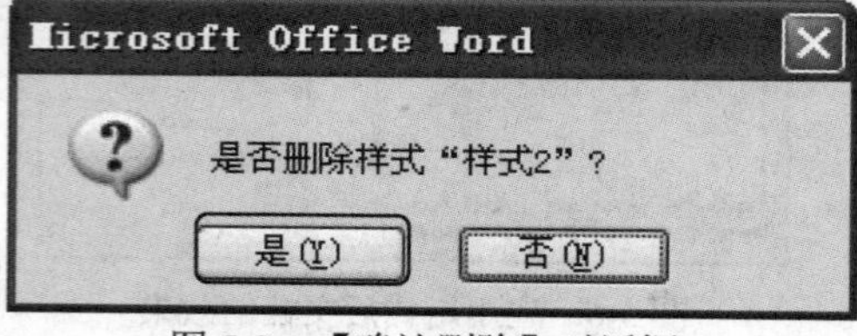

图 5-9　【确认删除】对话框

> **知识点**
>
> Word 2003 在默认状态下提供的【标题 1】、【标题 2】、【标题 3】和【正文】4 种内置样式是不能删除的。

2. 删除多个样式

如果要删除多个样式，可以选择【工具】|【模板和加载项】命令，打开【模板和加载项】对话框，单击【管理器】按钮，打开【管理器】对话框，并且选择【样式】选项卡，从中选择要删除的样式，单击【删除】按钮即可。

5.2　模板的使用

在 Word 2003 中，模板决定了文档的基本结构和文档设置。模板是包含指定内容和格式的

文档，它可以作为模型用以创建其他类似的文档。它和样式的区别在于，样式是段落或字符格式的组合，而模板是整篇文档格式的组合(样式的组合)。

5.2.1　模板简介

所谓的模板，就是一种带有特定格式的扩展名为.dot 的文档，它包括特定的字体格式、段落样式、页面设置、快捷键方案、宏等格式。也可以说，模板是包含指定内容和格式的文档，它可以作为模型用以创建其他类似的文档。在模板中可包含格式、样式、标准的文本(如页眉和行列标志)、公式、VBA 宏和自定义工具栏等。当要编辑多篇格式相同的文档时，可以使用模板来统一文档的风格，可以简化工作量和节约时间，从而提高工作效率。

任何 Word 文档都是以模板为基础的。模板，实际上是“模板文件”的简称，模板文件归根结底是一种具有特殊格式的 Word 文档。

在 Word 2003 中，模板分为共用模板和文档模板两种。

- 共用模板：就是包括 Normal 模板，其所含设置能够适用于所有文档的模板。例如，进入 Word 2003 时出现的空白文档就是基于 Normal 模板的。
- 文档模板：就是所含设置仅适用于以该模板为基础的文档的模板。如备忘录模板就是文档模板。

处理文档时，通常情况下只能使用保存在文档附加模板或 Normal 模板中的设置，如果想要所有的文档都可以使用某模板中的设置，可以将该模板加载为共用模板，这样以后运行 Word 2003 时都可以使用其中的设置。另外，用户可以自己创建模板，如果将该新建的模板保存在恰当的位置，该模板就可以出现在【安装的模板】列表中以方便使用。

5.2.2　创建模板

在文档处理过程中，当需要经常用到同样的文档结构和文档设置时，就可以根据这些设置自定义并创建一个新的模板来进行应用。在创建新的模板时有根据现有文档创建和根据现有模板创建两种方法。

1. 根据现有文档创建模板

根据现有文档创建模板，实际上就是把经常重复使用的文本样式以模板的形式保存下来，即将用于创建模板的文档另存为文档模板(.dot)类型。待用户需要使用该文档时，只需使用模板打开文档。如图 5-10 所示的是将打开的文档【个人简历表】创建为模板的过程。

提示

保存在 Templates 文件夹下任何.dot 文件都可以起到模板的作用。按照默认保存位置保存的模板都出现在【模板】对话框的【常用】选项卡中，以后根据模板新建文件就可以直接应用该模板。

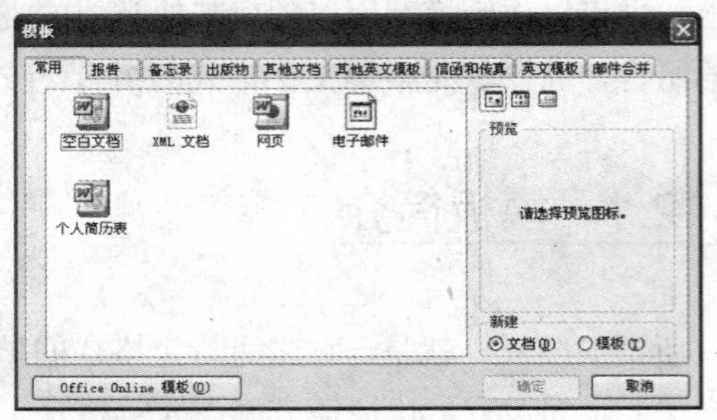

图 5-10　创建【个人简历表】模板

2. 根据现有模板创建模板

Word 2003 现有模板的自动图文集词条、字体、快捷键指定方案、宏、菜单、页面设置、特殊格式和样式设置基本符合大多数用户的不同要求，但还需要对其进行一些修改时，可以以现有模板为基础来创建新模板。

选择【文件】|【新建】命令，打开【新建文档】任务窗格，并在【模板】选项区域中，单击【本机上的模板】链接，打开【模板】对话框。在该对话框中打开现有模板，然后将模板以【另存为】模板的方式进行保存。如图 5-11 所示的是在模板【个人传真】中输入发件人信息后，创建的模板【落叶儿传真】。

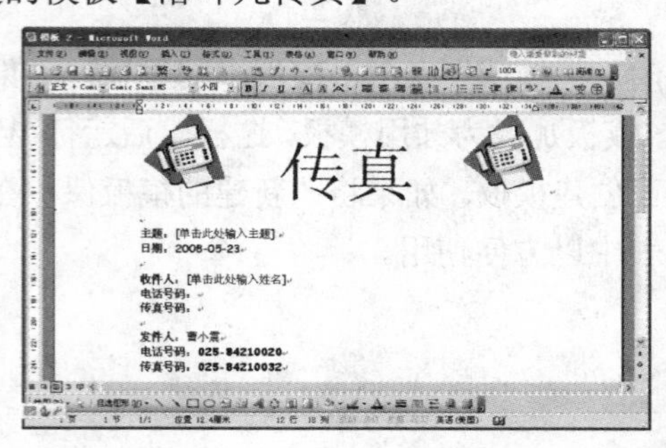

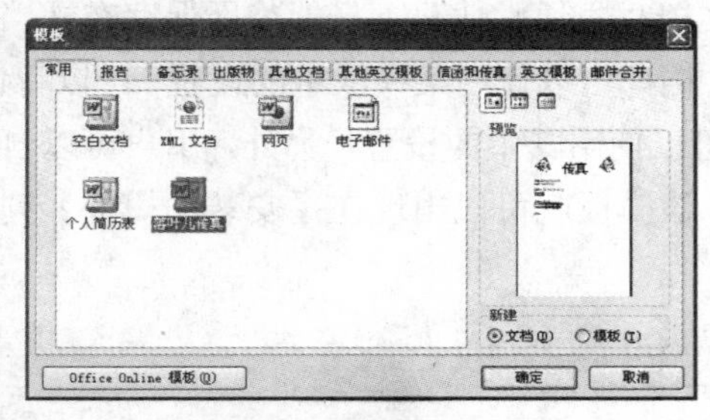

图 5-11　以模板【个人传真】创建模板【落叶儿传真】

5.2.3　修改模板

和样式修改类似，如果用户感到自己创建的模板还有不完善或需要改动的地方，可以随时调出该模板进行修改。需要修改某个模板时，可以在【模板】对话框中将其打开，然后再进行修改操作。

打开【模板】对话框的方法是，选择【文件】|【新建】命令，打开【新建文档】任务窗格，再单击【本机上的模板】链接，打开【模板】对话框，如图 5-12 所示。单击选中需要修改的模板，再单击【确定】按钮，即可将其打开，然后根据需要修改其中的选项，然后保存该模板并退出。

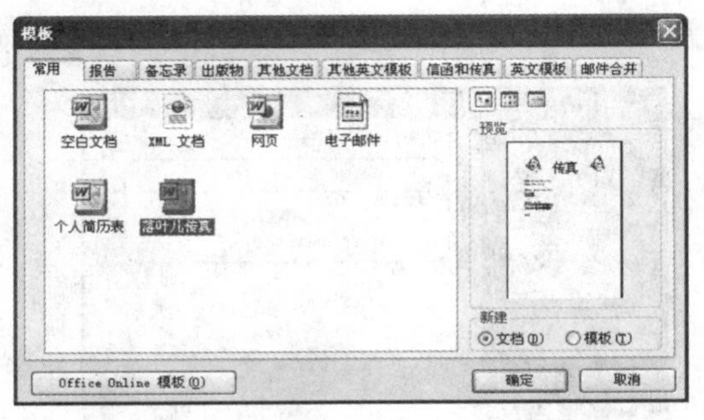

图 5-12　【模板】对话框

提示

单击选中某个需要修改的模板，在对话框右侧的【预览】框中可以看到该模板的预览效果。此时可以像用户自己创建的模板一样，对其进行修改，并另存为其他的模板。

5.2.4　套用模板创建文档

Word 2003 自带了一些常用的文档模板，使用这些模板可以帮助用户快速创建基于某种类型的文档。

【模板】对话框为用户提供了多种类型的模板，包括常用模板、报告模板、备忘录模板、出版物模板以及信函和传真模板等，用户可以根据需要选择要使用的模板类型。在【模板】对话框中选择需要的模板后，在右侧的【新建】选项区域中选择【文档】单选按钮，以确定所创建的是文档，就可以创建一个应用所选模板的新文档。

【例 5-3】使用模板制作备忘录。

(1) 启动 Word 2003，选择【文件】|【新建】命令，打开【新建文档】窗格，并在【模板】选项区域中，单击【本机上的模板】链接，打开【模板】对话框。

(2) 打开【备忘录】选项卡，在列表框中选择【备忘录向导】选项，并在【新建】选项区域中选择【文档】单选按钮，如图 5-13 所示。

(3) 单击【确定】按钮，打开【备忘录向导】对话框，如图 5-14 所示。

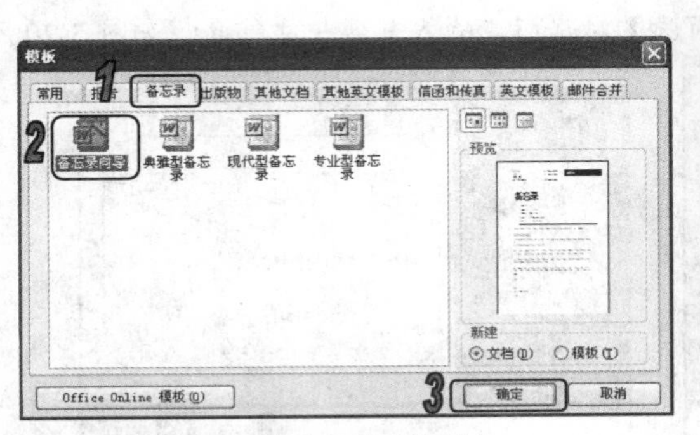

图 5-13　【备忘录】选项卡

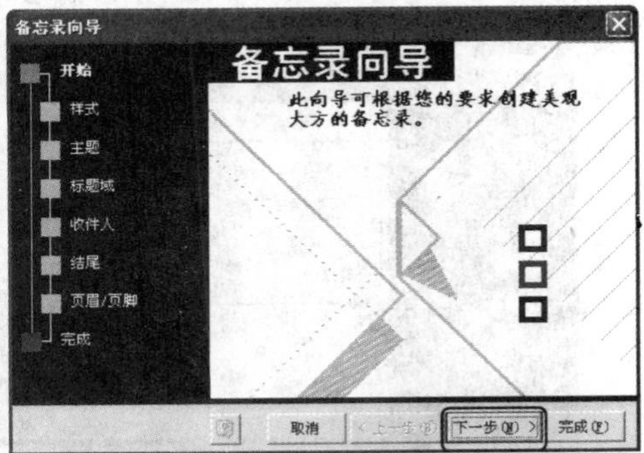

图 5-14　【备忘录向导】对话框

(4) 单击【下一步】按钮，打开【请选择您喜爱的样式】对话框，选中【现代型】单选按钮，如图 5-15 所示。

(5) 单击【下一步】按钮，打开【是否要包含主题】对话框，选中【是，主题为】单选按钮，

并在其下的文本框中输入主题内容，如图 5-16 所示。

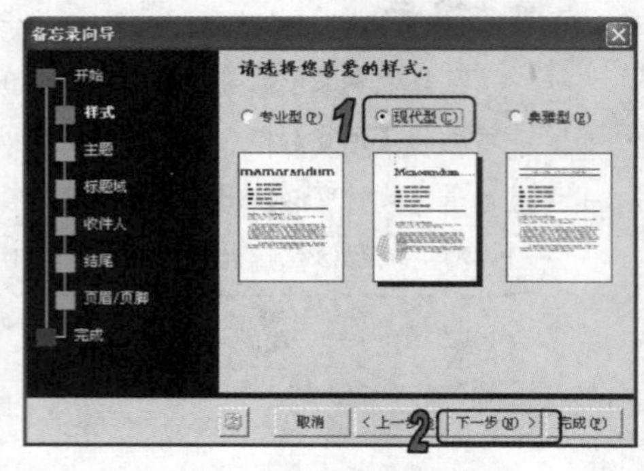

图 5-15　选择备忘录样式

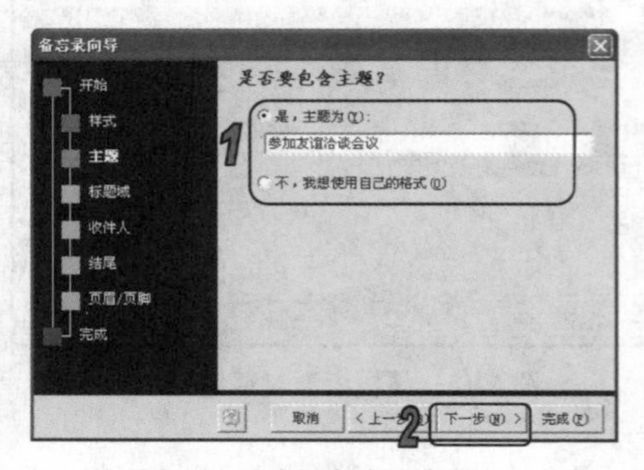

图 5-16　选择备忘录主题

(6) 单击【下一步】按钮，打开【请选择想要加入的内容】对话框，输入相关信息，如图 5-17 所示。

(7) 单击【下一步】按钮，打开【请指定收件人】对话框，在其中输入收件人和抄送姓名，如图 5-18 所示。

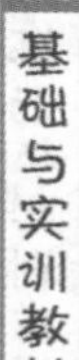

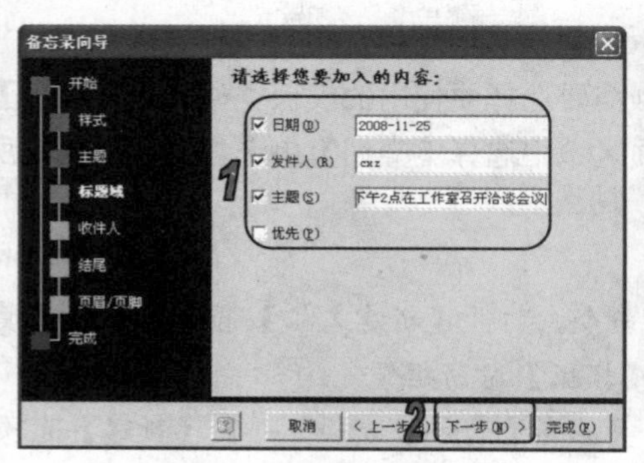

图 5-17　输入内容

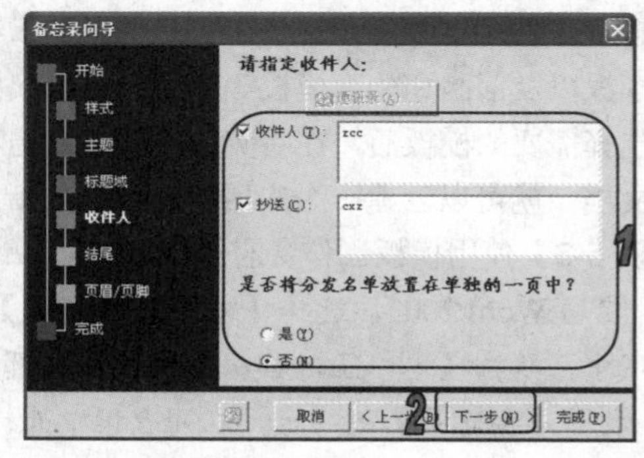

图 5-18　指定收件人

(8) 单击【下一步】按钮，打开【结尾部分需要包括】对话框，输入内容，如图 5-19 所示。

(9) 单击【下一步】按钮，打开【页眉/页脚】对话框，输入其他一些信息，如图 5-20 所示。

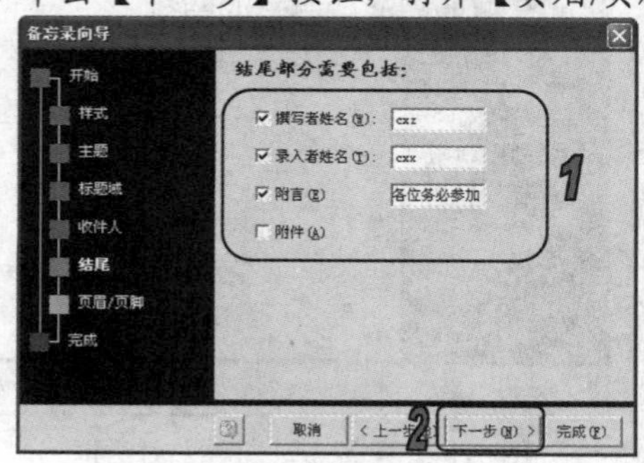

图 5-19　输入结尾信息

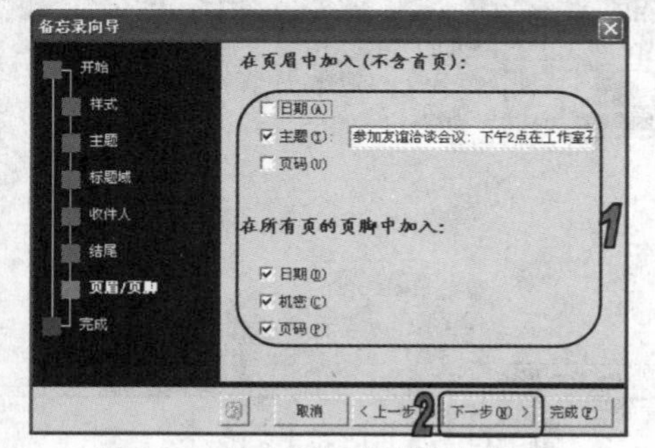

图 5-20　输入页眉和页脚信息

(10) 单击【下一步】按钮，打开备忘录格式设置完毕对话框，如图 5-21 所示。

(11) 单击【完成】按钮，完成备忘录格式的设置，此时备忘录效果如图 5-22 所示。

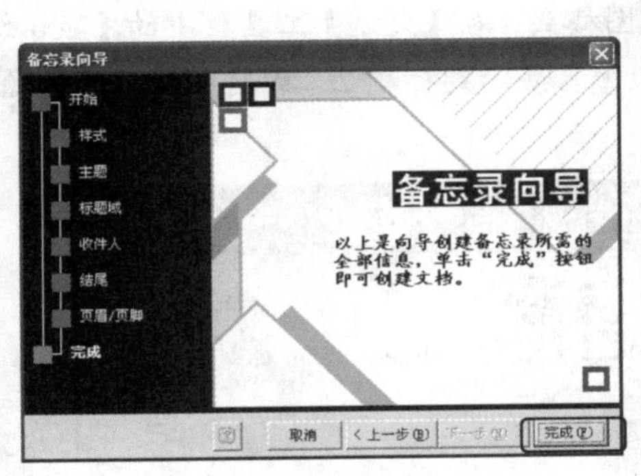

图 5-21　完成备忘录设置

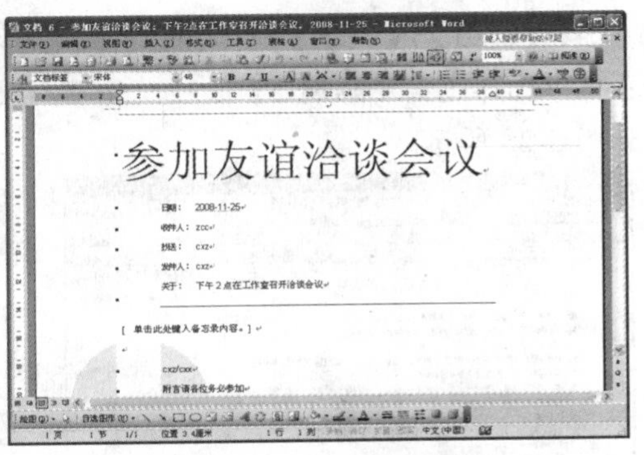

图 5-22　备忘录

5.3 长文档的编辑

Word 2003 本身提供一些处理长文档功能和特性的编辑工具，例如，使用大纲视图方式查看和组织文档、在文档中添加书签、使用书签定位文档等。

5.3.1 使用大纲查看文档

Word 2003 中的【大纲视图】就是专门用于制作提纲的，它以缩进文档标题的形式代表在文档结构中的级别。

选择【视图】|【大纲】命令或单击水平滚动条前的【大纲视图】按钮，即可切换到大纲视图模式，并自动打开【大纲】工具栏，如图 5-23 所示。通过该工具栏中的按钮，可以完成对大纲的创建与修改操作。

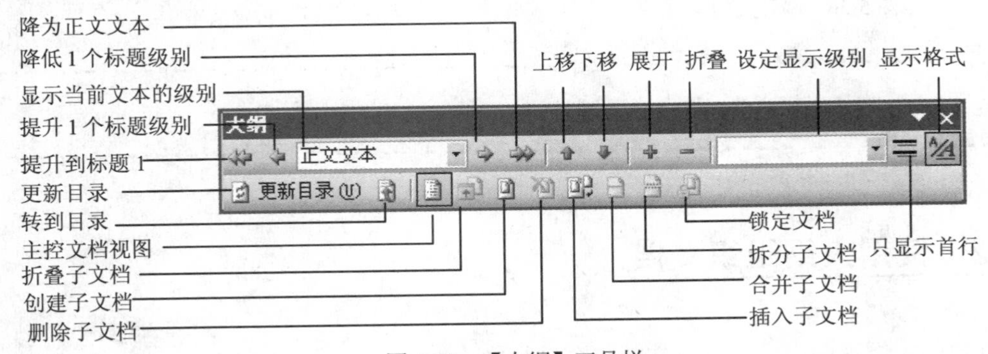

图 5-23　【大纲】工具栏

【例 5-4】创建文档【圣诞科技有限公司员工手册】，并切换到大纲视图以查看结构。

(1) 启动 Word 2003，创建如图 5-24 所示的文档，并将其以【圣诞科技有限公司员工手册】名保存。

(2) 选择【视图】|【大纲】命令，切换到大纲视图模式。在【大纲】工具栏中的【显示级别】下拉列表框中选择【显示级别 2】选项，此时，视图上只显示到标题 2，标题 2 以后的标题都被折叠，如图 5-25 所示。

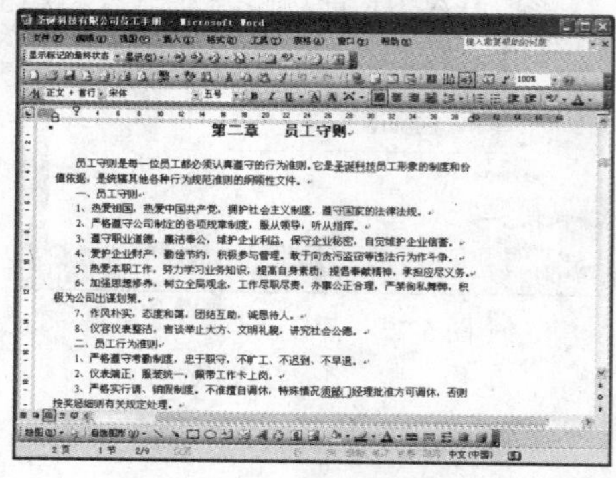

图 5-24　创建文档

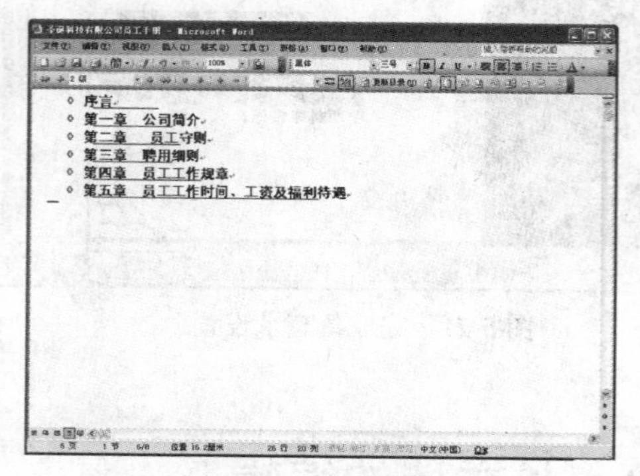

图 5-25　显示标题 2

(3) 将鼠标指针移至标题 2 前的符号✚处，双击即可展开其后的下属文本，如图 5-26 所示。

(4) 将鼠标指针移动到文本【第一章　公司简介】前的符号✚处并双击，即可折叠该标题下的文本，如图 5-27 所示。

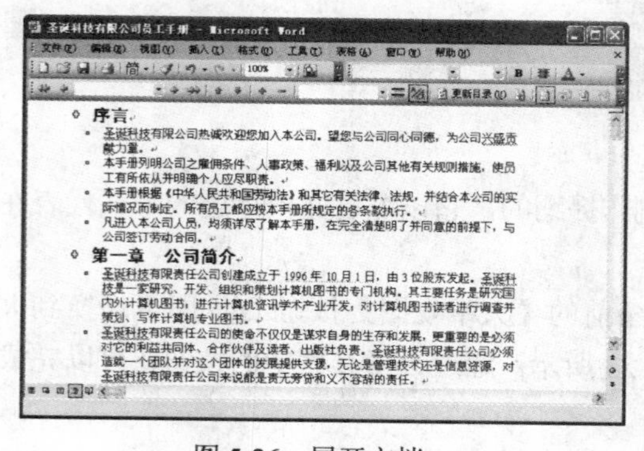

图 5-26　展开文档

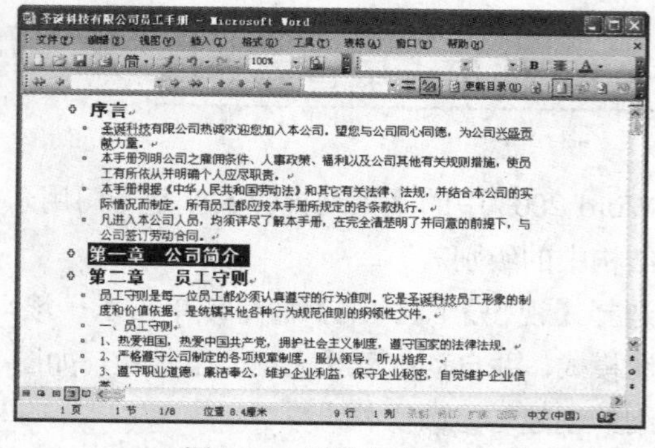

图 5-27　折叠文本

提示

在【大纲】工具栏上单击【展开】按钮✚，将展开下一级下属文本。

5.3.2　使用大纲组织文档

在创建的大纲视图中，可以对文档内容进行修改与调整。

1. 选择大纲内容

在大纲视图模式下的选择操作是进行其他操作的前提和基础，在此将介绍大纲的选择操作，选择的对象不外乎标题和正文体，下面讲述如何对这两种对象进行选择。

- 选择标题：如果仅仅选择一个标题，并不包括它的子标题和正文，可以将鼠标光标移至此标题的左端选择条，当鼠标光标变成一个斜向上的箭头形状时，单击鼠标左键，即可选中该标题。
- 选择一个正文段落：如果要仅仅选择一个正文段落，可以将鼠标光标移至此段落的左端选择条，当鼠标光标变成一个斜向上箭头的形状时，单击鼠标左键，或者单击此段落前的符号▫，即可选择该正文段落。
- 同时选择标题和正文：如果要选择一个标题及其所有的子标题和正文，就双击此标题前的符号✿；如果要选择多个连续的标题和段落，按住鼠标左键拖过选择条即可。

2. 更改文本在文档中的级别

文本的大纲级别并不是一成不变的，可以按需要对其实行升级或降级操作。

- 每按一次 Tab 键，标题就会降低一个级别；每按一次 Shift+Tab 键，标题就会提升一个级别。
- 在【大纲】工具栏中单击【提升】按钮⇦或【降低】按钮⇨，对该标题实现层次级别的升或降；如果想要将标题降级为正文，可单击【降为“正文文本”】按钮⇛。
- 按下 Alt+Shift+←组合键，可将该标题的层次级别提高一级；按下 Alt+Shift+→组合键，可将该标题的层次级别降低一级。按下 Alt+Ctrl+1(或 2 或 3)键，可使该标题的级别达到 1 级(或 2 级或 3 级)。
- 用鼠标左键拖动符号✿或▭向左移或向右移来提高或降低标题的级别。按下鼠标左键拖动，在拖动的过程中，每当经过一个标题级别时，都有一条竖线和横线出现，如图 5-28 所示。如果想把该标题置于这样的标题级别，可在此时释放鼠标左键。

3. 移动大纲标题

在 Word 2003 中既可以移动特定的标题到另一位置，也可以连同该标题下的所有内容一起移动。可以一次只移动一个标题，也可以一次移动多个连续的标题。

要移动一个或多个标题，首先选择要移动的标题内容，然后在标题上按下并拖动鼠标右键，可以看到在拖动过程中，有一虚竖线跟着移动。移到目标位置后释放鼠标，这时将弹出如图 5-29 所示的快捷菜单，选择菜单上的【移动到此位置】命令，即可完成标题的移动。

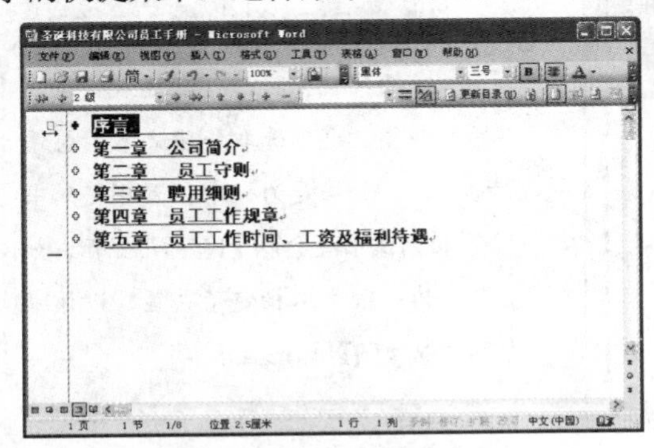

图 5-28　用鼠标拖动

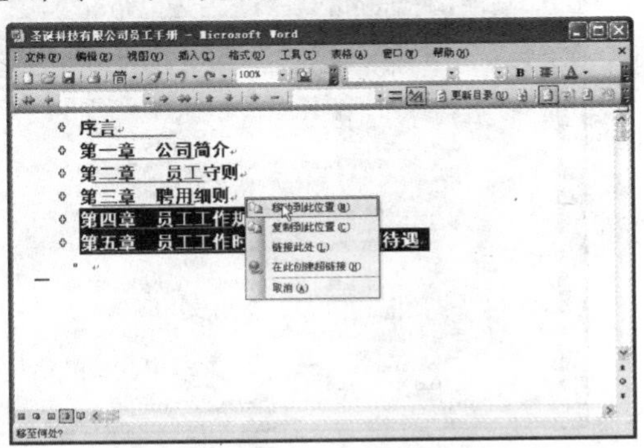

图 5-29　一次移动多个标题

5.3.3 在文档中添加书签

所谓的书签，是指对文本加以标识和命名，用于帮助用户记录位置，从而使用户能快速地找到目标位置。在 Word 2003 中，可以使用【插入】|【书签】命令，在文档的指定区域内插入若干个书签标记，以方便用户查阅文档中的相关内容。

【例 5-5】在文档【圣诞科技有限公司员工手册】的【第 5 章 员工工作时间、工资及福利待遇】开始位置插入一个名为【公司待遇】的书签。

(1) 启动 Word 2003，打开文档【圣诞有限公司员工手册】，将鼠标指针定位到【第 5 章 员工工作时间、工资及福利待遇】开始位置，选择【插入】|【书签】命令，如图 5-30 所示。

(2) 在打开的【书签】对话框的【书签名】文本框中输入书签的名称“公司待遇”，如图 5-31 所示。

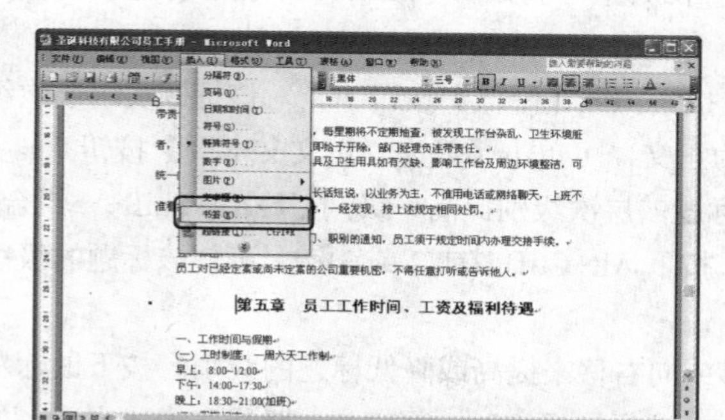

图 5-30 选择命令

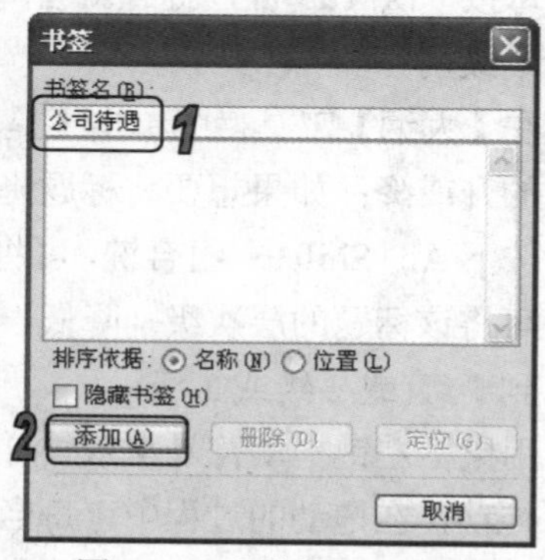

图 5-31 【书签】对话框

知识点

书签的名称最长可达 40 个字符，可以包含数字，但数字不能出现在第一个字符中。此外，书签只是一种编辑标记，可以显示在屏幕上，但不能被打印出来。

(3) 输入完毕，单击【添加】按钮，将该书签添加到书签列表框中，如图 5-32 所示。

(4) 单击【保存】按钮，将修改过的文档保存。

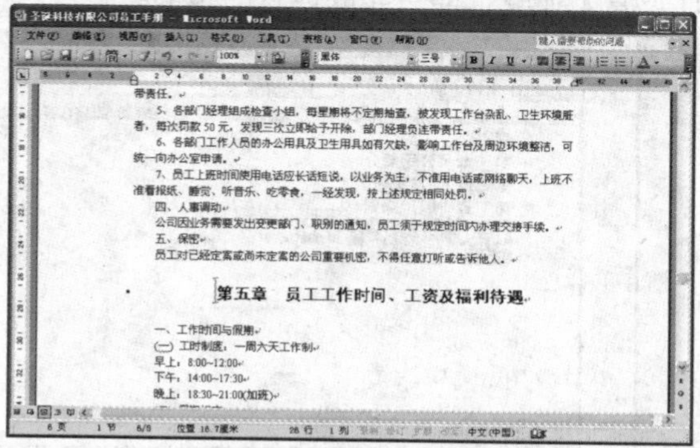

图 5-32 在文档中插入书签

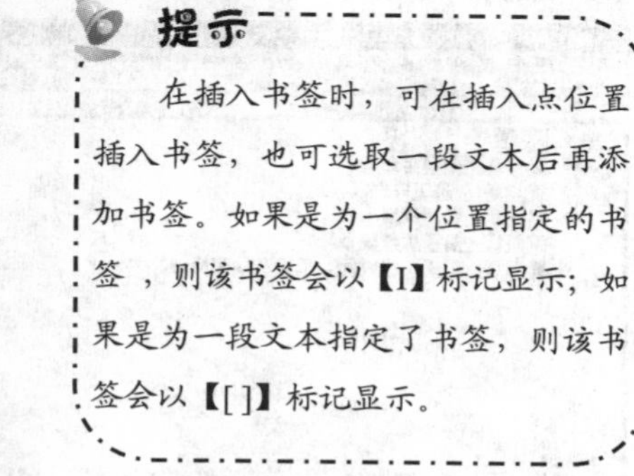

提示

在插入书签时，可在插入点位置插入书签，也可选取一段文本后再添加书签。如果是为一个位置指定的书签，则该书签会以【I】标记显示；如果是为一段文本指定了书签，则该书签会以【[ ]】标记显示。

5.3.4 使用书签定位文档

添加了书签之后，用户可以使用书签定位功能来快速定位到书签位置。定位书签的方法有两种方法，一种是利用【定位】对话框来定位书签；另一种是使用【书签】对话框来定位书签。

【例 5-6】在文档【圣诞科技有限公司员工手册】中，使用【定位】对话框将插入点定位在书签【公司待遇】上。

(1) 启动 Word 2003，打开文档【圣诞科技有限公司员工手册】，选择【编辑】|【定位】命令，打开【查找与替换】对话框的【定位】选项卡。

(2) 在【定位目标】列表框中选择【书签】选项，在【请输入书签名称】下拉列表框中选择【公司待遇】选项，如图 5-33 所示。

(3) 单击【定位】按钮，此时插入点将自动放置在书签所在的位置。

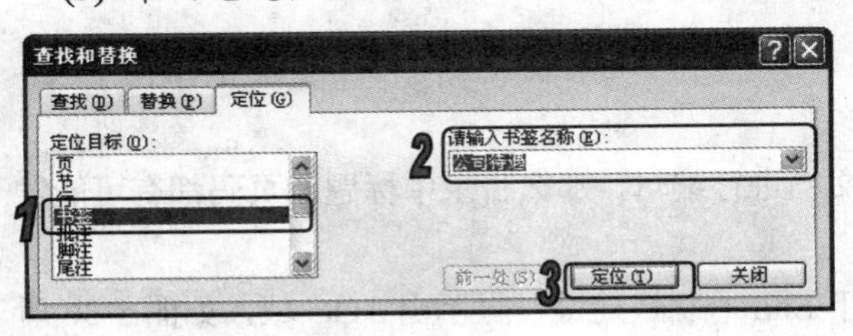

图 5-33　【定位】选项卡

知识点

使用【书签】对话框来定位书签，可以在【书签】对话框的列表框中选择需要定位的书签名称，然后单击对话框中的【定位】按钮即可。

5.4 文档批注与目录制作

在 Word 2003 中，文档批注与目录制作在办公文档中的应用非常广泛。目录可以帮助用户迅速查找文档中某个部分的内容，还可以便于用户把握全文的结构；批注帮助审阅者审批文档时为内容加注解或说明，或阐述观点。

5.4.1 创建文档目录

Word 有自动编制目录的功能。要创建目录，首先将插入点定位到要插入目录的位置，然后选择【插入】|【引用】|【索引和目录】命令，打开【索引和目录】对话框，在该对话框中进行相关设置即可。

【例 5-7】在文档【圣诞科技有限公司员工手册】中，创建一个显示 2 级标题的目录。

(1) 启动 Word 2003，打开文档【圣诞科技有限公司员工手册】，将插入点定位在【序言】开始处，选择【插入】|【引用】|【索引和目录】命令，打开【索引和目录】对话框。

(2) 打开【目录】选项卡，在【显示级别】微调框中输入 2，如图 5-34 所示。

(3) 单击【确定】按钮，系统自动将目录插入到文档中，并将插入点定位在文档开始处，输

入"目录"，按下 Enter 键，效果如图 5-35 所示。此时按住 Ctrl 键，再单击目录中的某个页码，就可以将插入点跳转到该页的标题处。

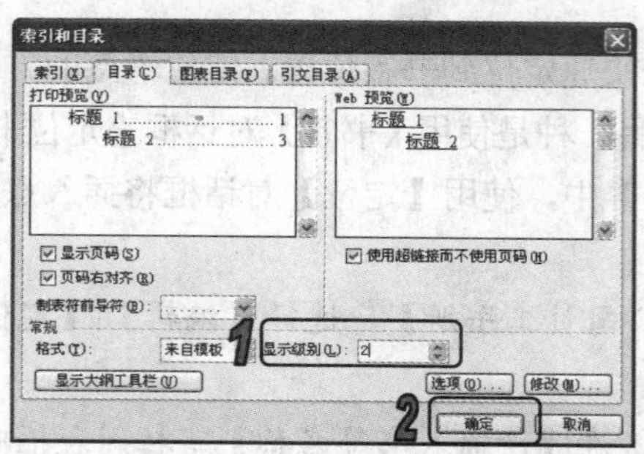

图 5-34　【目录】选项卡

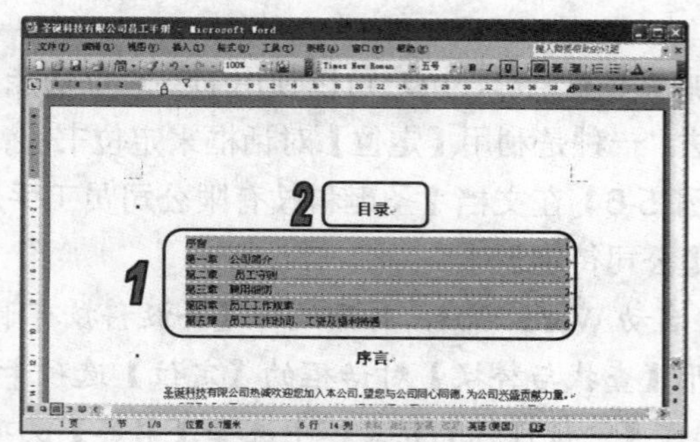

图 5-35　创建目录

5.4.2　编辑文档目录

当创建了一个目录以后，如果再次对源文档进行编辑，那么目录中标题和页码都有可能发生变化，因此必须更新目录.

要更新目录，可以先选择整个目录，按下 Shift+F9 快捷键，显示出 TOC 域，如图 5-36 所示。再次按下 F9 功能键，则打开如图 5-37 所示的【更新目录】对话框。

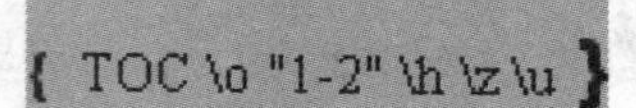

图 5-36　在文档中显示 TOC 域

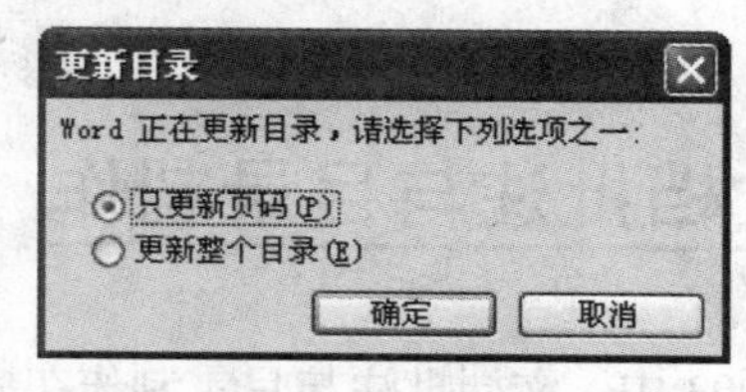

图 5-37　【更新目录】对话框

如果只更新页码，而不想更新已直接应用于目录的格式，可以选择【只更新页码】单选按钮；如果在创建目录以后，对文档做了具体修改，可以选择【更新整个目录】单选按钮，将更新整个目录。

通过上述操作，可以完成目录的自动更新操作。需要注意的是，这种目录的自动更新操作，必须将主文档和目录保存在同一文档中，并且目录与文档之间不能断开链接。

如果要删除目录，可以选中该目录，并按 Shift+F9 功能键，先将其切换到域代码方式，然后再选择整个域代码，按下 Delete 键即可。

提示

如果要将整个目录文件复制到另一个文件中单独保存或者打印，必须要将其与原来的文本断开链接，否则在保存和打印时会出现页码错误。具体方法：选取整个目录后，按下 Ctrl+Shift+F9 键断开链接，取消文本下划线及颜色，即可正常进行保存和打印。

5.4.3　在文档中添加批注

将插入点定位在要添加批注的位置或选中要添加批注的文本，选择【插入】|【批注】命令，即可在文档中插入批注框，在其中插入内容即可。

【例 5-8】在文档【圣诞科技有限公司员工手册】中，在【序言】的文本【《中华人民共和国劳动法》】处插入批注。

(1) 启动 Word 2003，打开文档“圣诞有限公司员工手册”。

(2) 将插入点定位在【序言】的文本【《中华人民共和国劳动法》】，选择【插入】|【批注】命令，系统自动出现一个红色的批注框，如图 5-38 所示。

(3) 在批注框中，输入该批注的正文，如在本例中输入文本“1994 年 7 月 5 日第八届全国人民代表大会常务委员会第八次会议通过。在中华人民共和国境内的企业、个体经济组织(以下统称用人单位)和与之形成劳动关系的劳动者，适用本法。”，如图 5-39 所示。

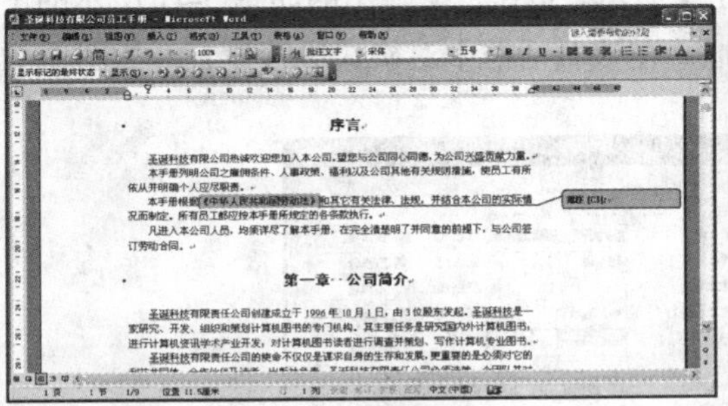

图 5-38　显示红色的批注框

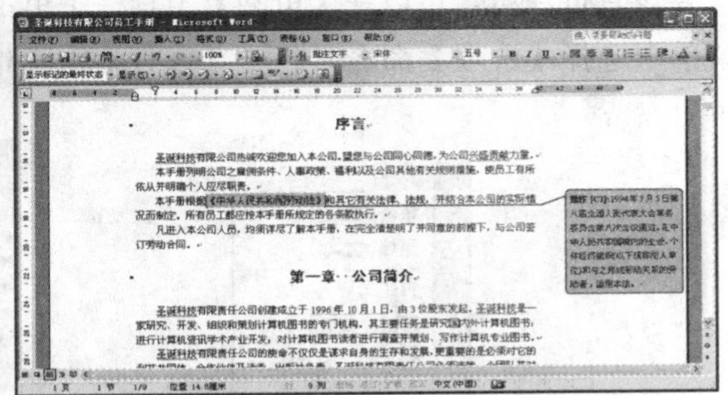

图 5-39　输入批注内容

5.4.4　编辑批注

插入批注后，将自动打开【审阅】工具栏，如图 5-40 所示，通过它可以对批注进行编辑操作，下面就来介绍几种常用的编辑批注的操作。

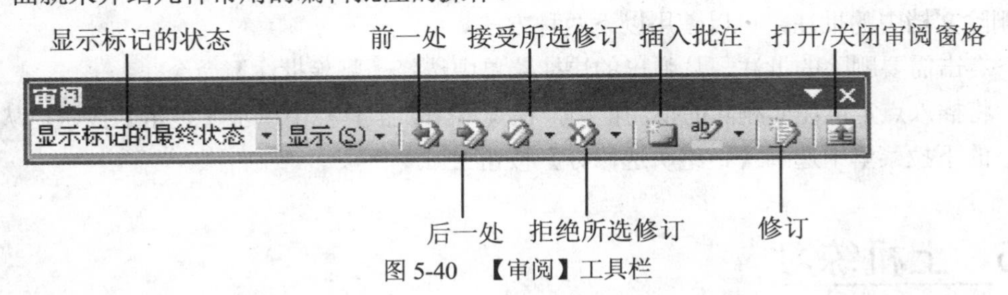

图 5-40　【审阅】工具栏

1. 显示或隐藏批注

在一个文档中可以添加多个批注，可以根据需要显示或隐藏文档中的所有批注，或只显示指定审阅者的批注。

要显示或隐藏批注，可以在【审阅】工具栏中单击【显示】按钮，从弹出的下拉菜单中选中或取消选中【批注】选项即可显示或隐藏批注。

提示

如果文档中有多个审阅读者，在显示批注时，可在【审阅者】命令的子命令中指定审阅者，所显示的批注将取决于指定的审阅者。

2. 设置批注格式

批注框中的文本格式，可以通过【格式】工具栏或相应的菜单命令进行设置，与普通文本的设置方法相同。

要设置批注框，可以在【审阅】工具栏中单击【显示】按钮，从弹出的如图 5-41 所示的下拉菜单中选择【选项】命令，打开【修订】对话框，在该对话框中对格式进行设置，如图 5-42 所示。

图 5-41 【显示】菜单命令

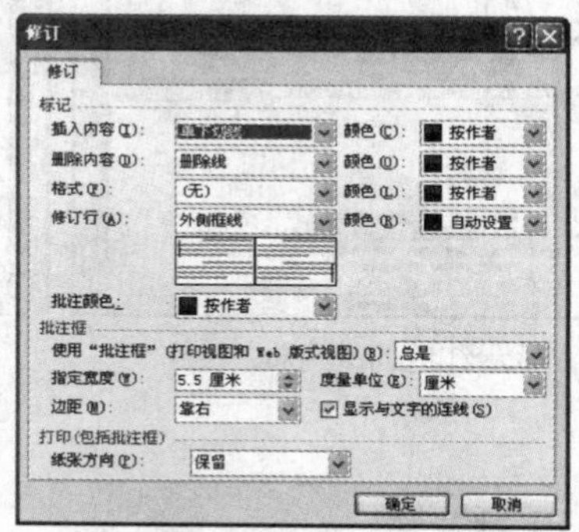

图 5-42 【修订】对话框

3. 删除批注

要删除文档中的批注，可以使用以下两种方法。

- 右击需要删除的批注，从弹出的快捷菜单中选择【删除批注】命令。
- 将插入点定位在要删除的批注框中，在【审阅】工具栏中单击【显示】按钮，从弹出的下拉菜单中选择【拒绝所选修订】按钮。

5.5 上机练习

本章上机练习主要制作名片和公司计划管理工作制度，练习使用模板快速制作具有专业风格的文档主要涉及到插入目录、使用大纲查看文档等操作。

5.5.1　制作名片

根据 Word 2003 自带的名片模板，快速地制作名片。

(1) 启动 Word 2003，选择【文件】|【新建】命令，打开【新建文档】窗格，并在【模板】选项区域中，单击【本机上的模板】链接，打开【模板】对话框。

(2) 打开【其他文档】选项卡，在列表框中选择【名片制作向导】选项，并在【新建】选项区域中选择【文档】单选按钮，如图 5-43 所示。

(3) 单击【确定】按钮，打开【名片制作向导】对话框，如图 5-44 所示。

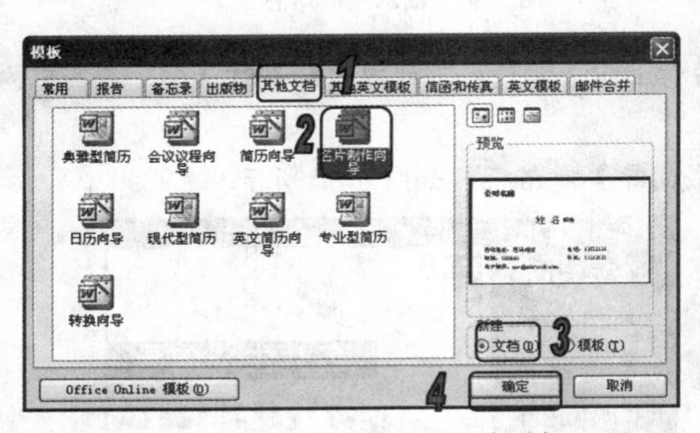

图 5-43　【其他文档】选项卡

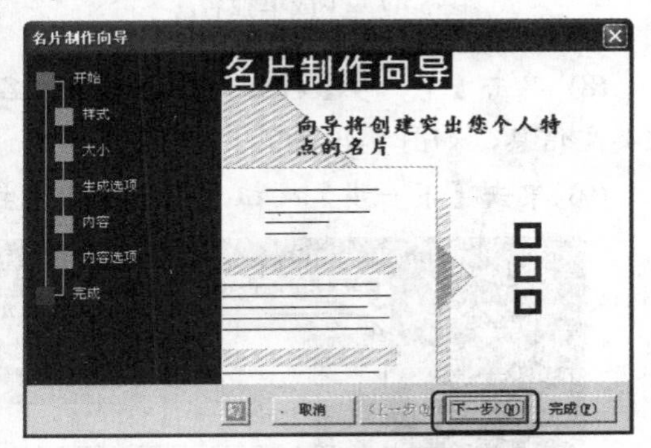

图 5-44　【名片制作向导】对话框

(4) 单击【下一步】按钮，打开【请选择名片样式】对话框，在【名片样式】下拉列表中选择【样式 5】选项，如 5-45 所示。

(5) 单击【下一步】按钮，打开【您想创建哪种类型的名片？】对话框，在【名片类型】下拉列表中选择【标准大小 88.9×55 毫米】选项，如图 5-46 所示。

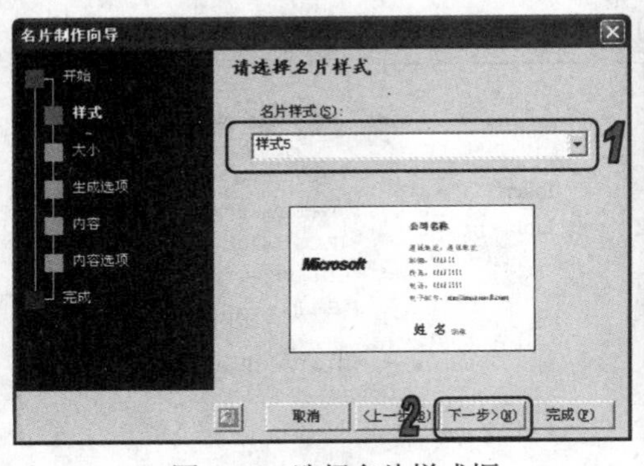

图 5-45　选择名片样式框

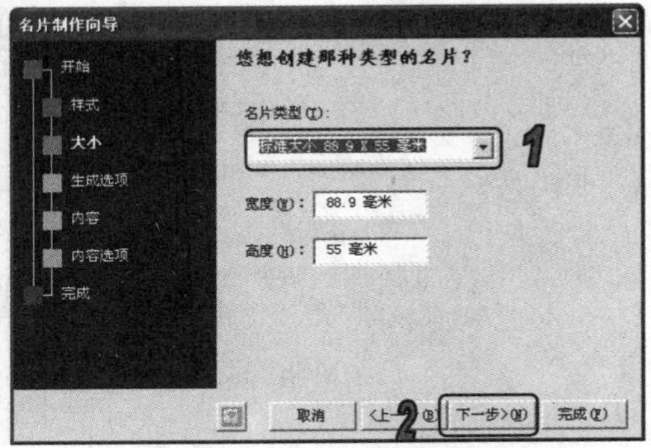

图 5-46　选择名片类型

(6) 单击【下一步】按钮，打开【怎样生成这个名片？】对话框，选中【生成单独的名片】单选按钮，如图 5-47 所示。

(7) 单击【下一步】按钮，打开【名片中一般包括下列内容】对话框，在其中输入用户个人信息，如图 5-48 所示。

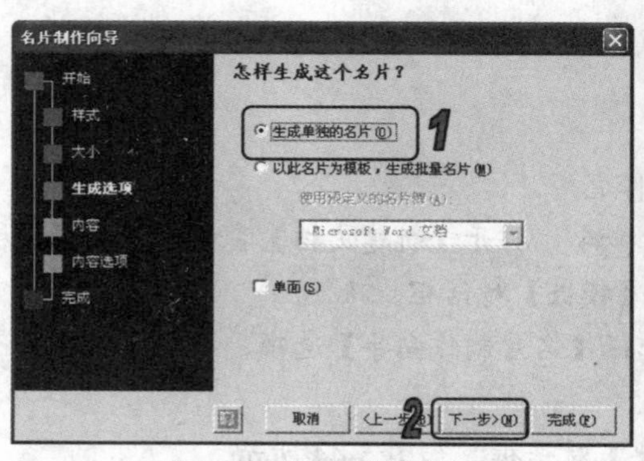

图 5-47　生成单独名片

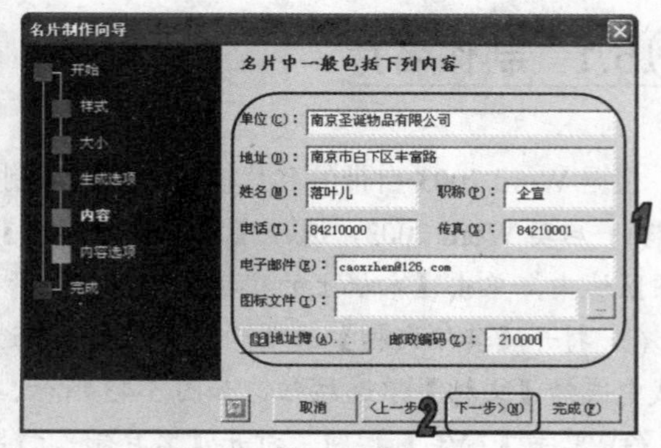

图 5-48　输入用户信息

(8) 单击【下一步】按钮，打开【您的名片背面中一般包括下列内容？】对话框，在其中输入英文信息，如图 5-49 所示。

(9) 单击【下一步】按钮，打开【名片生成向导】对话框，如图 5-50 所示。

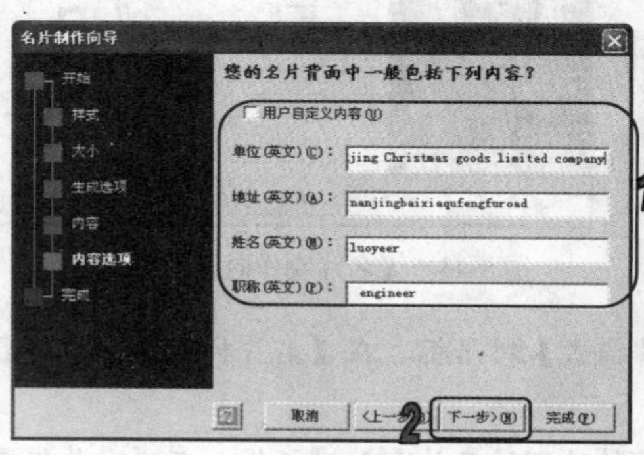

图 5-49　输入英文信息

图 5-50　【名片生成向导】对话框

(10) 单击【完成】按钮，就可以完成名片的制作，名片最终结果如图 5-51 所示。

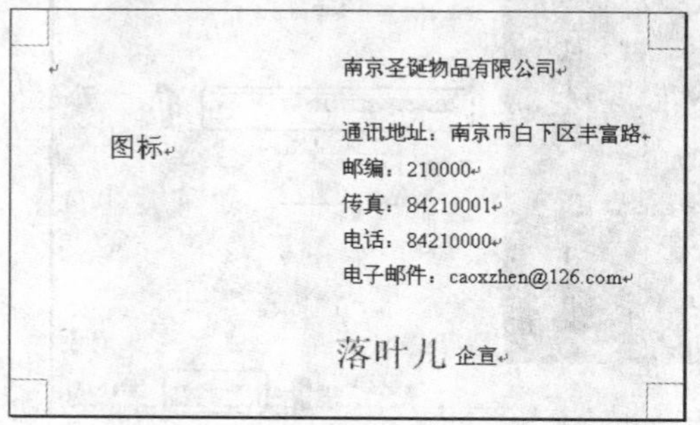

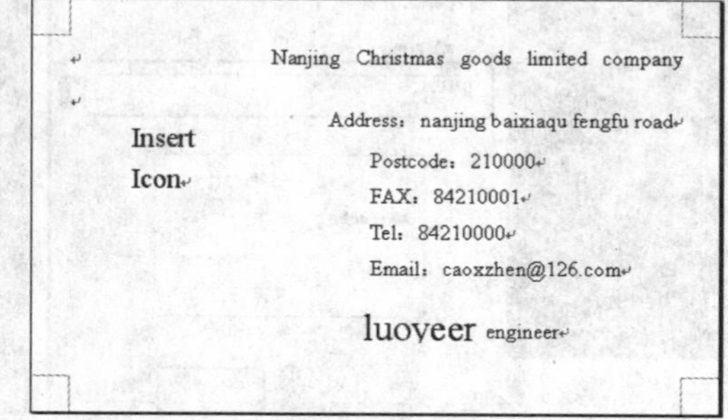

图 5-51　名片

5.5.2　公司计划管理工作制度

在 Word 2003 中使用插入目录功能，编辑文档【公司计划管理工作制度】，并使用大纲查

看或组织文档。

(1) 启动 Word 2003，打开文档【公司计划管理工作制度】，将鼠标指针定位在“公司计划管理工作制度”的下一行，如图 5-52 所示。

(2) 选择【插入】|【引用】|【索引和目录】命令，打开【索引和目录】对话框，然后打开【目录】选项卡，在【显示级别】微调框中输入 2，如图 5-53 所示。

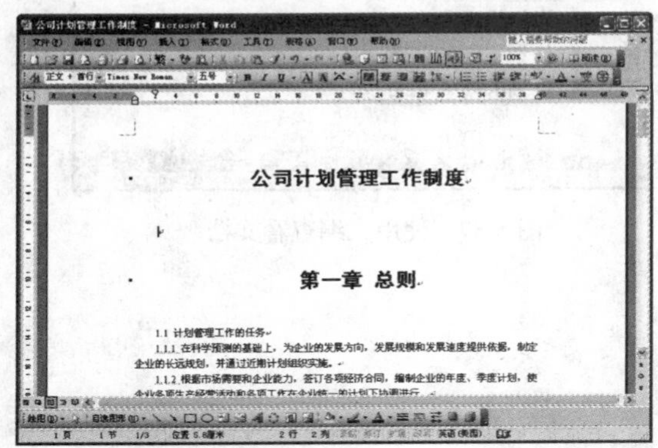

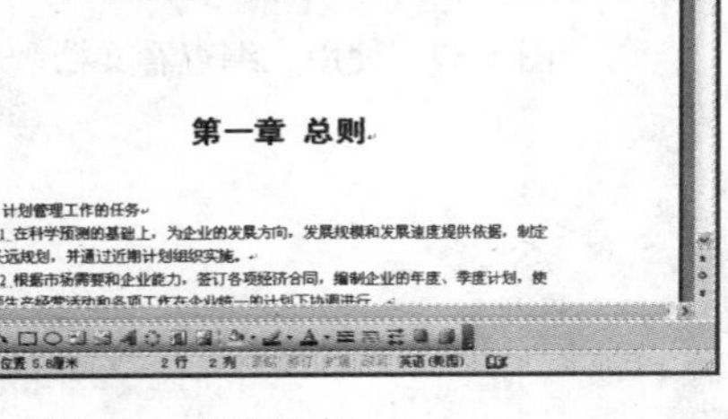

图 5-52　定位鼠标

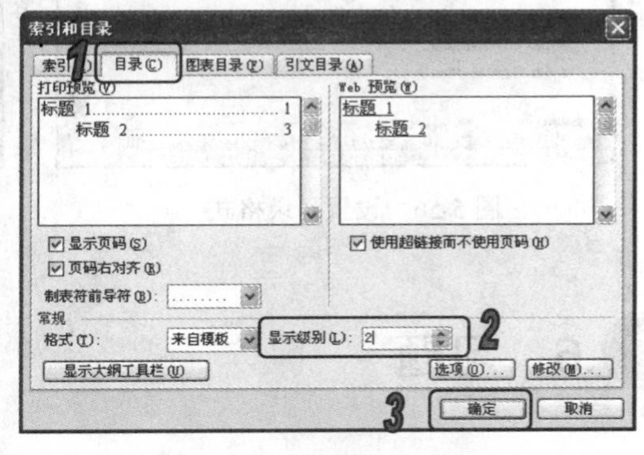

图 5-53　【目录】选项卡

(3) 单击【确定】按钮，系统将自动将目录插入到文档中，如图 5-54 所示。

(4) 选中整个目录，按下 Ctrl+Shift+F9 组合键断开链接，此时文本将出现颜色和下划线，如图 5-55 所示。

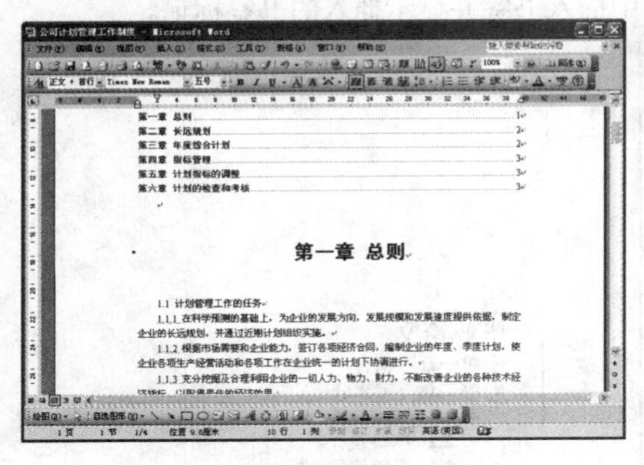

图 5-54　插入目录

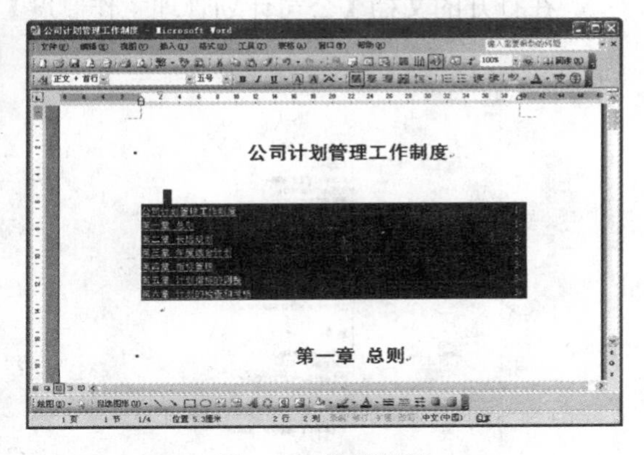

图 5-55　取消链接

(5) 在【格式】工具栏中，单击【下划线】按钮 U ，取消文本的下划线；单击【字体颜色】按钮 A 后面的三角按钮，从弹出的菜单中选择【自动】选项，将文本设置为黑色。

(6) 选中整个目录，对其进行字符和段落的格式化，效果如图 5-56 所示。

(7) 选择【视图】|【大纲】命令，切换到大纲视图模式。在【大纲】工具栏中的【显示级别】下拉列表框中选择【显示级别 2】选项，此时，视图上只显示到标题 2，标题 2 以后的标题都被折叠，如图 5-57 所示。

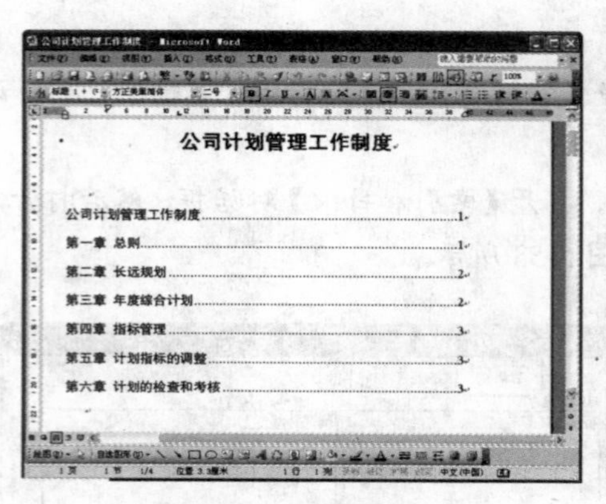

图 5-56 设置目录格式

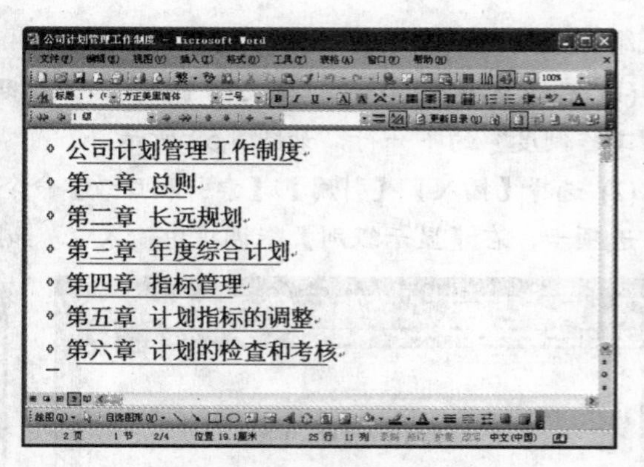

图 5-57 使用大纲查看文档

5.6 习题

1. 什么是模板？模板分为哪两种？
2. 什么是样式？何谓内置样式？
3. 在 Word 中使用【模板】对话框创建一个简历，效果如图 5-58 所示。
4. 在 Word 2003 的大纲视图中制作如图 5-59 所示的大纲。
5. 在打开的文档【公司计划管理工作制度】中插入书签并显示插入的书签标记。

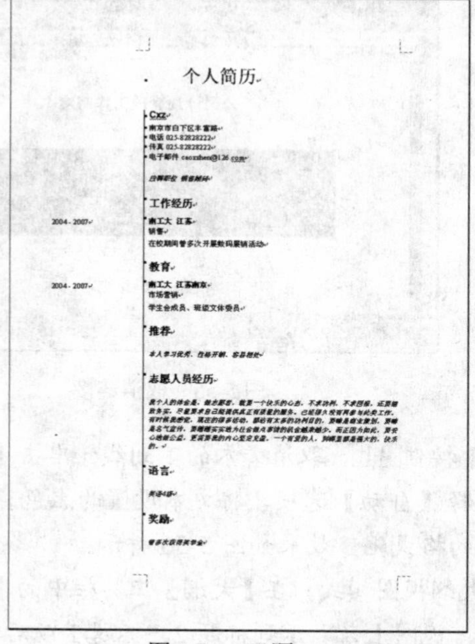

图 5-58 习题 3

图 5-59 习题 4

Excel 2003 表格制作

学习目标

制作电子表格并对其中的数据进行分析和处理，是现代 Office 办公软件的基本要求。Excel 2003 是目前市场上最强大的电子表格制作软件，它不仅具有强大的数据组织、计算、分析和统计功能，还可以通过图表、图形等多种形式对处理结果加以形象地显示，更能够方便地与 Office 2003 其他组件相互调用数据，实现资源共享。在使用 Excel 2003 制作表格前，掌握它的一些基本操作尤为重要。

本章重点

- 工作簿、工作表和单元格
- 工作簿的操作
- 工作表的操作
- 单元格的操作

6.1 工作簿、工作表和单元格

在 Excel 2003 中使用最频繁的就是工作簿、工作表与单元格，它们是构成 Excel 2003 的支架。通俗地说，工作簿、工作表和单元格是 Excel 电子表格的三大组成部分。本节将分别介绍这三大组成部分的概念，以及它们之间的关系。

6.1.1 工作簿、工作表和单元格简介

在 Excel 2003 中，为了更好地描述表格与表格之间的关系，就引入工作簿、工作表和单元格 3 个概念。下面将逐一介绍这 3 个名称。

1. 工作簿

Excel 2003 以工作簿为单元来处理工作数据和存储数据的文件。在 Excel 中，数据和图表都是以工作表的形式存储在工作簿文件中的。工作簿文件是 Excel 存储在磁盘上的最小独立单位，其扩展名为.xls。工作簿窗口是 Excel 打开的工作簿文档窗口，它由多个工作表组成。启动 Excel 2003 后，系统会自动新建一个名为 Book1 的工作簿，如图 6-1 所示。

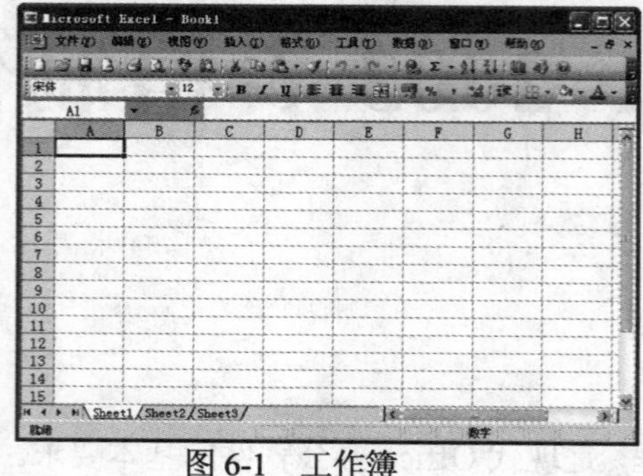

图 6-1　工作簿

提示

工作簿的名称即为 Excel 文件的保存名称。

2. 工作表

工作表是 Excel 2003 的工作平台，它是单元格的组合，是 Excel 进行一次完整作业的基本单位，通常称作电子表格，若干个工作表构成一个工作簿，如图 6-2 所示。工作表是通过工作表标签来标识的，工作表标签显示于工作簿窗口的底部，用户可以单击不同的工作表标签来进行工作表的切换。在使用工作表时，只有一个工作表是当前活动的工作表。

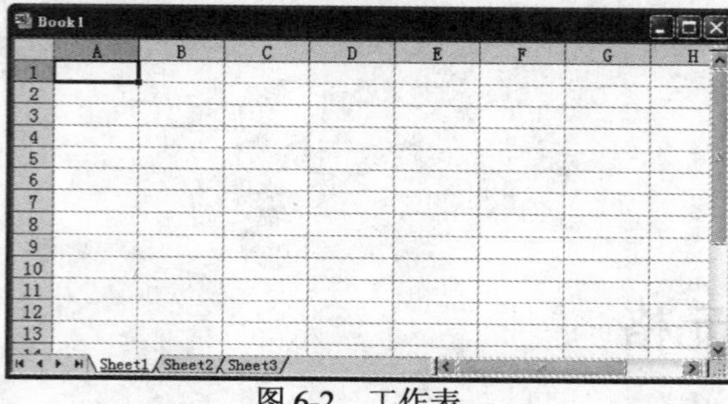

图 6-2　工作表

提示

新建工作簿时，会默认创建 3 个工作表，名称分别为 Sheet1、Sheet2 与 Sheet3。

3. 单元格

单元格是工作表中的小方格，它是工作表的基本元素，也是 Excel 独立操作的最小单位，用户可以向单元格里输入文字、数据、公式，也可以对单元格进行各种格式的设置，如字体、颜色、长度、宽度、对齐方式等。单元格的定位是通过它所在的行号和列标来确定的，如图 6-3 所示为选择了 E6 单元格，即 E 列与 6 行交汇处的小方格。

单元格的大小可以改变，当鼠标移到两行或两列的分隔线时，鼠标指针会变成双箭头，单击并拖动鼠标，即可改变单元格的高度或宽度。在单元格里可以输入字符串、数据、日期、公式等内容。

单元格区域是一组被选中的相邻或分离的单元格，如图 6-4 所示。单元格区域被选中后，所选范围内的单元格都会高亮度显示，取消时又恢复原样，对一个单元格区域的操作是对该区域内的所有单元格执行相同的操作。取消单元格区域的选择时只需在所选区域外单击即可。

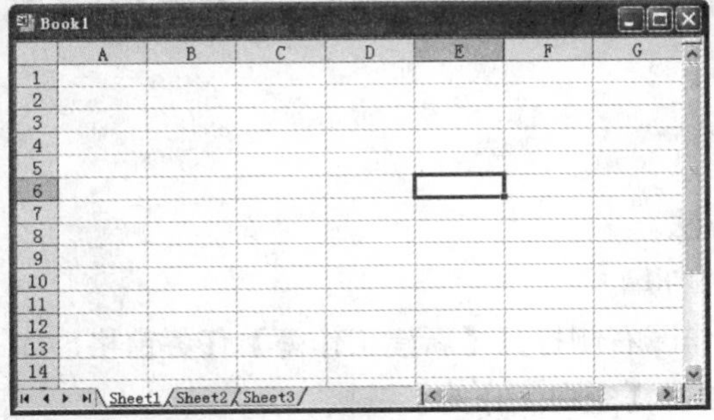

图 6-3 选择 E6 单元格

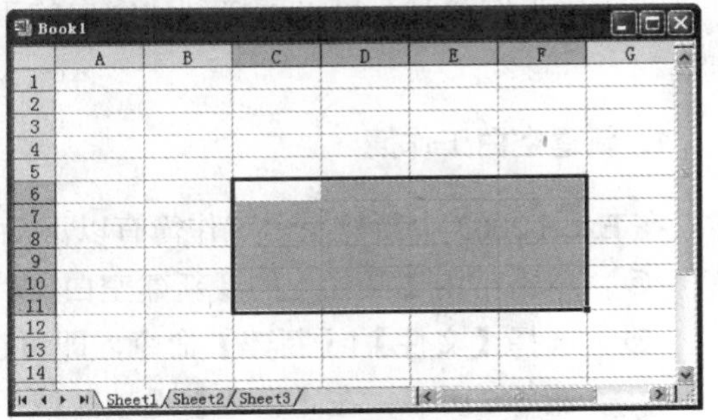

图 6-4 单元格区域

提示

单元格或单元格区域可以以一个变量的形式引入公式参与计算。为便于使用，需要给单元格或单元格区域起个名称，这就是单元格的命名或引用。

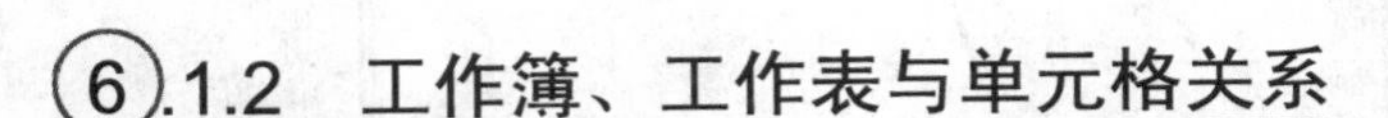

6.1.2 工作簿、工作表与单元格关系

工作簿、工作表和单元格都是用户操作 Excel 的基本场所，它们之间是包含与被包含的关系。其中，单元格是存储数据的最小单位，工作表由多个单元格组成，而工作簿又包含一个或多个工作表，其关系如图 6-5 所示。

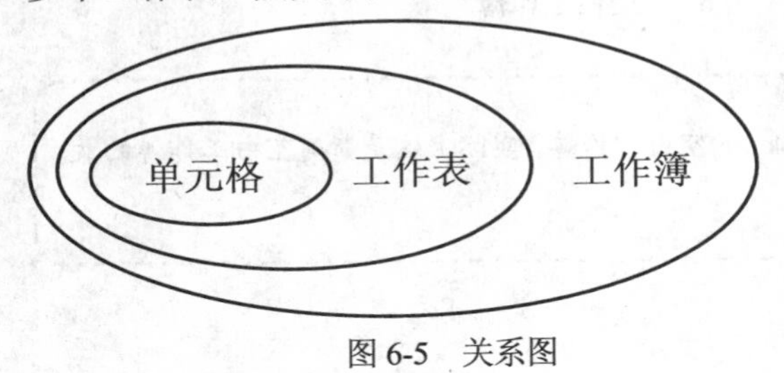

图 6-5 关系图

提示

Excel 2003 的一个工作簿中最多可包含 255 张工作表，每张工作表最多又可由 65536 × 256 个单元格组成。

6.2 工作簿的操作

在 Excel 2003 中，工作簿是保存 Excel 文件的基本单位。每一个工作簿可以包含多张工作表，因此可在单个文件中管理各种类型的相关信息。工作簿的操作包括新建、保存、打开和关闭等。

6.2.1 新建工作簿

在新建工作簿时，可以直接创建空白的工作簿，也可以根据模板来创建带有样式的新工作簿。

1. 新建空白工作簿

在 Excel 2003 中新建空白工作簿有以下几种方法。

- 单击常用工具栏上的【新建空白文档】按钮。
- 选择【文件】|【新建】命令，即可在工作区右侧打开【新建工作簿】任务窗格，如图 6-6 所示。在【新建】选项区域中，单击【空白工作簿】链接。
- 按 Ctrl+N 快捷键。

新建后的 Excel 空白工作簿如图 6-7 所示。

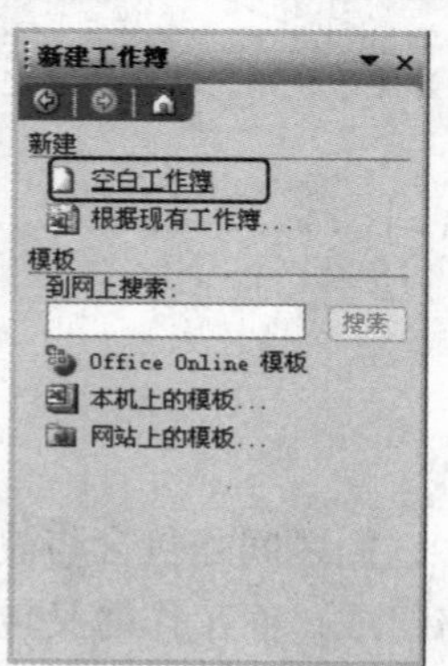

图 6-6 【新建工作簿】任务窗格

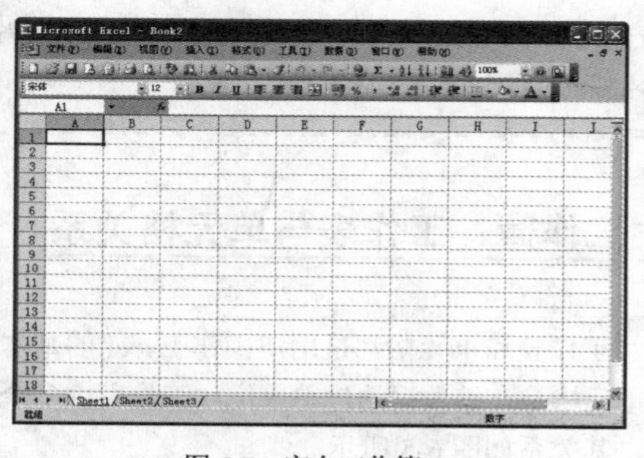

图 6-7 空白工作簿

提示

启动 Excel 2003 时，系统会自动新建一个名为 Book1 的空白工作簿。实际上这是新建空白工作簿的最常用的、使用频率最多的一种方法。

2. 使用模板新建工作簿

模板是系统提供或用户自行设计的一种特殊的文档，并定义了文档的各种内容和格式信息。Excel 2003 自带很多类型的表格模板，通过这些模板，可以快速新建各种具有专业表格样式的工作簿。

通过模板新建的工作簿中，包含了已设计好的样式和内容。打开该工作簿后，用户可快速地在其中输入数据。

【例 6-1】使用模板快速新建通讯录工作簿。

(1) 启动 Excel 2003，在菜单栏中选择【文件】|【新建】命令，打开【新建工作簿】任务窗格。

(2) 在任务窗格的【模板】选项区域中单击【本机上的模板】链接，打开【模板】对话框，如图 6-8 所示。

(3) 在该对话框中打开【电子方案表格】选项卡，在其下的列表框中选择【通讯录】选项，如图 6-9 所示。

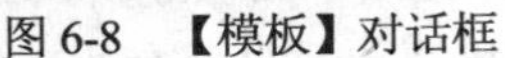

图 6-8　【模板】对话框

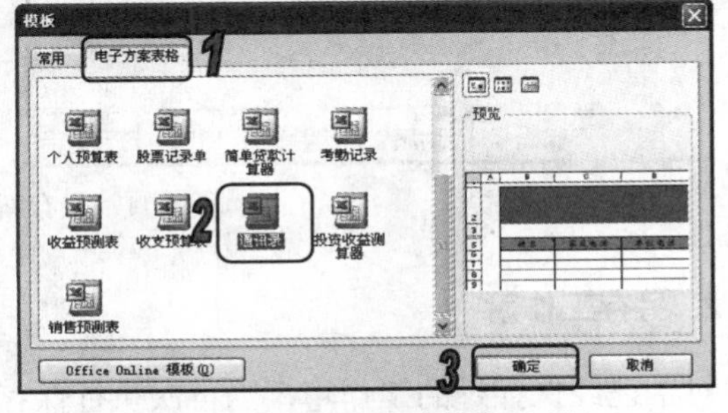

图 6-9　【电子方案表格】选项卡

(4) 单击【确定】按钮，即可新建一个通讯录样式的工作簿，如图 6-10 所示。

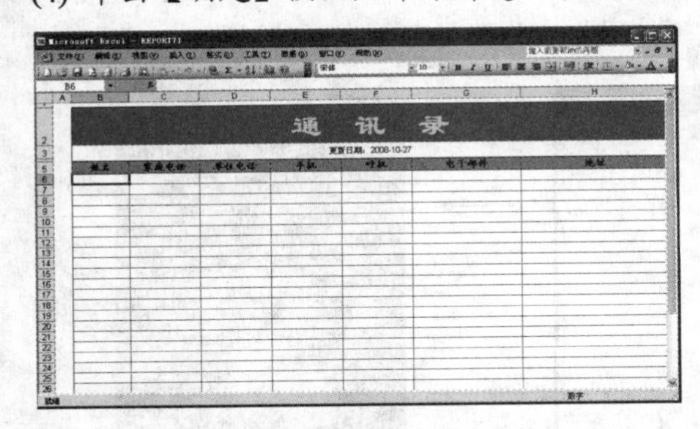

图 6-10　根据模板新建工作簿

提示

如果系统自带多种模板还满足不了用户的需求。此时，用户可以从微软的官方网站上下载更多的 Excel 2003 实用模板。

6.2.2　保存工作簿

在对工作簿进行操作时，有时会遇到一些意外情况，如突然断电、非正常退出等，会造成数据的丢失，因此养成良好的存盘习惯是很有必要的。

在 Excel 2003 中保存工作簿有 3 种方法，包括保存新建的工作簿、另存工作簿和自动保存工作簿。下面分别介绍其操作方法。

1. 保存新建的工作簿

对于新建的工作簿，单击【保存】按钮，或者选择【文件】|【保存】命令，打开【另存为】对话框，指定文件名及保存位置，单击【保存】按钮，即可保存该新工作簿，并且在工作簿的标题栏上会显示设置的工作簿保存名称，如图 6-11 所示。

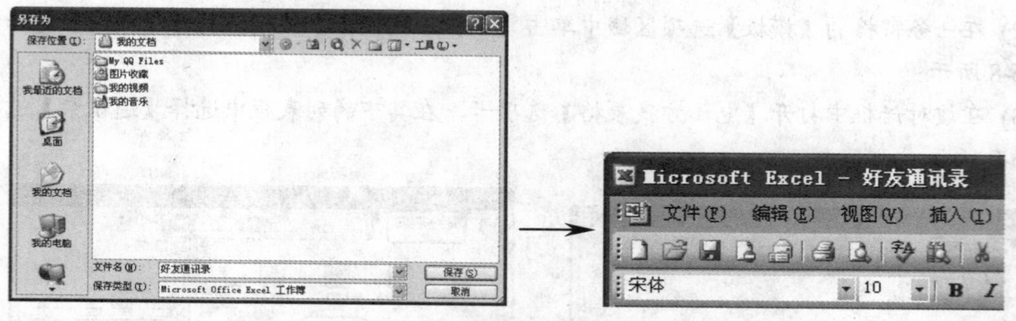

图 6-11　保存新建的工作簿

2. 另存工作簿

对于已经保存过的工作簿，当再次执行保存工作簿操作(即直接单击快速访问工具栏上的【保存】按钮)时，Excel 2003 会自动将现有的工作簿内容直接覆盖原来保存的工作簿。若用户想要修改 Excel 文件的保存位置或名称，则可通过选择【文件】|【另存为】命令，来执行另存工作簿操作，如图 6-12 所示的是将【好友通讯录】工作簿另存至桌面的过程。

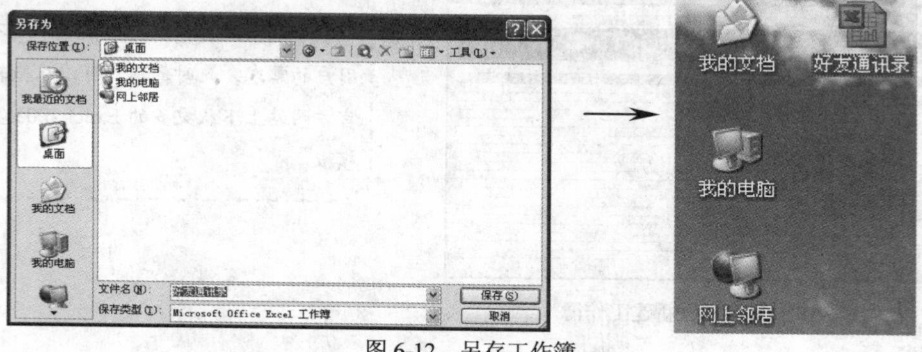

图 6-12　另存工作簿

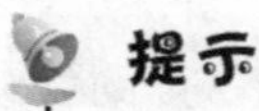

当一个工作簿被另存后，会成为一个新的独立工作簿，不会对原保存位置的工作簿产生影响。

3. 自动保存工作簿

Excel 2003 支持自动保存工作簿功能，该功能可以每隔一段时间自动保存当前正在使用的工作簿，或者自动保存已打开的工作簿，从而提高安全性。Excel 2003 默认的自动保存时间为 10 分钟，用户可以根据自己的需要自定义自动保存的间隔时间与恢复文件的保存位置。下面以在 Excel 2003 中设置自动保存工作簿的时间为 5 分钟为例，来介绍自动保存工作簿的方法。

【例 6-2】设置 Excel 2003 每隔 5 分钟自动保存工作簿。

(1) 打开 Excel 2003，在菜单栏中选择【工具】|【选项】命令，打开【选项】对话框，如图 6-13 所示。

(2) 单击【保存】标签，打开【保存】选项卡，在【设置】选项区域中选中【保存自动恢复

信息，每隔】复选框，然后在后面的时间文本框中输入 5，如图 6-14 所示。

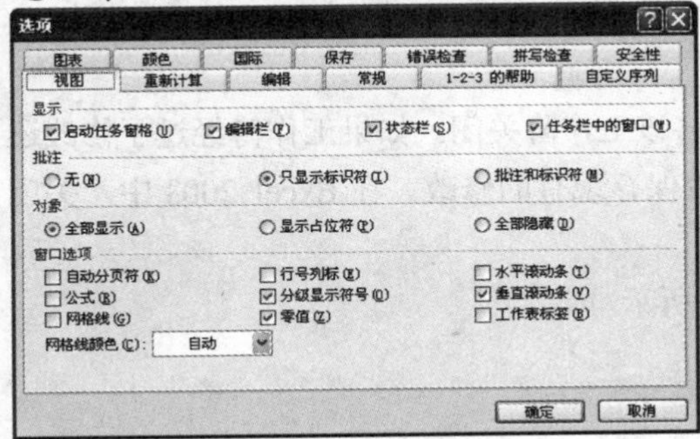

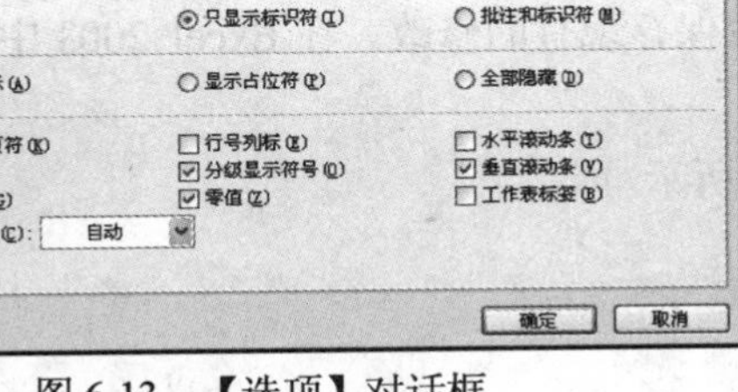

图 6-13　【选项】对话框

图 6-14　【保存】选项卡

(3) 在【自动恢复文件保存位置】文本框中输入恢复文件的保存位置。

(4) 单击【确定】按钮，即可设置该 Excel 2003 每隔 5 分钟自动保存打开的工作簿。

提示

工作簿的自动保存时间间隔不宜设置得太长，否则容易无法及时保存工作簿，也不宜设置得过短，因为频繁地保存操作会影响正常的操作，一般以 5 ~ 15 分钟为宜。

6.2.3　打开工作簿

要对已经保存的工作簿进行浏览或编辑操作，则首先要在 Excel 2003 中打开该工作簿。打开工作簿的常用方法如下。

- 选择【文件】|【打开】命令。
- 单击【常用】工具栏上的【打开】按钮。
- 使用 Ctrl+O 快捷键。

当执行以上的任意一种方法时，都会打开【打开】对话框，如图 6-15 所示。在该对话框中选择要打开的工作簿文件，然后单击【打开】按钮即可打开该工作簿。

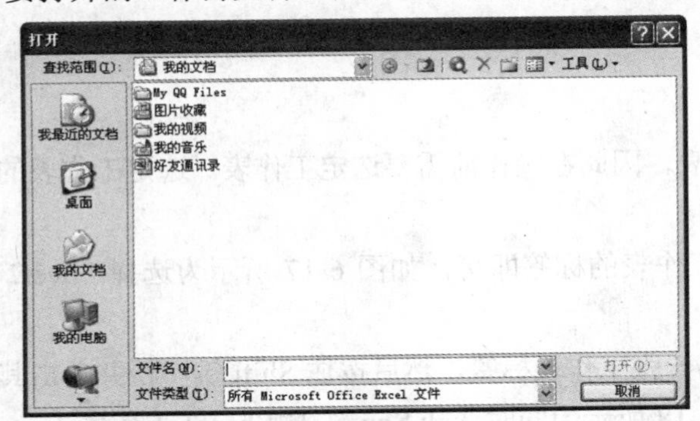

图 6-15　【打开】对话框

提示

在要打开的工作簿所在的文件夹中，双击该工作簿，同样可以启动 Excel 2003 并打开该工作簿。

6.2.4 关闭工作簿

当对一篇工作簿完成编辑操作并保存后，则可将该工作簿关闭。如果工作簿经过了修改还没有保存，那么 Excel 在关闭工作簿之前会提示是否保存现有的修改。在 Excel 2003 中，关闭工作簿主要有以下几种方法：

- 选择【文件】|【关闭】命令，如图 6-16 所示。
- 单击工作簿右上角的【关闭】按钮。
- 按下 Ctrl+W 快捷键。
- 按下 Ctrl+F4 快捷键。

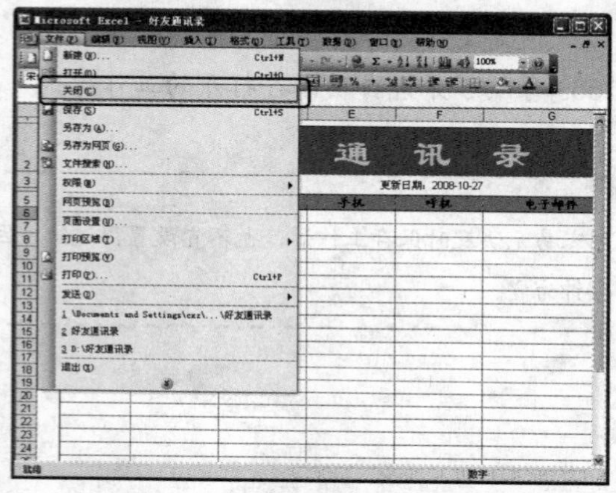

图 6-16 选择【关闭】命令

知识点

如果希望一次关闭所有打开的工作簿文件，可以按住 Shift 键，然后选择【文件】|【关闭】命令，如果有些工作簿尚未保存，Excel 会询问是否保存对这些工作簿的修改。

6.3 工作表的操作

工作表即 Excel 2003 中的表格，在一个工作簿中可包含多张工作表，用户可以通过选择、插入、重命名、移动、复制、删除和保护等操作，对工作表进行编辑。

6.3.1 选择工作表

由于一个工作簿中往往包含多个工作表，因此在操作前需要选定工作表。选定工作表的常用操作包括以下 4 种。

- 选择一张工作表，直接单击该工作表的标签即可，如图 6-17 所示为选择 Sheet2 工作表。
- 选择相邻的工作表，首先选中第一张工作表标签，然后按住 Shift 键不松并单击其他相邻工作表的标签即可。如图 6-18 所示为同时选择 Sheet1 与 Sheet2 工作表。

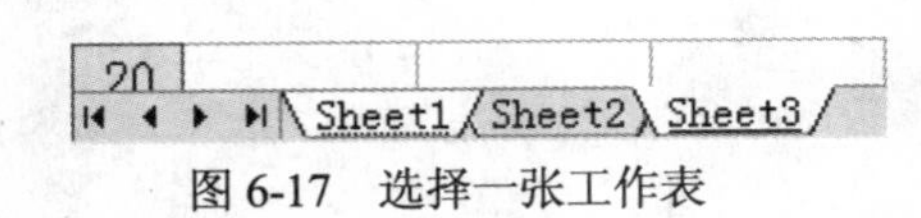

图 6-17　选择一张工作表

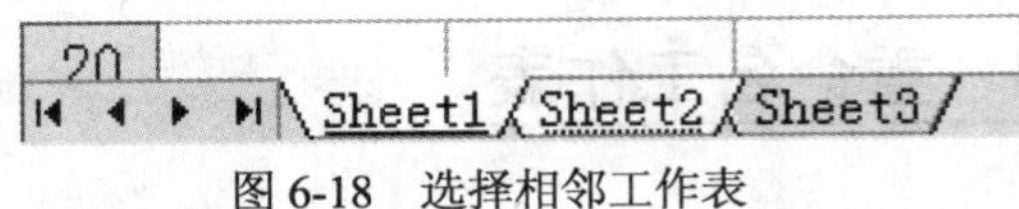

图 6-18　选择相邻工作表

- 选择不相邻的工作表，首先选中第一张工作表，然后按住 Ctrl 键不松并单击其他任意一张工作表标签即可。如图 6-19 所示为同时选择 Sheet1 与 Sheet3 工作表。
- 选择工作簿中的所有工作表，右击任意一个工作表标签，在弹出的菜单中选择【选定全部工作表】命令即可，如图 6-20 所示。

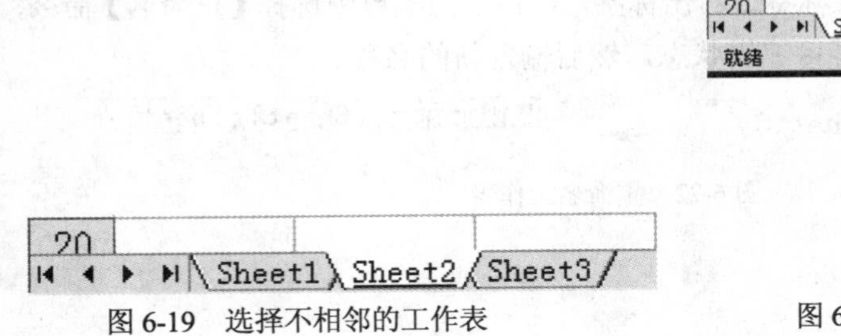

图 6-19　选择不相邻的工作表

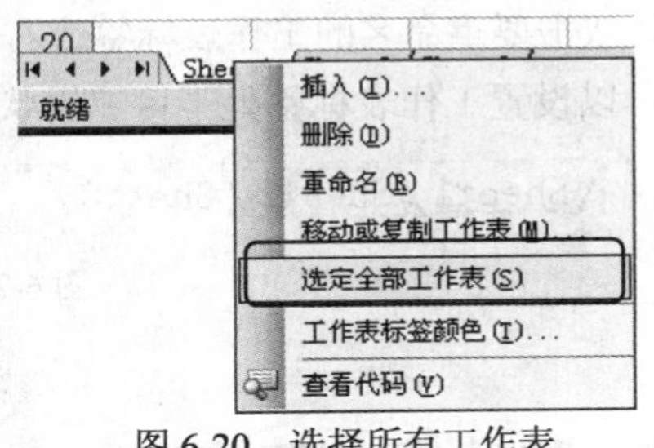

图 6-20　选择所有工作表

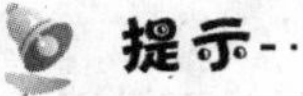

提示

利用工作表标签显示按钮，可以进行工作表的切换，单击◀或▶按钮可以按顺序选中当前工作表上一张或下一张工作表，单击|◀或▶|按钮可以选中当前工作簿第一张或最后一张工作表。此外，按 Ctrl+Page Up 快捷键可以切换到前一张工作表，按 Ctrl+Page Down 快捷键可以切换到后一张工作表。

6.3.2　插入工作表

若工作簿中的工作表数量不够，用户可以在工作簿中插入工作表，并且不仅可以插入空白的工作表，还可以根据模板插入带有样式的新工作表。插入工作表最常用的方法有以下两种：

- 在菜单栏中选择【插入】|【工作表】命令，即可插入新的工作表。
- 右击工作表标签，在弹出的快捷菜单中选择【插入】命令，打开【插入】对话框，如图 6-21 所示。在对话框中选择【工作表】图标，然后单击【确定】按钮即可插入工作表。

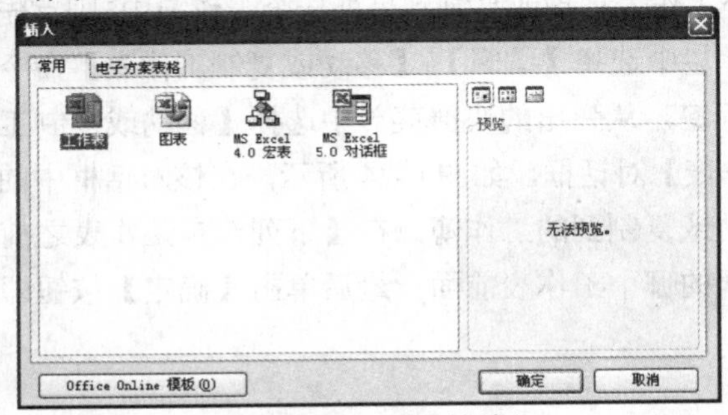

图 6-21　【插入】对话框

提示

默认情况下，新插入的工作表会自动插入在选定工作表之前，名称为 sheet4。

6.3.3 重命名工作表

在 Excel 2003 中，工作表的默认名称为 Sheet1、Sheet2……。为了便于记忆与使用工作表，可以重新命名工作表，如图 6-22 所示。重命名工作表的常用方法有以下两种：

- 选定要重命名的工作表，在菜单栏中选择【格式】|【工作表】|【重命名】命令，则该工作表标签会处于可编辑状态，然后输入新的名称即可。
- 双击要重命名的工作表标签或右击标签，在弹出的菜单中选择【重命名】命令，都可以设置工作表标签处于可编辑状态，然后输入新的名称。

图 6-22 重命名工作表

6.3.4 移动/复制工作表

对工作簿中的工作表还可进行移动和复制操作。在 Excel 2003 中，工作表的位置并不是固定不变的，为了操作需要可以适当地移动或复制工作表，以提高制作表格的效率。移动或复制工作表的方法有以下两种方法：

- 若只需要在同一个工作簿中移动工作表的位置，则可以按住鼠标左键将工作表标签沿着标签行拖动，将其拖动至目标位置时松开鼠标左键即可，如图 6-23 所示；若是要在同一个工作簿中复制工作表，则在拖动工作表标签同时按住 Ctrl 键，当到达指定位置时松开鼠标左键后，再松开 Ctrl 键。复制工作表时，则新的工作表的名称在原来相应工作表名称后附加用括号括起来的数字，表示两者是不同的工作表。例如，源工作表名为 Sheet1，则第一次复制的工作表名为 Sheet2，以此类推。

图 6-23 移动工作表

- 若需要将一个工作簿中的某个工作表移动或复制到另外一个工作簿中，则首先要选定移动或复制的工作表，在菜单栏中选择【编辑】|【移动或复制工作表】命令，或直接右击移动或复制的工作表标签，从弹出的快捷菜单中选择【移动或复制工作表】命令，打开【移动或复制工作表】对话框，如图 6-24 所示，在该对话框中的【工作簿】下拉列表框中选择将移动或复制到的工作簿，在【下列选定工作表之前】下拉列表框中选择粘贴到该工作簿的哪个工作表前面。最后单击【确定】按钮即可移动或复制工作表。

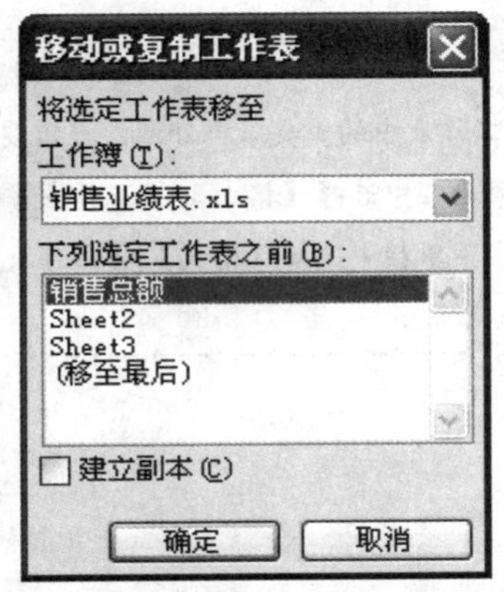

图 6-24　【移动或复制工作表】对话框

提示

在图 6-24 所示的对话框中的【工作簿】列表框中，可以选择其他的工作簿，以达到在不同工作簿中移动或复制工作表的目的；若取消选中【建立副本】复选框，则执行移动操作。

提示

在工作簿和工作簿之间移动或复制工作表，或是在同一个工作簿内改变工作表的排列顺序、复制工作表等，多数需要通过【工作表标签】来完成。

6.3.5　删除工作表

对工作表进行编辑操作时，根据实际工作的需要可以在工作簿中删除一些多余的或者不需要的工作表。这样不仅可以方便用户对工作表进行管理，也可以节省系统资源。通常情况下，删除工作表的方法与插入工作表的方法类似，只是选择的命令不同而已。

要删除一个工作表，首先单击工作表标签来选定该工作表，在菜单栏上选择【编辑】|【删除工作表】命令，即可删除选定的工作表。此时，和它相邻的右侧的工作表将变成当前的活动工作表。

同样，在要删除的工作表的工作表标签上右击，从弹出的快捷菜单中选择【删除】命令，也可以删除选定的工作表。

在删除工作表之前，系统将自动打开一个对话框询问用户是否确定要删除，如图 6-25 所示。如果确认删除，单击【删除】按钮即可；如果不删除，单击【取消】按钮即可。

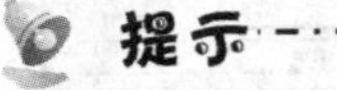

提示

若删除的是空白工作表，则不会打开如图 6-25 所示的对话框来提示用户是否确认删除。

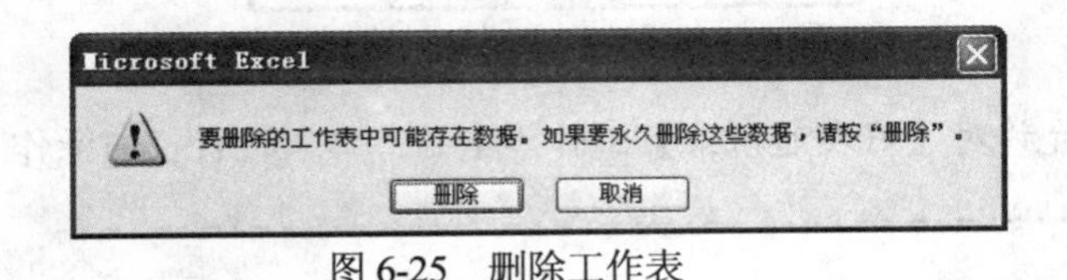

图 6-25　删除工作表

计算机基础与实训教材系列

知识点

在 Excel 2003 中，可以设置隐藏工作表，这样可以避免工作表中的重要数据外泄。当需要浏览或编辑时，可以再次设置显示该工作表。隐藏工作表的方法为：在菜单栏中选择【格式】|【工作表】|【隐藏】命令，即可隐藏选定工作表。若要显示被隐藏的工作表，可以在菜单栏中选择【格式】|【工作表】|【取消隐藏】命令即可。

6.3.6 保护工作表

在 Excel 2003 中，为了防止他人浏览、修改或删除工作表，可以对工作表进行保护。Excel 2003 提供了限定用户在工作表中所执行的多种操作。因此，用户可以具体设置工作表的密码与允许的操作，达到保护工作表的目的。

【例 6-3】设置不允许对【好友通讯录】工作簿中的工作表进行任何操作，并设置其保护密码为 12345。

(1) 启动 Excel 2003 应用程序，打开“好友通讯录”工作簿，打开工作簿中唯一的一个工作表。

(2) 在菜单栏中选择【工具】|【保护】|【保护工作表】命令，打开【保护工作表】对话框。

(3) 在该对话框中选中【保护工作表及锁定的单元格内容】复选框，然后在下面的文本框中输入保护密码 12345；在【允许此工作表的所有用户进行】列表框中，取消选中所有复选框，如图 6-26 所示。

(4) 单击【确定】按钮，打开【确认密码】对话框，在【重新输入密码】文本框中重复输入密码 12345，如图 6-27 所示。

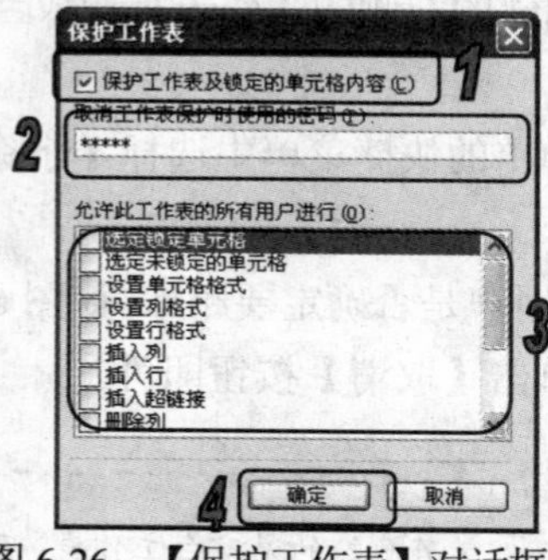

图 6-26 【保护工作表】对话框

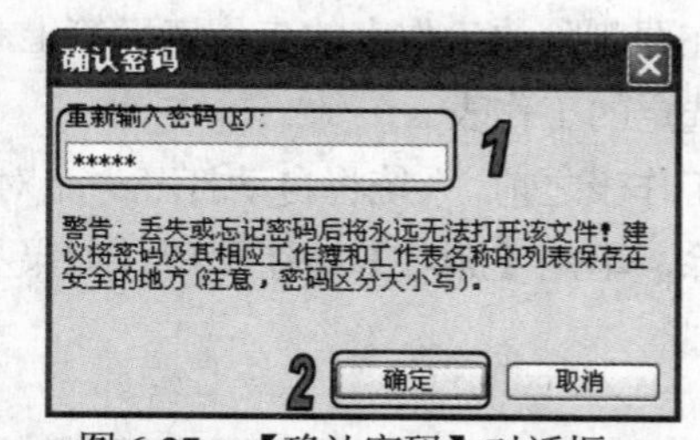

图 6-27 【确认密码】对话框

(5) 单击【确定】按钮，即可设置不允许对【好友通讯录】工作簿中的工作表进行任何操作。

提示

若要撤销对工作表的保护，可以在菜单栏中选择【工具】|【保护】|【撤销工作表保护】命令，打开【撤销工作表保护】对话框，如图 6-28 所示。在【密码】文本框中输入工作表的保护密码，然后单击【确定】按钮即可。

图 6-28　【撤销工作表保护】对话框

提示

设置完工作簿密码后，建议用户将密码写下并保存在安全的位置。工作表密码区分字母大小写，在输入时必须加以注意。

6.4　单元格的操作

在 Excel 2003 中，绝大多数的操作都针对单元格来完成。在向单元格中输入数据的过程中，需要对单元格进行选择、插入、合并、拆分、删除、移动和复制单元格等基本操作。

6.4.1　选择单元格

Excel 2003 是以工作表的方式进行数据运算和数据分析的，而工作表的基本单元是单元格。因此，在向工作表中输入数据之前，应该先选定单元格或单元格区域。

1. 选择一个单元格

最常用的选择单元格的方法为使用鼠标选定，方法为：首先将鼠标指针移到需选择的单元格上，单击鼠标左键，此时被选择的单元格边框显示为粗黑线，该单元格即为当前单元格，如图 6-29 为选择 C6 单元格。如果要选择的单元格没有显示在窗口中，可以通过移动滚动条使其显示在窗口中，然后再选取。

使用【定位】命令选择单元格：选择【编辑】|【定位】命令，打开【定位】对话框，如图 6-30 所示。在【引用位置】文本框中输入要选择的单元格，例如 C6，然后单击【确定】按钮，即可选择 C6 单元格。

图 6-29　选定一个单元格

图 6-30　【定位】对话框

计算机基础与实训教材系列

提示

在 Excel 2003 中，还可以使用键盘选定单元格：只需移动上、下、左、右光标键，直到光标置于需选定的单元格即可。

2. 选择多个单元格或区域

如果用鼠标选定多个单元格或区域，先用鼠标单击区域左上角的单元格，按住鼠标左键并拖动鼠标到区域的右下角，然后放开鼠标左键即可，如图 6-31 所示。若想取消选择，只需用鼠标在工作表中单击任一单元格即可。

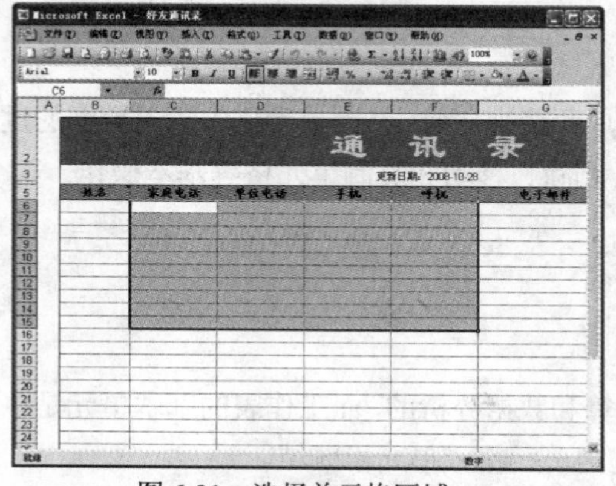

图 6-31　选择单元格区域

提示

被选定单元格区域的颜色会与正常单元格的颜色不同。

如果指定的单元格区域范围较大，可以使用鼠标和键盘结合的方法。首先用鼠标单击选取区域左上角的单元格，然后拖动滚动条，将鼠标光标指向右下角的单元格，在按住 Shift 键的同时单击鼠标左键即选中了两个单元格之间的矩形区域。

3. 选定不相邻的单元格区域

要选定多个且不相邻的单元格区域，可单击并拖动鼠标选定第一个单元格区域，接着按住 Ctrl 键，然后使用鼠标选定其他单元格区域，如图 6-32 所示。

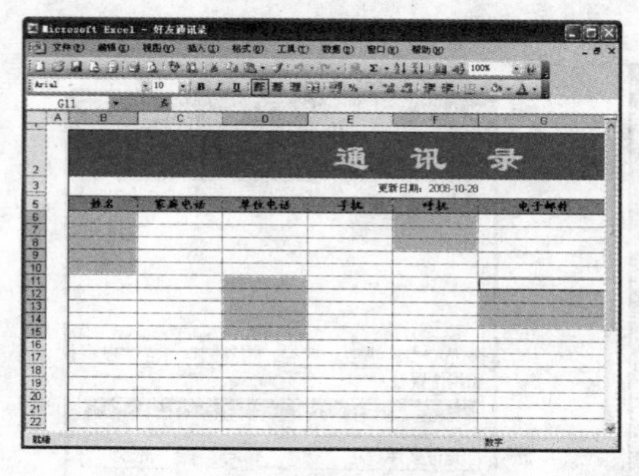

图 6-32　选定不相邻的单元格区域

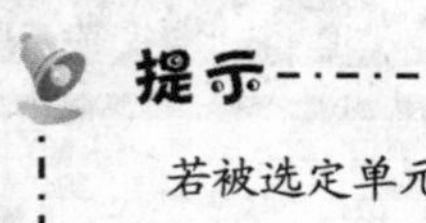

提示

若被选定单元格区域是不连续的，则被选定的单元格区域四周不显示选定边框。

另外，在一个工作表中经常需要选定一些特殊的单元格区域，操作方法如下。

- ◎ 整行：单击工作表中的行号。
- ◎ 整列：单击工作表中的列标。
- ◎ 整个工作表：单击工作表左上角行号和列标的交叉处，即全选按钮。
- ◎ 相邻的行或列：单击工作表行号或列标，并拖动行号或列标。
- ◎ 不相邻的行或列：单击第一个行号和列标，按住 Ctrl 键，再单击其他行号或列标。

6.4.2　合并和拆分单元格

使用 Excel 2003 制作表格时，为了使表格更加专业与美观，常常需要将一些单元格合并或者拆分。

1. 合并单元格

选择连续的单元格区域后，单击格式工具栏上的【合并及居中】按钮，可将单元格区域合并为一个单元格，如图 6-33 所示为合并 A1、A2、A3 单元格的效果。

当用户对已输入数据的单元格进行合并时，将打开一个对话框，提示合并后的单元格中将只保留选择区域最左上角单元格中的数据，如图 6-34 所示。

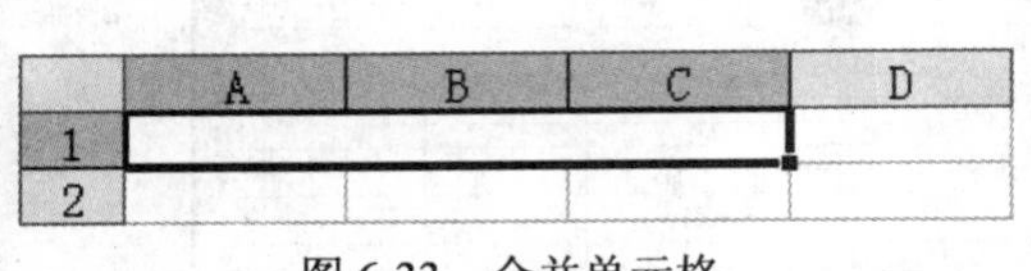

图 6-33　合并单元格

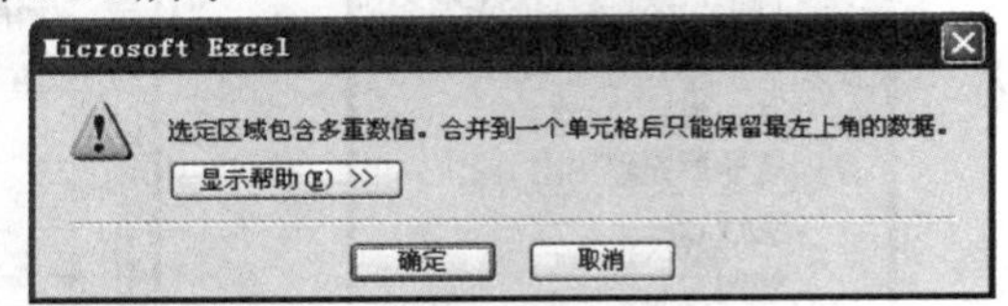

图 6-34　提示对话框

用户也可以选定要合并的多个相邻单元格区域，然后选择【格式】|【单元格】，打开【单元格格式】对话框。单击【对齐】标签，打开【对齐】选项卡，在【文本控制】选项区域中选中【合并单元格】复选框即可，如图 6-35 所示。

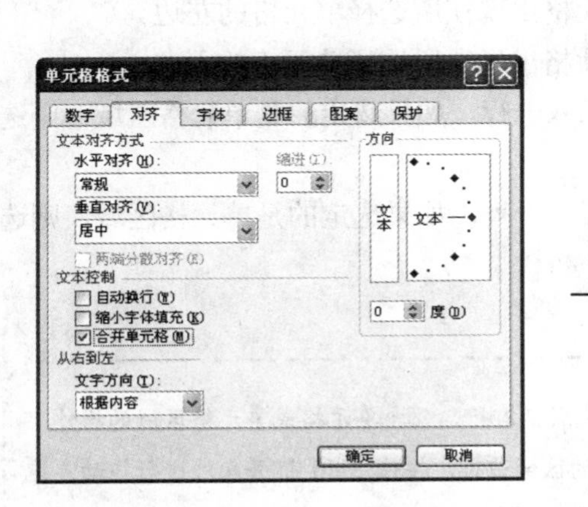

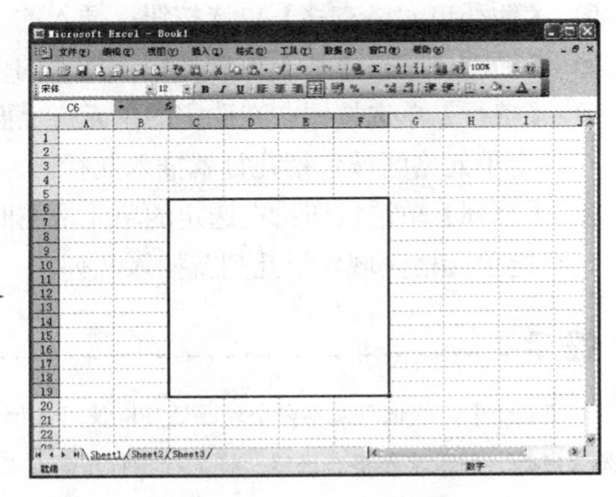

图 6-35　合并单元格区域

2. 拆分单元格

在 Excel 中只能对合并后的单元格进行拆分，拆分时只需选中已合并的单元格，再单击格式工具栏上的【合并及居中】按钮即可，将已合并的单元格还原成合并前的效果。

此外，用户也可以打开【单元格格式】对话框中的【对齐】选项卡，然后在【文本控制】选项区域中取消选中【合并单元格】复选框，同样可以将已合并的单元格拆分成合并前的效果。

6.4.3 插入单元格

如果需要在工作表中插入单元格或单元格区域，可按如下方法操作：在要插入单元格的位置选定单元格或区域，然后选择【插入】|【单元格】命令，打开如图 6-36 所示的【插入】对话框。选择需要的选项后，单击【确定】按钮即可插入单元格或单元格区域。如图 6-37 所示的是插入一列单元格的效果。

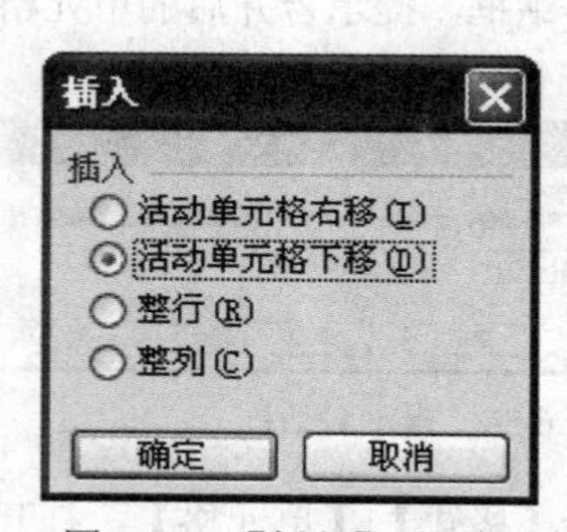

图 6-36 【插入】对话框

图 6-37 插入一列单元格

在【插入】对话框中有 4 个选项供用户选择，各选项的功能说明如下。

- 【活动单元格右移】单选按钮：插入的单元格出现在所选择单元格的左边。
- 【活动单元格下移】单选按钮：插入的单元格出现在所选择单元格的上方。
- 【整行】单选按钮：在选定的单元格上面插入一行，如果选定的是单元格区域，则选定单元格区域包括几行就插入几行。
- 【整列】单选按钮：在选定的单元格左面插入一列，如果选定的是单元格区域，则选定单元格区域包括几列就插入几列。

提示

在 Excel 中，除使用菜单命令外，还可以使用鼠标来完成插入行、列、单元格或单元格区域的操作。首先选定行、列、单元格或区域。将鼠标指针指向右下角的区域边框，按住 Shift 键并向外进行拖动。拖动时，有一个虚框表示插入的区域。松开鼠标左键，即可插入虚框中的单元格区域。

6.4.4 复制和移动单元格

当需要在工作表中应用相同的单元格内容时，可以直接在工作表中移动或复制单元格以简便操作，从而提高工作效率。

移动单元格是指将输入在某些单元格中的内容移至其他单元格中，复制单元格或区域是指将某个单元格或区域内容复制到指定的位置，原位置的数据仍然存在。

在 Excel 中，不但可以复制整个单元格而且还可以复制单元格中的指定内容。例如，可以复制公式的计算结果而不复制公式，或者只复制公式。也可通过单击粘贴区域右下角的【粘贴选项】来变换单元格中要粘贴的部分。

移动或复制单元格或区域的方法基本相同，选中单元格内容后，选择【编辑】|【剪切】或【复制】命令，然后单击要粘贴单元格的位置，选择【编辑】|【粘贴】命令，即可将单元格移动或复制至新位置。复制来的单元格会在粘贴单元格下面显示【粘贴选项】按钮，单击该按钮，将会显示一个列表，如图 6-38 所示，让用户确定如何将信息粘贴到文档中，而移动的内容下面将不显示【粘贴选项】按钮。

用户还可以单击【剪切】按钮及【复制】按钮，再单击【粘贴】按钮来移动和复制单元格。另外如果在选定的复制区域中包含隐藏单元格，Excel 将同时复制其中的隐藏单元格。如果在粘贴区域中包含隐藏的行或列，则需要显示其中的隐藏内容，才可以看到全部的复制单元格。

在进行单元格或单元格区域复制操作时，有时只需要复制其中的特定内容而不是所有内容，这时可以使用【选择性粘贴】命令来完成。具体操作是：选定需要复制的单元格或区域，选择【编辑】|【复制】命令，单击要粘贴区域的左上角单元格，然后选择【编辑】|【选择性粘贴】命令，打开如图 6-39 所示的【选择性粘贴】对话框，选择所需的选项，单击【确定】按钮即可。从图 6-39 中可以看到，使用选择性粘贴进行复制可以实现加、减、乘、除运算，或只复制公式、数值和格式等。

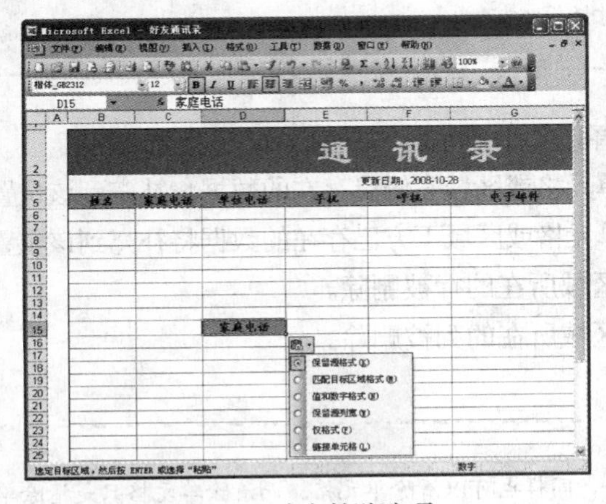

图 6-38 确定粘贴选项

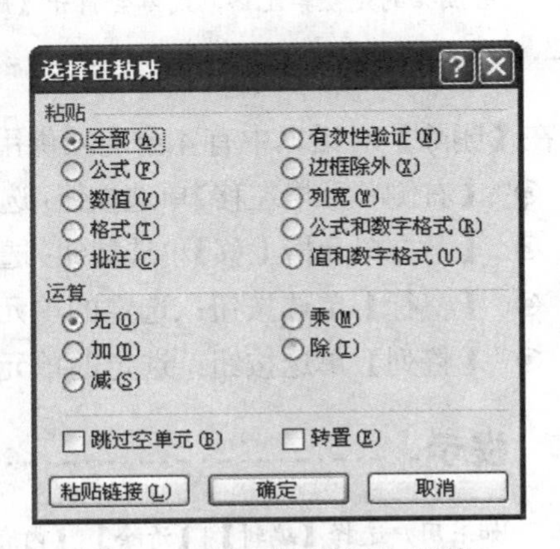

图 6-39 【选择性粘贴】对话框

6.4.5 删除单元格

当工作表的某些数据及其位置不再需要时，可以将它们删除。这里的删除与按下 Delete 键删除单元格或区域的内容不一样，按 Delete 键仅清除单元格内容，其空白单元格仍保留在工作表中；而删除行、列、单元格或区域，其内容和单元格将一起从工作表中消失，空的位置由周围的单元格补充。

需要在当前工作表中删除某行(列)单元格时，单击要删除的某行号(列标)，选择一整行(列)单元格，然后选择【编辑】|【删除】命令，被选择的行(列)单元格将从工作表中消失，以下各行(列)单元格自动上(左)移。

需要在当前工作表中删除一个单元格或区域时，选择要删除的单元格或区域，选择【编辑】|【删除】命令，打开如图 6-40 所示的【删除】对话框。选择需要的选项后，单击【确定】按钮即可。如图 6-41 所示的就是删除【家庭电话】列单元格的效果。

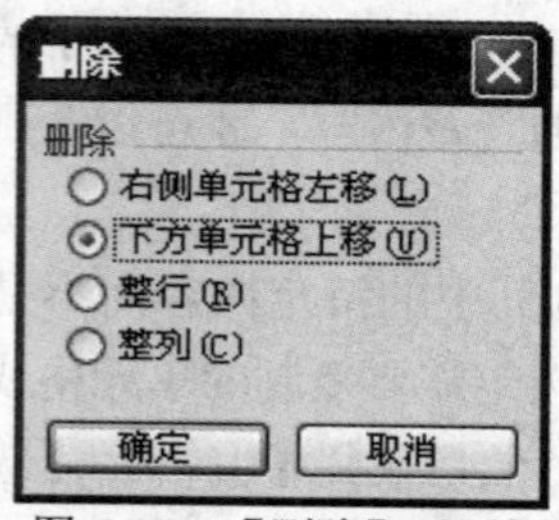

图 6-40 【删除】对话框

图 6-41 删除列单元格

提示

若删除的是空单元格，则不会打开【删除】对话框。

在【删除】对话框中有 4 个选项供用户选择，如下所示。

- 【右侧单元格左移】单选按钮：选定的单元格或区域右侧已存在的数据将补充到该位置。
- 【下方单元格上移】单选按钮：选定的单元格或区域下方已存在的数据将补充到该位置。
- 【整行】单选按钮：选定的单元格或区域所在的行被删除。
- 【整列】单选按钮：选定的单元格或区域所在的列被删除。

提示

如果用户选择【编辑】|【清除】|【内容】命令，同样也可以清除单元格。而清除单元格只是清除单元格中的内容，单元格本身还存在，其周围的位置不会移动。

6.5　上机练习

本章上机练习主要通过创建并编辑工作簿【个人预算表】，来练习新建工作簿、保存工作簿、选择单元格、清除单元格等操作，其效果如图 6-42 所示。

(1) 启动 Excel 2003 应用程序，在菜单栏中选择【文件】|【新建】命令，打开【新建工作簿】任务窗格。

(2) 在任务窗格的【模板】选项区域中单击【本机上的模板】链接，打开【模板】对话框。

(3) 打开【电子方案表格】选项卡，选择【个人预算表】工作簿，如图 6-43 所示。

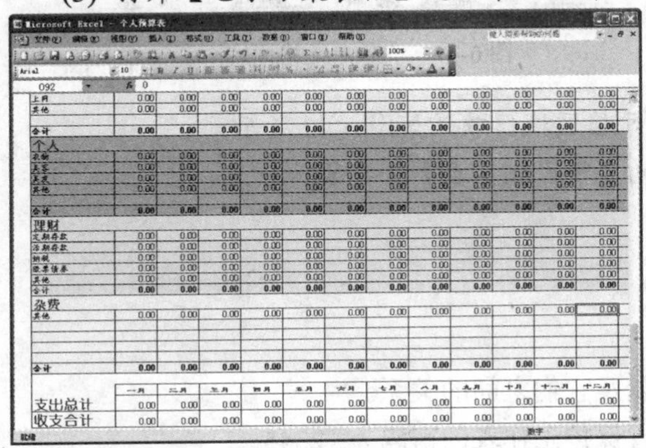

图 6-42　个人预算表

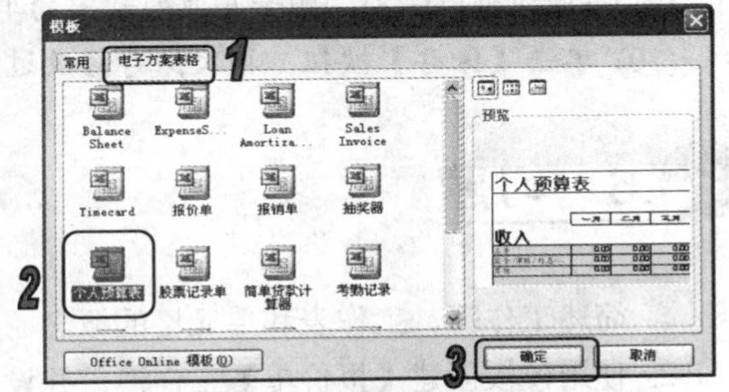

图 6-43　【模板】对话框

(4) 单击【确定】按钮，即可新建一个【个人预算表】工作簿，如图 6-44 所示。

(5) 单击工具栏上的【保存】按钮，打开【另存为】对话框，选择文件保存的路径后，在【文件名】文本框中输入工作簿名称【个人预算表】，如图 6-45 所示。

(6) 单击【保存】按钮，将【个人预算表】工作簿保存，此时该工作簿中已有唯一的一个工作表。

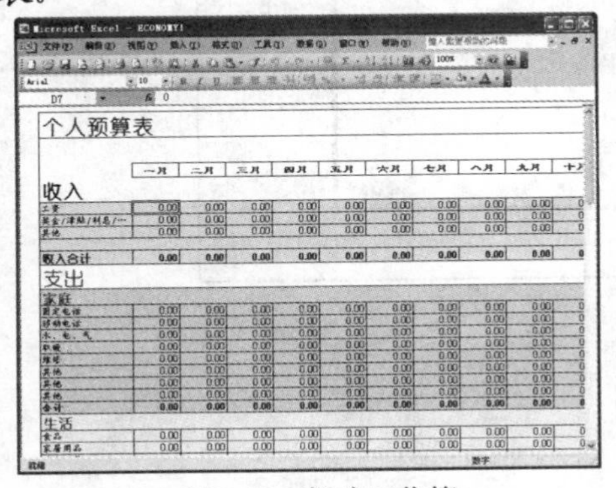

图 6-44　新建工作簿

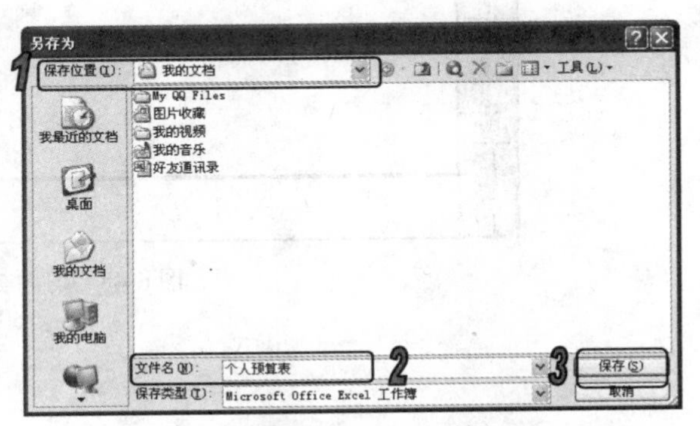

图 6-45　【另存为】对话框

(7) 打开【个人预算表】工作表，拖动鼠标左键选中【支出】区域中的【家庭】类别中的第 7 行第 1 列至第 8 行第 13 列中单元格区域，如图 6-46 所示。

(8) 选择【编辑】|【清除】|【内容】命令，清除单元格内容，效果如图 6-47 所示。

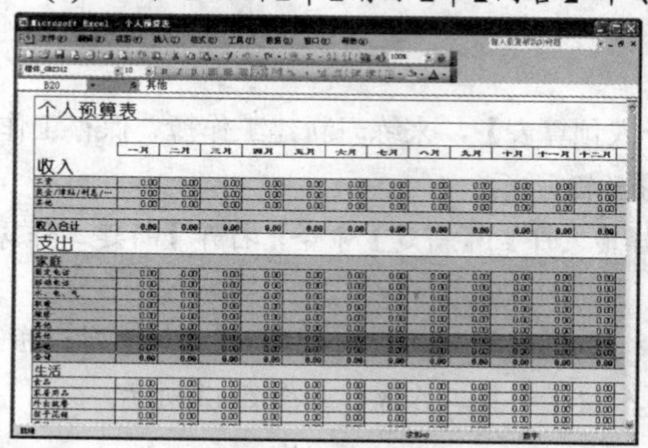

图 6-46　选择单元格区域

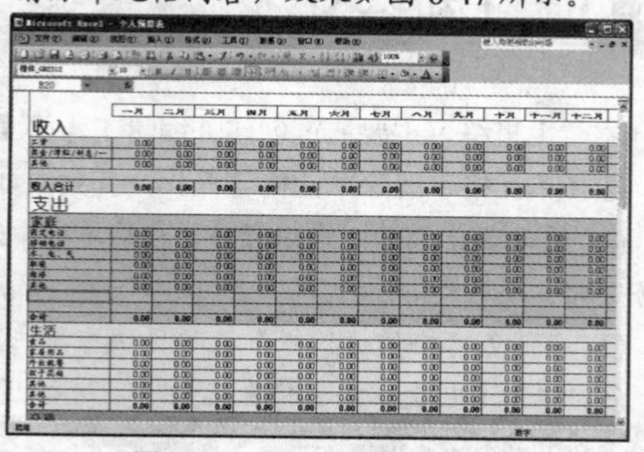

图 6-47　清除单元格内容

(9) 参照步骤(7)~(8)，删除其他列表中的单元格区域，效果如图 6-42 所示。

(10) 单击【保存】按钮，再次保存修改过的【个人预算表】工作簿。

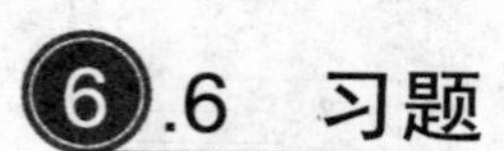

6.6 习题

1. 简述工作簿、工作表和单元格的概念，以及它们之间的关系。

2. 使用模板创建【报价单】工作簿，并设置保护工作表的密码为 12345。

3. 在【报价单】工作簿中插入一个新的工作表，并选择 A2:F10 单元格区域，然后将该区域合并为一个单元格，效果如图 6-48 所示。

A2 ▼ fx

	A	B	C	D	E	F	G
1							
2							
3							
4							
5							
6							
7							
8							
9							
10							
11							
12							

图 6-48　习题 3

第7章 表格数据的输入与编辑

学习目标

在使用 Excel 2003 创建表格时，不仅要掌握它的基本操作，而且还要掌握输入与编辑数据的方法。本章将详细介绍在 Excel 2003 中输入数据的方法，同时还介绍使用 Excel 2003 自带的功能来提高输入效率的方法，帮助用户快速、准确地输入表格数据。

本章重点

- 输入不同格式的数据
- 快速填充数据
- 修改数据
- 查找与替换数据
- 移动或复制数据
- 删除数据

7.1 在表格中输入数据

在工作表的单元格中输入数据是创建电子表格的开始，而电子表格主要用来存储和处理数据。在 Excel 2003 的工作表中输入数据的方法与在 Word 2003 的表格中输入数据的方法基本相同，其方法是：首先选定单元格，然后再直接或通过编辑栏向其中输入数据。用户可以在工作表的单元格中输入文本、数值、符号与日期等数据。

7.1.1 输入文本

在 Excel 2003 中的文本通常是指字符或者任何数字和字符的组合。输入到单元格内的任何字符集，只要不被系统解释成数字、公式、日期、时间或者逻辑值，则 Excel 2003 一律将其视为文本。在 Excel 2003 中输入文本时，系统默认的对齐方式是单元格内靠左对齐。

在 Excel 中，对于全部由数字组成的字符串，比如：邮政编码、电话号码等，为了避免被系统认为输入的是数字型数据，Excel 2003 提供了在这些输入项前添加“ ’ ”的方法，来区分是“数字字符串”而非“数值”数据。

在工作表中输入文本通常有 3 种常用的方法，即在编辑栏中输入、在单元格中输入以及选择单元格输入。

1. 在编辑栏中输入

在编辑栏中输入文本的方法很简单，首先选择需要输入文本的单元格，将鼠标光标移至编辑栏中并单击，输入所需的文本，完成后按 Enter 键即可，如图 7-1 所示。

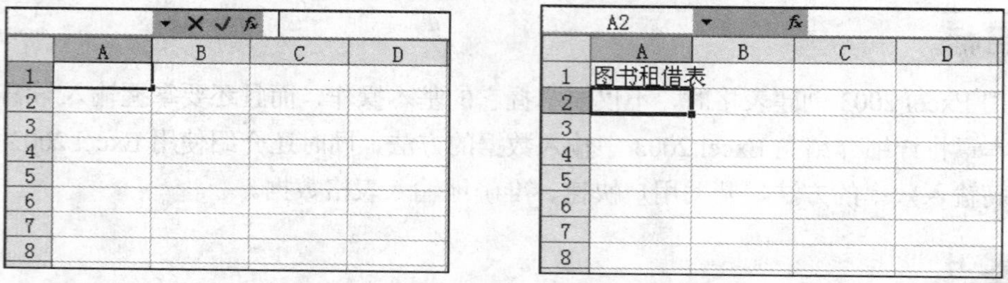

图 7-1　在编辑栏中输入文本

2. 在单元格中输入

在单元格中输入文本与在 Word 中输入文本的方法类似，双击需要输入文本的单元格，将会显示单元格中的插入点，然后可以直接在单元格中输入文本，完成后按 Enter 键或单击其他单元格即可，如图 7-2 所示。

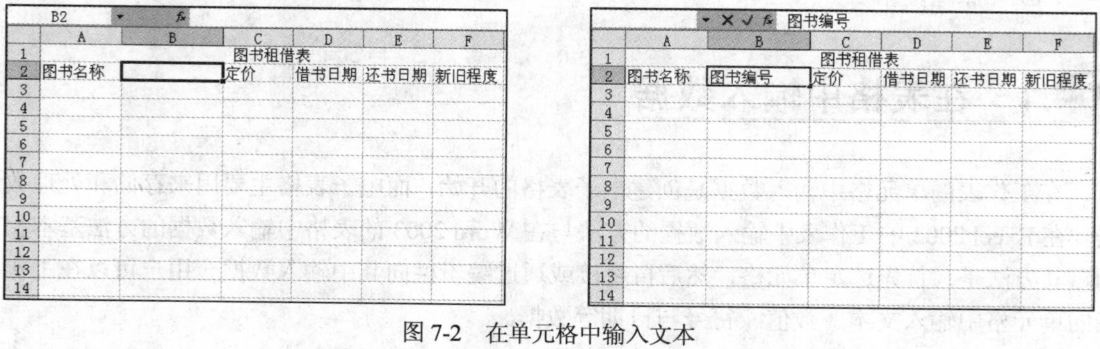

图 7-2　在单元格中输入文本

3. 选择单元格输入

选择单元格输入文本是最为快捷的方法，其方法为：选择需要输入文本的单元格，直接输入文本，然后按 Enter 键即可，如图 7-3 所示。

A3　　红楼梦

	A	B	C	D	E	F
1	图书租借表					
2	图书名称	图书编号	定价	借书日期	还书日期	新旧程度
3	红楼梦					
4						
5						
6						
7						
8						
9						
10						
11						
12						
13						
14						

A14　　我长大以后

	A	B	C	D	E	F
1	图书租借表					
2	图书名称	图书编号	定价	借书日期	还书日期	新旧程度
3	红楼梦					
4	水浒传					
5	西游记					
6	史记					
7	菜根谭					
8	医方类聚					
9	知识百科					
10	生活百科					
11	天堂鸟					
12	友情可贵					
13	走在月球上					
14	我长大以后					

图 7-3　选择单元格输入文本

提示

在数字的两侧加上双引号，并在双引号前加上等号＝，Excel 将把它当作字符串输入，例如在单元格中输入="13683053338"。

7.1.2　输入数值

在 Excel 工作表中，数值型数据是最常见、最重要的数据类型。而且，Excel 2003 强大的数据处理功能、数据库功能以及在企业财务、数学运算等方面的应用几乎都离不开数值型数据。

Excel 中的数值是指用于计算的数据，包括整数、小数、分数和逻辑值等类型。如果输入的数字超过 11 位，将自动变成类似于 1.12E+11 的科学计数法形式。但通常情况下，这些数据统称为数据，后面提到的数据都是指这类除文本以外的数值。

1. 输入普通数据

在单元格中输入数值的方法与输入文本相同，即选择要输入数据的单元格后，直接输入数据或在编辑栏中输入数据后按 Enter 键即可。

在 Excel 2003 中打开图 7-3 所示的【图书租借表】，选择 B3 单元格，然后单击编辑栏，在插入点后输入数字 1001，如图 7-4 所示。按照同样的方法依次在 B4 与 B14 单元格中输入对应的数值，完成后的效果如图 7-5 所示。

B3　　1001

	A	B	C	D	E	F
1	图书租借表					
2	图书名称	图书编号	定价	借书日期	还书日期	新旧程度
3	红楼梦	1001				
4	水浒传					
5	西游记					
6	史记					
7	菜根谭					
8	医方类聚					
9	知识百科					
10	生活百科					
11	天堂鸟					
12	友情可贵					
13	走在月球上					
14	我长大以后					

图 7-4　在编辑栏中输入数值

B14　　1012

	A	B	C	D	E	F
1	图书租借表					
2	图书名称	图书编号	定价	借书日期	还书日期	新旧程度
3	红楼梦	1001				
4	水浒传	1002				
5	西游记	1003				
6	史记	1004				
7	菜根谭	1005				
8	医方类聚	1006				
9	知识百科	1007				
10	生活百科	1008				
11	天堂鸟	1009				
12	友情可贵	1010				
13	走在月球上	1011				
14	我长大以后	1012				

图 7-5　输入数值

提示

在输入数据时，按 Shift+Tab 键可以向左激活与当前单元格相邻的单元格；按 Shift+Enter 键可以向上激活与当前单元格相邻的单元格。

2. 输入小数型数据

有时需要将整数数据显示为小数，以求精确度，如将 35 显示为 35.00，而用户每次都需要输入.00，感觉非常麻烦，此时可以选中 35 所在的单元格或者单元格区域，然后在菜单栏上选择【格式】|【单元格】命令，打开【单元格格式】对话框，如图 7-6 所示。

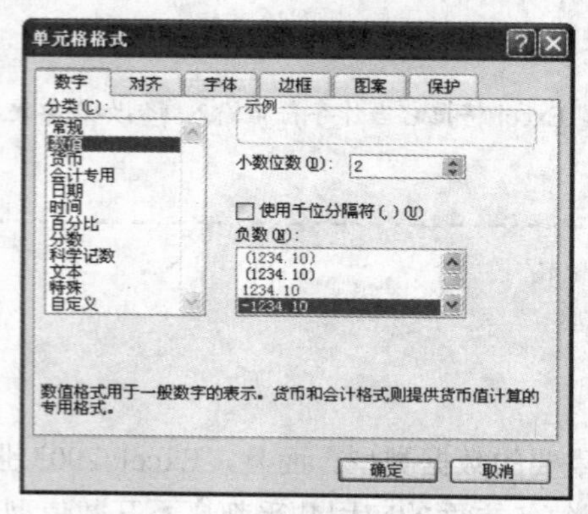

图 7-6 【单元格格式】对话框

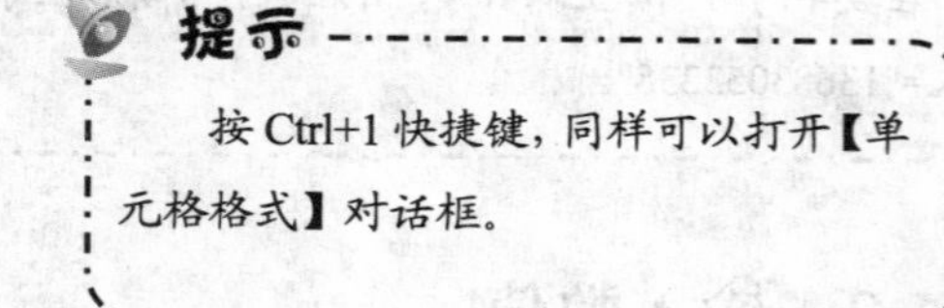
提示

按 Ctrl+1 快捷键，同样可以打开【单元格格式】对话框。

在如图 7-6 所示的对话框中，可以对小数位置和格式进行相关设置。对话框中各选项的说明如下。

- 【分类】列表框：在该列表框中用户只需选择【数值】选项。
- 【小数位数】数值框：该数值框用于设置小数的位数。
- 【使用千分位分隔符】复选框：选中该复选框表示在数据中使用千位分隔符。
- 【负数】列表框：该列表框用于设置负数的显示方式。

如图 7-7 所示的就是输入小数位数为 2 并使用千位分隔符的数据效果。

A1 ▾ fx 35

	A	B	C
1	35.00		
2	1,234.00		
3	1,008.00		
4	34.00		
5	4.00		
6	1.00		
7	23.00		
8	556.00		

图 7-7 输入小数型数据

提示

当对某个单元格区域设置了小数型数据格式后，在该单元格区域的单元格中输入数据时，将自动应用设置的格式，例如输入 1234 后在表格中显示的便是 1,234.00。

3. 输入货币型数据

从专业角度来讲，当遇到财务问题时，需要输入价格货币符号。输入的方法为：在【图书租借表】工作表中选中 C3:C14 单元格区域后，选择【格式】|【单元格】命令，打开【单元格格式】对话框的【数字】选项卡。在【分类】列表框中选择【货币】选项，在右侧的选项区域中设置相关选项，如图 7-8 所示。设置完毕后，在 C3:C14 单元格区域直接输入对应的纯数值数据，此时该数值将自动转换为货币型数据，最终效果如图 7-9 所示。

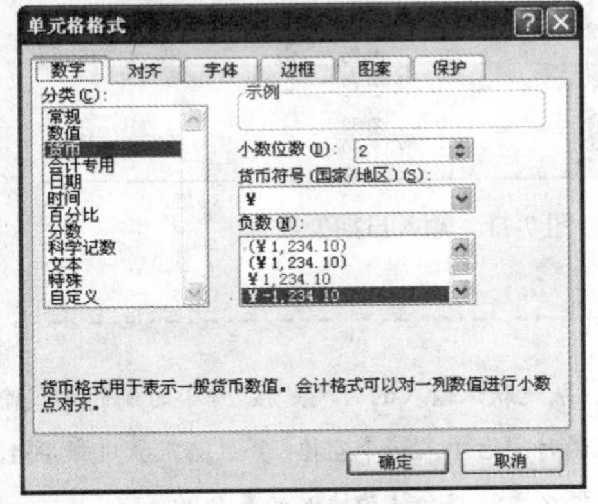

图 7-8　设置货币型数据

C14　　12.85

	A	B	C	D	E	F
1			图书租借表			
2	图书名称	图书编号	定价	借书日期	还书日期	新旧程度
3	红楼梦	1001	￥21.25			
4	水浒传	1002	￥23.80			
5	西游记	1003	￥33.00			
6	史记	1004	￥125.00			
7	菜根谭	1005	￥12.00			
8	医方类聚	1006	￥306.00			
9	知识百科	1007	￥38.00			
10	生活百科	1008	￥56.00			
11	天堂鸟	1009	￥15.98			
12	友情可贵	1010	￥27.50			
13	走在月球上	1011	￥19.60			
14	我长大以后	1012	￥12.85			

图 7-9　输入货币型数据

在如图 7-8 所示的【单元格格式】对话框中各选项的说明如下。

- 【分类】列表框：在该列表框中用户只需选择【货币】选项。
- 【小数位数】数值框：该数值框用于设置小数的位数。
- 【货币符号】下拉列表框：该下拉列表框用于选择货币符号类型。
- 【负数】列表框：该列表框用于设置负数的显示方式。

7.1.3　输入日期

在 Excel 2003 中，当在单元格中输入系统可识别的日期数据时，单元格的格式就会自动转换为相应的【日期】格式，而不需要去设定该单元格【日期】格式。输入的日期在单元格内采取右对齐的方式。如果不能识别输入的日期格式，输入的内容将被视为文本，并在单元格中左对齐。

在输入日期前，首先需对要输入日期的单元格格式进行设置，然后在其中输入数据将会自动变为日期型数据格式。设置日期型数据单元格格式的方法为：选中要输入日期型数据的单元格后，在菜单栏上选择【格式】|【单元格】命令，打开【单元格格式】对话框的【数字】选项卡。在【分类】列表框中选择【日期】选项，并在右侧的【区域设置(国家/地区)】下拉列表框中选择地区，在其上的【类型】列表框中选择一张日期类型，如图 7-10 所示。设置完毕后，在设置日期型数据的单元格中输入日期 2008/10/29，按 Enter 键，此时该单元格将应用已设置的日期格式化，显示效果如图 7-11 所示。

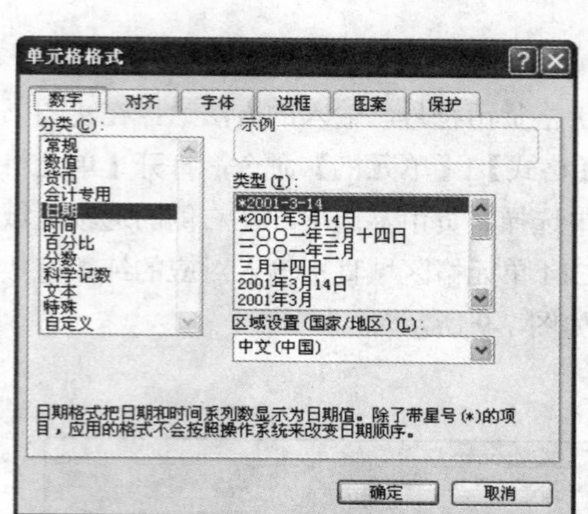

图 7-10　设置日期型数据

D3　fx　2008-10-29

	A	B	C	D	E	F
1			图书租借表			
2	图书名称	图书编号	定价	借书日期	还书日期	新旧程度
3	红楼梦	1001	￥21.25	2008-10-29		
4	水浒传	1002	￥23.80			
5	西游记	1003	￥33.00			
6	史记	1004	￥125.00			
7	菜根谭	1005	￥12.00			
8	医方类聚	1006	￥306.00			
9	知识百科	1007	￥38.00			
10	生活百科	1008	￥56.00			
11	天堂鸟	1009	￥15.98			
12	友情可贵	1010	￥27.50			
13	走在月球上	1011	￥19.60			
14	我长大以后	1012	￥12.85			

图 7-11　输入日期型数据

提示

输入时间格式数据的方法与输入日期格式数据的方法相同。系统默认输入的时间是按 24 小时制的方式输入的，所以，若要以 12 小时制的方式输入时间，那么就要在输入的时间后输入一个空格，并且输入 AM 或 PM，或 A、P。例如：要输入的是 8:00 PM，但是，若只输入 8:00，那么系统将会认为输入的是 8:00 AM。

7.1.4　输入符号

除了可以在工作表的单元格中插入数字、文本、日期等内容以外，还可以在单元格中插入特殊符号。实际上，特殊符号也是文本的一种，不同的是，它们中的大部分都不能直接使用键盘输入。

选中需要输入符号的单元格，然后选择【插入】|【特殊符号】命令，打开【插入特殊符号】对话框，如图 7-12 所示。该对话框中有 6 个选项卡，这些选项卡中的特殊符号包括以下几种类型：

- 部分中文标点符号，如省略号等。
- 数字序号，如带圈的数字序号等。
- 拼音，所指的是包括音标的各个字母，如标有第四声音标的字母 O(ò)等。
- 有些数学符号，如小于等于号(≤)等。
- 单位符号，如摄氏度(℃)等。
- 其他特殊符号，如(⊙)、(☆)等。

打开【特殊符号】选项卡，选中【★】符号，单击【确定】按钮，即可将其插入到所选单元格中，最终效果如图 7-13 所示。

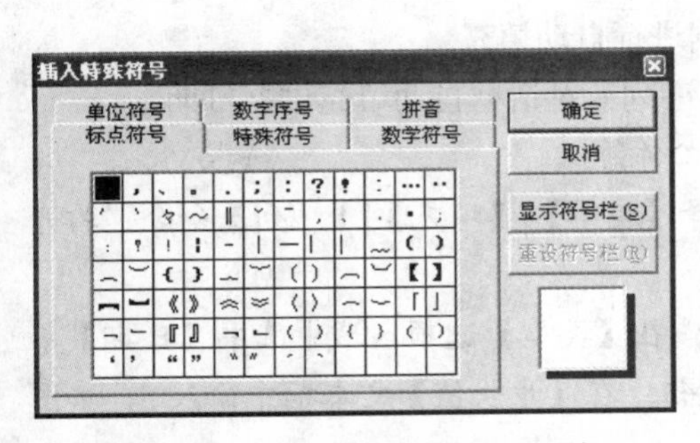

图 7-12　【插入特殊符号】对话框

F3	★★★★				
	A	B	C	D	E	F

	A	B	C	D	E	F
1			图书租借表			
2	图书名称	图书编号	定价	借书日期	还书日期	新旧程度
3	红楼梦	1001	￥21.25	2008-10-29		★★★★
4	水浒传	1002	￥23.80			
5	西游记	1003	￥33.00			
6	史记	1004	￥125.00			
7	菜根谭	1005	￥12.00			
8	医方类聚	1006	￥306.00			
9	知识百科	1007	￥38.00			
10	生活百科	1008	￥56.00			
11	天堂鸟	1009	￥15.98			
12	友情可贵	1010	￥27.50			
13	走在月球上	1011	￥19.60			
14	我长大以后	1012	￥12.85			

图 7-13　输入特殊符号

7.2　快速填充数据

要在 Excel 中重输入相同或具有一定规律的数据，可采用快速填充数据的方法，以提高工作效率。Excel 提供的快速填充数据功能便是专门用于输入相同或具有规律的数据。

7.2.1　通过对话框填充数据

通过对话框填充数据时，可只在单元格中输入第一个数据，然后在对话框中进行设置。选择【编辑】|【填充】|【序列】命令，打开【序列】对话框，如图 7-14 所示。通过该对话框便可达到快速输入有规律数据的目的。

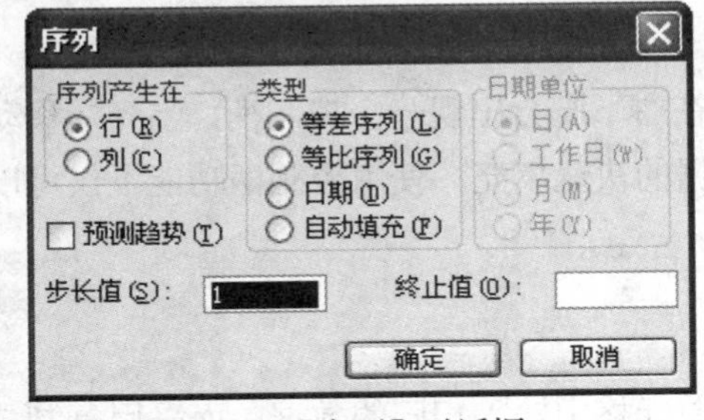

图 7-14　【序列】对话框

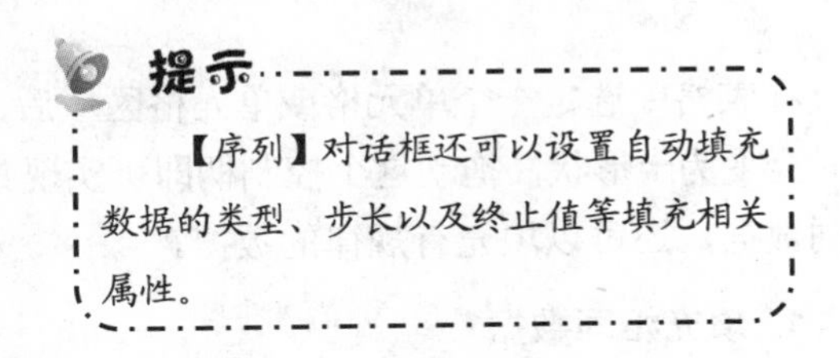

提示
【序列】对话框还可以设置自动填充数据的类型、步长以及终止值等填充相关属性。

在图 7-14 中，各选项说明如下。

- 【序列产生在】选项区域：用于选择序列产生位置，该序列可以产生在行中，也可以产生在列中，只需选中对应的单选按钮即可。
- 【类型】选项区域：用于设置序列的特征，如等差、等比序列等。
- 【预测趋势】复选框：选中该复选框表示以步长为 1 进行自动填充。
- 【步长值】文本框：用于设置序列中前一项与后一项的差值。
- 【终止值】文本框：用于设置序列的最后一项数据的值。

⊙ 当在【类型】选项区域中选中【日期】单选按钮时，【日期单位】选项区域才生效。该区域用于设置日期以哪个单位为步长数据进行自动填充。

【例 7-1】在刚创建的【图书租借表】中，通过【序列】对话框自动填充借书日期。

(1) 启动 Excel 2003，打开刚创建【图书租借表】工作簿。

(2) 选中 D3:D14 单元格区域，然后在菜单栏中选择【编辑】|【填充】|【序列】命令，打开【序列】对话框。

(3) 在【序列产生在】选项区域中选择【行】选项；在【类型】选项区域中选中【日期】单选按钮；在【日期单位】选项区域中选中【日】单选按钮；在【步长值】文本框中输入 5，如图 7-15 所示。

(4) 单击【确定】按钮，即可在表格中自动填充借书日期，效果如图 7-16 所示。

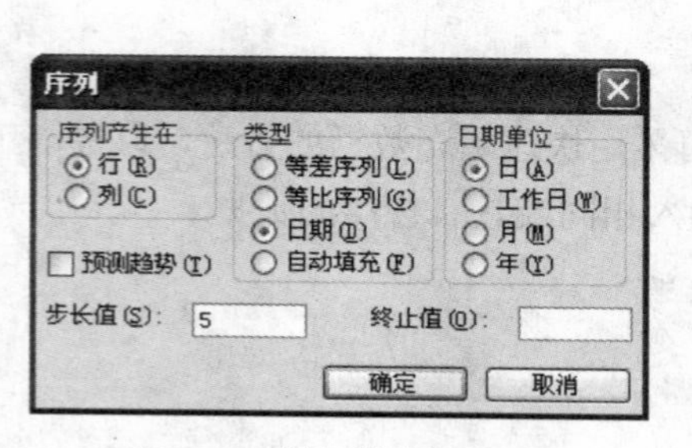

图 7-15　设置填充属性

D3　　fx 2008-10-29

	A	B	C	D	E	F
1			图书租借表			
2	图书名称	图书编号	定价	借书日期	还书日期	新旧程度
3	红楼梦	1001	￥21.25	2008-10-29		★★★★
4	水浒传	1002	￥23.80	2008-11-3		
5	西游记	1003	￥33.00	2008-11-8		
6	史记	1004	￥125.00	2008-11-13		
7	菜根谭	1005	￥12.00	2008-11-18		
8	医方类聚	1006	￥306.00	2008-11-23		
9	知识百科	1007	￥38.00	2008-11-28		
10	生活百科	1008	￥56.00	2008-12-3		
11	天堂鸟	1009	￥15.98	2008-12-8		
12	友情可贵	1010	￥27.50	2008-12-13		
13	走在月球上	1011	￥19.60	2008-12-18		
14	我长大以后	1012	￥12.85	2008-12-23		

图 7-16　自动填充借书日期

7.2.2　通过控制柄填充数据

在表格中选定一个单元格或单元格区域后，在右下脚会出现一个控制柄，当光标移动至其上时会变为✚形状，拖动这个控制柄即可实现数据的快速填充。使用控制柄功能不仅可以填充相同数据，还可以填充有规律的数据。

1. 填充相同数据

在制作 Excel 表格的过程中经常需要在多个单元格中输入相同的数据。而采用复制与粘贴的方法，操作步骤较多，相对而言比较麻烦，因此浪费了很多时间。Excel 提供的控制柄功能则可快速填充相同数据。

拖动控制柄填充数据的方法很简单，首先在起始单元格中输入起始数据，如在 A1 单元格中输入 35，将鼠标光标移至该单元格右下角的控制柄上。当鼠标光标变为✚形状时，按住鼠标左键不放并拖动至所需的位置，这里拖动至 A4 单元格。释放鼠标后，在 A2:A4 单元格区域中会自动填充相同的数据，如图 7-17 所示。

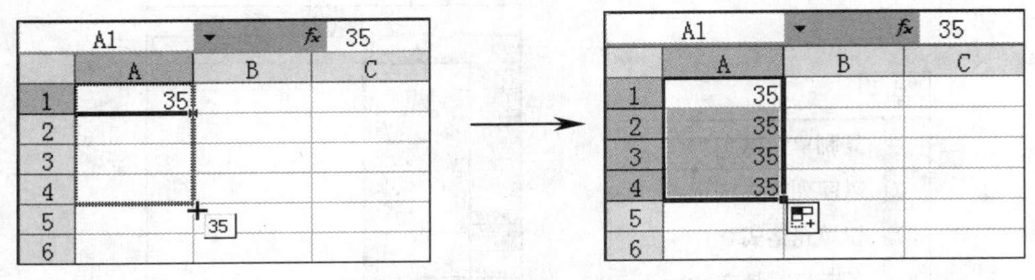

图 7-17　填充相同数据

2. 填充有规律的数据

使用控制柄还可以填充一些有规律的数据，例如星期、日期、时间等。

填充有规律数据的方法与填充相同数据的方法类似，具体步骤为：在起始单元格中输入起始数据，然后选择该单元格，将鼠标光标移至该单元格右下角的控制柄上。当鼠标光标变为✚形状时，按住鼠标左键不放并拖动至所需的位置。最后释放鼠标即可根据起始数据的特点自动填充有规律的数据。如图 7-18 所示的就是使用控制柄自动填充星期的过程。

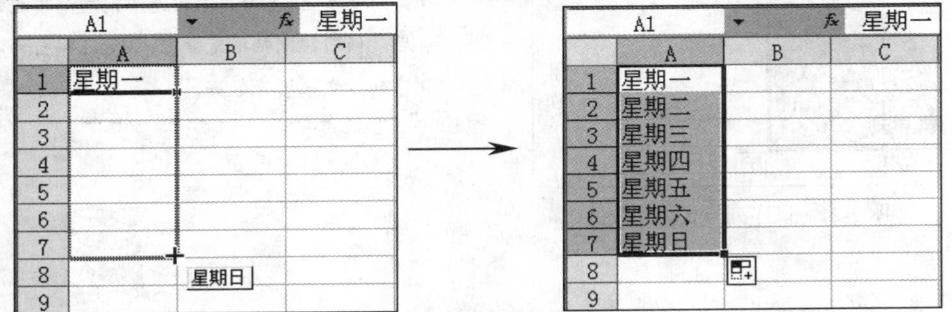

图 7-18　填充有规律的数据

7.2.3　通过快捷菜单填充数据

除了通过对话框和控制柄填充数据外，还可以通过快捷菜单来填充有规律的数据，如等比、等差序列等。

通过快捷菜单来填充有规律的数据的方法为：在起始单元格中输入起始数据，并在其相邻的单元格中输入序列的第二个数据，从而来决定它们是等比还是等差序列。然后同时选中这两个单元格，将鼠标光标移至该单元格区域的右下角的控制柄上。当鼠标光标变为✚形状时，按住鼠标左键不放并拖动至所需的位置后释放鼠标，此时将在单元格选项区域后显示【自动填充选项】按钮。单击该按钮将弹出的如图 7-19 所示的快捷菜单，在该快捷菜单中选择相应的命令即可。如图 7-20 所示的是在快捷菜单中选中复制单元格单选按钮后的效果。

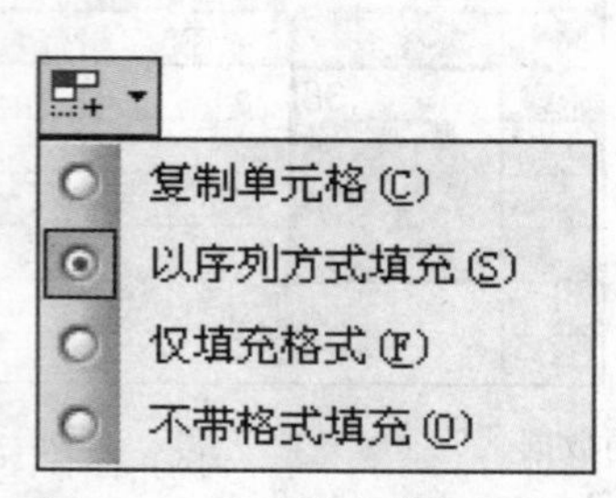

图 7-19　自动填充快捷菜单

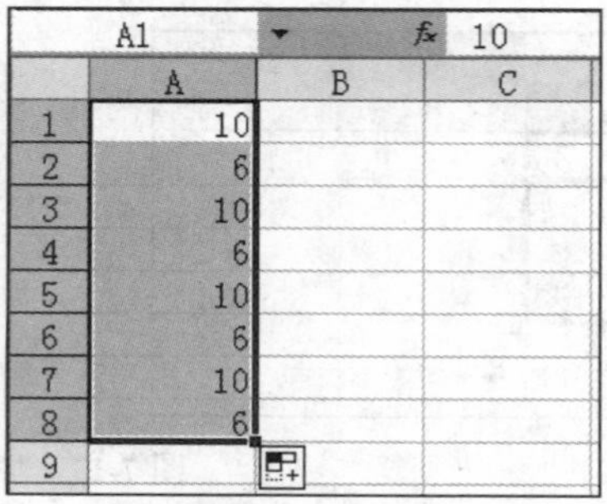

A1	fx 10		
	A	B	C
1	10		
2	6		
3	10		
4	6		
5	10		
6	6		
7	10		
8	6		
9			

图 7-20　复制单元格后的效果

在图 7-20 中，如果用户再次单击【自动填充选项】按钮，从弹出的快捷菜单中选中【以序列方式填充】单选按钮，此时填充数据的显示效果如图 7-21 所示。

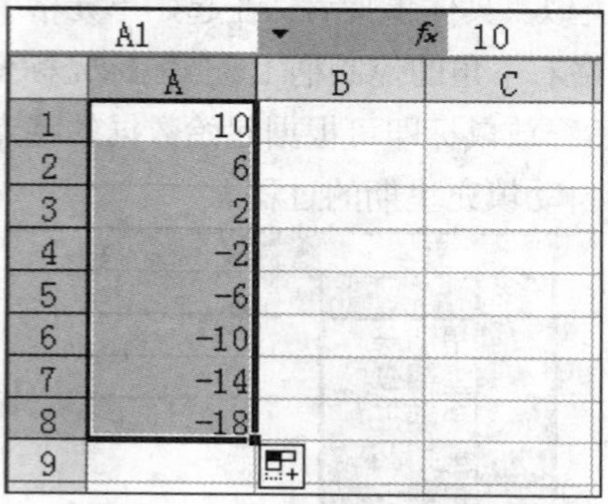

A1	fx 10		
	A	B	C
1	10		
2	6		
3	2		
4	-2		
5	-6		
6	-10		
7	-14		
8	-18		
9			

图 7-21　以序列方式填充数据

提示

事实上，当用户同时选中前两个单元格后，使用控制柄填充数据，Excel 将自动以序列方式来填充数据。

7.3　编辑单元格数据

在表格中输入数据后，有时会需要对其中数据进行删除、更改、移动以及复制等操作。如在单元格中输入数据时发生了错误，或者要改变单元格中的数据时，则需要对数据进行编辑，删除单元格中的内容，用全新的数据替换原数据，或者对数据进行一些小的变动。通过移动与复制操作可以达到快速输入相同数据的目的。

7.3.1　修改数据

如果在单元格中输入数据时发生了错误，或者要改变单元格中的数据时，则需要对数据进行修改，从而使其满足用户需求。在 Excel 中修改数据一般有以下 3 种方法。

1. 在编辑栏上修改数据

在编辑栏上修改数据的方法类似于在编辑栏上输入数据，首先选择需要修改的数据的单元

格，将文本插入点插入到编辑栏中。然后直接将插入点定位到需要添加数据的位置，如图 7-22 所示。输入正确的数据后，按 Enter 键完成修改，效果如图 7-23 所示。

F2　新旧程度

	A	B	C	D	E	F
1			图书租借表			
2	图书名称	图书编号	定价	借书日期	还书日期	新旧程度
3	红楼梦	1001	￥21.25	2008-10-29		★★★★
4	水浒传	1002	￥23.80	2008-11-3		
5	西游记	1003	￥33.00	2008-11-8		
6	史记	1004	￥125.00	2008-11-13		
7	菜根谭	1005	￥12.00	2008-11-18		
8	医方类聚	1006	￥306.00	2008-11-23		
9	知识百科	1007	￥38.00	2008-11-28		
10	生活百科	1008	￥56.00	2008-12-3		
11	天堂鸟	1009	￥15.98	2008-12-8		
12	友情可贵	1010	￥27.50	2008-12-13		
13	走在月球上	1011	￥19.60	2008-12-18		
14	我长大以后	1012	￥12.85	2008-12-23		

图 7-22　插入点定位到编辑栏

F2　新旧程度（满5星）

	A	B	C	D	E	F
1			图书租借表			
2	图书名称	图书编号	定价	借书日期	还书日期	新旧程度（满5星）
3	红楼梦	1001	￥21.25	2008-10-29		★★★★
4	水浒传	1002	￥23.80	2008-11-3		
5	西游记	1003	￥33.00	2008-11-8		
6	史记	1004	￥125.00	2008-11-13		
7	菜根谭	1005	￥12.00	2008-11-18		
8	医方类聚	1006	￥306.00	2008-11-23		
9	知识百科	1007	￥38.00	2008-11-28		
10	生活百科	1008	￥56.00	2008-12-3		
11	天堂鸟	1009	￥15.98	2008-12-8		
12	友情可贵	1010	￥27.50	2008-12-13		
13	走在月球上	1011	￥19.60	2008-12-18		
14	我长大以后	1012	￥12.85	2008-12-23		

图 7-23　修改数据后的效果

2. 在单元格中修改数据

如果当单元格中包含大量的字符或复杂的公式，而用户只想修改其中的一小部分。此时，用户就可以使用在单元格中修改数据的方法编辑单元格数据。其具体方法为：双击单元格，或者单击单元格再按 F2 键，然后在单元格中进行修改，完成后按 Enter 键即可。

3. 选择单元格修改全部数据

在工作中，用户可能需要更改或替换以前在单元格中输入的全部数据，当单击单元格使其处于活动状态时，单元格中的数据会被自动选取，一旦开始输入，单元格中原来的数据就会被新输入的数据所取代，这里“友谊可贵”将替换成“终极感悟”，如图 7-24 所示。

终极ganwu

	A	B	C	D	E	F
1			图书租借表			
2	图书名称	图书编号	定价	借书日期	还书日期	新旧程度（满5星）
3	红楼梦	1001	￥21.25	2008-10-29		★★★★
4	水浒传	1002	￥23.80	2008-11-3		
5	西游记	1003	￥33.00	2008-11-8		
6	史记	1004	￥125.00	2008-11-13		
7	菜根谭	1005	￥12.00	2008-11-18		
8	医方类聚	1006	￥306.00	2008-11-23		
9	知识百科	1007	￥38.00	2008-11-28		
10	生活百科	1008	￥56.00	2008-12-3		
11	天堂鸟	1009	￥15.98	2008-12-8		
12	终极ganwu	1010	￥27.50	2008-12-13		
13	走在月球上					
14	我长大以后	1012	￥12.85	2008-12-23		

1 感悟 2 感 3 干 4 敢 5 赶 6 肝 7 甘 8 杆 9 竿

图 7-24　替换单元格全部数据

提示

更改单元格内容时，并不会变动单元格原有的格式，如字体、大小、颜色、底纹等。

7.3.2　移动或复制数据

在 Excel 中，不但可以复制整个单元格，而且还可以复制单元格中的指定内容。例如，可以复制公式的计算结果而不复制公式，或者只复制公式。也可通过单击粘贴区域右下角的【粘贴选项】来变换单元格中要粘贴的部分。

1. 使用菜单命令

移动或复制单元格或区域数据的方法基本相同，选中单元格数据后，选择【编辑】|【剪切】或【复制】命令，然后单击要粘贴数据的位置，选择【编辑】|【粘贴】命令，即可将单元格数据移动或复制至新位置，复制来的数据会在粘贴数据下面显示【粘贴选项】按钮，单击该按钮，将会打开【粘贴选项】快捷菜单，如图 7-25 所示。在该菜单中，确定如何将信息粘贴到文档中，而移动的数据下面将不显示【粘贴选项】按钮。

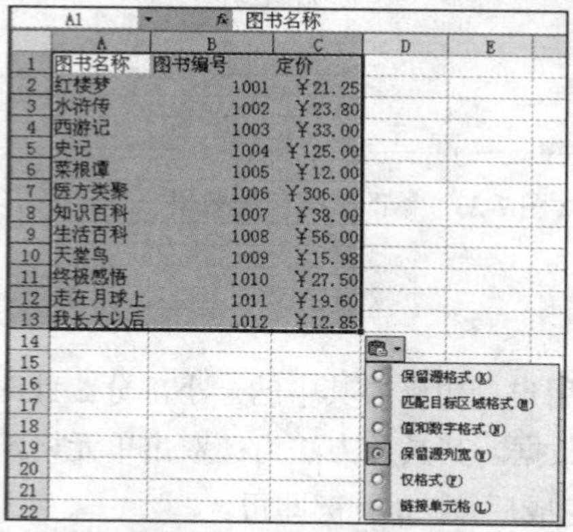

A1 图书名称

	A	B	C	D	E
1	图书名称	图书编号	定价		
2	红楼梦	1001	￥21.25		
3	水浒传	1002	￥23.80		
4	西游记	1003	￥33.00		
5	史记	1004	￥125.00		
6	菜根谭	1005	￥12.00		
7	医方类聚	1006	￥306.00		
8	知识百科	1007	￥38.00		
9	生活百科	1008	￥56.00		
10	天堂鸟	1009	￥15.98		
11	终极感悟	1010	￥27.50		
12	走在月球上	1011	￥19.60		
13	我长大以后	1012	￥12.85		

图 7-25　【粘贴选项】快捷菜单

提示

还可以单击【剪切】按钮及【复制】按钮，再单击【粘贴】按钮来移动和复制数据。

知识点

如果在选定的复制区域中包含隐藏单元格，Excel 将同时复制其中的隐藏单元格。如果在粘贴区域中包含隐藏的行或列，则需要显示其中的隐藏内容，才可以看到全部的复制单元格。

2. 使用拖动法

在 Excel 中，还可以使用鼠标拖动法来移动或复制单元格内容。要移动单元格内容，应首先单击要移动的单元格或选定单元格区域，然后将光标移至单元格区域边缘，等光标变为常规状态后，拖动光标到指定位置并释放鼠标即可，如图 7-26 所示。

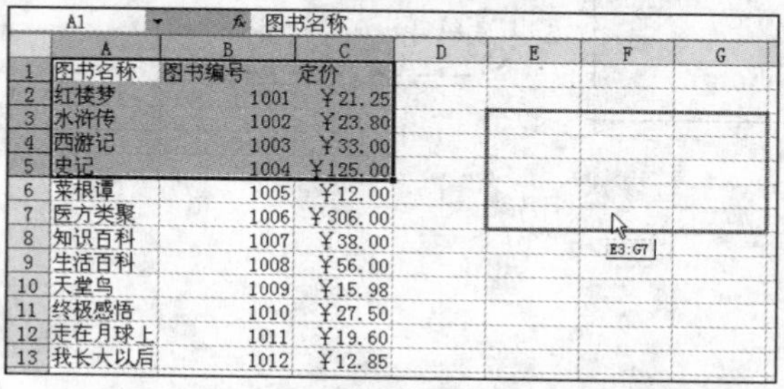

A1 图书名称

	A	B	C	D	E	F	G
1	图书名称	图书编号	定价				
2	红楼梦	1001	￥21.25				
3	水浒传	1002	￥23.80				
4	西游记	1003	￥33.00				
5	史记	1004	￥125.00				
6	菜根谭	1005	￥12.00				
7	医方类聚	1006	￥306.00				
8	知识百科	1007	￥38.00				
9	生活百科	1008	￥56.00				
10	天堂鸟	1009	￥15.98				
11	终极感悟	1010	￥27.50				
12	走在月球上	1011	￥19.60				
13	我长大以后	1012	￥12.85				

图 7-26　拖动法移动或复制单元格内容

提示

若在拖动单元格时，按住 Ctrl 键可以复制单元格中的数据，这样在拖动后，原位置仍然保留原始数据。

知识点

此外，用户还可以通过快捷来移动或复制单元格数据，该方法最为方便，选中需要移动或复制的单元格内容，按 Ctrl+X 键或 Ctrl+C 键，将鼠标定位到目标单元格后，按 Ctrl+V 键即可。

7.3.3　查找和替换数据

如果需要在工作表中查找一些特定的字符串，那么查看每个单元格就太麻烦了，特别是在一份较大的工作表或工作簿中。Excel 2003 提供的查找和替换功能可以快速定位到满足查找条件的单元格，并能方便地查找和替换需要的内容，极大地提高了工作效率。

1. 查找数据

在 Excel 2003 中，不仅可以查找表格中的普通数据，还可以查找特殊格式的数据、符号。

通常情况下，选择【编辑】|【查找】命令，打开【查找和替换】对话框的【查找】选项卡，如图 7-27 所示。在【查找内容】文本框中输入要查找的数据，单击【查找下一处】按钮，即可将光标定位在文档中的第一个查找目标处。多次单击该按钮，可依次查找文档中的相应内容。

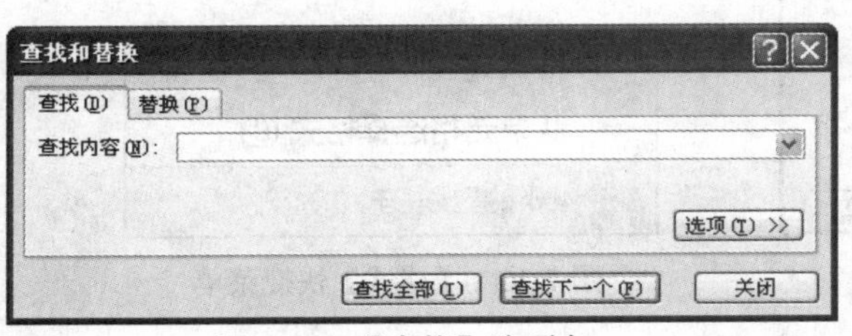

图 7-27　【查找】选项卡

提示

在【查找】选项卡中，单击【查找下一处】按钮，即可跳转到一个符号条件的单元格中，该单元格呈黑底显示；单击【查找全部】按钮，将在表格中查找到的单元格数据都会呈黑底显示。

为了进一步提高编辑和处理数据的效率，可以在图 7-27 中，单击【选项】按钮，可展开该对话框的特殊选项，如图 7-28 所示。

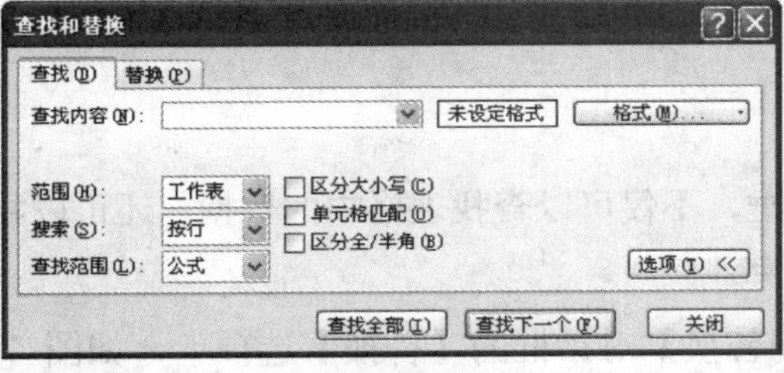

图 7-28　展开的特殊设置选项

提示

Microsoft Excel 同样不能查找或替换浮动对象、艺术字、文字效果、水印和图形对象。

其中，各选项的功能如下所示。

- 【范围】下拉列表框：用于选择需要查找的范围。选择【工作表】选项，将在整个工作表进行查找；选择【工作簿】选项，将在一个工作簿中进行查找。
- 【搜索】下拉列表框：用于选择搜索的方式。选择【按行】选项，将在表格中按行进行搜索；选择【按列】选项，将在表格中按列进行搜索。
- 【查找范围】下拉列表框：用于选择需要查找的数据类型，包括【公式】、【值】或【批注】选项。用户可以根据自己的要求选择数据类型。
- 【区分大小写】复选框：选择该复选框，可在搜索时区分大小写。

◉ 【单元格匹配】复选框：选择该复选框，可在表格中搜索符合条件的整个单元格，而不搜索被合并前的单元格的一部分。
◉ 【区分全/半角】复选框：选择该复选框，可在查找区分全角与半角。
◉ 【格式】按钮：单击该按钮，将打开如图 7-29 所示的【查找格式】对话框。在该对话框中可以设定单元格内容的格式。单击该按钮右侧的下拉按钮，将弹出如图 7-30 所示的快捷菜单，选择【格式】命令，同样可以打开【查找格式】对话框；选择【从单元格选择格式】命令，自动切换到表格中选取单元格的格式即可。

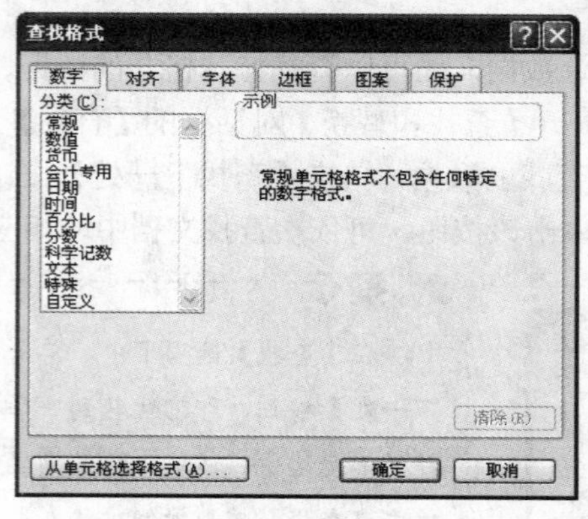

图 7-29 【查找格式】对话框

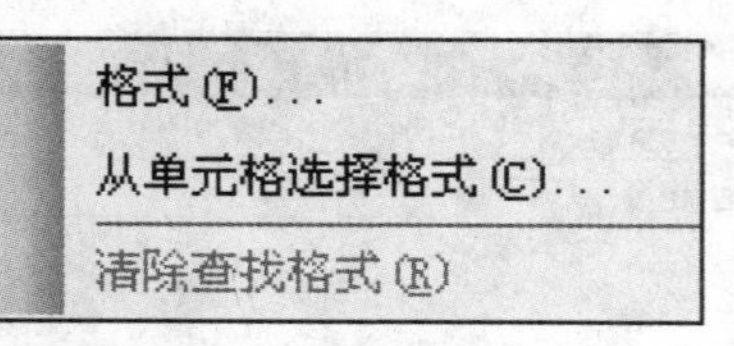

图 7-30 【格式】快捷菜单

提示

当用户选择单元格查找格式后，【格式】快捷菜单中的【清除查找格式】命令才能生效，此时选择该命令，将清除单元格查找格式。

2. 替换数据

在 Excel 2003 中，通过【查找和替换】对话框，不仅可以查找表格中的数据，还可以将查找的数据替换为新的数据，这样可以提高工作效率。

选择【编辑】|【替换】命令，打开【查找和替换】对话框的【替换】选项卡，如图 7-31 所示。

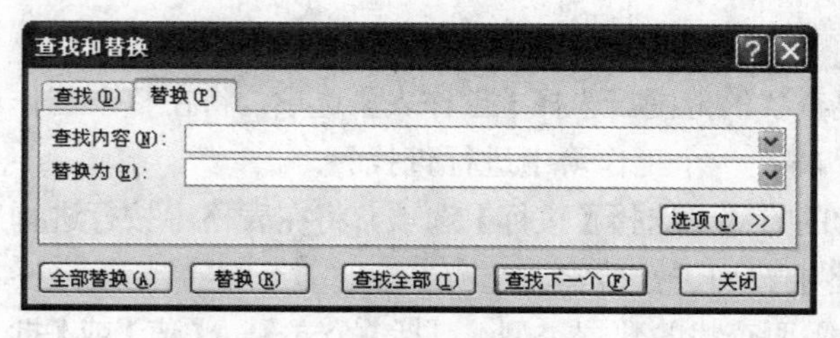

图 7-31 【替换】选项卡

提示

在【替换】选项卡中，单击【选项】按钮，可以设置查找和替换的特殊选项。这些设置与【查找】选项卡中各选项的功能一致。

在【查找内容】文本框中输入要查找的文本，在【替换为】文本框中输入要替换的文本，如果单击【替换】按钮，Excel 自动从插入点开始查找，找到第一个要查找的单元格，并以黑

底显示，再次单击该按钮将替换该单元格数据，并将下一个要查找的文本以黑底显示；如果单击【全部替换】按钮，就可以替换文档中所有查找到的内容；如果单击【查找下一处】按钮，跳过查找到的一处文本，即不对该单元格进行替换。替换完毕后，将打开一个消息对话框显示替换的结果，如图 7-32 所示。

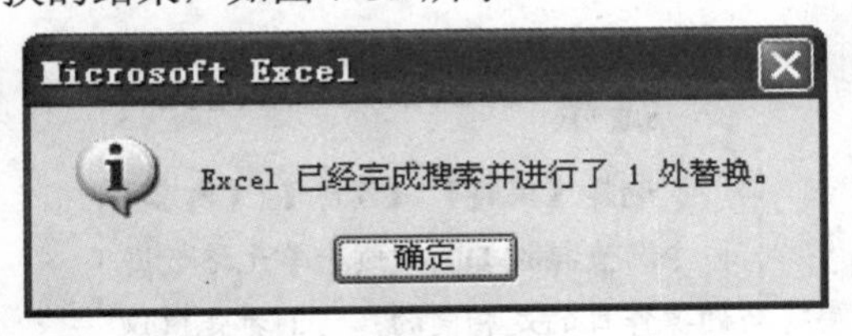

图 7-32　显示替换结果

提示

按组合键 Ctrl+H 键同样可以打开【查找和替换】对话框的【替换】选项卡。

【例 7-2】将【图书租借表】工作簿中的全角括号替换成半角括号。

(1) 启动 Excel 2003，打开工作簿【图书租借表】。

(2) 在菜单中选择【编辑】|【替换】命令，打开【查找和替换】对话框的【替换】选项卡。

(3) 在【查找内容】文本框中输入全角左半括号，在【替换为】文本框中输入半角左半括号，单击【选项】按钮，展开特殊选项，选中【区分全/半角】复选框，如图 7-33 所示。

(4) 单击【全部替换】按钮，将打开一个提示信息对话框显示替换结果。

(5) 单击【确定】按钮，关闭提示信息对话框，完成替换操作。

(6) 使用同样的方法，完成右半括号的替换，效果如图 7-34 所示。

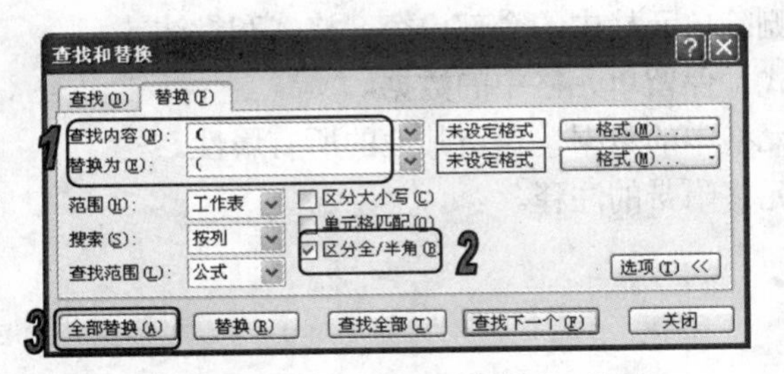

图 7-33　【查找和替换】对话框

	A	B	C	D	E	F
1	图书租借表					
2	图书名称	图书编号	定价	借书日期	还书日期	新旧程度(满5星)
3	红楼梦	1001	￥21.25	2008-10-29		★★★★
4	水浒传	1002	￥23.80	2008-11-3		
5	西游记	1003	￥33.00	2008-11-8		
6	史记	1004	￥125.00	2008-11-13		
7	菜根谭	1005	￥12.00	2008-11-18		
8	医方类聚	1006	￥306.00	2008-11-23		
9	知识百科	1007	￥38.00	2008-11-28		
10	生活百科	1008	￥56.00	2008-12-3		
11	天堂鸟	1009	￥15.98	2008-12-8		
12	终极感悟	1010	￥27.50	2008-12-13		
13	走在月球上	1011	￥19.60	2008-12-18		
14	我长大以后	1012	￥12.85	2008-12-23		

图 7-34　替换括号

7.3.4　删除数据

要删除单元格中的数据，可以先选中该单元格然后按 Del 键即可，要删除多个单元格的内容，使用下面的方法选取这些单元格，然后按 Del 键。

- 在选取所有要删除内容的单元格时按住 Ctrl 键。
- 拖动鼠标指针经过要包括的单元格。
- 单击列或行的标题选取整列或整行。

当使用 Del 键删除单元格(或一组单元格)的内容时，只有输入的数据从单元格中被删除，单元格的其他属性，如格式、注释等仍然保留。

如果想要完全地控制对单元格的删除操作，只使用 Del 键是不够的，应该选择【编辑】|【清除】命令，在打开的子菜单中选择需要的命令，如图 7-35 所示。

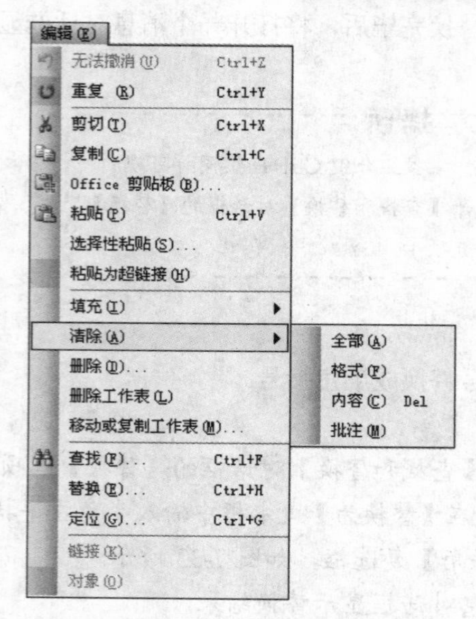

图 7-35 【清除】子菜单

提示

选择【编辑】|【清除】|【内容】命令与直接按 Dle 键删除单元格数据的操作目的是相同的，它们都是仅仅删除了单元格数据。

在如图 7-35 所示的子菜单中，各命令的说明如下。

- 【全部】命令：选择该命令，可以彻底删除单元格中的全部内容、格式和批注。
- 【格式】命令：选择该命令，只删除格式，保留单元格中的数据。
- 【内容】命令：选择该命令，只删除单元格中的数据，保留其他的所有属性。
- 【批注】命令：选择该命令，只删除单元格附带的注释。

7.4 上机练习

通过本章的学习，用户可以在 Excel 2003 的工作表中输入各种不同格式的数据，帮助创建表格储存数据。本上机练习将综合应用本章的知识点，在 Excel 2003 中创建【员工考勤表】并输入基本数据。

(1) 启动 Excel 2003，创建【员工考勤表】，完成后如图 7-36 所示。

(2) 双击 A1 单元格进入编辑模式，在其中输入标题文本“员工考勤表”，完成后如图 7-37 所示。

(3) 使用同样的方法在 B2 输入“星期一”、并选中该单元格，然后使用控制柄拖动鼠标到 F2 单元格，释放鼠标后效果如图 7-38 所示。

(4) 然后在 B3 单元格中输入“上班”，然后选择该单元格，在菜单栏中选择【编辑】|【复制】命令，然后分别在 D3:F3 单元格中选择【编辑】|【粘贴】命令，快速复制 B3 单元格中的数据，完成后如图 7-39 所示。

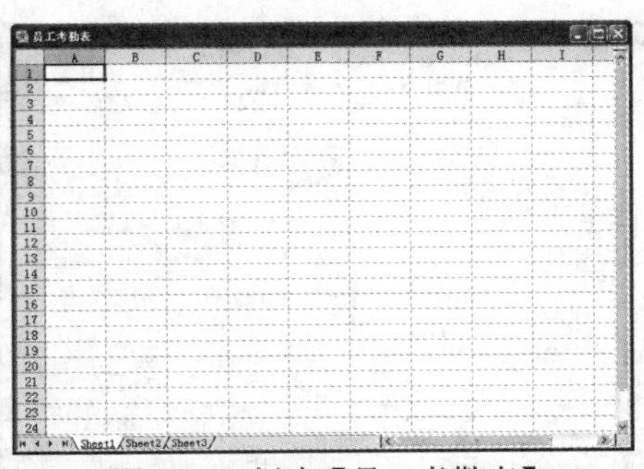

图 7-36　创建【员工考勤表】

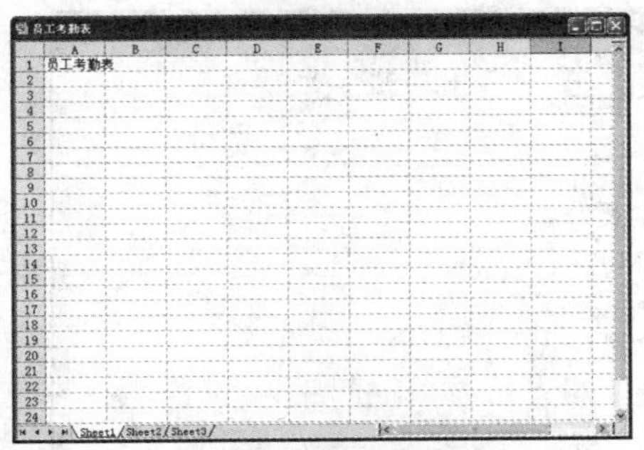

图 7-37　输入标题文字

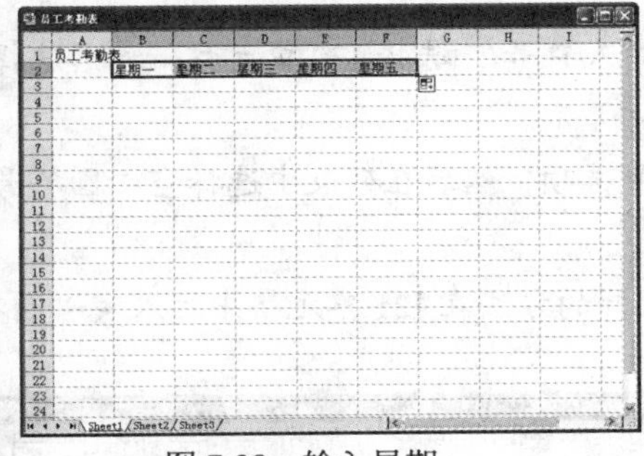

图 7-38　输入星期

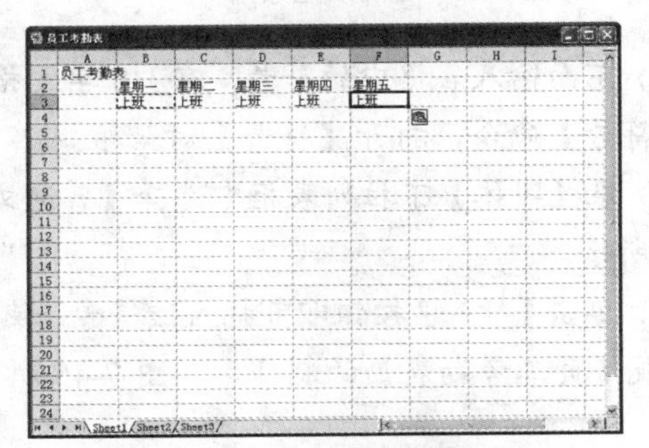

图 7-39　复制数据

(5) 在 A3 单元格中输入“员工编号”，然后在 A4 单元格中输入数值数据 20012201，完成后如图 7-40 所示。

(6) 选择 A4 单元格，然后在菜单栏中选择【编辑】|【填充】|【序列】命令，打开【序列】对话框。

(7) 在该对话框的【序列产生在】选项区域中选择【列】单选按钮，在【类型】选项区域中选择【等差序列】单选按钮，然后在【步长值】文本框中输入 1，在【终止值】文本框中输入 20012215，如图 7-41 所示。

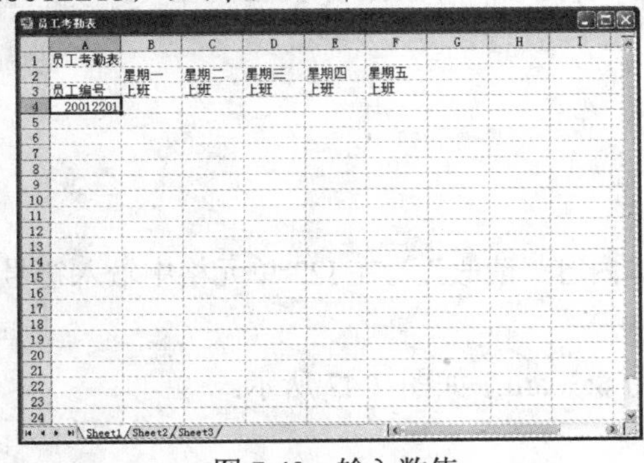

图 7-40　输入数值

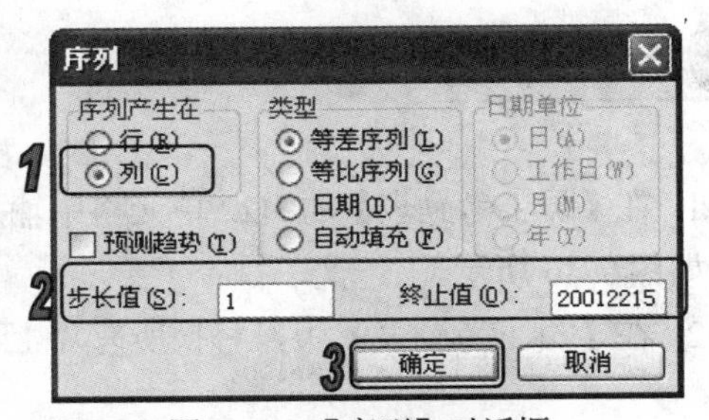

图 7-41　【序列】对话框

(8) 单击【确定】按钮即可在表格中自动填充员工编号，效果如图 7-42 所示。

(9) 在 H19 单元格中输入注释文本“按时：”，在 H20 单元格中输入“迟到：”，在 H21 单元格中输入“早退：”，完成后如图 7-43 所示。

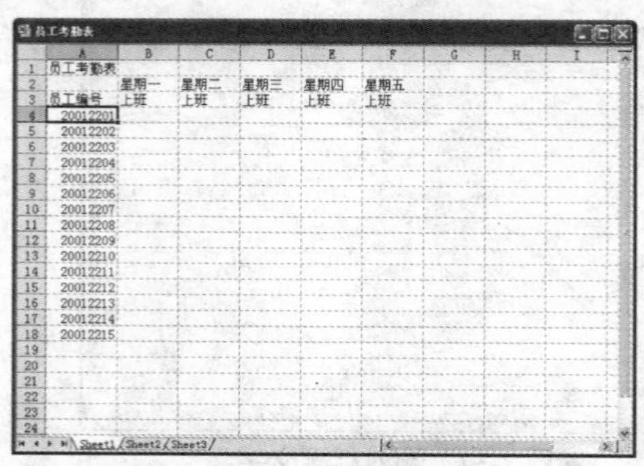

图 7-42　自动填充数据

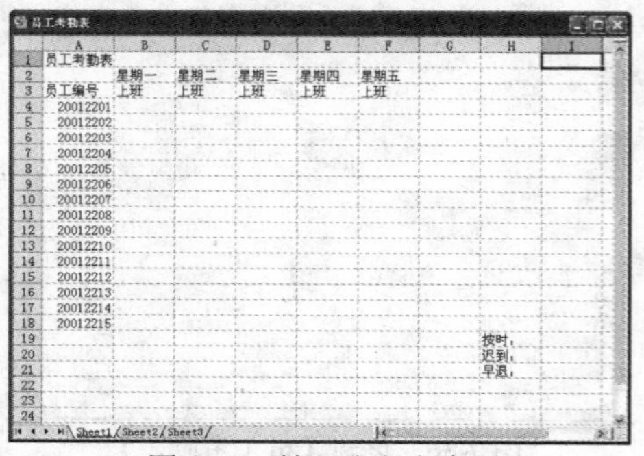

图 7-43　输入注释文本

(10) 下面输入表格中的符号，在 I19 单元格中输入符号/；选择 I20 单元格，然后选择【插入】|【符号】命令，打开【符号】对话框。

(11) 在【字体】下拉列表框中选择【普通文本】选项，然后在列表中选择空心圆符号，如图 7-44 所示。

(12) 单击【插入】按钮即可插入该符号。使用同样的方法在 I21 单元格中插入实心圆符号，至此完成【员工考勤表】的制作，如图 7-45 所示。

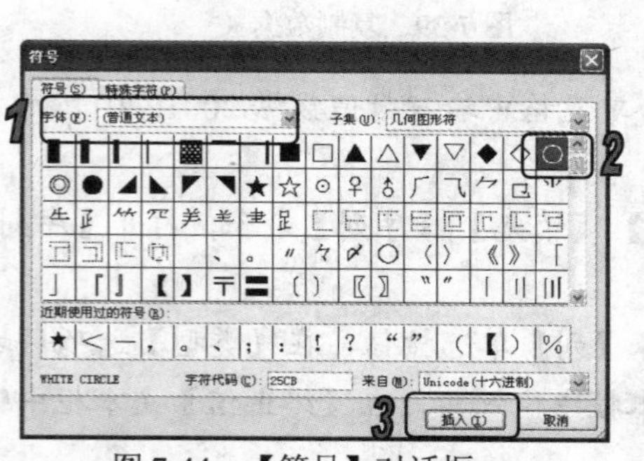

图 7-44　【符号】对话框

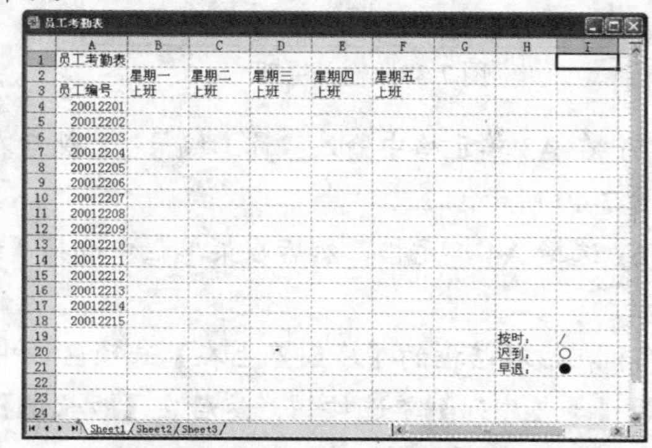

图 7-45　完成后的【员工考勤表】

7.5　习题

1. 在【员工考勤表】的 H22 单元格中输入文本内容“请假”，在 I22 单元格中输入符号数据，如图 7-46 所示。

2. 在【员工考勤表】中，替换所有“上班”为 8:30am，如图 7-47 所示。

	按时：	/	
	迟到：	○	
	早退：	●	
	请假	☆	

图 7-46　习题 1

	A	B	C	D	E	F
1	员工考勤表					
2		星期一	星期二	星期三	星期四	星期五
3	员工编号	8:30am	8:30am	8:30am	8:30am	8:30am
4	20012201					

图 7-47　习题 2

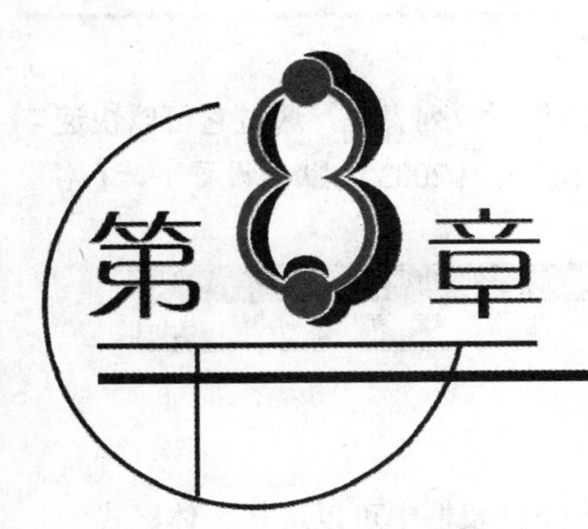

第8章 美化工作表

学习目标

使用 Excel 2003 创建表格后，还可以对表格进行美化操作，使其更美观。Excel 2003 不仅支持格式化功能，还支持图形处理功能，允许向工作表中添加图形、图片和艺术字等对象。利用丰富的格式化命令，可以具体设置工作表与单元格的格式；而使用图形可以突出重要的数据，加强视觉效果，从而帮助用户创建出更加美观的表格。

本章重点

- ◉ 设置单元格格式
- ◉ 设置行列格式
- ◉ 使用条件格式
- ◉ 设置表格和单元格样式
- ◉ 添加对象修饰工作表
- ◉ 设置工作表标签颜色

8.1 设置单元格格式

在单元格中输入数据后，还可以对单元格进行格式化操作，使其更加美观。用户可以通过使用【格式】工具栏或【单元格格式】对话框来设置单元格格式。

8.1.1 初识【格式】工具栏

在使用【格式】工具栏或【单元格格式】对话框设置单元格格式之前，需要了解【格式】工具栏的基本功能。

【格式】工具栏中包括大部分美化表格数据时所需的按钮和下拉列表框，通过它可以快速对表格中数据的字体格式、对齐方式和数据格式等进行设置。在 Excel 2003 的默认设置下，【格式】工具栏如图 8-1 所示。

图 8-1　【格式】工具栏

【格式】工具栏中的常用按钮与下拉列表框的功能如下所示。

- 【字体】下拉列表框 宋体：在该下拉列表框中可以选择字体格式。
- 【字号】12 下拉列表框：在该下拉列表框中可以选择字体大小。
- 【加粗】按钮 B：单击该按钮可以设置数据在普通模式与粗体模式之间切换。
- 【倾斜】按钮 I：单击该按钮可以设置数据在普通模式与斜体模式之间切换。
- 【下划线】按钮 U：单击该按钮可以设置数据在普通模式与下划线模式之间切换。
- ：单击这 3 个按钮可以设置单元格中数据的对齐方式，从左至右分别为【左对齐】、【居中】、【右对齐】。
- 【合并及居中】按钮：单击该按钮可以合并所选择的相邻单元格区域，并居中对齐单元格中的数据。
- % ,：单击这 3 个按钮可以快速设置数值型数据的格式，从左至右分别为【货币样式】、【百分比样式】、【千位分隔样式】。
- 【边框】按钮：单击该按钮可以为选择的单元格区域添加边框。
- 【填充效果】按钮：单击该按钮可以为单元格填充颜色。
- 【字体颜色】按钮 A：单击该按钮可以设置数据字体颜色。

8.1.2　设置字体格式

为了使工作表中的某些数据醒目和突出，也为了使整个版面更为丰富，通常需要对不同的单元格设置不同的字体。

通过【格式】工具栏快速设置字体的格式、大小等常用属性。其操作很简单，只要单击【字体】下拉列表框右侧的下拉按钮或相应的字体格式按钮，即可完成对字体格式的设置。如图 8-2 所示的就是设置字体格式和大小后的效果。

宋体	倾斜	加粗	下划线
楷体	倾斜	加粗	下划线

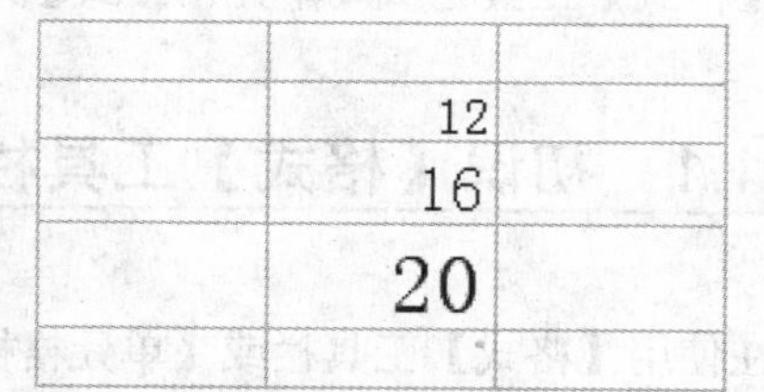

图 8-2　设置字体格式的大小

若对字体格式设置有更高要求，还可以在菜单栏中选择【格式】|【单元格】命令，打开【单元格格式】对话框，在其中打开【字体】选项卡，然后在该选项卡中进行字体设置，如图 8-3 所示。

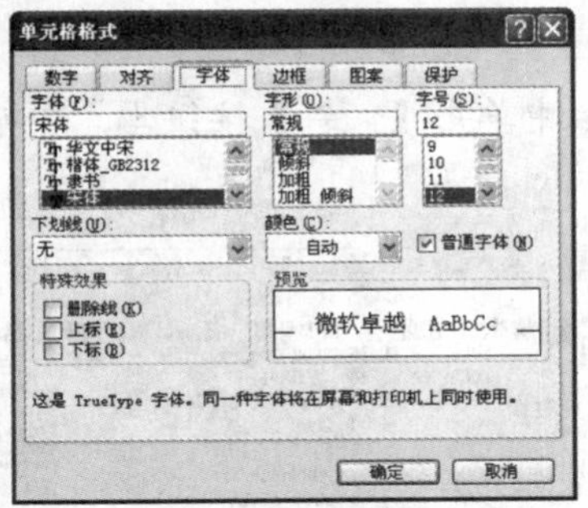

图 8-3 【字体】选项卡

提示

【字体】选项卡主要用于设置单元格中数据字体、字形、字号、下划线、特殊效果以及颜色等。

【字体】选项卡中各选项功能如下。

- 【字体】列表框：用于设置单元格数据的字体样式，如宋体、楷体等。
- 【字形】列表框：用于设置单元格数据的字形，如加粗、倾斜等。
- 【字号】列表框：用于设置单元格数据的字号。
- 【下划线】下拉表框：用于设置是否为单元格数据添加下划线以及添加下划线样式。
- 【颜色】下拉列表框：用于设置单元格数据的颜色。
- 【特殊效果】选项区域：用于设置单元格数据的特殊效果，包括删除线、上标和下标等选项。
- 【预览】区：用于查看设置完成后的单元格数据的效果。

【例 8-1】设置【图书租借表】工作簿的标题与列标题单元格加粗显示，并设置标题单元格的字体为隶书，大小为 20，颜色为淡紫色；设置【图书名称】列中的单元格字形为倾斜。

(1) 启动 Excel 2003，打开【图书租借表】工作簿，然后选择标题与列标题所在的 A1:F2 单元格区域，然后在【格式】工具栏中单击【加粗】按钮 **B**，即可将其设置为粗体模式，如图 8-4 所示。

(2) 选择标题所在 A1 单元格，然后在菜单栏中选择【格式】|【单元格】命令，打开【单元格格式】对话框。

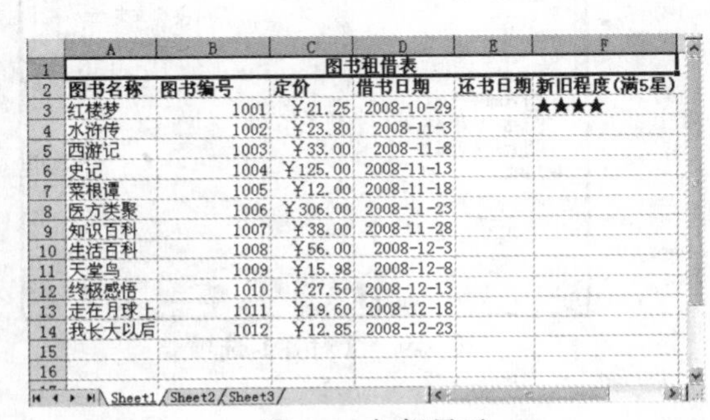

	A	B	C	D	E	F
1	图书租借表					
2	图书名称	图书编号	定价	借书日期	还书日期	新旧程度(满5星)
3	红楼梦	1001	￥21.25	2008-10-29		★★★★
4	水浒传	1002	￥23.80	2008-11-3		
5	西游记	1003	￥33.00	2008-11-8		
6	史记	1004	￥125.00	2008-11-13		
7	菜根谭	1005	￥12.00	2008-11-18		
8	医方类聚	1006	￥306.00	2008-11-23		
9	知识百科	1007	￥38.00	2008-11-28		
10	生活百科	1008	￥56.00	2008-12-3		
11	天堂鸟	1009	￥15.98	2008-12-8		
12	终极感悟	1010	￥27.50	2008-12-13		
13	走在月球上	1011	￥19.60	2008-12-18		
14	我长大以后	1012	￥12.85	2008-12-23		
15						
16						

图 8-4 加粗显示

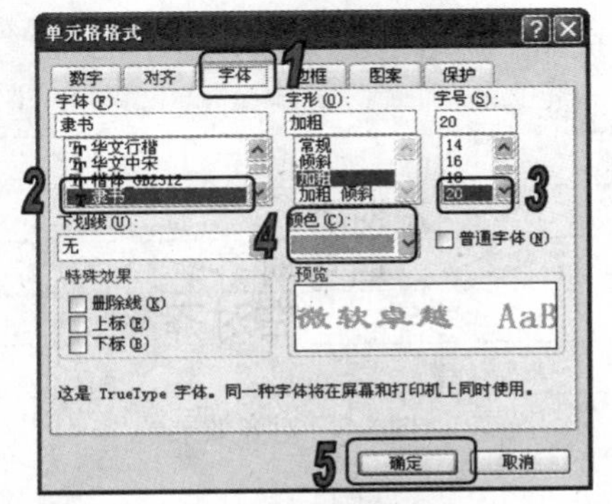

图 8-5 设置标题字体

(3) 打开【字体】选项卡，在【字体】列表框中选择【隶书】选项；在【字号】列表框中选择 20 选项；在【颜色】下拉列表框中选择【浅紫】选项，如图 8-5 所示。

(4) 设置完成后单击“确定”按钮，返回工作表后，即可查看标题单元格文本的效果，如图 8-6 所示。

(5) 选择 A3:A14 单元格区域，然后在【格式】工具栏中单击【倾斜】按钮 *I*，即可将该区域的单元格字体设置为倾斜模式，如图 8-7 所示。

	A	B	C	D	E	F
1	图书租借表					
2	图书名称	图书编号	定价	借书日期	还书日期	新旧程度(满5星)
3	红楼梦	1001	￥21.25	2008-10-29		★★★★
4	水浒传	1002	￥23.80	2008-11-3		
5	西游记	1003	￥33.00	2008-11-8		
6	史记	1004	￥125.00	2008-11-13		
7	菜根谭	1005	￥12.00	2008-11-18		
8	医方类聚	1006	￥306.00	2008-11-23		
9	知识百科	1007	￥38.00	2008-11-28		
10	生活百科	1008	￥56.00	2008-12-3		
11	天堂鸟	1009	￥15.98	2008-12-8		
12	终极感悟	1010	￥27.50	2008-12-13		
13	走在月球上	1011	￥19.60	2008-12-18		
14	我长大以后	1012	￥12.85	2008-12-23		
15						

图 8-6　设置标题文本格式

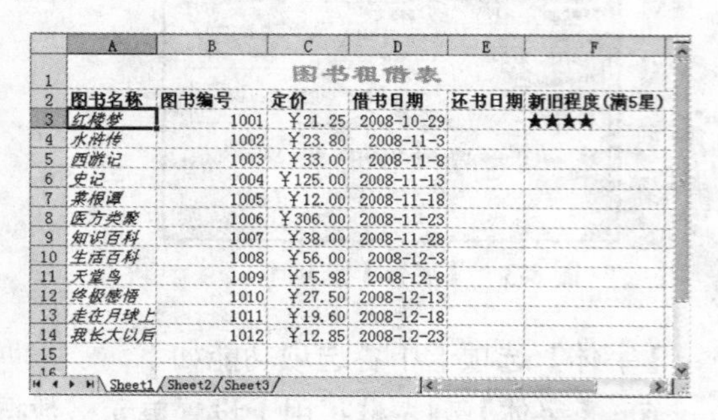

	A	B	C	D	E	F
1	图书租借表					
2	图书名称	图书编号	定价	借书日期	还书日期	新旧程度(满5星)
3	*红楼梦*	1001	￥21.25	2008-10-29		★★★★
4	*水浒传*	1002	￥23.80	2008-11-3		
5	*西游记*	1003	￥33.00	2008-11-8		
6	*史记*	1004	￥125.00	2008-11-13		
7	*菜根谭*	1005	￥12.00	2008-11-18		
8	*医方类聚*	1006	￥306.00	2008-11-23		
9	*知识百科*	1007	￥38.00	2008-11-28		
10	*生活百科*	1008	￥56.00	2008-12-3		
11	*天堂鸟*	1009	￥15.98	2008-12-8		
12	*终极感悟*	1010	￥27.50	2008-12-13		
13	*走在月球上*	1011	￥19.60	2008-12-18		
14	*我长大以后*	1012	￥12.85	2008-12-23		
15						

图 8-7　设置【图书名称】列单元格字形

计算机 基础与实训教材系列

8.1.3　设置对齐方式

所谓对齐是指单元格中的内容在显示时，相对单元格上下左右的位置。默认情况下，单元格中的文本靠左对齐，数字靠右对齐，逻辑值和错误值居中对齐。

利用【格式】工具栏的【左对齐】按钮、【居中对齐】按钮、【右对齐】按钮可快速地设置单元格数据的对齐方法，其方法很简单，选择需要设置对齐方法的单元格或单元格区域，单击相应的对齐按钮即可，对齐后的效果如图 8-8 所示。

此外，在【单元格格式】对话框的【对齐】选项卡中，可以完成详细的对齐设置，如旋转单元格中的内容以及垂直对齐等，如图 8-9 所示。

左对齐
居中对齐
右对齐

图 8-8　对齐效果

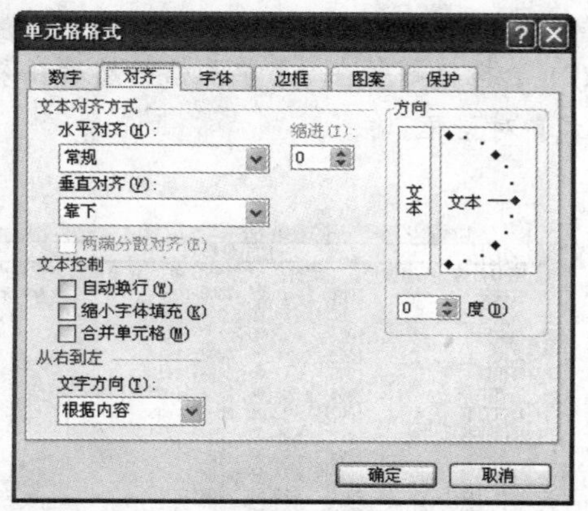

图 8-9　【对齐】选项卡

提示

对齐方式分为【水平对齐】与【垂直对齐】两种，在【格式】工具栏中默认的对齐方式为【水平对齐】方式。而【垂直对齐】方式是用来调整数据在单元格中的高低。

【对齐】选项卡中各主要选项功能如下。

- 【水平对齐方式】选项区域：用于设置数据在水平和垂直位置上的对齐方式。
- 【缩进】微调按钮：用于设置数据的缩进量。
- 【方向】选项区域：用于设置文本在单元格中的排列方向和角度。
- 【自动换行】复选框：选中该复选框，设置在输入数据时根据单元格的大小自动换行。
- 【缩小字体填充】复选框：选中该复选框，设置字体按照单元格的大小来显示。
- 【文字方向】下拉列表框：用于设置文本的排列顺序。

【例 8-2】在【图书租借表】工作簿中为【新旧程度】列填充数据并设置其内容水平居中对齐，设置表头单元格逆时针旋转 15 度。

(1) 启动 Excel 2003，打开【图书租借表】工作簿。

(2) 选中 F3 单元格，将鼠标光标移至该单元格右下角的控制柄上，当鼠标光标变成十字形状时，按住鼠标左键不放并拖动至 F14 单元格位置，释放鼠标，即可在该单元格区域中填充相同的数据，如图 8-10 所示。

(3) 选中 F3:F14 单元格区域，然后在【格式】工具栏中单击【居中】按钮，即可设置居中对齐，如图 8-11 所示。

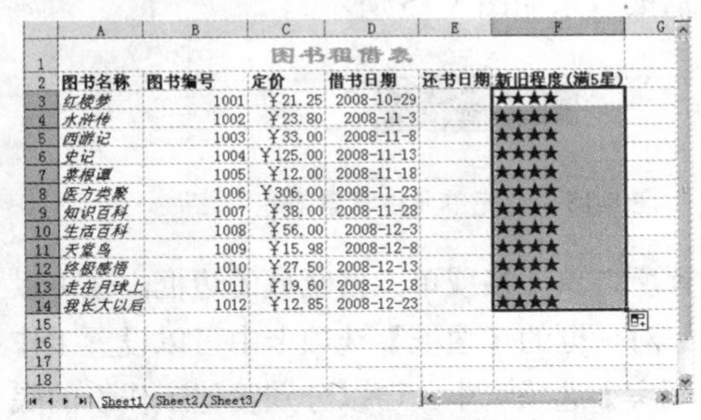

图 8-10　为【新旧程度】列填充数据

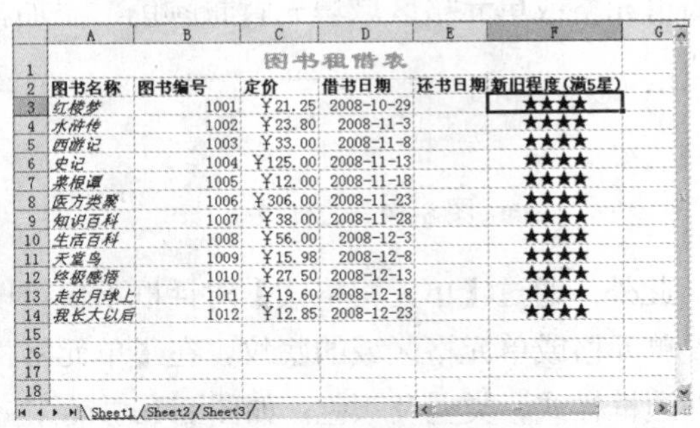

图 8-11　设置居中对齐

(4) 选中表头所在的 A2:F2 单元格区域，然后在菜单栏中选择【格式】|【单元格】命令，打开【单元格格式】对话框。

(5) 打开【对齐】选项卡，在【方向】选项区域中的【度】文本框中输入 15，如图 8-12 所示。

(6) 单击【确定】按钮，即可设置表头单元格逆时针旋转 15 度，效果如图 8-13 所示。

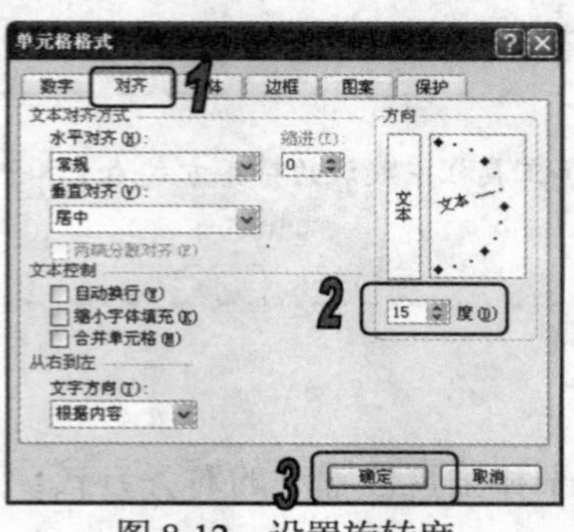

图 8-12　设置旋转度

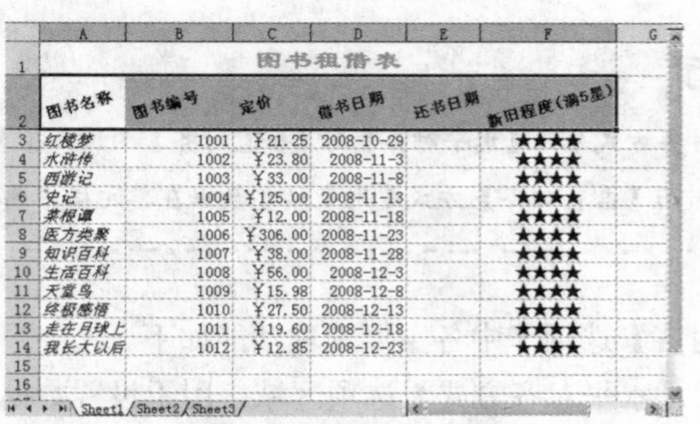

图书名称	图书编号	定价	借书日期	还书日期	新旧程度(满5星)
红楼梦	1001	￥21.25	2008-10-29		★★★★
水浒传	1002	￥23.80	2008-11-3		★★★★
西游记	1003	￥33.00	2008-11-8		★★★★
史记	1004	￥125.00	2008-11-13		★★★★
菜根谭	1005	￥12.00	2008-11-18		★★★★
医方类聚	1006	￥306.00	2008-11-23		★★★★
知识百科	1007	￥38.00	2008-11-28		★★★★
生活百科	1008	￥56.00	2008-12-3		★★★★
天蓝鸟	1009	￥15.98	2008-12-8		★★★★
终极感悟	1010	￥27.50	2008-12-13		★★★★
走在月球上	1011	￥19.60	2008-12-18		★★★★
我长大以后	1012	￥12.85	2008-12-23		★★★★

图 8-13　旋转表头单元格

8.1.4　设置边框与底纹

使用边框和底纹，可以使工作表能够突出显示重点内容，区分工作表不同部分以及使工作表更加美观和容易阅读。

默认情况下，Excel 并不为单元格设置边框，工作表中的框线在打印时并不显示出来。但一般情况下，用户在打印工作表或突出显示某些单元格时，都需要添加一些边框以使工作表更美观和容易阅读等。应用底纹和应用边框一样，都是为了对工作表进行形象设计。使用底纹为特定的单元格加上色彩和图案，不仅可以突出显示重点内容，还可以美化工作表的外观。

通过【格式】工具栏中的【边框】按钮，可以为单元格或单元格区域添加一些简单的边框，添加边框后的效果如图 8-14 所示；通过【格式】工具栏中的【填充颜色】按钮，可以为单元格或单元格区域填充背景颜色，添加背景后的效果如图 8-15 所示。

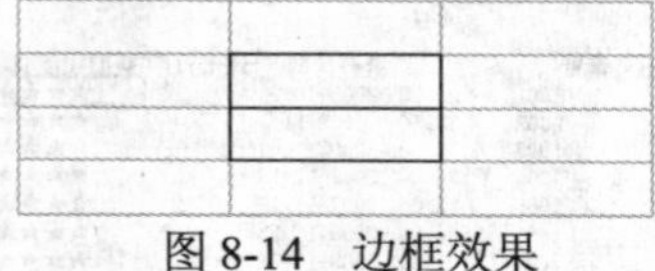

图 8-14　边框效果

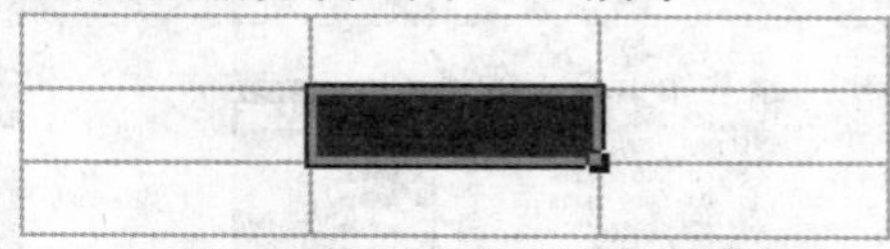

图 8-15　填充单元格背景颜色

此外，通过【单元格格式】对话框不仅可以设置所选单元格或单元格区域的边框，也可以设置单元格或单元格区域的底纹。在【单元格格式】对话框的【边框】选项卡中可以设置工作表的边框样式、类型及颜色，如图 8-16 所示；在【图案】选项卡中，可以分别设置工作表的底纹颜色或添加带有简单图形的底纹效果，如图 8-17 所示。

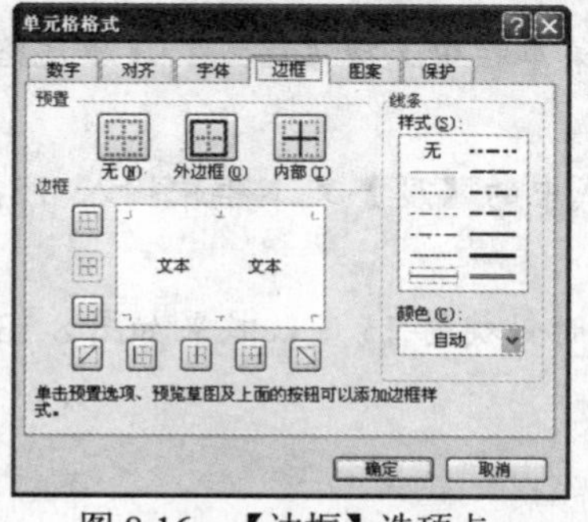

图 8-16　【边框】选项卡

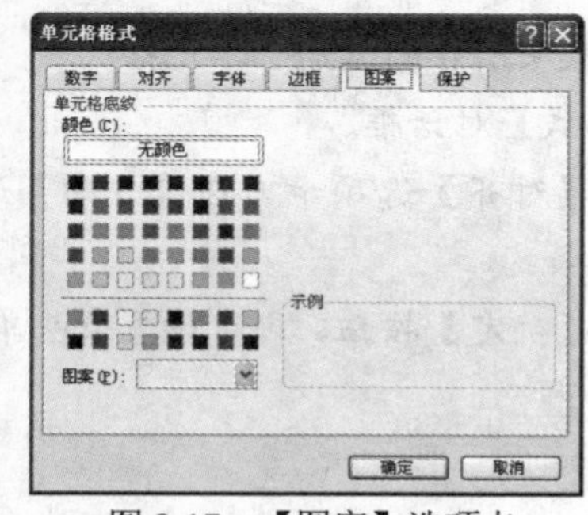

图 8-17　【图案】选项卡

【例 8-3】在【图书租借表】工作簿中的 A3:F14 单元格区域添加内部边框，并为整个表格添加淡绿色底纹。

(1) 启动 Excel 2003，打开【图书租借表】工作簿。

(2) 选定表格中 A3:F14 单元格区域，然后在菜单栏中选择【格式】|【单元格】命令，打开【单元格格式】对话框的【边框】选项卡。

(3) 在该选项卡的【预置】选项区域中单击【内部】按钮，在【边框】选项区域中可以预览边框效果；在【线条】选项区域的【样式】列表中选择边框的线条样式，如图 8-18 所示。

(4) 单击【确定】按钮，即可在选定表格区域添加边框，如图 8-19 所示。

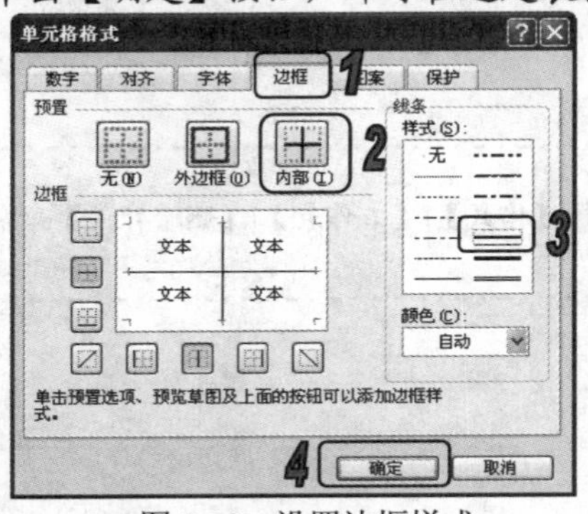

图 8-18　设置边框样式

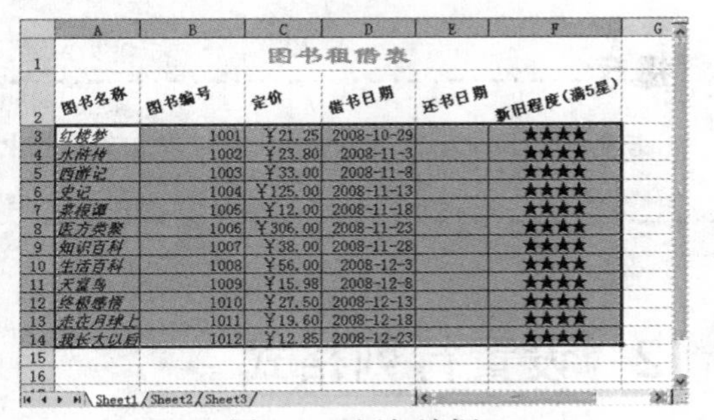

	A	B	C	D	E	F
1	图书租借表					
2	图书名称	图书编号	定价	借书日期	还书日期	新旧程度(满5星)
3	红楼梦	1001	¥21.25	2008-10-29		★★★★
4	水浒传	1002	¥23.80	2008-11-3		★★★★
5	西游记	1003	¥33.00	2008-11-8		★★★★
6	史记	1004	¥125.00	2008-11-13		★★★★
7	菜根谭	1005	¥12.00	2008-11-18		★★★★
8	医方类聚	1006	¥306.00	2008-11-23		★★★★
9	知识百科	1007	¥38.00	2008-11-28		★★★★
10	生活百科	1008	¥56.00	2008-12-3		★★★★
11	天堂鸟	1009	¥15.98	2008-12-8		★★★★
12	终极憾情	1010	¥27.50	2008-12-13		★★★★
13	走在月球上	1011	¥19.60	2008-12-18		★★★★
14	我长大以后	1012	¥12.85	2008-12-23		★★★★

图 8-19　添加边框

(5) 选定表格所在的 A1:G19 单元格，然后在菜单栏中选择【格式】|【单元格】命令，打开【单元格格式】对话框的【图案】选项卡，在【颜色】选项区域中选择淡绿色；在【图案】下拉列表框中选择【6.25% 灰色】选项，如图 8-20 所示。

(6) 单击【确定】按钮，即可为表格添加淡蓝色底纹，如图 8-21 所示。

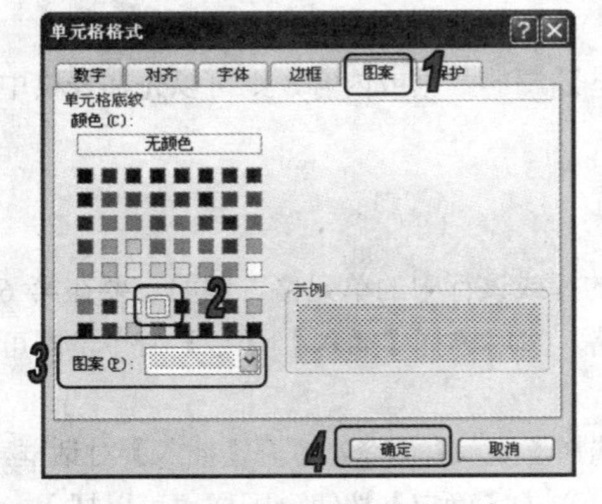

图 8-20　选择底纹颜色和图案

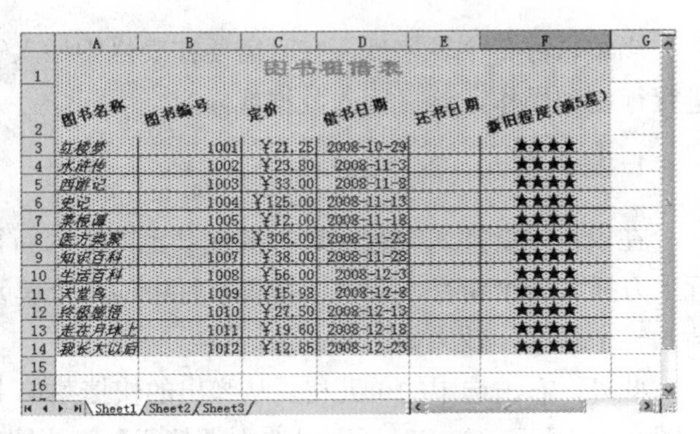

	A	B	C	D	E	F
1	图书租借表					
2	图书名称	图书编号	定价	借书日期	还书日期	新旧程度(满5星)
3	红楼梦	1001	¥21.25	2008-10-29		★★★★
4	水浒传	1002	¥23.80	2008-11-3		★★★★
5	西游记	1003	¥33.00	2008-11-8		★★★★
6	史记	1004	¥125.00	2008-11-13		★★★★
7	菜根谭	1005	¥12.00	2008-11-18		★★★★
8	医方类聚	1006	¥306.00	2008-11-23		★★★★
9	知识百科	1007	¥38.00	2008-11-28		★★★★
10	生活百科	1008	¥56.00	2008-12-3		★★★★
11	天堂鸟	1009	¥15.98	2008-12-8		★★★★
12	终极憾情	1010	¥27.50	2008-12-13		★★★★
13	走在月球上	1011	¥19.60	2008-12-18		★★★★
14	我长大以后	1012	¥12.85	2008-12-23		★★★★

图 8-21　添加底纹

如果觉得整个单元格区域看上去有点单调，此时还可以为工作表设置自己喜欢的背景，打开如图 8-19 所示的工作表，然后选择【格式】|【工作表】|【背景】命令，打开【工作表背景】对话框，如图 8-22 所示。在该对话框中选择背景图片的保存路径和自己喜欢的图片后，单击【插入】按钮，即可插入背景图片，效果如图 8-23 所示。

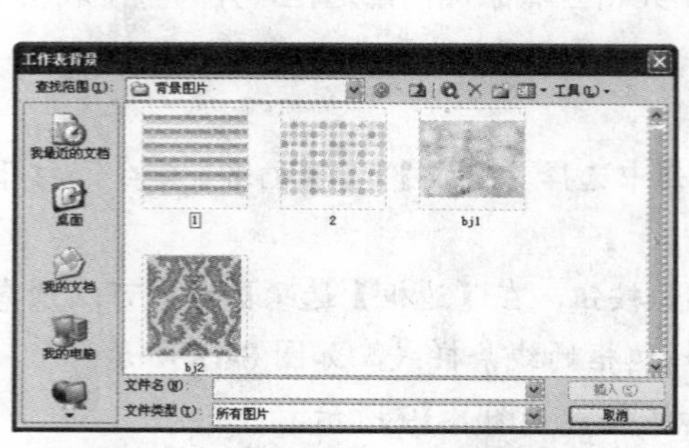

图 8-22 【工作表背景】对话框

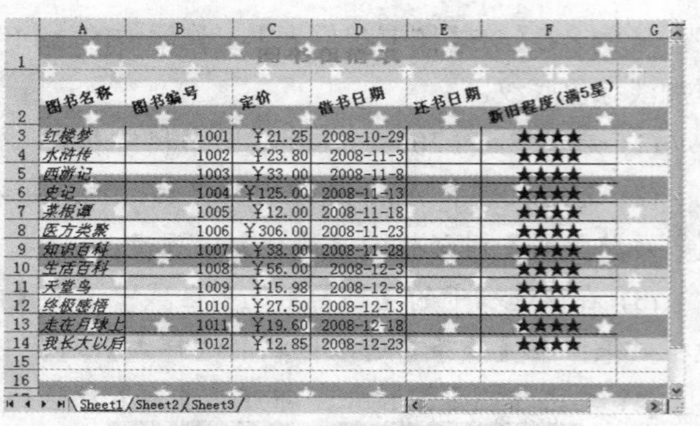

图 8-23 添加背景图片

提示

若要取消工作表的背景图片，则可以在菜单栏中选择【格式】|【工作表】|【删除背景】命令即可。

8.2 设置行列格式

默认情况下，工作表的行高与列宽是固定不变的。为了使工作表更具美观，可以为工作表的行高与列宽进行设置。本节主要介绍插入行与列、删除行与列、调整行高和列宽等内容。

8.2.1 插入行与列

当编辑好一个表格后，有时需要在表格中插入一些遗漏的数据或内容，则可以先在表格中进行行或列操作，然后输入数据或内容。

1. 插入行

在表格中要插入一行，选择要在其上方插入新行的行或该行中的单元格。例如，要在第 6 行上方插入一个新行，应该选择第 6 行中的一个单元格。然后选择【插入】|【行】命令，即可插入一个新行，效果如图 8-24 所示。

此外，右击选中的单元格，从弹出的快捷菜单中选择【插入】命令，打开【插入】对话框，如图 8-25 所示。在该对话框中选中【整行】单选按钮，单击【确定】按钮，同样也可以插入一个新行。

提示

若想快速重复地进行插入行操作，选中要插入行的位置后，按 Ctrl+Y 组合键即可。

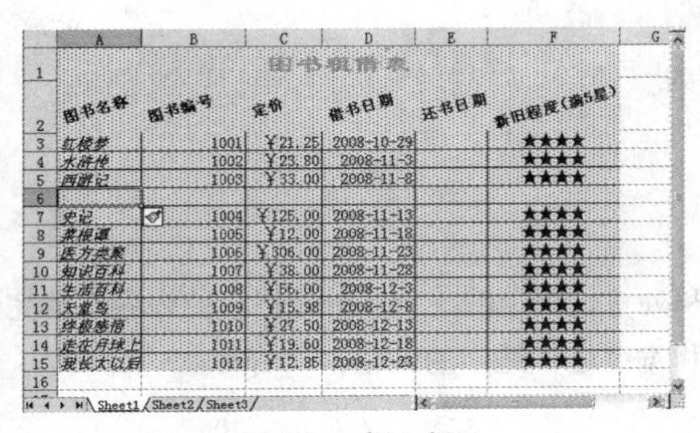

	A	B	C	D	E	F
1	图书租借表					
2	图书名称	图书编号	定价	借书日期	还书日期	新旧程度(满5星)
3	红楼梦	1001	￥21.25	2008-10-29		★★★★
4	水浒传	1002	￥23.80	2008-11-3		★★★★
5	西游记	1003	￥33.00	2008-11-8		★★★★
6						
7	史记	1004	￥125.00	2008-11-13		★★★★
8	菜根谭	1005	￥12.00	2008-11-18		★★★★
9	医方类聚	1006	￥306.00	2008-11-23		★★★★
10	知识百科	1007	￥38.00	2008-11-28		★★★★
11	生活百科	1008	￥56.00	2008-12-3		★★★★
12	天堂鸟	1009	￥15.98	2008-12-8		★★★★
13	终极感悟	1010	￥27.50	2008-12-13		★★★★
14	走在月球上	1011	￥19.60	2008-12-18		★★★★
15	我长大以后	1012	￥12.85	2008-12-23		★★★★

图 8-24　插入行

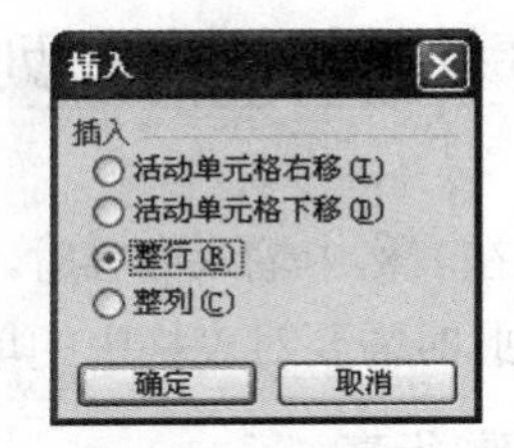

图 8-25　【插入】对话框

2. 插入列

如果要插入一列，应选择要插入新列右侧的列或者该列中的一个单元格，然后选择【插入】|【列】命令，或者在打开的如图 8-25 所示的对话框中选中【整列】单选按钮，插入新的一列。

8.2.2　删除行与列

用户除了可以通过删除单元格操作将表格中多余的数据删除外，还可以通过删除行与列操作将表格中的某些数据或内容进行删除。

1. 删除行

选中需要删除的行，然后选择【编辑】|【删除】命令，即可删除该行。此外，也可以选中需要删除的行的某个单元格，如选中 A6 单元格，然后选择【编辑】|【删除】命令，打开【删除】对话框，选中【整行】单选按钮，单击【确定】按钮，即可删除图 8-24 所示的 A6 空行，如图 8-26 所示。

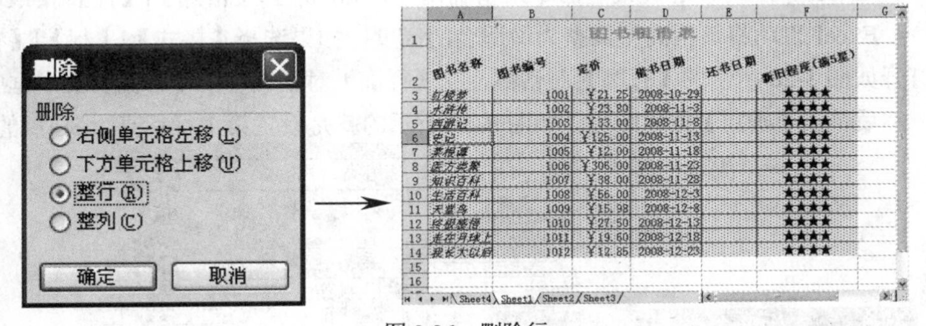

	A	B	C	D	E	F
1	图书租借表					
2	图书名称	图书编号	定价	借书日期	还书日期	新旧程度(满5星)
3	红楼梦	1001	￥21.25	2008-10-29		★★★★
4	水浒传	1002	￥23.80	2008-11-3		★★★★
5	西游记	1003	￥33.00	2008-11-8		★★★★
6	史记	1004	￥125.00	2008-11-13		★★★★
7	菜根谭	1005	￥12.00	2008-11-18		★★★★
8	医方类聚	1006	￥306.00	2008-11-23		★★★★
9	知识百科	1007	￥38.00	2008-11-28		★★★★
10	生活百科	1008	￥56.00	2008-12-3		★★★★
11	天堂鸟	1009	￥15.98	2008-12-8		★★★★
12	终极感悟	1010	￥27.50	2008-12-13		★★★★
13	走在月球上	1011	￥19.60	2008-12-18		★★★★
14	我长大以后	1012	￥12.85	2008-12-23		★★★★

图 8-26　删除行

2. 删除列

删除列的操作与删除行的操作类似，选择需要删除的列后，选择【编辑】|【删除】命令，即可删除该列。或者在打开的如图 8-26 所示的【删除】对话框中选中【整列】单选按钮，同样

也可以删除某列。

8.2.3 调整行高和列宽

有时在表格中输入内容时，由于行高和列宽是固定的，所以单元格中的内容不能完全被显示出来，此时需要对表格中的单元格高度和宽度进行适当的调整。

1. 调整行高

Excel 默认工作表中任意一行的所有单元格的高度总是相等的，所以要调整某一个单元格的高度，实际上就是调整了这个单元格所在行的行高，并且单元格的高度会随用户改变单元格的字体而自动变化。

要设置行高，可以先将鼠标指向某行行号下框线，这时鼠标指针变为双向箭头，拖动鼠标指针上下移动，直到合适的高度为止。拖动时在工作表中有一根横向虚线，释放鼠标时，这根虚线就成为该行调整后的下框线，如图 8-27 所示。

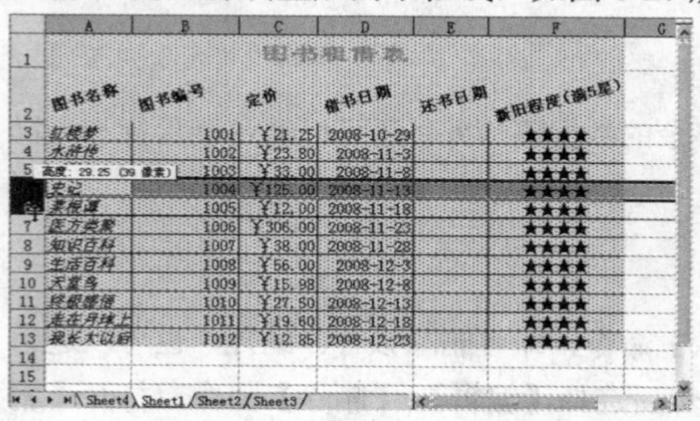

图 8-27　鼠标拖动调整行高

另外，在 Excel 中还可以通过菜单命令来精确调整行高。选择【格式】|【行】|【最适合的行高】命令，Excel 自动将该行高度调整为最适合的高度；如果选择【格式】|【行】|【行高】命令，则打开如图 8-28 所示的【行高】对话框，在【行高】对话框中的【行高】文本框中输入行高数值，然后单击【确定】按钮即可。如图 8-29 所示的就是设置第 1 行行高为 30 后的效果。

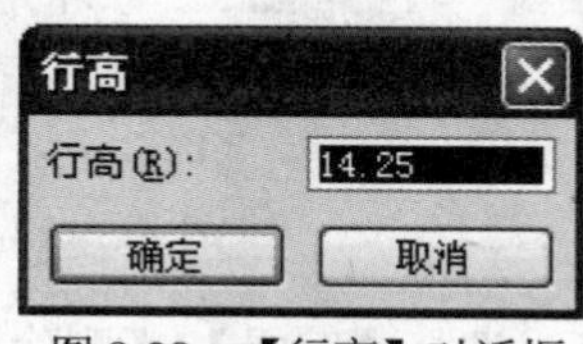

图 8-28　【行高】对话框

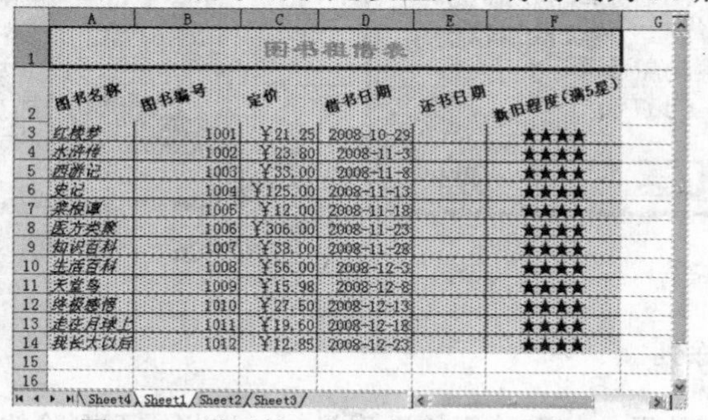

图 8-29　设置第 1 行行高为 30 后的效果

2. 调整列宽

工作表中的列和行有所不同，Excel 默认单元格可知的列宽为固定值，并不会根据数据的长度而自动调整列宽。当输入单元格中的数据因列宽不够而显示不下时，如果输入的是数值型数据，则显示一串#号；如果输入的是字符型数据，当右侧相邻单元格为空时，则利用其空间显示。否则，只显示当前宽度能容纳的字符。因此，有时需要调整列宽。

要调整列宽，可先将鼠标指向某列列标的右框线，这时鼠标指针变为双向箭头，拖动鼠标指针左右移动，直到合适的宽度为止，拖动时在工作表中有一根纵向虚线，释放鼠标时，这根虚线就成为该列调整后的右框线，如图 8-30 所示。

	A	B	C	D	E	F
1	图书租借表					
2	图书名称	图书编号	定价	借书日期	还书日期	新旧程度(满5星)
3	红楼梦	1001	￥21.25	2008-10-29		★★★★
4	水浒传	1002	￥23.80	2008-11-3		★★★★
5	西游记	1003	￥33.00	2008-11-8		★★★★
6	史记	1004	￥125.00	2008-11-13		★★★★
7	菜根谭	1005	￥12.00	2008-11-18		★★★★
8	医方类聚	1006	￥306.00	2008-11-23		★★★★
9	知识百科	1007	￥38.00	2008-11-28		★★★★
10	生活百科	1008	￥56.00	2008-12-3		★★★★
11	天堂鸟	1009	￥15.98	2008-12-8		★★★★
12	终极感悟	1010	￥27.50	2008-12-13		★★★★
13	走在月球上	1011	￥19.60	2008-12-18		★★★★
14	我长大以后	1012	￥12.85	2008-12-23		★★★★
15						
16						

Sheet4 / Sheet1 / Sheet2 / Sheet3

	A	B	C	D	E	F
1	图书租借表					
2	图书名称	图书编号	定价	借书日期	还书日期	新旧程度(满5星)
3	红楼梦	1001	￥21.25	2008-10-29		★★★★
4	水浒传	1002	￥23.80	2008-11-3		★★★★
5	西游记	1003	￥33.00	2008-11-8		★★★★
6	史记	1004	￥125.00	2008-11-13		★★★★
7	菜根谭	1005	￥12.00	2008-11-18		★★★★
8	医方类聚	1006	￥306.00	2008-11-23		★★★★
9	知识百科	1007	￥38.00	2008-11-28		★★★★
10	生活百科	1008	￥56.00	2008-12-3		★★★★
11	天堂鸟	1009	￥15.98	2008-12-8		★★★★
12	终极感悟	1010	￥27.50	2008-12-13		★★★★
13	走在月球上	1011	￥19.60	2008-12-18		★★★★
14	我长大以后	1012	￥12.85	2008-12-23		★★★★
15						
16						

Sheet4 / Sheet1 / Sheet2 / Sheet3

图 8-30　鼠标拖动调整列宽

另外，在 Excel 中还可以通过菜单命令来精确调整行高。选择【格式】|【列】|【最适合的行高】命令，Excel 自动将该行高度调整为最适合的高度；如果选择【格式】|【列】|【列宽】命令，则打开如图 8-31 所示的【列宽】对话框，在【列宽】对话框中的【列宽】文本框中输入列宽数值，然后单击【确定】按钮即可。

图 8-31　【列宽】对话框

提示

【行高】或【列宽】对话框中的数值是以点为单位(1 点相当于 0.35mm)，范围为 0~409。如果行高或列宽设置为 0 时，则可隐藏该行或列。

8.3　使用条件格式

条件格式功能可以根据指定的公式或数值来确定搜索条件，然后将格式应用到符合搜索条件的选定单元格中，并突出显示要检查的动态数据。比如希望使单元格中的负数用红色显示，超过 1000 以上的数字字体增大等，Excel 都可以做到。

设置单元格条件格式时，在工作表中选定要设置条件格式的单元格或单元格区域，选择【格式】|【条件格式】命令，打开如图 8-32 所示的【条件格式】对话框。该对话框用于条件设置

的选项包括【条件】框、【运算符】框和【输入】框。如图 8-33 所示的就是设置【图书租借表】中定价大于 100 的单元格以红色显示的效果。

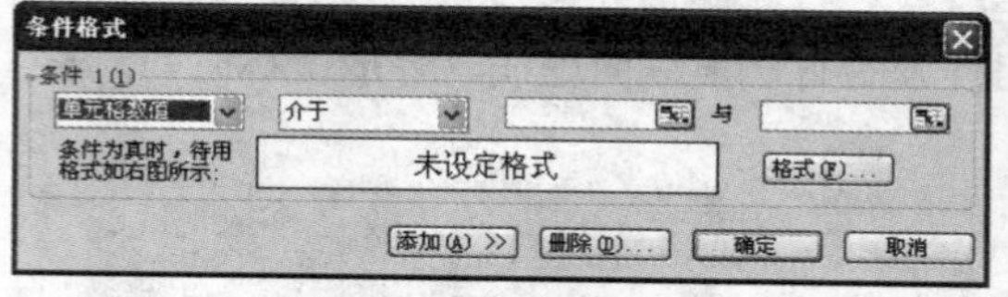

图 8-32 【条件格式】对话框

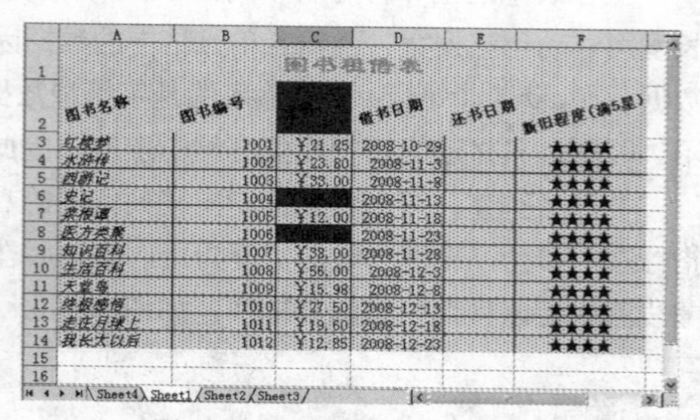

图 8-33 设置定价大于 100

提示

设置如图 8-33 所示的效果的具体方法为：选定 C 列，打开【条件格式】对话框，在【运算符】下拉列表框中选择【大于】选项，【输入】框中输入 100，然后单击【格式】按钮，在打开的【单元格格式】对话框的【图案】选项卡中设置红色。最后单击【确定】按钮即可。

在【条件格式】对话框中各选项的功能如下。

- 【条件】下拉列表框的【单元格数值】选项可对含有数值或其他内容的单元格应用条件格式；【公式】选项可对含有公式的单元格应用条件格式，但指定的公式最后的求值结果必须能够判定真假。
- 在【运算符】下拉列表框中选择【介于】或【未介于】时，【输入】框显示为两个，用于指明范围的上限和下限。输入公式时，公式前必须加【=】号。
- 【格式】按钮：单击该按钮，将打开【单元格格式】对话框，用于设置符合条件的单元格的格式。用户可以根据需要对字体、颜色、边框等进行设置。
- 【添加】按钮：单击该按钮，可以增加并设置条件，一般情况下最多可设置 3 个条件。
- 【删除】按钮：单击该按钮，可以删除条件。

8.4 设置表格或单元格样式

样式就是字体、字号和缩进等格式设置特性的组合，将这一组合作为集合加以命名和存储。应用样式时，将同时应用该样式中所有的格式设置指令。

设置样式时，可以应用内置样式，也可以自定义样式，其中内置样式是 Excel 内部预定义的样式，用户可以直接设置。内置样式包括常规、货币、百分数和以千位分隔数字等。自定义样式是用户根据需要创建的格式组合。

8.4.1　快速应用样式

如果使用 Excel 的内置样式，可以先选中需要设置样式的单元格或单元格的区域，然后再对其应用内置的样式。

在菜单栏中选择【格式】|【样式】命令，打开【样式】对话框，如图 8-34 所示，在该对话框中可以使用 Excel 2003 自带的内置样式。

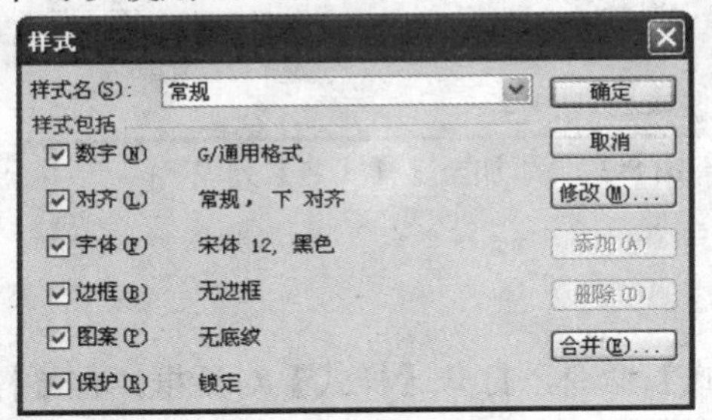

图 8-34　【样式】对话框

> **提示**
> 在【样式】对话框的【样式名】下拉列表框中选择样式后，可以在【样式包括】选项区域中选择要应用的具体格式，也可以单击【修改】按钮，修改默认的格式效果。

当在某表格的 A1 单元格输入 0.2 后，选择【格式】|【样式】命令，打开【样式】对话框。在【样式名】下拉列表框中选择【百分比】选项，单击【确定】按钮，将快速应用该样式，如图 8-35 所示。

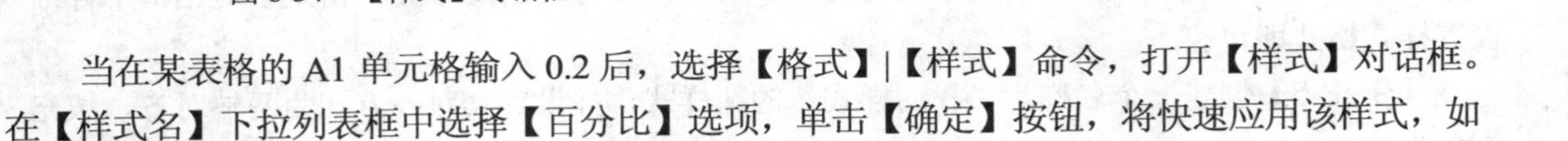

图 8-35　应用百分比样式

8.4.2　自定义单元格样式

在 Excel 2003 中，可以创建自定义的样式，并应用到指定的单元格或单元格区域中。通常，创建自定义样式有两种方法：一种是使用包含有格式的单元格创建；另一种是直接指定新样式的格式。下面分别对这两种方法进行介绍。

1. 使用包含格式的单元格创建样式

使用包含格式的单元格创建样式，首先需要选择一个设置了格式的单元格，然后将其中已设置好的格式，如边框、字体等自定义为新的样式。

【例 8-4】使用【图书租借表】表头单元格样式自定义名称为“表头”的新样式。

(1) 启动 Excel 2003，打开【图书租借表】工作簿，并选定表题所在的 A1 单元格。

(2) 在菜单栏中选择【格式】|【样式】命令，打开【样式】对话框。

(3) 在【样式名】下拉列表框中输入自定义样式名，这里输入“表头”，如图 8-36 所示，则

Excel 2003 会自动根据所选单元格的样式创建新样式。

(4) 单击【添加】按钮即可创建该样式并添加到【样式名】列表，如图 8-37 所示。

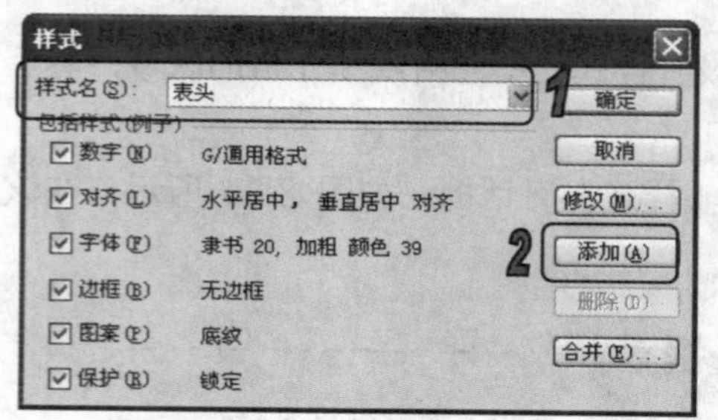

图 8-36　输入样式名

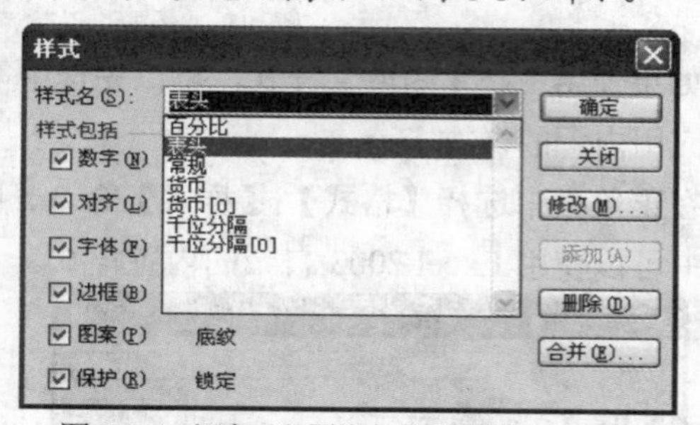

图 8-37　添加至【样式名】列表

2. 指定新样式的格式

要指定新样式的格式，可选择【格式】|【样式】命令，打开【样式】对话框，在【样式名】中输入新建样式的名称，然后单击【修改】按钮，在打开的【单元格格式】对话框中详细设置样式格式即可。

【例 8-5】创建一个名称为“我的样式”的新样式，并设置其对齐方式为两端对齐，填充颜色为红色。

(1) 在 Excel 2003 中打开任意一个工作簿，然后在菜单栏中选择【格式】|【样式】命令，打开【样式】对话框。

(2) 在【样式名】下拉列表框中输入新建样式名“我的样式”，如图 8-38 所示。

(3) 单击【修改】按钮，打开【单元格格式】对话框，然后打开【对齐】选项卡。在【文本对齐方式】选项区域中的【水平对齐】下拉列表框中选择【两端对齐】选项，如图 8-39 所示。

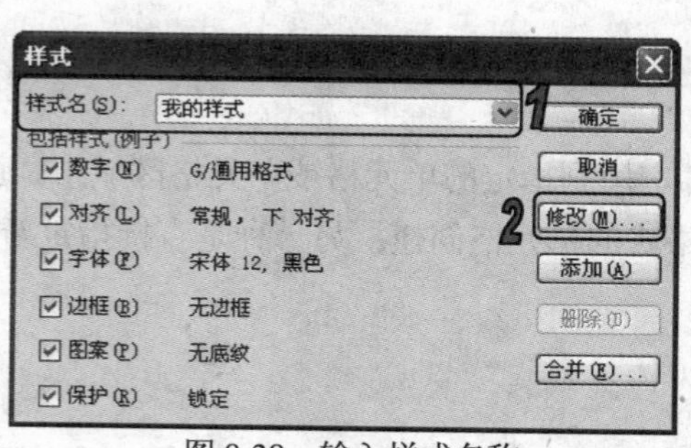

图 8-38　输入样式名称

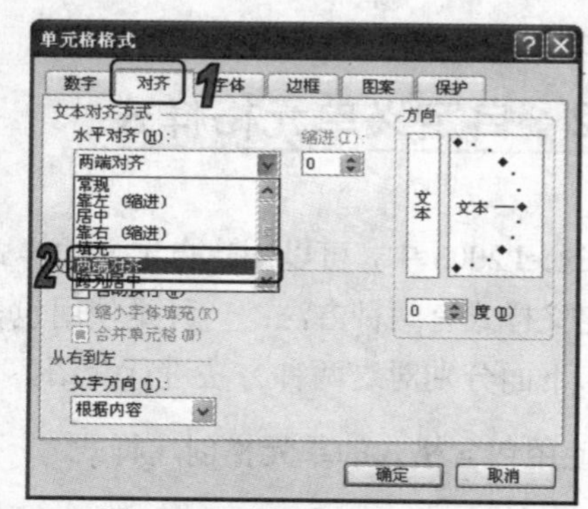

图 8-39　选择对齐方式

(4) 打开【图案】选项卡，在该选项卡中选择填充颜色为红色，如图 8-40 所示。

(5) 单击【确定】按钮返回【样式】对话框，在【包括样式】选项区域中可以查看刚才设置的格式明细，如图 8-41 所示。

(6) 单击【添加】按钮，即可完成创建自定义样式操作。

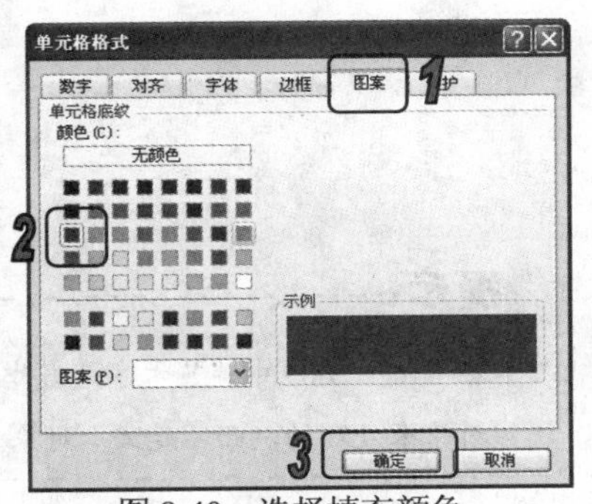

图 8-40 选择填充颜色

图 8-41 查看格式明细

提示

如果想要删除某个不再需要的样式，可以选择【格式】|【样式】命令，打开【样式】对话框，从【样式名】下拉列表中选择需要删除的样式，然后单击【删除】按钮即可。

8.5 添加对象修饰工作表

Excel 2003 支持图形处理功能，允许向工作表中添加艺术字、图片和图形等对象，从而突出工作表中重要的数据，加强视觉效果，帮助用户创建出更加美观的表格。

1. 插入艺术字

Excel 为用户提供了 30 种艺术字样式，用户可以将艺术字插入到工作表中。要想在表格中插入效果绚丽的文本，则可以使用艺术字功能。

启动 Excel 2003，打开要插入艺术字的工作表，然后选择【插入】|【图片】|【艺术字】命令，打开【艺术字库】对话框，如图 8-42 所示。然后选择一款艺术字样式，单击【确定】按钮，打开【编辑“艺术字”文字】对话框，如图 8-43 所示。

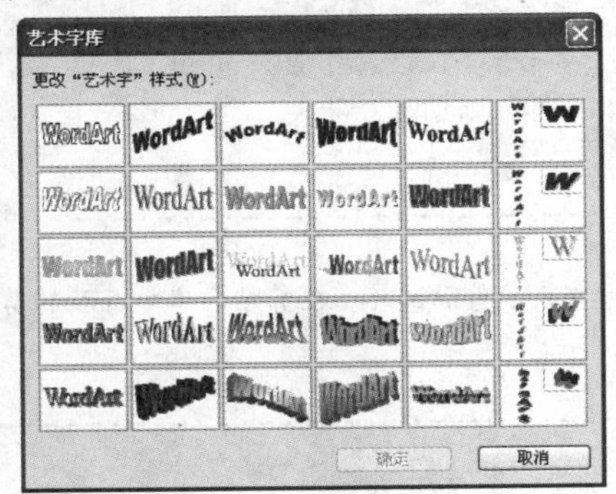

图 8-42 【艺术字库】对话框

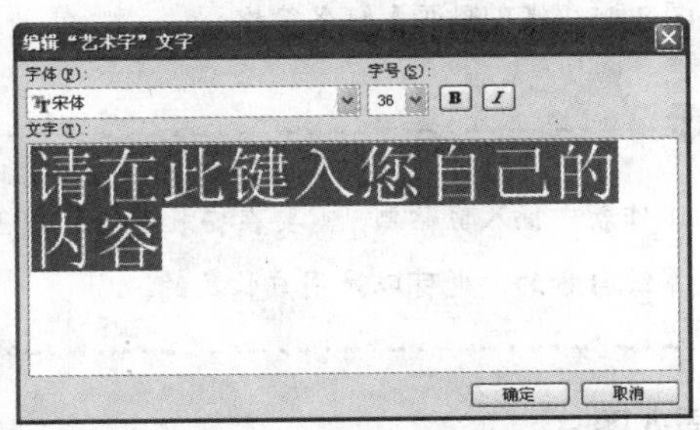

图 8-43 【编辑“艺术字”文字】对话框

在【文字】文本框中输入需要的文字；在【字体】下拉列表框中选择字体样式；在【字号】下拉列表框中选择字号。设置完毕后，单击【确定】按钮，即可插入艺术字，调节艺术字在工

作表中的位置后的效果如图 8-44 所示。

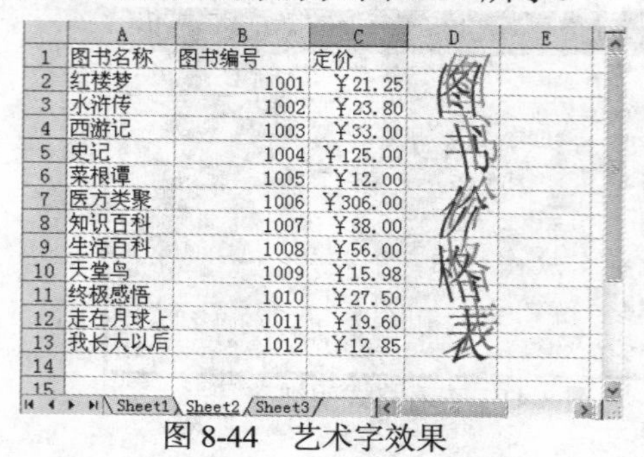

	A	B	C	D	E
1	图书名称	图书编号	定价		
2	红楼梦	1001	￥21.25		
3	水浒传	1002	￥23.80		
4	西游记	1003	￥33.00		
5	史记	1004	￥125.00		
6	菜根谭	1005	￥12.00		
7	医方类聚	1006	￥306.00		
8	知识百科	1007	￥38.00		
9	生活百科	1008	￥56.00		
10	天堂鸟	1009	￥15.98		
11	终极感悟	1010	￥27.50		
12	走在月球上	1011	￥19.60		
13	我长大以后	1012	￥12.85		
14					

图 8-44　艺术字效果

提示

在 Excel 2003 中，艺术字是当作一种图形对象来处理的，而不是文本对象。

2. 插入剪贴画

Excel 2003 自带很多剪贴画，用户只需在剪贴画库中单击图形即可将其插入至当前工作表中，轻松达到美化工作表的目的。

启动 Excel 2003，打开要插入剪贴画的工作表，选择【插入】|【图片】|【剪贴画】命令，打开【剪贴画】任务窗格，在【搜索文字】文本框中输入“书本”，然后单击【搜索】按钮，在下面的列表框中会显示满足搜索条件的剪贴画，如图 8-45 所示。单击剪贴画即可将其插入工作表中，调整位置后的效果如图 8-46 所示。

图 8-45　【剪贴画】任务窗格

	A	B	C	D	E
1	图书名称	图书编号	定价		
2	红楼梦	1001	￥21.25		
3	水浒传	1002	￥23.80		
4	西游记	1003	￥33.00		
5	史记	1004	￥125.00		
6	菜根谭	1005	￥12.00		
7	医方类聚	1006	￥306.00		
8	知识百科	1007	￥38.00		
9	生活百科	1008	￥56.00		
10	天堂鸟	1009	￥15.98		
11	终极感悟	1010	￥27.50		
12	走在月球上	1011	￥19.60		
13	我长大以后	1012	￥12.85		
14					

图 8-46　插入剪贴画

提示

要在工作表中插入剪贴画，需要在安装 Excel 2003 的同时安装了剪贴画库。在剪贴画库中存放的剪贴画可以是系统自带的，也可以是用户收集的。

3. 插入图片

在工作表中除了可以插入剪贴画外，还可以插入已有的图片文件。插入图片时，选择【插入】|【图片】|【来自文件】命令，打开如图 8-47 所示的【插入图片】对话框。在该对话框中打开【查找范围】下拉列表，从中选择所需要图片的路径，然后在文件名称的列表框中选择

用户所需要的图片，最后单击【插入】按钮，即可完成插入来自文件图片的操作，效果如图 8-48 所示。

图 8-47　【插入图片】对话框

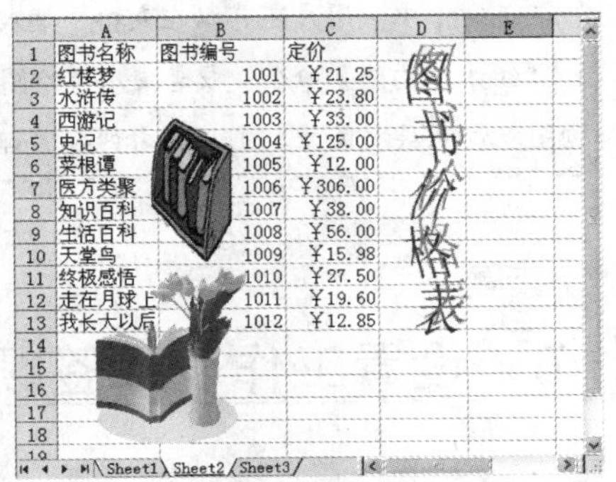

图 8-48　插入图片

4. 绘制图形

在 Excel 中，绘图或插入自选图形、图片等对象时，通常需要使用【绘图】工具栏。使用【绘图】工具栏还可对插入的对象添加阴影样式、添加三维效果等。选择【视图】|【工具栏】|【绘图】命令，打开如图 8-49 所示的【绘图】工具栏。

图 8-49　【绘图】工具栏

利用【绘图】工具栏，可以方便地绘制各种基本图形，比如直线、圆形、矩形、正方形、星形等。利用绘图栏中的绘图工具在 Excel 工作表中绘制各种图形的方法具有相似的操作步骤：首先选择绘图工具，然后在工作表上拖动鼠标绘制图形。如图 8-50 所示的是绘制左弧形箭头后的效果。

提示

双击图形，打开【设置自选图形格式】对话框，如图 8-51 所示，在该对话框中可以设置如图 8-50 所示的图形填充色。此外，还可以详细设置图片其他属性，如大小、旋转度等。

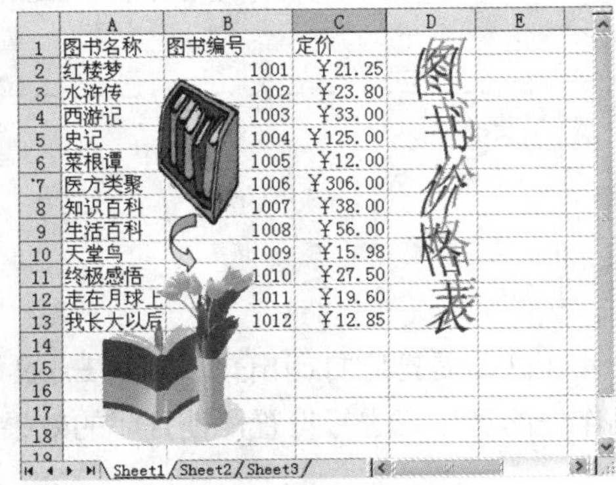

图 8-50　绘制基本图形

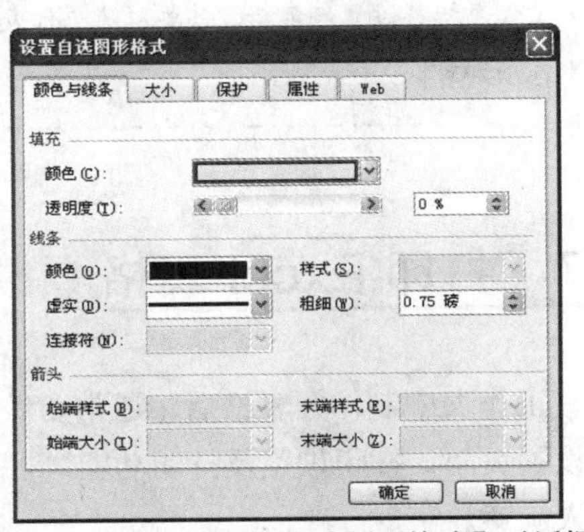

图 8-51　打开【设置自选图形格式】对话框

提示

在 Excel 中，用户还可以在表格中插入组织结构图，方法很简单，打开工作表后，选择【插入】|【图片】|【组织结构图】命令，或者使用【绘图】工具栏上的【插入组织结构图或其他图示】按钮创建组织结构图以说明层次关系，例如公司内部的部门经理和下级的关系。

8.6 设置工作表标签颜色

在 Excel 2003 中，默认的工作表标签颜色都是相同的，用户可以为工作表的标签设定不同的颜色，这样可以方便用户辨认工作表。

选中需要设置颜色的工作表标签，然后选择【格式】|【工作表】|【工作表标签颜色】命令，或者右击选中的工作标签，从弹出的快捷菜单中选择【工作表标签颜色】命令，打开【设置工作表标签颜色】对话框，如图 8-52 所示。在其中选择一种喜欢的颜色后，单击【确定】按钮即可。如图 8-53 所示的就是为 Steel1 工作表标签设置绿色后的效果。

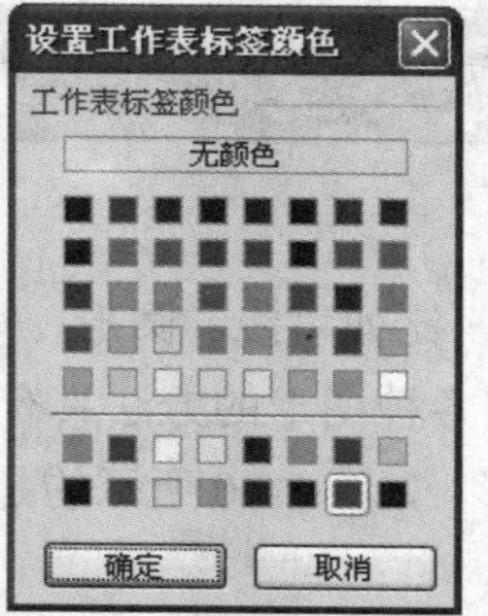

图 8-52 【设置工作表标签颜色】对话框

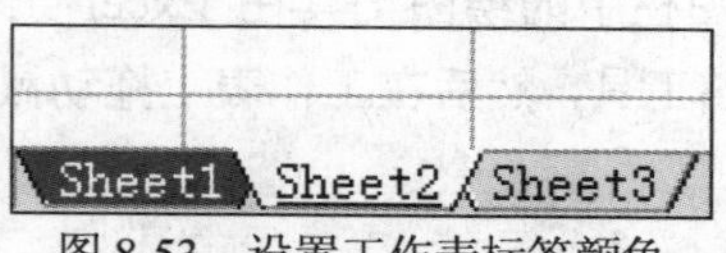

图 8-53 设置工作表标签颜色

提示

为工作表标签设置颜色后，若要取消工作表标签颜色，则在【设置工作表标签颜色】对话框中选择【无颜色】选项即可。

8.7 打印 Excel 表格

当在工作表中制作好表格后，通常要做的下一步工作就是把它打印出来。利用 Excel 2003 提供的设置页面、打印预览及打印功能，可以对制作好的工作表进行设置，使打印的效果能够更加令人满意。

8.7.1　设置页面

在打印工作表之前，可根据要求对想打印的工作表进行一些必要的设置。例如：设置打印的方向、纸张的大小、页眉或页脚和页边距等，这些操作都可通过【页面设置】对话框来完成。选择【文件】|【页面设置】命令，打开【页面设置】对话框。该对话框中包括了【页面】、【页边距】、【页眉/页脚】和【工作表】4 个选项卡，用户可根据需要选择相应选项卡进行设置。

1. 设置页面

页面设置主要通过【页面设置】对话框中的【页面】选项卡进行设置。【页面】选项卡包括打印方向、缩放比例、页面大小等内容，如图 8-54 所示。

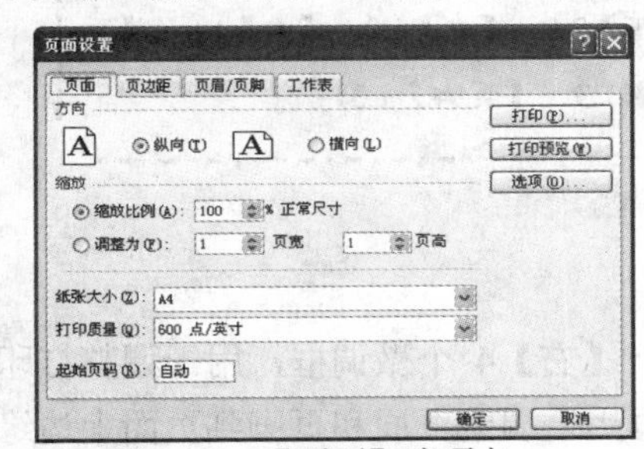

图 8-54　【页面】选项卡

【页面】选项卡主要用于调整与设置打印页面的效果，通过该选项卡可以让打印出的页面更加美观。

【页面】选项卡中各选项的功能如下。

- 【方向】选项区域：主要用于设置工作表打印方向，分为纵向和横向两种。纵向打印是指打印按每行从左到右进行，打印输出的页面是竖立的。横向打印指打印按每行从上到下进行，打印输出的页面是横立的。纵向打印常用于打印窄表，而横向打印常用于打印宽表。
- 【缩放】选项区域：用于设置工作表的打印缩放比例。在该选项区域中，用户可以选中【缩放比例】单选按钮，按百分比来缩放工作表；也可以选中【调整为】单选按钮，并单元其后的【页宽】或【页高】微调框来设置页面的宽度和高度。
- 【纸张大小】下拉列表框：用于选择指定打印纸张大小。单击该下拉列表框右侧的下三角按钮，从下拉列表中选择一种类型。常用纸张按尺寸可分为 A 和 B 两类。
- 【打印质量】下拉列表框：用于设置打印质量。打印质量指打印机的打印分辨率，分辨率越高打印质量越好。打印分辨率的选择与打印机有关，不同的打印机提供不同的打印分辨率。使用时可根据打印机提供的分辨率从中选择所需打印分辨率。
- 【起始页码】文本框：用于设置工作表起始打印页码。对于多页的工作表，可以在【起始页码】文本框中输入工作表打印的起始页码，打印机则会按设置的起始页码打印。默认值为【自动】，将按照实际页码打印。
- 【打印】按钮：单击该按钮，打开【打印内容】对话框，可以对打印项进行设置。

- ◉ 【打印预览】按钮：单击该按钮，则可以对要打印的工作表进行预览。
- ◉ 【选项】按钮：单击该按钮，则可以在打开的【属性】对话框中，对工作表的布局、纸张和质量进行设置，还可以对打印机进行维护。

2. 设置页边距

若对打印后的表格在页面中的位置不满意，则可通过【页面设置】对话框的【页边距】选项卡，对其上、下、左、右、页眉和页脚边距进行设置，如图 8-55 所示。另外，在该选项卡中还可以选择打印表格的居中方式。

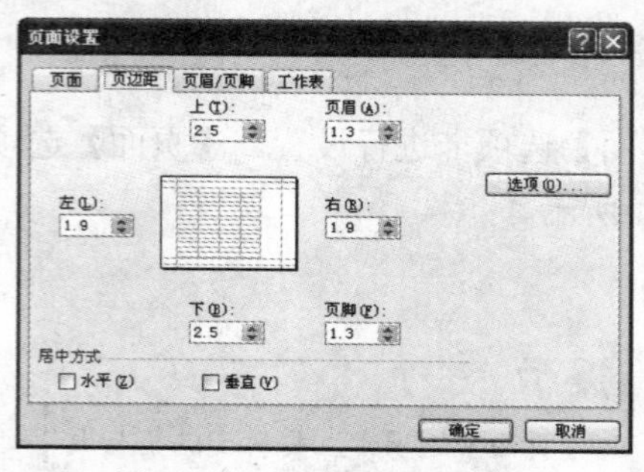

图 8-55 【页边距】选项卡

提示

页边距的默认大小为【上】2.5、【下】2.5、【左】1.9、【右】1.9、【页眉】1.3、【页脚】1.3。

【页边距】选项卡提供【上】、【下】、【左】、【右】4 个微调框，用于调整打印数据的上、下、左、右到页边缘的距离；页眉、页脚微调框用于调整页眉和页脚到页面上边缘和页面下边缘的距离。这个距离必须小于上下页边距；【居中方式】选项区域中列出【水平】和【垂直】两个复选框，可依据需要选择一个或两个。

3. 设置页眉和页脚

页眉和页脚分别位于打印页面的顶端和底端，用于打印页号、表格名称、作者名称及时间等。打开【页面设置】的【页眉/页脚】选项卡，如图 8-56 所示。通过该选项卡可以设置打印工作表的页眉和页脚。

在【页眉】和【页脚】下拉列表框中可以选择要添加的页眉与页脚。若要自定义页眉或页脚时，可以单击【自定义页眉】和【自定义页脚】按钮，打开相应的对话框进行设置即可，如图 8-57 所示为【页眉】对话框。

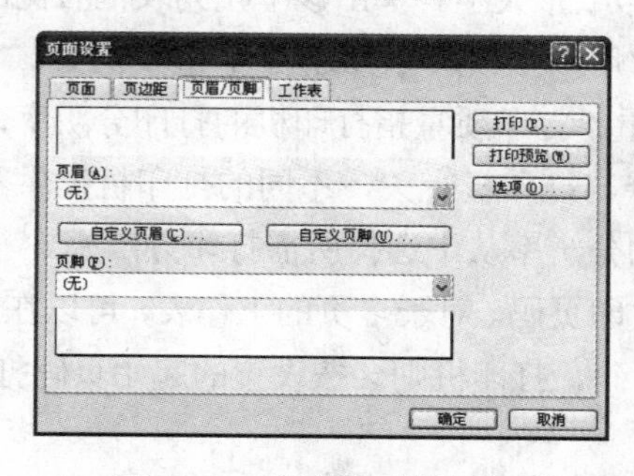

图 8-56 【页眉/页脚】选项卡

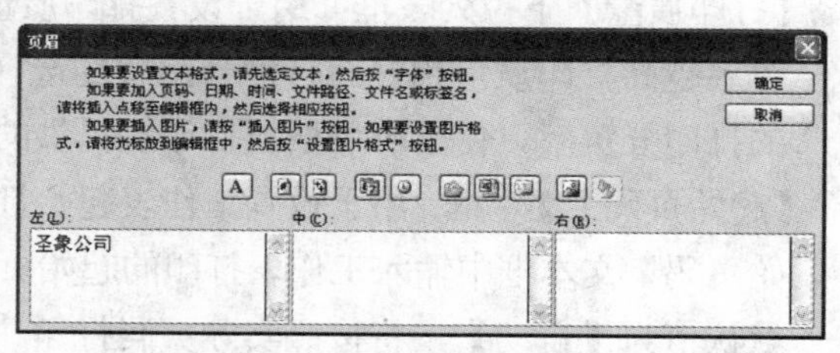

图 8-57 【页眉】对话框

4. 设置工作表

在打开的【页面设置】对话框的【工作表】选项卡中，可以对打印区域、打印标题、打印效果及打印顺序进行设置，如图 8-58 所示。

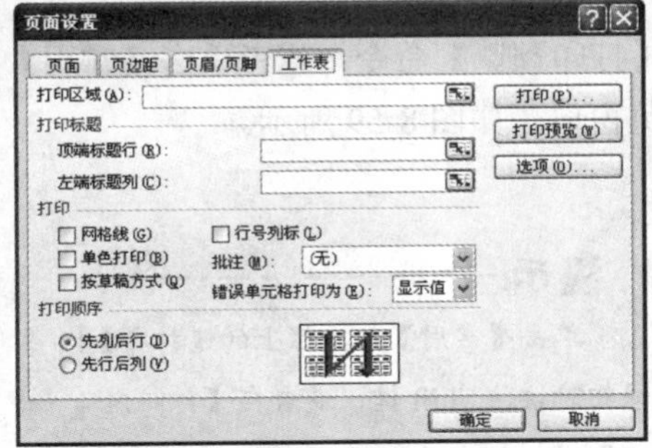

图 8-58　【工作表】选项卡

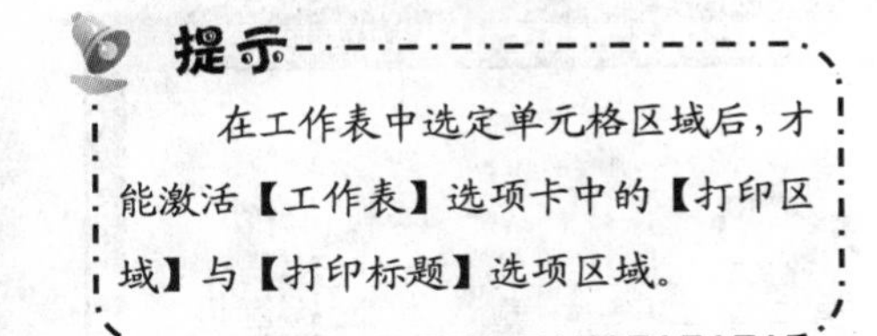

提示
在工作表中选定单元格区域后，才能激活【工作表】选项卡中的【打印区域】与【打印标题】选项区域。

【工作表】选项卡中各选项的功能如下。

- 【打印区域】文本框：用于选择工作表的部分区域打印输出。在该文本框中输入打印区域单元格引用和名称，或者用鼠标在工作表中选择要打印输出的区域。
- 【打印标题】选项区域：用于设置打印标题。在该选项区域下的两个文本框中输入打印标题所在单元格引用和名称，或者用鼠标在工作表中选择要打印标题所在单元格。
- 【网络线】复选框：选中该复选框，打印输出时增加垂直和水平网格线。
- 【单色打印】复选框：选中该复选框，打印输出时将彩色数据或图表以黑白格式打印。可以减少打印时间。
- 【按草稿方式】复选框：选中该复选框，可以大大减少打印输出时间，草稿打印时将不打印大部分图形和网格线。
- 【行号列标】复选框：选中该复选框，以 A1 或 R1C1 的单元格引用方式打印行号和列标。
- 【批注】下拉列表框：用于设置打印批注的方式。如不打印批注可选择【无】选项；要另起一页来打印批注，可选择【工作表末尾】选项；要在批注显示的位置打印，可选择【如同工作表中的显示】选项。
- 【打印顺序】选项区域：用于设置打印顺序。工作表的打印区域超过一页可以容纳的范围时，Excel 会自动分页打印。用户可根据需要选中【先列后行】或【先行后列】单选按钮以控制不同的打印顺序。

把所有的内容都设置好了之后，单击【确定】按钮，页面设置的操作就完成了。在打印预览时，就可以看到进行了上述设置后所产生的打印效果。

8.7.2　打印预览及打印

在选定了打印区域并设置好打印页面后，一般就可以打印工作表了。若用户希望在打印前查看打印效果，则可以使用 Excel 的打印预览功能。下面将来介绍工作表的打印预览和打印的具体操作。

1. 打印预览

打开需要打印的工作表，然后选择【文件】|【打印预览】命令，或者单击【常用】工具栏上的【打印预览】按钮，即可打开工作表打印预览窗口，如图 8-59 所示。

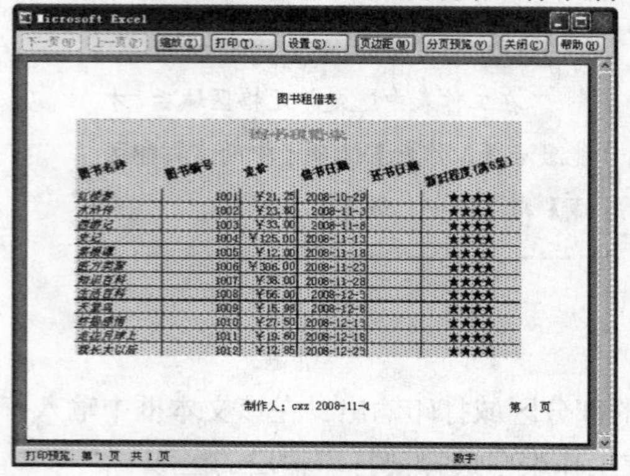

图 8-59 打印预览窗口

> **提示**
>
> 单击【常用】工具栏上的【打印】按钮时按住 Shift 键，或者在【打印内容】对话框中单击【预览】按钮，也或者按 Ctrl+F 快捷键同样可打开打印预览窗口。

打印预览窗口中的各按钮功能如表 8-1 所示。

表 8-1 打印预览窗口中按钮的功能

按钮名称	操作
下一页	显示要打印的下一页。如果下面没有可显示页，按钮呈灰色显示
上一页	显示要打印的上一页。如果上面没有可显示页，按钮呈灰色显示
缩放	在全页视图和放大视图之间切换。【缩放】功能并不影响实际打印时的大小。也可以单击预览屏幕中工作表上的任何区域，使工作表在全页视图和放大视图之间切换
打印	单击该按钮，打开【打印】对话框，设置打印选项
设置	设置用于控制打印工作表外观
页边距	显示或隐藏操作柄可通过拖动来调整页边距、页眉和页脚边距以及列宽的操作柄
分页预览	切换到分页预览视图。在分页预览视图中可以调整当前工作表的分页符，还可以调整打印区域的大小以及编辑工作表。在分页预览中单击【打印预览】按钮时，按钮名会由【分页预览】变为【普通视图】
关闭	关闭打印预览窗口，并返回活动工作表的以前显示状态

2. 打印

在打印预览窗口中确认无误后，即可打印文件。使用 Excel 2003 自带的【打印内容】对话框，可以完成打印工作表前的最后设置。

选择【文件】|【打印】命令，将打开【打印内容】对话框，如图 8-60 所示。通过该对话

框可以选择需要的打印机和设置打印范围、打印内容等选项，设置完毕后，单击【确定】按钮即可打印文件。

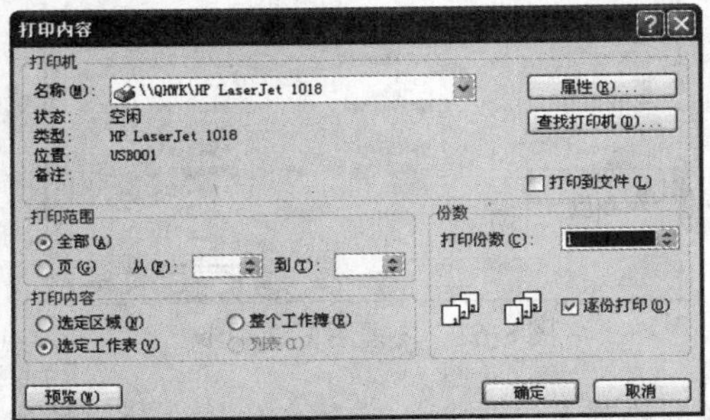

图 8-60　【打印内容】对话框

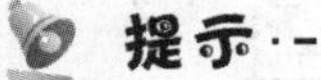

提示

单击【常用】工具栏上的【打印】按钮则不会打开【打印内容】对话框，直接将工作表按系统默认的设置输出打印机中打印。

下面就对【打印内容】对话框中的内容进行简单的介绍。

- 【打印范围】选项区域：在该区域中选中【全部】单选按钮，将打印全部文档；选中【页】单选按钮，在其后微调按钮中可以输入或调整要打印的页码范围。
- 【打印内容】选项区域：在该区域中选中【选定区域】单选按钮，只打印工作表中选定的单元格和对象；选中【整个工作簿】单选按钮，打印当前工作簿中包含数据的任何工作表；选中【选定工作表】单选按钮，打印每张选定的工作表。每张工作表都从新页开始打印。如果工作表中有打印区域，则只打印该区域。
- 【份数】选项区域：在该选择区域中，可以设置打印的份数。在【打印份数】文本框中可以指定打印的份数；选择【逐份打印】复选框，将文件从头到尾打印一遍，再打印第二份，直到完成用户设定的份数。

8.8　上机练习

通过对本章的学习，可以了解并掌握在 Excel 工作表中美化工作表及对工作表进行页面设置和打印。本上机练习将通过美化【员工考勤表】和打印【员工考勤表】来巩固本章所介绍的知识点。

8.8.1　美化【员工考勤表】

利用第 7 章上机练习创建的【员工考勤表】工作簿，来对工作表外观进行美化操作，最终效果如图 8-61 所示。

(1) 启动 Excel 2003，打开【员工考勤表】工作簿。

(2) 在菜单栏中选择【工具】|【选项】命令，打开【选项】对话框，然后在对话框中打开【视图】选项卡，如图 8-62 所示。

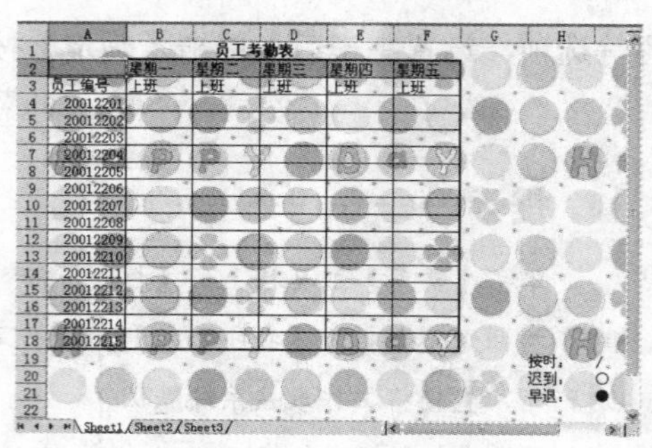

图 8-61　美化工作表

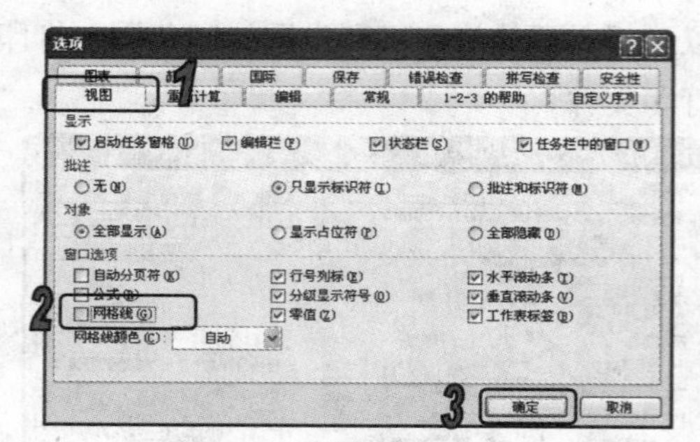

图 8-62　【视图】选项卡

(3) 在【窗口选项】选项区域中，取消选中【网格线】复选框，隐藏工作簿中的网格线，如图 8-63 所示。

(4) 选定表格所在的 A2:F18 单元格区域，然后在菜单栏中选择【格式】|【单元格】命令，打开【单元格格式】对话框。

(5) 打开【边框】选项卡，在【线条】选项区域的【样式】列表框中选择边框样式，然后在【预置】选项区域中单击【外边框】按钮与【内部】按钮，如图 8-64 所示。

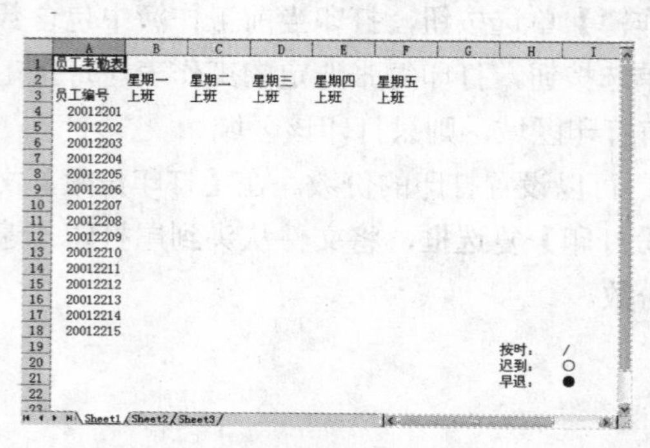

图 8-63　隐藏网格线

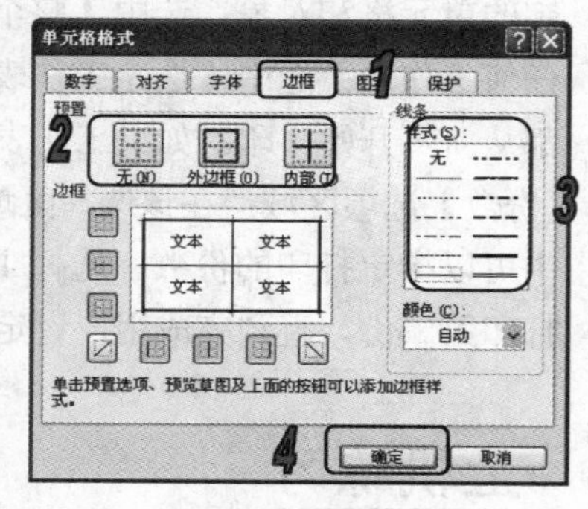

图 8-64　【边框】选项卡

(6) 单击【确定】按钮，即可为表格添加边框，然后合并标题所在的 A1:F1 单元格区域，在【格式】工具栏上单击【加粗】按钮**B**，设置列标题文本为粗体格式，如图 8-65 所示。

(7) 选中 A2:F2 单元格区域，在菜单栏中选择【格式】|【单元格】命令，打开【单元格格式】对话框，然后打开【图案】选项卡，选中灰色选项，如图 8-66 所示。

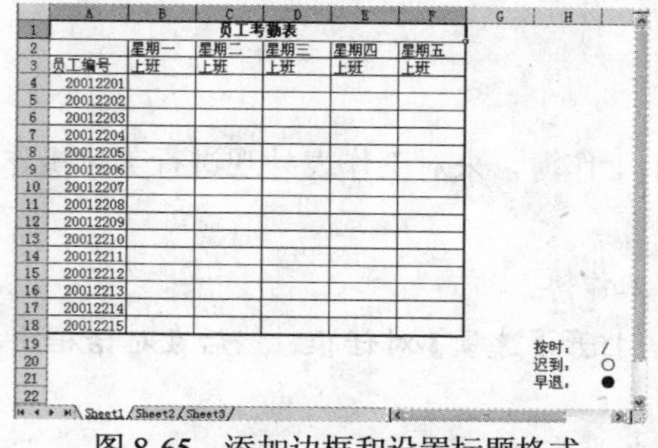

图 8-65　添加边框和设置标题格式

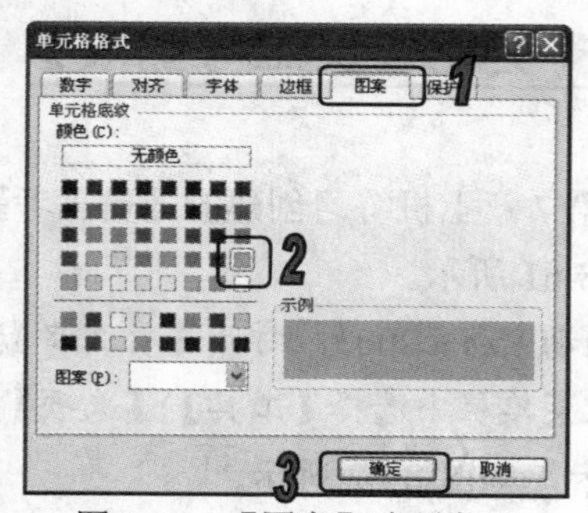

图 8-66　【图案】选项卡

(8) 单击【确定】按钮，即可设置选定单元格区域的底纹颜色，如图 8-67 所示。

(9) 选择【格式】|【工作表】|【背景】命令，打开【工作表背景】对话框，选中一张背景图片，如图 8-68 所示。

(10) 单击【插入】按钮，即可插入为工作表添加背景效果，如图 8-61 所示。

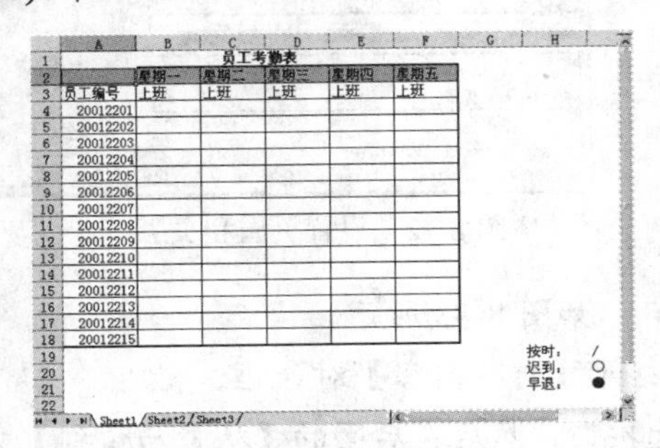

图 8-67　添加底纹颜色

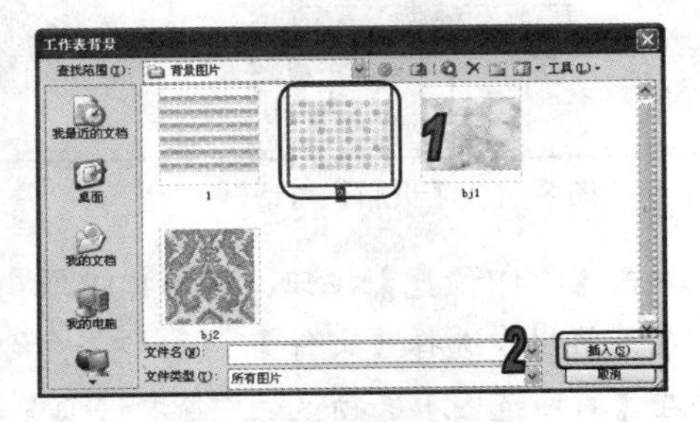

图 8-68　插入图片

8.8.2　打印【员工考勤表】

本节将练习对【员工考勤表】工作簿进行页面设置及预览，然后再设置打印 4 份【员工考勤表】工作簿中的第 1 页。

(1) 启动 Excel 2003，打开【员工考勤表】工作簿。

(2) 选择【文件】|【页面设置】命令，打开【页面设置】对话框。

(3) 打开【页面】选项卡，在【方向】选项区域中选中【横向】单选按钮；选中【缩放比例】单选按钮，并在其后的文本框中输入 150，如图 8-69 所示。

(4) 打开【页边距】选项卡，设置上、下边距为 3.50，左、右边距为 2.50，并选中【水平】和【垂直】复选框，如图 8-70 所示。

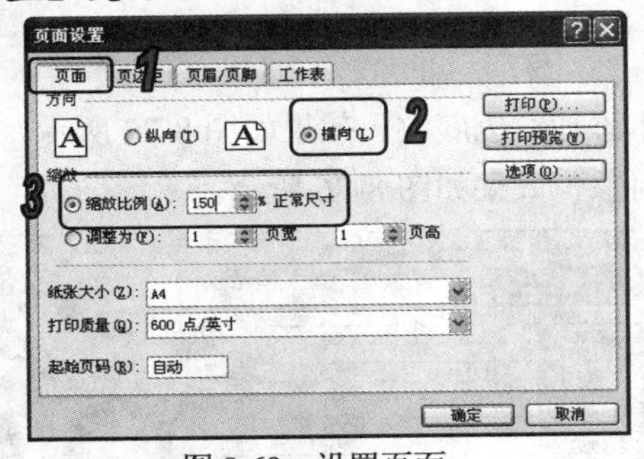

图 8-69　设置页面

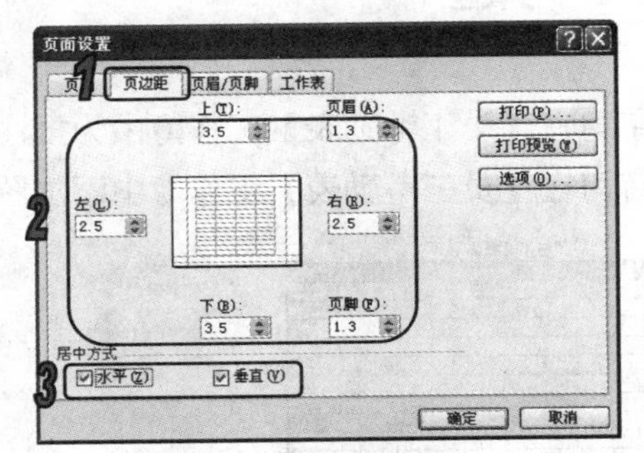

图 8-70　设置页边距

(5) 打开【页眉/页脚】选项卡，单击【自定义页眉】按钮，打开【页眉】对话框，在【中】文本框中输入“博途公司”，如图 8-71 所示。

(6) 单击【确定】按钮，返回至【页眉/页脚】选项卡，在【页脚】下拉列表框中选择需要的选项，如图 8-72 所示。

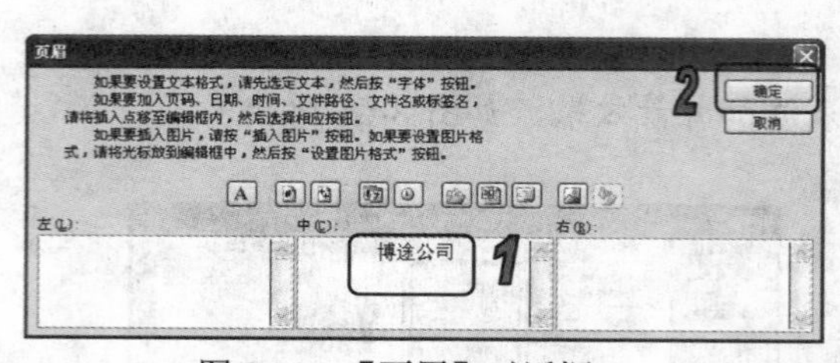

图 8-71　【页眉】对话框

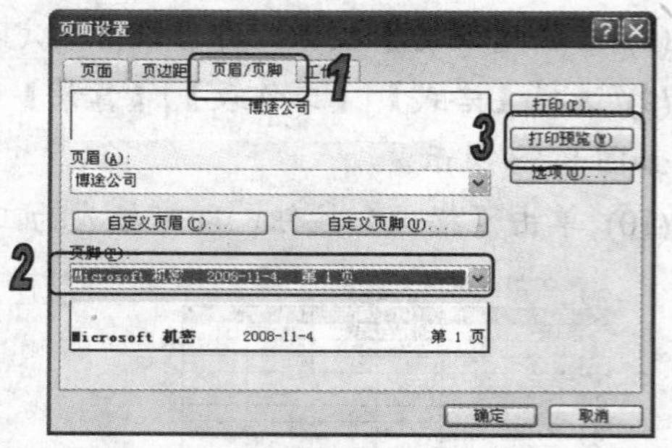

图 8-72　设置页眉和页脚

(7) 单击【打印预览】按钮，打开打印预览窗口，如图 8-73 所示。

(8) 在菜单栏中选择【文件】|【打印】命令，打开【打印内容】对话框。

(9) 在【打印范围】选项区域中选择【页】单选按钮，然后在后面的【从】与【到】文本框中都输入 1；在【份数】选项区域中的【打印份数】下拉列表框中选择 4，如图 8-74 所示。

(10) 单击【确定】按钮即可开始打印【员工考勤表】工作簿中的第 1 页。

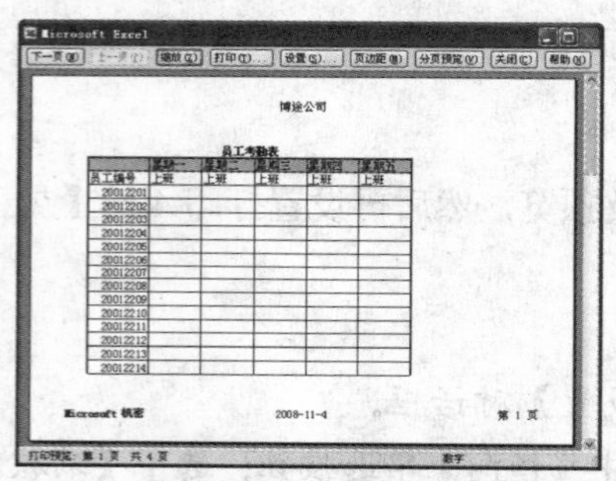

图 8-73　打印预览窗口

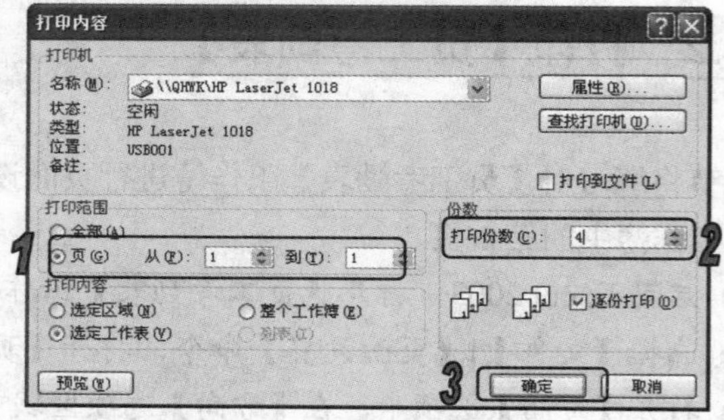

图 8-74　设置打印内容

8.9　习题

1. 练习在【员工考勤表】工作簿中为批注文本添加红色底纹，效果如图 8-75 所示。

2. 练习在【员工考勤表】工作簿中添加图片对象，效果如图 8-76 所示。

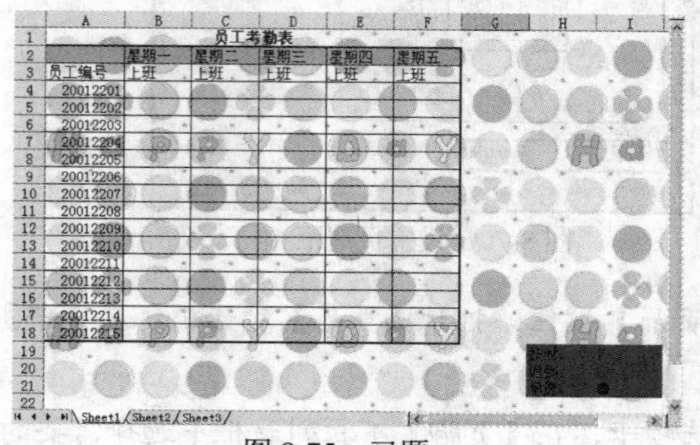

图 8-75　习题

图 8-76　习题 2

第9章 数据的计算与分析

学习目标

分析和处理 Excel 2003 工作表中的数据，离不开公式和函数。公式是函数的基础，它是单元格中的一系列值、单元格引用、名称或运算符的组合，可以生成新的值。函数则是 Excel 预定义的内置公式，可以进行数学、文本、逻辑的运算或者查找工作表的信息。此外，Excel 2003 与其他的数据管理软件一样，在排序、检索和汇总等数据管理方面具有强大的功能。本章将详细介绍在 Excel 2003 中使用公式与函数、图表和数据透视图表进行数据计算与分析的方法。

本章重点

- 使用公式
- 应用函数
- 管理数据
- 使用图表分析数据
- 创建和编辑数据透视表

9.1 在 Excel 中使用公式

公式是对数据进行处理的表达式。在 Excel 工作表中输入数据后，可通过 Excel 2003 中的公式对这些数据进行自动、精确、高速的运算处理。

9.1.1 公式的运算符

在 Excel 2003 中，公式遵循一个特定的语法或次序：最前面是等号(=)，后面是参与计算的数据对象和运算符。每个数据对象可以是常量数值、单元格或引用的单元格区域、标志、名称

等。运算符用来连接要运算的数据对象，并说明进行了哪种公式运算。

运算符对公式中的元素进行特定类型的运算。Excel 2003 中包含了 4 种类型的运算符：算术运算符、比较运算符、文本运算符与引用运算符。

1. 算术运算符

如果要完成基本的数学运算，如加法、减法和乘法，连接数据和计算数据结果等，可以使用表 9-1 所示的算术运算符。

表 9-1　算术运算符

算术运算符	含　义	示　例
+(加号)	加法运算	2+2
-(减号)	减法运算或负数	2-1 或 -1
*(星号)	乘法运算	2*2
/(正斜线)	除法运算	2/2
%(百分号)	百分比	20%
^(插入符号)	乘幂运算	2^2

2. 比较运算符

使用表 9-2 所示的运算符可以比较两个值的大小。当用运算符比较两个值时，结果为逻辑值，满足运算符为 TRUE，反之则为 FALSE。

表 9-2　比较运算符

比较运算符	含　义	示　例
=(等号)	等于	A1=B1
>(大于号)	大于	A1>B1
<(小于号)	小于	A1<B1
>=(大于等于号)	大于或等于	A1>=B1
<=(小于等于号)	小于或等于	A1<=B1
<>(不等号)	不相等	A1<>B1

3. 文本连接运算符

使用和号(&) 加入或连接一个或更多文本字符串以产生一串新的文本，表 9-3 为文本连接运算符的含义。

表 9-3　文本连接运算符

文本连接运算符	含　义	示　例
&(和号)	将两个文本值连接或串起来产生一个连续的文本值	如“kb”&“soft”

A4	▼	fx	=A1&A2&A3	
	A	B	C	D
1	2008			
2	北京			
3	奥运会			
4	2008北京奥运会			
5				

图 9-1　文本连接运算符

> **提示**
>
> 例如 A1 单元格中为 2008，A2 单元格中为“北京”，A3 单元格中为“奥运会”，那么公式 = A1&A2&A3 的值应为“2008 北京奥运会”，如图 9-1 所示。

4. 引用运算符

单元格引用就是用于表示单元格在工作表上所处位置的坐标集。例如，显示在第 B 列和第 3 行交叉处的单元格，其引用形式为 B3。使用表 9-4 所示的引用运算符可以将单元格区域合并计算。

表 9-4　引用运算符

引用运算符	含　义	示　例
:(冒号)	区域运算符，产生对包括在两个引用之间的所有单元格的引用	(A5:A15)
,(逗号)	联合运算符，将多个引用合并为一个引用	SUM(A5:A15,C5:C15)
(空格)	交叉运算符产生对两个引用共有的单元格的引用	(B7:D7 C6:C8)

比如，A1＝B1＋C1＋D1＋E1+F1，如果使用引用运算符，就可以把这一运算公式写为：A1＝SUM(B1：F1)。

9.1.2　运算符的优先级

如果公式中同时用到多个运算符，Excel 2003 将会依照运算符的优先级来依次完成运算。如果公式中包含相同优先级的运算符，例如公式中同时包含乘法和除法运算符，则 Excel 将从左到右进行计算。Excel 2003 运算符优先级由高至低见表 9-5 所示。

表 9-5　运算符优先级

运　算　符	说　明
:(冒号) (单个空格) ,(逗号)	引用运算符
–	负号
%	百分比
^	乘幂
* 和 /	乘和除

(续表)

运 算 符	说 明
+ 和 –	加和减
&	连接两个文本字符串(连接)
= < > <= >= <>	比较运算符

如果要更改求值的顺序，可以将公式中要先计算的部分用括号括起来，例如，公式“＝6＋3*5”的值是 20，因为 Excel 2003 按先乘除后加减进行运算，先将 3 与 5 相乘，然后再加上 6，即得到结果 21。

若在公式上添加括号如“＝(6＋3)*5”，则 Excel 2003 先用 6 加上 3，再用结果乘以 5，得到结果 45。

9.1.3 输入公式

在使用公式之前，先输入等号(=)作为开始，然后再输入公式的表达式。

在 Excel 2003 中输入公式的方法与输入文本的方法类似，具体步骤为：选择要输入公式的单元格，然后在编辑栏中直接输入＝号，后面输入公式内容，然后按 Enter 键即可将公式运算的结果显示在所选单元格中。

例如，双击 B2 单元格，输入公式“=9+17”，并单击编辑栏中的【输入】按钮☑，即可得到结果，如图 9-2 所示。

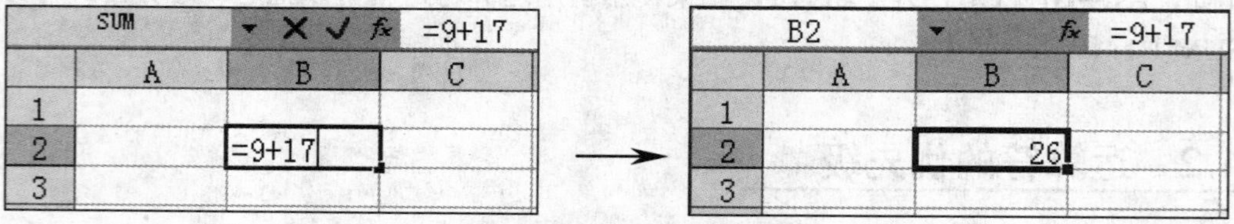

图 9-2　输入公式

知识点

用户也可以选择需要输入公式的单元格，在编辑栏中输入其公式，并单击【输入】按钮，同样也可以在该单元格中显示结果。

9.1.4 编辑公式

创建完公式后，可以对该公式进行编辑操作，如修改公式、显示公式、复制公式和删除公式等。下面将逐一介绍这些编辑操作。

1. 修改公式

当调整单元格或输入错误的公式后，可以对相应的公式进行调整与修改，具体方法为：首先选择需要修改公式的单元格，然后在编辑栏中使用修改文本的方法对公式进行修改，最后按 Enter 键即可，如图 9-3 所示。

SUM		=9+15	
	A	B	C
1			
2		=9+15	
3			

→

B2		=9+15	
	A	B	C
1			
2		24	
3			

图 9-3　修改公式

2. 显示公式

在单元格中输入完公式并按 Enter 键后，单元格中只显示公式计算的结果，而公式本身则只显示在编辑栏中。为了方便用户检查公式的正确性，可以设置在单元格中显示公式，其方法为：选择【工具】|【选项】命令，打开【选项】对话框的【视图】选项卡，在【窗口选项】选项区域中，选中【公式】复选框，如图 9-4 所示。然后单击【确定】按钮，即可在单元格中显示公式，效果如图 9-5 所示。

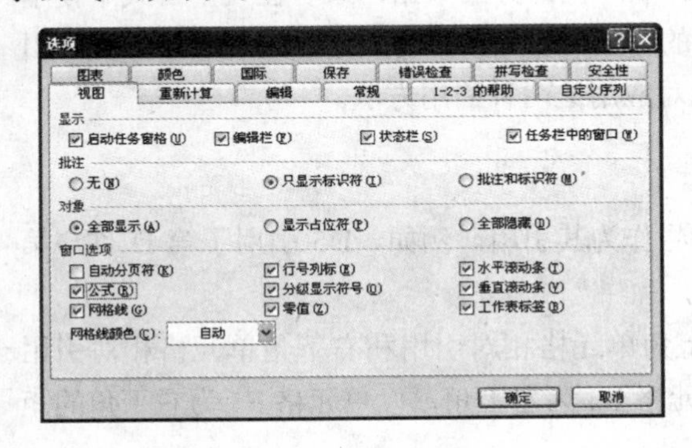

图 9-4　【视图】选项卡

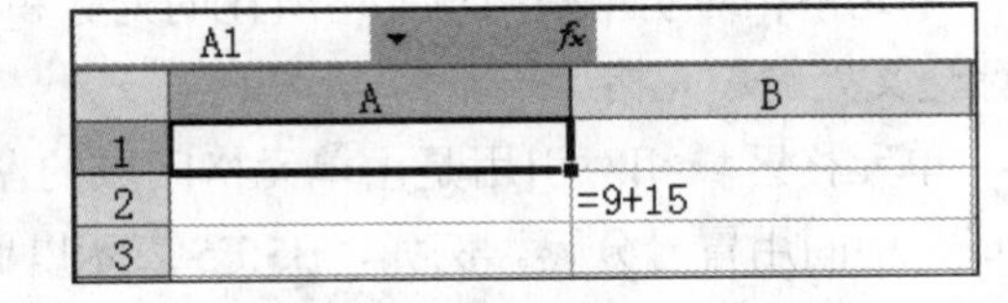

图 9-5　显示公式

3. 复制公式

通过复制公式操作，可以快速地为其他单元格中输入公式。复制公式的方法与复制数据的方法相似，但在 Excel 2003 中复制公式往往与公式的相对引用(本章后续小节中将有介绍)结合使用，以提高输入公式的效率。

4. 删除公式

在 Excel 2003 中，当使用公式计算出结果后，则可以设置删除该单元格中的公式，并保留结果。其方法为：选择需要删除公式的单元格，按 Ctrl+C 快捷键执行复制操作，然后选择【编辑】|【选择性粘贴】命令，打开【选择性粘贴】对话框，在【粘贴】选项区域中，选中【数值】

单选按钮，如图 9-6 所示。单击【确定】按钮，此时在编辑栏和单元格中不再显示公式，只显示结果，如图 9-7 所示。

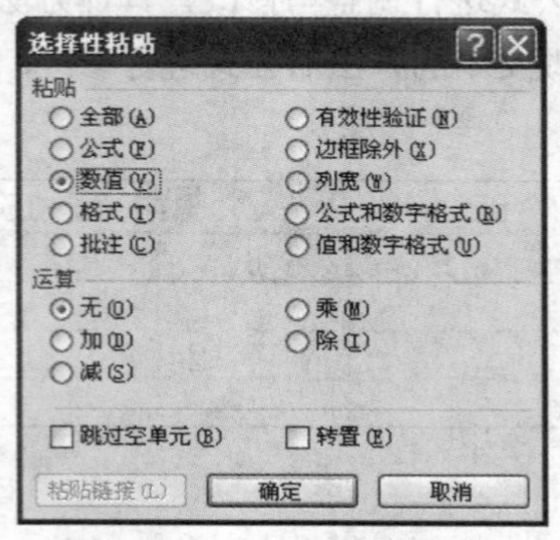

图 9-6 【选择性粘贴】对话框

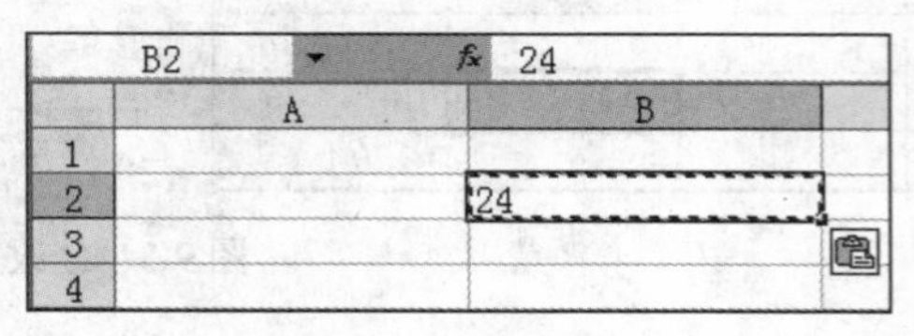

图 9-7 删除公式

9.1.5 相对引用与绝对引用

公式的引用就是对工作表中的一个或一组单元格进行标识，它告诉 Excel 公式使用哪些单元格的值。通过引用，可以在一个公式中使用工作表不同部分的数据，或者在几个公式中使用同一单元格的数值。在 Excel 2003 中，根据处理的需要可以采用相对引用、绝对引用、混合引用等方法来标识。本节将重点介绍相对引用和绝对应用这两种引用方法。

1. 相对引用

单元格相对引用是用单元格所在的列标和行号作为其引用。例如，D5 引用了第 D 列与第 5 行交叉处的单元格。

单元格区域相对引用是由单元格区域的左上角单元格相对引用和右下角单元格相对引用组成，中间用冒号分隔。例如，B3:F5 表示以单元格 B3 为左上角，以单元格 F5 为右下角的矩形区域。

相对引用包含了当前单元格与公式所在单元格的相对位置。默认设置下，Excel 2003 使用的都是相对引用，当改变公式所在单元格的位置，引用也随之改变。例如，将 A5 单元格的公式“=SUM(A1:A4)”(等价于“=A1+A2+A3+A4”)复制到 B5、C6 中，其公式内容会相应地变为“=SUM(B1:B4)”、“=SUM(C2:C5)”。当需要使用大量类似的公式时，可以使用相对引用，先输入一个公式，然后将公式复制到其他的相应单元格即可。

例如，先在单元格区域 A1:A10 中分别输入“3、4、5、6、…、12”，在 B1:B10 中分别输入“4、5、6、7、…、13”。然后在单元格 A11 中输入公式“=SUM(A1:A10)”，最后单击编辑栏中的【输入】按钮☑，将得到如图 9-8 所示的结果。

如果先选中如图 9-8 所示的单元格 A11，然后选择【编辑】|【复制】命令，可将公式复制，此时单元格 A11 四周出现虚线框。再选中单元格 B11，选择【编辑】|【粘贴】命令，即可将

公式粘贴过来，效果如图 9-9 所示。

A11	=SUM(A1:A10)			
	A	B	C	D
1	3	4		
2	4	5		
3	5	6		
4	6	7		
5	7	8		
6	8	9		
7	9	10		
8	10	11		
9	11	12		
10	12	13		
11	75			

图 9-8　在公式中使用了相对引用

B11	=SUM(B1:B10)			
	A	B	C	D
1	3	4		
2	4	5		
3	5	6		
4	6	7		
5	7	8		
6	8	9		
7	9	10		
8	10	11		
9	11	12		
10	12	13		
11	75	85		
12				

图 9-9　粘贴了含有相对引用的公式

从图 9-9 中可以看出，由于公式从 A11 复制到 B11，即位置向右移动了一列，因此公式中的相对引用也将从 A1:A10 改变为 B1:B10。

2. 绝对引用

实际上，与相对引用相反的便是绝对引用。绝对引用就是公式中单元格的精确地址，与包含公式的单元格的位置无关。它在列标和行号前分别加上美元符号($)。例如，$B$2 表示单元格 B2 绝对引用，而$B$2:$E$5 表示单元格区域 B2:E5 绝对引用。

绝对引用与相对引用的区别：复制公式时，若公式中使用相对引用，则单元格引用会自动随着移动的位置相对变化；若公式中使用绝对引用，则单元格引用不会发生变化。

例如，把图 9-8 中单元格 A11 的公式改为“=SUM ($A$1:$A$10)”，然后将该公式复制到单元格 B11 中，用户可以发现，它仍然会返回 A1 至 A10 值之和，如图 9-10 所示。

B11	=SUM($A$1:$A$10)			
	A	B	C	D
1	3	4		
2	4	5		
3	5	6		
4	6	7		
5	7	8		
6	8	9		
7	9	10		
8	10	11		
9	11	12		
10	12	13		
11	75	75		
12				

图 9-10　粘贴了含有绝对引用的公式

提示

绝对引用与相对引用的区别：复制公式时，若公式中使用相对引用，则单元格引用会自动随着移动的位置相对变化；若公式中使用绝对引用，则单元格引用不会发生变化。

知识点

在编辑栏中选择公式后，利用 F4 键可以对齐进行相对引用与绝对引用的切换。按一次 F4 键转换成绝对引用，继续按两次转换为不同的混合引用，再按一次还原为相对引用。

9.2 应用函数

函数是 Excel 预定义的内置公式，可以进行数学、文本、逻辑的运算或者查找工作表的信息。与直接使用公式进行计算相比较，使用函数进行计算的速度更快，同时减少了错误的发生。Excel 2003 提供了 200 多个工作表函数，下面并不详细讨论每个函数的功能、参数和语法，只是将一般函数的使用方法、参数设置等内容进行简要介绍，以帮助用户正确地使用函数。

9.2.1 常用函数

函数实际上也是公式，只不过它使用被称为参数的特定数值，按被称为语法的特定顺序进行计算。函数一般包含 3 个部分：等号、函数名和参数。

在 Excel 中，常用函数就是经常使用的函数，如求和、计算算术平均数等。常用函数包括：SUM、AVERAGE、ISPMT、IF、HYPERLINK、COUNT、MAX、SIN、SUMIF、PMT，它们的语法和作用如表 9-6 所示。

表 9-6 常 用 函 数

语 法	作 用
SUM (number1，number2，…)	返回单元格区域中所有数值的和
ISPMT(Rate，Per，Nper，Pv)	返回普通(无提保)的利息偿还
AVERAGE (number1，number2，…)	计算参数的算术平均数；参数可以是数值或包含数值的名称、数组或引用
IF (Logical_test，Value_if_true，Value_if_false)	执行真假值判断，根据对指定条件进行逻辑评价的真假而返回不同的结果
HYPERLINK (Link_location，Friendly_name)	创建快捷方式，以便打开文档或网络驱动器，或连接 INTERNET
COUNT (value1，value2，…)	计算参数表中的数字参数和包含数字的单元格的个数
MAX (number1，number2，…)	返回一组数值中的最大值，忽略逻辑值和文本字符
SIN (number)	返回给定角度的正弦值
SUMIF (Range，Criteria，Sum_range)	根据指定条件对若干单元格求和
PMT (Rate，Nper，Pv，Fv，Type)	返回在固定利率下，投资或贷款的等额分期偿还额

在常用函数中，用得最多的是 SUM 函数，它的作用是返回某一单元格区域中所有数字之和，如 “=SUM(A1:G10)”，此函数表示对 A1:G10 单元格区域内所有数据求和。SUM 函数的语法是：

```
SUM(number1,number2, ...)
```

其中，Number1, number2, ...为 1 到 30 个需要求和的参数。说明如下：

◎ 直接输入到参数表中的数字、逻辑值及数字的文本表达式将被计算。
◎ 如果参数为数组或引用，只有其中的数字将被计算。数组或引用中的空白单元格、逻辑值、文本或错误值将被忽略。
◎ 如果参数为错误值或为不能转换成数字的文本，将会导致错误。

9.2.2 输入函数

函数的输入是使用函数的前提，要想使函数能够更好地为用户服务，就必须掌握函数的输入方法。

利用 Excel 2003 提供的如图 9-11 所示的【插入函数】对话框可以插入 Excel 自带的任意函数，从而避免用户在输入过程中的误操作。在菜单栏中选择【插入】|【函数】命令，即可打开该对话框。

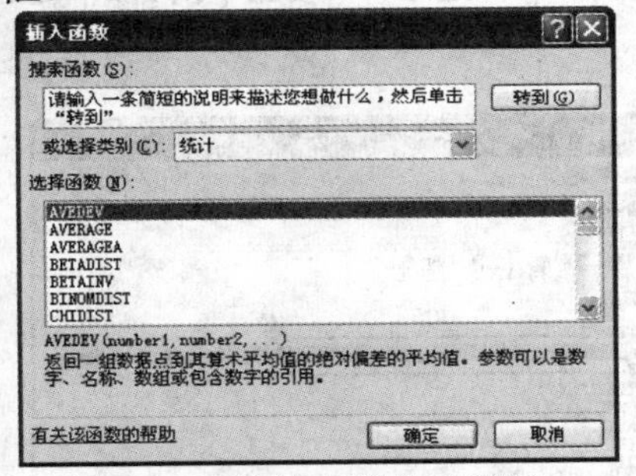

图 9-11　【插入函数】对话框

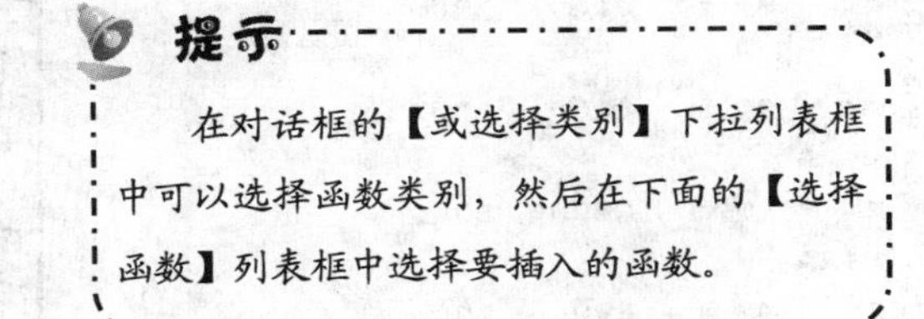

提示
在对话框的【或选择类别】下拉列表框中可以选择函数类别，然后在下面的【选择函数】列表框中选择要插入的函数。

例如，在单元格区域 A1:A10 中分别输入“1、2、3、4、…、10”，并选中要输入函数的单元格 A11，然后选择【插入】|【函数】命令，打开【插入函数】对话框。在【选择函数】列表框中选择 AVERAGE 选项，表示插入平均值函数 AVERAGE，单击【确定】按钮，将打开【函数参数】对话框，如图 9-12 所示，在 AVERAGE 选项区域的 Number1 文本框中输入计算平均值的范围，这里输入 A1:A10。最后单击【确定】按钮即可在 A11 单元格中显示计算结果，如图 9-13 所示。

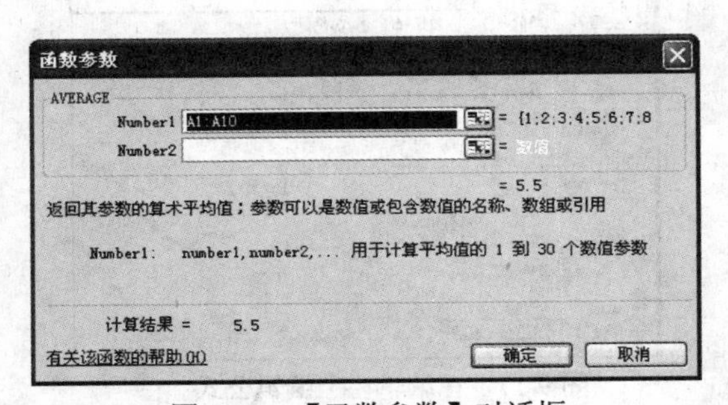

图 9-12　【函数参数】对话框

A11　fx =AVERAGE(A1:A10)

	A	B	C	D
1	1			
2	2			
3	3			
4	4			
5	5			
6	6			
7	7			
8	8			
9	9			
10	10			
11	5.5			

图 9-13　显示求平均数的结果

9.2.3 嵌套函数

在某些情况下，可能需要将某个公式或函数的返回值作为另一个函数的参数来使用，这就是函数的嵌套使用。使用该功能的方法为先插入 Excel 2003 自带函数，然后通过修改函数达到函数的嵌套使用。

【例 9-1】创建【彩电销售】工作簿，使用函数嵌套方式分别计算表格中各系列彩电的总销售额，其中分别将 B3 单元格与 C3 单元格的乘积、B7 单元格与 C7 单元格的乘积、B11 单元格与 C11 单元格的乘积和 B15 单元格与 C15 单元格的乘积作为 B19 单元格中的求和函数的参数，其余类似。

(1) 启动 Excel 2003，在打开的空白工作簿中创建如图 9-14 所示的工作表，并将其以“彩电销售”名保存。

(2) 选中 B19 单元格，在菜单栏中选择【插入】|【函数】命令，打开【插入函数】对话框。在【或选择类别】下拉列表框中选择【常用函数】选项，然后在【选择函数】列表框中选择 SUM 选项函数，如图 9-15 所示。

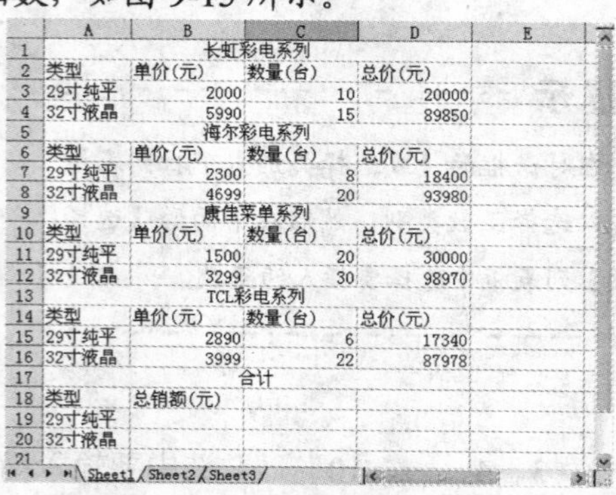

	A	B	C	D
1		长虹彩电系列		
2	类型	单价(元)	数量(台)	总价(元)
3	29寸纯平	2000	10	20000
4	32寸液晶	5990	15	89850
5		海尔彩电系列		
6	类型	单价(元)	数量(台)	总价(元)
7	29寸纯平	2300	8	18400
8	32寸液晶	4699	20	93980
9		康佳菜单系列		
10	类型	单价(元)	数量(台)	总价(元)
11	29寸纯平	1500	20	30000
12	32寸液晶	3299	30	98970
13		TCL彩电系列		
14	类型	单价(元)	数量(台)	总价(元)
15	29寸纯平	2890	6	17340
16	32寸液晶	3999	22	87978
17		合计		
18	类型	总销额(元)		
19	29寸纯平			
20	32寸液晶			

图 9-14 创建【彩电销售】工作簿

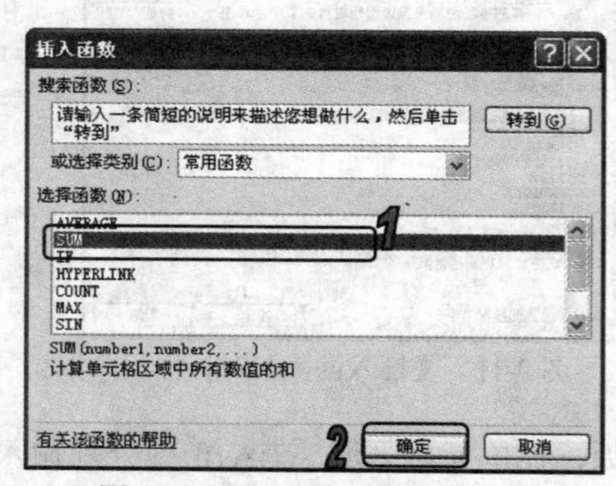

图 9-15 选择插入 SUM 函数

(3) 单击【确定】按钮，打开 SUM 函数的【函数参数】对话框，将其中的参数设置为 B3，B7，B11，B15，如图 9-16 所示。

(4) 返回到工作表的操作界面，在编辑栏上将光标定位到公式中 B3 的左侧，如图 9-17 所示。

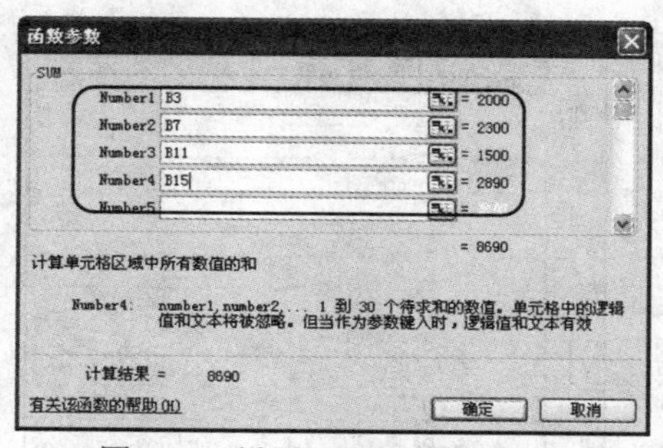

图 9-16 设置 SUM 函数参数

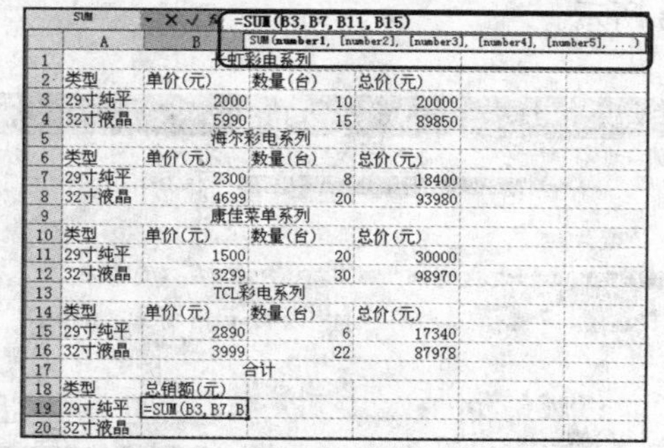

图 9-17 在编辑栏上编辑公式

(5) 拖动鼠标选中文本 B3，然后将其修改为 B3*C3，如图 9-18 所示。

(6) 用同样的方法将该编辑栏中的公式修改为 “=SUN(B3*C3,B7*C7,B11*C11,B15*C15)”，如图 9-19 所示。

SUM　=SUM(B3*C3,B7,B11,B15)

SUM(number1, [number2], [number3], [number4], [number5], ...)

	A	B	C	D
1		长虹彩电系列		
2	类型	单价(元)	数量(台)	总价(元)
3	29寸纯平	2000	10	20000
4	32寸液晶	5990	15	89850
5		海尔彩电系列		
6	类型	单价(元)	数量(台)	总价(元)
7	29寸纯平	2300	8	18400
8	32寸液晶	4699	20	93980
9		康佳菜单系列		
10	类型	单价(元)	数量(台)	总价(元)
11	29寸纯平	1500	20	30000
12	32寸液晶	3299	30	98970
13		TCL彩电系列		
14	类型	单价(元)	数量(台)	总价(元)
15	29寸纯平	2890	6	17340
16	32寸液晶	3999	22	87978
17		合计		
18	类型	总销额(元)		
19	29寸纯平	=SUM(B3*C3,B		
20	32寸液晶			

图 9-18　修改 SUM 参数

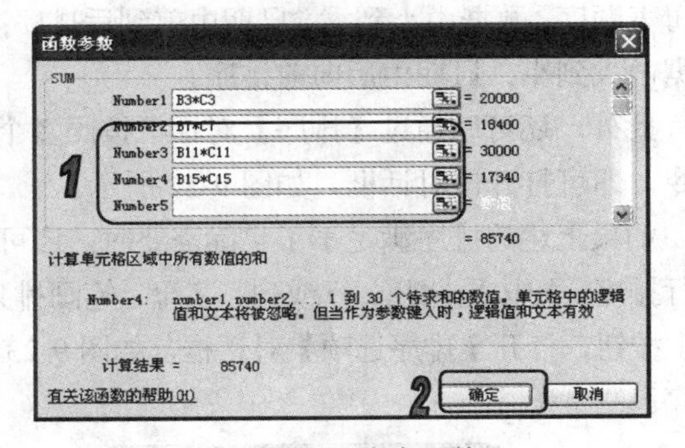

图 9-19　显示嵌套函数

(7) 单击【确定】按钮，完成函数的嵌套操作，并显示结果，如图 9-20 所示。

(8) 用同样的方法算出 B20 单元格中的数据，效果如图 9-21 所示。

B19　=SUM(B3*C3,B7*C7,B11*C11,B15*C15)

	A	B	C	D	E
1		长虹彩电系列			
2	类型	单价(元)	数量(台)	总价(元)	
3	29寸纯平	2000	10	20000	
4	32寸液晶	5990	15	89850	
5		海尔彩电系列			
6	类型	单价(元)	数量(台)	总价(元)	
7	29寸纯平	2300	8	18400	
8	32寸液晶	4699	20	93980	
9		康佳菜单系列			
10	类型	单价(元)	数量(台)	总价(元)	
11	29寸纯平	1500	20	30000	
12	32寸液晶	3299	30	98970	
13		TCL彩电系列			
14	类型	单价(元)	数量(台)	总价(元)	
15	29寸纯平	2890	6	17340	
16	32寸液晶	3999	22	87978	
17		合计			
18	类型	总销额(元)			
19	29寸纯平	85740			
20	32寸液晶				

图 9-20　显示结果

	A	B	C	D	E
1		长虹彩电系列			
2	类型	单价(元)	数量(台)	总价(元)	
3	29寸纯平	2000	10	20000	
4	32寸液晶	5990	15	89850	
5		海尔彩电系列			
6	类型	单价(元)	数量(台)	总价(元)	
7	29寸纯平	2300	8	18400	
8	32寸液晶	4699	20	93980	
9		康佳菜单系列			
10	类型	单价(元)	数量(台)	总价(元)	
11	29寸纯平	1500	20	30000	
12	32寸液晶	3299	30	98970	
13		TCL彩电系列			
14	类型	单价(元)	数量(台)	总价(元)	
15	29寸纯平	2890	6	17340	
16	32寸液晶	3999	22	87978	
17			合计		
18	类型	总销额(元)			
19	29寸纯平	85740			
20	32寸液晶	370778			
21					

Sheet1 / Sheet2 / Sheet3

图 9-21　相对引用嵌套函数

9.3　管理数据

Excel 2003 在排序、检索、汇总等方面具有较强的管理功能。Excel 2003 不仅可以通过记录单来增加、删除和移动等操作来管理数据，而且它能够对数据清单进行排序、筛选、汇总，更为优越的性能是在 Excel 内对来自不同的地方的数据进行合并。

9.3.1　排序数据

排序数据是指按一定规则对数据进行整理、排列，这样可以为数据的进一步处理作好准备。

Excel 2003 提供的排序方法有升序和降序两种。

对 Excel 中的数据进行排序时，如果按照单列的内容进行简单排序，则可以直接使用工具栏中的【升序排序】按钮或【降序排序】按钮。其中，单击【升序排序】按钮表示按字母表顺序、数据由小到大、日期由前到后排序；【降序排序】按钮表示按反向字母表顺序、数据由大到小、日期由后向前排序。

此外，还可以通过【排序】对话框按照多个条件对数据进行排序，选择【数据】|【排序】命令，即可打开该对话框，如图 9-22 所示。

如果上述的排序满足不了实际需要时，还可利用自定义排序功能，根据自定义的排序条件进行排序，如按星期几、行或列、字母、笔画排列等。用户只需在【排序】对话框中，单击【选项】按钮，打开【排序选项】对话框，如图 9-23 所示。在该对话框中可以进一步对数据自定义排序。

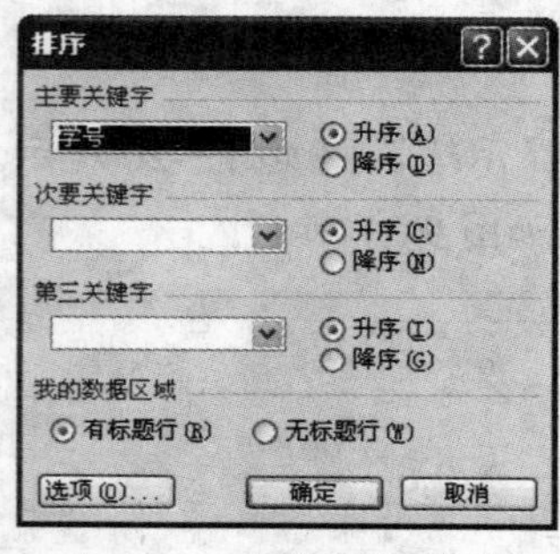

图 9-22 【排序】对话框

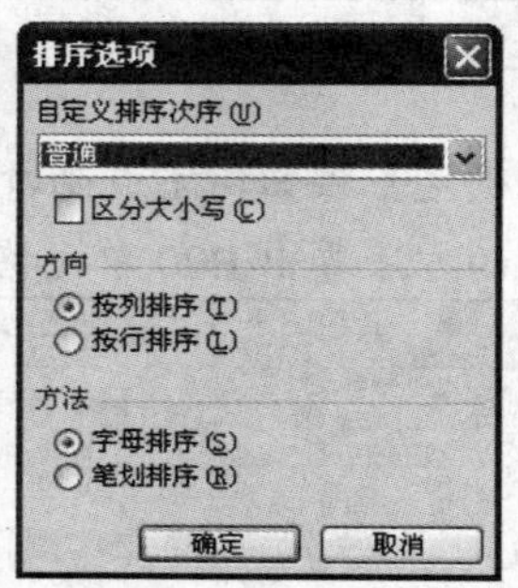

图 9-23 【排序选项】对话框

例如，创建如图 9-24 所示的“学生成绩”工作表，选中任意单元格后，选择【数据】|【排序】命令，打开【排序】对话框，在【主要关键字】下拉列表框中选择【总分】选项，保持选中【升序】单选按钮，单击【确定】按钮，即可得到排序结果，如图 9-25 所示。

初一学生成绩统计

学号	姓名	语文	数学	英语	总分	班级
2008001	曹胡倩	89	98	80	267	2班
2008002	王永明	67	100	90	257	3班
2008003	李巧巧	60	80	50	190	4班
2008004	张贝贝	98	90	97	285	3班
2008005	何小利	60	80	100	240	1班
2008006	朱炜	70	76	67	213	4班
2008007	方言	92	96	87	275	2班
2008008	高韵梅	67	78	62	207	4班
2008009	薛冰	98	95	98	291	1班
2008010	曹亮	95	100	100	295	1班
2008011	李稳稳	66	40	76	182	2班
2008012	王峰	56	40	100	196	1班
2008013	邱爱华	68	100	20	188	5班
2008014	季卫华	98	78	88	264	2班
2008015	陈恰	80	98	83	261	2班
2008016	蒋冬震	78	88	48	214	5班
2008017	姜文霞	85	72	98	255	3班
2008018	庆祝	100	100	100	300	1班
2008019	艾温情	98	39	40	177	5班
2008020	陆培华	72	78	98	248	3班
2008021	吕强	98	94	90	282	3班

图 9-24 “学生成绩”工作表

初一学生成绩统计

学号	姓名	语文	数学	英语	总分	班级
2008019	艾温情	98	39	40	177	5班
2008011	李稳稳	66	40	76	182	2班
2008013	邱爱华	68	100	20	188	5班
2008003	李巧巧	60	80	50	190	4班
2008012	王峰	56	40	100	196	1班
2008008	高韵梅	67	78	62	207	4班
2008006	朱炜	70	76	67	213	4班
2008016	蒋冬震	78	88	48	214	5班
2008005	何小利	60	80	100	240	1班
2008020	陆培华	72	78	98	248	3班
2008017	姜文霞	85	72	98	255	3班
2008002	王永明	67	100	90	257	3班
2008015	陈恰	80	98	83	261	2班
2008014	季卫华	98	78	88	264	2班
2008001	曹胡倩	89	98	80	267	2班
2008007	方言	92	96	87	275	2班
2008021	吕强	98	94	90	282	3班
2008004	张贝贝	98	90	97	285	3班
2008009	薛冰	98	95	98	291	1班
2008010	曹亮	95	100	100	295	1班
2008018	庆祝	100	100	100	300	1班

图 9-25 总分升序排序后的结果

若需要使用自定义功能对姓名笔划进行升序排序，选中姓名单元格后，在打开的【排序】对话框中，单击【选项】按钮，打开【排序选项】对话框。在【方法】选项区域中，选中【笔划排序】单选按钮，单击【确定】按钮，返回【排序】对话框，再次单击【确定】按钮完成操作，排序效果如图 9-26 所示。

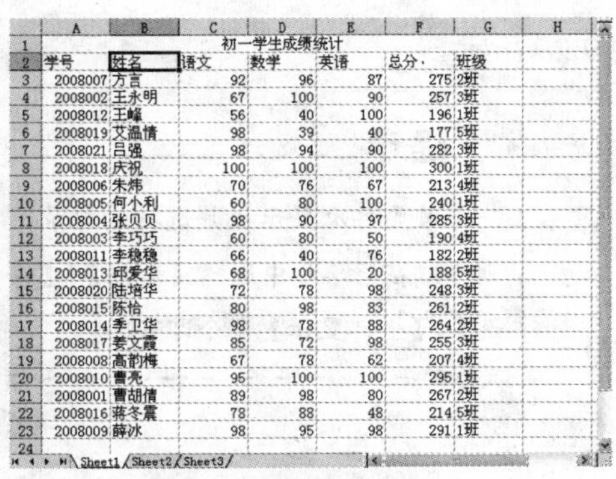

	A	B	C	D	E	F	G
1	初一学生成绩统计						
2	学号	姓名	语文	数学	英语	总分	班级
3	2008007	方言	92	96	87	275	2班
4	2008002	王永明	67	100	90	257	3班
5	2008012	王峰	56	40	100	196	1班
6	2008019	艾温情	98	39	40	177	5班
7	2008021	吕强	98	94	90	282	3班
8	2008018	庆祝	100	100	100	300	1班
9	2008006	朱炜	70	76	67	213	4班
10	2008005	何小利	60	80	100	240	1班
11	2008004	张贝贝	98	90	97	285	3班
12	2008003	李巧巧	60	80	50	190	4班
13	2008011	李稳稳	66	40	76	182	2班
14	2008013	邱爱华	68	100	20	188	5班
15	2008020	陆培华	72	78	98	248	3班
16	2008015	陈恰	80	98	83	261	2班
17	2008014	季卫华	98	78	88	264	2班
18	2008017	姜文霞	85	72	98	255	3班
19	2008008	高韵梅	67	78	62	207	4班
20	2008010	曹亮	95	100	100	295	1班
21	2008001	曹胡倩	89	98	80	267	2班
22	2008016	蒋冬震	78	88	48	214	5班
23	2008009	薛冰	98	95	98	291	1班
24							

图 9-26　按姓名笔划升序排序

> **提示**
>
> 对数据清单排序以记录为单位，即排序前后处于同一行的数据记录不会改变，改变的只是行的顺序。

9.3.2　筛选数据

数据清单创建完成后，对它进行的操作通常是从中查找和分析具备特定条件的记录，筛选是一种用于查找数据清单中数据的快速方法。经过筛选后的数据清单只显示包含指定条件的数据行，以供用户浏览、分析之用。Excel 2003 提供了两种筛选数据的方法：自动筛选和高级筛选。

1. 自动筛选

自动筛选为用户提供了在具有大量记录的数据清单中快速查找符合某种条件记录的功能。使用【自动筛选】筛选记录时，字段名称将变成一个下拉列表框的框名，对参与筛选的字段，其名称将变为蓝色。

打开“学生成绩”工作表，选择工作表中的任意一个单元格，在菜单栏中选择【数据】|【筛选】|【自动筛选】命令，则工作表中的数据清单的列标题全部变成下拉列表框，在其中可以快速设置筛选条件，如图 9-27 所示。在【语文】下拉列表框中选择【自定义】命令，打开【自定义自动筛选方式】对话框，如图 9-28 所示。

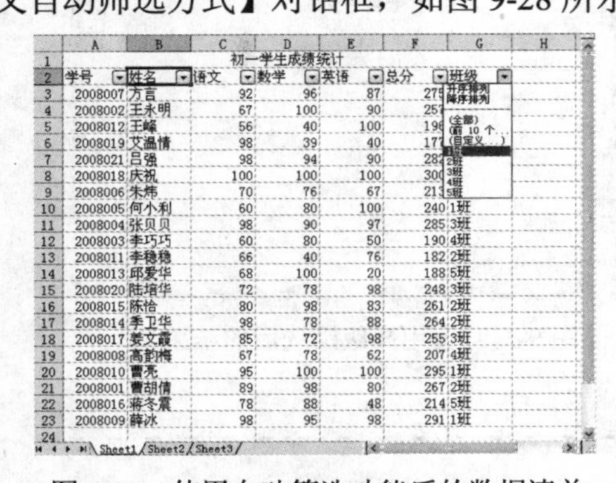

	A	B	C	D	E	F	G
1	初一学生成绩统计						
2	学号	姓名	语文	数学	英语	总分	班级
3	2008007	方言	92	96	87	275	
4	2008002	王永明	67	100	90	25	
5	2008012	王峰	56	40	100	19	
6	2008019	艾温情	98	39	40	17	
7	2008021	吕强	98	94	90	28	
8	2008018	庆祝	100	100	100	30	
9	2008006	朱炜	70	76	67	21	
10	2008005	何小利	60	80	100	240	1班
11	2008004	张贝贝	98	90	97	285	3班
12	2008003	李巧巧	60	80	50	190	4班
13	2008011	李稳稳	66	40	76	182	2班
14	2008013	邱爱华	68	100	20	188	5班
15	2008020	陆培华	72	78	98	248	3班
16	2008015	陈恰	80	98	83	261	2班
17	2008014	季卫华	98	78	88	264	2班
18	2008017	姜文霞	85	72	98	255	3班
19	2008008	高韵梅	67	78	62	207	4班
20	2008010	曹亮	95	100	100	295	1班
21	2008001	曹胡倩	89	98	80	267	2班
22	2008016	蒋冬震	78	88	48	214	5班
23	2008009	薛冰	98	95	98	291	1班
24							

图 9-27　使用自动筛选功能后的数据清单

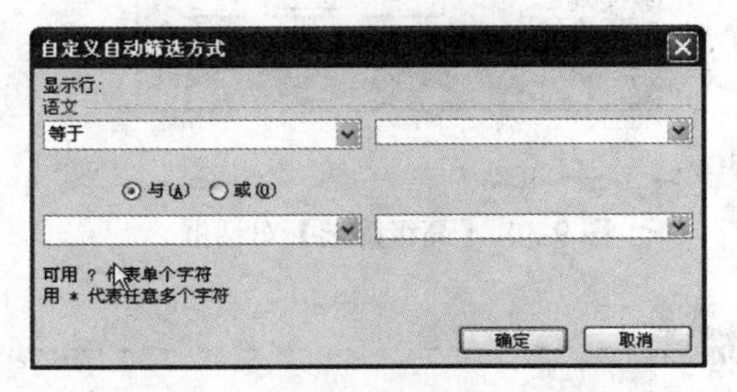

图 9-28 【自定义自动筛选方式】对话框

在【语文】下拉列表框中选择【大于】选项，然后在其后面的文本框中输入 90，最后单击

【确定】按钮，即可筛选出满足条件的记录，如图 9-29 所示。

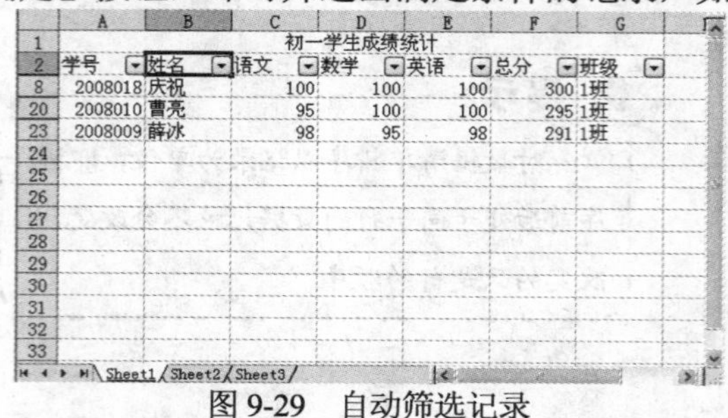

图 9-29　自动筛选记录

> **提示**
>
> 若要再次显示被筛选掉的记录，则可以在菜单栏中选择【数据】|【筛选】|【全部显示】命令即可。

2. 高级筛选

如果数据清单中的字段比较多，筛选的条件也比较多，自定义筛选就显得十分麻烦。对筛选条件较多的情况，可以使用高级筛选功能来处理。

使用高级筛选功能，必须先建立一个条件区域，用来指定筛选的数据所需满足的条件。条件区域的第一行是所有作为筛选条件的字段名，这些字段名与数据清单中的字段名必须完全一样。条件区域的其他行则输入筛选条件。需要注意的是，条件区域和数据清单不能连接，必须用一空行将其隔开。

打开“学生成绩”工作表，在数据清单所在的工作表中选定一块条件区域，输入筛选条件，这里在 D24 单元格中输入“数学”，D25 单元格中输入“>90”，在 E24 单元格输入“英语”，E25 单元格中输入“>80”，然后选择【数据】|【筛选】|【高级筛选】命令，打开【高级筛选】对话框，【列表区域】文本框选择 A2:G23 单元格区域，在【条件区域】文本框选择 D24:F25 单元格区域，如图 9-30 所示。最后单击【确定】按钮，，数据记录按设定的筛选条件筛选并显示在工作表上，效果如图 9-31 所示。

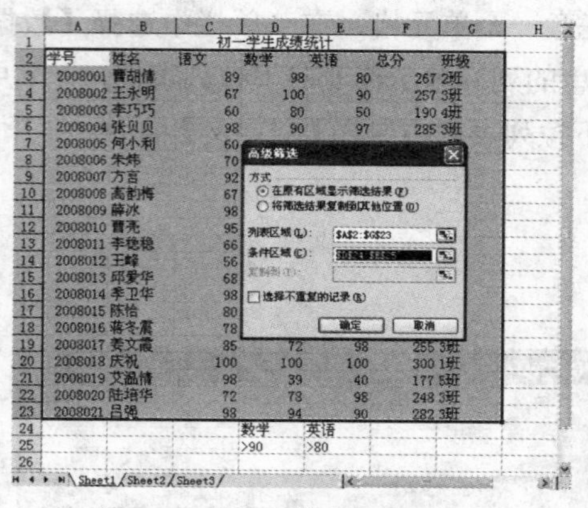

图 9-30　【高级筛选】对话框

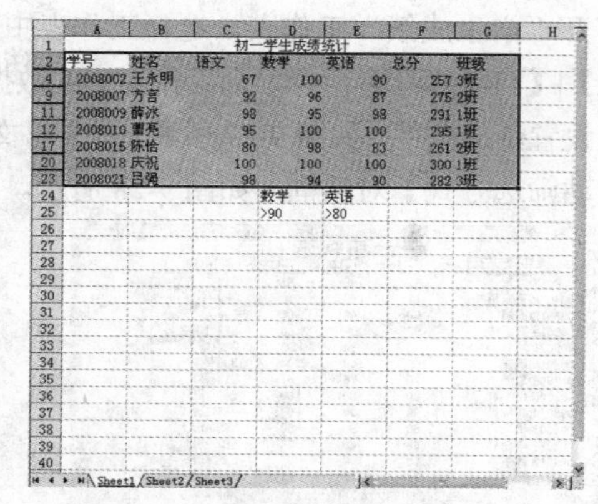

图 9-31　使用高级筛选后的结果

> **提示**
>
> 如果需要取消筛选的显示效果，还原到原始的数据清单，选择【数据】|【筛选】|【全部显示】命令即可。

9.3.3　分类汇总

分类汇总是对数据清单进行数据分析的一种方法。分类汇总对数据库中指定的字段进行分类，然后统计同一类记录的有关信息。统计的内容可以由用户指定，也可以统计同一类记录的记录条数，还可以对某些数值段求和、求平均值、求极值等。

Excel 2003 可以在数据清单中自动计算分类汇总及总计值，用户只需指定需要进行分类汇总的数据项、待汇总的数值和用于计算的函数(如求和函数)即可。如果要使用自动分类汇总，工作表必须组织成具有列标志的数据清单。在创建分类汇总之前，用户必须先根据需要进行分类汇总的数据列对数据清单排序。

【例 9-2】将“学生成绩”工作表中的数据按【班级】分类，并以【班级】选项对英语平均分进行分类汇总。

(1) 启动 Excel 2003，打开“学生成绩”工作表。选中 G2 单元格后，单击工具栏上的【升序排序】按钮，使【班级】列中数据升序排列，效果如图 9-32 所示。

(2) 选择单元格区域 A2:G23，然后选择【数据】|【分类汇总】命令，打开【分类汇总】对话框。

(3) 在【分类汇总】下拉列表框中选择要分类的字段，即选择【班级】选项；在【汇总方式】下拉列表中选择对汇总项进行的汇总的操作，即选择【平均值】选项；在【选定汇总项】列表框中选择要进行汇总的字段，即选中【英语】前的复选框，如图 9-33 所示。

	A	B	C	D	E	F	G
1	初一学生成绩统计						
2	学号	姓名	语文	数学	英语	总分	班级
3	2008005	何小利	60	80	100	240	1班
4	2008009	薛冰	98	95	98	291	1班
5	2008010	曹亮	95	100	100	295	1班
6	2008012	王雌	56	40	100	196	1班
7	2008018	庆祝	100	100	100	300	1班
8	2008001	曹胡倩	89	98	80	267	2班
9	2008007	方言	92	96	87	275	2班
10	2008011	李稳稳	66	40	76	182	2班
11	2008014	季卫华	98	78	88	264	2班
12	2008015	陈怡	80	98	83	261	2班
13	2008002	王永明	67	100	90	257	3班
14	2008004	张贝贝	98	90	97	285	3班
15	2008017	姜文霞	85	72	98	255	3班
16	2008020	陆培华	72	78	98	248	3班
17	2008021	吕强	98	94	90	282	3班
18	2008003	李巧巧	60	80	50	190	4班
19	2008006	朱炜	70	76	67	213	4班
20	2008008	高韵梅	67	78	62	207	4班
21	2008013	邱爱华	68	100	20	188	5班
22	2008016	蒋冬霞	78	88	48	214	5班
23	2008019	艾温情	98	39	40	177	5班
24				数学	英语		
25				>90	>80		

图 9-32　排序数据

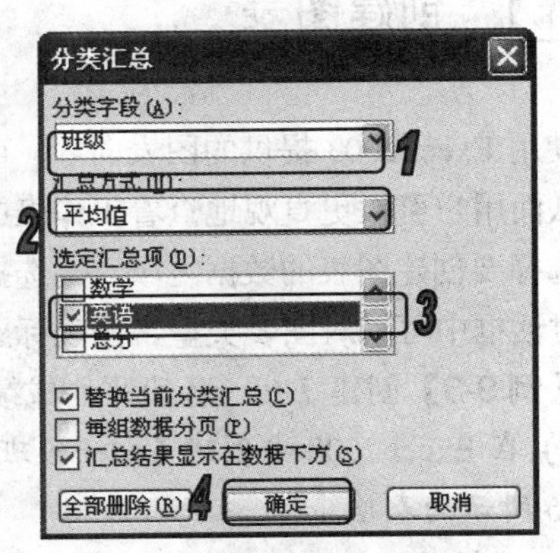

图 9-33　【分类汇总】对话框

(4) 单击【确定】按钮，分类汇总后的结果如图 9-34 所示。

(5) 单击分类汇总 2 按钮或者单击 −，即可显示第二级分类汇总结果，如图 9-35 所示。

提示

要清楚分类汇总的结果，回到原来的显示状态，可选择进行分类汇总的单元格区域后，选择【数据】|【分类汇总】命令，打开【分类汇总】对话框，在该对话框中单击【全部删除】按钮清除分类汇总。

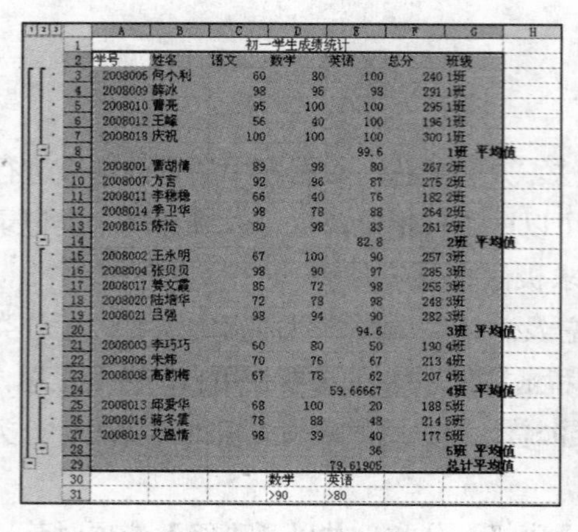

	A	B	C	D	E	F	G
1	初一学生成绩统计						
2	学号	姓名	语文	数学	英语	总分	班级
3	2008005	何个利	60	80	100	240	1班
4	2008009	薛冰	98	96	98	291	1班
5	2008010	曹亮	95	100	100	295	1班
6	2008012	王峰	56	40	100	196	1班
7	2008018	庆祝	100	100	100	300	1班
8					99.6		1班 平均值
9	2008001	曹胡倩	89	98	80	267	2班
10	2008007	方言	92	96	87	275	2班
11	2008011	李艳艳	66	40	76	182	2班
12	2008014	季卫华	98	78	88	264	2班
13	2008015	陈怡	80	98	83	261	2班
14					82.8		2班 平均值
15	2008002	王永明	67	100	90	257	3班
16	2008004	张贝贝	98	90	97	285	3班
17	2008017	赞文霞	85	72	98	255	3班
18	2008020	陆培华	72	78	98	248	3班
19	2008021	吕强	98	94	90	282	3班
20					94.6		3班 平均值
21	2008003	李巧巧	60	80	50	190	4班
22	2008006	朱炜	70	76	67	213	4班
23	2008008	高韵梅	67	78	62	207	4班
24					59.66667		4班 平均值
25	2008013	邱爱华	68	100	20	188	5班
26	2008016	蒋冬霞	78	88	48	214	5班
27	2008019	艾温情	98	39	40	177	5班
28					36		5班 平均值
29					79.61905		总计平均值
30				数学	英语		
31				>90	>80		

图 9-34　汇总结果

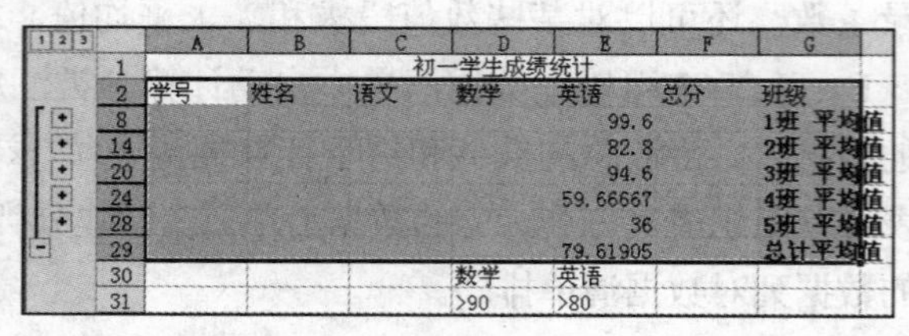

	A	B	C	D	E	F	G
1	初一学生成绩统计						
2	学号	姓名	语文	数学	英语	总分	班级
8					99.6		1班 平均值
14					82.8		2班 平均值
20					94.6		3班 平均值
24					59.66667		4班 平均值
28					36		5班 平均值
29					79.61905		总计平均值
30				数学	英语		
31				>90	>80		

图 9-35　显示第二级分类汇总结果

9.4　使用图表分析数据

使用 Excel 2003 对工作表中的数据进行计算、统计等操作后，得到的计算和统计结果还不能更好地显示出它的发展趋势或分布状况。为了解决这一问题，Excel 2003 将各种所处理的数据建成各种统计图表，这样就能够更好地使所处理的数据直观地表现出来。

9.4.1　创建图表

使用 Excel 2003 提供的图表向导，可以方便、快速地插入一个标准类型或自定义类型的图表，从而用户可以更直观地查看工作表中的数据。

选择要创建图表的数据区域，并选择【插入】|【图表】命令，打开【图表向导】对话框，在该对话框中可以对图表类型、图表标题、图表位置等进行设置。

【例 9-3】创建【初一各班平均成绩汇总表】工作簿，插入柱形图以显示表格中的数据。

(1) 在 Excel 2003 中创建【初一各班平均成绩汇总表】工作簿，并在 Sheet1 工作表中创建如图 9-36 所示的表格。

(2) 选择单元格区域 A2:D7，然后在菜单栏中选择【插入】|【图表】命令，打开【图表向导-4 步骤之 1-图表类型】对话框，在【图表类型】列表框中选择【柱形图】选项，然后在该对话框右边的【子图表类型】选项区域中选择【三维簇状柱形图】样式，如图 9-37 所示。

(3) 单击【下一步】按钮，打开【图表向导-4 步骤之 2-图表源数据】对话框，在该对话框中可以设置图表在工作表中的数据源，保持默认设置即可，如图 9-38 所示。

(4) 单击【下一步】按钮，打开【图表向导-4 步骤之 3-图表选项】对话框，在【图表标题】文本框中输入“各班平均成绩”，如图 9-39 所示。

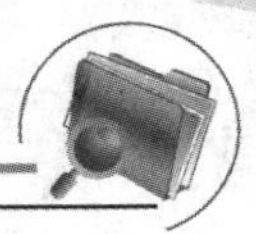

	A	B	C	D
1	初一各班平均成绩汇总			
2	班级	语文	数学	英语
3	1班	81.8	83	99.6
4	2班	84	86.8	94.6
5	3班	85	82	82.6
6	4班	65.67	78	59.67
7	5班	81.33	75.67	36

图 9-36　创建工作表

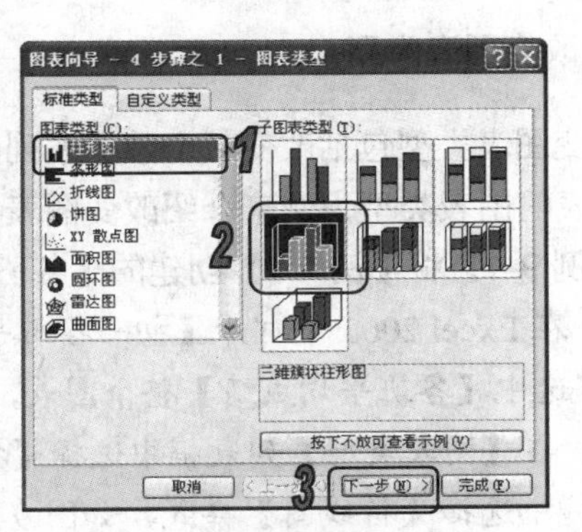

图 9-37　选择图标类型

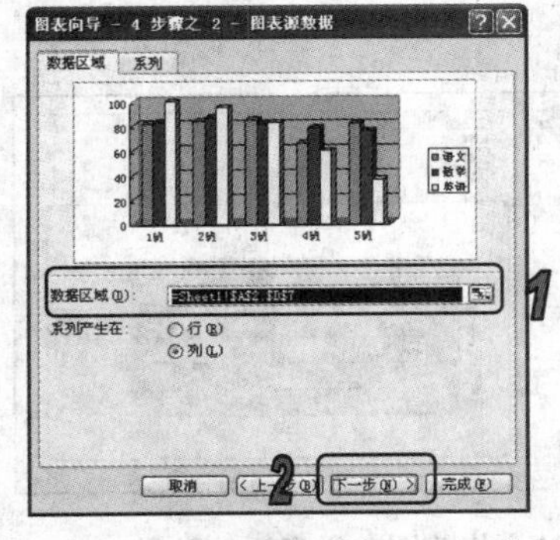

图 9-38　【图表源数据】对话框

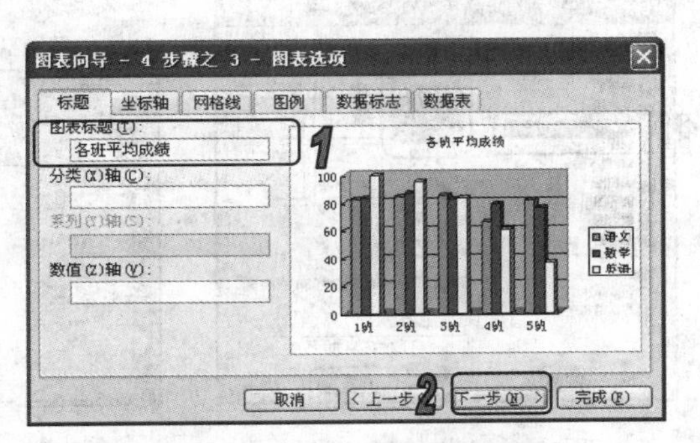

图 9-39　【图表选项】对话框

(5) 单击【下一步】按钮，打开【图表向导-4 步骤之 4-图表位置】对话框，在【将图表】选项区域中，选中【作为其中的对象插入】单选按钮，然后在后面的下拉列表框中选择 Sheet1 工作表，如图 9-40 所示。

(6) 单击【完成】按钮，即可创建所需要的图表，如图 9-41 所示。

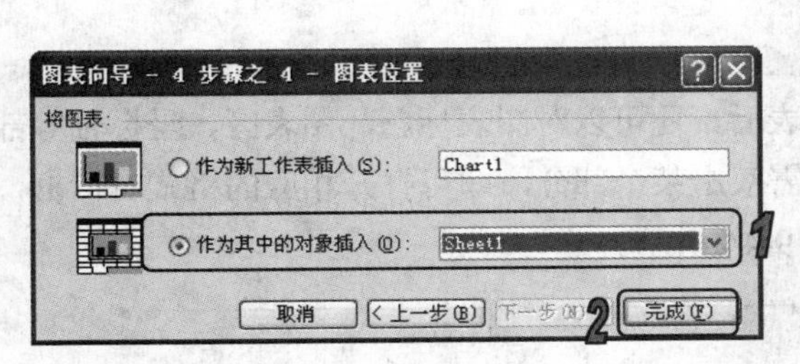

图 9-40　【图表位置】对话框

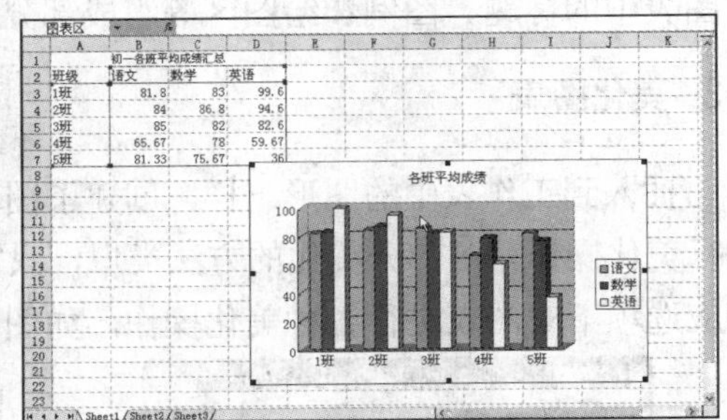

图 9-41　创建嵌入式图表

9.4.2　编辑图表

对于插入好的图表，还可以对其进行编辑操作，如改变图表类型、位置大小、美化图表等。

1. 改变图表类型

改变图表类型包括改变某个数据系列的图表类型和改变整个图表的图表类型，下面以改变整个图表的图表类型为例来介绍改变图表类型的方法。

【例 9-4】将【例 9-3】创建的【各班平均成绩】图表类型改为折线图。

(1) 在 Excel 2003 中打开【初一各班平均成绩汇总表】工作簿，并打开 Sheet1 工作表。

(2) 选中【各班平均成绩】整个图表，选择【图表】|【图表类型】命令，打开【图表类型】对话框，在【图表类型】列表框中选择【折线图】选项，然后在该对话框右边的【子图表类型】选项区域中选择【折线图】样式，如图 9-42 所示。

(3) 单击【确定】按钮，修改类型后的图表如图 9-43 所示。

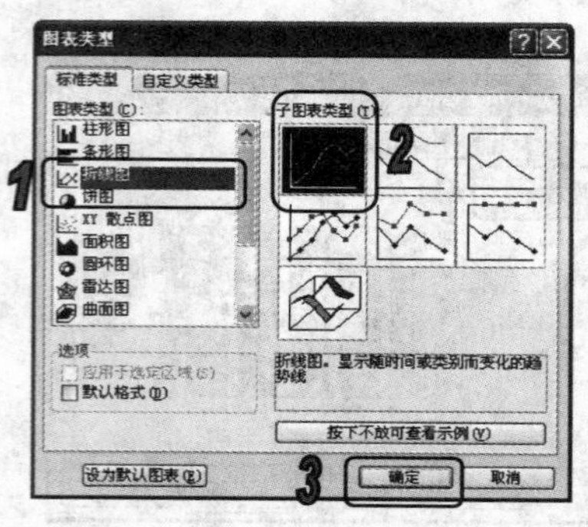
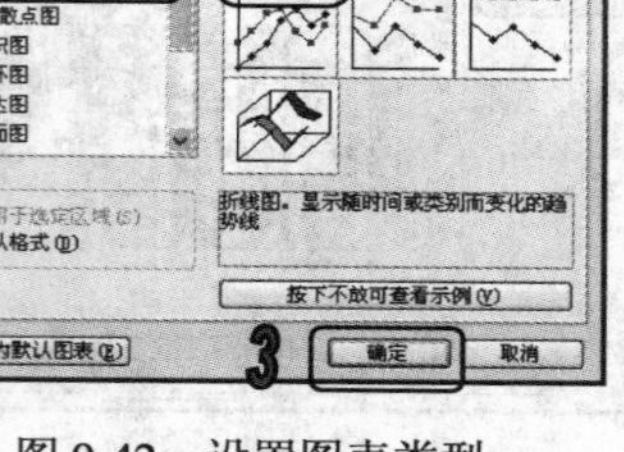

图 9-42　设置图表类型

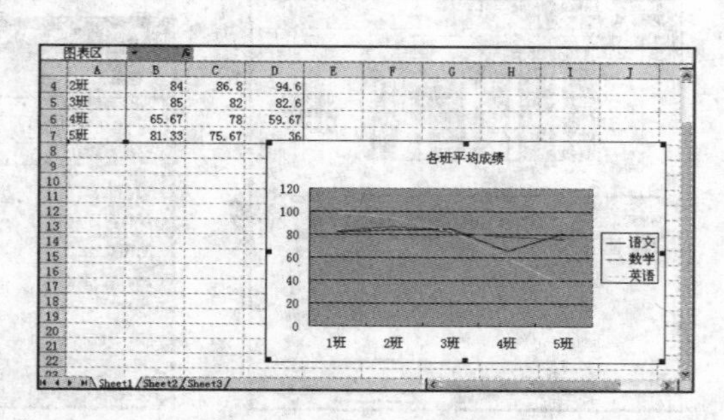

图 9-43　修改图表类型后的效果

2. 改变图表类型

插入至工作表中的图表就如同图形一样，用户可以对其进行移动和改变大小，其方法类似于普通图形对象，只需选中后拖动图表位置，等鼠标变成双向箭头后缩小或扩大图表大小。此外，图表中的标题、图例和绘图区等组成部分也可移动或改变大小，操作方法也类似。

3. 美化图表

与插入到工作表中的图形一样，创建了图表后，还可以对图表标题、图表区、坐标轴等部分进行美化操作。各部分美化的方法类似，只需双击某个部分，即可打开相应的格式对话框，在相应选项下对图表进行各种美化操作，如图 9-44 所示。

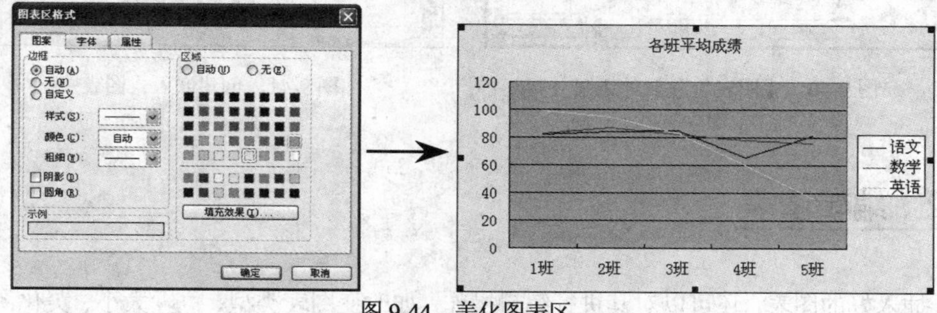

图 9-44　美化图表区

9.5 数据透视图表

在 Excel2003 中，数据透视图表是一种简单、形象、实用的数据分析工具。使用它可以生动、全面地对数据清单重新组织和统计数据。其中，数据透视表是一种对大量数据快速汇总和建立交叉列表的交互式表格。它不仅可以转换行和列以查看源数据的不同汇总结果，也可以显示不同页面以筛选数据，还可以根据需要显示区域中的细节数据。数据透视图则是一个动态的图表，它是将创建的数据透视表以图表形式显示出来。

9.5.1 创建数据透视表

数据透视表是通过【数据透视表向导】来创建的。在【数据透视表向导】的指引下，用户可以方便地为数据库或数据清单创建数据透视表。利用向导创建数据透视表需要 3 个步骤来完成，它们分别是：第一步，选择所创建的数据表的数据源的类型；第二步，选择数据源的范围；第三步，设计将要生成的透视表的版式和某些选项。用户还可以随时修改创建好的数据透视表的结构。

【例 9-5】在【年度销售业绩表】工作簿中创建数据透视表。

(1) 在 Excel 2003 中创建【年度销售业绩表】工作簿，并在其中输入数据，完成后如图 9-45 所示。

(2) 在菜单栏中选择【数据】|【数据透视表和数据透视图】命令，打开【数据透视表和数据透视图向导－3 步骤之 1】对话框。在【请指定待分析数据的数据源类型】选项区域中选择【Microsoft Office Excel 数据列表或数据库】单选按钮；在【所需创建的报表类型】选项区域中选择【数据透视表】单选按钮，然后单击【下一步】按钮，如图 9-46 所示。

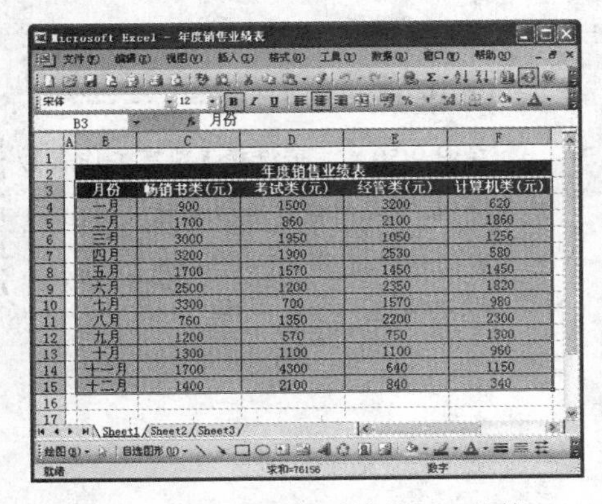

年度销售业绩表				
月份	畅销书类(元)	考试类(元)	经管类(元)	计算机类(元)
一月	900	1500	3200	620
二月	1700	860	2100	1860
三月	3000	1950	1050	1256
四月	3200	1900	2530	580
五月	1700	1570	1450	1450
六月	2500	1200	2350	1820
七月	3300	700	1570	980
八月	760	1350	2200	2300
九月	1200	570	750	1300
十月	1300	1100	1100	960
十一月	1700	4300	640	1150
十二月	1400	2100	840	340

图 9-45　【年度销售业绩表】工作簿

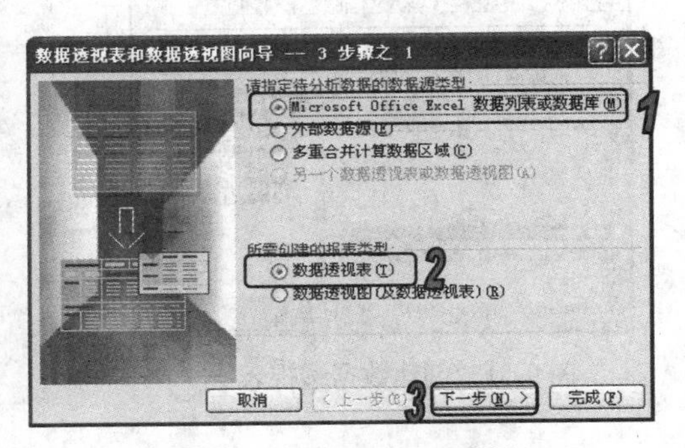

图 9-46　【3 步骤之 1】对话框

(3) 打开【数据透视表和数据透视图向导－3 步骤之 2】对话框，由于之前已经选定了数据源，则这里保持默认设置，然后单击【下一步】按钮，如图 9-47 所示。用户也可以单击按钮，重新选择数据源。

(4) 打开【数据透视表和数据透视图向导－3 步骤之 3】对话框，单击【布局】按钮，如图 9-48 所示。

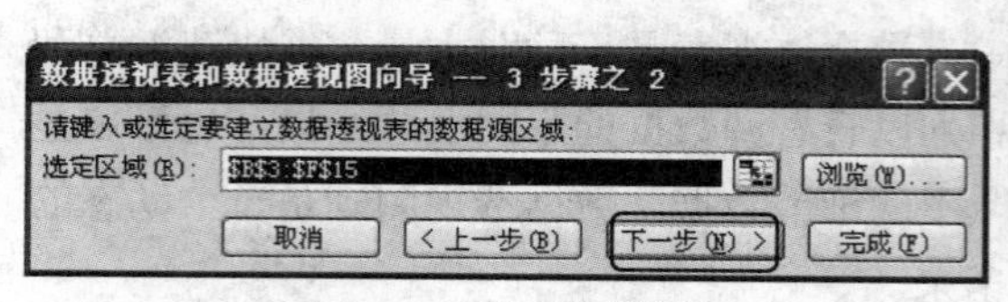

图 9-47　选择数据源

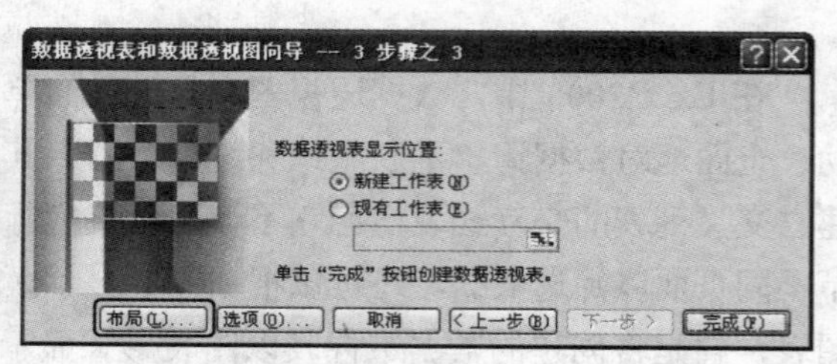

图 9-48　【3 步骤之 3】对话框

(5) 打开【数据透视表和数据透视图向导－布局】对话框，将该对话框右边的按钮拖动至对话框中间的布局区域，用户可以根据自己的需要来设定数据透视表的布局，完成后单击【确定】按钮，如图 9-49 所示。

(6) 返回【数据透视表和数据透视图向导－3 步骤之 3】对话框，在【数据透视表显示位置】选项区域中，选择【新建工作表】单选按钮，然后单击【完成】按钮，如图 9-50 所示。

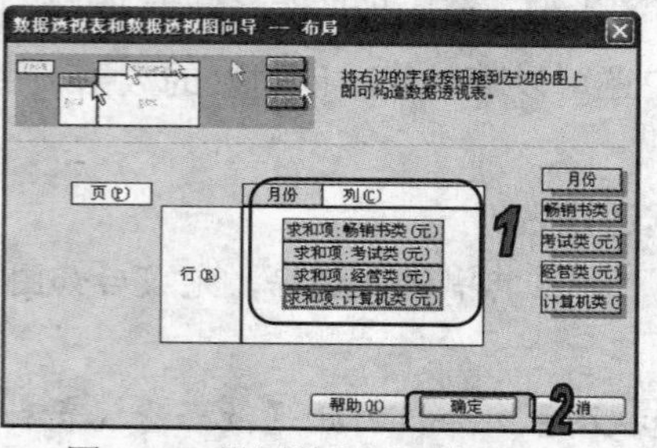

图 9-49　设置数据透视表的布局

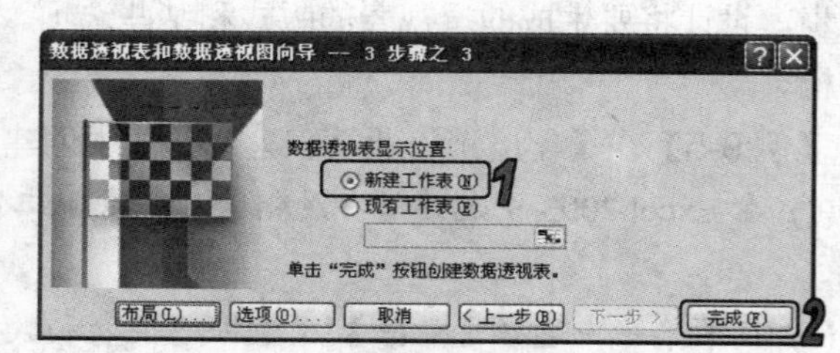

图 9-50　设置数据透视表的位置

(7) 返回【年度销售业绩表】工作簿，即可创建数据透视表，如图 9-51 所示。

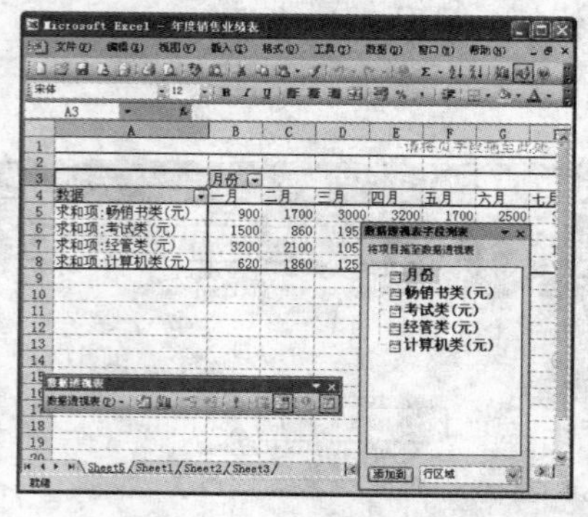

图 9-51　创建数据透视表

知识点

在图 9-50 中，若选择【现有工作表】单选按钮，可以将数据透视表插入到已有工作表的指定位置。

9.5.2　编辑数据透视表

创建数据透视表后，为了能更好地显示所需的数据和统计结果，还可以根据需求随时调整

数据透视表的布局，显示字段的内容等。

1. 更改数据透视表布局

在 Excel 2003 中，如果对已经创建的数据透视表布局不满意，则可以通过在工作表中拖动字段按钮或字段项标题，直接更改数据透视表的布局。拖动字段或数据单元格来更改数据透视表布局的操作很简便，只需用鼠标拖动需移动的字段至目的地即可，如图 9-52 所示。

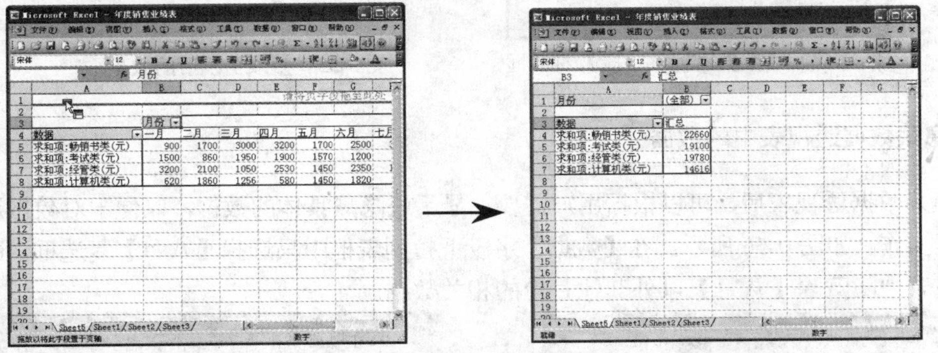

图 9-52　拖动字段重新设置布局

此外，还可以使用【数据透视表向导】来更改布局。要利用数据透视表向导来更改数据透视表的布局时，在菜单栏中选择【数据透视表】|【数据透视表向导】命令，打开【数据透视表和数据透视图向导－3 步骤之 3】对话框，并在其中单击【布局】按钮，在【布局】对话框中重新调整其布局即可，如图 9-53 所示。

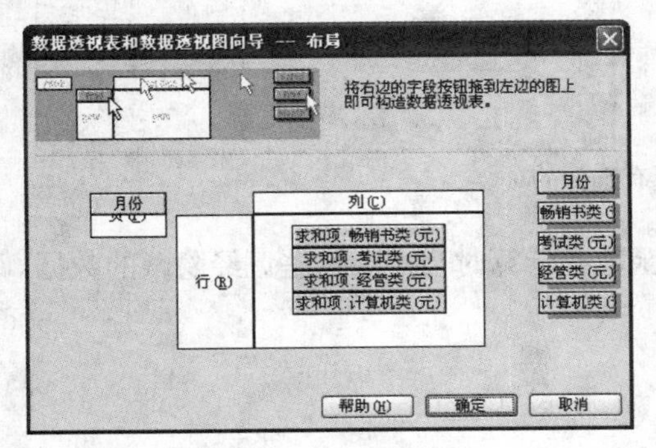

图 9-53　调整布局

知识点

在【数据透视表】工具栏中选择【数据透视表】|【数据透视表向导】命令，同样可以打开【数据透视表和数据透视图向导－3 步骤之 3】对话框。

2. 编辑数据透视表字段

在创建数据透视表后，在【布局】对话框中，双击数据透视表字段对应的按钮，打开【数据透视表字段】对话框，如图 9-54 所示，在该对话框中可以重新定义字段的名称。如图 9-55 所示的就是修改后的字段名称。

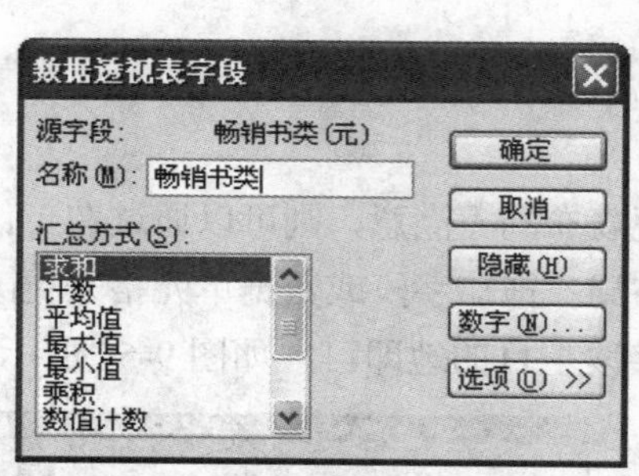

图 9-54 【数据透视表字段】对话框

1			
2			
3		月份	
4	数据	一月	二月
5	畅销书类	900	170
6	考试类	1500	86
7	经管类	3200	210
8	计算机类	620	186
9			
10			
11			

图 9-55 修改字段后的效果

3. 隐藏数据透视表中的数据

创建好数据透视表后，可以根据用户需要，显示或隐藏具体的数据，以便于对数据进行分析与整理操作。如图 9-56 所示，在【数据】字段下拉列表框中只选择【八月】复选框，即可在数据透视表中隐藏除【八月】以外其他月份的相关数据。

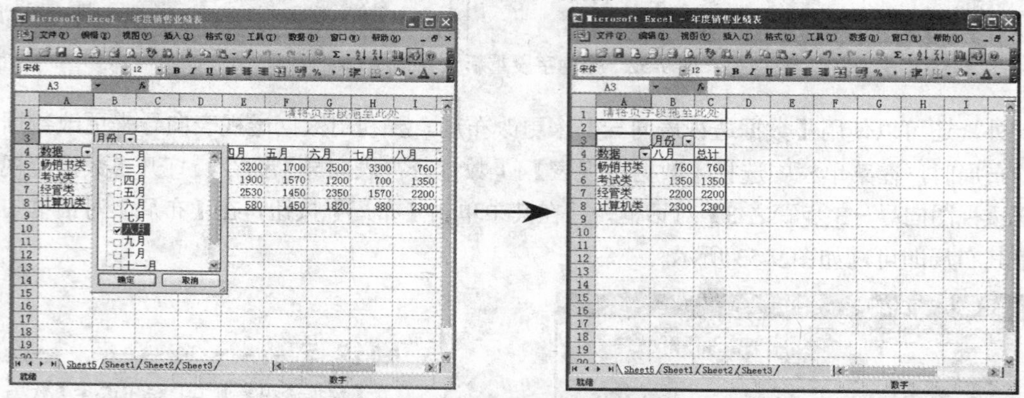

图 9-56 隐藏没有选择的项

当隐藏了数据透视表中的一些数据后，汇总函数在计算时会排除那些已经隐藏的数据，因此得到的结果也会产生相应变化。

4. 修改数据透视表中的数字格式

在 Excel 2003 中，用户可以根据需要，重新设定数据透视表中数字的格式，让数据透视表更加实用。

打开要设置格式字段的【数据透视表字段】对话框，然后单击【数字】按钮，打开【单元格格式】对话框，如图 9-57 所示。在该对话框中即可修改数据透视表中的数字格式，如图 9-58 所示，不显示小数点后的数值。

知识点

通过【数据透视表字段】对话框设置该字段的数字格式后，该字段中的所有项的数字格式也会随着同步改变。

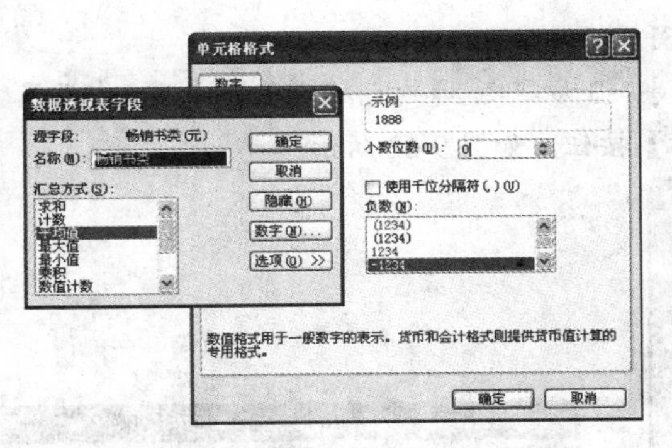

图 9-57　【单元格格式】对话框

月	十二月	总计
700	1400	1888
4300	2100	1591.666667
640	840	1648.333333
150	340	1218

图 9-58　隐藏小数点后的位数

5. 设置数据透视表格式

在【数据透视表】工具栏中，单击【设置报告格式】按钮，可以打开【自动套用格式】对话框，如图 9-59 所示。在其中可以为数据透视表选择套用格式，如图 9-60 所示为【年度销售业绩表】工作簿中的数据透视表套用格式。

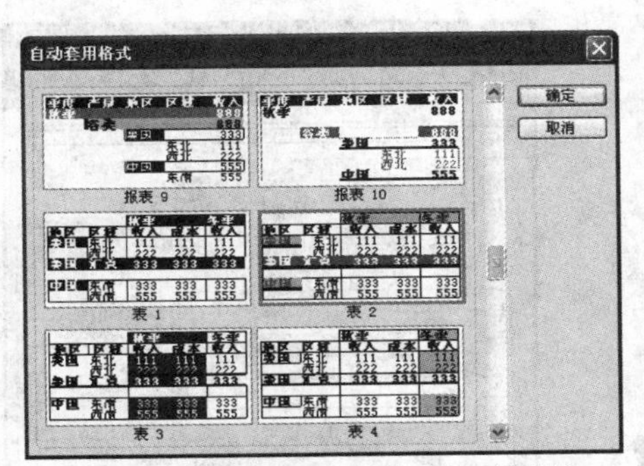

图 9-59　【自动套用格式】对话框

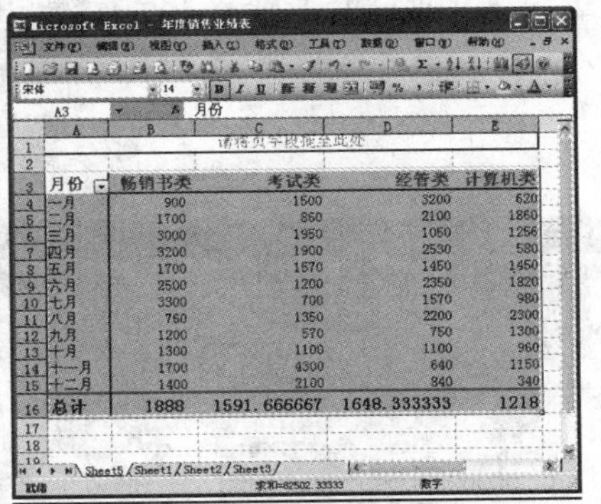

图 9-60　套用格式

9.5.3　创建数据透视图

数据透视图可以看作是数据透视表和图表的结合，它以图形的形式表示数据透视表中的数据。正像在数据透视表里那样，用户可以更改数据透视图报表的布局和显示的数据。数据透视图具有 Excel 图表显示数据的所有能力，而且同时又具有数据透视表的方便和灵活等特性。

创建数据透视图的操作基本与创建数据透视表相同，都是通过【数据透视表和数据透视图向导】来完成操作。本节以一个练习来介绍创建数据透视图的具体步骤。

【例 9-6】在【年度销售业绩表】工作簿中，创建数据透视图。

(1) 打开【年度销售业绩表】工作簿，在菜单栏中选择【数据】|【数据透视表和数据透视图】命令，打开【数据透视表和数据透视图向导－3 步骤之 1】对话框。

(2) 在该对话框的【所需创建的报表类型】选项区域中，选择【数据透视图(及数据透视表)】

单选按钮，单击【下一步】按钮，如图 9-61 所示。

(3) 打开【数据透视表和数据透视图向导－3 步骤之 2】对话框。在该对话框中设置数据源所在 B3:F15 单元格区域，然后单击【下一步】按钮，如图 9-62 所示。

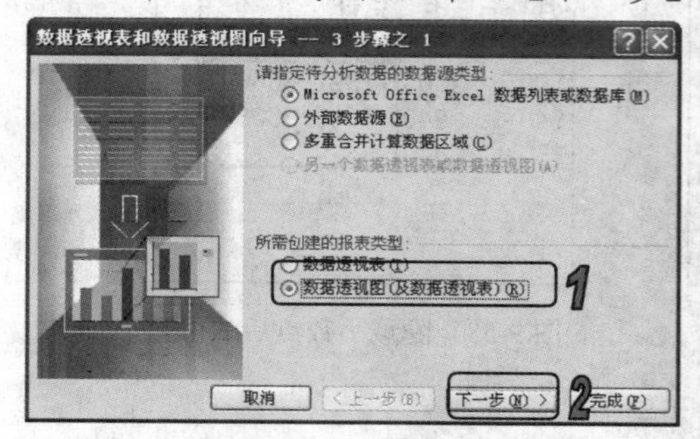

图 9-61　选择创建数据透视图

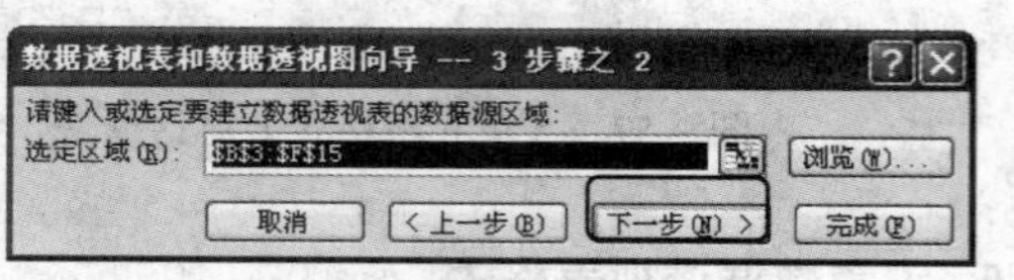

图 9-62　选择数据源

(4) 打开【数据透视表和数据透视图向导－3 步骤之 3】对话框。在该对话框中选择【新建工作表】单选按钮，然后单击【完成】按钮，如图 9-63 所示。

(5) 返回【年度销售业绩表】工作簿，即可插入数据透视图，如图 9-64 所示。

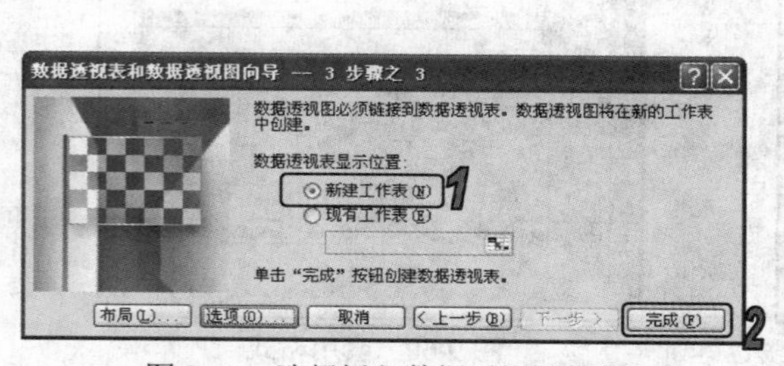

图 9-63　选择插入数据透视图的位置

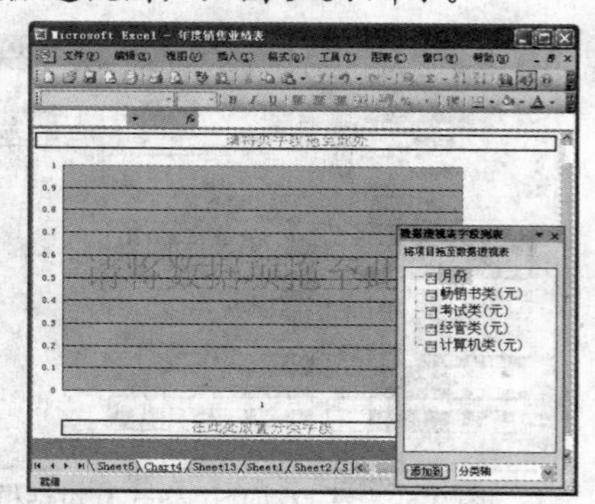

图 9-64　创建数据透视图

(6) 将【数据透视表字段列表】中的字段拖动至数据透视图的相应位置，完成后如图 9-65 所示。

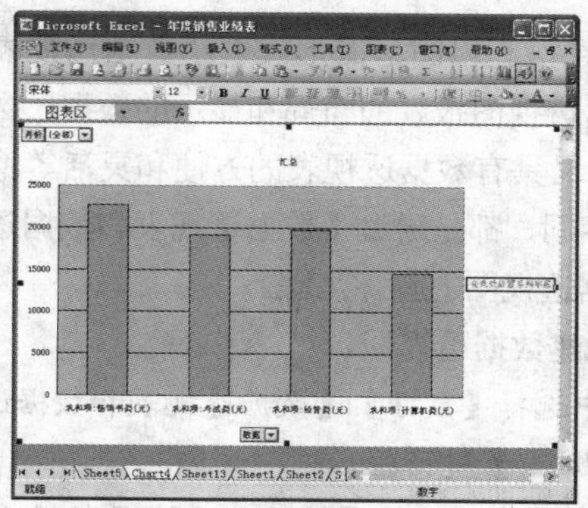
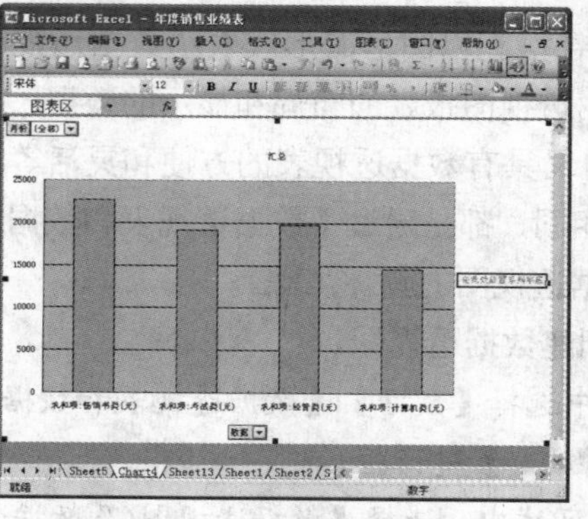

图 9-65　设置数据透视图的布局

提示

若工作簿中已经创建了数据透视表，则在【数据透视表】工具栏中单击【图表向导】按钮，可以快速创建数据透视图。

9.5.4　设置数据透视图

数据透视图是数据透视表与图表的综合，因此设置数据透视表的方法大多与设置图表的方法相同。和普通图表相比，数据透视图更加灵活，可以通过修改字段的布局，就能达到分析统计不同数据的目的。

以【年度销售业绩表】工作簿中的数据透视图为例，介绍通过移动字段的位置，让数据透视图以不同方式统计汇总数据的方法。

- 如图 9-66 所示，通过数据透视图，可以方便地查看到每个月各类图书的销售情况与对比，并能在【月份】字段下拉列表框中选择要查看具体某月或全年的图书销售情况。
- 将【月份】字段，拖动到数据透视图右边图例位置处时，可以在一张图表中显示全年各类图书的销售额，并以不同颜色区分各月的销售额，如图 9-67 所示。

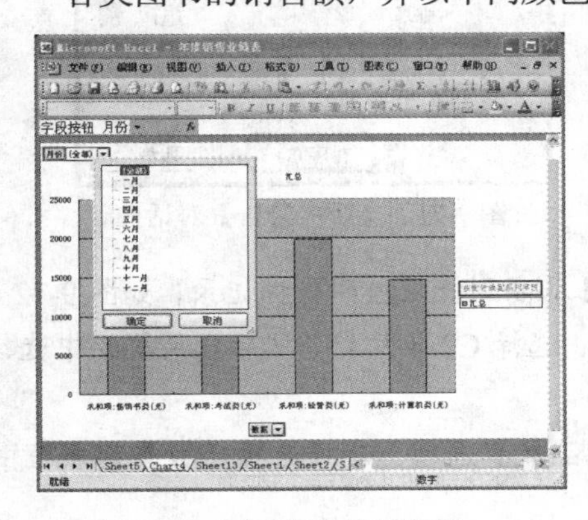

图 9-66　显示各月的销售额

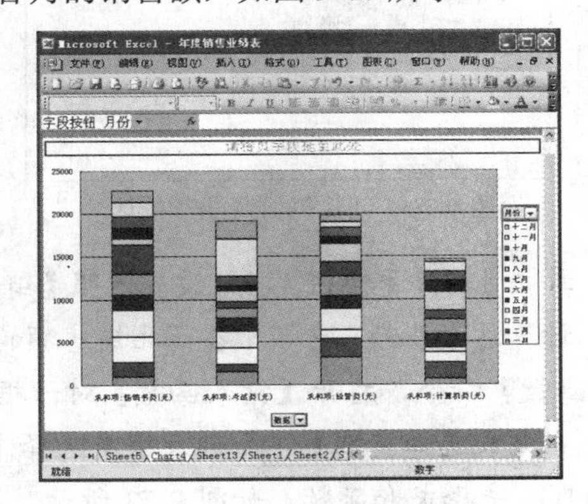

图 9-67　显示全年总销售额

计算机基础与实训教材系列

- 若将【月份】字段与数据透视图下方的【数据】字段调换位置，则可以在一张图表中统计每月的销售额，并以不同颜色显示每月中各类图书的销售额，如图 9-68 所示。
- 将【月份】字段再次移动至数据透视图标题位置时，即可显示全年销售总额，以及各类图书所占的比例，如图 9-69 所示。

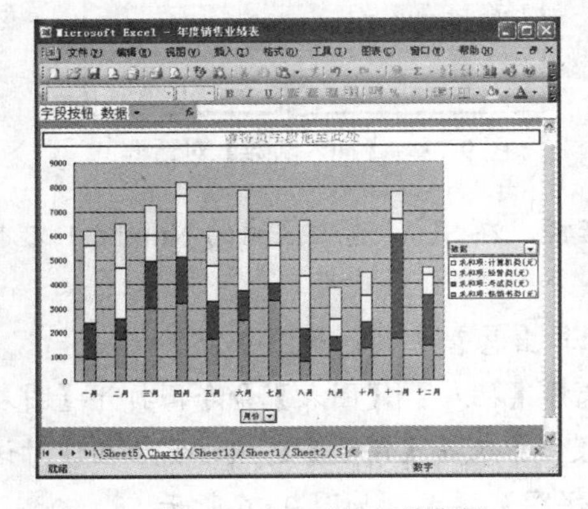

图 9-68　显示每月销售额

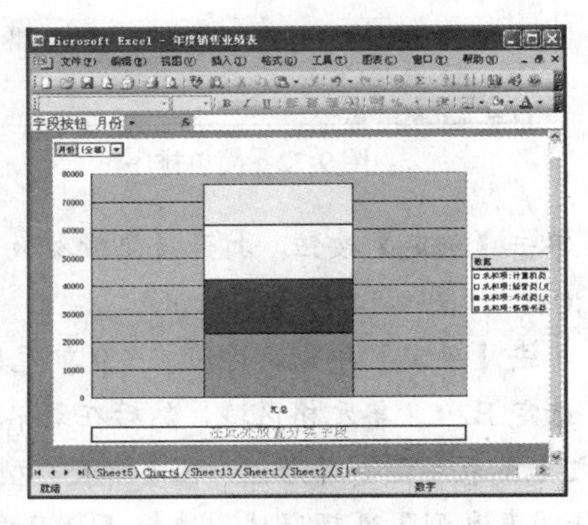

图 9-69　显示全年销售总额

9.6 上机练习

本章介绍了使用 Excel 2003 进行数据的计算与分析操作。本练习通过创建【每日营业额统计】工作簿来帮助用户复习公式、函数的使用、数据排序、创建图表和创建数据透视表等操作。

(1) 打开 Excel 2003，创建名为“每日营业额统计”工作簿，并在表格中输入销售额数据，效果如图 9-70 所示。

(2) 选定【销售额】所在的 C3:C8 单元格区域。在【常用】工具栏中单击【降序排序】按钮，打开【排序警告】对话框，选中【扩展选定区域】单选按钮，如图 9-71 所示。

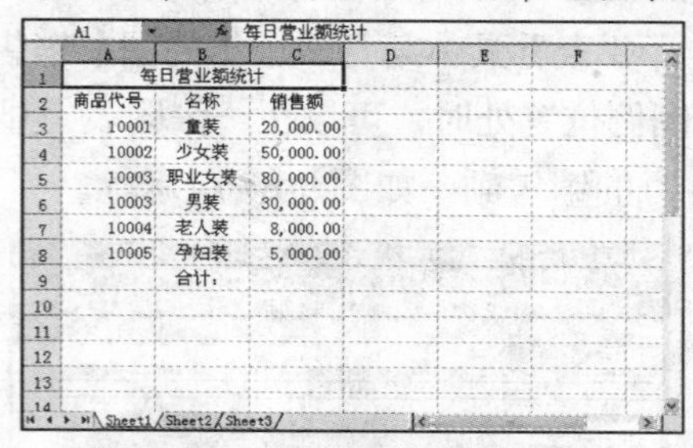

图 9-70　创建每日营业额统计

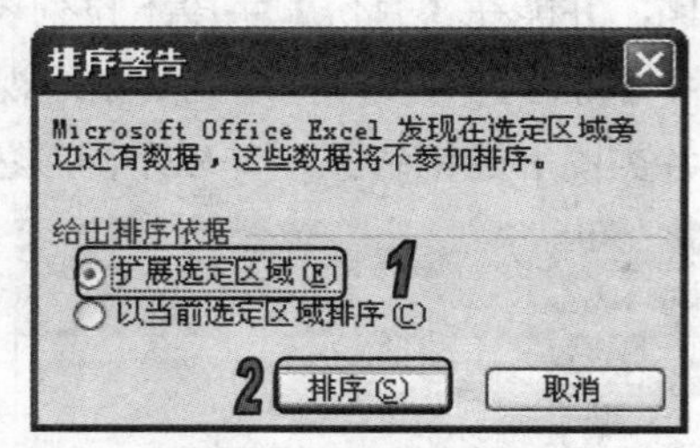

图 9-71　【排序警告】对话框

(3) 单击【排序】按钮，即可设置依照【销售额】从高到低来排列数据记录，如图 9-72 所示。

(4) 计算总营业额，它等于各商品销售额的总和。选择 C9 单元格，然后在菜单栏中选择【插入】|【函数】命令，打开【插入函数】对话框。

(5) 在【或选择类别】下拉列表框中选择【常用函数】选项，在【选择函数】列表框中选择 SUM 选项，选择求和函数，如图 9-73 所示。

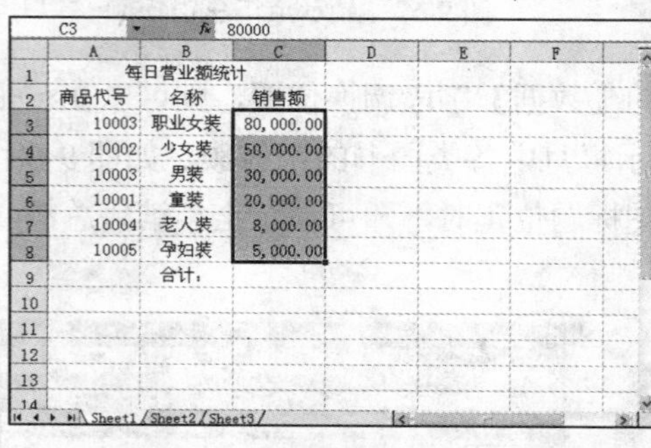

图 9-72　简单排序

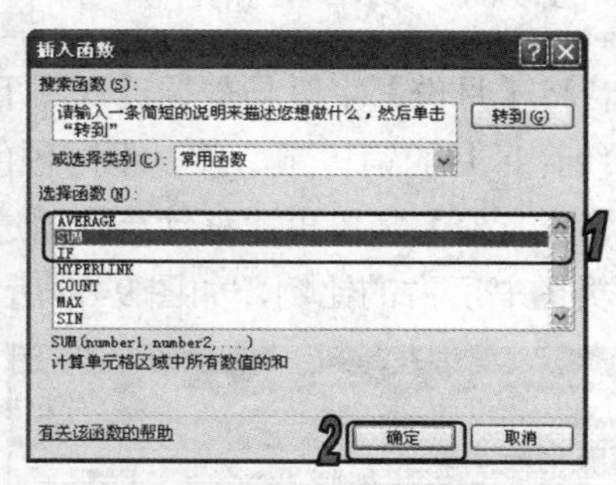

图 9-73　【插入函数】对话框

(6) 单击【确定】按钮，打开【函数参数】对话框，在 SUM 选项区域的 Number1 文本框中输入 C3:C8，如图 9-74 所示。

(7) 单击【确定】按钮，即可在 C9 单元格中计算出总营业额，如图 9-75 所示。

(8) 选定 B2:C8 单元格区域，然后在菜单栏中选择【插入】|【图表】命令，打开【图表向导-4 步骤之 1-图表类型】对话框，在【图表类型】列表框中选择【饼图】选项，然后在该对话框右边的【子图表类型】选项区域中选择【分离型三维饼图】样式，如图 9-76 所示。

(9) 单击【下一步】按钮，打开【图表向导-4 步骤之 2-图表源数据】对话框，在此保持默认设置，如图 9-77 所示。

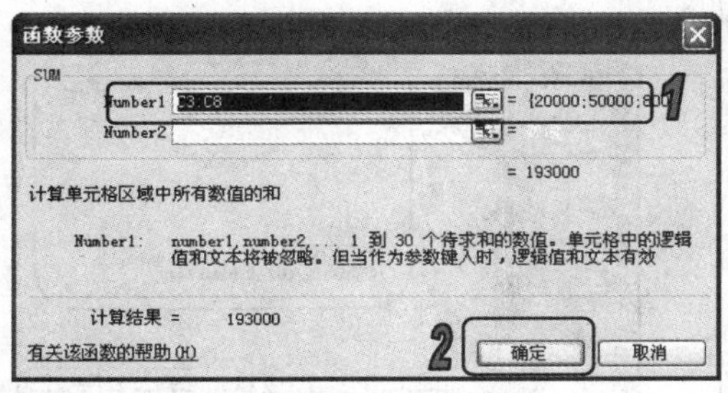

图 9-74　【函数参数】对话框

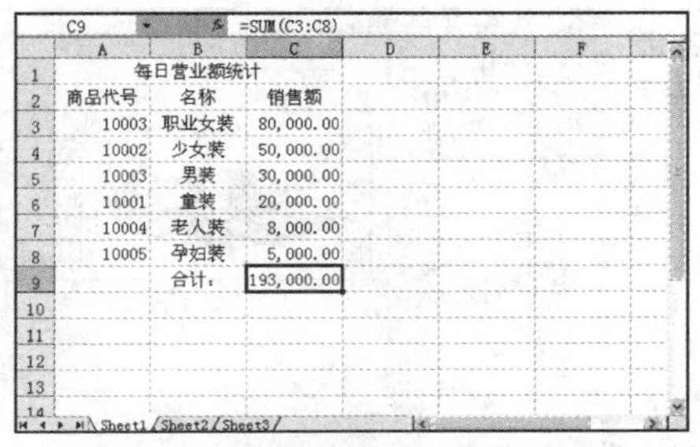

图 9-75　计算总销售额

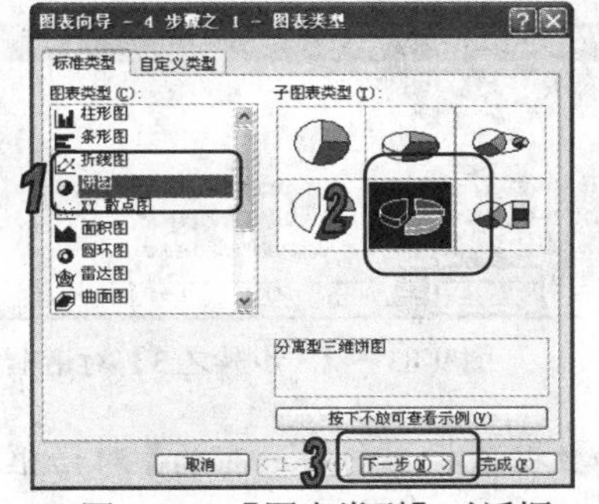

图 9-76　【图表类型】对话框

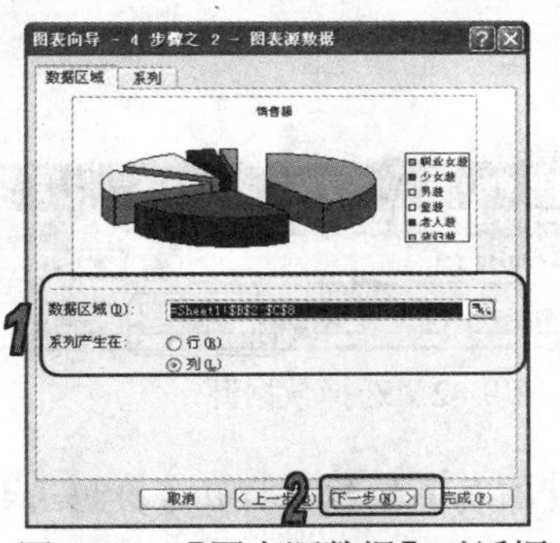

图 9-77　【图表源数据】对话框

(10) 单击【下一步】按钮，打开【图表向导-4 步骤之 3-图表选项】对话框，在【图表标题】文本框中输入“当日营业额(元)”，如图 9-78 所示。

(11) 单击【下一步】按钮，打开【图表向导-4 步骤之 4-图表位置】对话框，选中【作为其中的对象插入】单选按钮，然后在后面的下拉列表框中选择要插入的工作表，如图 9-79 所示。

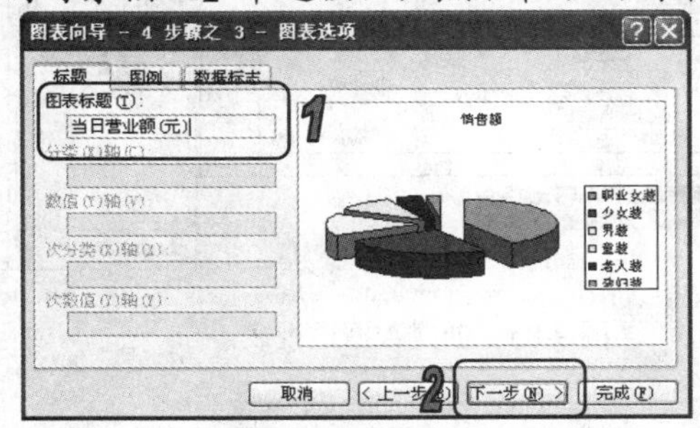

图 9-78　【图表选项】对话框

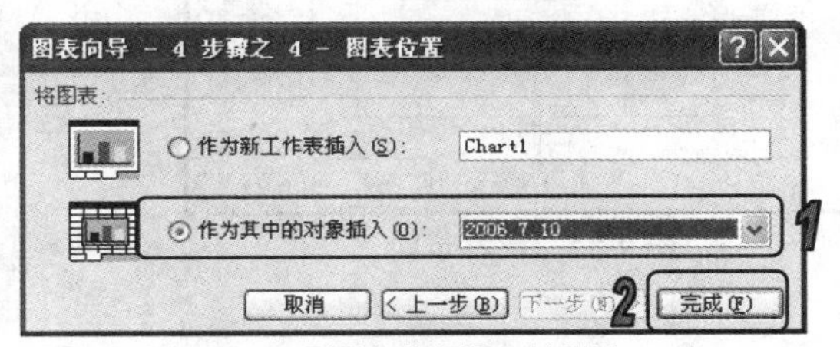

图 9-79　【图表位置】对话框

(12) 单击【完成】按钮，创建所需要的图表，并调整图表大小和位置后的效果如图 9-80 所示。

(13) 在菜单栏中选择【数据】|【数据透视表和数据透视图】命令，打开【数据透视表和数据透视图向导－3 步骤之 1】对话框，完成后如图 9-81 所示。

(14) 单击【下一步】按钮，打开【数据透视表和数据透视图向导－3 步骤之 2】对话框，在该对话框中单击按钮，然后选定要建立数据透视表的数据源区域，这里选择 A2:C8 单元格区域，如图 9-82 所示。

(15) 单击【下一步】按钮，打开【数据透视表和数据透视图向导－3 步骤之 3】对话框，如图 9-83 所示。

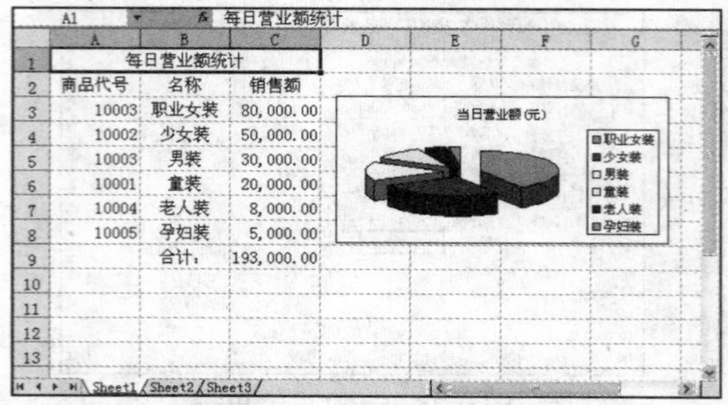

图 9-80　调整图表后最终效果

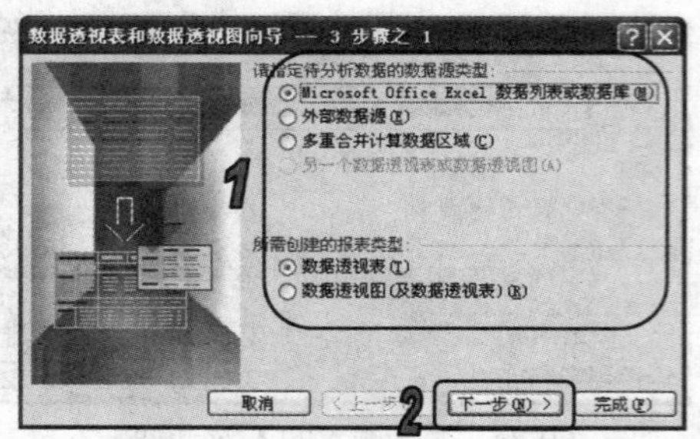

图 9-81　【3 步骤之 1】对话框

图 9-82　选择数据源

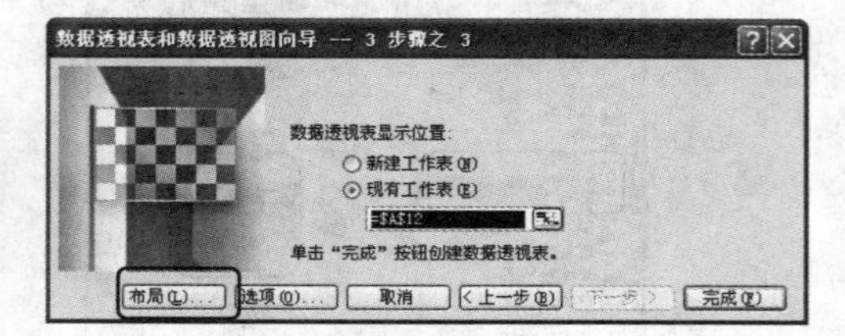

图 9-83　【3 步骤之 3】对话框

(16) 单击【布局】按钮，打开【数据透视表和数据透视图向导－布局】对话框，用户可以根据自己的需要来设定数据透视表的布局，完成后如图 9-84 所示。

(17) 单击【确定】按钮，返回【数据透视表和数据透视图向导－3 步骤之 3】对话框，然后单击【完成】按钮即可创建数据透视表，如图 9-85 所示。

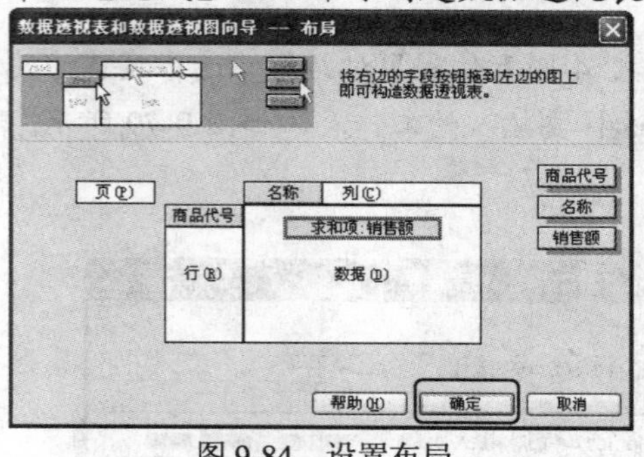

图 9-84　设置布局

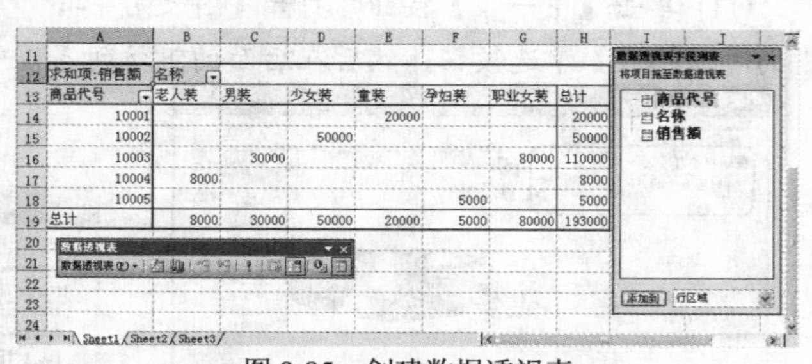

图 9-85　创建数据透视表

9.7　习题

1. 对【初一学生成绩统计表】工作表每个人的成绩进行分类汇总。要求运用加法运算和求和函数两种方式。

2. 在上机练习中【每日营业额统计】工作簿中创建数据透视图。

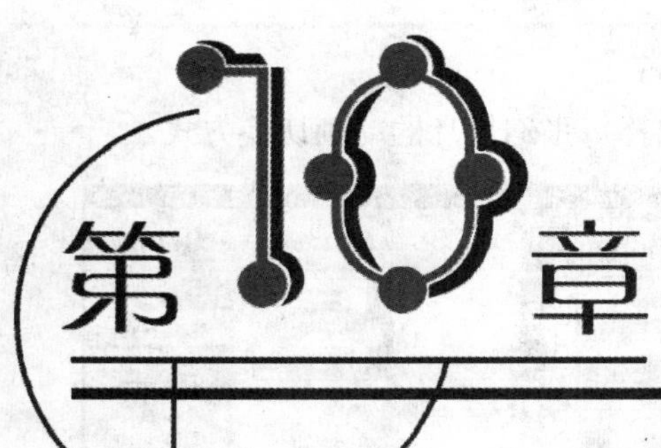

PowerPoint 2003 演示文稿制作

学习目标

PowerPoint 2003 是最为常用的多媒体演示软件。无论是向观众介绍一个工作计划或一种新产品，还是作报告或培训员工，只要事先用 PowerPoint 做一个演示文稿，就会使阐述过程变得简明而清晰，从而更有效地与他人沟通。用户只有在充分了解 PowerPoint 2003 基础知识后，才可以更好地使用，也才能更加深入地学习 PowerPoint 2003 的高级操作。本章主要介绍新建演示文稿、编辑幻灯片和丰富幻灯片页面效果等内容。

本章重点

- PowerPoint 2003 的视图
- 新建演示文稿
- 编辑幻灯片
- 编辑幻灯片中的文本
- 丰富幻灯片页面效果

10.1 PowerPoint 2003 的视图

PowerPoint 2003 提供了【普通视图】、【幻灯片浏览视图】、【备注页视图】和【幻灯片放映】4 种视图模式，使用户在不同的工作条件下都能得到一个舒适的工作环境。每种视图包含特定的工作区、功能区和其他工具。

- 普通视图：是最常用的视图方式，可用于撰写或设计演示文稿，如图 10-1 所示。普通视图中主要包含大纲窗格(幻灯片预览窗格)、幻灯片编辑窗格、任务窗格和备注窗格这 4 种窗格。
- 幻灯片浏览视图：以缩略图的形式显示所有幻灯片，如图 10-2 所示。在该视图方式下可以很容易地添加、删除或移动幻灯片以及选择每张幻灯片的动画切换方式。

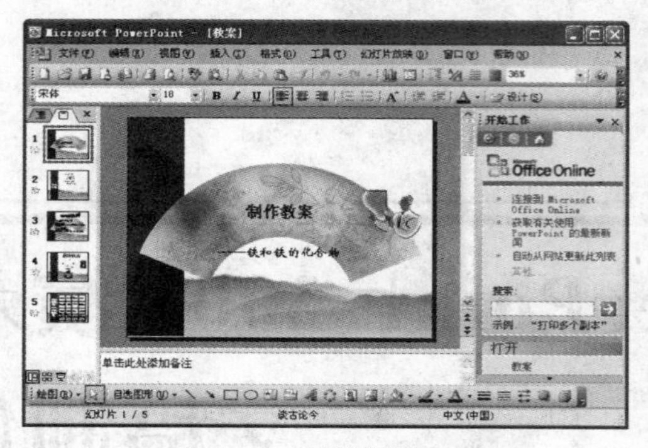
图 10-1　普通视图

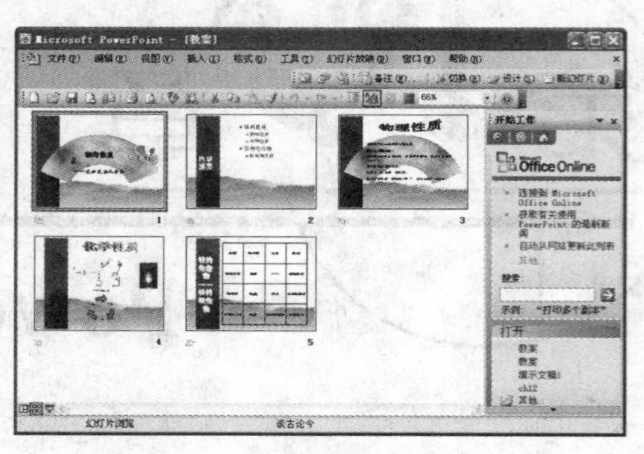
图 10-2　幻灯片浏览视图

◉ 备注页视图：在该视图方式下可以很方便地添加备注信息，并能够对其进行修改和修饰，也可以插入图形等信息，如图 10-3 所示。

◉ 幻灯片放映视图：在该视图方式下可以看到幻灯片的最终放映效果，如图 10-4 所示。如果不满意，可按 Esc 键退出放映并进行修改。

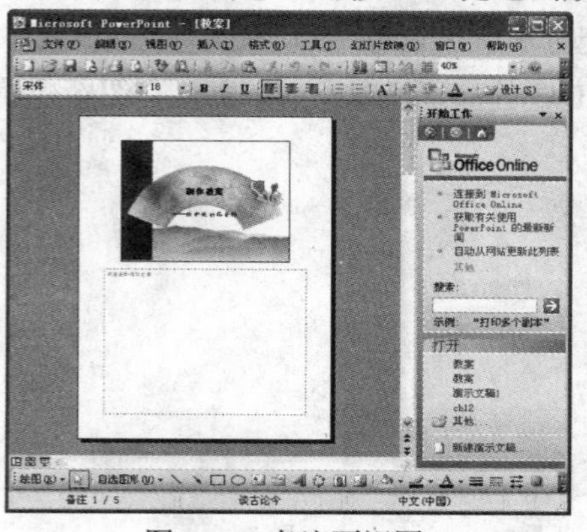
图 10-3　备注页视图

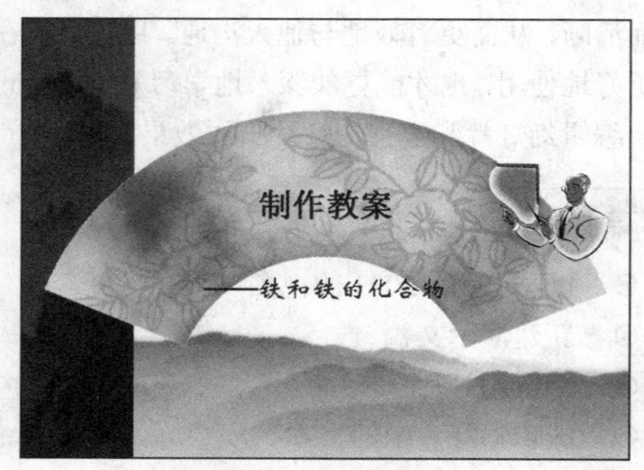

图 10-4　幻灯片放映视图

知识点

用户还可以通过单击屏幕左下角的图标切换当前的视图模式。单击进入普通视图；单击进入幻灯片浏览视图；单击进入幻灯片放映视图并从当前幻灯片向后放映。此外，在 PowerPoint 中，按 F5 键可以进入幻灯片放映模式并从头开始放映；按 Shift+F5 键则可以从当前幻灯片开始向后放映。

10.2　新建演示文稿

在 PowerPoint 中，存在演示文稿和幻灯片两个概念，利用 PowerPoint 制作出来的整个可以放映的文件叫做演示文稿。而演示文稿中的每一页叫做幻灯片，每张幻灯片都是演示文稿中既相互独立又相互联系的内容。

10.2.1　新建空演示文稿

空演示文稿由不带任何模板设计、但带有布局格式的空白幻灯片组成，是使用最多的建立演示文稿的方式。用户可以在空白的幻灯片上设计出具有鲜明个性的背景色彩、配色方案、文本格式和图片等对象，新建具有自己特色的演示文稿。其实在用户打开 PowerPoint 程序的时候，程序已经自动新建了一个空的演示文稿，如图 10-5 所示。

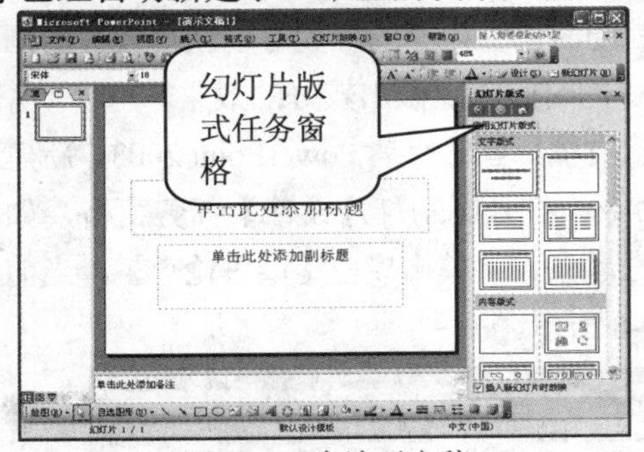

图 10-5　空演示文稿

提示

当用户自动创建一个空演示文档后，在窗口的右边会自动弹出幻灯片版式任务窗格，供用户选择当前幻灯片的版式。

在设计空演示文稿时，用户首先需要注意演示文稿的内容，然后再去对它们进行修饰，从而设计出完美的演示文稿。

1. 使用【常用】工具栏按钮

单击【常用】工具栏中的【新建】按钮，PowerPoint 将会新建一个空的演示文稿。此时，用户可以在幻灯片版式任务窗格中，选择当前幻灯片的版式(如图 10-5 所示)。版式是指预先定义好的幻灯片内容在幻灯片中的排列方式，如文字的排列及方向、文字与图表的位置等。如图 10-6 所示的是为空白幻灯片添加版式后的效果。

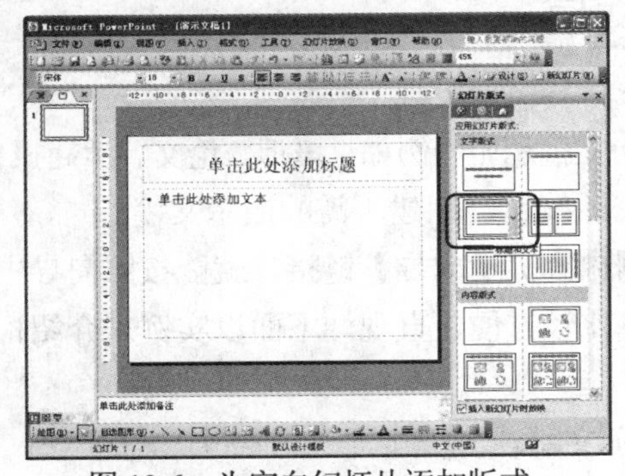

图 10-6　为空白幻灯片添加版式

提示

PowerPoint 中的版式包括文字版式、内容版式、文字和内容版式等，基本上包括了用户在日常工作中处理文字或插入图形、图表时可能用到的版式。

2. 利用【文件】菜单命令

用户还可以选择【文件】|【新建】命令，显示【新建演示文稿】任务窗格。然后在任务窗格中单击【空演示文稿】链接，即可创建一个空演示文稿。

10.2.2 利用设计模板创建演示文稿

设计模板是预先定义好的演示文稿的样式、风格，包括幻灯片的背景、装饰图案、文字布局及颜色大小等，PowerPoint 2003 为用户提供了许多美观的设计模板，用户在设计演示文稿时可以先选择演示文稿的整体风格，然后再进行进一步的编辑修改。

利用设计模板新建的演示文稿一开始就有一个漂亮的界面和统一的风格，这种方式新建的演示文稿一般会有背景或装饰图案，有助用户在设计时就随时调整内容的位置等以获得较好的画面效果。利用设计模板创建演示文稿可以让用户付出较少的时间就能做出较好的效果。

例如，使用模板【谈古论今】新建一个简单的演示文稿，首先启动 PowerPoint 2003，新建一个空演示文稿，然后选择【格式】|【幻灯片设计】命令，打开【幻灯片设计】任务窗格，如图 10-7 所示。在【应用设计模板】列表框中拖动右侧的滚动条，并单击模板【谈古论今】，当前模板的样式就会应用到当前的演示文稿上，效果如图 10-8 所示。

图 10-7 【幻灯片设计】任务窗格

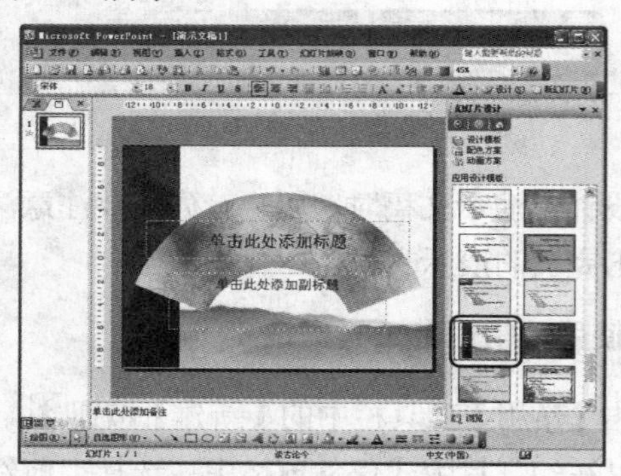

图 10-8 应用设计模板后的幻灯片效果

10.2.3 根据内容提示向导新建演示文稿

内容提示向导提供了多种不同主题及结构的演示文稿示范，例如，培训、论文、学期报告、商品介绍等。可以直接使用这些演示文稿类型进行修改编辑，创建所需的演示文稿。

用户在【新建演示文稿】任务窗格中单击【根据内容提示向导】链接，就能按照向导中的提示逐步创建演示文稿。利用此种方法创建演示文稿比较方便、直观。下面以实例来介绍根据内容提示向导创建演示文稿的方法。

【例 10-1】 使用内容提示向导【论文】创建演示文稿。

(1) 启动 PowerPoint 2003 应用程序，新建一个演示文稿。

(2) 在【开始工作】任务窗格中单击【开始工作】下拉列表框，在打开的快捷菜单中选择【新建演示文稿】命令，打开【新建演示文稿】任务窗格。

(3) 在【新建】选项区域中单击【根据内容提示向导】链接，打开【内容提示向导】对话框，如图 10-9 所示。

(4) 单击【下一步】按钮，在打开的对话框中的【选择将使用的演示文稿类型】选项区中单击【全部】按钮，并在对应的列表框中选择【论文】选项，如图 10-10 所示。

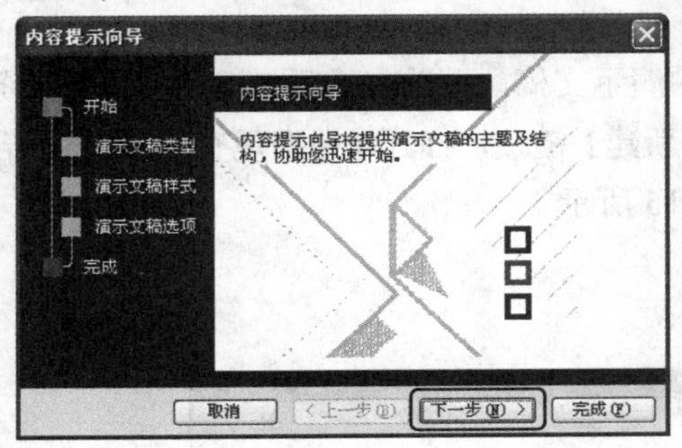

图 10-9　【内容提示向导】对话框

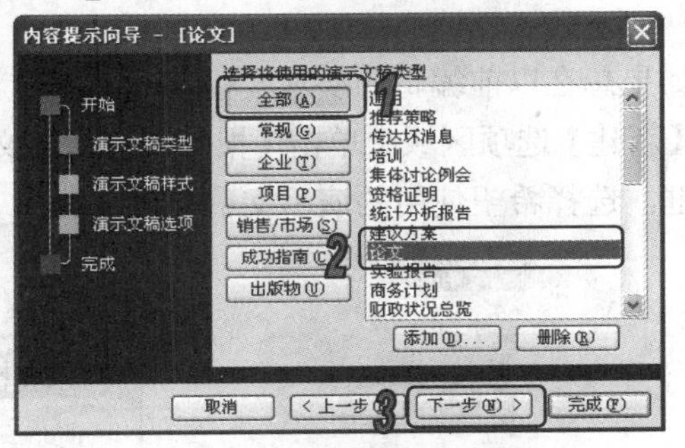

图 10-10　设置演示文稿类型

(5) 单击【下一步】按钮，在打开的对话框中保持选中【屏幕演示文稿】单选按钮作为演示文稿的输出类型，如图 10-11 所示。

(6) 单击【下一步】按钮，在打开的对话框的【演示文稿标题】文本框和【页脚】文本框中分别输入论文答辩和 07 届计算机系，如图 10-12 所示。

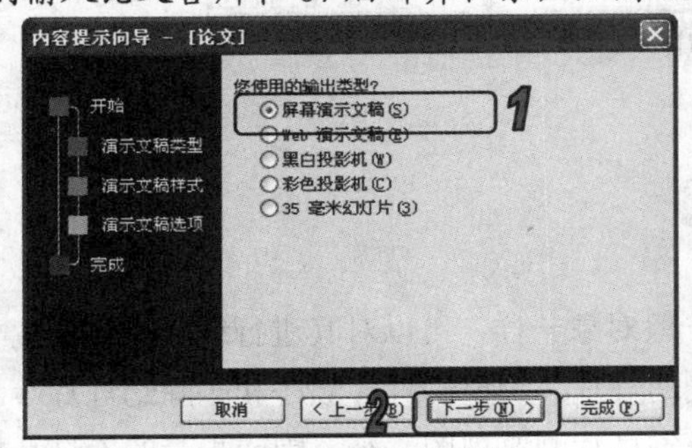

图 10-11　设置输入类型

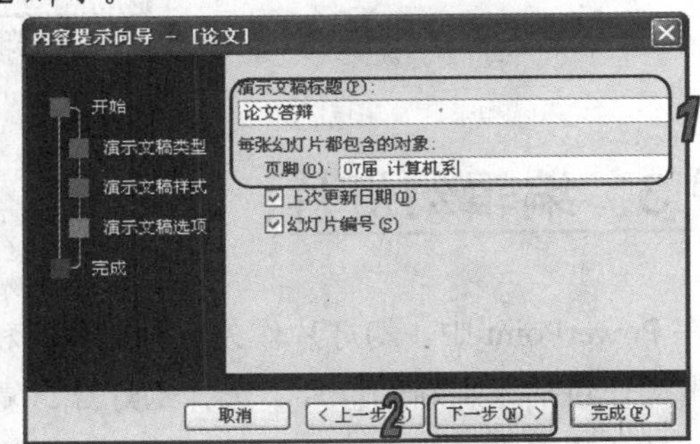

图 10-12　设置演示文稿选项

(7) 单击【下一步】按钮，然后在打开的对话框中单击【完成】按钮，即可完成演示文稿的创建，幻灯片效果如图 10-13 所示。

(8) 选择【格式】|【幻灯片设计】命令，在【幻灯片设计】任务窗格中选择【麦田夕照】模板，此时一个完整的以“论文答辩”为主题的演示文稿就自动创建完成，效果如图 10-14 所示。

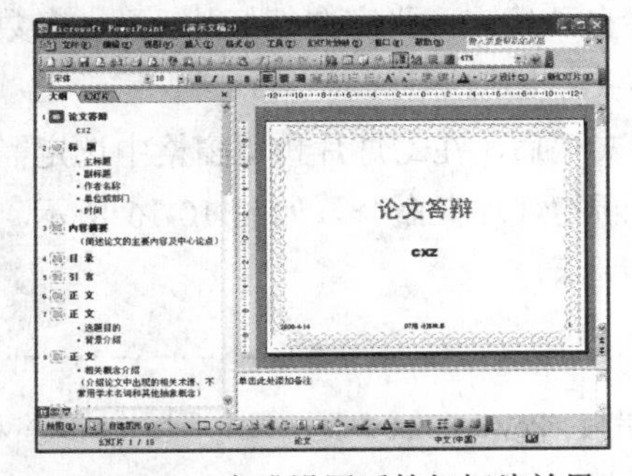

图 10-13　完成设置后的幻灯片效果

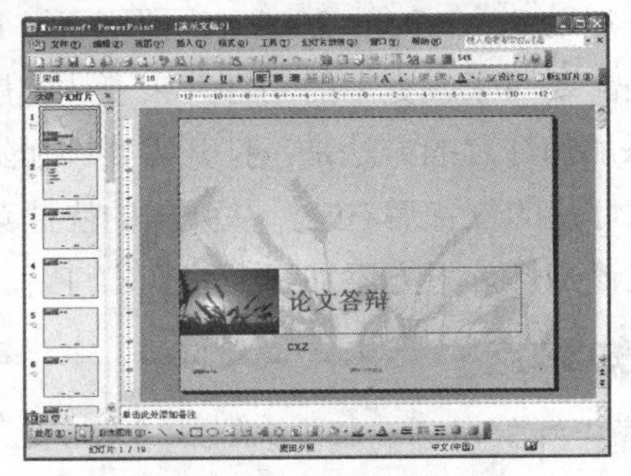

图 10-14　选择【麦田夕照】模板后的演示文稿效果

10.2.4 根据现有演示文稿新建演示文稿

如果想在以前编辑的演示文稿基础上创建新的演示文稿，可以在【新建演示文稿】任务窗格的【新建】选项区域中单击【根据现有演示文稿新建】链接，打开【根据现有演示文稿新建】对话框，选择希望使用的演示文稿即可，如图 10-15 所示。

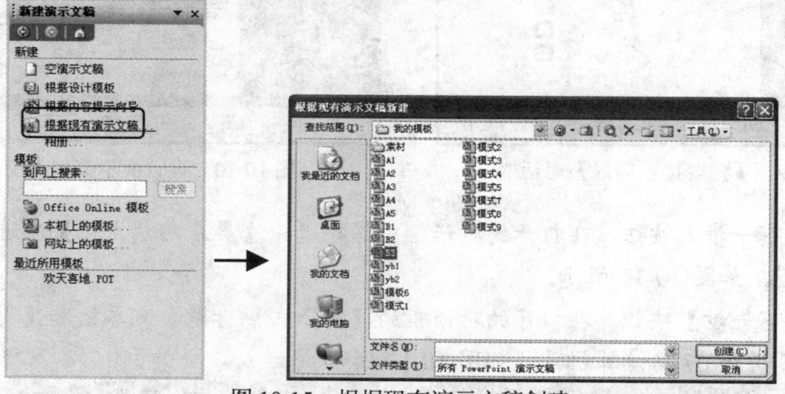

图 10-15 根据现有演示文稿创建

10.3 编辑幻灯片

在 PowerPoint 中，幻灯片作为一种对象，和一般对象一样，可以对其进行编辑操作。主要的编辑操作包括添加新幻灯片、选择幻灯片、复制幻灯片、调整幻灯片顺序和删除幻灯片等。在对幻灯片的编辑过程中，最为方便的视图模式是幻灯片浏览视图，小范围或少量的幻灯片操作也可以在普通视图模式下进行。

10.3.1 添加幻灯片

在启动 PowerPoint 2003 应用程序后，PowerPoint 会自动建立一张空白幻灯片，而大多数演示文稿需要两张或更多的幻灯片来表达主题，这时就需要添加幻灯片。

添加幻灯片的方法是：打开需要添加幻灯片的演示文稿后，在幻灯片预览窗格中选定需要添加幻灯片的位置后右击，从弹出的快捷菜单中选择【新幻灯片】命令，如图 10-16 所示。此时就在该幻灯片下方添加了一张新幻灯片，如图 10-17 所示。

知识点

新添加的幻灯片一般在当前幻灯片的后面。在添加新幻灯片时，PowerPoint 会自动显示幻灯片版式窗格，供用户选择新添加的幻灯片的版式。方法很简单，只需单击版式中的样式，即可将其应用到幻灯片中。

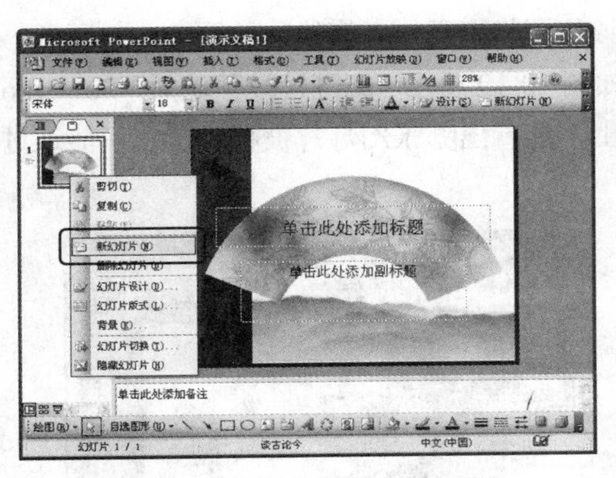

图 10-16　在快捷菜单中选择命令

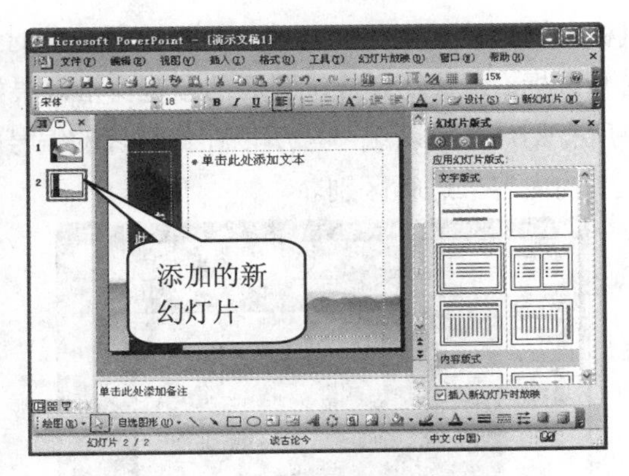

图 10-17　在幻灯片中添加的新幻灯片

此外，还有如下 3 种插入幻灯片的方法：

- 在菜单栏上选择【插入】|【新幻灯片】命令。
- 在【格式】工具栏中单击【新幻灯片】按钮新幻灯片(N)。
- 切换至【幻灯片浏览】视图模式下，在编辑区域单击鼠标右键，在弹出的快捷菜单中选择【新幻灯片】命令。

10.3.2　选择幻灯片

在 PowerPoint 中，用户可以一次选中一张或多张幻灯片，然后对选中的幻灯片进行操作。在普通视图中选择幻灯片的方法如下。

- 选择一张幻灯片：无论是在普通视图还是在幻灯片浏览模式下，只需单击需要的幻灯片，即可选中该张幻灯片。
- 选择编号相连的多张幻灯片：首先单击起始编号的幻灯片，然后按住 Shift 键，单击结束编号的幻灯片，此时将有多张幻灯片被同时选中。
- 选择编号不相连的多张幻灯片：在按住 Ctrl 键的同时，依次单击需要选择的每张幻灯片，此时被单击的多张幻灯片同时被选中。在按住 Ctrl 键的同时再次单击已被选中的幻灯片，则该幻灯片被取消选择。

10.3.3　移动幻灯片

在制作演示文稿时，如果需要对幻灯片的顺序重新排列，就需要移动幻灯片。移动幻灯片可以用【剪切】和【粘贴】按钮来改变顺序。其方法为：选中需要移动的幻灯片，在常用工具栏中单击【剪切】按钮，然后在需要移动到的位置处单击，并单击常用工具栏上的【粘贴】按钮，即可完成幻灯片的粘贴。

最为简单的方法就是使用鼠标左键拖动来移动幻灯片。选中需要移动的幻灯片缩略图，按住鼠标左键拖动选中的幻灯片到目标位置，此时该位置将出现一条横线，如图 10-18 所示。此时松开鼠标，调整幻灯片位置后的预览窗格效果如图 10-19 所示。幻灯片被移动后，PowerPoint 会对所有幻灯片重新编号，所以在幻灯片的编号上不能看出哪张幻灯片被移动了，只能通过幻灯片中的内容来进行区别。

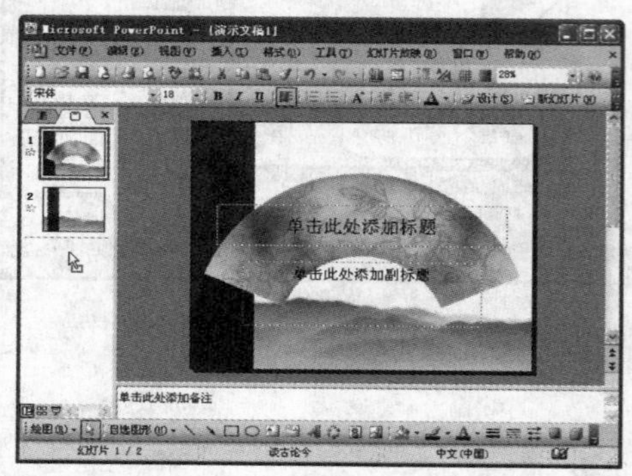

图 10-18　将第 1 张幻灯片移动到第 2 张幻灯片的下方

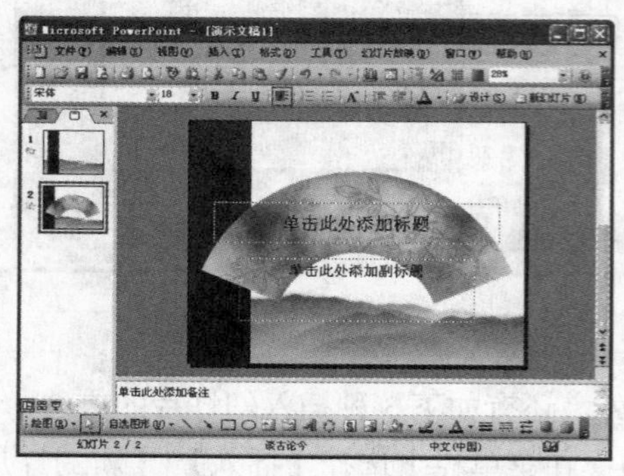

图 10-19　调整幻灯片位置后的预览窗格效果

10.3.4　复制幻灯片

PowerPoint 支持以幻灯片为对象的复制操作。在制作演示文稿时，有时会需要两张内容基本相同的幻灯片。此时，可以利用幻灯片的复制功能，复制出一张相同的幻灯片，然后再对其进行适当的修改。复制幻灯片的基本方法如下：

- 选中需要复制的幻灯片，在常用工具栏中单击【复制】按钮。或选择【编辑】|【复制】命令。
- 在需要插入幻灯片的位置单击，然后单击常用工具栏上的【粘贴】按钮。或选择【编辑】|【粘贴】命令，完成幻灯片的粘贴。

除此之外，还有一种特殊的复制幻灯片的方法，选中要复制的幻灯片，选择【插入】|【幻灯片副本】命令，即可在该幻灯片后面插入一张相同内容和版式的幻灯片。如图 10-20 所示的是在第 1 张幻灯片开始处插入第 2 张幻灯片后的效果。

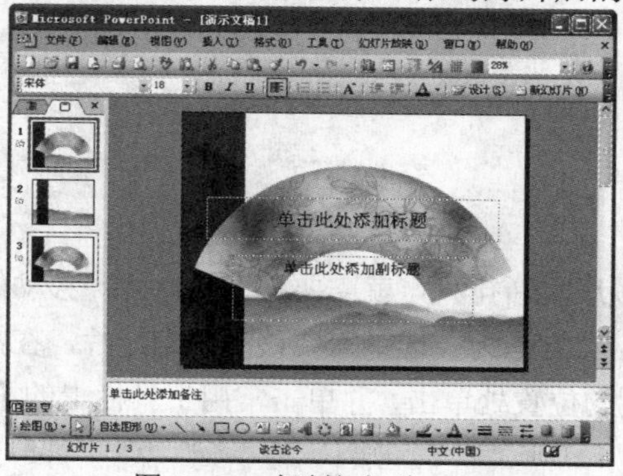

图 10-20　复制幻灯片

提示

用户可以同时选择多张幻灯片进行上述操作。Ctrl+C、Ctrl+V 快捷键同样适用于幻灯片的复制和粘贴操作。

10.3.5　删除幻灯片

在演示文稿中删除多余幻灯片是清除大量冗余信息的有效方法。

- 删除单张幻灯片：需要在幻灯片预览窗格中单击选中需要删除的幻灯片，然后单击 Delete 键即可。
- 删除多张幻灯片：按下 Ctrl 或 Shift 键的同时选中多张幻灯片，然后按 Delete 键即可删除选中的所有幻灯片。

此外，还可以使用快捷菜单来删除幻灯片，方法为：右击选中的幻灯片，从弹出的快捷菜单中选择【删除幻灯片】命令。

10.4　编辑幻灯片中的文本

不论使用哪种方式创建的演示文稿，都需要用户根据自己的实际需要进行编辑，如添加文字、设置文本格式、设置段落格式和设置项目符号等。

10.4.1　添加文本

文本对演示文稿中主题、问题的说明及阐述作用是其他对象不可替代的。在幻灯片中，不能直接在幻灯片中输入文字，只能通过占位符或文本框来添加文本。

1. 在占位符中添加文本

大多数幻灯片的版式中都提供了文本占位符，这种占位符中预设了文字的属性和样式，供用户添加标题文字、项目文字等。当占位符进入文字编辑状态时，即可在其间输入文字。

在如图 10-20 所示的幻灯片窗口中，将鼠标移至窗格中的【单击此处添加标题】占位符上方，当鼠标的形状变为 I 形光标时单击，在该占位符周围出现由短斜线组成的方框，表示已进入文字编辑状态，这时用户可以对方框中的文字进行编辑，如图 10-21 所示。在第 1、2 张幻灯片中添加文本后的效果如图 10-22 所示。

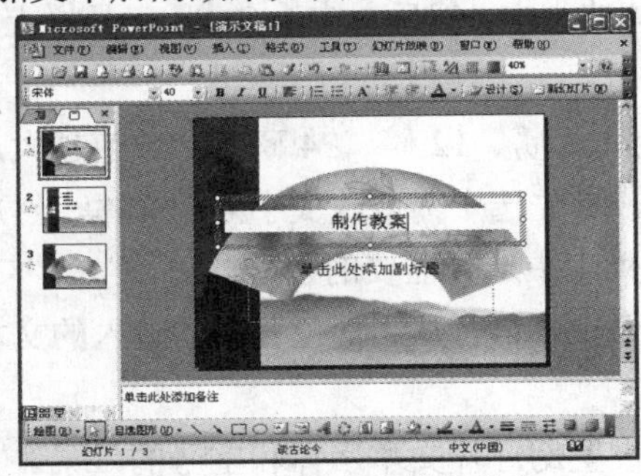

图 10-21　进入文字编辑状态

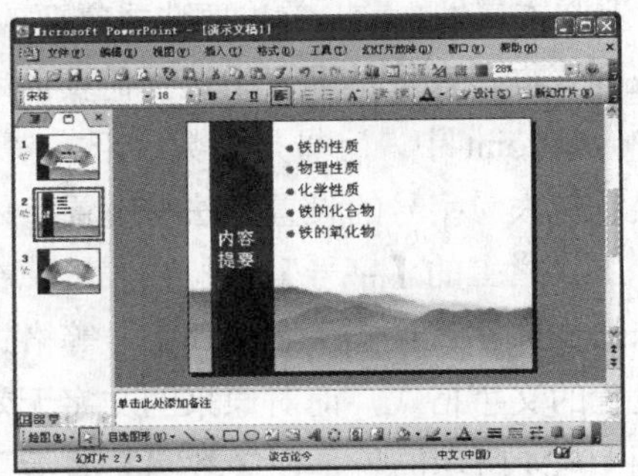

图 10-22　添加文本后的效果

2. 在文本框中添加文本

文本框是一种可移动、可调整大小的文字或图形容器，它与文本占位符非常相似。使用文本框，可以在幻灯片中放置多个文字块，可以使文字按照不同的方向排列，也可以打破幻灯片版式的制约，实现在幻灯片中的任意位置添加文字信息的目的。

PowerPoint 2003 提供了两种形式的文本框：水平文本框和垂直文本框，它们分别用来放置横排文字和竖排文字。在【绘图】工具栏中单击【文本框】按钮或【竖排文本框】按钮，在幻灯片中按住鼠标左键并拖动，即可绘制文本框，并且光标自动位于该文本框中，此时就可以在其中输入文本，如图 10-23 所示。同样在幻灯片的空白处单击，即可退出文本编辑状态。

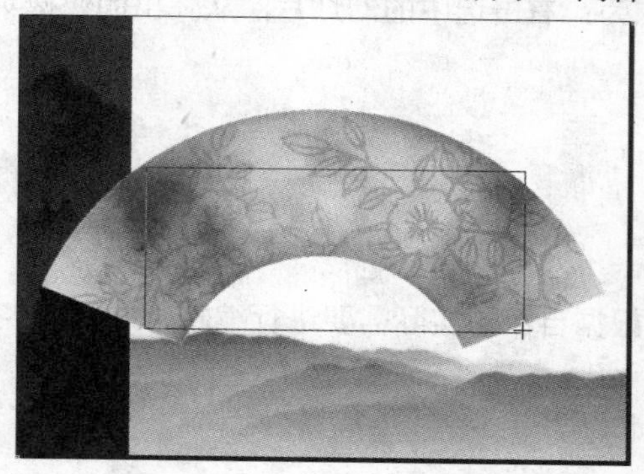

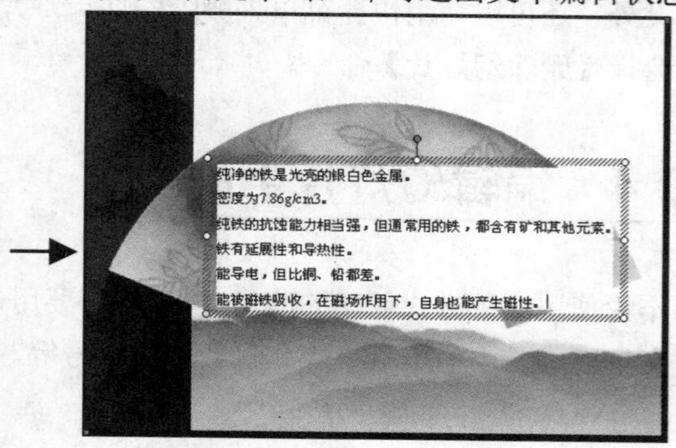

图 10-23　绘制文本框并输入文本

10.4.2 设置文本格式

为了使演示文稿更加美观、清晰，通常需要对文本格式进行设置。设置文本格式包括对字体、字形、字号及字体颜色等进行设置。在 PowerPoint 中，虽然当幻灯片应用了版式后，幻灯片中的文字也具有了预先定义的属性，但在很多情况下，用户仍然需要按照自己的要求对它们重新设置。

1. 设置字体和字号

为幻灯片中的文字设置合适的字体和字号，可以使幻灯片的内容清晰明了。和编辑文本一样，在设置文本属性之前，首先要选择需要改变字体的文本，然后单击【格式】工具栏上的【字体】下拉列表框，在字体列表中选择需要的字体即可。

在 PowerPoint 中，字号是以数字形式来表示，如 8 磅、12 磅、24 磅等，数值越大，代表字符的尺寸越大。字号的设置方法与设置字体相似，首先选中需要改变字号的文本，然后单击【格式】工具栏上的【字号】下拉列表框，在字号列表中选择需要的字号即可。

若未选中文字就设置了字体、字号等格式编排命令，只有从当前位置新的输入的文本才会使用新设置的文字格式，而对原来的文字无效。

如图 10-24 所示的就是在【教案】演示文稿中设置幻灯片文本字体和字号的效果。

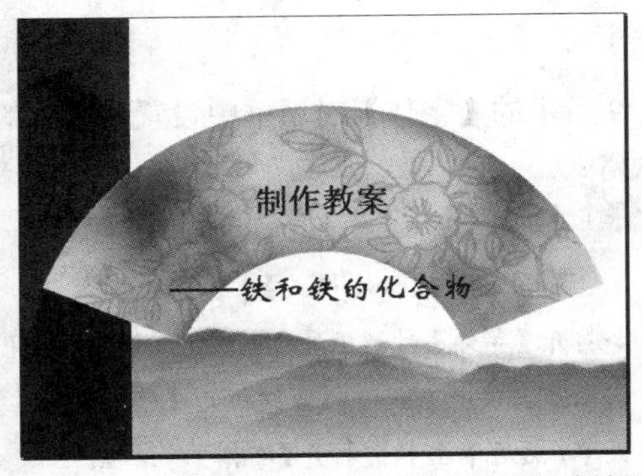

图 10-24　设置字体和字号属性后的幻灯片效果

提示

设置标题文本框效果为加粗、阴影，设置副标题文本框字体为【华文新魏】，字号为 40。

2. 设置字体颜色

在设计演示文稿时可以进一步设置文字的字体颜色，单击【格式】工具栏右侧的【字体颜色】按钮，所选中的文字将被设置为 A 字母下划线所显示的颜色。若希望更改为其他颜色，可单击【字体颜色】按钮右侧的下三角按钮，从弹出的面板中选择需要的颜色即可(如图 10-25 所示)，此时在幻灯片中的文字的效果如图 10-26 所示。

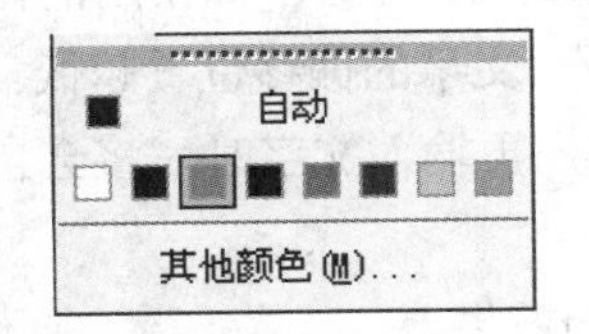

图 10-25　设置副标题颜色

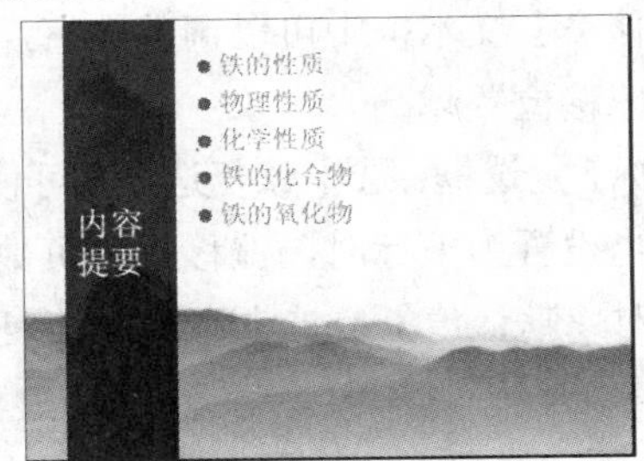

图 10-26　设置灰色

如果用户对面板中列出的颜色不满意，还可以选择【其他颜色】命令，打开【颜色】对话框。切换到【自定义】选项卡，选择如图 10-27 所示的颜色，然后单击【确定】按钮，此时幻灯片效果如图 10-28 所示。

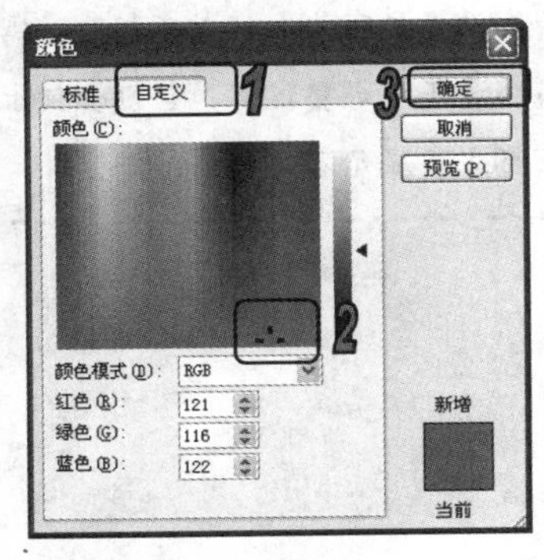

图 10-27　【颜色】对话框

图 10-28　自定义设置文本颜色

3. 设置特殊文本格式

在 PowerPoint 中，用户除了可以在如图 10-29 所示的【字体】对话框中设置最基本的文字格式外，还可以为文字添加上标、下划线等特殊格式。

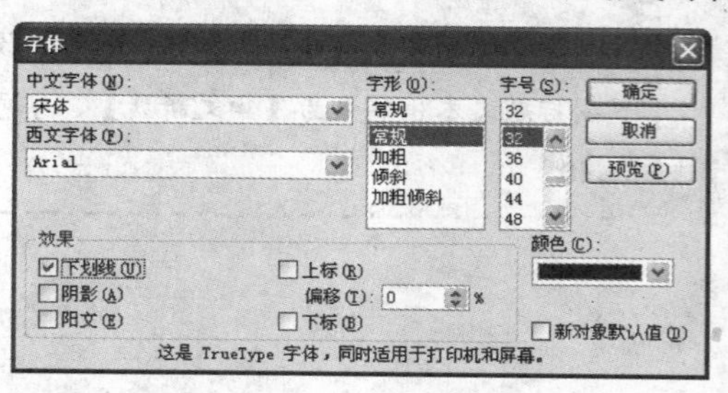

图 10-29 【字体】对话框

> **知识点**
>
> 除了通过选择【格式】|【字体】命令打开【字体】对话框外，还可通过键盘来操作。按下 Alt+O 组合键打开【格式】菜单，然后单击 F 键打开【字体】对话框。

在如图 10-29 所示的【效果】选项组中可以为文本设置如下的特殊效果。

- 【阳文】复选框：选中该复选框，可使文字具有阳文效果。
- 【上标】复选框：选中该复选框，可使文字按上标的格式显示，如要输入数学公式 X^2，可以首先输入 X2，然后选中数字 2，在【字体】对话框中选中【上标】复选框即可。【偏移量】文本框中可以调节数值，当设置为上标时，偏移量为正数，数值越大，文字的偏移位置越高。
- 【下标】复选框：选中该复选框，可使文字按下标的格式显示，如常用的化学符号 H_2O 等。当设置为下标时，偏移量为负数，数值越小，文字的偏移位置越低。
- 【新对象默认值】复选框：选中该复选框，当用户再输入文字时，将会自动应用此对话框中的设置。

如图 10-30 所示的是为部分文字添加下划线和上标后的效果。

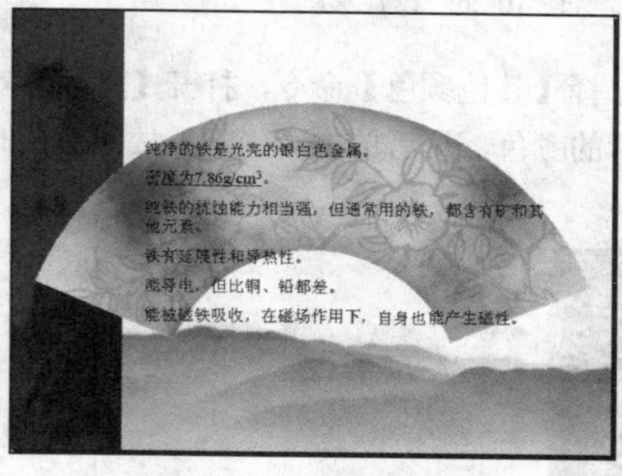

图 10-30 为文字添加下划线和上标

> **提示**
>
> 在设置文字为上标或下标时，需注意偏移量不可调整过多，否则会使上标或下标文字显示不完整。

10.4.3 设置段落格式

段落格式包括段落对齐、段落缩进及段落间距设置等。掌握了在幻灯片中编排段落格式后，

就可以轻松地设置与整个演示文稿风格相适应的段落格式。

1. 设置段落对齐方式

段落对齐是指段落边缘的对齐方式，包括左对齐、右对齐、居中对齐、两端对齐和分散对齐。这 5 种对齐方式的说明如下。

- 左对齐：左对齐时，段落左边对齐，右边参差不齐。
- 右对齐：右对齐时，段落右边对齐，左边参差不齐。
- 居中对齐：居中对齐时，可使段落居中排列。
- 两端对齐：两端对齐时，段落左右两端都对齐分布，但段落最后不满一行的文字右边不对齐。
- 分散对齐：分散对齐时，段落左右两边均对齐，而且当每个段落的最后一行不满 1 行时，将自动拉开字符间距使该行均匀分布。

设置段落对齐方式的方法很简单，在【格式】工具栏上单击对应的对齐按钮，或者选择【格式】|【对齐方式】命令，在打开的下级子菜单中选择对应的对齐方式命令即可。

2. 设置段落缩进量

在 PowerPoint 2003 中，可以设置文本段落与占位符或文本框边框的距离，也可以设置段落缩进量。

打开演示文稿【教案】，在幻灯片预览窗格中选择第 2 张幻灯片缩略图，将其显示在幻灯片编辑窗口中，选中文本占位符并右击，在弹出的快捷菜单中选择【设置占位符格式】命令(如图 10-31 所示)，打开【设置自选图形格式】对话框，切换到【文本框】选项卡，如图 10-32 所示。

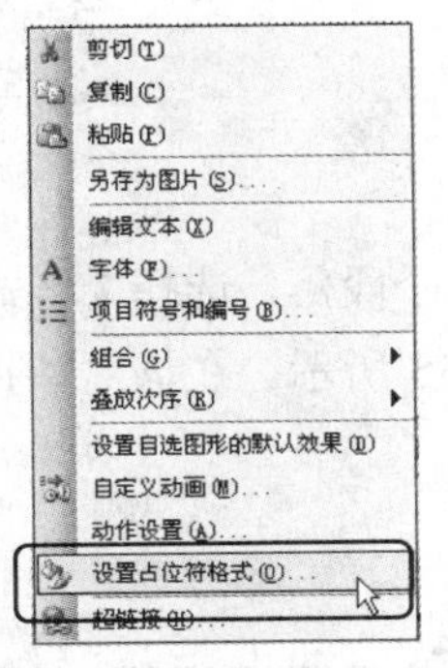

图 10-31 在快捷菜单中选择命令

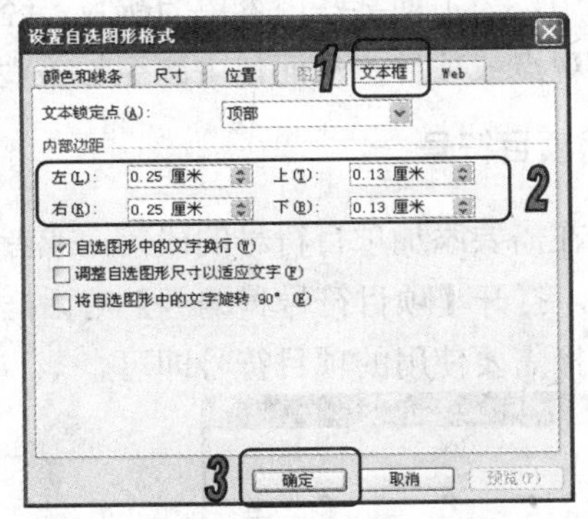

图 10-32 【文本框】选项卡

在【内部边框】选项区域中可以设置边框的大小，效果如图 10-33 所示。然后选中该文本占位符中第 2、3、5 行文字，在工具栏中单击【增加缩进量】按钮，此时幻灯片效果如图 10-34 所示。

在【格式】工具栏上单击【减少段落缩进量】按钮，可以对选中的段落文本进行撤销缩进操作。

图 10-33　设置文字与占位符边框间距

知识点

设置段落缩进是为了突出某段或某几段文字，使用缩进方式可以使幻灯片中的某段文字相对其他段落偏移一定的距离。

图 10-34　增加段落缩进量

10.4.4　设置项目符号

在演示文稿中，为了使某些内容更为醒目，经常使用不同的项目符号。项目符号用来强调一些特别重要的观点或项目，从而使主题更加美观、突出。

1. 设置常用项目符号

将光标定位在需要添加项目符号的段落，或者同时选中多个段落，选择【格式】|【项目符号和编号】命令，打开【项目符号和编号】对话框，如图 10-35 所示。在该对话框的【项目符号】选项卡中选择需要使用的项目符号即可。

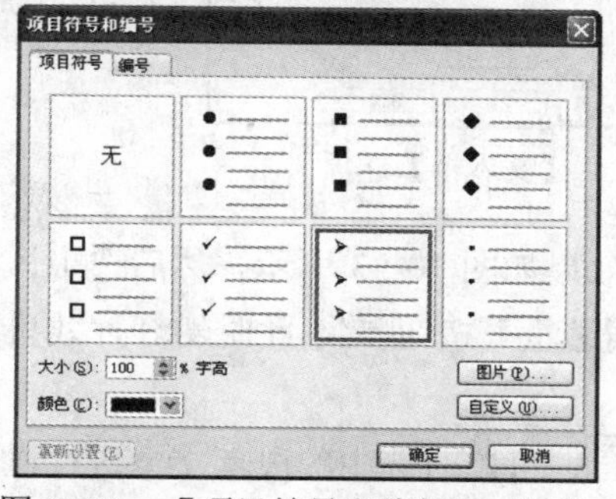

图 10-35　【项目符号和编号】对话框

提示

【大小】文本框用于设置项目符号与正文文本的高度比例，以百分数表示；【颜色】列表框用于设置项目符号的颜色，单击此项将打开 PowerPoint 调色板。

2. 使用图片项目符号

在【项目符号和编号】对话框中可供选择的项目符号类型共有 7 种，但 PowerPoint 允许用户将图片设置为项目符号，这样大大丰富了项目符号的形式。

在【项目符号和编号】对话框中单击右下角的【图片】按钮，将打开【图片项目符号】对话框，如图 10-36 所示。单击【搜索】按钮，将在其下侧的列表框中显示项目符号样式。

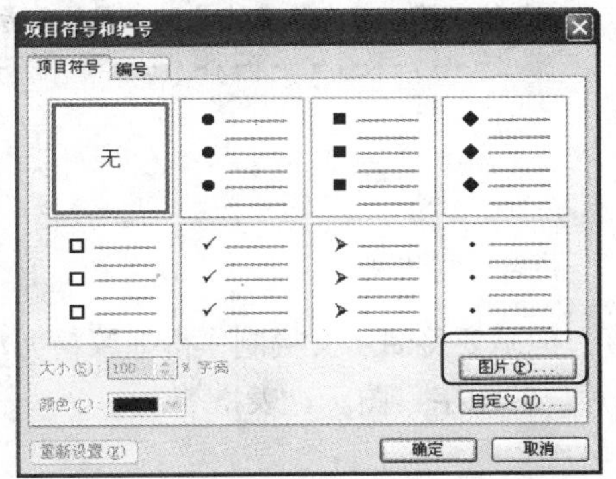

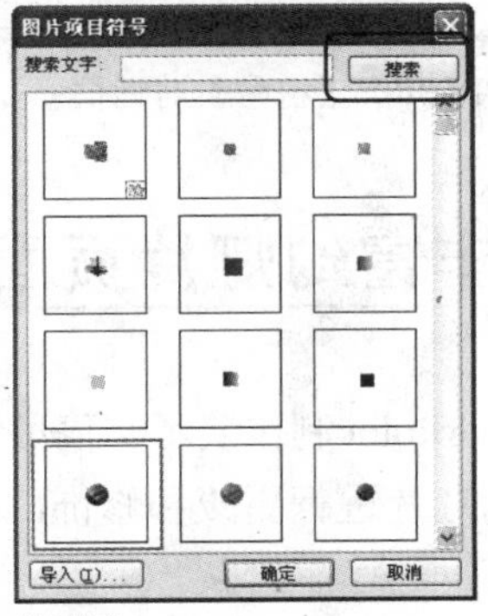

图 10-36　打开【图片项目符号】对话框

在 Office 剪辑库中可按关键词搜索剪辑，用户只需在【搜索文字】文本框中输入要搜索的关键词，单击【搜索】按钮，此时，符合条件的结果将显示在对话框中间的列表框中。如果不输入任何关键词，则显示全部剪辑。

当把鼠标移至剪辑列表框中的某个剪辑上时，将会显示该剪辑的信息，包括关键词、图片的尺寸、文件大小和文件格式等。单击选中需要设置为项目符号的剪辑，如选择第 4 行第 1 列的样式，然后单击【确定】按钮，即可将该项目符号样式应用到选定的幻灯片中，最终效果如图 10-37 所示。

图 10-37　使用图片项目符号后的幻灯片效果

提示

单击【图片项目符号】对话框中的【导入】按钮可以打开【将剪辑添加到管理器】对话框，用户可以将指定的图形文件导入到 Office 剪辑库中，并将其设置为项目符号。

3. 自定义项目符号

在 PowerPoint 中，除了系统提供的项目符号和图片项目符号外，用户还可以将系统符号库中的各种字符设置为项目符号。这时在【项目符号和编号】对话框中单击右下角的【自定义】按钮，打开【符号】对话框，如图 10-38 所示。在该对话框中可以自定义设置项目符号的样式。

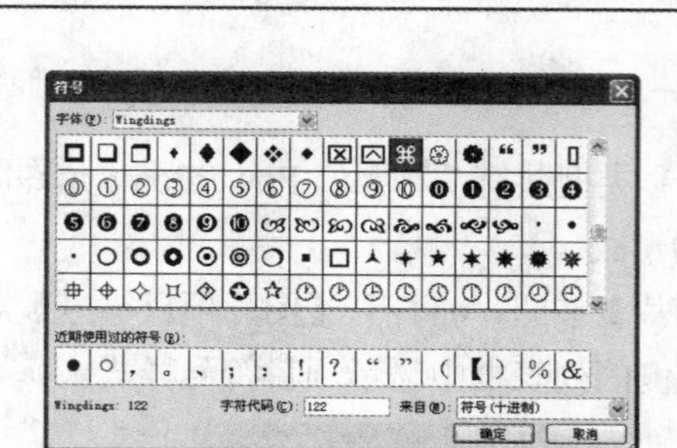

图 10-38 【符号】对话框

提示

自定义项目符号对话框中包含了Office所有可插入的字符，用户可以在符号列表中选择需要的符号。【近期使用过的符号】列表中列出了用户最近在演示文稿中插入过的字符，以方便查找最近常用的符号。

10.5 丰富幻灯片页面效果

使用PowerPoint制作演示文稿虽然简单方便，但是要将演示文稿制作得细致精美却不容易，这就需要对幻灯片进行更改和修饰，如插入图片、艺术字、图示、表格等。

10.5.1 插入图片

在演示文稿中插入图片，可以使演示文稿图文并茂，从而生动形象地阐述其主题和所要表达的思想。用户可以在幻灯片中插入剪贴画或插入来自文件的图片。

1. 插入剪贴画

PowerPoint 2003 附带的剪贴画库内容非常丰富，所有的图片都经过专业设计，它们设计精美、构思巧妙、能够表达不同的主题，适合于制作各种不同风格的演示文稿。

要插入剪贴画，可以选择【插入】|【图片】|【剪贴画】命令，或者单击【绘图】工具栏上的【插入剪贴画】按钮，打开【剪贴画】任务窗格，在【搜索文字】文本框中输入文字“教学”，单击【确定】按钮，此时剪辑列表中显示所有与教学相关的图片，如图 10-39 所示。

在剪辑列表中单击需要插入的剪贴画，将其添加到幻灯片中，并调整其在幻灯片中的位置，此时选中插入的剪贴画，其周围将出现 8 个白色的尺寸控制点和 1 个绿色旋转控制点，通过拖动这些控制点可以改变剪贴画的大小和旋转角度，最终效果如图 10-40 所示。

图 10-39 【剪贴画】任务窗格

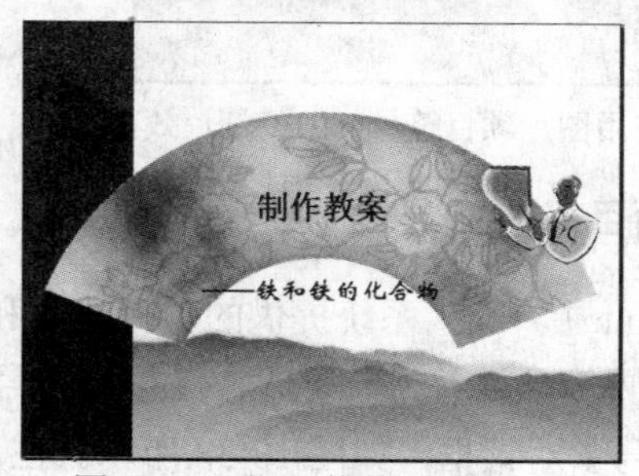

图 10-40 插入剪贴画效果

2. 插入来自文件的图片

用户除了插入 PowerPoint 2003 附带的剪贴画之外，还可以插入本地磁盘中的现有图片。这些图片可以是 Windows 的标准 BMP 位图，也可以是其他应用程序创建的图片、从因特网上下载的或通过扫描仪及数码相机输入的图片等。

在演示文稿中插入图片，可以单击【绘图】工具栏上的【插入图片】按钮，或选择【插入】|【图片】|【来自文件】命令，打开【插入图片】对话框。在该对话框中可以选择需要的图片，然后单击【插入】按钮，即可把选中的图片文件插入到当前幻灯片中。

【例 10-2】在【教案】演示文稿中添加新幻灯片，并在该幻灯片中插入来自文件的图片。

(1) 启动 PowerPoint 2003 应用程序，打开【教案】演示文稿。

(2) 在幻灯片预览窗格中选择第 3 张幻灯片缩略图，将其显示在幻灯片编辑窗口中。

(3) 单击【新幻灯片】按钮，插入一张新幻灯片，并将【单击此处添加标题】和【单击此处添加文本】文本占位符删除。

(4) 选择【插入】|【图片】|【来自文件】命令，打开【插入图片】对话框，如图 10-41 所示。

(5) 打开图片的保存路径，并选中需要的图片，单击【插入】按钮将其添加到幻灯片中，调节图片的位置，最终效果如图 10-42 所示。

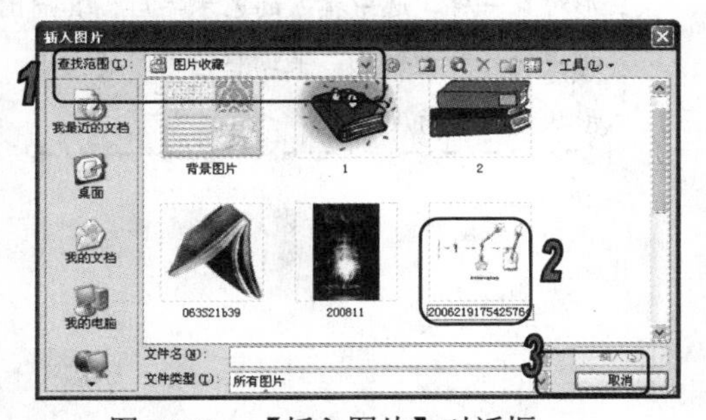

图 10-41　【插入图片】对话框

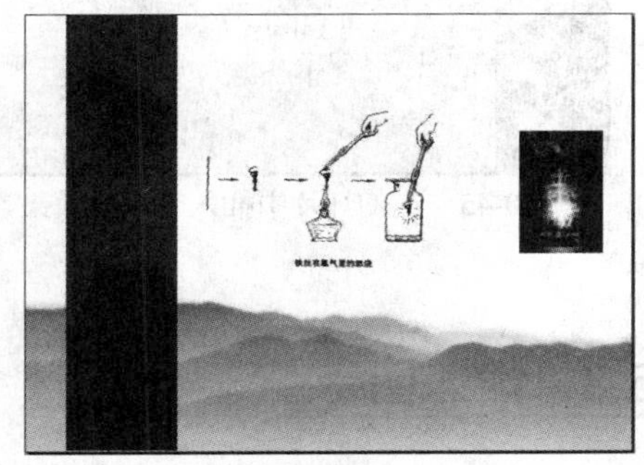

图 10-42　插入图片后的效果

10.5.2　插入艺术字

艺术字是一个文字样式库，可以将艺术字添加到文档中，以制作出装饰性效果。

要插入艺术字，可以单击【绘图】工具栏上的【插入艺术字】按钮，或选择【插入】|【图片】|【艺术字】命令，打开【艺术字库】对话框，如图 10-43 所示，供用户选择满意的艺术字形式。

在【艺术字库】对话框中选择需要的样式，然后单击【确定】按钮，即可打开【编辑“艺术字”文字】对话框，如图 10-44 所示。

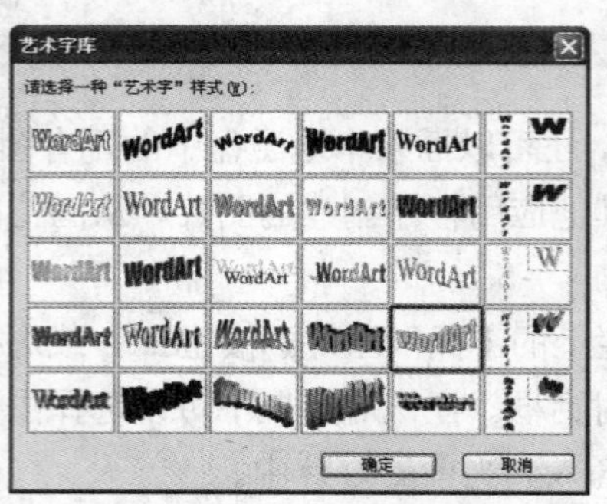

图 10-43　艺术字库对话框

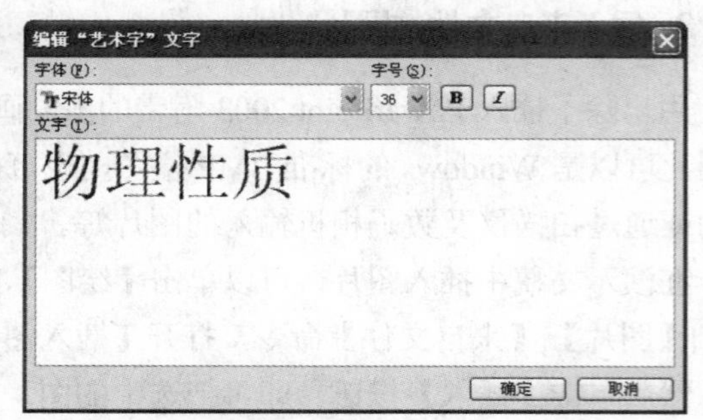

图 10-44　【编辑“艺术字”文字】对话框

然后单击【确定】按钮，关闭对话框。此时将艺术字插入到当前演示文稿中，并调节艺术字的位置和大小，效果如图 10-45 所示。

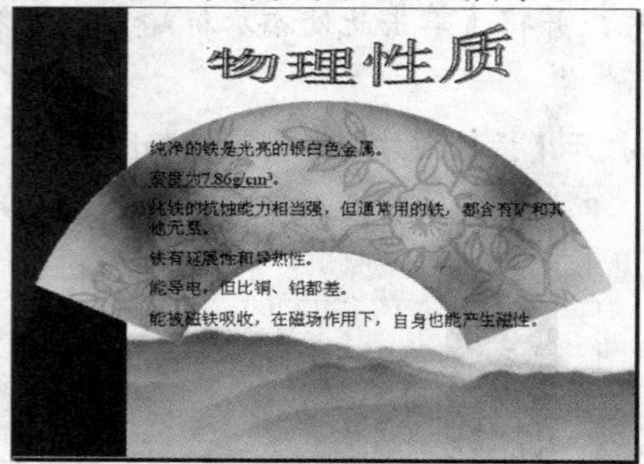

图 10-45　在幻灯片中插入艺术字效果

知识点

艺术字是图形对象，因此在【大纲】视图中无法查看其文字效果，也不能像普通文本一样对其进行拼写检查。此外，同其他图形对象一样，选中插入的艺术字后，其周围将出现各种控制点，来调整艺术字的大小、形状和旋转角度。

10.5.3　插入图示

在幻灯片中插入图示的方法与在 Word 文档中插入图示的方法基本相同。选择【插入】|【图示】命令，或在【绘图】工具栏上单击【插入组织结构图或其他图示】按钮，打开【图示库】对话框，如图 10-46 所示。然后选择需要的图示类型后，单击【确定】按钮即可将其插入到幻灯片中。

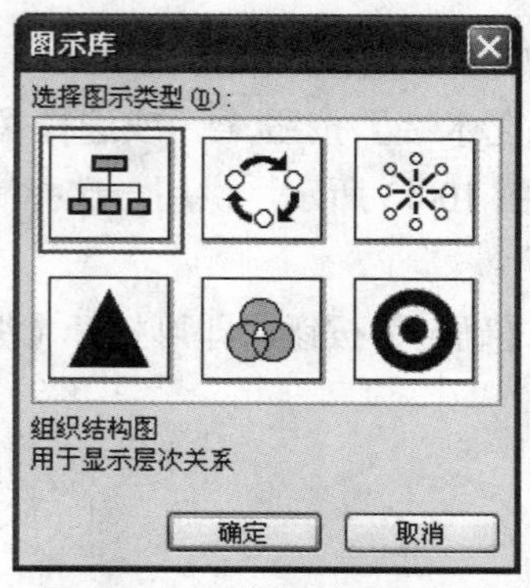

图 10-46　【图示库】对话框

提示

PowerPoint 2003 图示库中包括组织结构图、循环图、射线图、棱锥图、维恩图、目标图等。

【例 10-3】在【教案】演示文稿中的第 4 张幻灯片中插入图示。

(1) 启动 PowerPoint 2003 应用程序，打开【教案】演示文稿。

(2) 在幻灯片预览窗格中选择第 4 张幻灯片缩略图，将其显示在幻灯片编辑窗口中。

(3) 选择【插入】|【图示】命令，打开【图书库】对话框。

(4) 选择循环图后，单击【确定】按钮，即可在第 4 张幻灯片中显示该循环图，如图 10-47 所示。

(5) 在【单击此处添加文本框】文本框中输入文本，并调整图示大小，最终效果如图 10-48 所示。

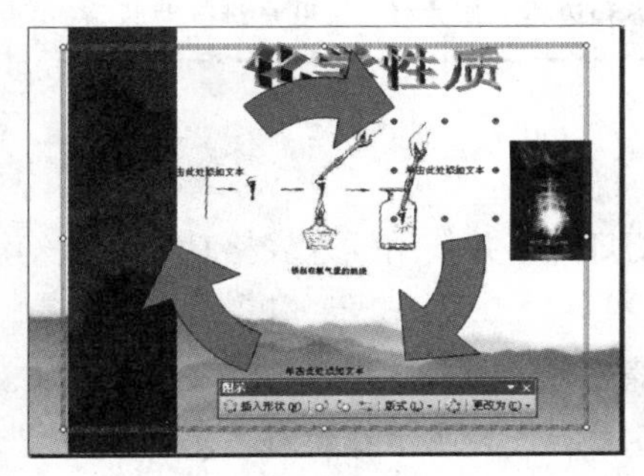

图 10-47　插入图示

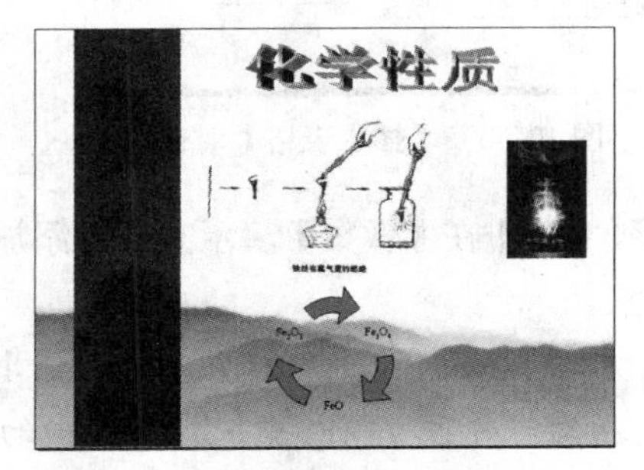

图 10-48　调整图示大小和位置的效果

10.5.4　插入表格

PowerPoint 提供了两种在幻灯片中自动插入表格的方法，一种是在【常用】工具栏中使用【插入表格】按钮插入表格，另一种是选择【插入】|【表格】命令插入表格。

1. 使用【插入表格】按钮插入表格

在【常用】工具栏中单击【插入表格】按钮，打开如图 10-49 所示的网格，在该网格框中拖动鼠标左键可以确定要创建表格的行数和列数，再次单击鼠标即可完成一个规则表格的创建，图 10-49 所示的蓝色区域表示将在幻灯片中插入一个 3×4 表格。

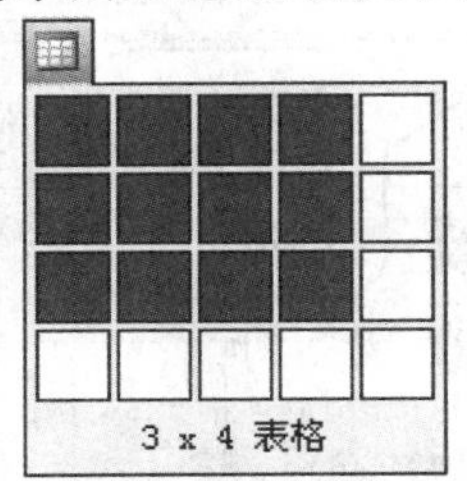

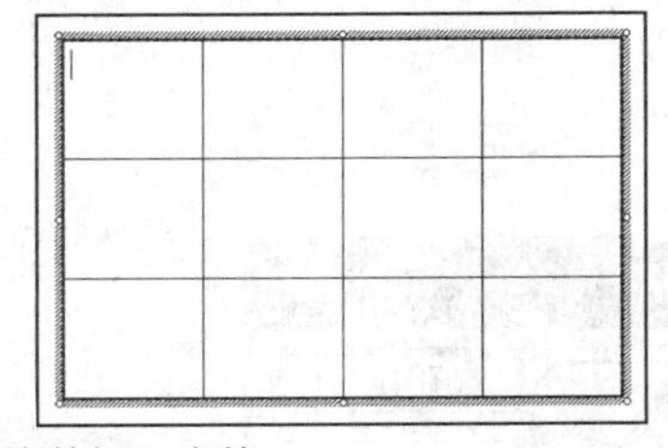

图 10-49　选择网格数插入表格

提示

如果在 PowerPoint 2003 工作界面中没有显示【常用】工具栏，则可以选择【视图】|【工具栏】|【常用】命令，此时该工具栏就会显示在标题栏的下方。

2. 使用【插入】菜单插入表格

当需要在幻灯片中直接添加表格时，可以选择【插入】|【表格】命令，打开【插入表格】对话框，如图 10-50 所示。在该对话框的【行数】和【列数】文本框中输入行数与列数，单击【确定】按钮，即可在当前幻灯片中插入一个表格。

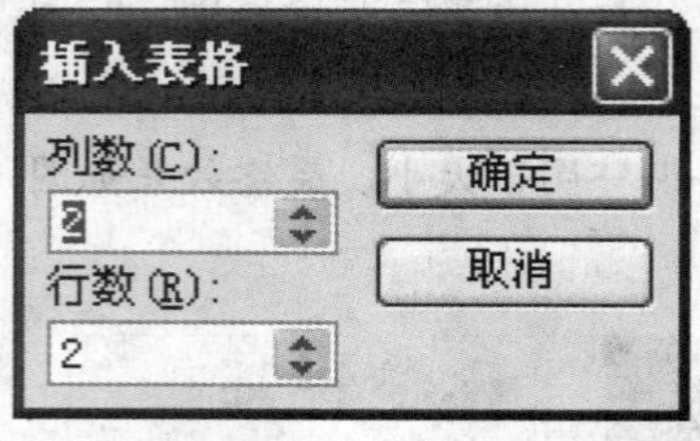

图 10-50 【插入表格】对话框

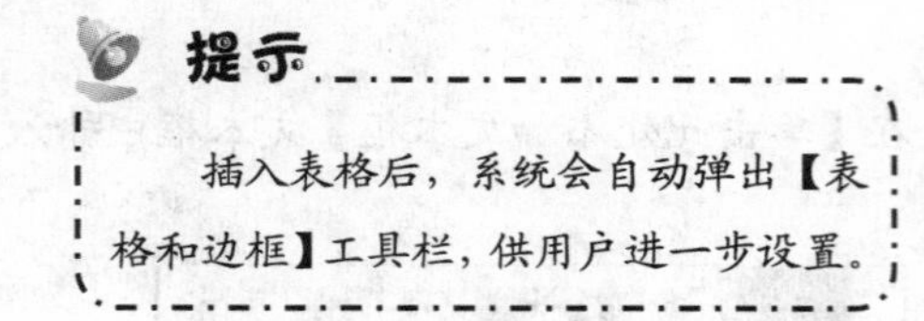

提示

插入表格后，系统会自动弹出【表格和边框】工具栏，供用户进一步设置。

【例 10-4】在【教案】演示文稿中添加一张新幻灯片，并使用插入表格功能在该幻灯片中插入表格。

(1) 启动 PowerPoint 2003 应用程序，打开【教案】演示文稿。

(2) 在幻灯片预览窗格中选择第 4 张幻灯片缩略图，将其显示在幻灯片编辑窗口中。

(3) 选择【插入】|【新幻灯片】命令，插入第 5 张幻灯片。

(4) 在幻灯片中输入标题文字，设置字体为【华文琥珀】，字号为 44，并删除【单击此处添加文本】文本占位符。

(5) 选择【插入】|【表格】命令，打开【插入表格】对话框，在【列数】文本框和【行数】文本框中分别输入数字 4 和 4，如图 10-51 所示。

(6) 单击【确定】按钮，幻灯片中插入一个 4 列 4 行的空白表格，如图 10-52 所示。

(7) 在要输入文字的表格中单击鼠标，该表格中将出现闪烁的光标，此时输入需要说明的文字。

(8) 选中表格，在格式工具栏中设置文字字体为【宋体】，字号为 20，字型为【加粗】，表格最终效果如图 10-53 所示。

(9) 单击【保存】按钮，将【教案】演示文稿保存。

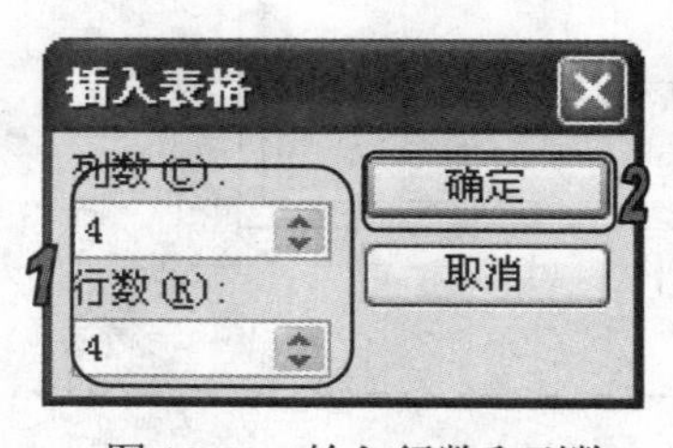

图 10-51 输入行数和列数

图 10-52 在幻灯片中插入表格

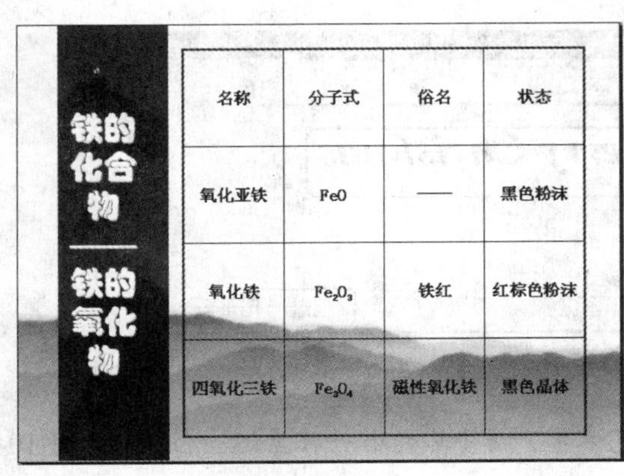

名称	分子式	俗名	状态
氧化亚铁	FeO	——	黑色粉沫
氧化铁	Fe_2O_3	铁红	红棕色粉沫
四氧化三铁	Fe_3O_4	磁性氧化铁	黑色晶体

图 10-53　在表格中输入文字效果

提示

单击【格式】工具栏上的【居中】按钮，设置表格文字居中显示；然后单击【表格】工具栏上的【垂直居中】按钮，设置文字垂直居中显示。

10.6　上机练习

本章主要介绍了 PowerPoint 2003 的基础知识。本上机练习通过“制作贺卡”练习插入图片、艺术字等操作，极大地加强了演示稿件的美观性。

(1) 启动 PowerPoint 2003，在自动创建的新幻灯片中删除所有的占位符，然后将文档以“贺卡”为文件名保存。

(2) 选择【插入】|【图片】|【来自文件】命令，打开【插入图片】对话框，在其中选择一幅图片，如图 10-54 所示。

(3) 单击【插入】按钮，将所选的图片插入到幻灯片中。将光标移至图片的右下角，并向上拖曳控制点，等比例缩小图片，并且将其移至适当位置，如图 10-55 所示。

(4) 选择【插入】|【图片】|【艺术字】命令，打开【艺术字库】对话框，在其中选择一种艺术字样式，如图 10-56 所示。

(5) 单击【确定】按钮，打开【编辑“艺术字”文字】对话框，在【字体】下拉列表框中选择 Time New Roman 选项，单击【加粗】和【斜体】按钮，在【文字】文本框中输入 Merry Christmas，如图 10-57 所示。

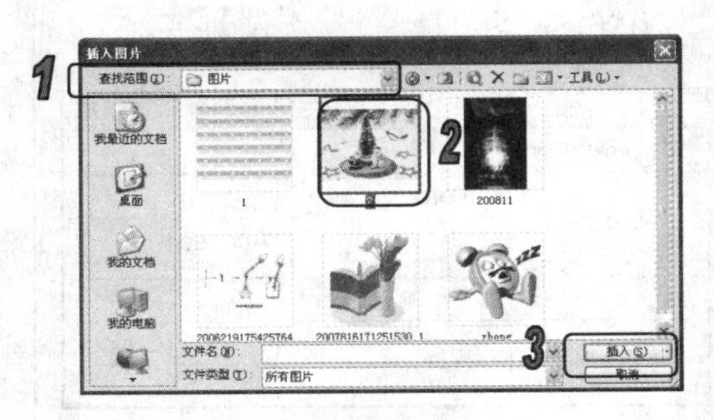

图 10-54　选择插入的图片

图 10-55　插入图片并调整大小

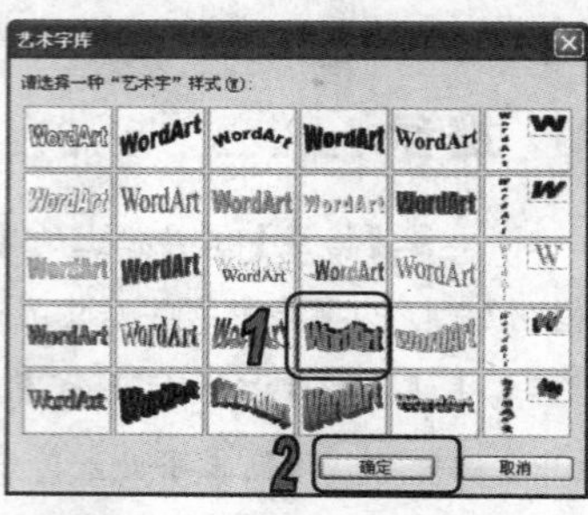

图 10-56　选择艺术字样式

图 10-57　输入艺术字文本

(6) 单击【确定】按钮，就可以在文档中插入艺术字。调整其大小并移至适当位置，如图 10-58 所示。

(7) 使用同样的方法制作其他艺术字，贺卡的最终效果如图 10-59 所示。

图 10-58　输入艺术字

图 10-59　贺卡的效果

10.7　习题

1. 使用 PowerPoint 2003 自带的模板 Radial，创建如图 10-60 所示的幻灯片。设置标题文字首行的对齐方式为【居中】，并为副标题文字添加下划线，字体设置为华文楷体。

2. 制作如图 10-61 所示的幻灯片。

图 10-60　设置文字和段落的对齐方式

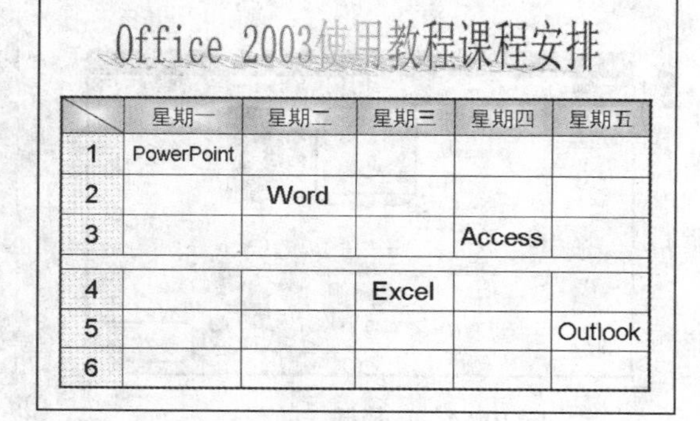

	星期一	星期二	星期三	星期四	星期五
1	PowerPoint				
2		Word			
3				Access	
4			Excel		
5					Outlook
6					

图 10-61　插入表格与艺术字

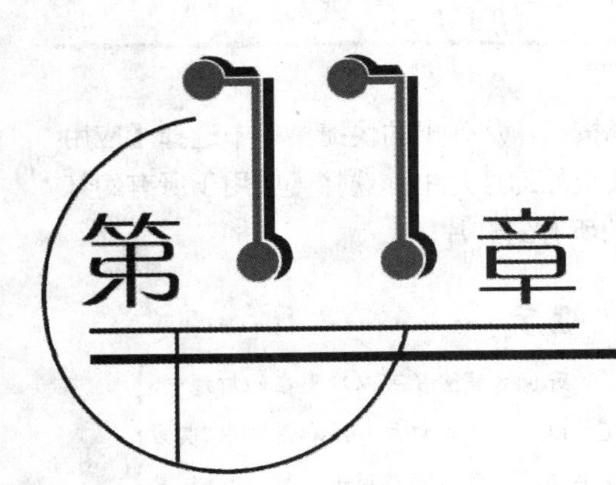

第11章 幻灯片的设计

学习目标

PowerPoint 提供了大量的模板预设格式，用户应用这些格式，可以轻松地制作出具有专业效果的幻灯片演示文稿，以及备注和讲义演示文稿。这些预设格式包括设计模板、主题颜色、幻灯片版式等内容。本章介绍了设置幻灯片颜色、应用幻灯片配色方案、编辑幻灯片母版以及设置对象动画和幻灯片切换动画的方法。

本章重点

- 为幻灯片配色
- 设置幻灯片背景
- 编辑幻灯片母版
- 幻灯片动画设置

11.1 为幻灯片配色

为了使不同演示文稿体现不同的特色，可以为幻灯片中的对象选择不同的颜色，从而形成不同的效果。本节将介绍为幻灯片配色的基本操作，使不同的演示文稿拥有不同的颜色。

11.1.1 应用配色方案

PowerPoint 2003 自带很多的配色方案，用户可以直接将其应用到幻灯片中。选择【格式】|【幻灯片设计】命令，打开【幻灯片设计】任务窗格，单击【配色方案】按钮，打开【幻灯片设计-配色方案】任务窗格，如图 11-1 所示。

在【应用配色方案】列表框中选择一种配色方案，默认情况下，演示文稿中的所有幻灯片都应用为选定的配色方案。单击某个配色方案右侧的按钮，从弹出的快捷菜单中选择【应用于所选幻灯片】命令，该配色方案只会被应用到当前选定的幻灯片中；选择【应用于所有幻灯片】命令，将所选的配色方案应用于当前演示文稿中的所有幻灯片。

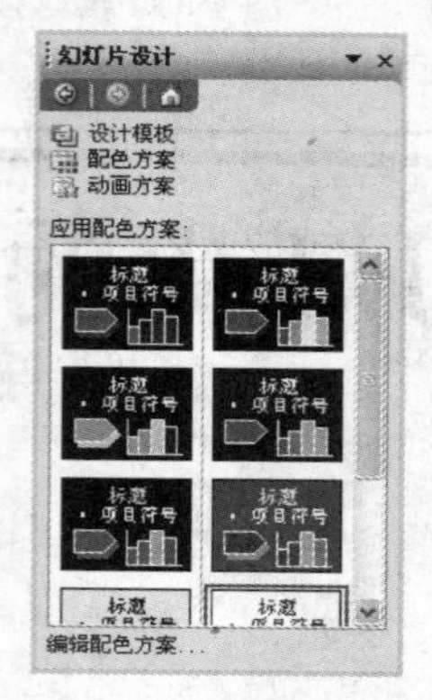

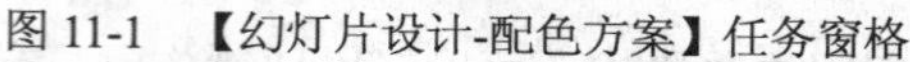
图 11-1　【幻灯片设计-配色方案】任务窗格

> **提示**
>
> 配色方案除了可以应用在幻灯片中，还可以应用于幻灯片备注和讲义中，其方法也与将配色方案应用于幻灯片类似，只不过用户在选择配色方案前，应首先选择【视图】|【备注页】命令切换到备注页视图下。

11.1.2　编辑系统配色方案

如果对已有的配色方案都不满意，可以在【幻灯片设计-配色方案】任务窗格中，单击【编辑配色方案】链接，打开【编辑配色方案】对话框，如图 11-2 所示。

在该对话框中的【配色方案颜色】选项区域中列出了 8 种对象相应的颜色，选中某色块后单击【更改颜色】按钮，或者双击某色块，可以打开系统调色板，供用户设置对象的颜色。

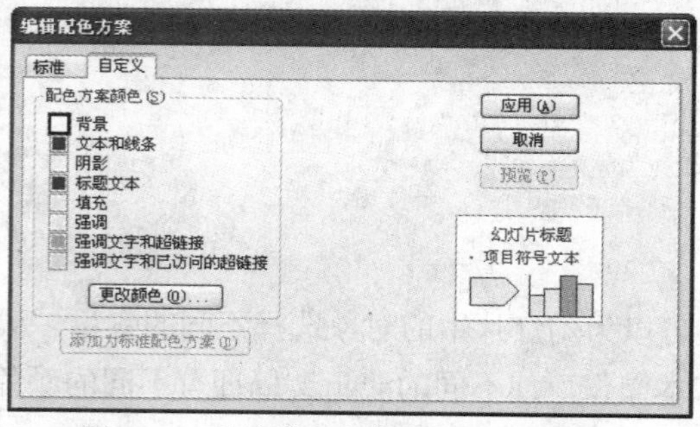

图 11-2　【编辑配色方案】对话框

> **提示**
>
> 在【自定义】选项卡中，可以重新设置背景、文本和线条、阴影等项目的颜色；另外，在【标准】选项卡中，还可以将不需要的已存在的配色方案删除。

当用户更改了配色方案后，可以单击【预览】按钮，观察应用修改后的配色方案后的效果；单击【应用】按钮，将修改后的方案应用到幻灯片中；单击【添加为标准配色方案】按钮，将修改后的配色方案作为标准色存储到模板中。

【例 11-1】创建如图 11-3 所示的演示文稿【项目立项】，并且应用和编辑配色方案。

(1) 启动 PowerPoint 2003，创建如图 11-3 所示的演示文稿【项目立项】。

(2) 选择【格式】|【幻灯片设计】命令，打开【幻灯片设计】任务窗格，单击【配色方案】按钮，打开【幻灯片设计-配色方案】任务窗格。

(3) 选中第一张幻灯片，在【应用配色方案】列表框中单击第 4 个配色方案右侧的按钮，从弹出的快捷菜单中选择【应用于所选幻灯片】命令，应用配色方案，效果如图 11-4 所示。

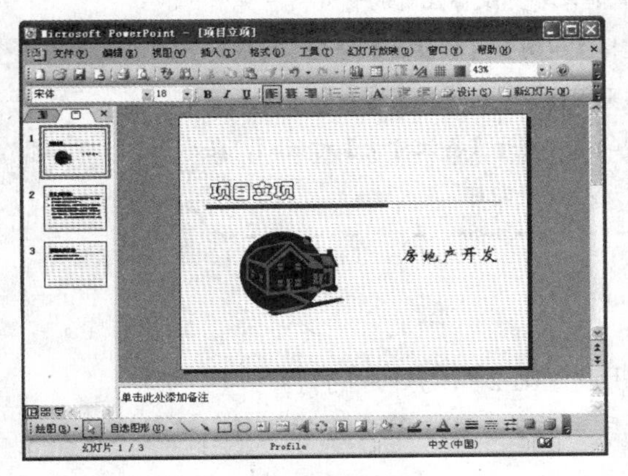

图 11-3　创建演示文稿

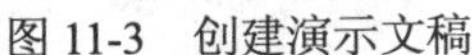

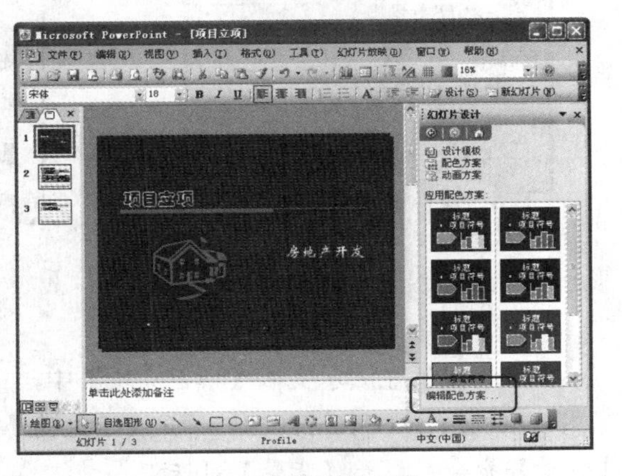

图 11-4　应用配色方案

(4) 在【幻灯片设计-配色方案】任务窗格中，单击【编辑配色方案】链接，打开【编辑配色方案】对话框，双击【强调】色块，打开【强调文字颜色】对话框。

(5) 打开【自定义】选项卡，在【颜色】选项区域中选择一种颜色，如图 11-5 所示。

(6) 单击【确定】按钮，返回【编辑配色方案】对话框，然后单击【应用】按钮，应用自定义配色方案，如图 11-6 所示。

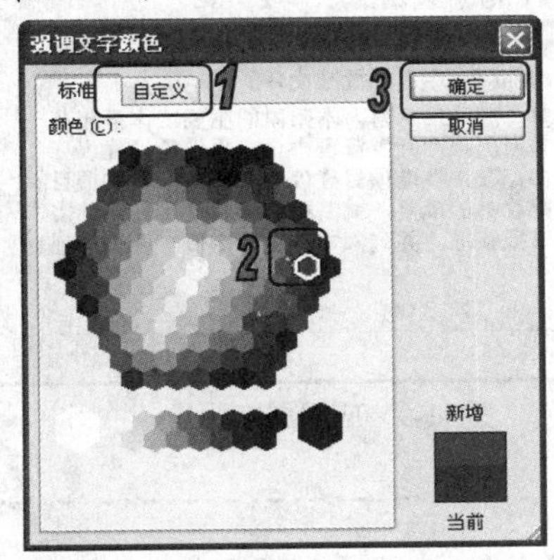

图 11-5　【强调文字颜色】对话框

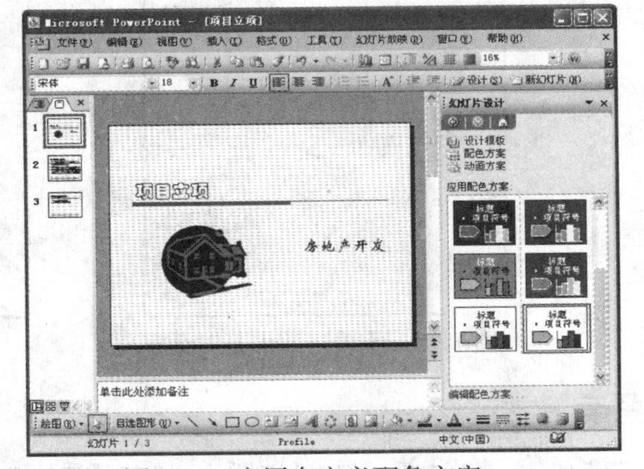

图 11-6　应用自定义配色方案

11.2　设置幻灯片背景

在 PowerPoint 中，除了可以使用设计模板或配色方案来更改幻灯片的外观，还可以通过设置幻灯片的背景来实现。

在普通视图下，选择【格式】|【背景】命令，打开【背景】对话框，单击背景颜色下拉列表框，从打开的菜单中选择命令就可以重新设置幻灯片的背景色，如图 11-7 所示。

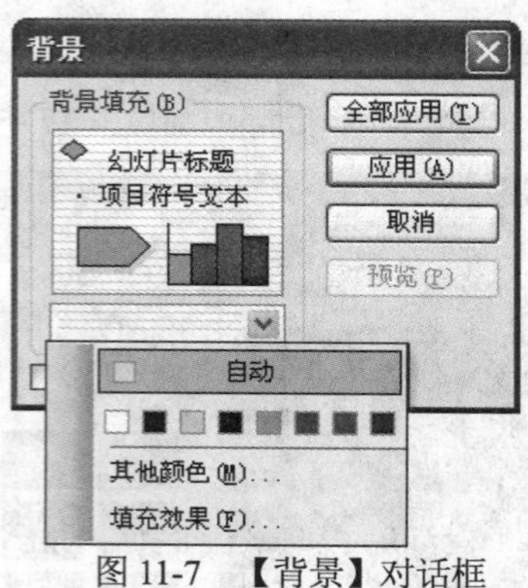

图 11-7 【背景】对话框

提示

如果要更改备注页的背景，首先需要选择【视图】|【备注页】命令，切换到备注页视图，然后选择【格式】|【备注背景】命令，打开【备注背景】对话框，在其中进行设置即可。

【例 11-2】在演示文稿【项目立项】中，重新设置第 2 张幻灯片的背景。

(1) 启动 PowerPoint 2003，打开演示文稿【项目立项】。选中第 2 张幻灯片，选择【格式】|【背景】命令，打开【背景】对话框。

(2) 在该对话框中单击【背景填充】下拉列表框，在打开的菜单中选择【填充效果】命令，打开【填充效果】对话框。打开【图案】选项卡，在【图案】选项区域中选择样式【宽上对角线】，如图 11-8 所示。

(3) 单击【确定】按钮，应用图案背景，效果如图 11-9 所示。

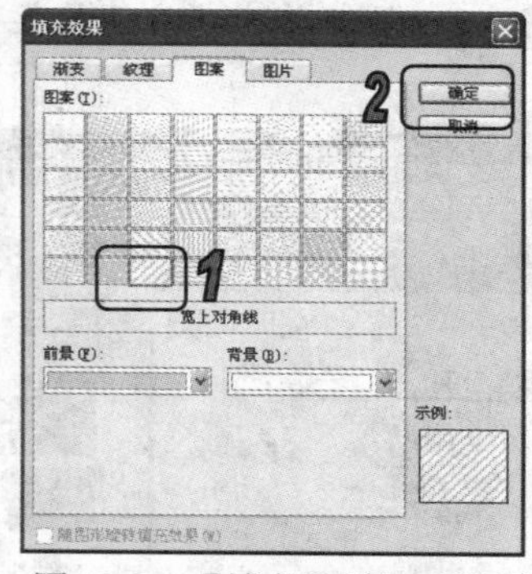

图 11-8 【填充效果】对话框

图 11-9 应用图案背景

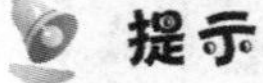

提示

在图 11-8 中，打开【图片】选项卡，单击【选择图片】按钮，打开【选择图片】对话框，在该对话框中选择需要的图片后，单击【插入】按钮，即可将自己喜欢的图片应用到幻灯片中。

11.3 编辑幻灯片母版

母版可用来制作统一标志和背景的内容，设置标题和主要文字的格式。也就是说，母版是为所有幻灯片设置默认版式和格式，而修改母版就是在创建新的模板。在幻灯片母版中不仅可以插入时间、页码、文字、图片等对象，还可以改变字体的大小、颜色、样式、对齐方式等。

11.3.1　母版的类型

在 PowerPoint 2003 中，包含了幻灯片母版、讲义母版和备注母版 3 种。不同的母版对应视图也不同，其功能如下。

- 幻灯片母版：与幻灯片视图相对应，幻灯片母版是存储模板信息的设计模板的一个元素。幻灯片母版中的信息包括字形、占位符大小和位置、背景设计和配色方案。选择【视图】|【母版】|【幻灯片母版】命令，打开幻灯片母版视图，如图 11-10 所示。在该母版中可以更改占位符的大小、位置和其中的文字的外观属性等。
- 讲义母版：与浏览视图相对应，讲义母版是为制作讲义而准备的。演示文稿讲义一般是用来打印的，所以讲义母版的设置，大多和打印页面相关。选择【视图】|【母版】|【讲义母版】命令，打开讲义母版视图，如图 11-11 所示。在该母版中可以设置或修改的元素不多，主要是设置每页纸打印的幻灯片的张数和位置，这些设置可通过【讲义母版视图】工具栏上的按钮来实现。

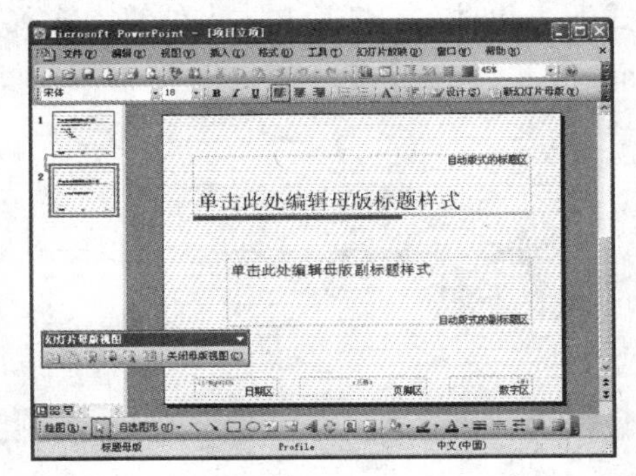

图 11-10　幻灯片母版

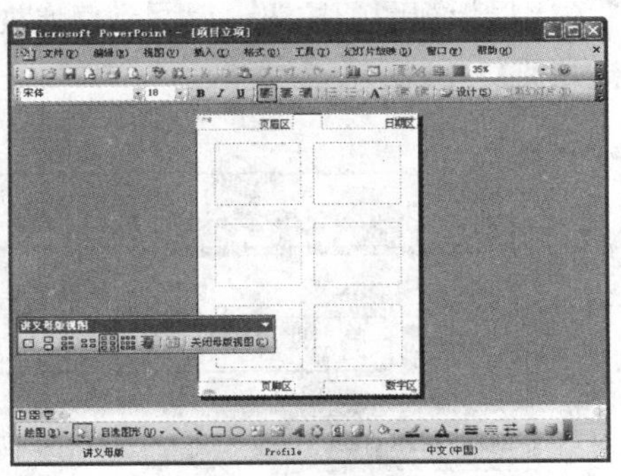

图 11-11　讲义母版

- 备注母版：与备注视图相对应，备注母版主要用来设置幻灯片的备注格式，一般也是用来打印输出的，所以备注母版的设置大多也和打印页面有关。选择【视图】|【母版】|【备注母版】命令，打开备注母版视图，如图 11-12 所示。在该母版中可以设置或修改幻灯片内容、备注内容及页眉页脚内容在页面中的位置、比例及外观等属性。

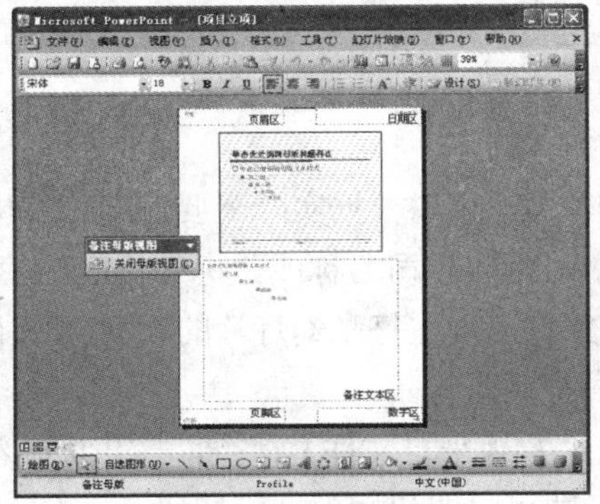

图 11-12　备注母版

提示

无论在幻灯片母版视图、讲义母版视图还是备注母版视图中，如果要返回到普通模式时，只需要在各自打开的工具栏中单击【关闭母版视图】按钮 关闭母版视图(C) 即可。

11.3.2 编辑幻灯片母版

在 PowerPoint 2003 中创建的演示文稿都带有默认的版式，这些版式一方面决定了占位符、文本框、图片以及图表等内容在幻灯片中的位置，另一方面也决定了幻灯片中文本的样式。在幻灯片母版视图中，用户可以按照需要对母版版式进行编辑。

1. 编辑幻灯片文本格式

选择【视图】|【母版】|【幻灯片母版】命令，将当前演示文稿切换到幻灯片母版视图，模板中各个对象的外观可以通过幻灯片母版来进行修改。例如，选中【单击此处编辑母版标题样式】占位符，在格式工具栏中设置文字标题样式的字体为【华文隶书】，字号为 48，字体颜色为【橘黄】，字型为【加粗】，文本对齐方式为【居中】； 选中【单击此处编辑母版副标题样式】占位符，在格式工具栏中设置文字副标题样式的字号为 36，字型为【加粗】，文本对齐方式为【右对齐】，此时幻灯片母版视图效果如图 11-13 所示。在【幻灯片母版视图】工具栏中单击【关闭母版视图】按钮，返回到普通视图模式下，此时在幻灯片文本占位符中输入文字后的效果如图 11-14 所示。

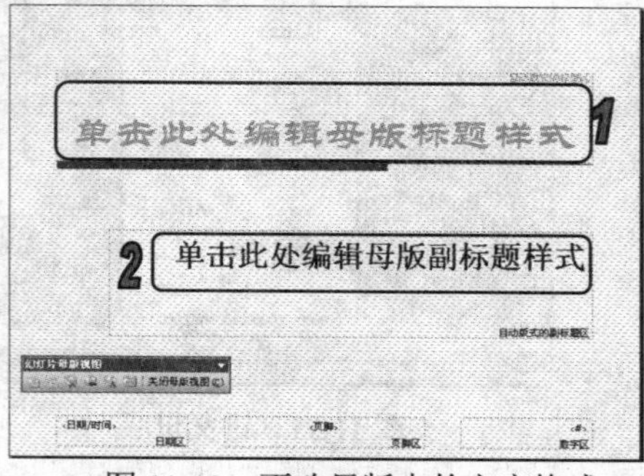

图 11-13　更改母版中的文字格式

图 11-14　在占位符中输入文字

提示

如果需要在多张幻灯片中使用相同属性的文字，那么在母版中设置占位符属性，就能减少重复设置文字属性的操作。

2. 编辑幻灯片背景图片

一个精美的设计模板少不了背景图片的修饰，用户可以根据实际需要在幻灯片母版视图中添加、删除或移动背景图片。例如希望让某个艺术图形(公司名称或徽标等)出现在每张幻灯片中，只需将该图形置于幻灯片母版上，此时该对象将出现在每张幻灯片的相同位置上，而不必在每张幻灯片中重复添加。

切换到幻灯片母版视图，选择【插入】|【图片】|【来自文件】命令，打开【插入图片】对话框，选择要插入的图片后，单击【插入】按钮，即可将图片插入到幻灯片母版中，如图 11-15

所示。

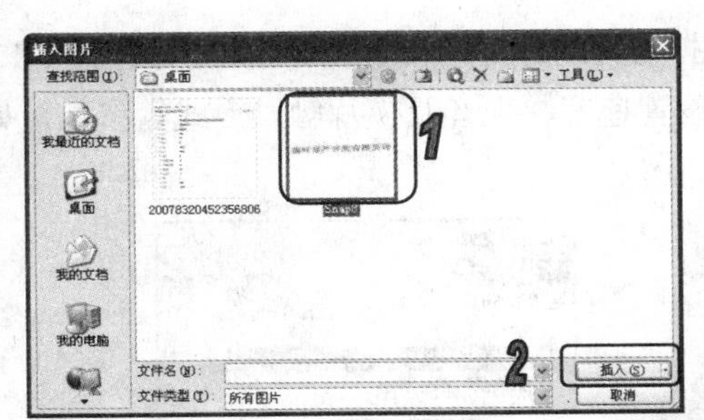

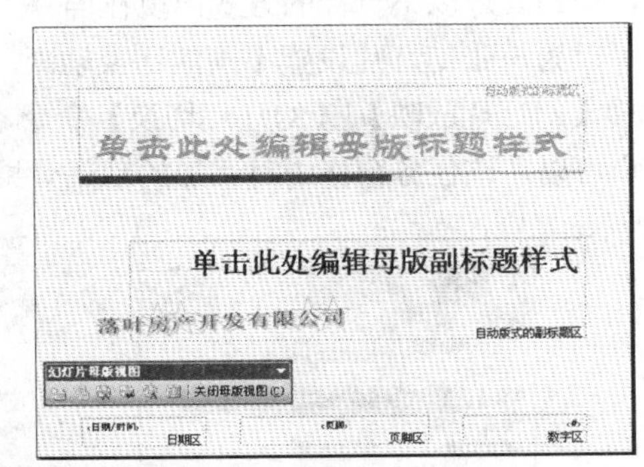

图 11-15　在幻灯片母版视图中添加图片

在工具栏上单击【关闭母版视图】按钮，返回到普通视图模式下，效果如图 11-16 所示。

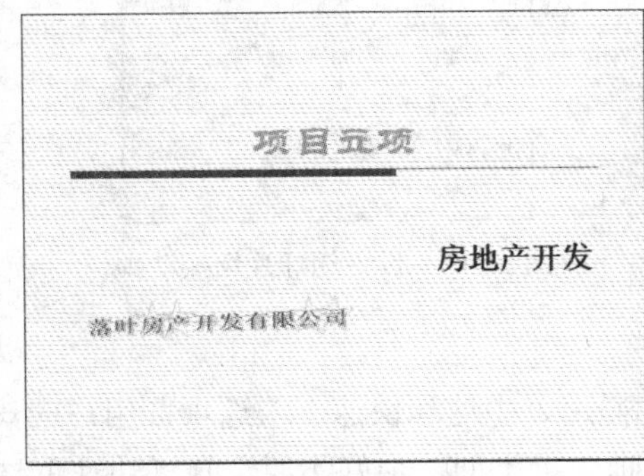

图 11-16　显示添加图形后的幻灯片效果

提示

母版设置了幻灯片的标题和文本的格式与位置，它的作用是统一规定幻灯片的版式。因此，对幻灯片母版的更改会直接影响所有基于该母版的幻灯片。

11.4　幻灯片动画设置

动画是为文本或其他对象添加的，在幻灯片放映时产生的特殊视觉或声音效果。在 PowerPoint 中，演示文稿中的动画有两种主要类型：一种是幻灯片切换动画，另一种是自定义动画。

提示

幻灯片切换动画又称为翻页动画，是指幻灯片在放映时更换幻灯片的动画效果；自定义动画是指为幻灯片内部各个对象设置的动画。

11.4.1　幻灯片切换动画设置

幻灯片切换动画是指一张幻灯片如何从屏幕上消失，以及另一张幻灯片如何显示在屏幕上的效果。幻灯片切换方式可以是简单地以一个幻灯片代替另一个幻灯片，也可以创建一种特殊的效果，使幻灯片以不一样的方式出现在屏幕上。用户既可以为一组幻灯片设置同一种切换动画，也可以为每张幻灯片设置不同的切换动画。

选择【幻灯片放映】|【幻灯片切换】命令，打开【幻灯片切换】任务窗格，如图 11-17 所示。用户可以在该任务窗格中对添加的动画效果设置速度、声音及换片触发方式等参数，如图 11-18 所示。

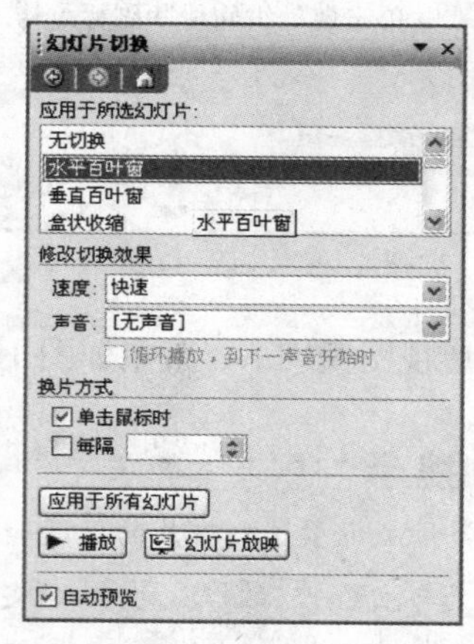

图 11-17　添加幻灯片切换动画

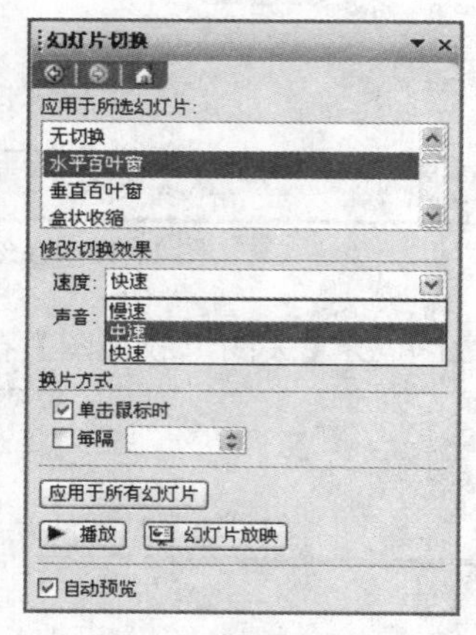

图 11-18　设置幻灯片切换动画

【幻灯片切换】任务窗格中的各选项作用如下。

- 【速度】下拉列表框：该下拉列表框包含慢速、中速和快速 3 个选项，用户应该根据放映节奏进行选择。对于一些复杂的动画效果类型，最好不要选择【快速】选项，因为这时可能会使动画在放映时运行不连续。
- 【声音】下拉列表框：该下拉列表框提供了多种声音效果，选择这些选项可以在两张幻灯片切换之间添加特殊的声音效果。
- 【单击鼠标时】复选框：选中该复选框，则在幻灯片放映过程中单击鼠标，演示画面将切换到下一张幻灯片。
- 【每隔】复选框：选中该复选框，用户可以在其右侧的文本框中输入等待时间。这时当一张幻灯片在放映过程中已经显示了规定的时间后，演示画面将自动切换到下一张幻灯片。
- 【应用于所有幻灯片】按钮：单击该按钮，当前演示文稿中的所有幻灯片的切换方式将变为统一风格。

在普通视图或幻灯片浏览视图中都可以为幻灯片设置切换动画，但在幻灯片浏览视图中设置动画效果时，更容易把握演示文稿的整体风格。

【例 11-3】在演示文稿【项目立项】中，设置幻灯片切换动画效果。

(1) 启动 PowerPoint 2003，打开演示文稿【项目立项】。选择【视图】|【幻灯片浏览】命令，切换到幻灯片浏览视图，如图 11-19 所示。

(2) 选择【幻灯片放映】|【幻灯片切换】命令，打开【幻灯片切换】任务窗格。

(3) 在幻灯片浏览窗格中选择第 1 张幻灯片，在【幻灯片切换】任务窗格的【应用于所选

幻灯片】列表框中选择【新闻快报】选项，在【速度】下拉列表框中选择【中速】命令，如图 11-20 所示。此时，在幻灯片的左下角将显示动画标志☆。

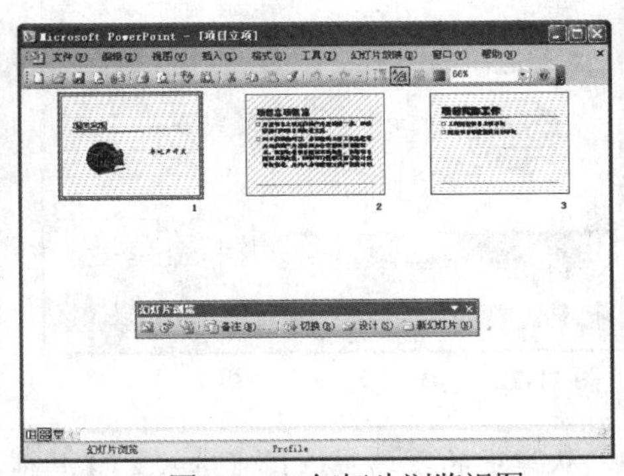

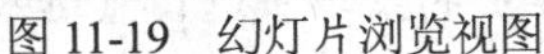

图 11-19 幻灯片浏览视图

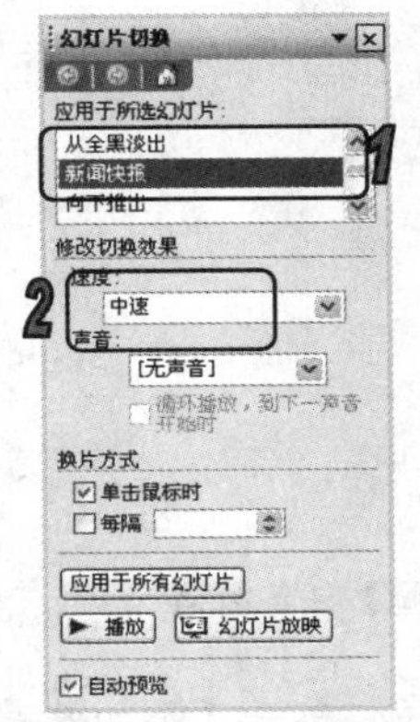

图 11-20 【幻灯片切换】任务窗格

(4) 使用同样的方法，为其他幻灯片设置切换效果，并保存幻灯片设置。

11.4.2 对象动画设置

在 PowerPoint 2003 中，可以对幻灯片中的文本、图形、表格等对象设置不同的动画效果，如进入动画、强调动画、退出动画等。

1. 制作进入式的动画效果

进入动画可以让文本或其他对象以多种动画效果进入放映屏幕。在添加动画效果之前，需要像设置其他对象属性时那样，首先选中对象。对于占位符或文本框来说，选中占位符、文本框，以及进入其文本编辑状态时，都可以为它们添加动画效果。

选中对象后，选择【幻灯片放映】|【自定义动画】命令，打开【自定义动画】任务窗格，如图 11-21 所示，单击【添加效果】按钮，从打开的菜单中选择命令，就可以添加动画效果。

【例 11-4】在演示文稿【项目立项】中，为第一张幻灯片的文本定义动画效果。

(1) 启动 PowerPoint 2003，打开演示文稿【项目立项】，选择【幻灯片放映】|【自定义动画】命令，打开【自定义动画】任务窗格。

(2) 在第 1 张幻灯片中，选择标题文字，单击【添加效果】按钮，从弹出的菜单中选择【进入】|【飞入】命令，将该标题应用飞入效果，如图 11-22 所示。

提示

当幻灯片中的对象被添加动画效果后，在每个对象的左侧都会显示一个带有数字的矩形标记。这个小矩形表示已经对该对象添加了动画效果，中间的数字表示该动画在当前幻灯片中的播放次序。在添加动画效果时，添加的第一个动画次序为 1，它在幻灯片放映时是出现最早的自定义动画。

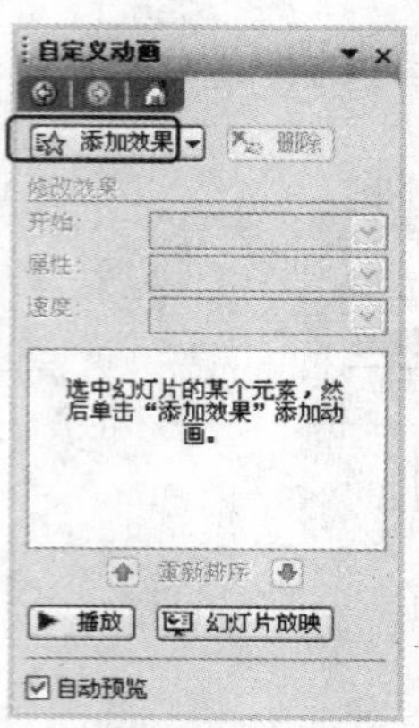

图 11-21 【自定义动画】任务窗格

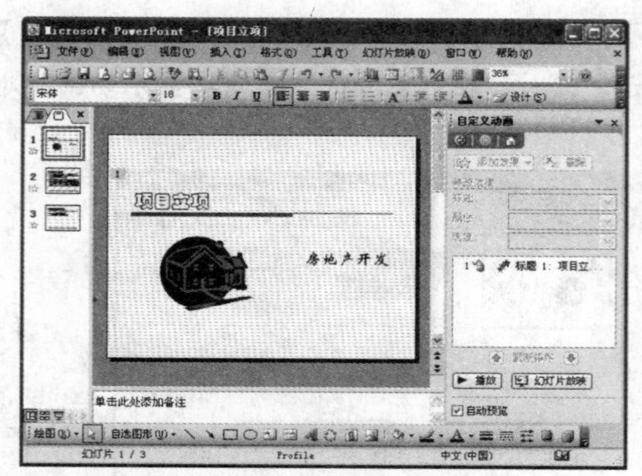

图 11-22 标题应用飞入效果

(3) 选择副标题文字，单击【添加效果】按钮，从弹出的菜单中选择【进入】|【其他效果】命令，打开【添加进入效果】对话框，如图 11-23 所示。

(4) 在【细微型】选项区域中选择【渐变式回旋】选项，应用渐变式回旋效果，效果如图 11-24 所示。

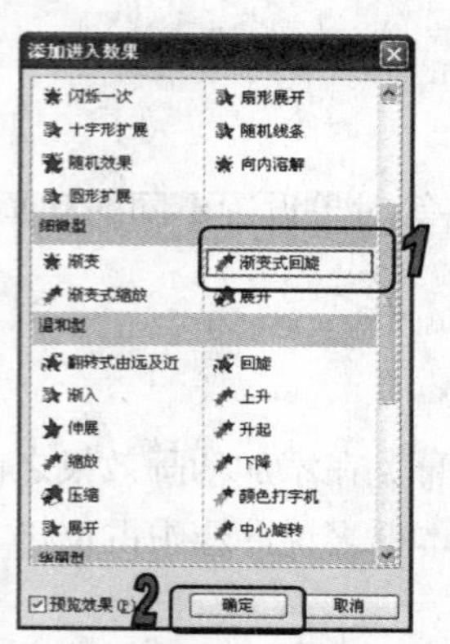

图 11-23 【添加进入效果】对话框

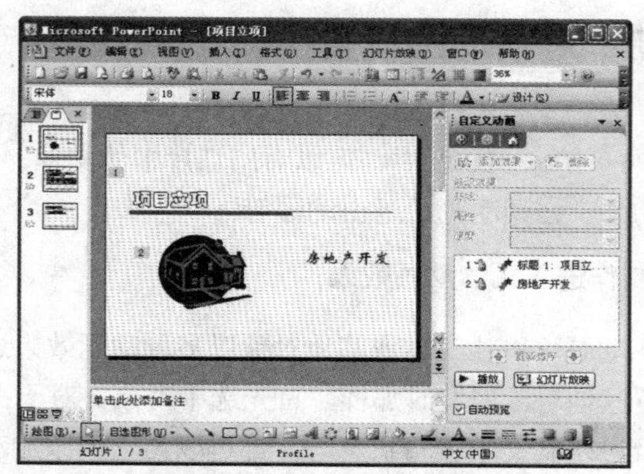

图 11-24 副标题应用渐变式回旋效果

2. 制作强调式的动画效果

强调动画是为了突出幻灯片中的某部分内容而设置的放映时的特殊动画效果。添加强调动画的过程与添加进入效果大体相同，单击需要添加的强调效果的对象，然后在【自定义动画】窗格中单击【添加效果】按钮，选择【强调】菜单中的命令，即可为幻灯片中的对象添加强调动画效果。选择【强调】|【其他效果】命令，可以打开【添加强调效果】对话框，如图 11-25 所示，添加更多强调动画效果。

3. 制作退出式的动画效果

除了可以给幻灯片中的对象添加进入、强调动画效果外，还可以添加退出动画。退出动画可以设置幻灯片中的对象退出屏幕的效果。添加退出动画的过程和添加进入、强调动画效果的过程大体相同。

在幻灯片中选中需要添加退出效果的对象，单击【添加效果】按钮，选择【退出】菜单中的命令，即可为幻灯片中的对象添加退出动画效果。选择【退出】|【其他效果】命令时，将打开【添加退出效果】对话框，如图 11-26 所示，然后在该对话框中为对象添加更多不同的退出动画效果。退出动画名称有很大一部分与进入动画名称相同，所不同的是，它们的运动方向存在差异。

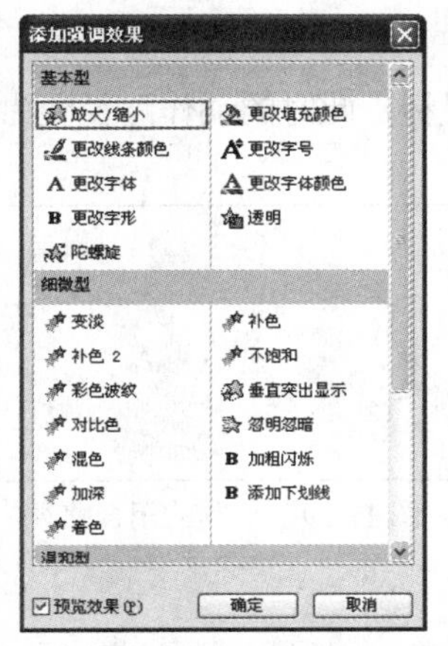

图 11-25　【添加强调效果】对话框

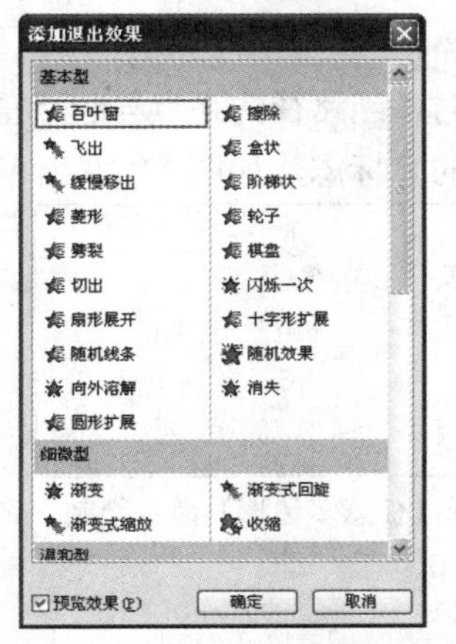

图 11-26　【添加退出效果】对话框

4. 利用动作路径制作动画效果

动作路径动画又称为路径动画，可以指定文本等对象沿预定的路径运动。PowerPoint 中的动作路径动画不仅提供了大量可供简单编辑的预设路径效果，还可以自定义路径，进行更为个性化的编辑。

添加动作路径效果的步骤与添加进入动画的步骤基本相同，单击【添加效果】按钮，选择【动作路径】菜单中的命令，即可为幻灯片中的文本添加动作路径动画效果。也可以选择【动作路径】|【其他动作路径】命令，打开【添加动作路径】对话框，如图 11-27 所示，选择更多的动作路径。

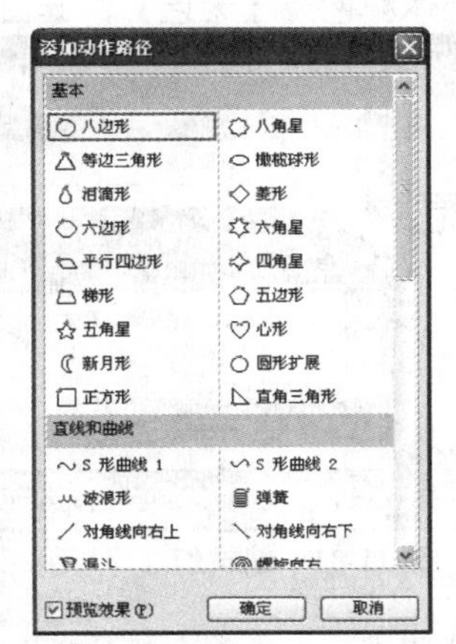

图 11-27　【添加动作路径】对话框

如果要将一个开放路径转变为闭合路径时，可以右击该路径，在弹出的快捷菜单中选择【关闭路径】命令即可。反之，如果要将一个闭合路径转变为开放路径时，则可以在右键菜单中选择【开放路径】命令。

另外，选择【动作路径】|【绘制自定义路径】命令的子命令，可以在幻灯片中拖动鼠标绘制出需要的图形，当双击鼠标时，结束绘制，动作路径即出现在幻灯片中。

绘制完的动作路径起始端将显示一个绿色的▶标志，结束端将显示一个红色的▶|标志，两个标志以一条虚线连接，如图 11-28 所示。当需要改变动作路径的位置时，只需要单击该路径，像编辑自选图形对象一样将其选中，然后拖动即可。拖动路径周围的控制点，可以改变路径的大小。

在绘制路径时，当路径的终点与起点重合时双击鼠标，此时的动作路径变为闭合状，路径上只有一个绿色的▶标志，如图 11-29 所示。

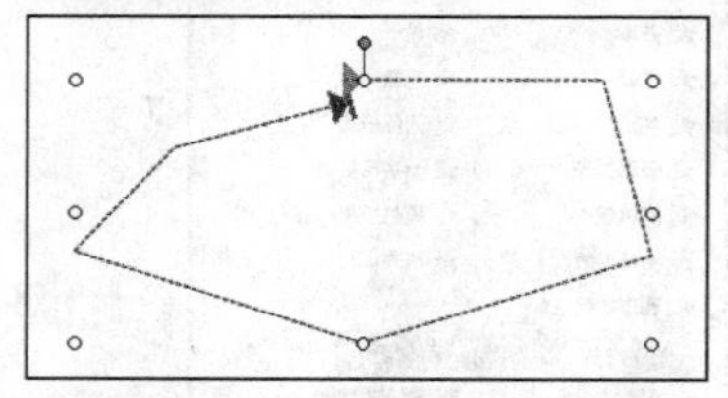

图 11-28　选择【任意多边形】命令绘制的路径

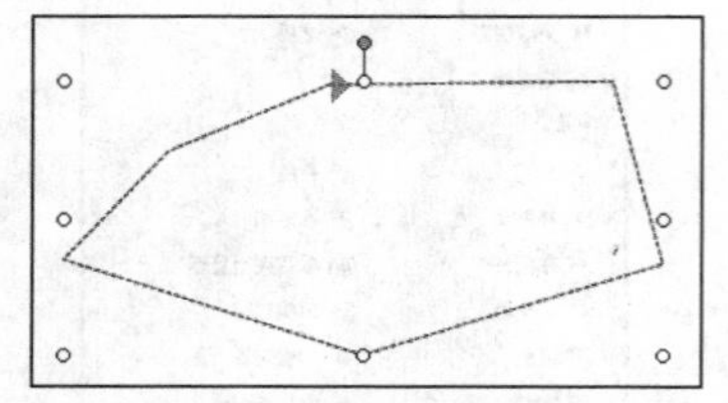

图 11-29　绘制的闭合路径

11.5　上机练习

学习完本章之后，用户应该对 PowerPoint 的幻灯片设计和动画功能有所了解，并学会对幻灯片以及幻灯片母版进行设计。本章上机练习主要是综合运用前面所学知识创建演示文稿【饰品动员】，并编辑母版、添加动画。

(1) 启动 PowerPoint 2003 应用程序，创建如图 11-30 所示的演示文稿【饰品动员】。

(2) 选择【视图】|【母版】|【幻灯片母版】命令，将当前演示文稿切换到幻灯片母版视图，选中【单击此处编辑母版标题样式】占位符，设置文字标题样式的字体为【华文彩云】，字号为 54、字体颜色为【粉红】；选中【单击此处编辑副标题样式】占位符，设置文字副标题样式字体为【华文琥珀】，字号为 32、字型为【加粗】、字体颜色为【紫色】，如图 11-31 所示。

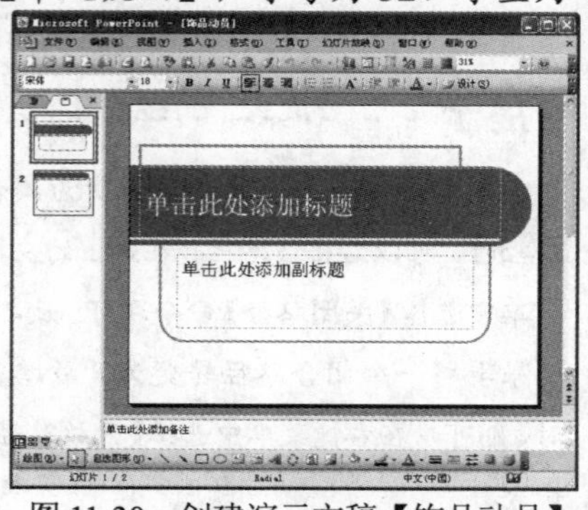

图 11-30　创建演示文稿【饰品动员】

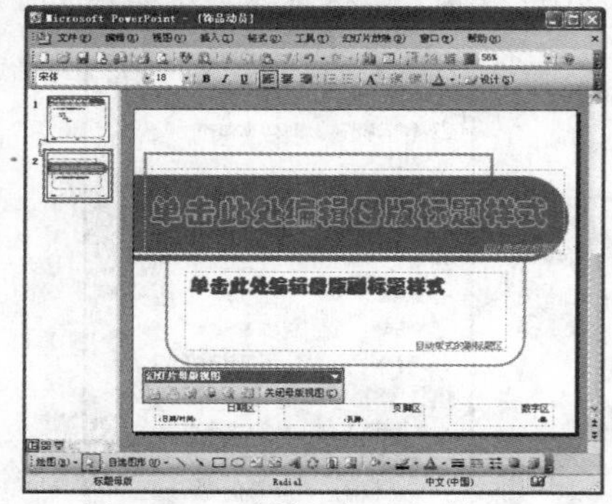

图 11-31　编辑幻灯片母版

(3) 单击【关闭母版视图】按钮，返回至普通幻灯片视图，在【单击此处添加标题】和【单击此处添加副标题】文本占位符中输入文字，效果如图 11-32 所示。

(4) 在幻灯片中选中标题文字，选择【幻灯片放映】|【自定义动画】命令，打开【自定义动画】任务窗格。

(5) 在【自定义动画】任务窗格中单击【添加效果】按钮，在打开的菜单中选择【进入】|【飞入】命令，将标题文字应用进入动画【飞入】。

(6) 选中副标题文字，在【自定义动画】任务窗格中单击【添加效果】按钮，选中文字【新品牌】，在任务窗格中单击【添加效果】按钮，选择【进入】|【其他效果】命令，打开【添加进入效果】对话框。在该对话框的【华丽型】选项区域中选择【弹跳】选项，单击【确定】按钮，此时幻灯片及任务窗格效果如图 11-33 所示。

图 11-32　在幻灯片中输入文字

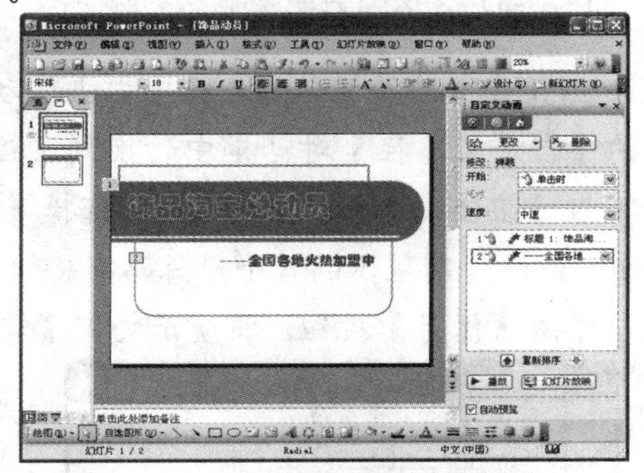

图 11-33　幻灯片及任务窗格效果

(7) 在任务窗格的动画列表框中选中第 1 个动画，在【方向】下拉列表框中选择【自顶部】选项，在【速度】下拉列表框中选择【快速】选项。

(8) 在任务窗格的动画列表框中选中第 2 个动画，在【速度】下拉列表框中选择【快速】选项。

(9) 在幻灯片预览窗格中选择第 2 张幻灯片缩略图，将其显示在幻灯片编辑窗口中。在第 2 张幻灯片中输入文字，使得幻灯片效果如图 11-34 所示。

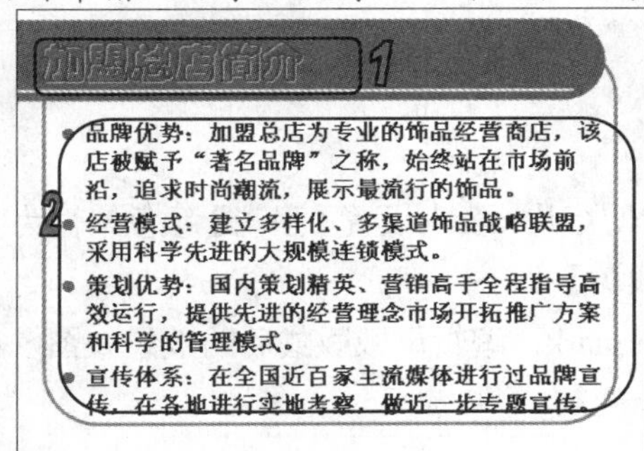

图 11-34　在幻灯片中输入文字

提示

设置标题文字字体为【华文彩云】，字号为 50，字型为【加粗】，字体效果为【阴影】；设置正文文字字体为【宋体】、字号为 28，字型为【加粗】。

(10) 为标题文字“加盟总店简介”添加进入动画效果【菱形】，并保持该动画的默认设置。

(11) 选中正文占位符，单击【添加效果】按钮，在打开的菜单中选择【动作路径】|【绘制自定义路径】|【任意多边形】命令。

(12) 此时鼠标指针变为十字形，在幻灯片中绘制如图 11-35 所示的图形，释放鼠标后，幻灯片分别显示 4 个段落的路径，如图 11-36 所示。

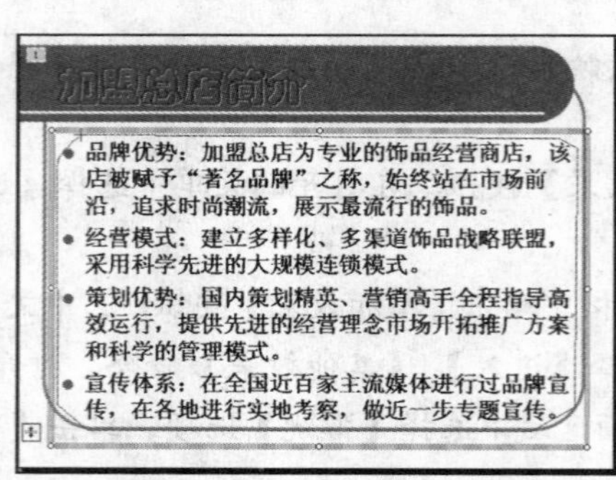

图 11-35　在幻灯片中绘制多边形路径

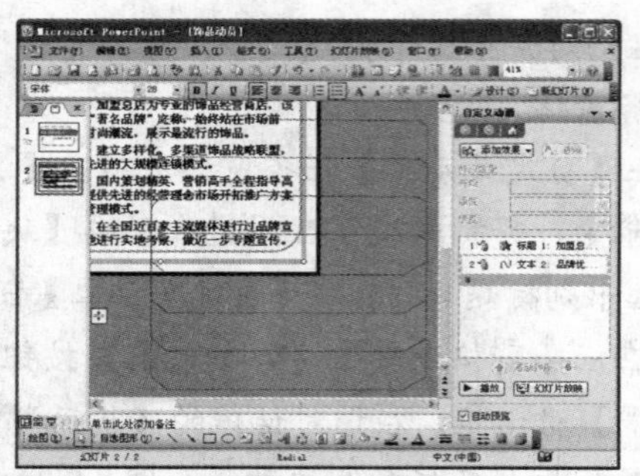

图 11-36　幻灯片显示 4 个段落的路径

(13) 在任务窗格的动画列表框中右击该动画，在弹出的快捷菜单中选择【效果选项】命令，在打开的【自定义路径】对话框中切换到【正文文本动画】选项卡。

(14) 在【组合文本】下拉列表框中选择【作为一个对象】选项，如图 11-37 所示。单击【确定】按钮，此时分别显示的 4 个段落路径将组合为一个对象运动，路径效果如图 11-38 所示。

(15) 单击【保存】按钮，将演示文稿【饰品动员】保存。

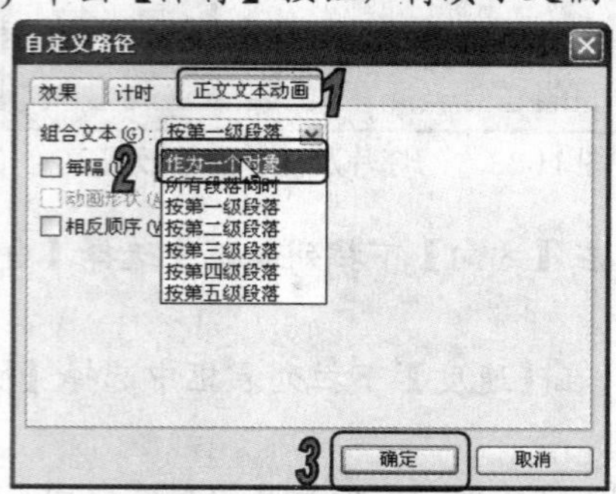

图 11-37　【自定义路径】对话框

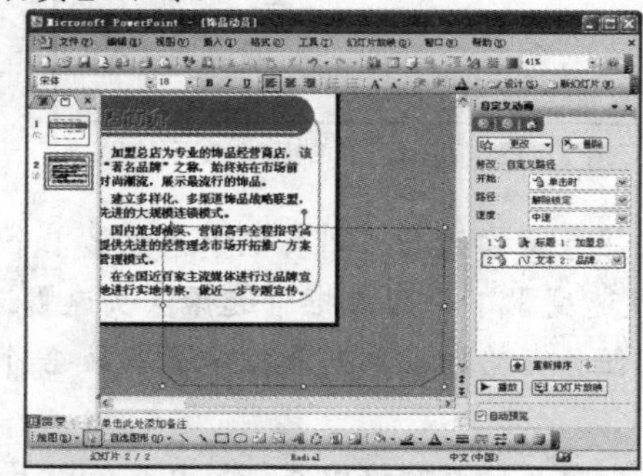

图 11-38　设置组合文本后的路径效果

11.6　习题

1. 使用【吉祥如意】模板设置如图 11-39 所示的幻灯片，要求设置【强调】颜色属性为【绿色】，【强调文字和访问的超链接】颜色属性为【浅黄】。

2. 在【题目 1】制作的幻灯片中应用模板 Watermark，编辑母版版式后的效果如图 11-40 所示。

图 11-39　使用模板【吉祥如意】制作的幻灯片

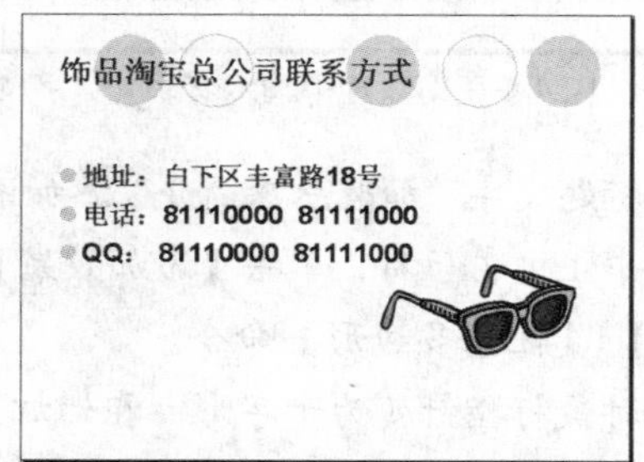

图 11-40　使用模板 Watermark 制作的幻灯片

幻灯片的放映

学习目标

PowerPoint 2003 提供了多种放映幻灯片和控制幻灯片的方法，例如正常放映、计时放映、跳转放映等，用户可以选择最为理想的放映速度与放映方式，使幻灯片的放映结构清晰、节奏明快、过程流畅。本章主要介绍幻灯片放映前和幻灯片放映方式的设置，以及打印演示文稿等内容。

本章重点

- 幻灯片放映前的设置
- 放映幻灯片
- 幻灯片的打包和发布
- 打印演示文稿

12.1 幻灯片放映前的设置

在放映幻灯片之前，使用 PowerPoint 提供的一些实用功能，对幻灯片进行排练计时、录制旁白、设置放映方式等操作，从而使用户可以更为方便准确、轻松自如地制作和放映幻灯片。

12.1.1 隐藏幻灯片

要隐藏某张幻灯片，只需在普通视图模式下右击幻灯片预览窗格中的幻灯片缩略图，从弹出的快捷菜单中选择【隐藏幻灯片】命令，或者选择【幻灯片放映】|【隐藏幻灯片】命令，将正常显示的幻灯片隐藏。被隐藏的幻灯片编号上将显示一个带有斜线的灰色小方框，如图 12-1 所示，这表示幻灯片在正常放映时不会被显示，只有单击它的超链接或动作按钮后才会显示。

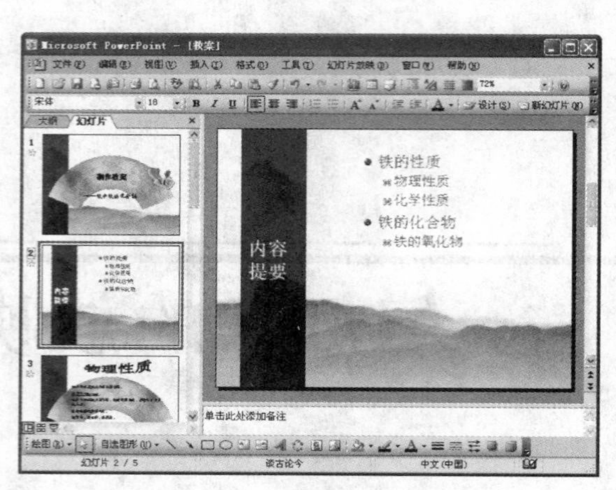

图 12-1　隐藏幻灯片

> **提示**
>
> 如果要取消幻灯片的隐藏，只需再次单击该幻灯片，并在快捷菜单中选择【隐藏幻灯片】命令，或在【幻灯片放映】选项卡中单击【隐藏幻灯片】按钮。

12.1.2　录制旁白

在 PowerPoint 中用户可以为指定的幻灯片或全部幻灯片添加录制旁白。使用录制旁白可以为演示文稿增加解说词，使演示文稿在放映状态下主动播放语音说明。选择【幻灯片放映】|【录制旁白】命令，打开【录制旁白】对话框。在该对话框中单击【确定】按钮，即可开始录制旁白。

在录制了旁白的幻灯片的右下角会显示一个声音图标，PowerPoint 中的旁白声音优于其他声音文件，当幻灯片同时包含旁白和其他声音文件时，在放映幻灯片时只放映旁白。若用户希望删除幻灯片中的旁白，只需在幻灯片编辑窗格中单击选中声音图标，按键盘上的 Delete 键即可。

【例 12-1】为演示文稿录制旁白。

(1) 启动 PowerPoint 2003 应用程序，打开演示文稿。

(2) 选择【幻灯片放映】|【录制旁白】命令，打开【录制旁白】对话框，如图 12-2 所示。

(3) 单击【确定】按钮，此时进入幻灯片放映状态，同时开始录制旁白。

(4) 单击鼠标或按 Enter 键切换到下一张幻灯片。当旁白录制完成后，按 Esc 键，PowerPoint 将自动打开对话框提示用户是否需要保存新的排练时间，如图 12-3 所示。

(5) 单击【保存】按钮，保存新的排练计时结果。

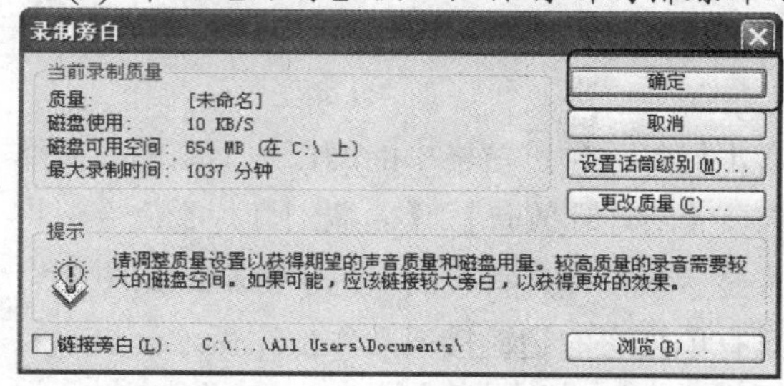

图 12-2　【录制旁白】对话框

图 12-3　Microsoft Office PowerPoint 提示框

知识点

如果是第一次录音，可以单击【设置话筒级别】按钮，打开【话筒检查】按钮，按提示进行调整。用户也可以单击【更改质量】按钮，打开【声音选定】对话框，选择期望的质量。需要注意的是，声音文件要占用较大的存储容量，如果用户选择高质量的声音，则占用的存储容量会更多。录制的旁白录音，在默认情况下是存储在演示文稿中的，用户可以选中【链接旁白】复选框，将声音作为独立的文件保存，并链接到演示文稿。此时，声音文件以.wav 为扩展名保存在演示文稿所在的目录下。

12.1.3　排练计时

当完成演示文稿内容制作之后，可以运用 PowerPoint 的【排练计时】功能来排练整个演示文稿放映的时间。在排练计时过程中，演讲者可以确切了解每一页幻灯片需要讲解的时间，以及整个演示文稿的总放映时间。

排练计时是在用户配合时间演讲的内容进行切换幻灯片的过程中自动记录下来的每张幻灯片的放映时间，用户可以在【幻灯片切换】任何窗格中进行更改。

打开【教案】演示文稿，选择【幻灯片放映】|【排练计时】命令，演示文稿将自动切换到幻灯片放映状态，并在放映屏幕左上角显示【预演】工具栏，如图 12-4 所示。【预演】工具栏中会自动显示放映的总时间和当前幻灯片的放映时间。单击切换到下一张幻灯片，直至放映完毕。整个演示文稿放映完成后，将打开 Microsoft Office PowerPoint 对话框，该对话框显示幻灯片播放的总时间，并询问用户是否保留该排练时间，如图 12-5 所示。

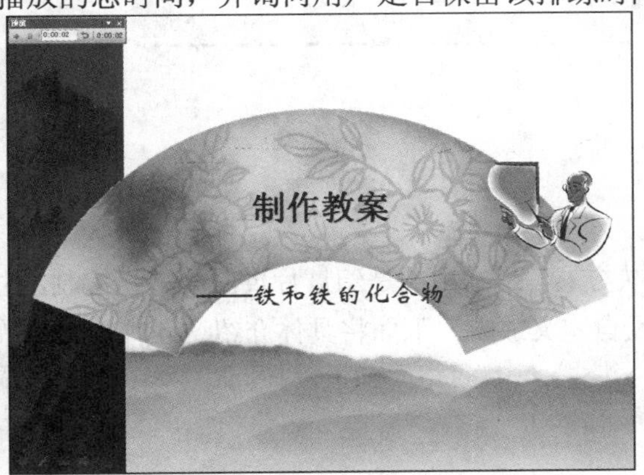

图 12-4　播放演示文稿时显示【预演】工具栏

图 12-5　Microsoft Office PowerPoint 对话框

提示

在排练计时过程中，用户可以不必关心每张幻灯片的具体放映时间，主要应该根据幻灯片的内容确定幻灯片应该放映的时间。预演的过程和时间，应尽量接近实际演示的过程和时间。

单击【是】按钮接受排练计时，此时演示文稿将切换到幻灯片浏览视图，并在每张幻灯片下方均显示各自的排练时间，如图 12-6 所示。

用户在放映幻灯片时可以选择是否启用设置好的排练时间。选择【幻灯片放映】|【设置幻灯片放映】命令，打开【设置放映方式】对话框，如图 12-7 所示。如果在该对话框的【换片方式】选项区域中选中【手动】单选按钮，则存在的排练计时不起作用，用户在放映幻灯片时只有通过单击鼠标或按键盘上的 Enter 键、空格键才能切换幻灯片。

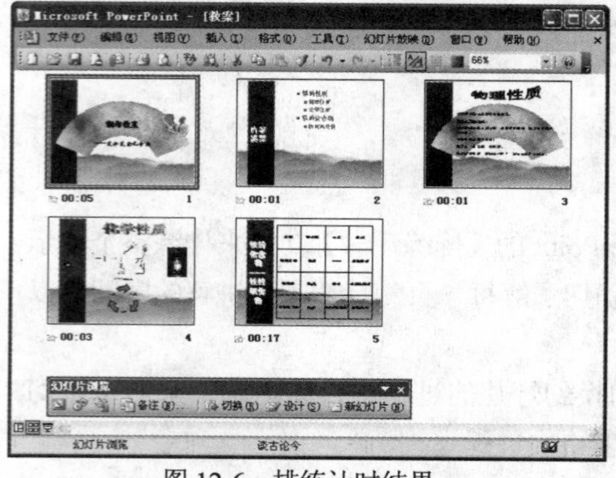

图 12-6　排练计时结果

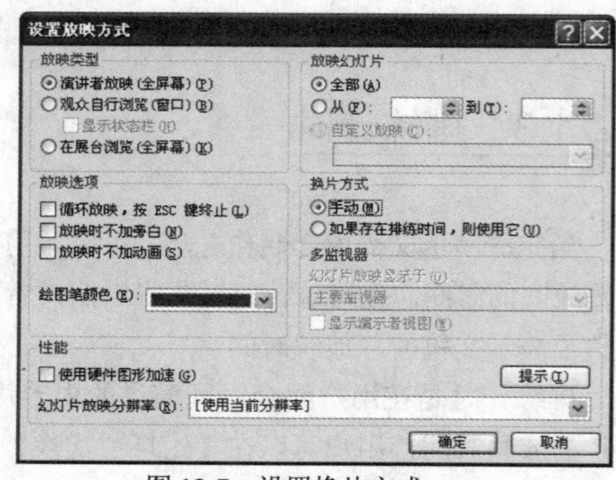

图 12-7　设置换片方式

提示

系统在默认情况下会在【设置放映方式】对话框中选中【如果存在排练时间，则使用它】单选按钮，若用户在演示文稿中添加了排练时间，则会自动起作用。

12.1.4　设置放映方式

PowerPoint 2003 提供了多种演示文稿的放映方式，最常用的是幻灯片页面的演示控制，主要有幻灯片的定时放映、连续放映、循环放映及自定义放映。下面将具体介绍这 4 种幻灯片放映方式。

1. 定时放映幻灯片

用户在设置幻灯片切换效果时，可以设置每张幻灯片在放映时停留的时间，当等待到设定的时间后，幻灯片将自动向下放映。

在【幻灯片切换】任务窗格中，用户可以选择、设置幻灯片在切换时的效果，还可以设置换片方式，如图 12-8 所示。默认情况下，换片方式是单击鼠标，当选中【换片方式】选项区域中的【每隔】复选框，并在其后面的文本框中设置时间(单位为秒)时，演示文稿将根据设置的时间定时放映幻灯片。

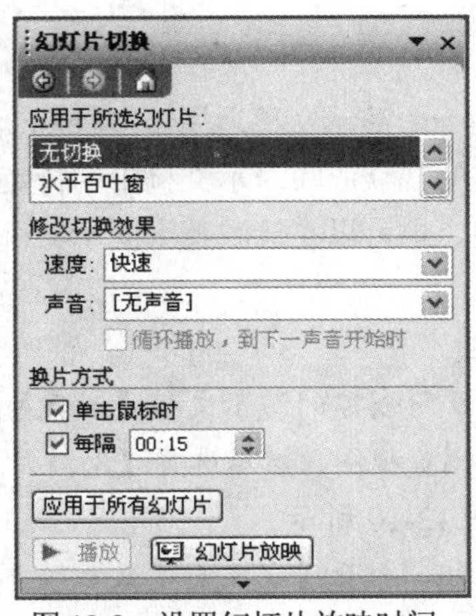

图 12-8　设置幻灯片放映时间

提示

在如图 12-8 所示的设置中，当用户单击鼠标后，系统会播放下一张幻灯片，或当该幻灯片被放映了 12 秒后，系统自动切换到下一张幻灯片。单击鼠标和定时两种事件以先发生者为准。

2. 连续放映幻灯片

在如图 12-8 所示的任务窗格中，用户可以为当前选定的幻灯片设置自动切换时间，再单击【应用于所有幻灯片】按钮，为演示文稿中的每张幻灯片设定相同的切换时间，这样就实现了幻灯片的连续自动放映，用户不必干预，即可实现幻灯片的自动定时连续播放。当然，用户也可以根据每张幻灯片的内容，在【幻灯片切换】任务窗格中为每张幻灯片设定放映时间。

由于每张幻灯片的内容不同，放映的时间可能不同，所以设置连续放映的最常见方法是通过【排练计时】功能完成。

3. 循环放映幻灯片

用户可以将制作好的演示文稿设置为循环放映，该放映模式适用于如展览会场的展台等场合，让演示文稿自动运行并循环播放。

选择【幻灯片放映】|【设置放映方式】命令，打开【设置放映方式】对话框，如图 12-9 所示。在【放映选项】选项区域中选中【循环放映，按 Esc 键终止】复选框，则在播放完最后一张幻灯片后，会自动跳转到第一张幻灯片，而不是结束放映，直到用户按键盘上的 Esc 键退出放映状态。

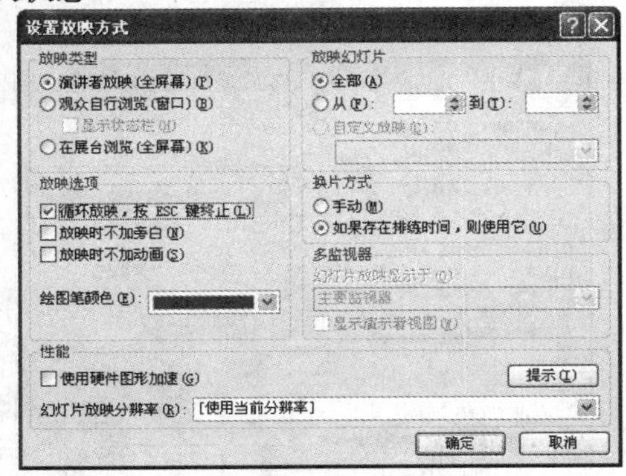

图 12-9　【设置放映方式】对话框

在放映幻灯片的过程中，用户按键盘上的 Esc 键，即可终止幻灯片放映操作，退出放映状态。

4. 自定义放映幻灯片

自定义放映是指用户可以通过创建自定义放映使一个演示文稿适用于多种观众，即可以将一个演示文稿中的多张幻灯片进行分组，以便该特定的观众放映演示文稿中的特定部分。用户可以用超链接分别指向演示文稿中的各个自定义放映，也可以在放映整个演示文稿时只放映其中的某个自定义放映。

【例 12-2】为演示文稿【教案】创建自定义放映。

(1) 启动 PowerPoint 2003 应用程序，打开第 10 章所创建的演示文稿【教案】。

(2) 选择【视图】|【幻灯片浏览】命令，切换至浏览视图，然后选择【幻灯片放映】|【自定义放映】命令，打开【自定义放映】对话框，如图 12-10 所示。

(3) 在【自定义放映】对话框中单击【新建】按钮，打开【定义自定义放映】对话框。

(4) 在【幻灯片放映名称】文本框中输入文字"主要内容"，在【在演示文稿中的幻灯片】列表中选择第 2 张和第 5 张幻灯片，然后单击【添加】按钮，将两张幻灯片添加到【在自定义放映中的幻灯片】列表中，如图 12-11 所示。

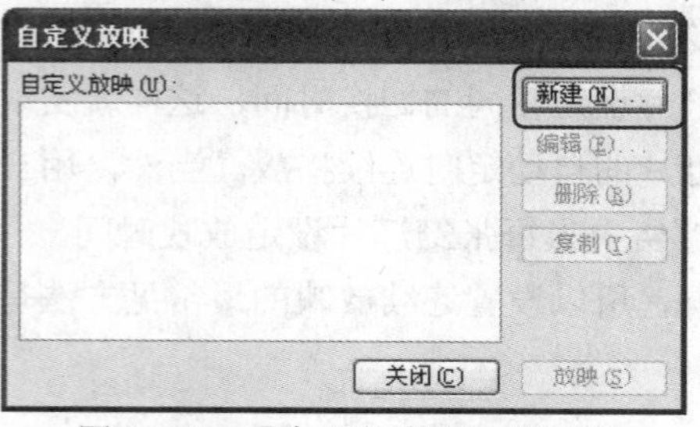

图 12-10 【自定义放映】对话框

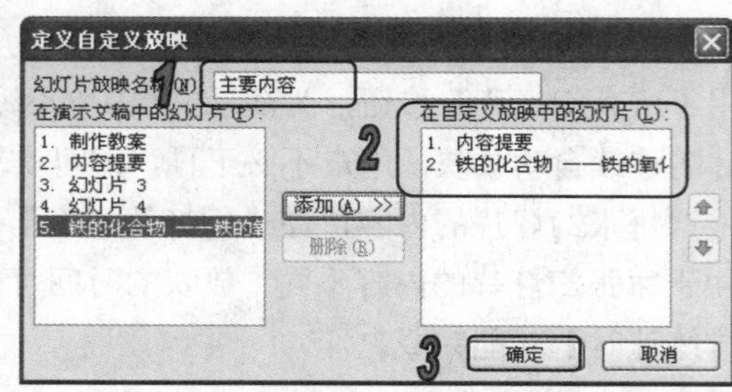

图 12-11 【定义自定义放映】对话框

(5) 单击【确定】按钮，关闭【定义自定义放映】对话框，则用户刚刚创建的自定义放映名称将会显示在【自定义放映】对话框的【自定义放映】列表中，如图 12-12 所示。

(6) 单击【放映】按钮，此时 PowerPoint 将自动放映该自定义放映，供用户预览。

(7) 单击【关闭】按钮，关闭【自定义放映】对话框。

(8) 选择【幻灯片放映】|【设置幻灯片放映】命令，打开【设置放映方式】对话框，在【放映幻灯片】选项区域中选中【自定义放映】单选按钮，然后在其下方的列表框中选择需要放映的自定义放映方式，如图 12-13 所示。

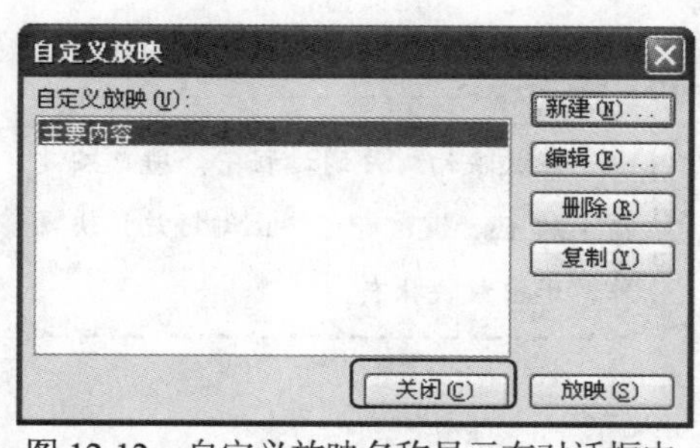

图 12-12 自定义放映名称显示在对话框中

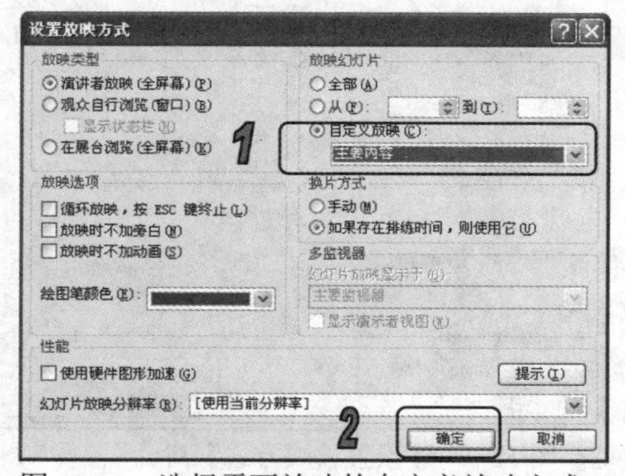

图 12-13 选择需要放映的自定义放映方式

提示

在【自定义放映】对话框中，用户可以新建其他自定义放映，或是对已有的自定义放映进行编辑，还可以删除或复制已有的自定义放映。

(9) 单击【确定】按钮，关闭【设置放映方式】对话框。此时按F5键时，PowerPoint将自动播放自定义放映幻灯片。

(10) 选择【文件】|【另存为】命令，将该演示文稿以文件名“自定义放映”进行保存。

12.2　放映幻灯片

放映幻灯片是制作演示文稿不可缺少的一个重要环节。当演示文稿制作完毕后，就可以根据不同的放映环境来设置不同的放映类型，最终实现幻灯片的放映。本节主要介绍幻灯片的放映类型和放映过程中的控制。

12.2.1　幻灯片的放映类型

PowerPoint 2003为用户提供了演讲者放映、观众自行浏览及在展台浏览3种不同的放映类型，供用户在不同的环境中选用。

1. 演讲者放映

演讲者放映是系统默认的放映类型，也是最常见的放映形式，采用全屏幕方式。在这种放映方式下，演讲者现场控制演示节奏，具有放映的完全控制权。用户可以根据观众的反应随时调整放映速度或节奏，还可以暂停下来进行讨论或记录观众即席反应，甚至可以在放映过程中录制旁白。一般用于召开会议时的大屏幕放映、联机会议或网络广播等。

打开【设置放映方式】对话框，在【放映类型】选项区域中选中【演讲者放映(全屏幕)】单选按钮，并在【换片方式】选项区域中选中【手动】单选按钮，然后单击【确定】按钮即可应用该放映类型。

2. 观众自行浏览

观众自行浏览是在标准Windows窗口中显示的放映形式，放映时的PowerPoint窗口具有菜单栏、Web工具栏，类似于浏览网页的效果，便于观众自行浏览，如图12-14所示。该放映类型用于在局域网或Internet中浏览演示文稿。

打开【设置放映方式】对话框，在【放映类型】选项区域中选中【观众自行浏览(窗口)】单选按钮，设置完毕后，单击【确定】按钮即可应用该放映类型。

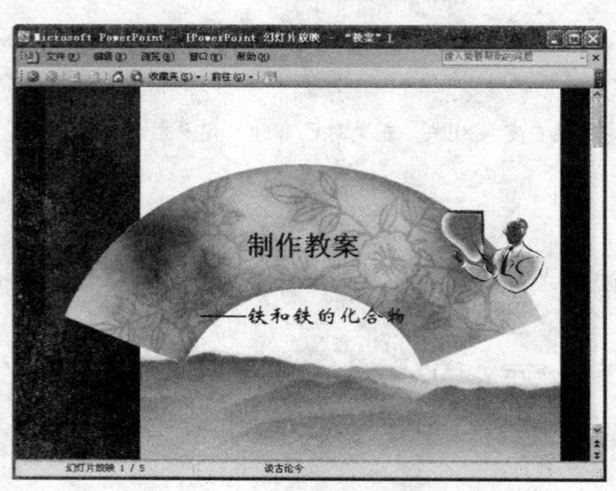

图 12-14　观众自行浏览窗口

提示

使用该放映类型时，用户可以在放映时复制、编辑及打印幻灯片，并可以使用滚动条或 Page Up/Page Down 按钮控制幻灯片的播放。

3. 在展台浏览

采用该放映类型，最主要的特点是不需要专人控制就可以自动运行，在使用该放映类型时，如超链接等控制方法都失效。当播放完最后一张幻灯片后，会自动从第一张重新开始播放，直至用户按下键盘上的 Esc 键才会停止播放。该放映类型主要用于展览会的展台或会议中的某部分等场合。需要注意的是使用该放映时，用户不能对其放映过程进行干预，必须设置每张幻灯片的放映时间或预先设定排练计时，否则可能会长时间停留在某张幻灯片上。

打开【设置放映方式】对话框，在【放映类型】选项区域中选中【在展台浏览(全屏幕)】单选按钮，并在【换片方式】选项区域中选中【如果存在排练时间，则使用它】单选按钮，然后单击【确定】按钮即可应用该放映类型。

提示

使用在展台浏览方式放映时，单击或右击鼠标均不起作用；若要终止演示文稿的播放，可以直接按下 Esc 键。

12.2.2　开始放映幻灯片

完成设置后，就可以开始放映幻灯片了。常用的放映幻灯片的方法有如下几种：

- 按下 F5 键。
- 单击窗口左下角的【幻灯片放映】按钮。
- 选择【幻灯片放映】|【观看放映】命令。
- 选择【视图】|【幻灯片放映】命令

如图 12-15 所示的就是开始放映幻灯片的效果。

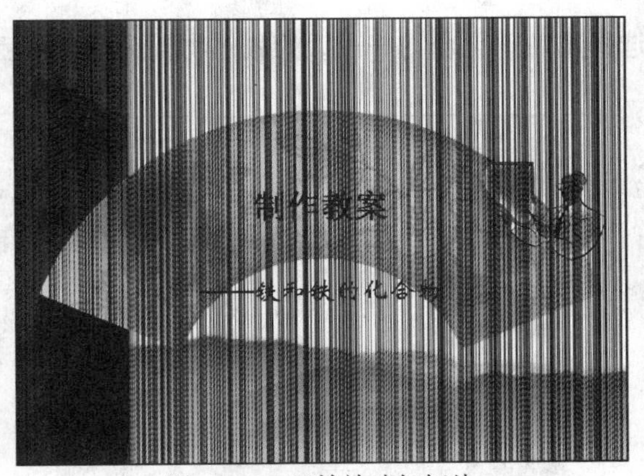

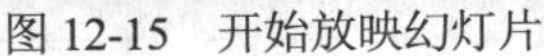
图 12-15　开始放映幻灯片

提示

采用第 2 种方法放映幻灯片，可以从当前幻灯片开始放映；使用第 3 种方法放映，则从幻灯片的开始页进行放映操作。

12.2.3　放映过程中的控制

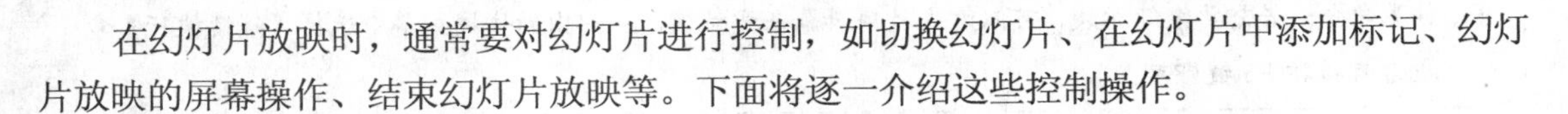
在幻灯片放映时，通常要对幻灯片进行控制，如切换幻灯片、在幻灯片中添加标记、幻灯片放映的屏幕操作、结束幻灯片放映等。下面将逐一介绍这些控制操作。

1. 切换幻灯片

在放映幻灯片的过程中，经常需要对幻灯片进行切换，以保证内容的连贯性和流畅性。切换幻灯片可以分为切换至上一张幻灯片和切换至下一张幻灯片两种情况。

常用的切换至上一张幻灯片的方法如下：

- 按 Backspace 键。
- 按 P 键。
- 按↑键或←键。
- 按 Page Up 键。
- 在幻灯片放映屏幕任意位置右击，从弹出的快捷菜单中选择【上一张】命令。

常用的切换至下一张幻灯片的方法如下：

- 在幻灯片放映屏幕任意位置单击鼠标左键。
- 按空格键。
- 按 Enter 键。
- 按 Page Down 键。
- 按 N 键。
- 按→键或↓键。
- 在幻灯片放映屏幕任意位置右击，从弹出的快捷菜单中选择【下一张】命令。

如果演示文稿的幻灯片数量多，为了节约时间，可以只放映其中特殊的几张幻灯片。在放映幻灯片时，右击放映屏幕任意位置，从弹出的快捷菜单中选择【定位至幻灯片】命令，此时将展开下一级菜单，如图 12-16 所示。这里选择【铁的化合物——铁的氧化物】选项，随后将显示如图 12-17 所示的幻灯片。

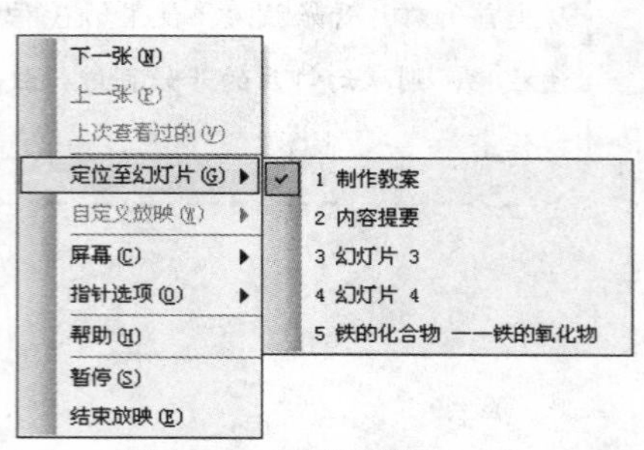

图 12-16 快捷菜单

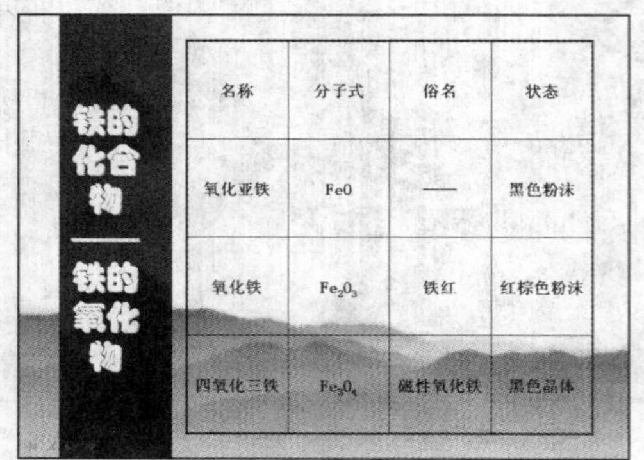

名称	分子式	俗名	状态
氧化亚铁	FeO	——	黑色粉末
氧化铁	Fe_2O_3	铁红	红棕色粉末
四氧化三铁	Fe_3O_4	磁性氧化铁	黑色晶体

图 12-17 定位幻灯片

提示

在幻灯片放映过程中，若需要暂时停止放映，可以右击放映屏幕任意位置，从弹出的快捷菜单中选择【暂停】命令；若需要继续放映，可以右击放映屏幕任意位置，从弹出的快捷菜单中选择【继续执行】命令，或者直接按 F5 键即可。

2. 在幻灯片中添加标记

绘图笔的作用类似于板书笔，常用于强调或添加注释。在 PowerPoint 2003 中，用户可以选择绘图笔的形状和颜色，也可以随时擦除绘制的笔迹。

在幻灯片放映时，右击鼠标，在弹出的快捷菜单中选择【指针选项】命令的下一级菜单，如图 12-18 所示。在【指针选项】命令下的二级菜单中，用户可以选择鼠标指针的形式。在 PowerPoint 2003 中，用户可以选择箭头、圆珠笔、毡尖笔及荧光笔等方式。将鼠标移至【墨迹颜色】命令，将打开【主题颜色】面板，在该面板中可以选择毡尖笔的颜色，此时鼠标变为一个小圆点，用户可以在需要绘制重点的地方拖动鼠标绘制标注，绘制后的效果如图 12-19 所示。

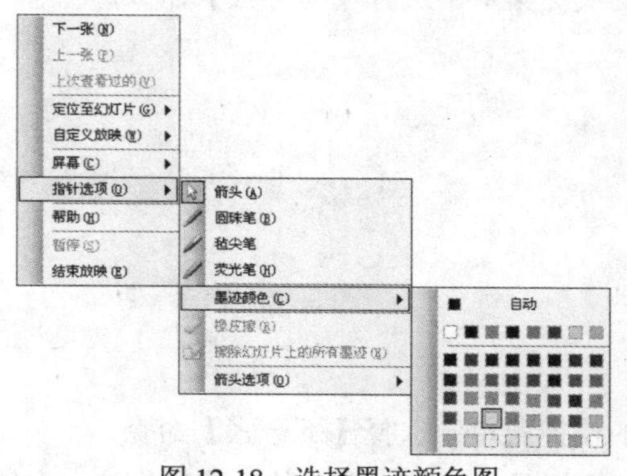

图 12-18 选择墨迹颜色图

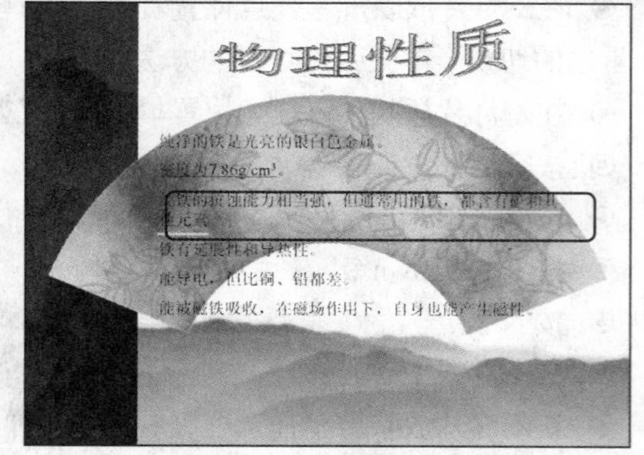

图 12-19 在幻灯片中拖动鼠标绘制重点

当用户绘制重点出错时，还可以选择【橡皮擦】命令，将绘错的墨迹逐项擦除。当用户在

幻灯片放映时使用了墨迹注释后，在按 Esc 键退出放映状态时，系统将自动打开对话框询问用户是否保留在放映时所做的墨迹注释，如图 12-20 所示。若单击【保留】按钮，则添加的墨迹注释转换为图形保留在幻灯片中，可以在幻灯片编辑窗口对这些墨迹进行编辑。

图 12-20　Microsoft Office PowerPoint 提示框

提示

在绘制完墨迹后，右击屏幕任意处，从弹出的菜单中选择【指针选项】|【擦除幻灯片上的所有墨迹】命令，可将幻灯片中所有墨迹擦除。

3. 幻灯片放映的屏幕操作

在幻灯片放映的过程中，有时为了能够引起观众的注意，可以将幻灯片黑屏或白屏显示。具体方法为：在右键菜单中选择【屏幕】|【黑屏】命令或【屏幕】|【白屏】命令即可，其效果如图 12-21 所示。

图 12-21　显示黑屏和白屏

知识点

除了选择右键菜单命令外，还可以直接使用快捷键。在放映演示文稿时按下 B 键，将出现黑屏，按下 W 键将出现白屏。

4. 结束幻灯片放映

当最后一张幻灯片放映结束后，系统会在屏幕的正上方提示“放映结束，单击鼠标退出。”，如图 12-22 所示。

如果用户想在放映过程中结束放映，常用的方法有如下几种：

- 按 Esc 键。
- 按【-】键。
- 按 Ctrl+Pause Break 组合键。

图 12-22　在屏幕上显示系统提示

提示

在图 12-22 中，单击鼠标左键，即可结束放映，返回至 PowerPoint 演示文稿窗口。

12.3　幻灯片打包和输出

为了使演示文稿能更好地输出，即使电脑中没有安装 PowerPoint 2003 的用户，也或者没有电脑的用户都能查看演示文稿的内容，这时可以将幻灯片进行打包和输出。

12.3.1　将幻灯片打包成 CD

PowerPoint 2003 中提供了【打包成 CD】功能，用户在有刻录光驱的电脑上可以方便地将自己制作的演示文稿及其链接的各种媒体文件一次性打包到 CD 上。

选择【文件】|【打包成 CD】命令，打开【打包成 CD】对话框，如图 12-23 所示。

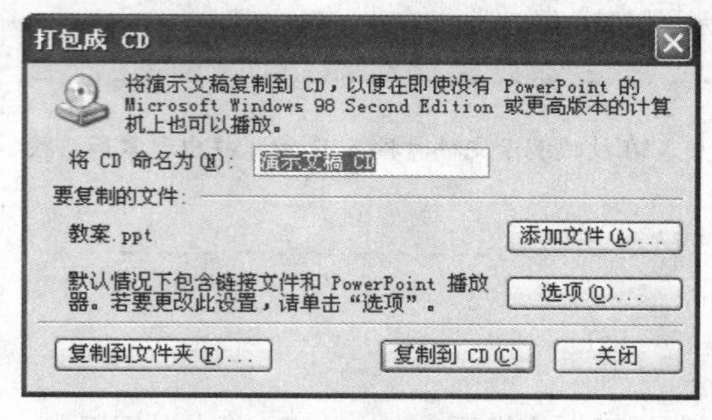

图 12-23　【打包成 CD】对话框

提示

在默认情况下，PowerPoint 只将当前演示文稿打包到 CD，如果用户需要同时将多个演示文稿打包到同一张 CD 中。

可单击【添加文件】按钮，添加所要打包的演示文稿即可。

在该对话框中各选项的功能如下所示。

- 【将 CD 命名为】文本框：该文本框用于输入 CD 的名称。
- 【添加文件】按钮：单击该按钮，可将电脑中的其他幻灯片一起进行打包成一张 CD。
- 【选项】按钮：单击该按钮，可以为文件设置密码。
- 【复制到文件夹】按钮：单击该按钮，可以将打包的内容复制到文件夹中。

◉ 【复制到 CD】按钮：单击该按钮，可以直接将打包的内容刻录到 CD 中。

【例 12-3】将创建完成的演示文稿打包为 CD。

(1) 启动 PowerPoint 2003 应用程序，打开创建的【教案】演示文稿。

(2) 选择【文件】|【打包成 CD】命令，打开【打包成 CD】对话框。

(3) 在【将 CD 命名为】文本框中输入该 CD 文件的名称“教案打包”，如图 12-24 所示。

(4) 单击【添加文件】按钮，打开【添加文件】对话框，在文件列表中选择其他需要一起打包的文件，如图 12-25 所示。

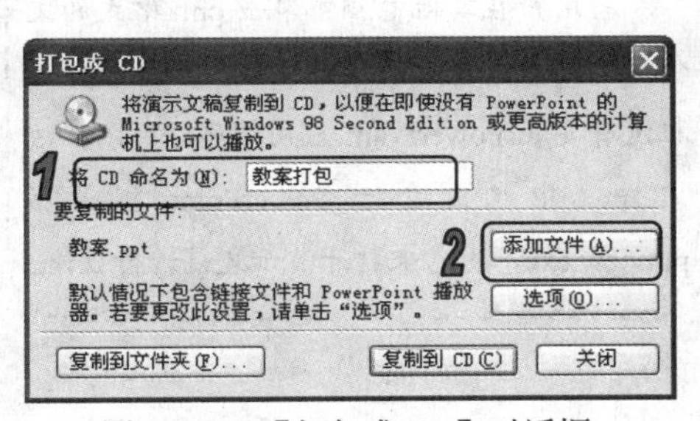

图 12-24 【打包成 CD】对话框

图 12-25 【添加文件】对话框

(5) 单击【添加】按钮，此时【打包成 CD】对话框变为如图 12-26 所示的效果。

(6) 在该对话框中单击【选项】按钮，打开如图 12-27 所示的【选项】对话框，保持该对话框中的默认设置。

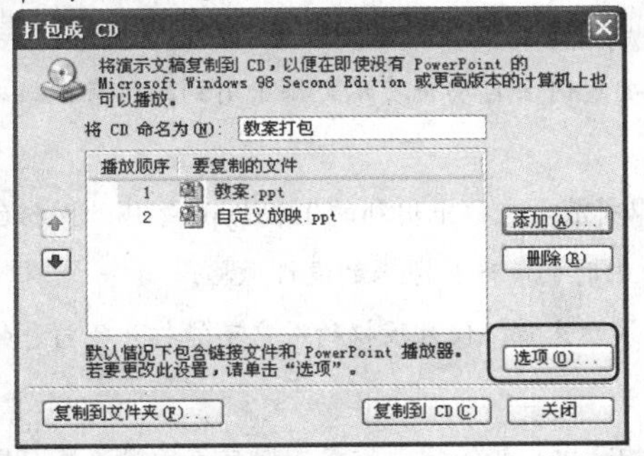

图 12-26 添加其他演示文稿后的对话框效果

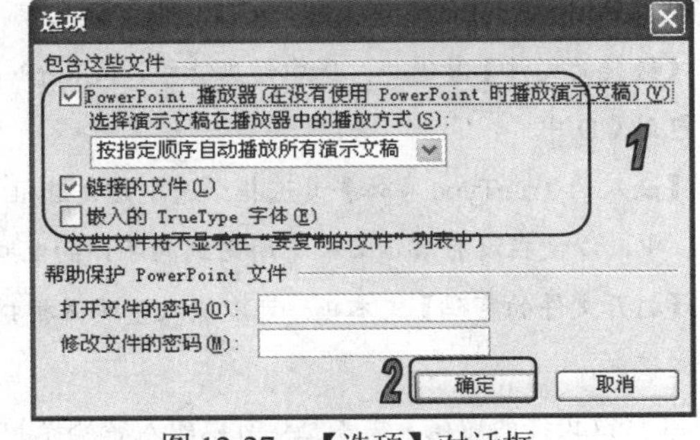

图 12-27 【选项】对话框

(7) 在【选项】对话框中单击【确定】按钮，返回到如图 12-26 所示的【打包成 CD】对话框，单击【复制到文件夹】按钮，打开【复制到文件夹】对话框，如图 12-28 所示。

(8) 在【文件夹名称】文本框中输入打包后的文件夹的名称“教案打包”，设置复制后文件的存放路径。

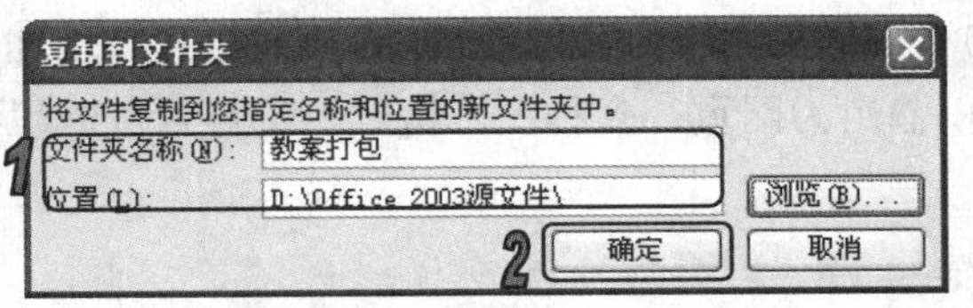

图 12-28 【复制到文件夹】对话框

提示

打包文件夹所在的位置默认为演示文稿所在的文件夹，用户也可以在【位置】文本框中输入打包文件夹所在的位置或单击【浏览】按钮，在出现的对话框中重新设置打包文件夹保存的位置。

(9) 单击【确定】按钮，进行打包。打包完毕后，在【打包成 CD】对话框中单击【关闭】按钮。

(10) 此时在路径中双击保存的文件夹【教案打包】，将显示打包后的所有文件，如图 12-29 所示。

图 12-29　打包后生成的文件

提示

当用户在其他电脑中单击.ppt 格式的文件即可播放打包后的演示文稿。如果该计算机没有安装 PowerPoint 应用程序，可以在该文件夹中双击运行 PowerPoint 播放器 pptview.exe，用它来打开演示文稿进行放映。

知识点

如图 12-27 所示的【选项】对话框中部分选项的含义如下。

【PowerPoint 播放器】复选框：选中该复选框，可以将 PowerPoint 播放器打包在 CD 中，方便用户在没有安装 PowerPoint 的电脑上放映 CD 中的演示文稿。

【链接的文件】复选框：选中该复选框，PowerPoint 在打包时会自动将演示文稿中用到的所有链接文件打包到 CD 中。

【嵌入的 TrueType 字体】复选框：选中该复选框，可以将演示文稿中用到的 TrueType 字体一同打包到 CD 中，以便在没有演示文稿中所用到的字体的电脑上放映时仍能保持原来的设计风格。

【打开文件的密码】文本框：可以输入密码保护打包的演示文稿，使未授权的用户不能打开已打包的演示文稿。

【修改文件的密码】文本框：可以输入密码保护打包的演示文稿，使未授权的用户不能修改已打包的演示文稿。

12.3.2　输出演示文稿

用户可以方便地将利用 PowerPoint 制作的演示文稿输出为其他形式，以满足用户多用途的需要。在 PowerPoint 中，用户可以将演示文稿输出为网页、多种图片格式、幻灯片放映以及 RTF 大纲文件。

1. 输出为网页

用户可以利用 PowerPoint 方便地将演示文稿输出为网页文件，再将网页文件直接可以发布到局域网或 Internet 上供用户浏览。

选择【文件】|【另存为网页】命令，打开【另存为】对话框。在该对话框中将当前演示文稿命名，单击【保存】按钮，即可将演示文稿输出为网页文件。

【例 12-4】将创建完成的演示文稿输出为网页。

(1) 启动 PowerPoint 2003 应用程序，打开创建的【教案】演示文稿。

(2) 选择【文件】|【另存为网页】命令，打开【另存为】对话框。在该对话框中设置文件的保存位置及文件名，并在【保存类型】下拉列表框中选择【网页】选项，如图 12-30 所示。

(3) 在【另存为】对话框中单击【发布】按钮，打开【发布为网页】对话框，如图 12-31 所示。

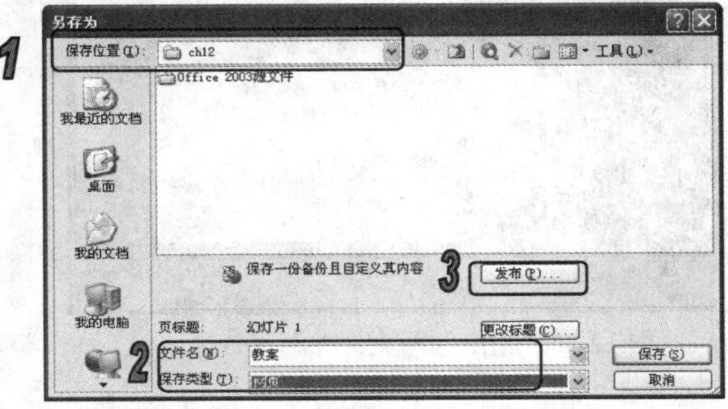

图 12-30　【另存为】对话框

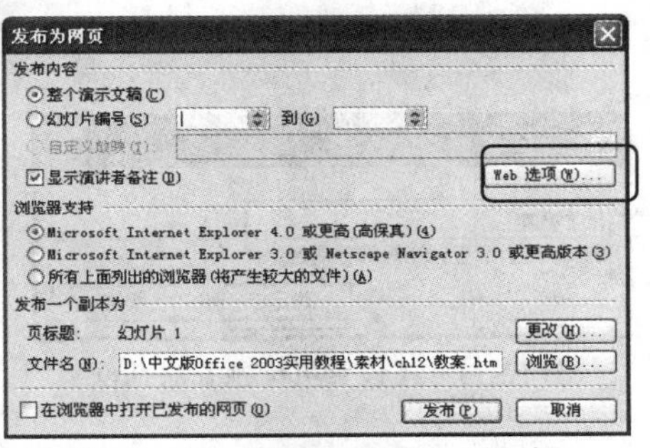

图 12-31　【发布为网页】对话框

提示

在【发布为网页】对话框中，可以选中【幻灯片编号】单选按钮，在其后的文本框中来确定需要发布为网页的幻灯片范围；取消选中【显示演讲者备注】复选框可以决定在生成的网页中不显示备注信息。

(4) 保持该对话框中的默认设置，单击【Web 选项】按钮，打开【Web 选项】对话框。

(5) 打开【浏览器】选项卡，在【查看此网页时使用】下拉列表框中选择【Microsoft Internet Explore 6.0 或更高版本】选项，如图 12-32 所示。

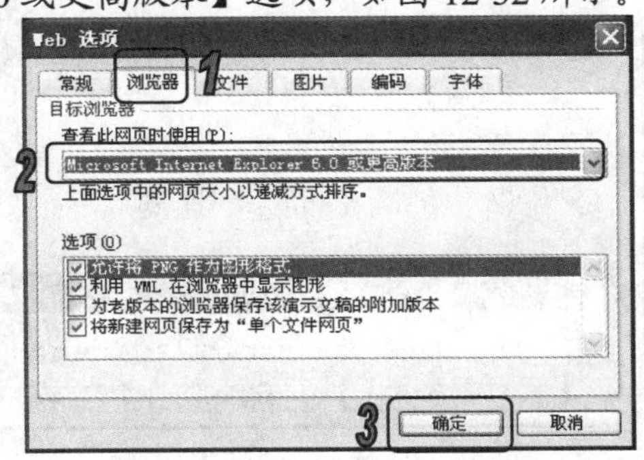

图 12-32　【浏览器】选择卡

提示

一般情况下，在【查看此网页时使用】下拉列表框中选择的 Microsoft Internet Explorer 的版本越高，越能表现出幻灯片原有的复杂的页面效果。

(6) 单击【确定】按钮，返回到【发布为网页】对话框，单击【更改】按钮，在打开的【设置页标题】对话框中设置输出网页的标题，如图 12-33 所示。这里在【页标题】文本框中输入标题文字“化学教案”。

(7) 单击【确定】按钮，返回到【发布为网页】对话框，单击【发布】按钮，完成该演示文稿的输出。

(8) 在保存的路径中双击打开该网页文件，此时演示文稿在 IE 浏览器中的显示效果如图 12-34 所示。

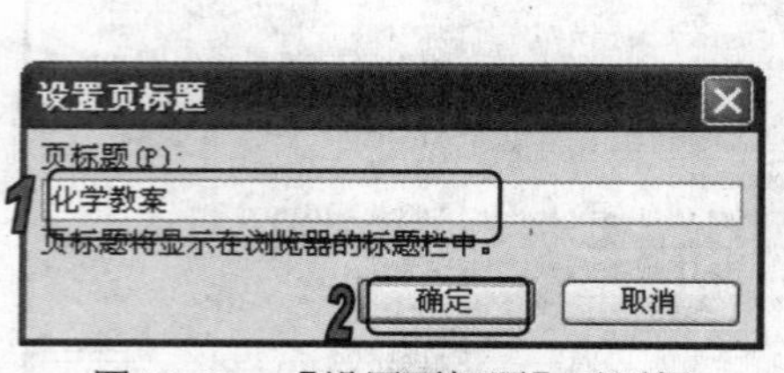

图 12-33 【设置页标题】对话框

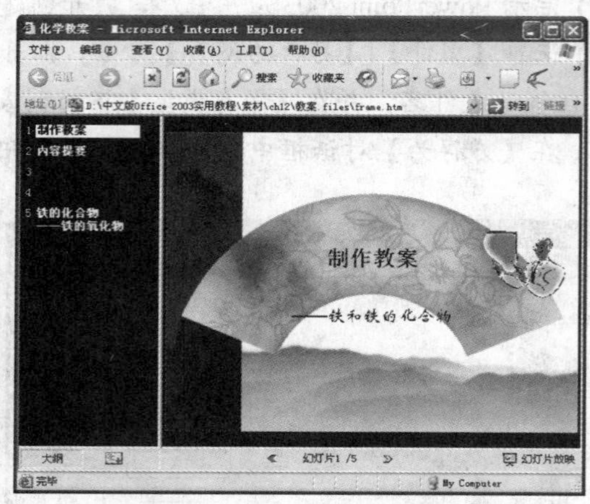

图 12-34 输出的网页文件浏览效果

2. 输出为图形文件

PowerPoint 支持将演示文稿中的幻灯片输出为 GIF、JPG、PNG、TIFF、BMP、WMF 及 EMF 等格式的图形文件。这有利于用户在更大范围内交换或共享演示文稿中的内容。

选择【文件】|【另存为】命令，打开【另存为】对话框，如图 12-35 所示。用户可以从【保存类型】下拉列表框中选择需要的类型，然后单击【确定】按钮，将当前演示文稿输出为图片文件。在输出图片格式前，系统会弹出如图 12-36 所示的对话框供用户选择输出为图片的幻灯片范围。单击【每张幻灯片】按钮，将当前演示文稿中的所有幻灯片输出为图片文件。

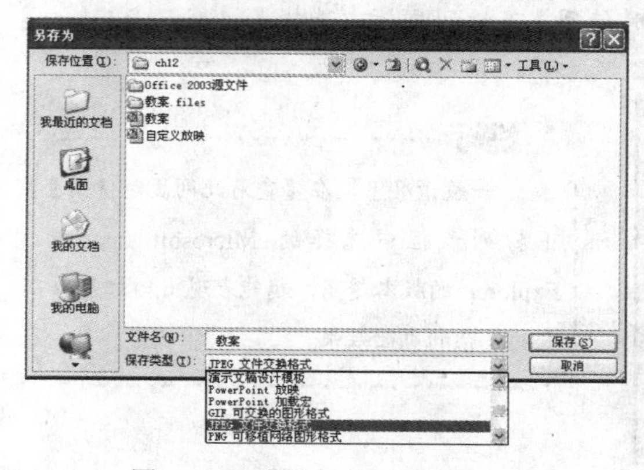

图 12-35 【另存为】对话框

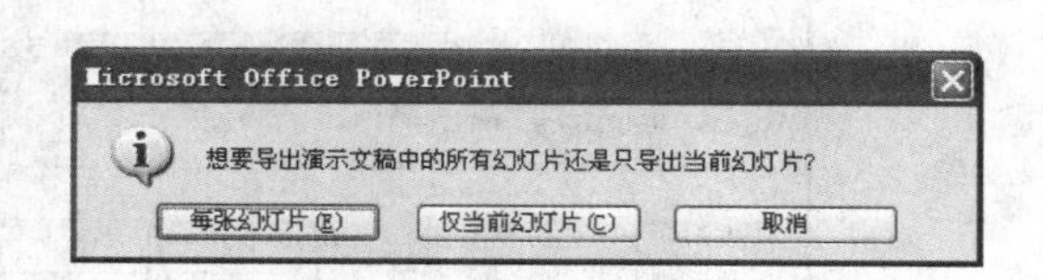

图 12-36 设置输出的图片范围

【例 12-5】将创建完成的演示文稿输出为图形文件。

(1) 打开 PowerPoint 2003 应用程序，打开创建的【教案】演示文稿。

(2) 选择【文件】|【另存为】命令，打开【另存为】对话框。在该对话框中设置文件的保存位置及文件名，并在【保存类型】下拉列表框中选择【JPEG 文件交换格式】选项，如图 12-37 所示。

(3) 单击【保存】按钮，系统会弹出如图 12-36 所示的对话框，提示用户选择输出为图片文件的幻灯片范围。

(4) 单击【每张幻灯片】按钮，此时打开如图 12-38 所示的提示框，单击【确定】按钮将演示文稿输出为图形文件。

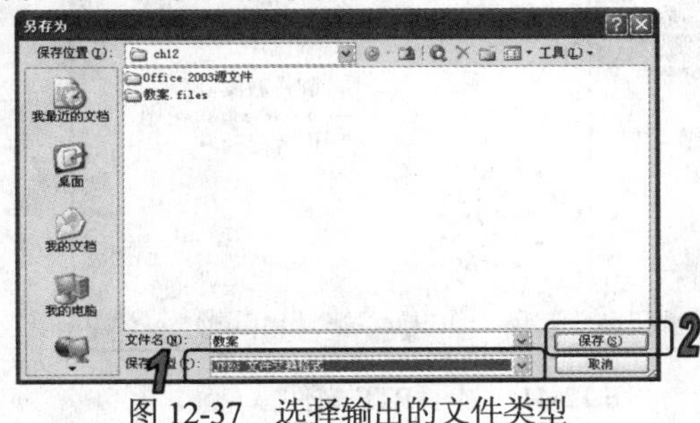
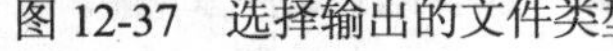

图 12-37　选择输出的文件类型

图 12-38　Microsoft Office PowerPoint 提示框

(5) 在路径中双击打开保存的文件夹，此时 8 张幻灯片以图形格式显示在该文件夹中，如图 12-39 所示。

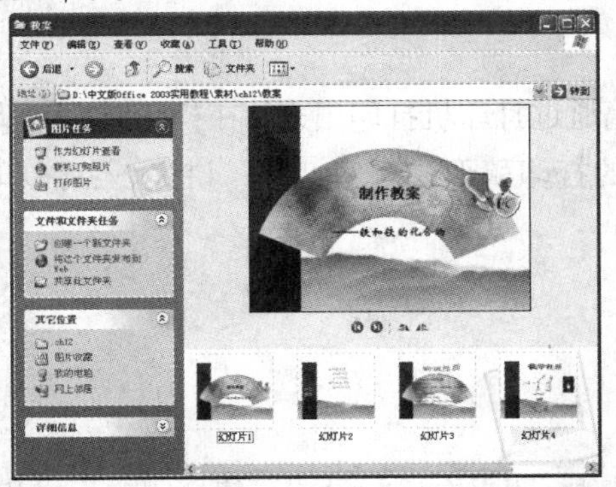
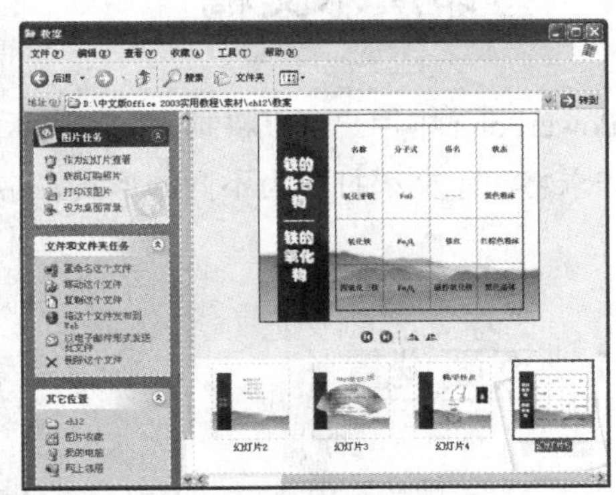

图 12-39　输出的图形文件浏览效果

3. 输出为幻灯片放映及大纲

在 PowerPoint 中经常用到的输出格式还有幻灯片放映和大纲。幻灯片放映是将演示文稿保存为总是以幻灯片放映的形式打开演示文稿，每次打开该类型文件，PowerPoint 会自动切换到幻灯片放映状态，而不会出现 PowerPoint 编辑窗口。PowerPoint 输出的大纲文件是按照演示文稿中的幻灯片标题及段落级别生成的标准 RTF 文件，可以被其他如 Word 等文字处理软件打开或编辑。

【例 12-6】将创建完成的演示文稿输出为 RTF 文件格式。

(1) 打开 PowerPoint 2003 应用程序，打开创建的【教案】演示文稿。

(2) 选择【文件】|【另存为】命令，打开【另存为】对话框。在该对话框中设置文件的保存位置及文件名，并在【保存类型】下拉列表框中选择【大纲/RTF 格式】选项，如图 12-40 所示。

(3) 单击【保存】按钮生成【教案.rtf】文件，然后双击该文件，该 RTF 文件效果如图 12-41 所示。

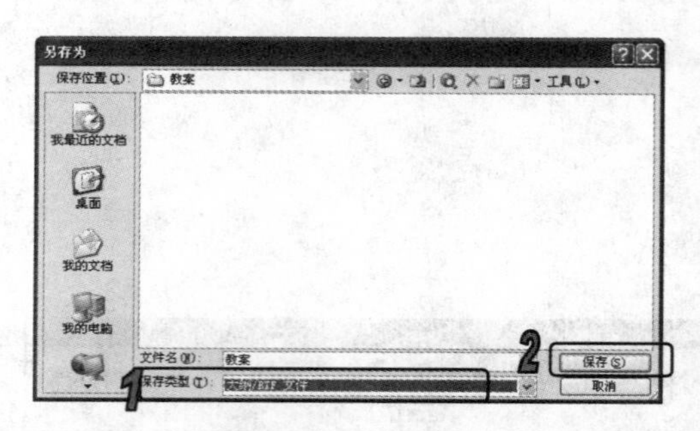

图 12-40　输出的 RTF 文件格式

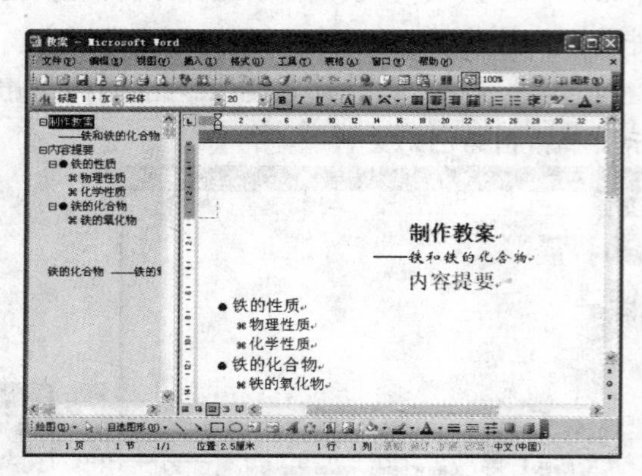

图 12-41　显示 RTF 文件

12.4　打印演示文稿

在 PowerPoint 中用户可以将制作好的演示文稿通过打印机打印出来。在打印时，可以根据不同的需求将演示文稿打印为不同的形式，常用的打印稿形式有幻灯片、讲义、备注和大纲视图。

12.4.1　页面设置

在打印演示文稿前，用户可以根据自己的需要对打印页面进行设置，使打印的形式和效果更符合实际需要。

选择【文件】|【页面设置】命令，打开【页面设置】对话框，如图 12-42 所示。

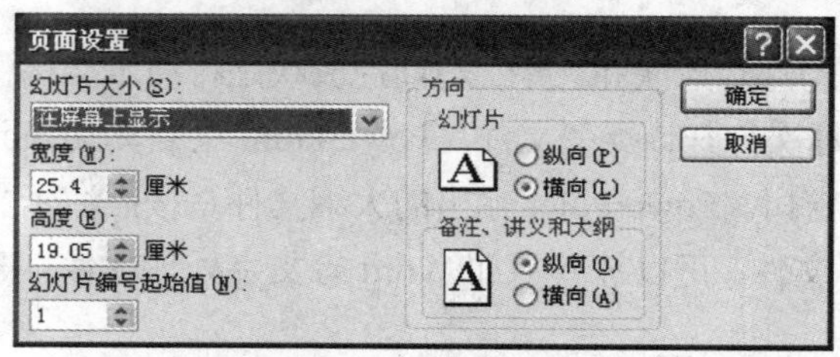
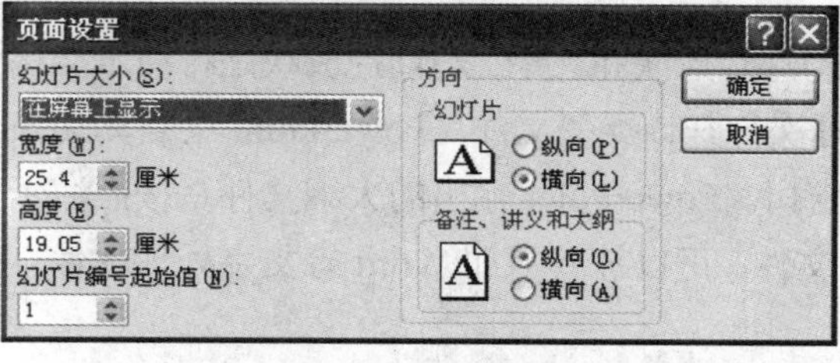

图 12-42　【页面设置】对话框

提示

打印幻灯片前需要进行的页面设置包括设置纸型、打印方向、页面边距和打印范围。

在【页面设置】对话框中，打开【幻灯片大小】下拉列表框，可以选择设置幻灯片的大小，在其下方的【宽度】和【高度】文本框中输入数值，即可设置打印区域的尺寸，单位为厘米。在【幻灯片编号起始值】文本框中可以设置当前打印的幻灯片的起始编号。在该对话框的右侧，用户可以分别设置幻灯片与备注、讲义和大纲的打印方向，在此处设置的打印方向对整个演示文稿中的所有幻灯片及备注、讲义和大纲均有效。

12.4.2　预览和打印

在 PowerPoint 中，为了方便对演示文稿进行阅读，常常需要将演示文稿打印出来。要想打印出效果美观的演示文稿，首先需要使用预览功能来查看幻灯片、备注和讲义的打印效果，以便进行修改，然后再执行打印操作。

1. 打印预览

用户在页面设置中设置好有关打印的参数后，在实际打印之前，可以利用【打印预览】功能先预览一下打印的效果。打印预览的效果与实际打印出来的效果非常相近，可以令用户避免打印失误或不必要的损失。

选择【文件】|【打印预览】命令，切换至打印预览模式下，如图 12-43 所示。在该打印预览模式下，用户可以按需要分布预览演示文稿的幻灯片、讲义、备注页及大纲形式。单击工具栏上的【打印内容】下拉列表框，可以选择预览的内容，如图 12-44 所示。

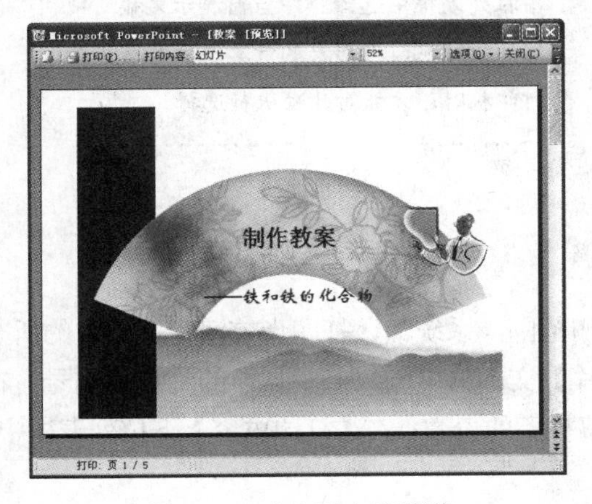

图 12-43　幻灯片打印预览

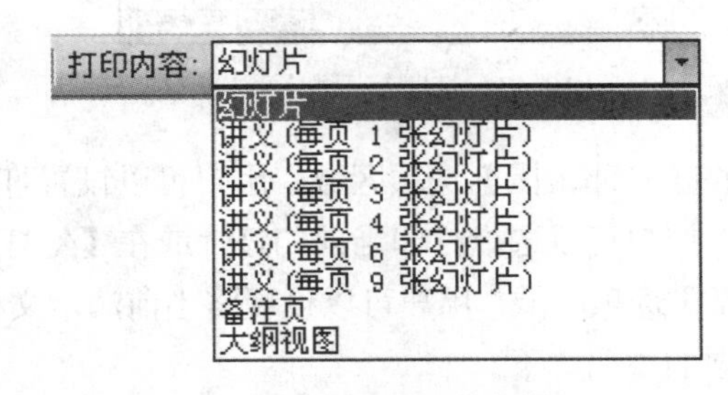

图 12-44　选择预览内容

在【打印内容】下拉列表框中选择【讲义(每页 3 张幻灯片)】选项，此时打印预览窗口效果如图 12-45 所示；选择【大纲视图】选项后打印预览效果如图 12-46 所示。

知识点

用户还可以设置以讲义(每页 4 张幻灯片)、讲义(每页 6 张幻灯片)、讲义(每页 9 张幻灯片)、备注页等形式进行打印预览。

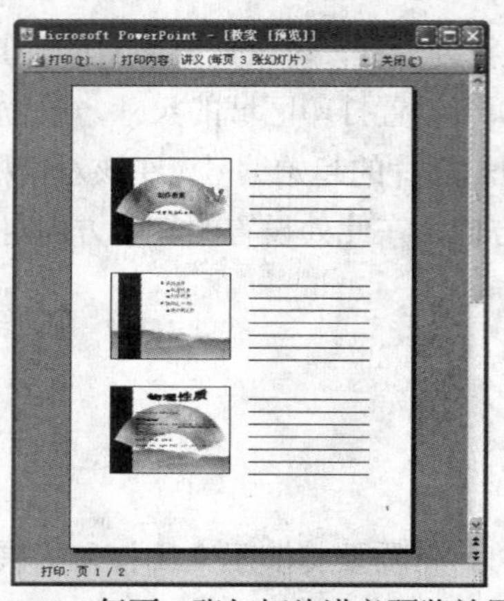

图 12-45　每页 3 张幻灯片讲义预览效果

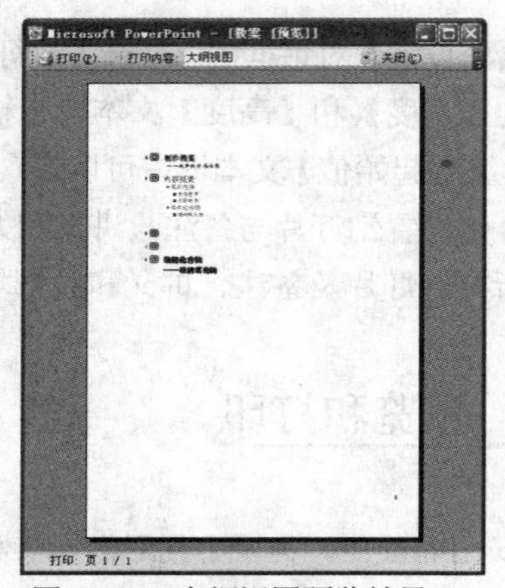

图 12-46　大纲视图预览效果

2. 开始打印

当用户对当前的打印设置及预览效果满意后，可以连接打印机开始打印演示文稿。选择【文件】|【打印】命令，打开【打印】对话框，如图 12-47 所示。

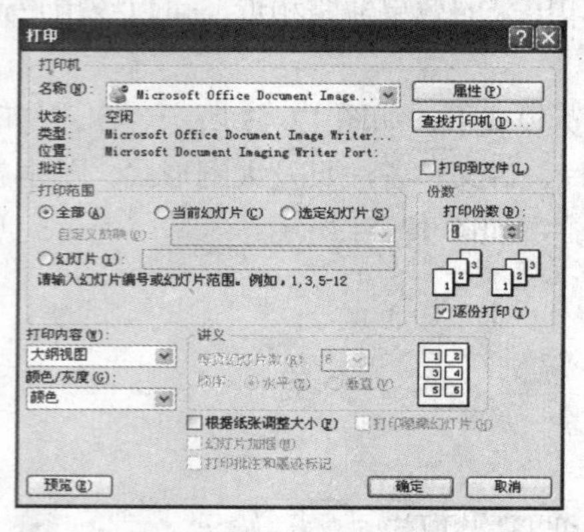

图 12-47　打印演示文稿

提示

在如图 12-47 所示的对话框中的【打印机】选项区域中，用户可以在【名称】下拉列表框中选择打印当前演示文稿所使用的打印机。当用户的计算机上装有多个打印机时，才能对此项进行选择。

在【打印范围】选项区域，用户可以设置打印范围，系统默认打印当前演示文稿中的所有内容，用户可以选择打印当前幻灯片或在【幻灯片】文本框中输入需要打印的幻灯片编号；在【份数】选项区域，用户可以设置将当前演示文稿打印的份数；在【打印内容】下拉列表框中，各选项的说明如下。

- 选择【幻灯片】选项：表示将当前演示文稿中的内容按幻灯片的格式进行打印，这种方式主要用于将幻灯片打印到透明胶片或其他介质上。
- 选择【讲义】选项：表示将演示文稿中的内容打印为讲义，此时右侧的【讲义】选项区被激活，用户可以设置每页纸可以打印幻灯片的数量，也可以设置多张幻灯片在同一张纸中的排列方式。
- 选择【备注页】选项：表示将演示文稿中的内容打印为备注页形式。
- 选择【大纲视图】选项：表示将演示文稿中的内容打印为大纲视图形式。

在设置好以上选项后，可以单击【确定】按钮将打印内容送到打印机进行打印。

12.5　上机练习

本上机练习将综合本章所学的知识，将【饰品动员】演示文稿在放映时使用排练计时循环播放和使用绘图墨迹，并对该演示文稿进行打印。

(1) 启动 PowerPoint 2003 应用程序，打开【饰品动员】演示文稿。

(2) 选择【幻灯片放映】|【排练计时】命令，演示文稿将自动切换到幻灯片放映状态，并在演示文稿左上角显示【预演】对话框，如图 12-48 所示。

(3) 整个演示文稿放映完成后，将打开 Microsoft Office PowerPoint 对话框，该对话框显示幻灯片播放的总时间，并询问用户是否保留该排练时间，如图 12-49 所示。

图 12-48　切换到幻灯片放映状态

图 12-49　显示放映时间

(4) 单击【是】按钮，此时演示文稿将切换到幻灯片浏览视图，从幻灯片浏览视图中可以看到：每张幻灯片下方均显示各自的排练时间，如图 12-50 所示。

(5) 按 F5 键，播放自定义放映，当放映到第 2 张幻灯片时，右击鼠标，在弹出的快捷菜单中选择【指针选项】|【荧光笔】命令，将绘图笔设置为【荧光笔】样式。然后选择【指针选项】|【墨迹颜色】命令，在打开的【主题颜色】面板中选择【黄色】墨迹。

(6) 此时鼠标变为一个小圆点，用户可以在需要绘制重点的地方拖动鼠标绘制标注，如图 12-51 所示。

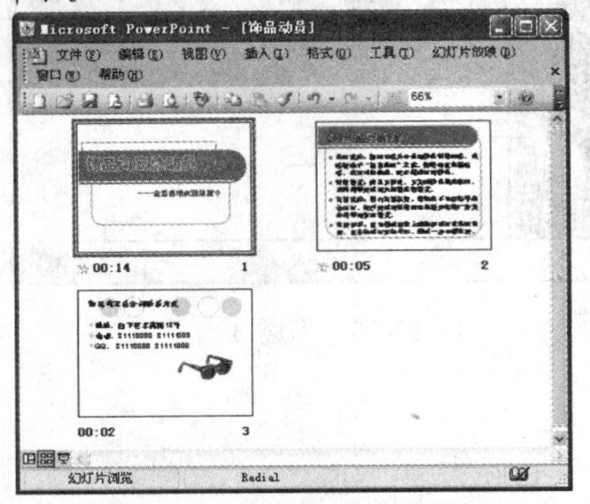

图 12-50　显示各自排练时间

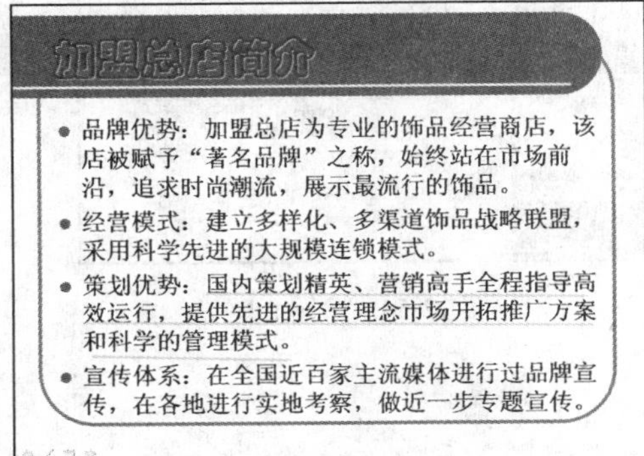

图 12-51　添加标注

(7) 选择【文件】|【打印预览】命令，打开幻灯片预览窗口，预览当前演示文稿，如图 12-52 所示。

(8) 选择【文件】|【打印】命令，打开【打印】对话框，在【名称】下拉列表框中选择空闲打印机，如图 12-53 所示。

(9) 单击【确定】按钮，开始打印该演示文稿。

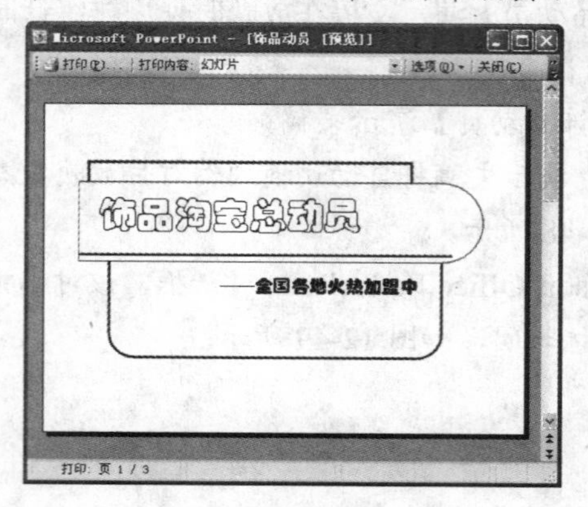

图 12-52　预览演示文稿

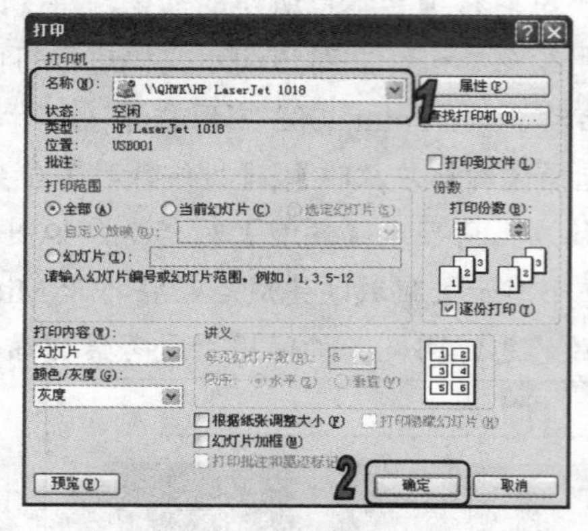

图 12-53　打印演示文稿

12.6　习题

1. 试简述将演示文稿打包成 CD 的基本步骤。
2. 将上机练习创建的【饰品动员】演示文稿中幻灯片输出为图形文件，如图 12-54 所示。
3. 将上机练习创建的【饰品动员】演示文稿输出为网页文件，要求能被 Microsoft Internet Explorer 3.0 以上版本的浏览器支持。输出为网页后的效果如图 12-55 所示。

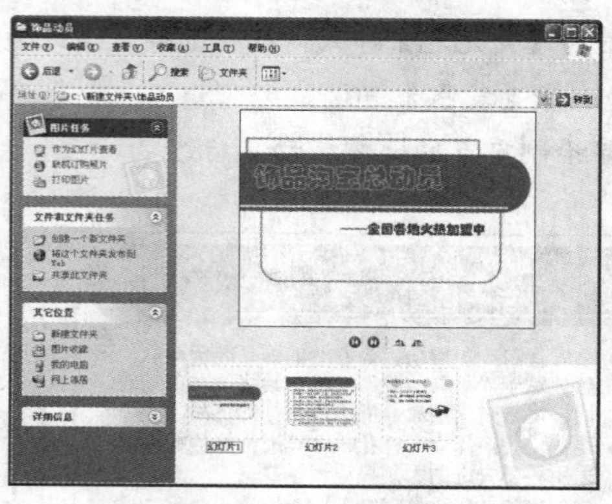

图 12-54　习题 2

图 12-55　习题 3

Access 2003 数据管理

学习目标

Access 2003 是一种关系型数据库管理系统(RDBMS)，它作为 Office 2003 的一部分，具有与 Word 2003、Excel 2003 和 PowerPoint 2003 相同的操作界面和使用环境，深受广大用户的喜爱。本章主要介绍数据库的基本知识以及创建数据库、创建表等基本操作。

本章重点

- 认识数据库
- 数据库的创建
- 表的创建与使用
- 编辑表中的数据
- 定义表之间的关系

13.1 认识数据库

数据库(Data Base)是计算机应用系统中的一种专门管理数据资源的系统，又是一组相关的、有组织的数据的集合体。在当今信息化的社会，数据库技术已成为数据库管理的重要基础之一，也是计算机软件技术的一个重要分支。

13.1.1 数据库的基础知识

数据库技术是一门综合学科，涉及操作系统、数据结构、程序设计和数据管理等多种知识。数据技术的不断发展，使得人们可以科学地组织存储数据、高效地获取和处理数据。下面将介绍数据库的基础知识，以便读者更深入地了解数据库。

1. 数据处理

数据处理就是将数据转换为信息的过程，它包括对数据库中的数据进行收集、存储、传播、检索、分类、加工或计算、打印和输出等操作。数据是对事实、概念或指令的一种表达形式，可由人工或自动化装置进行处理，数据经过解释并赋予一定的意义之后，便成为信息。数据处理的基本目的是从大量的、可能是杂乱无章的、难以理解的数据中抽取并推导出对于某些特定的人们来说是有价值、有意义的数据。数据处理是系统工程和自动控制的基本环节。数据处理贯穿于社会生产和社会生活的各个领域。

2. 数据与信息

数据是信息的符号表示。在计算机内部，所有的信息均采用 0 和 1 进行编码。在数据库技术中，数据的含义不仅包括数字，还包括文字、图形、符号、图像、声音以及视频等多种数据，分别表示不同类型的信息。

信息是人们对客观事物的特征、运动形态以及事物间的相互联系等多种因素的抽象反映。在信息社会，信息已经成为人类社会活动的一种重要资源，与能源、物质并称为人类社会活动的 3 大要素。

3. 数据库系统

数据库系统(Data Base System)包括数据库(Data Base，简称 DB)和数据库管理系统(Database Management System，简称 DBMS)两部分。

数据库系统是在文件系统的基础上发展起来的数据管理技术。从根本上说是计算机化的记录保持系统，它的目的是存储和产生所需要的有用信息。这些有用的信息可以是使用该系统的个人或组织的有意义的任何事情，是对某个人或组织辅助决策过程中不可少的事情。

狭义地讲，数据库系统是由数据库、数据库管理系统和用户构成。广义地讲，数据库系统是指采用了数据库技术的计算机系统，它包括硬件、操作系统、数据库、数据库管理系统、应用程序、数据库管理员及终端用户，如图 13-1 所示。

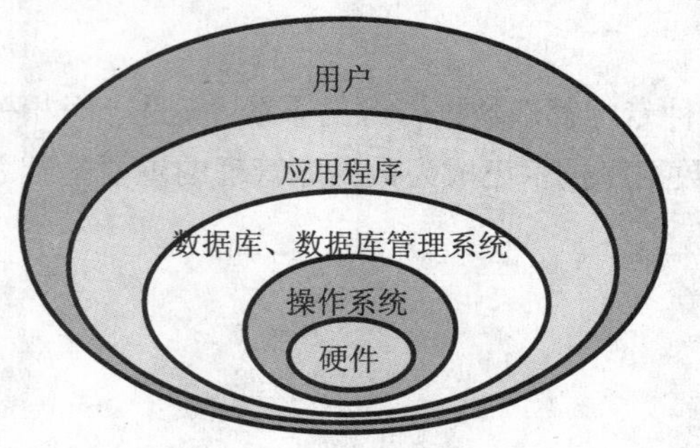

图 13-1　数据库系统结构图

提示

如今，随着互联网的爆炸式发展，数据库比以前有了更加广泛的应用。现在数据库系统必须支持很高的事物处理速度，而且还要很高的可靠性和网络支持。

数据库管理系统由一个互相关联的数据的集合和一组访问这些数据的程序组成，它负责对数据库的存储数据进行定义、管理、维护和使用等操作，因此，DBMS 是一种非常复杂的、综合性的、在数据库系统中对数据进行管理的大型计算机系统软件，它是数据库系统的核心组成

部分。

相对于传统的文件管理系统，数据库系统具有以下优点。

- 数据结构化：在数据库系统中，使用了复杂的数据模型，这种模型不仅描述数据本身的特征，而且还描述数据之间的联系。这种联系通过存取路径来实现，通过存取路径表示自然的数据联系是数据库系统与传统文件系统之间的本质差别。这样，所要管理的数据不再面向特定的某个或某些应用程序，而是面向整个系统。
- 数据存储灵活：在文件系统下，存取的精度是记录，而在数据库中存取的精度是数据项。数据存储灵活表现在例如当应用需求改变时，只要重新选取不同的子集或加上一部份数据，就可以满足新的需求。
- 数据共享性强：共享是数据库的目的，也是它的重要特点。一个数据库中的数据不仅可以为同一企业或机构之内的各个部门所共享，也可为不同单位、地域甚至不同国家的用户所共享，如图 13-2 所示。而在文件系统中，数据一般是由特定用户专用的。

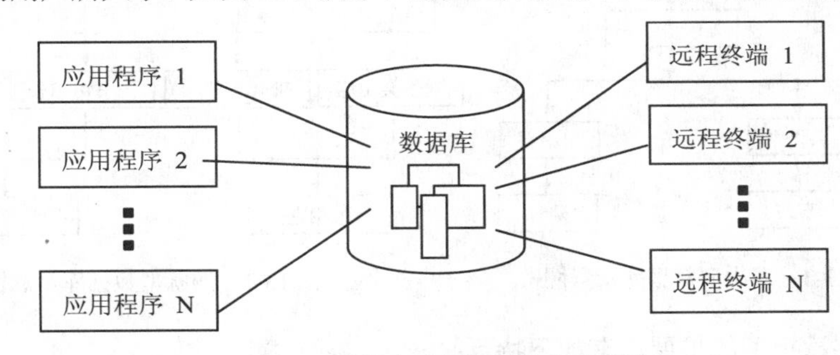

图 13-2　数据库系统数据共享示意图

- 数据冗余度低：数据专用时，每个用户拥有并使用自己的数据，难免有许多数据相互重复。实现数据共享后，不必要的重复将全部消除，但为了提高查询效率，有时也保留少量重复数据，其冗余度可以由设计人员控制。
- 数据独立性高：在文件系统中，数据和应用程序相互依赖，一方的改变总要影响到另一方。数据库系统则力求减少这种相互依赖，以实现数据的独立性。

13.1.2　数据库模型

不同的数据库软件所创建的数据库具有不同的模型，其中最常见的有层次模型、网状模型、关系模型和面向对象模型 4 种。

1. 层次模型

层次模型采用树状结构表示数据之间的联系，树的节点称为记录，记录之间只有简单的层次关系。层次型模型，如图 13-3 所示，有如下特点：

- 表示对象的各个数据结构是层次级别。

◉ 相邻级别的一对数据结构间的关系为父子关系。在这种关系中，一个父段可能包括多个子段，而一个子段只能对应一个父段。

◉ 层次模型通过物理指针存储地址链接。物理指针通过父子前向(或后向)指针，将父段记录和子段记录链接起来。

2. 网状模型

在表示内在地包含排列级别的任何业务数据时，层次型数据库非常适用。但在现实中，大多数数据结构并不符合层次排列，如图 13-4 所示。在该图中每个记录之间存在两种或多种联系，这就是网状数据库模型。

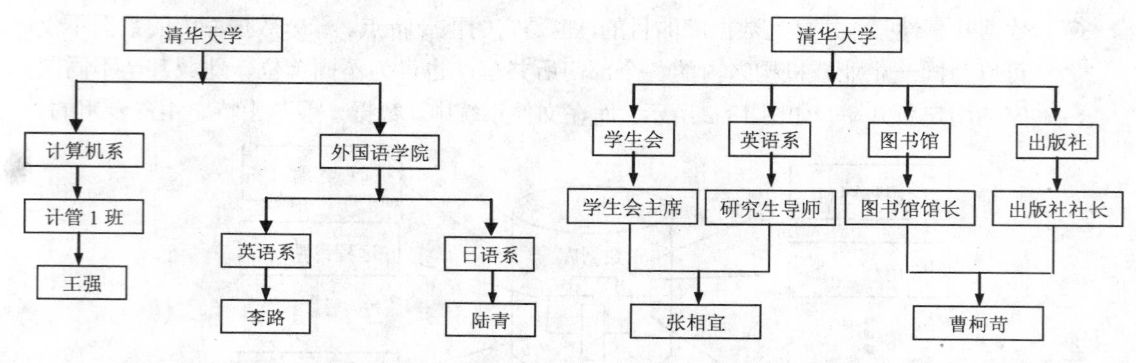

图 13-3　层次型数据库示意图　　　图 13-4　网状型数据库示意图

网状模型是层次模型的扩展，有如下特点：

◉ 网状型数据库模型中的线型在必要时链接适当的数据库对象，而不像层次结构那样只链接连续级别。

◉ 在该结构中，可以出现一子两父或多父的数据排列类型。

◉ 网状型数据库模型中两个不同记录类型的相关事物同样由物理指针存储地址链接。通过前向(或后向)指针，可将一个事件链接到另一个事件。

提示

无论层次数据库模型还是网状数据库模型，一次查询只能访问数据库中的一条记录，存取效率不高。对于关系复杂的系统，还需要用户详细描述数据库的访问路径(即外模式、模式、内模式以及相互映像)，相当麻烦。而关系型数据库一经定义，便以其强大的生命力逐渐取代了非关系型数据库。

3. 关系模型

关系型数据库系统从实验室走向了社会，因此，在计算机领域中把 20 世纪 70 年代称为数据库时代。关系型数据库通过逻辑链接建立相关数据事件间的链接，逻辑链接通过外键实现。通过长期实践，人们总结出关系模型数据库系统有以下优点。

◉ 关系模型的概念单一，实体以及实体之间的联系都用关系(二维表)来表示。

- 采用表格作为基本的数据结构，通过公共的关键字来实现不同关系(二维表)之间的数据联系。
- 一次查询仅用一条命令或语句，即可访问整个关系(二维表)。通过多表联合操作，还可以对有联系的若干关系实现“关联”查询。
- 数据独立性强，数据的物理存储和存取路径对用户隐蔽。

提示

实体是指客观存在的并可相互区别的事物。实体可以是具有人或物，例如一个人、一本书或一条裤子等；也可以是抽象的概念或者练习，例如仓库员与货物的关系、学生的选课等。

4. 面向对象模型

对象-关系型数据库系统(ORDBS，Object-Relational Database Systems) 的力量源于对象和关系属性的融合，同时它还具有一些独有的特性，如基本数据类型扩展、管理大对象、高级函数等。20 世纪 80 年代以来，数据库技术在商业领域的巨大成功刺激了其他领域对数据库技术需求的迅速增长。另一方面在应用中提出的一些新的数据管理的需求也直接推动了数据库技术的研究与发展，尤其是面向对象型数据库系统的研究与发展。面向对象型数据库系统和关系型数据库系统，构成了新一代数据库技术。

可以说新一代数据库技术的研究，新一代数据库系统的发展呈现了百花齐放的局面。面向对象模型的特点如下。

- 面向对象的方法和技术对数据库发展的影响最为深远。
- 数据库技术与多学科技术的有机结合是当前数据库技术发展的重要特征。
- 面向应用领域的数据库技术的研究。

总之，随着数据库技术、操纵和管理数据库的大型软件以及用户需求的发展变化，将使得数据库系统在计算机系统和各项科研工作中处于重要位置。

13.1.3 关系型数据库管理系统

关系模型是用二维表格结构来表示实体与实体之间联系的数据模型。关系模型的数据结构是一个二维表框架组成的集合，而每个二维表又可称为关系，每个二维表都有一个名字。目前大多数数据库管理系统都是关系型的，如 Access 就是一种关系型的数据库管理系统。

1. 关系

关系模型是目前在数据库处理方面最为重要的一个标准，它以关系代数理论为基础，是一种以二维表的形式表示实体数据和实体之间关系等信息的数据库模型。

关系是一个具有如下特点的二维表。

- ◉ 行存储实体的数据，列存储实体属性的数据。
- ◉ 表中单元格存储单个值。
- ◉ 每列具有唯一名称且数据类型一致。
- ◉ 列的顺序任意，行的顺序也任意。
- ◉ 任意两行内容不能完全重复。

对于一个关系，可以这样理解。首先，关系的每行存储了某个实体或实体某个部分的数据。其次，关系的每列存储了用于表示实体某个属性的数据。其表示格式如下：

关系名(属性名 1，属性名 2，……，属性名 n)

2. 元组

元组即关系中的每一行数据。对元组的要求如下：

- ◉ 同一关系中不允许有完全相同的元组。
- ◉ 一个关系可以包含若干个元组。

3. 属性

实体所具有的某一种特性称为属性。一个实体可以由若干个属性来描述。属性即关系中的每一列数据。每一列属性都有一个属性名。例如，员工实体可以由员工编号、姓名、部门、性别、雇佣日期以及联系电话组成，给这些属性分别赋值，就可以标识一个员工了。需要注意的是，在同一个关系中不允许有重复的属性名。

4. 域

域是指属性的取值范围。例如，员工信息表的员工编号为 8 位数字，姓名字段为 8 位字符串，雇佣日期字段为日期，性别字段只能是“男”或“女”等，这些都是相应属性的域。

5. 键

键也称为关键字，是关系中用来标识行的一列或多列。也可以说键用于标识唯一一个记录。例如，员工信息表中的员工编号字段可以分别标志的各个记录，因此可将员工编号字段作为关键字使用。

提示

一个关系中可能存在多个关键字，而其中用于标识记录的关键字称为主关键字。在 Access 中，关键字由一个或多个字段组成，且表中的主关键字或候选关键字都可以唯一标识一个记录。

6. 外键

关系模型不使用物理链接而是使用逻辑链接建立关系，因而优于其他常规数据模型。在关系型数据库中，关系之间的联系是通过外键建立的。当一个关系中不是主键的属性而是另一个关系的主键时，该属性在前一个关系中便称为外键，也称为外部关键字。

13.2　数据库的创建

Access(Access 数据库以 mdb 作为扩展名)可以把各种有关的表、窗体、报表以及 VBA 程序代码等对象都包含在一个物理文件中，人们将这个物理文件称为数据库。设计数据库需要一定的理论知识，而数据库的创建则可以很容易地利用 Access 2003 来完成。Access 2003 提供了两种创建数据库的方法：一种是通过数据库向导，在向导的指引下向数据库添加需要的表、窗体及报表，这是创建数据库最简单的方法；另一种是先建立一个空数据库，然后再添加表、窗体、报表等其他对象，这种方法较为灵活，最能体现设计者灵活运用 Access 2003 的技术与水平，但需要分别定义每个数据库元素。无论采用哪种方法，都可以随时修改或扩展数据库。因此，所谓创建数据库，其实就是创建数据库应用系统。

13.2.1　创建空数据库

通常情况下，许多用户都是先创建数据表等组件之后才创建数据库，或者先创建一个空数据库，然后再在此空数据库中添加表、查询、窗体等组件。

启动 Access 2003 应用程序，选择【文件】|【新建】命令，打开【新建文件】任务窗格。在【新建】选项区域中单击【空数据库】链接，打开【文件新建数据库】对话框，在该对话框中设置数据库的保存位置以及数据库的名称，如图 13-5 所示。

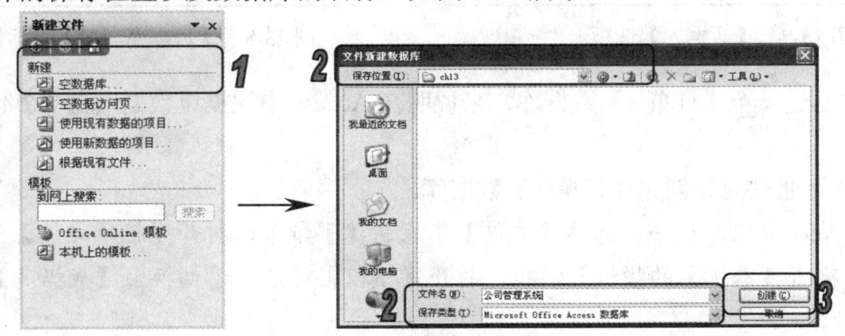

图 13-5　创建空数据库

单击【创建】按钮，便创建出一个空的名为【公司管理系统】的数据库，如图 13-6 所示。

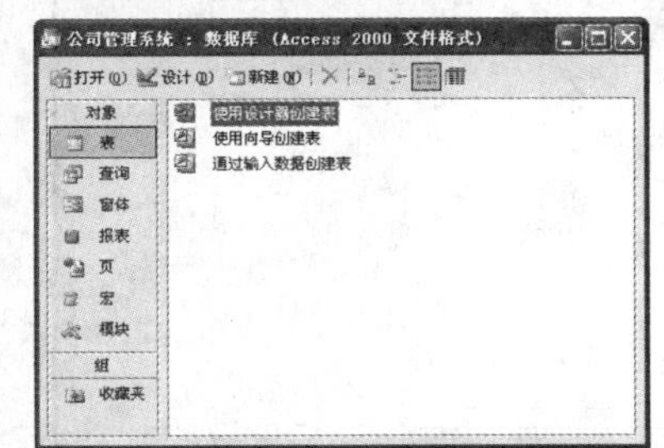

图 13-6　【公司管理系统】数据库窗口

提示

使用直接创建空数据库的方法创建数据库的过程较为简单，只是数据库中缺少表、查询以及窗体等数据库对象，这些对象可以由用户灵活地添加、修改或者删除。

13.2.2 根据向导创建数据库

使用数据库向导创建数据库，就是利用在 Access 2003 本地保存的数据库模板快速地建立一个数据库。Access 2003 提供的模板有【订单】、【分类总账】、【联系人管理】等，通过这些模板，可以方便地创建基于这些模板的数据库，然后通过一定的修改，就可以使其符合自己的需要。

使用数据库向导创建数据库的方法很简单，在【新建文件】任务窗格中单击【本机上的模板】选项，打开【模板】对话框，切换至【数据库】选项卡，如图 13-7 所示，选择 Access 2003 提供的模板，单击【确定】按钮，打开【文件新建数据库】对话框，在该对话框中输入新建数据库文件的名称，指定数据库的保存位置，单击【创建】按钮，进入【数据库向导】对话框，如图 13-8 所示。在该对话框中，用户可以根据向导提示完成数据库的创建操作。

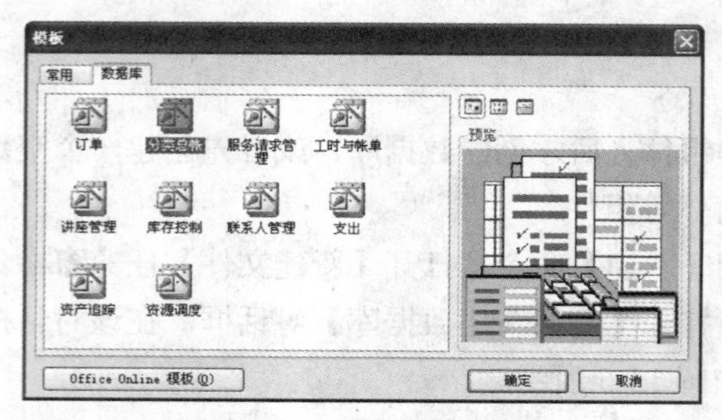

图 13-7 【数据库】选项卡

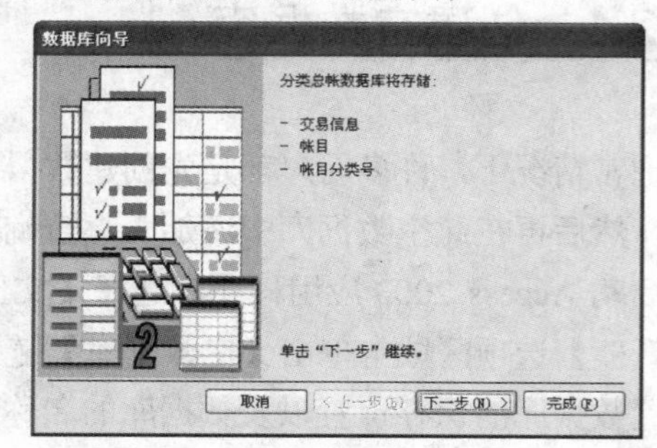

图 13-8 【数据库向导】对话框

下面通过创建一个【订单 1】数据库，来说明在 Access 中根据【数据库向导】创建数据库的过程。

【例 13-1】通过向导创建【订单 1】数据库。

(1) 启动 Access 应用程序，选择【文件】|【新建】命令，打开【新建文件】任务窗格。在任务窗格中单击【本机上的模板】链接，打开【模板】对话框，切换至【数据库】选项卡，如图 13-9 所示。

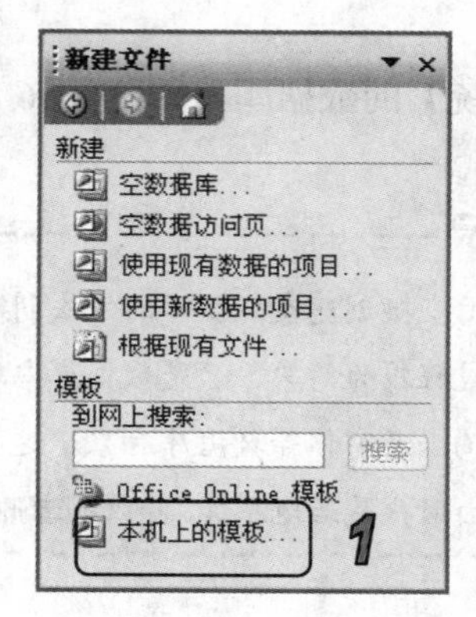

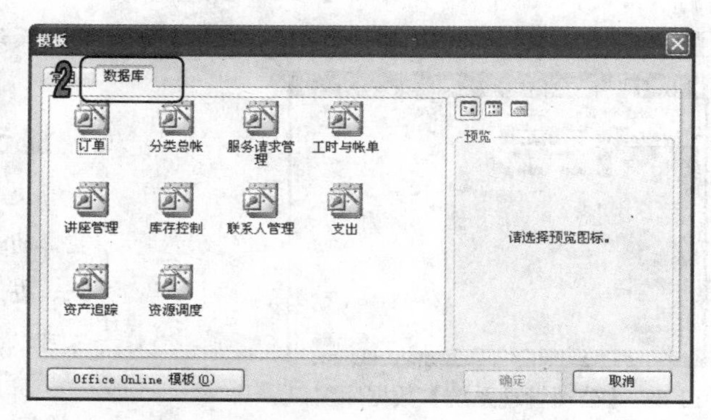

图 13-9 【模板】对话框

(2) 选择【订单】数据库模板，单击【确定】按钮，打开【文件新建数据库】对话框，在【保存位置】下拉列表框中选择存放数据库的位置，在【文件名】下拉列表框中输入数据库的文件名，如图 13-10 所示。

(3) 单击【创建】按钮，打开【数据库向导】对话框，如图 13-11 所示。

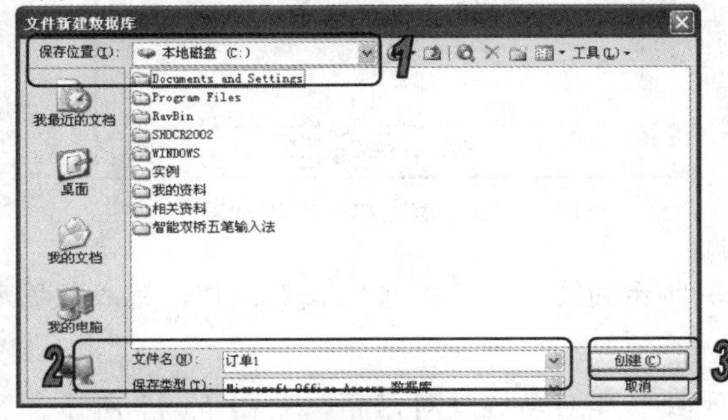

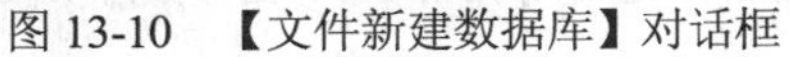

图 13-10　【文件新建数据库】对话框

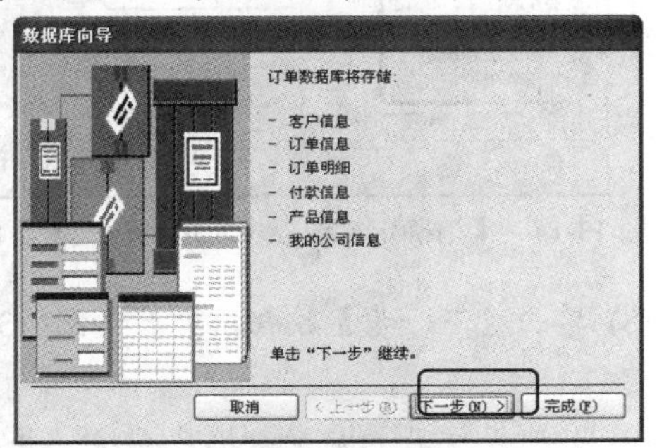

图 13-11　【数据库向导】对话框

(4) 单击【下一步】按钮，打开【数据库向导】对话框的选取字段页面。在【数据库中的表】列表框中列出了要创建的数据库所包含的表的名称，例如客户信息、订单信息和订单明细等，并且在【表中的字段】列表框中列出了所包含的字段名称，用户可以选择需要的字段，如图 13-12 所示。

(5) 单击【下一步】按钮，打开【请确定屏幕的显示样式】页面，其中列举了多种不同的模板样式，这里选择【标准】选项，如图 13-13 所示。

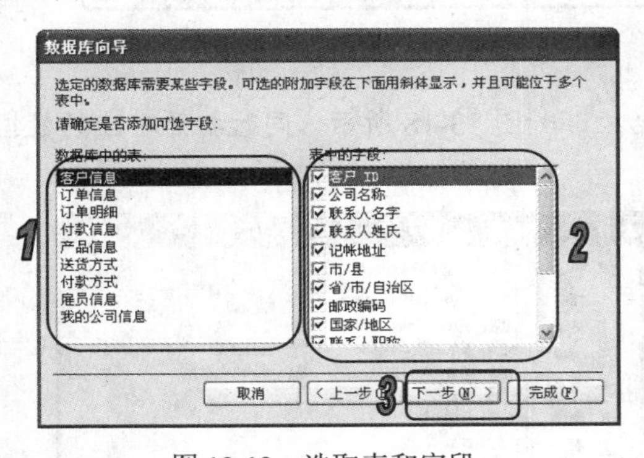

图 13-12　选取表和字段

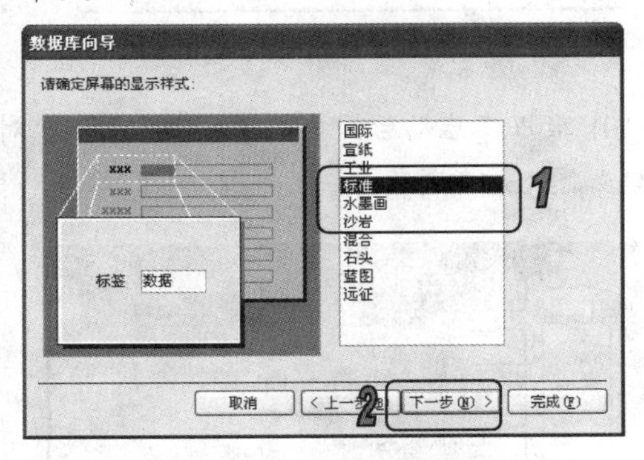

图 13-13　【请确定屏幕的显示样式】页面

(6) 单击【下一步】按钮，打开【请确定打印报表所用的样式】页面，在右侧的列表框中选择【组织】选项，如图 13-14 所示。

(7) 单击【下一步】按钮，打开如图 13-15 所示的页面，在【请指定数据库的标题】文本框中输入数据库的名称。

提示

如果需要在报表中添加一幅图片，可以在如图 13-15 所示的对话框中，选中【是的，我要包含一幅图片】复选框，然后单击【图片】按钮 图片... ，在打开的【插入图片】对话框中选择要插入的图片。

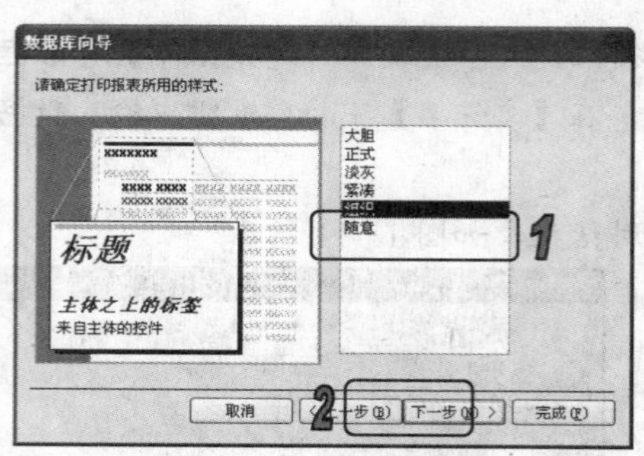

图 13-14　【请确定打印报表所用的样式】页面

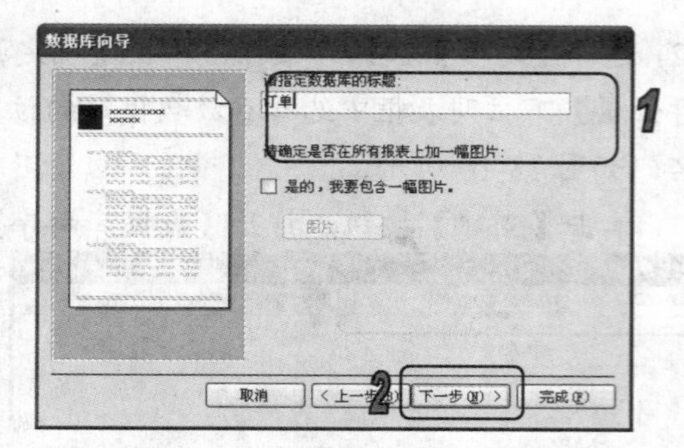

图 13-15　指定数据库的标题

(8) 单击【下一步】按钮，打开如图 13-16 所示的页面，单击【完成】按钮，完成数据库的创建。

(9) 此时系统开始启动数据库系统，并打开数据库启动进度对话框，如图 13-17 所示。

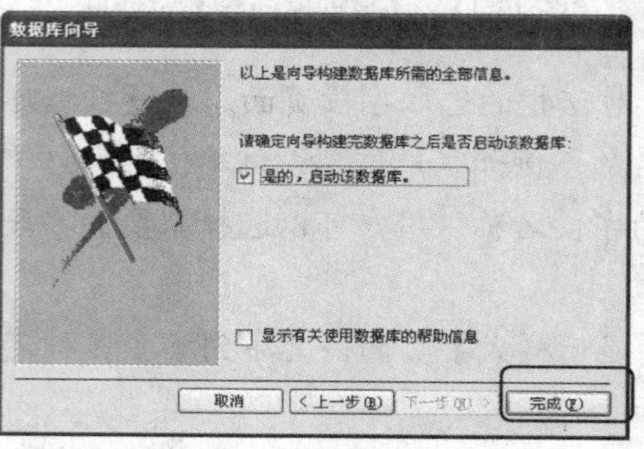

图 13-16　完成页面

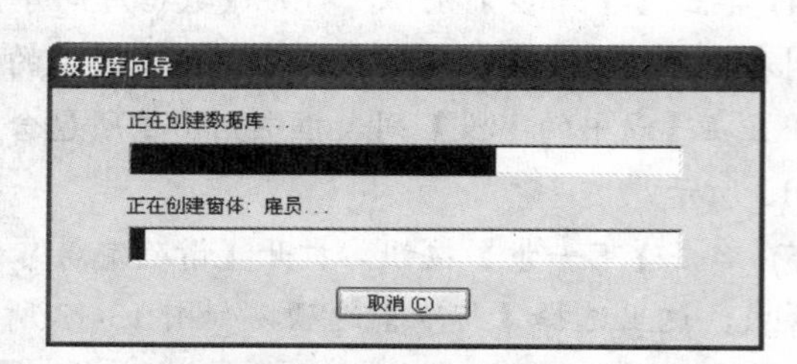

图 13-17　数据库启动进度对话框

(10) 数据库启动后，打开【主切换面板】对话框，如图 13-18 所示，同时打开对应的数据库窗口如图 13-19 所示。

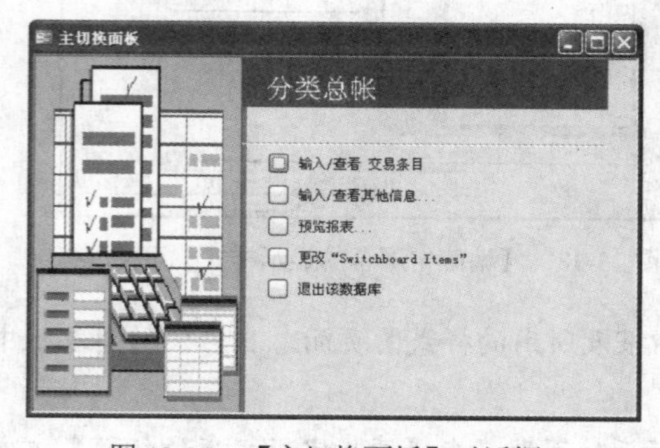

图 13-18　【主切换面板】对话框

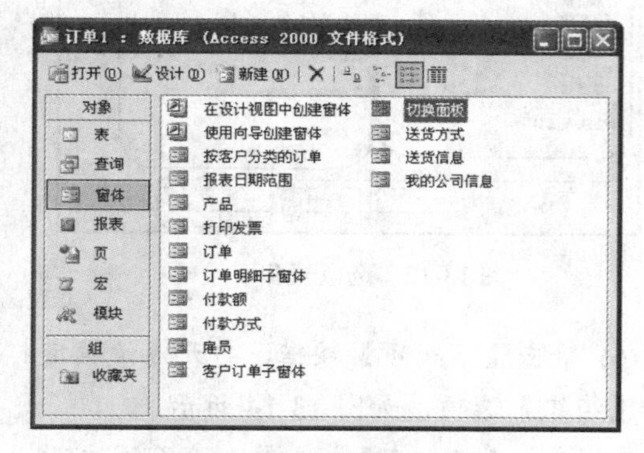

图 13-19　数据库窗口

提示

在如图 13-18 所示的对话框中有一系列的按钮，用户可以通过单击不同的按钮完成数据库的操作。单击最下方的【退出该数据库】按钮可以退出数据库系统。

13.3 表的创建与使用

Access 是关系数据库管理系统，其中表是存储数据的基本单位，也是 Access 数据库中最常用的对象之一，Access 中的所有数据都保存在表对象中。

13.3.1 表的定义及创建方法

表是关于特定主题的数据集合，是 Access 数据库中最重要的对象。表是数据库的基本对象，是数据库操作的基础。一个数据库一般由一个或多个表组成。每个表都是记录的集合，而记录通常由若干不同的字段组成。

关系型数据库划分为表时，应遵循“规范化”原则，以避免同一数据库中出现大量重复数据，从而提高数据库的工作效率，同时也能将因数据输入而产生的错误减到最少。

在 Access 中，所有的数据表都包括结构和数据两部分。所谓创建表结构，主要就是定义表的字段。

Access 数据库提供了多种创建数据表对象的方法，用户可以根据自己的实际需要进行选择。通常采用以下方法：

- 通过【使用向导创建表】向导，用户可以从各种预先定义好的表(如联系人、订单表、产品等)中为将要创建的数据表选择字段。
- 通过【使用表设计器创建表】创建数据表，用户可以根据需要方便地添加字段，定义每个字段如何显示或处理数据，并创建主键。
- 通过将数据直接输入到空的数据表来创建表。当保存新的数据表时，Microsoft Access 将分析数据并自动为每一字段指定适当的数据类型及格式。

13.3.2 创建表

了解创建数据表对象的方法后，接下来就可以开始创建数据表了。本节将逐一介绍使用向导创建表、通过输入数据创建表和使用设计器创建表。

1. 使用向导创建表

使用向导创建表是一种快速创建表的方式，这是由于 Access 在向导中内置了一批常见的【商务】和【个人】示例表，这些表中都包含了足够多的字段，用户可以根据需要进行选择，而不需要从头定义；同时，向导提供的对话框均带有详细的说明，用户可以根据提示轻松地完成每一步的操作，并生成新表的结构和相应的关联。

向导提供的对话框中有【上一步】、【下一步】和【完成】3 个按钮，前两个按钮分别用于返回上一步或继续往下操作，当跳过它们而直接单击【完成】按钮时，向导将自动连续操作

直到表创建完成，相当快捷方便。

使用向导创建表时，用户可以首先在数据库窗口的对象栏中打开【表】选项卡，然后双击【使用向导创建表】选项，如图 13-20 所示；或者在选中【使用向导创建表】选项后，单击【新建】按钮，打开【新建表】对话框，如图 13-21 所示。接着在该对话框中选择【表向导】选项，单击【确定】按钮后，打开【表向导】对话框。

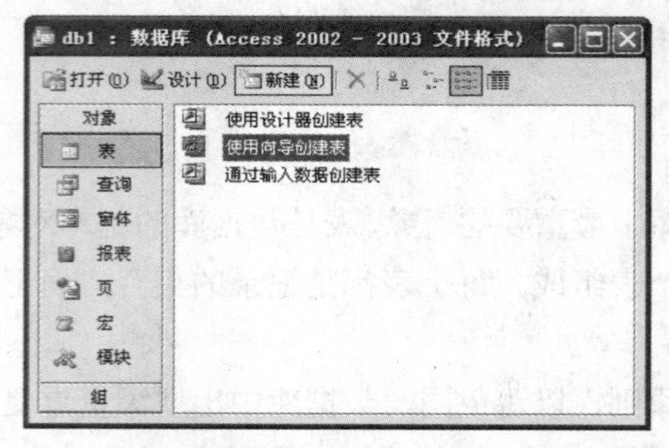

图 13-20　从数据库窗口打开【表向导】对话框

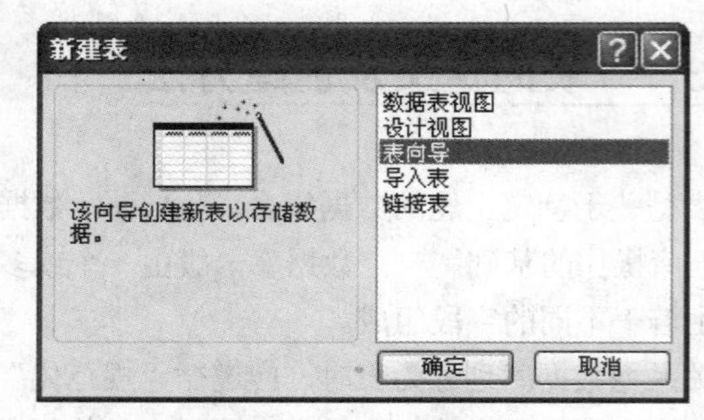

图 13-21　【新建表】对话框

【例 13-2】利用【表向导】在【公司管理系统】中创建【产品信息】数据表。

(1) 启动 Access 2003 应用程序，打开【公司管理系统】数据库。

(2) 打开数据库窗口的【表】选项卡，选中【使用向导创建表】选项后，单击【新建】按钮。

(3) 此时打开【新建表】对话框，在右侧的列表框中选择【表向导】选项，单击【确定】按钮，打开【表向导】对话框。

(4) 在【表向导】对话框中保持选中【商务】单选按钮，在【示例表】列表中选择【产品】选项，此时在【示例字段】列表框中出现与产品信息相关的字段。

(5) 在【示例字段】列表框中选择【产品 ID】字段，然后单击 > 按钮，将该字段添加到【新表中的字段】列表框中，如图 13-22 所示。

(6) 参照步骤(5)，将字段【产品名称】、【库存量】、【订货量】和【供应商 ID】添加到【新表中的字段】列表框中，如图 13-23 所示。

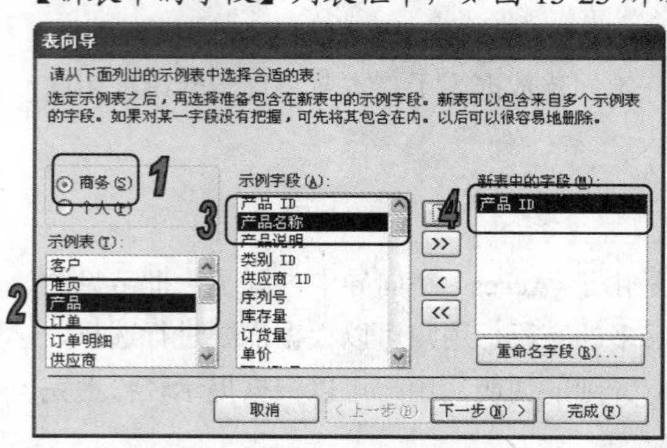

图 13-22　添加【产品 ID】字段

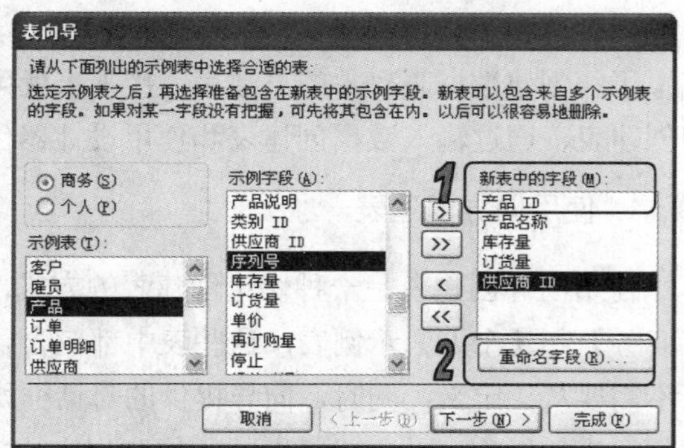

图 13-23　添加其他字段名

(7) 在【新表中的字段】列表框中选择【产品 ID】选项，单击【重命名字段】按钮，打开

【重命名字段】对话框。在【重命名字段】文本框中输入文字“产品编号”，如图 13-24 所示。

(8) 单击【确定】按钮，返回至【表向导】对话框，使用同样的方法将【供应商 ID】字段更为为“供应商编号”。

(9) 单击【下一步】按钮，打开如图 13-25 所示的对话框。在【请指定表的名称】文本框中输入表的名称“产品信息”，在【请确定是否用向导设置主键】选项区域中选中【不，让我自己设置主键】单选按钮。

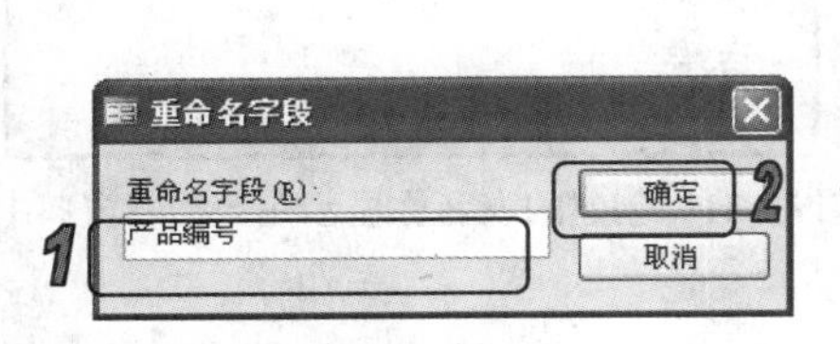

图 13-24　【重命名字段】对话框

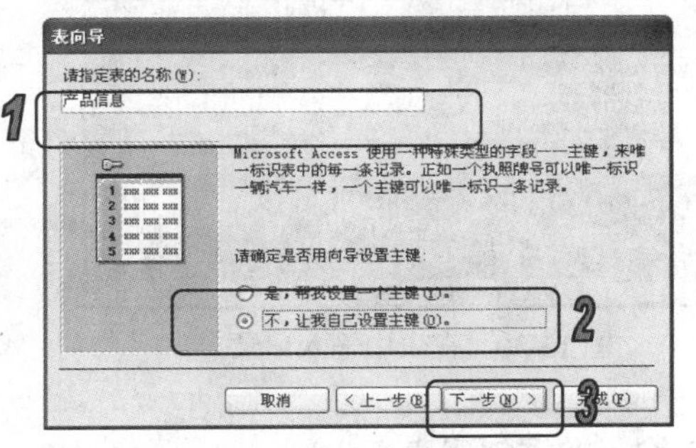

图 13-25　指定表的名称

(10) 单击【下一步】按钮，在【请确定哪个字段将拥有对每个记录都是唯一的数据】下拉列表中选择【产品编号】选项；在【请指定主键字段的数据类型】选项区域中选中【添加新记录时我自己输入的数字】单选按钮，如图 13-26 所示。

(11) 单击【下一步】按钮。打开如图 13-27 所示的对话框，保持默认设置。

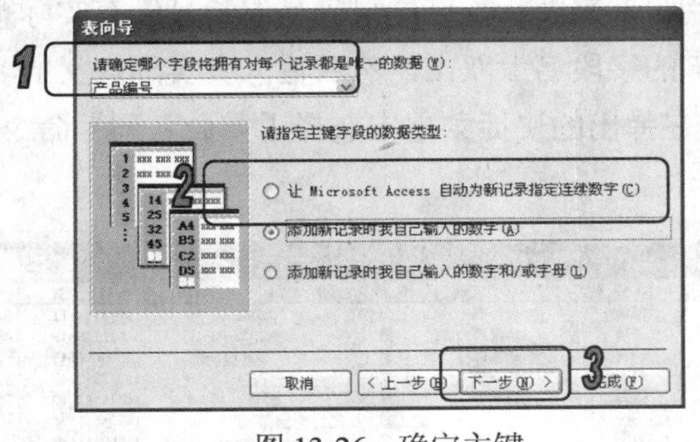

图 13-26　确定主键

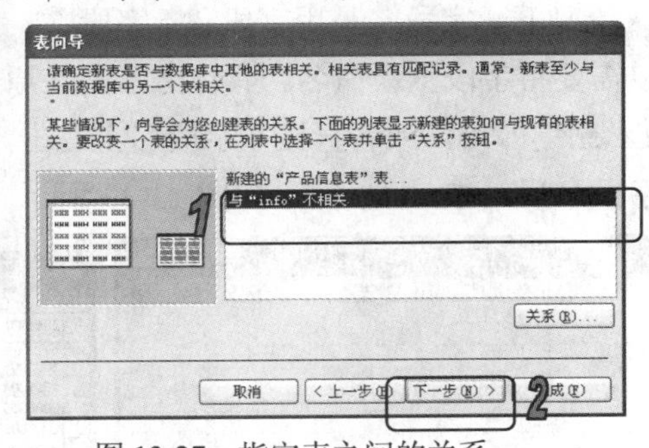

图 13-27　指定表之间的关系

(12) 单击【下一步】按钮，打开如图 13-28 所示的对话框。选中【直接向表中输入数据】单选按钮，然后单击【完成】按钮，此时打开如图 13-29 所示的表的界面。

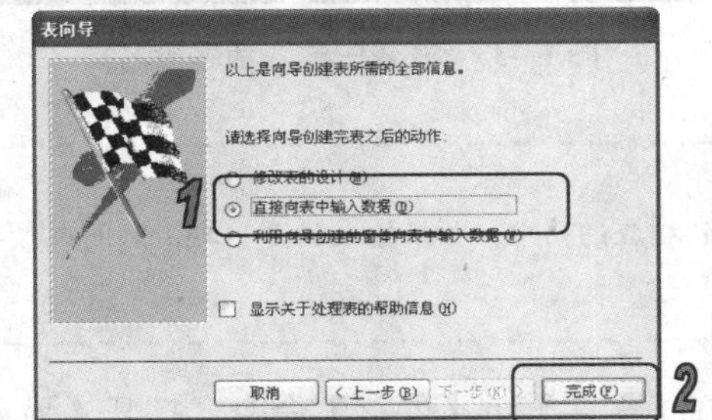

图 13-28　在对话框中指定向导创建完表后的动作

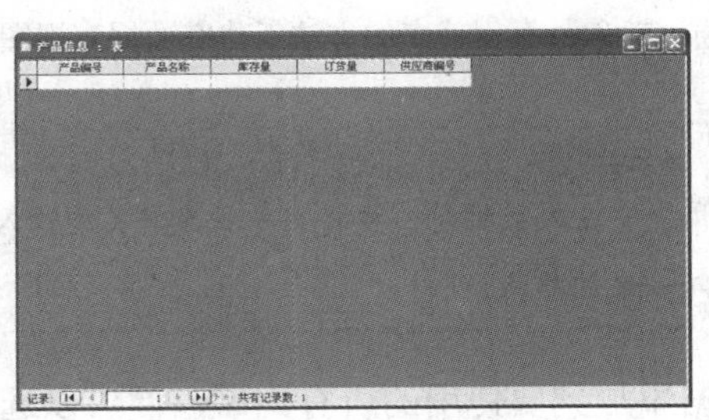

图 13-29　创建的表的界面

(13) 在表的界面中直接向表中输入数据，每添加完一条记录，按下 Enter 键即可输入下一条记录。输入完记录后的数据表效果如图 13-30 所示。

(14) 单击【文件】|【保存】按钮，将数据表保存，此时数据库窗口显示创建的表名称，如图 13-31 所示。

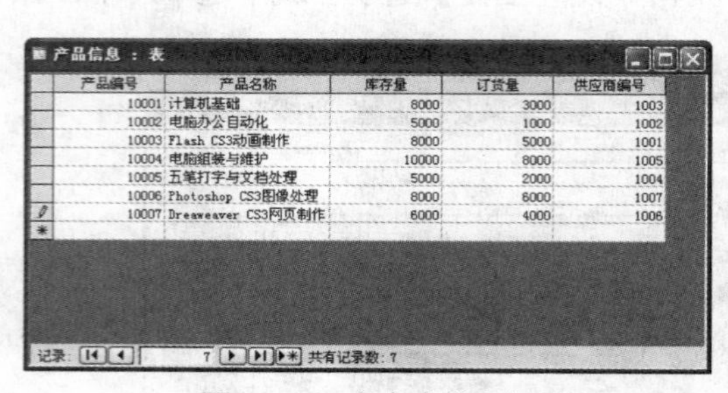

图 13-30　在表中输入记录

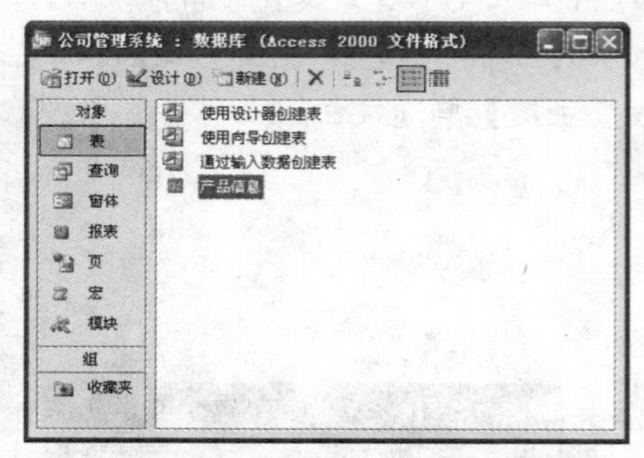

图 13-31　创建的表名称显示在数据库窗口中

2. 通过输入数据创建表

通过输入数据创建表是一种“先输入数据，再确定字段”的创建表方式。

选择通过输入数据创建表的方式创建数据表，用户可以首先在数据库视图的对象栏中单击【表】按钮，然后在右边的列表中双击【通过输入数据创建表】选项，即可打开一个如图 13-32 所示的空数据表。

默认情况下，字段名是用字段 1、字段 2、字段 3 来表示，这样很容易混淆且没有实际意义，所以需要将字段重新命名。具体方法是在原来的字段名上双击，然后输入有实际意义的名字，按 Enter 键即可，或者直接在字段名上右击，在弹出的快捷菜单中选择【重命名列】命令，输入新字段名后，按 Enter 键，如图 13-33 所示。

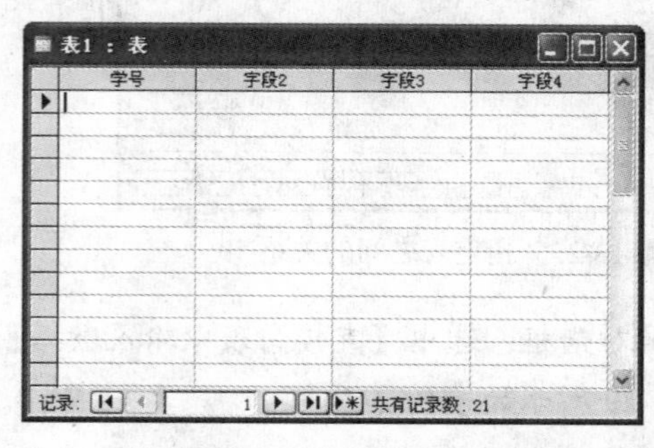

表1 ：表

员工编号	姓名	部门	性别	雇佣时间	联系方式
2001001	陈美	会计部	女	2001-05-09	13011111111
2003002	李项	会计部	男	2003-03-18	13812345678
2003003	庆祝	销售部	男	2003-09-01	13609876543
2001004	怀玉	销售部	女	2001-08-15	13212312345
2006005	张磊	销售部	男	2006-10-08	13776543210
2007006	林冲	策划部	男	2007-10-10	13234567891
2005007	项羽	策划部	女	2005-09-15	13600111122
2000008	陈重	编辑部	男	2000-05-16	13101234568
2003009	高兴	编辑部	男	2003-12-35	13505009885
2008010	柏琼	编辑部	女	2008-03-27	13814758521

记录：10 共有记录数：21

图 13-32　通过输入数据创建表的方法新建空数据表视图　　图 13-33　在表中输入新字段名

提示

在数据表中输入数据时，要将同一种数据类型输入到相应的列中。如果输入的是日期、时间或数字，则需要输入一致的格式。

将数据添加到要使用的所有列后，便可以选择【文件】|【保存】命令，打开【另存为】

对话框，输入数据表名称，单击【保存】按钮，保存数据库，如图 13-34 所示。保存之前，Access 将询问是否要创建一个主键，如图 13-35 所示。如果还没有输入能唯一标识每一行的数据，用户可以单击【是】按钮，由 Access 自动生成 ID；相反，如果输入的列数据中有唯一标识每一行的数据，用户可以单击【否】按钮，然后切换到设计视图，将包含这些数据的字段指定为主键。

图 13-34　保存数据表

图 13-35　Microsoft Office Access 提示框

3. 使用表设计器创建表

【使用表设计器创建表】是指利用表设计器定义表的结构，表设计器是一种可视化工具，用于设计和编辑数据库中的表。该方法以设计器所提供的设计视图为界面，引导用户通过人-机交互来完成对表的定义。这是 Access 最常用的创建数据表的方式之一。

使用表设计器既可以创建新表，也可以修改已有的表。下面以实例来介绍使用表设计器创建数据表的方法。

【例 13-3】使用表设计器创建【订单】数据表。

(1) 启动 Access 2003 应用程序，打开【公司管理系统】数据库。

(2) 打开数据库窗口的【表】选项卡，在右侧的列表框中双击【使用设计器创建表】选项，打开如图 13-36 所示的表设计器窗口。

(3) 在第一条记录的【字段名称】单元格中输入字段名【订单号】，将光标移动到该记录的【数据类型】单元格中，此时该单元格出现一个下拉箭头，单击箭头打开数据类型下拉列表，从中选择所需的数据类型【文本】，如图 13-37 所示。

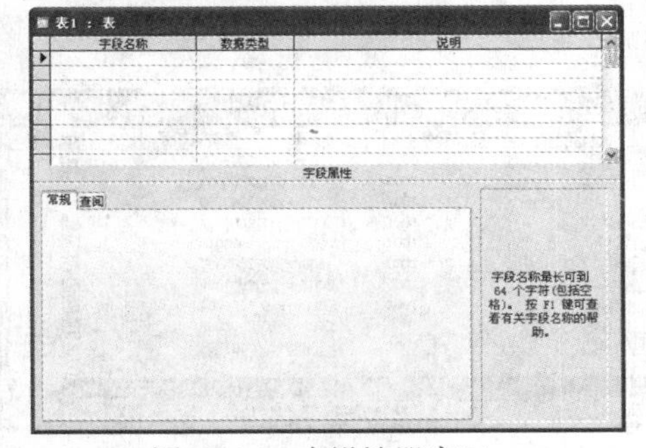

图 13-36　表设计器窗口

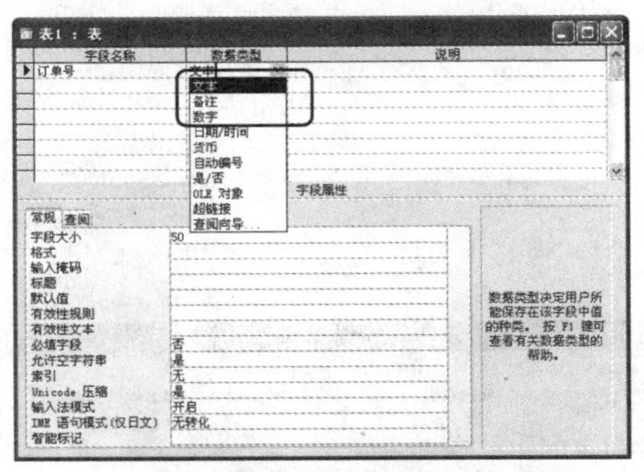

图 13-37　设置字段名称和数据类型

提示

在表设计器窗口中，【字段名称】属性列是用来输入设计字段的名称，名称要符合 Access 的命名规范；【数据类型】属性列是字段对应数据项的数据类型；【说明】属性列是对相应字段所作的适当注释。在窗口下方的【字段属性】选项区域中可以设置字段的详细属性。

(4) 根据表 13-1 所示的数据表字段信息继续建立【订单】数据表，此时表设计窗口效果如图 13-38 所示。

表 13-1　数据表的字段信息

字 段 名 称	数 据 类 型	字 段 大 小
订单号	文本	8
供应商编号	数字	长整型
订单日期	时间/日期	短日期
签署人编号	文本	16
是否执行完毕	是/否	是/否

(5) 选择【文件】|【保存】命令，打开【另存为】对话框，在【表名称】文本框中输入表名称“订单”，如图 13-39 所示。

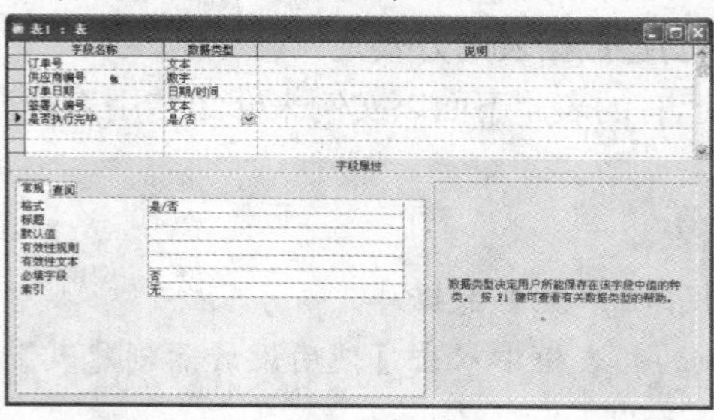

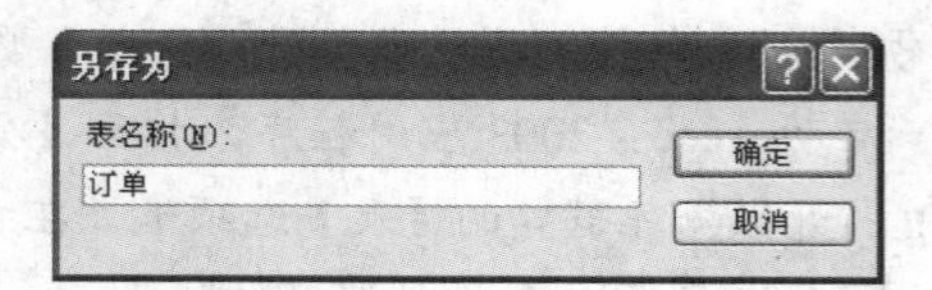

图 13-38　Microsoft Office Access 提示框　　　　图 13-39　【另存为】对话框

(6) 单击【确定】按钮，将打开是否创建主键的提示框，如图 13-40 所示。

(7) 单击【否】按钮，此时打开数据表视图，用户可以在该视图中直接输入数据，效果如图 13-41 所示。

订单 : 表

订单号	供应商编号	订单日期	签署人编号	是否执行完毕
081001	1003	2008-8-22	2005007	☑
081002	1006	2008-6-3	2003003	☑
081003	1007	2008-7-30	2003003	☑
081007	1001	2008-5-1	2001004	☐
081008	1007	2008-8-24	2008010	☑
081012	1003	2008-9-1	2005007	☑
081022	1005	2008-8-20	2001004	☑
081026	1004	2008-9-9	2001004	☑
081027	1007	2008-9-10	2003003	☑
081030	1001	2008-9-20	2001004	☑
	0			☐

记录: 10 共有记录数: 10

图 13-40　提示是否创建主键　　　　图 13-41　在数据表视图中输入数据

13.3.3　主键和索引

主键又称为主索引，可以限制记录中主键字段不出现重复值，用于唯一识别记录。而索引是一种排序机制，是搜索或排序的根据。可以说，当为某一字段建立了索引，可以显著加快以

该字段为依据的查找、排序和查询等操作。但是，并不是将所有字段都建立索引，搜索的速度就会达到最快。这是因为，索引建立的越多，占用的内存空间就会越大，这样会减慢添加、删除和更新记录的速度。

1. 创建主键

Access 的主键就是数据表中的某一个字段，通过该字段的值可在表中准确地找到一个记录，且只有一个。主键的作用如下：

- Access 可以根据主键执行索引，以提高查询和其他操作的速度。
- 当用户打开一个表的时候，记录将以主键顺序显示记录。
- 指定主键可为表与表之间的联系提供可靠的保证。

在表的设计视图中选择了用于创建主键的字段后，右击，然后从弹出的快捷菜单中选择【主键】命令，此时字段前就出现标签，如图 13-42 所示。

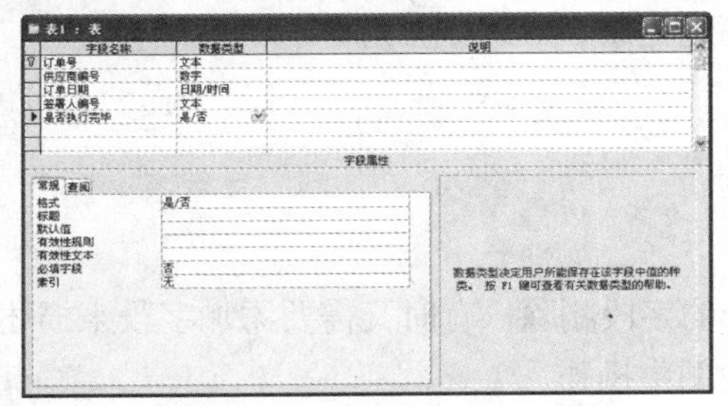

图 13-42　在表设计窗口中创建主键

提示

选中字段后，选择【编辑】|【主键】命令，或者单击工具栏上的【主键】按钮，同样可以来创建主键。

2. 创建索引

如果要实现快速查找和排序记录，就需要为单个字段或字段组合添加索引。对于一张数据表来说，建立索引的操作就是要指定一个或多个字段，以便于按照字段中的值来检索数据或排序数据。

创建索引的方法也非常简单，在表的设计视图中选择某个字段后，在窗口下的【字段属性】栏下的【常规】选项卡中，将【索引】属性设置为【有(有重复)】或【有(无重复)】即可。

3. 【索引】对话框

在表的设计视图中，选择【视图】|【索引】命令，或者单击工具栏上的【索引】按钮，打开【索引：项目】对话框，如图 13-43 所示。

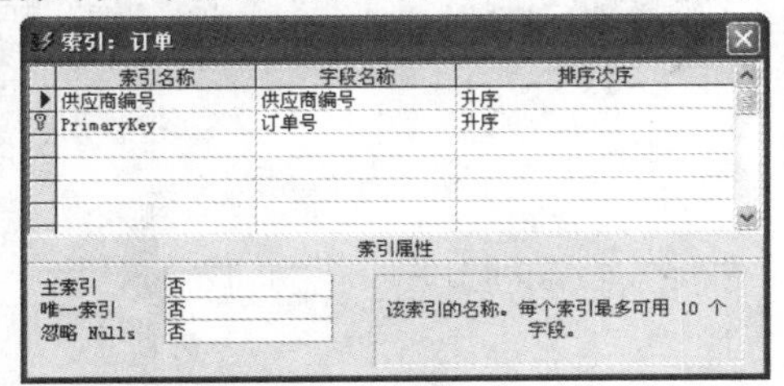

图 13-43　【索引：项目】对话框

提示

主键的默认名称为 PrimaryKey，索引名称允许与字段名称相同。

【索引：项目】对话框分为上下两部分，即索引定义区和索引属性区。索引定义区的第 1 列单元格为索引名称，第 2 列为使用索引的字段名称，第 3 列单元格为索引的排序次序。索引字段名称可以直接输入，也可以单击【字段名称】列下的单元格，然后单击右侧的下拉按钮，从弹出的下拉列表中选择用于索引的字段。索引属性区用于设置索引的属性，包括主索引、唯一索引和忽略 Nulls。其中，主索引设置为【是】，表示该索引为主键；唯一索引用于设置索引字段是否允许出现重复值，设置为【否】，表示唯一索引；忽略 Nulls 用于设置索引是否排除带 Null 值的记录，设置为【是】，表示排除索引字段值为空的记录。

13.4 编辑表中的数据

创建数据表后，如果用户对输入的数据不满意，可重新在表中进行一系列的编辑修改操作，例如添加与删除字段、移动字段的位置、排序和筛选记录、导入数据等。

13.4.1 添加与删除字段

在数据库的实际操作过程中，有时需要将多余的字段删除，有时又需要添加字段来描述新的信息。要添加和删除字段，则需要在表的设计视图中操作。

1. 添加新的字段

打开表的设计视图，在空行中输入字段名即可添加新的字段。若需要在原来的字段之前插入新字段，可选中该字段，然后选择【插入行】命令或单击工具栏上的【插入行】按钮。

2. 删除字段

删除字段在 Access 中的操作非常简单，用户在表的设计视图中首先必须选定一个或多个字段，然后单击工具栏中的【删除行】按钮，或者选择【编辑】|【删除】按钮，此时将打开如图 13-44 所示的提示框，提示是否删除字段，单击【是】按钮确认删除字段。

图 13-44 Microsoft Office Access 提示框

> **提示**
> 在表的设计视图中，选定一个或多个字段后，也可以按下 Insert 键或 Delete 键来添加或删除字段。

13.4.2 移动字段的位置

字段在数据表中的显示顺序是以用户输入的先后顺序决定的。在表的编辑过程中，用户可

以根据需要移动字段的位置，尤其是在字段较多的表中，移动字段的位置可以方便浏览到最常用的字段信息。

在打开的【员工信息】数据表视图窗口中，选中【联系方式】字段，按住鼠标左键，拖动该字段到【部门】字段的左侧，在拖动过程中将出现如图 13-45 所示的黑线。释放鼠标左键，此时【联系方式】字段排列到【部门】字段的前方，如图 13-46 所示。

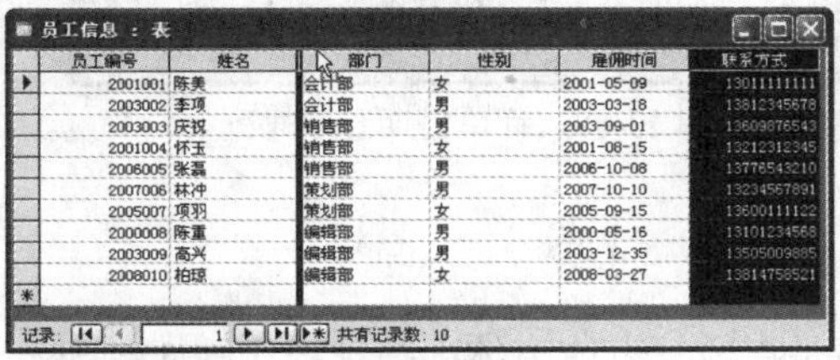

员工信息 : 表

员工编号	姓名	部门	性别	雇佣时间	联系方式
2001001	陈美	会计部	女	2001-05-09	13011111111
2003002	李项	会计部	男	2003-03-18	13812345678
2003003	庆祝	销售部	男	2003-09-01	13609876543
2001004	怀玉	销售部	女	2001-08-15	13212312345
2006005	张磊	销售部	男	2006-10-08	13776543210
2007006	林冲	策划部	男	2007-10-10	13234567891
2005007	项羽	策划部	女	2005-09-15	13600111122
2000008	陈重	编辑部	男	2000-05-16	13101234568
2003009	高兴	编辑部	男	2003-12-35	13505009885
2008010	柏琼	编辑部	女	2008-03-27	13814758521

记录: 1 共有记录数: 10

图 13-45　拖动字段的过程

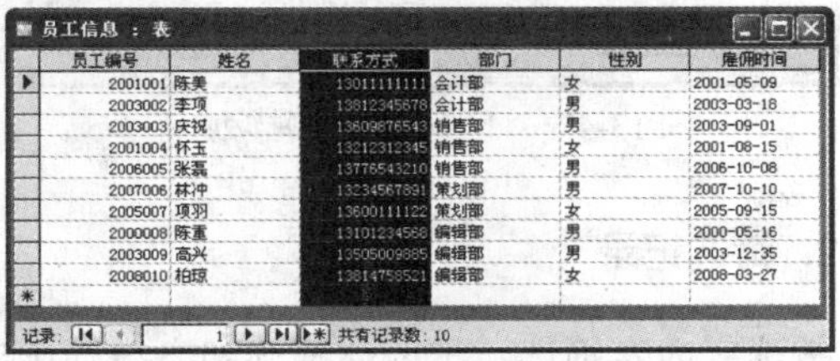

员工信息 : 表

员工编号	姓名	联系方式	部门	性别	雇佣时间
2001001	陈美	13011111111	会计部	女	2001-05-09
2003002	李项	13812345678	会计部	男	2003-03-18
2003003	庆祝	13609876543	销售部	男	2003-09-01
2001004	怀玉	13212312345	销售部	女	2001-08-15
2006005	张磊	13776543210	销售部	男	2006-10-08
2007006	林冲	13234567891	策划部	男	2007-10-10
2005007	项羽	13600111122	策划部	女	2005-09-15
2000008	陈重	13101234568	编辑部	男	2000-05-16
2003009	高兴	13505009885	编辑部	男	2003-12-35
2008010	柏琼	13814758521	编辑部	女	2008-03-27

记录: 1 共有记录数: 10

图 13-46　拖动字段后的效果

提示

如果要同时移动相邻的两列或多列，可以首先按住 Shift 键选中它们，然后使用鼠标把它们拖到选中的目标的方法来移动字段的顺序。列在数据表视图中的变化并不影响数据表在设计视图中的结构。

13.4.3　排序和筛选记录

在数据表视图中，不仅可以添加记录、删除记录和修改记录，还可以对数据表中的记录进行排序。Access 中，可以进行两种类型的排序：简单的排序和复杂的排序。在数据表视图中，只能进行简单的排序。

所谓简单排序就是在数据表视图中进行排序时，用户可以按升序或降序对所有记录进行排序，但不能对多个字段同时使用这两种排序。表中的数据有两种排列方式，一种是升序排序，另一种是降序排序。升序排序就是将数据从小到大排列，而降序排列是将数据从大到小排列。

1. 数据排序

在文本型字段中保存的数字将作为字符串而不是数值来进行排序。因此，若要按数值顺序来排序，就必须在较短的数字前面加上零，使得全部的文本字符串具有相同的长度。例如：要以升序来排序以下的文本字符串“1”、“2”、“11”和“22”，其结果将是“1”、“11”、“2”、“22”。必须在仅有一位数的字符串前面加上零，才能正确地排序，即：“01”、“02”、“11”、“22”。

在按升序对字段进行排序时，任何含有空字段(Null)的记录都将首先在列表中列出。如果字段中同时包含 Null 值和零长度字符串的记录，则包含 Null 值的记录将首先显示，紧接着是零长度字符串。

例如，要对【订单】数据表中的【订单日期】字段按照升序或降序进行排列，用户可以首先选定该字段，然后单击【升序排序】按钮A↓或【降序排序】按钮Z↓即可，降序排序后的效果如图 13-47 所示，而升序排序后的效果如图 13-48 所示。

订单 : 表

订单号	供应商编号	订单日期	签署人编号	是否执行完毕
081007	1001	2008-5-1	2001004	☐
081002	1006	2008-6-3	2003003	☑
081003	1007	2008-7-30	2003003	☐
081022	1005	2008-8-20	2001004	☑
081001	1003	2008-8-22	2005007	☑
081008	1007	2008-8-24	2008010	☑
081012	1003	2008-9-1	2005007	☐
081026	1004	2008-9-9	2001004	☑
081027	1007	2008-9-10	2003003	☑
081030	1001	2008-9-20	2001004	☑
*	0			☐

记录: 1 共有记录数: 10

图 13-47　订单日期降序排列

订单 : 表

订单号	供应商编号	订单日期	签署人编号	是否执行完毕
081030	1001	2008-9-20	2001004	☑
081027	1007	2008-9-10	2003003	☑
081026	1004	2008-9-9	2001004	☑
081012	1003	2008-9-1	2005007	☐
081008	1007	2008-8-24	2008010	☑
081001	1003	2008-8-22	2005007	☑
081022	1005	2008-8-20	2001004	☑
081003	1007	2008-7-30	2003003	☐
081002	1006	2008-6-3	2003003	☑
081007	1001	2008-5-1	2001004	☐
*	0			☐

记录: 1 共有记录数: 10

图 13-48　订单日期升序排列

2. 筛选记录

按选定内容筛选、按窗体筛选和高级筛选/排序是在数据表或窗体中筛选记录的 3 种方法。如果可以轻松地找到并选择要包含在被筛选记录中的值，可以按选定内容筛选；如果要从列表中不必滚动浏览所有记录即可选择要搜索的值，或者如果要一次指定多个条件，可以按窗体筛选；对于复杂的筛选，需要使用高级筛选/排序，通过高级筛选/排序，用户可以搜索符合多个条件的记录、搜索符合一个条件或另一条件的记录，或输入表达式作为条件。

(1) 按选定内容筛选

所谓按选定内容筛选，就是直接在表中选择需要查看的数据。它属于直观式的筛选方式，用于轻松地找到并选择要包含在被筛选记录中的值。其方法最简单和快速，只要用鼠标选择需要查看的数据，然后选择相应命令，Access 将显示那些与所选样例匹配的记录。

在【公司管理系统】数据库中，打开【员工信息】数据表视图窗口，然后在【联系方式】字段中选中数字 138，选择【记录】|【筛选】|【按选定内容筛选】命令，如图 13-49 所示。此时数据表显示以 138 开头的员工信息，如图 13-50 所示。单击【取消筛选】按钮，返回【员工信息】数据表视图窗口。

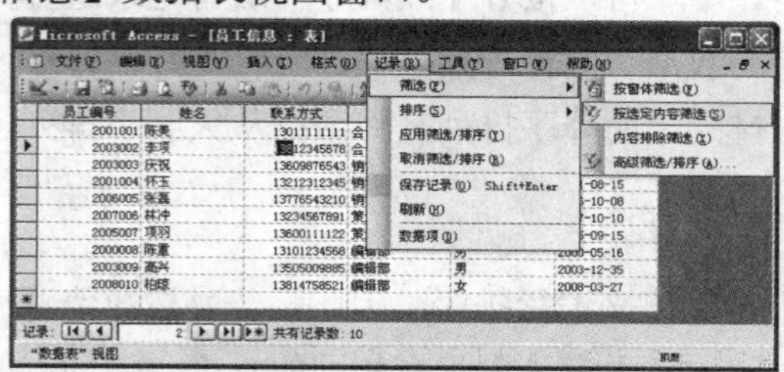

图 13-49　选择筛选命令

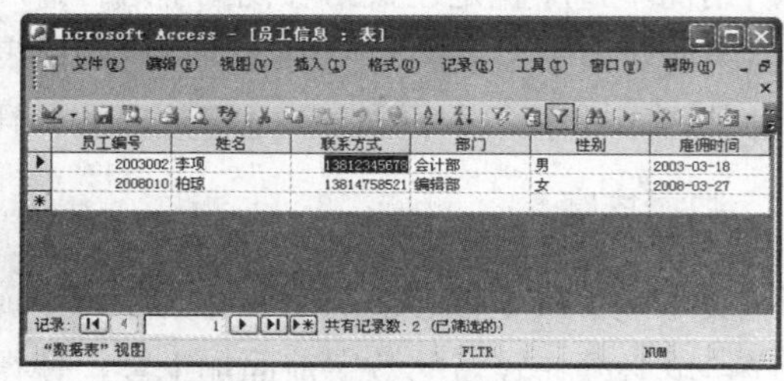

图 13-50　筛选结果

提示

【内容排除筛选】方式与【按选定内容筛选】方式相反，使用该方式时，选择的数据不会显示出来。

(2) 按窗体筛选

如果要从列表中不必滚动浏览所有记录即可选择要搜索的值，或者如果要一次指定多个条件，可以使用【按窗体筛选】方式进行筛选。选择【记录】|【筛选】|【按窗体筛选】命令或单击工具栏上的【按窗体筛选】按钮，在打开的窗口中进行筛选即可。

在【公司管理系统】数据库中，打开【员工信息表】的数据表视图窗口，选择【记录】|

【筛选】|【按窗体筛选】命令，或单击工具栏中的【按窗体筛选】按钮，打开【按窗体筛选】窗口。在【雇佣时间】列表中输入表达式 Like "2001*"；在【部门】下拉列表中选择【销售部】选项，如图 13-51 所示。然后在工具栏中单击【应用筛选】按钮，此时表中显示数据表中部门为【销售部】、雇佣时间以 2001 年开头的所有员工的记录，如图 13-52 所示。

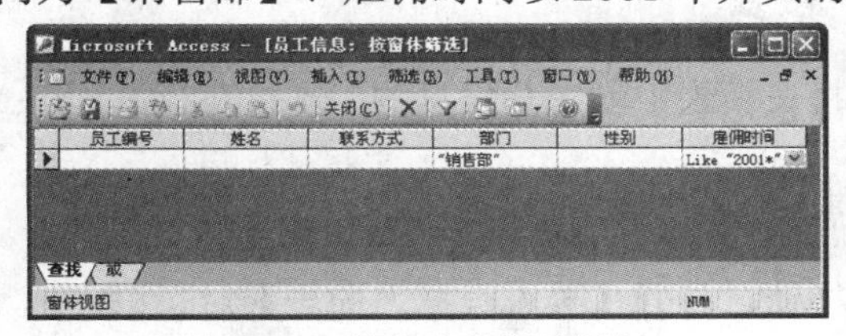

图 13-51　输入窗体筛选添加

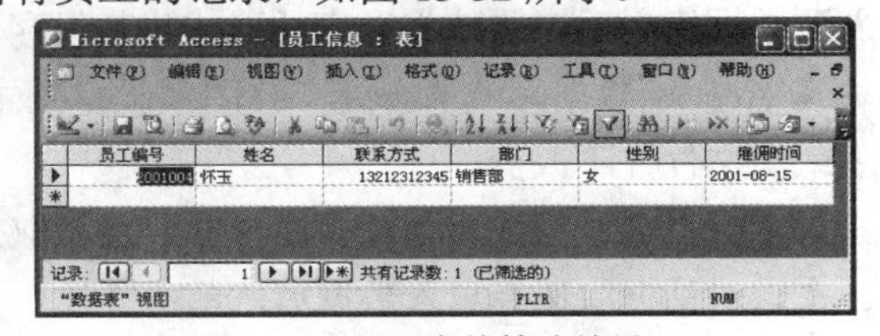

图 13-52　显示窗体筛选结果

(3) 高级筛选/排序

高级筛选/排序可以应用于一个或多个字段的排序或筛选，其筛选或排序的结果更精确。在数据表视图中，选择【记录】|【筛选】|【高级筛选】命令，便可打开如图 13-53 所示的【高级筛选/排序】窗口。

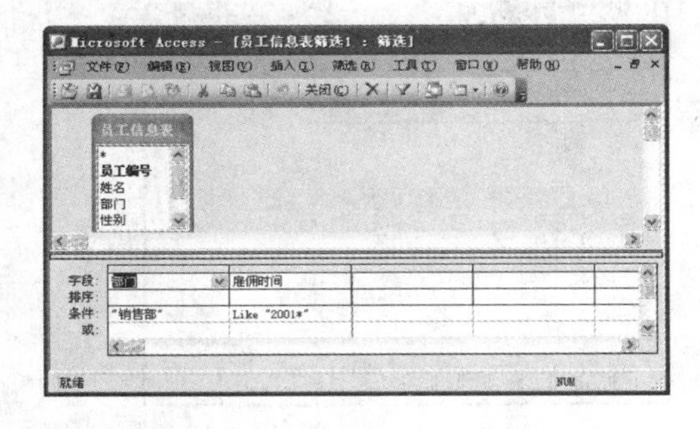

图 13-53　【高级筛选/排序】窗口

提示

【高级筛选/排序】窗口分为上下两部分，上面是含有表的字段列表，下面是设计网格，用户可以在设计网格中同时设置筛选条件和排序字段。

应用高级筛选/排序，不仅可以对单字段进行排序，而且可以对多字段进行排序。例如，在【员工信息】数据表中，选择【记录】|【筛选】|【高级筛选/排序】命令，打开【高级筛选/排序】窗口，在【字段】下拉列表中选择【部门】选项，在【条件】文本框中输入“<>"销售部"”(它是“[部门]<>"销售部"”的省略写法)，如图 13-54 所示。单击【应用筛选】按钮，表中将显示此次筛选的结果，此次筛选出【部门】字段内容为除【销售部】以外的员工记录，如图 13-55 所示。

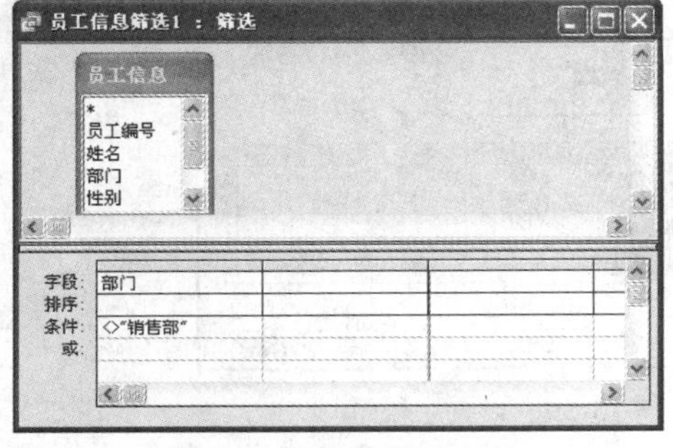

图 13-54　输入筛选条件

员工信息 : 表

员工编号	姓名	联系方式	部门	性别	雇佣时间
2001001	陈美	13011111111	会计部	女	2001-05-09
2003002	李项	13812345678	会计部	男	2003-03-18
2007006	林冲	13234567891	策划部	男	2007-10-10
2005007	项羽	13600111122	策划部	女	2005-09-15
2000008	陈重	13101234568	编辑部	男	2000-05-16
2003009	高兴	13505009885	编辑部	男	2003-12-35
2008010	柏琼	13814758521	编辑部	女	2008-03-27

记录: 1 共有记录数: 7 (已筛选的)

图 13-55　显示筛选除【销售部】以外的员工的信息

13.4.4 导入数据

“导入”是将其他表或其他格式文件中的数据应用到 Access 当前打开的数据库中。当文件导入到数据库之后，系统将以表的形式将其保存。

在 Access 数据库或 Access 项目中，导入数据将在新表中创建其信息的副本，在该过程中源表或源文件并不改变。

导入数据方法很简单，选择【文件】|【获取外部数据】|【导入】命令，打开【导入】对话框。在该对话框中选择导入数据后，单击【导入】按钮，打开【导入数据表向导】对话框，然后根据向导提示信息逐步完成操作即可。

【例 13-4】将 Excel 文件【员工工资表】导入到【公司管理系统】数据库中。

(1) 打开【公司管理系统】数据库，选择【文件】|【获取外部数据】|【导入】命令，打开【导入】对话框，选择已创建的 Excel 文件【员工工资表】，如图 13-56 所示。

(2) 单击【导入】按钮，打开【导入数据表向导】对话框，如图 13-57 所示。

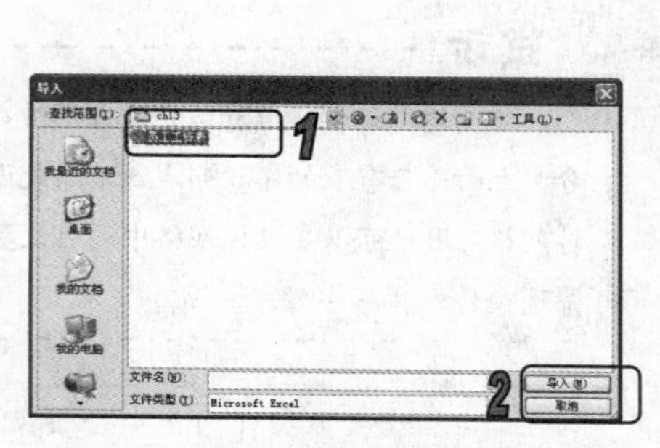

图 13-56 【导入】对话框

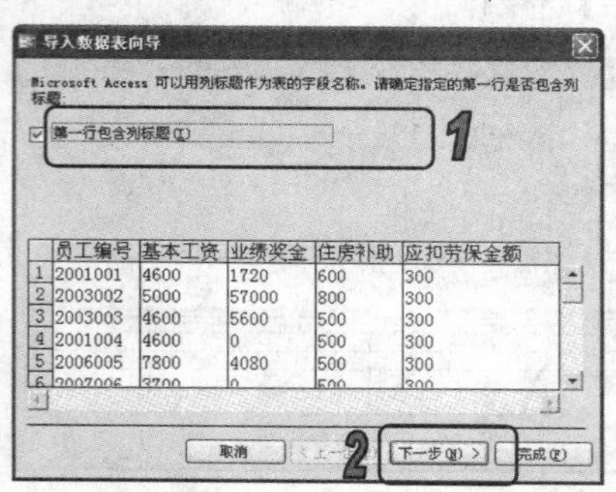

图 13-57 【导入数据表向导】对话框

(3) 保持默认选项，单击【下一步】按钮，打开如图 13-58 所示的对话框。该对话框询问将数据导入新表还是导入现有的表中。

(4) 保持默认选项，单击【下一步】按钮，打开如图 13-59 所示的对话框。该对话框用来设置字段属性，在【字段选项】选项区域中设置【索引】属性为【有(无重复)】选项。

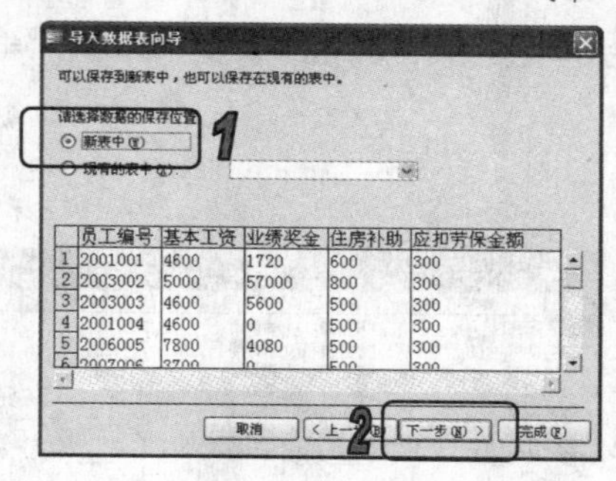

图 13-58 设置保存位置

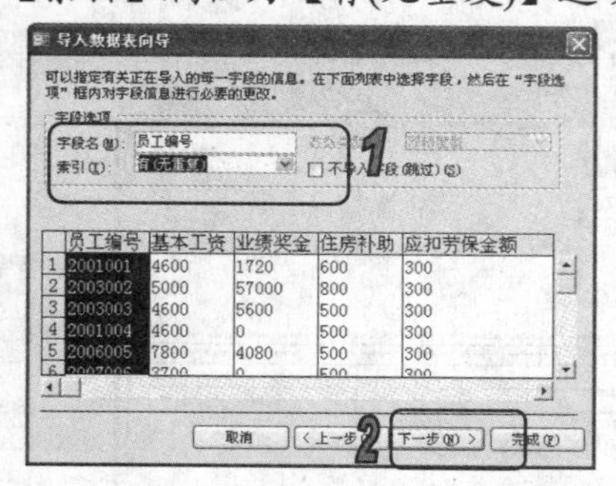

图 13-59 设置字段选项

(5) 单击【下一步】按钮，打开如图 13-60 所示的对话框。该对话框询问是否设置主键，

选中【我自己选择主键】单选按钮，并在其右侧的下拉列表框中选择【员工编号】选项。

(6) 单击【下一步】按钮，打开如图 13-61 所示的对话框，在【导入到表】文本框中输入表名称。

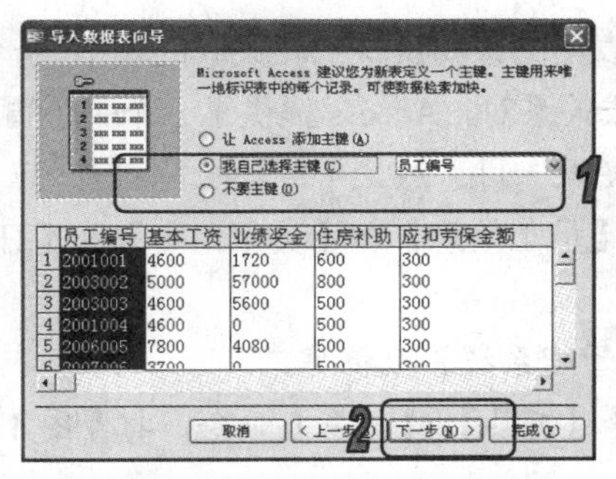

图 13-60　设置主键

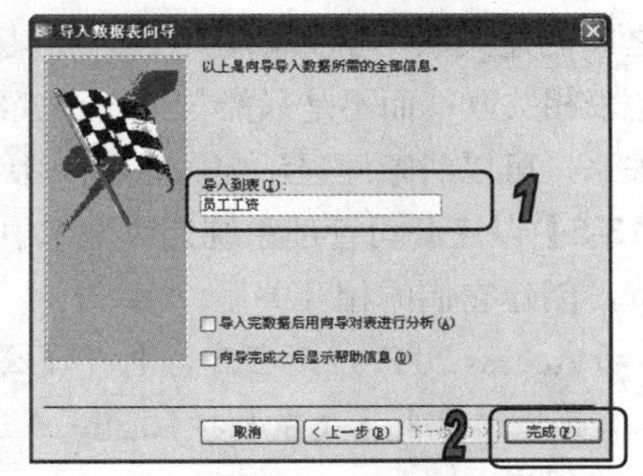

图 13-61　为导入的表命名

(7) 单击【完成】按钮，此时打开【导入数据表向导】对话框，如图 13-62 所示。

(8) 单击【确定】按钮，此时【员工工资表】显示在数据库窗口中，如图 13-63 所示。

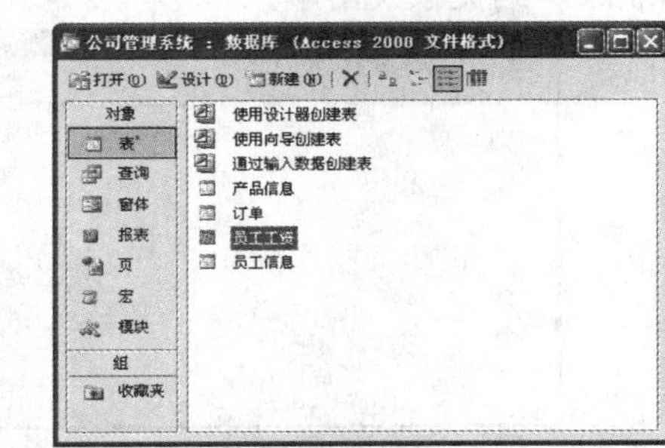

图 13-62　【导入数据表向导】对话框　　　图 13-63　【员工工资表】显示在数据库窗口中

13.5　定义表之间的关系

Access 是一个关系型数据库，用户创建了所需要的表后，还要建立表之间的关系，Access 就是凭借这些关系来连接表或查询表中的数据的。

两个表之间的关系是通过一个相关联的字段建立的，在两个相关表中，起着定义相关字段取值范围作用的表称为父表，该字段称为主键；而另一个引用父表中相关字段的表称为子表，该字段称为子表的外键。

根据父表和子表中关联字段间的相互关系，Access 数据表间的关系可以分为 3 种：一对一关系、一对多关系和多对多关系。

- 一对一关系：父表中的每一条记录只能与子表中的一条记录相关联，在这种表关系中，父表和子表都必须以相关联的字段为主键。
- 一对多关系：父表中的每一条记录可与子表中的多条记录相关联，在这种表关系中，父表必须根据相关联的字段建立主键。

◉ 多对多关系：父表中的记录可与子表中的多条记录相关联，而子表中记录也可与父表中的多条记录相关联。在这种表关系中，父表与子表之间的关联实际上是通过一个中间数据表来实现的。

在表之间创建关系，可以确保 Access 将某一表中的改动反映到相关联的表中。一个表可以和多个其他表相关联，而不是只能与另一个表组成关系对。Access 提供了一个关系窗口，对于已建立的关系，可以清晰地显示在关系窗口中，使人一目了然。

【例 13-5】以【公司管理系统】数据库中的【员工信息】、【员工工资】和【订单】3 个数据表为例，创建它们的相互关系。

(1) 启动 Access 2003 应用程序，打开【公司管理系统】数据库。

(2) 在工具栏中单击【关系】按钮，或选择【工具】|【关系】命令，打开图 13-64 所示的【关系】视图窗口。

(3) 单击【关系】视图窗口工具栏中的【显示表】按钮，打开【显示表】对话框，如图 13-65 所示。选中【订单】、【员工信息】和【员工工资】数据表，单击【添加】按钮，将 3 个数据表添加到关系视图中。

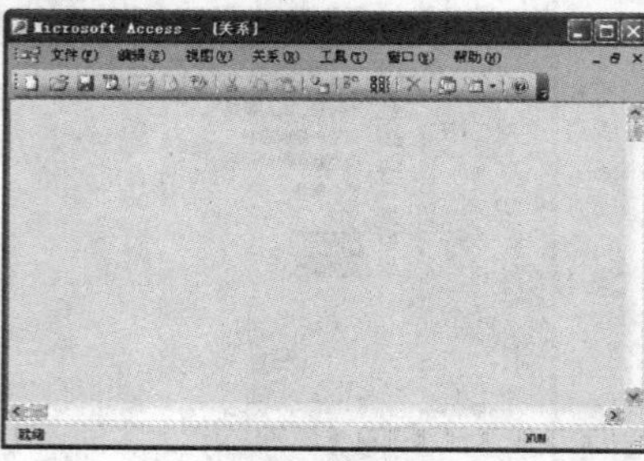

图 13-64 【关系】窗口

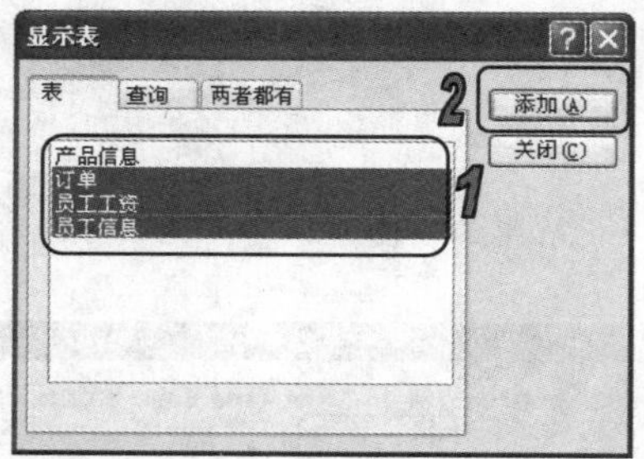

图 13-65 【显示表】对话框

(4) 单击【关闭】按钮，关闭【显示表】对话框，此时【关系】窗口如图 13-66 所示。

(5) 按住鼠标左键在【员工工资】中拖动【员工编号】字段到【员工信息】的【员工编号】字段上，即打开图 13-67 所示的【编辑关系】对话框。

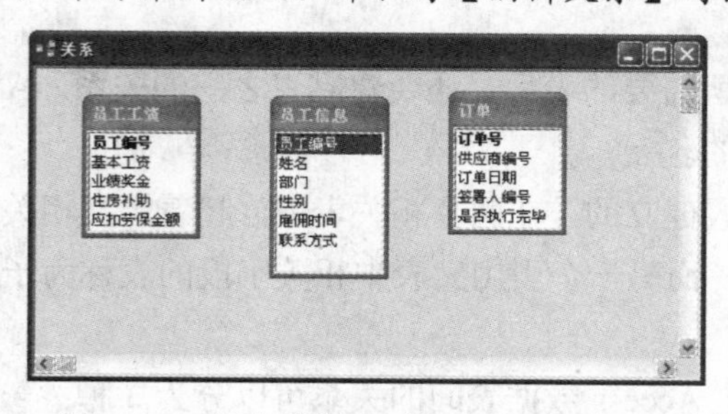

图 13-66 添加数据表后的【关系】窗口

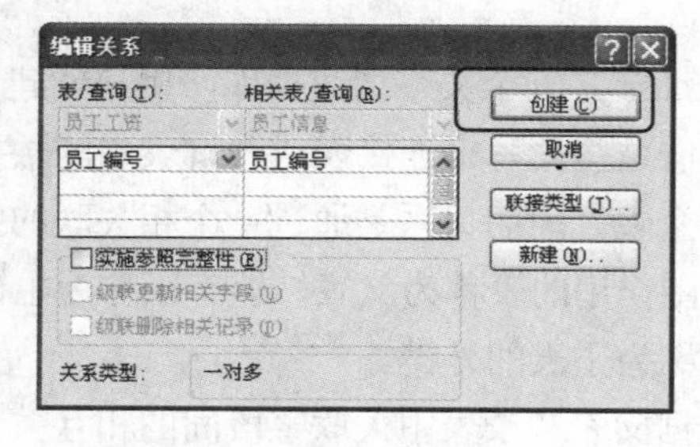

图 13-67 【编辑关系】对话框

提示

要建立表与表之间的关系，必须通过各个表的共同字段来创建。共同字段是指各个表都拥有的字段，它们的字段名称不一定相同，只要字段的类型和内容一致，就可以正确地创建关系。

(6) 检查两个表之间的关联字段无误后，单击【创建】按钮，即可建立两个表之间的关系，使用同样的方法创建【订单表】与其他两个表之间的关系，最终效果如图 13-68 所示。

(7) 关闭【关系】对话框，此时打开如图 13-69 所示的提示框，单击【是】按钮，保存创建的表关系。

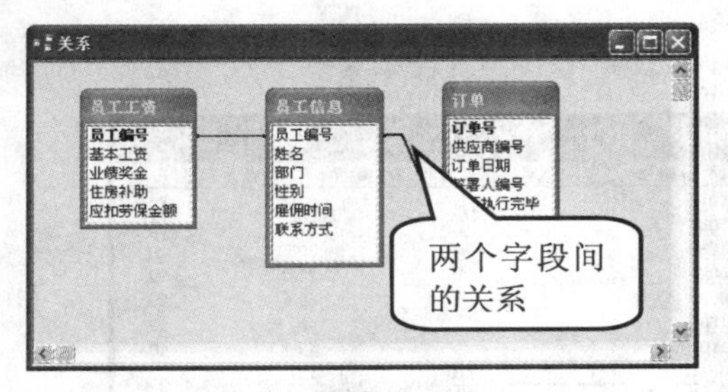

图 13-68　创建的字段关系

图 13-69　提示框

13.6　上机练习

本章介绍了创建数据库、创建数据表以及创建表之间关系的方法。本上机练习主要练习创建【公司仓储管理系统】数据库，在数据库中添加【库存表】数据表。

(1) 启动 Access 2003 应用程序，选择【文件】|【新建】命令，打开【新建文件】任务窗格。然后单击【空数据库】链接，打开【文件新建数据库】对话框，设置数据库的保存位置以及数据库的名称“公司仓储管理系统”，如图 13-70 所示。

(2) 单击【创建】按钮，打开数据库窗口。在【表】选项卡右侧的列表框中双击【使用设计器创建表】选项，打开表设计器。在设计器中输入要创建的字段名称，并将字段【现有库存】、【最大库存】和【最少库存】的数据类型更改为【数字】，如图 13-71 所示。

图 13-70　【文件新建数据库】对话框

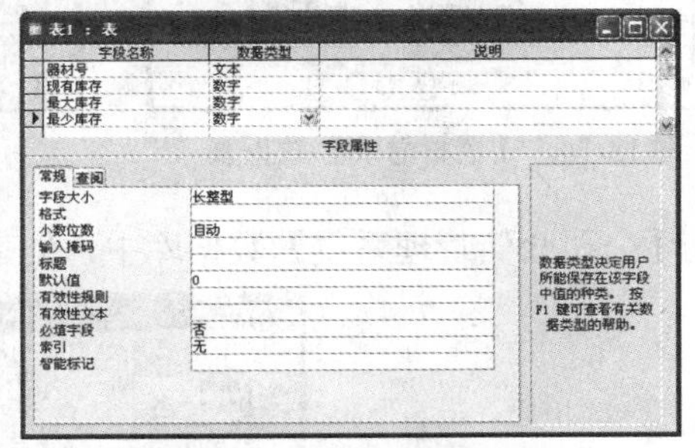

图 13-71　设置数据类型

(3) 将字段【现有库存】、【最大库存】和【最少库存】的【字段大小】属性修改为【整型】，并选中字段名称【器材号】，选择【编辑】|【主键】命令，为数据表设置主键，此时【字段属性】选项区域中的【索引】属性自动更改为【有(无重复)】选项；设置字段的【有效性文本】属性为【器材号不能为空】，如图 13-72 所示。

(4) 在工具栏中单击【保存】按钮，打开【另存为】对话框，在【表名称】文本框中输入

"库存表"，单击【确定】按钮，保存数据表。

(5) 选择【视图】|【数据表视图】命令，切换到数据表视图，在数据表中输入如图 13-73 所示的数据。

(6) 关闭【库存表】，完成表的设置。

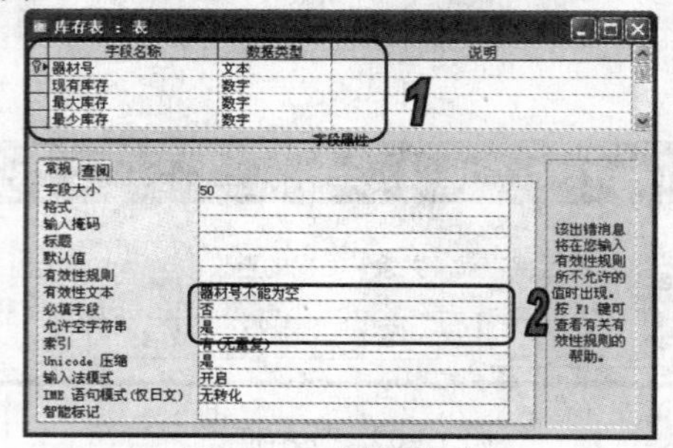

图 13-72　添加索引

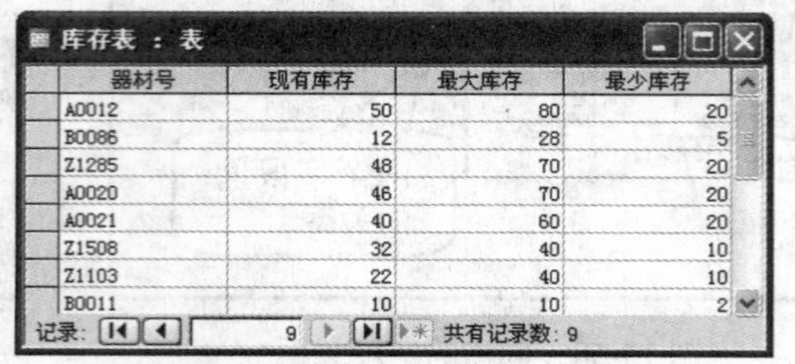

器材号	现有库存	最大库存	最少库存
A0012	50	80	20
B0086	12	28	5
Z1285	48	70	20
A0020	46	70	20
A0021	40	60	20
Z1508	32	40	10
Z1103	22	40	10
B0011	10	10	2

记录：9　共有记录数：9

图 13-73　在数据表中输入数据

13.7 习题

1. 在【公司仓储管理系统】数据库中，利用表设计器或数据表视图创建【器材号表】和【器材采购表】数据表，效果如图 13-74 和图 13-75 所示。

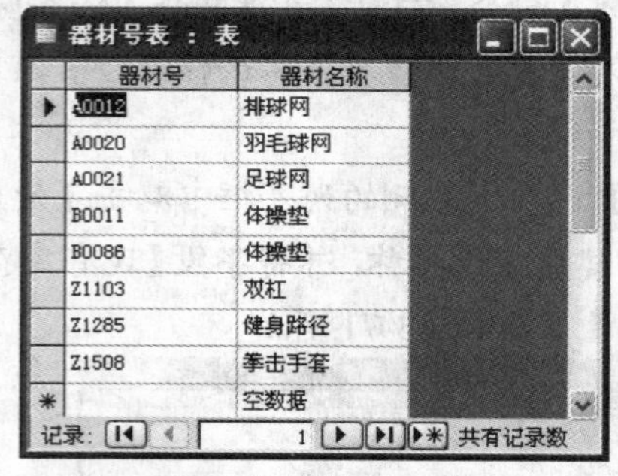

器材号	器材名称
A0012	排球网
A0020	羽毛球网
A0021	足球网
B0011	体操垫
B0086	体操垫
Z1103	双杠
Z1285	健身路径
Z1508	拳击手套
	空数据

记录：1　共有记录数

图 13-74　【器材号表】数据表

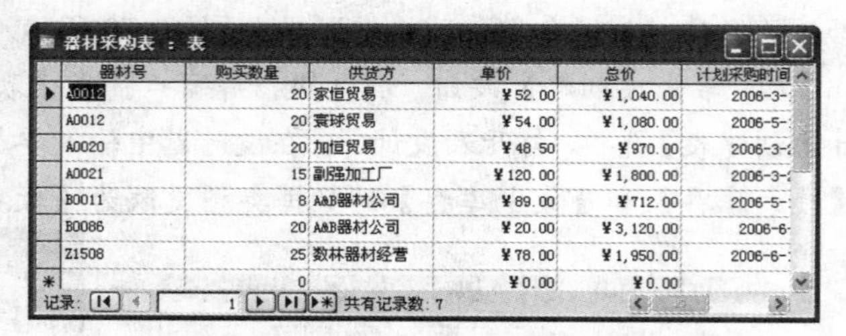

器材号	购买数量	供货方	单价	总价	计划采购时间
A0012	20	家恒贸易	￥52.00	￥1,040.00	2006-3-
A0012	20	寰球贸易	￥54.00	￥1,080.00	2006-5-
A0020	20	加恒贸易	￥48.50	￥970.00	2006-3-
A0021	15	副强加工厂	￥120.00	￥1,800.00	2006-3-
B0011	8	A&B器材公司	￥89.00	￥712.00	2006-5-
B0086	20	A&B器材公司	￥20.00	￥3,120.00	2006-6-
Z1508	25	数林器材经营	￥78.00	￥1,950.00	2006-6-
	0		￥0.00	￥0.00	

记录：1　共有记录数：7

图 13-75　【器材采购表】数据表

2. 在【公司仓储管理系统】数据库中，创建如图 13-76 所示的表关系。

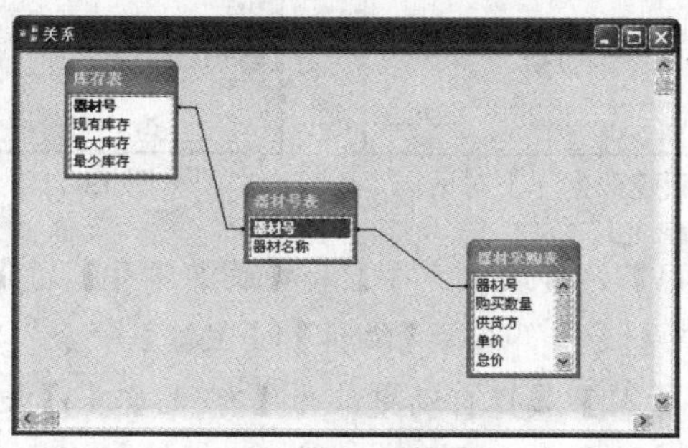

图 13-76　创建的所有表关系

应用数据管理系统

学习目标

查询、窗体和报表都是数据库最常见的应用，也都是 Access 数据库中不可或缺的对象。其中，查询是 Access 中用于检索数据的一种手段，便于管理信息量大的数据；窗体设计的好坏直接影响 Access 应用程序的友好性和可操作性；使用报表可以实现打印格式数据功能，将数据库中的表、查询的数据进行组合形成报表。本章将分别介绍查询、窗体、报表的创建和使用方法。

本章重点

- 创建查询
- 窗体的创建与使用
- 报表的创建和使用

14.1 创建查询

查询作为 Access 数据库中的一个重要对象，使用查询可以对数据库进行检索，筛选出符合条件的记录，构成一个新的数据集合，从而方便用户对数据库进行查看和分析。

14.1.1 查询的分类

“查询”可根据用户的需求，用一些限制条件来选择表中的数据(记录)。按照查询的方式，Access 的查询可以分为选择查询(参数查询、交叉表查询)、操作查询、SQL 查询等。

1. 选择查询

选择查询是最常用的查询类型，它从一个或多个相关联的表中检索数据，并且用数据视图显示结果，也可以使用选择查询来对记录进行分组，或对记录进行总计、计数、平均值以及其他类型的计算。选择查询又包含参数查询、交叉表查询等。

- 参数查询：参数查询是一种特殊的查询，它允许在查询运行时即时键入参数，并且显示一个对话框提示用户输入查询条件，以实现交互式查询。例如，可以设计一个参数查询来提示输入两个日期，然后 Access 检索在这两个日期之间的所有记录。也可以将参数查询作为窗体、报表和数据访问页的基础。例如，可以以参数查询为基础来创建以班级为单位的学生成绩打印报表。打印报表时，Access 显示对话框来询问报表所需的班级。输入班级后，Access 便打印相应的报表。
- 交叉表查询：可以看作是选择查询的一种附加功能，不仅能用来计算数据的总计、平均值等，还能重新组织数据的结构，以更加方便地分析数据。

2. 操作查询

操作查询是仅在一个操作中更改许多表中的记录的查询。操作查询用于对数据库进行复杂的数据管理操作，它能够通过一次操作完成多个记录的修改，而其他查询方式一次只能修改一个。操作查询包含删除查询、更新查询、追加查询和生产表查询 4 种类型。

3. SQL 查询

SQL 查询是用户使用 SQL 语句创建的查询。可以用 SQL 来查询、更新和管理 Access 关系型数据库。SQL 特定的查询不能在设计网络中创建。

14.1.2 利用向导创建查询

用户在创建查询的过程中，如果仅仅需要从一个或多个表中得到自己想要的信息，可以选择简单查询向导。通过简单查询向导创建查询，可以在多个表或查询中按照指定的字段来检索数据。

启动 Access 应用程序，在数据库窗口中切换到【查询】选项卡，单击工具栏中的【新建】按钮，打开【新建查询】对话框，选择【简单查询向导】选项，如图 14-1 所示。单击【确定】按钮，打开如图 14-2 所示的【简单查询向导】对话框。在该对话框中根据向导提示完成查询设计操作，并显示查询效果。

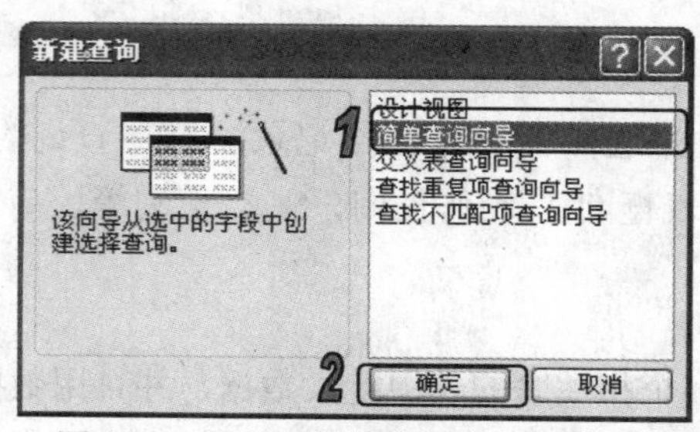

图 14-1　选择【简单查询向导】选项

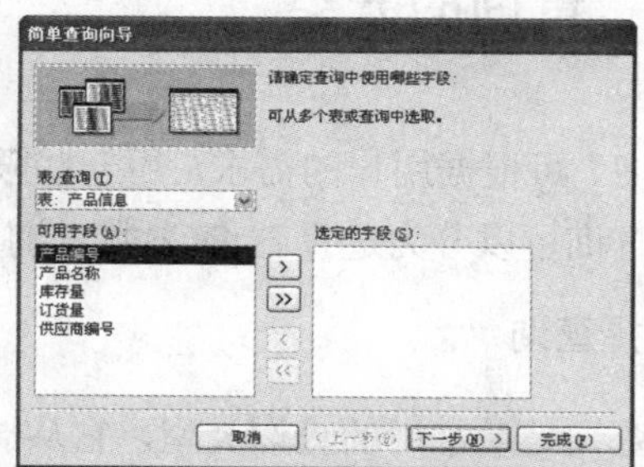

图 14-2　【简单查询向导】对话框

【例 14-1】使用简单查询向导，查询员工姓名，以及对应的工资记录。

(1) 启动 Access 应用程序，在【公司管理系统】数据库窗口中，打开【查询】选项卡，在查询窗口中单击【新建】按钮，打开【新建查询】对话框。

(2) 选择【简单查询向导】选项，单击【确定】按钮，打开【简单查询向导】对话框。

(3) 在【表/查询】下拉列表中选择【表：员工信息】选项，在【可用字段】列表框中选择【姓名】选项，单击 > 按钮，将其添加到【选定的字段】列表框中。

(4) 参照步骤(3)，将【员工工资】数据库中的【员工编号】和【基本工资】字段添加到【选定的字段】列表框中，如图 14-3 所示。

(5) 单击【下一步】按钮，打开如图 14-4 所示的窗口，供用户选择查询的显示方式，这里保持默认设置。

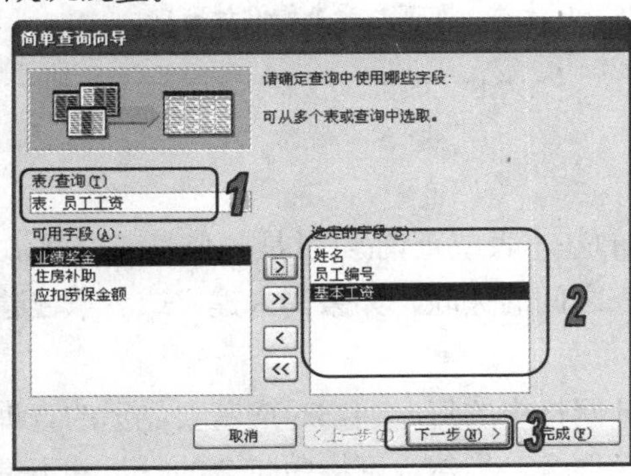

图 14-3　在向导中添加字段

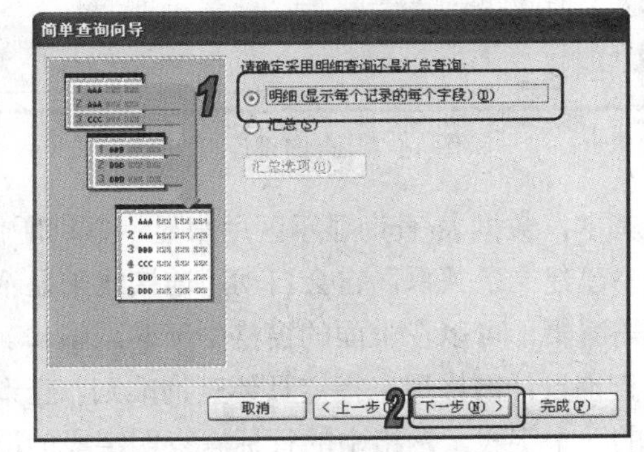

图 14-4　选择查询显示方式

(6) 单击【下一步】按钮，打开如图 14-5 所示的窗口，在【请为查询指定标题】文本框中输入文字“向导查询”。

(7) 单击【完成】按钮，完成查询设计。该查询效果如图 14-6 所示。

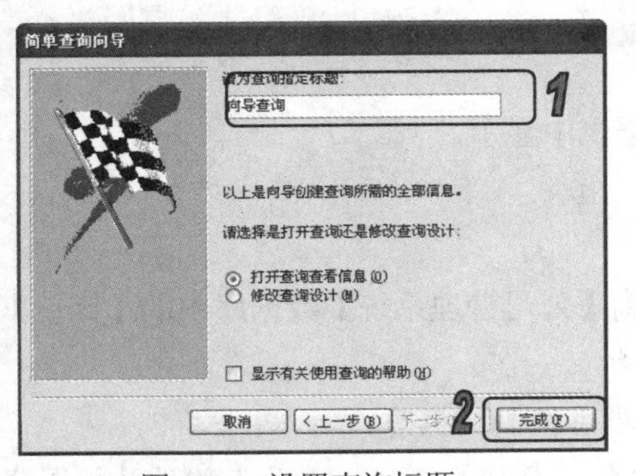

图 14-5　设置查询标题

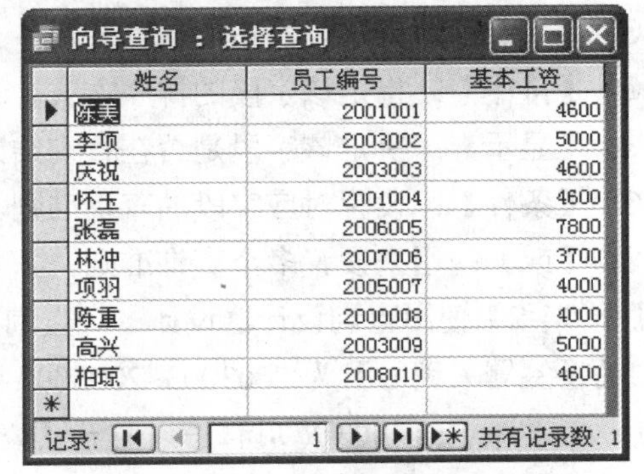

向导查询 : 选择查询

姓名	员工编号	基本工资
陈美	2001001	4600
李项	2003002	5000
庆祝	2003003	4600
怀玉	2001004	4600
张磊	2006005	7800
林冲	2007006	3700
项羽	2005007	4000
陈重	2000008	4000
高兴	2003009	5000
柏琼	2008010	4600

记录: 1 共有记录数: 1

图 14-6　显示查询结果

14.1.3　使用查询设计窗口创建查询

查询向导一般只能用来设计一些简单的查询，或者设计某些特定的查询，如交叉表查询、查找重复项或查找不匹配记录等。如果要设计更复杂的查询，或者需要对已有的查询进行编辑、修改等，就需要用到查询设计器。

如图 14-7 所示的是查询设计窗口，可以看到，该窗口分为上下两个部分，上面是数据表/查询显示区，下面是查询设计网格。

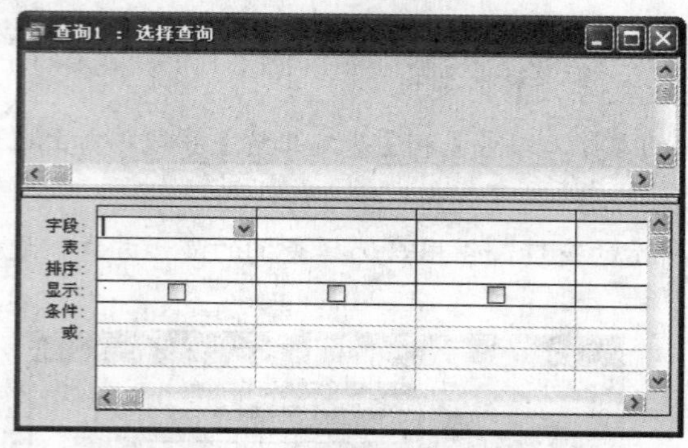

图 14-7　查询设计窗口

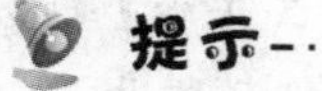

在数据库窗口中，打开【查询】选项卡，然后双击【在设计视图中创建查询】选项，即可打开查询设计窗口。

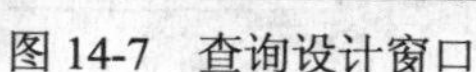

其中，数据表/查询显示区用来显示查询所使用的基本表或查询(可以是多个表或查询)，如果表中已建立了关系，它会自动用连接线来显示各表之间的关联，如果尚未建立或者虽已建立但还需编辑，可以在上面的窗格中新建或编辑。

查询设计网格用来指定具体查询准则。查询设计网格中的每一列都对应着要显示的查询结果中的一个字段，网格中的行标题表明字段的属性及要求，当然，网格中包含的行数并不是固定的，例如如果要在查询的过程中同时进行汇总或其他计算，可在查询设计网格行标题中增加一个【总计】或【求和】行。

在设计区中常用的行标题的属性及含义说明如下。

- 【字段】：查询结果所组成的数据表中的字段名称。
- 【表】：对应字段所在的数据表。
- 【排序】：指定该字段的排序方式。
- 【显示】：决定该字段是否在查询结果数据表中显示。
- 【条件】：设置对应字段的查询准则。
- 【或】：用来设置多个查询准则。

【例 14-2】使用查询设计器设计一个查询，查询【公司管理系统】数据库中的【订单】数据表中的【签署人编号】为 2003003~2005007 的记录。

(1) 启动 Access 2003 应用程序，打开【公司管理系统】数据库。

(2) 打开【查询】选项卡，双击【在设计视图中创建查询】选项，打开查询设计视图窗口和【显示表】对话框，如图 14-8 所示。

(3) 在【表】列表框中选择【订单】选项，单击【添加】按钮，将该【订单】数据表添加到查询设计视图窗口，关闭【显示表】对话框后的效果如图 14-9 所示。

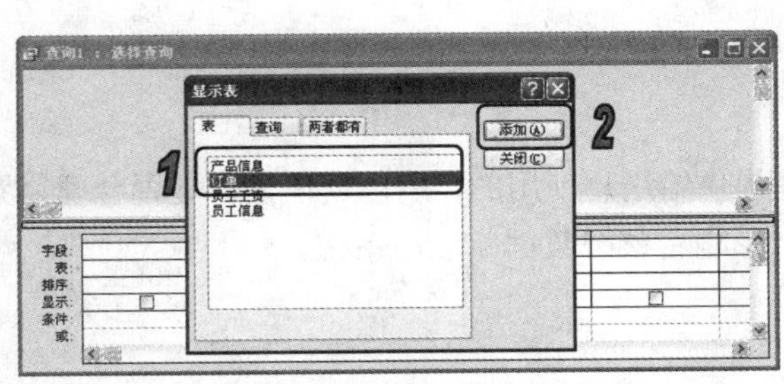

图 14-8　打开的窗口和对话框

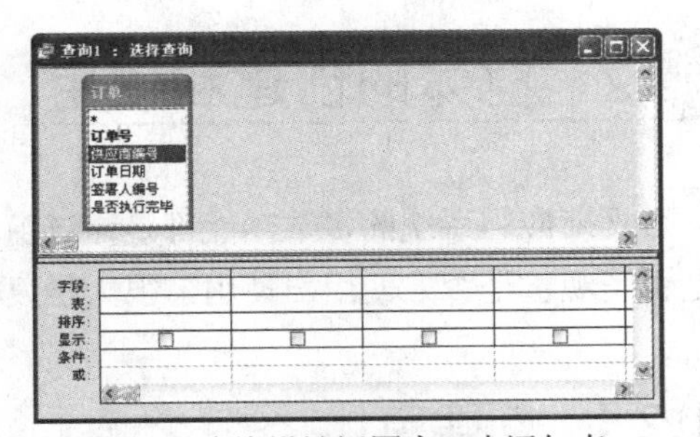

图 14-9　查询设计视图窗口中添加表

(4) 在窗口上侧的【订单】数据表的字段列表中，拖动【订单号】字段到下侧的【字段】文本框中，添加字段。

(5) 参照步骤(4)，添加【订单日期】和【签署人编号】字段，效果如图 14-10 所示。

(6) 在字段【签署人编号】下方的【条件】文本框中输入函数 Between "2003003" And "2005007"，如图 14-11 所示。

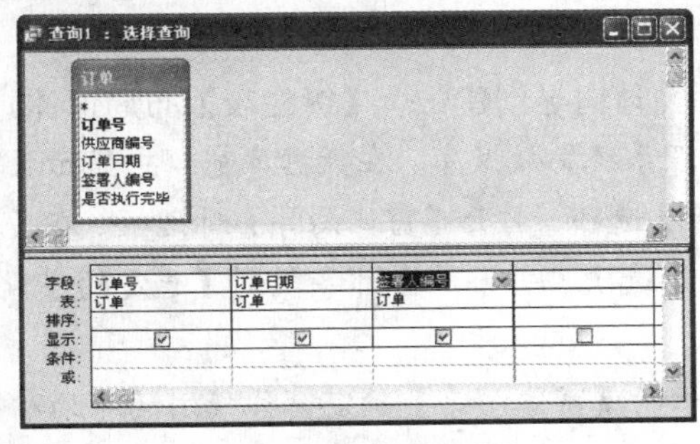

图 14-10　添加查询字段

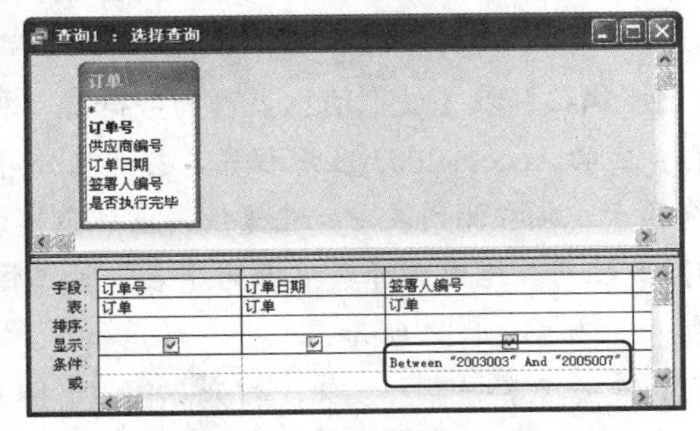

图 14-11　设置查询条件

提示

除了使用 Between…And…表达式外，还可以使用 In( )函数进行条件查询，在字段【签署人编号】下方的【条件】文本框中输入函数 In("2003003","2005007")。

(7) 单击查询设计视图工具栏上的【允许】按钮，此时显示查询结果，如图 14-12 所示。

(8) 选择【文件】|【保存】命令，打开【另存为】对话框，在【查询名称】文本框中输入如图 14-13 所示的名称，单击【确定】按钮，关闭查询结果数据表，此时该查询显示在【查询】窗口中。

图 14-12　显示查询结果

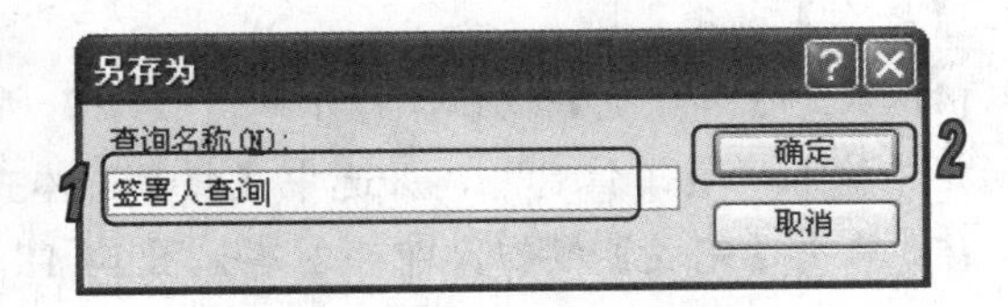

图 14-13　设置查询名称

14.2 窗体的创建和使用

数据库应用系统的多数功能都是通过窗体提供给用户使用的，所以窗体设计是否合理、界面是否美观、是否方便用户使用，很大程度上影响着整个数据库应用系统。

14.2.1 新建窗体

在 Access 中，新建窗体的方法包括使用向导创建窗体、自动创建窗体和在设计视图中创建窗体。下面将分别介绍这几种新建窗体的方法。

1. 使用窗体向导创建窗体

使用窗体向导创建窗体，可以使用 Access 提供的提示步骤进行选择，最后完成窗体的初步创建。

【例 14-3】以【员工信息】表为数据源，利用窗体向导创建一个【纵栏表】布局窗体。

(1) 启动 Access 2003 应用程序，打开【公司管理系统】数据库。在数据库窗口中显示【窗体】选项卡，在右侧列表中双击【使用窗体创建向导】选项，打开【窗体向导】对话框，在【表/查询】下拉列表框中选择数据源为【表：员工信息】选项，并添加全部字段到【选定的字段】列表框中，如图 14-14 所示。

(2) 单击【下一步】按钮，打开如图 14-15 所示的【窗体向导】确定窗体使用的布局对话框，根据本例要求，选中【纵栏表】单选按钮。

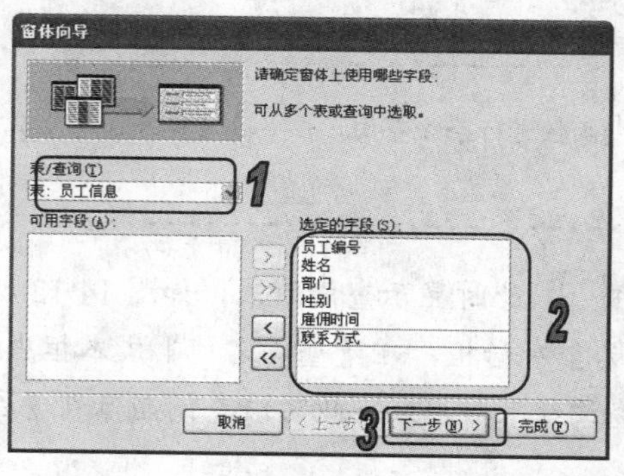

图 14-14　【窗体向导】对话框

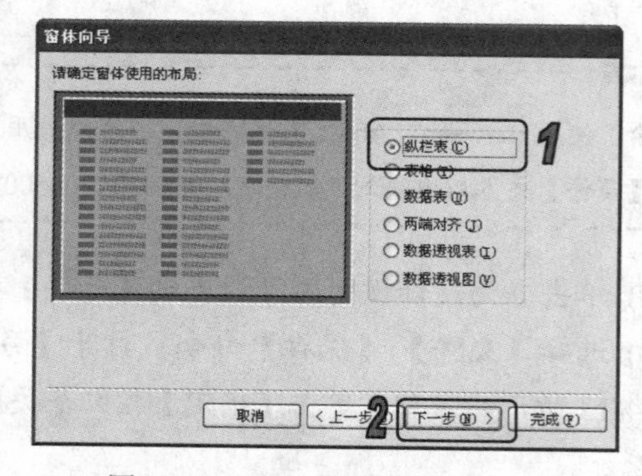

图 14-15　选择窗体使用布局

(3) 单击【下一步】按钮，打开如图 14-16 所示的【窗体向导】选择窗体所用样式对话框，选择【标准】选项。

(4) 单击【下一步】按钮，打开如图 14-17 所示的【窗体向导】指定窗体标题对话框，在对话框中输入“员工信息”，并选中【打开窗体查看或输入信息】单选按钮。

(5) 单击【完成】按钮，即可创建如图 14-18 所示的【员工信息】窗体。

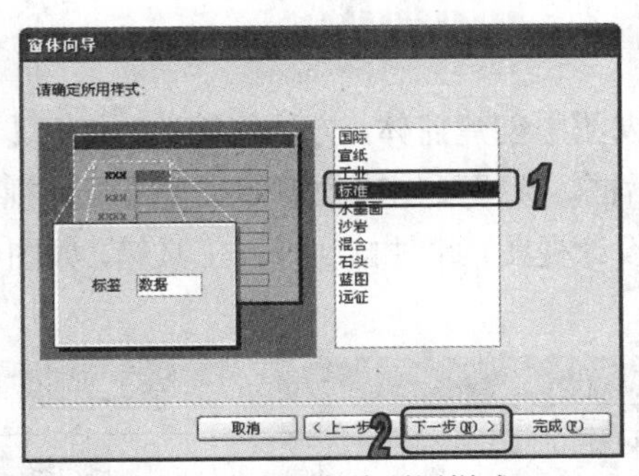

图 14-16　选择窗体所用样式

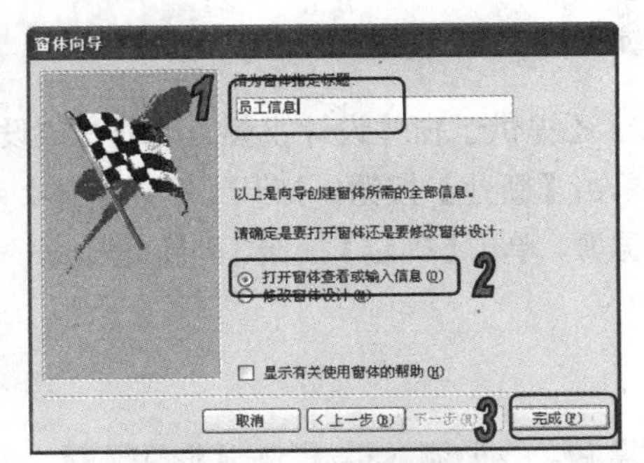

图 14-17　指定窗体标题

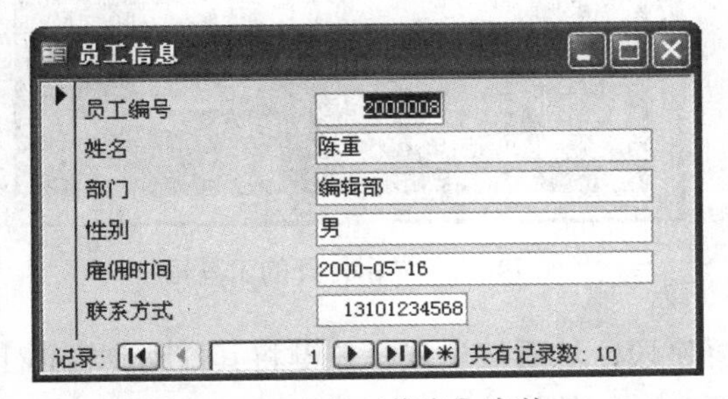

图 14-18　【员工信息】窗体

提示

窗体视图是一个用来显示或接受数据的窗口，是用于维护或编辑表/查询的用户界面。它和数据表视图一样，下端有一个记录导航栏，用于切换记录。

2. 自动创建窗体

自动创建窗体是比使用窗体向导创建窗体更简单的创建方法。它能跳过窗体向导的选择字段、布局、样式等步骤，使操作一步到位。它可以创建 5 种类型的窗体，包括纵栏式、表格、数据表、数据透视表和数据透视图。

使用自动创建窗体功能创建窗体，用户可以首先在数据库窗口中打开【窗体】选项卡，然后单击工具栏中的【新建】按钮，打开【新建窗体】对话框，选择要创建的窗体类型并选择数据源，这里选择【自动窗体：数据透视表】选项，在【请选择该对象数据的来源表或查询】下拉列表框中选择【向导查询】选项，如图 14-19 所示，然后单击【确定】按钮，此时 Access 将打开数据透视表的设计界面和与要建窗体相关的数据源表的字段列表窗口，如图 14-20 所示。最后将【数据透视表字段列表】中的字段拖动到【员工信息】数据透视表设计界面相应的字段提示区域中，最终效果如图 14-21 所示。

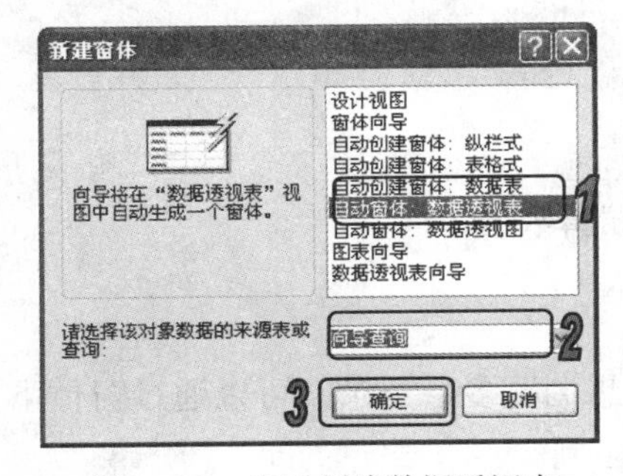

图 14-19　自动创建数据透视表

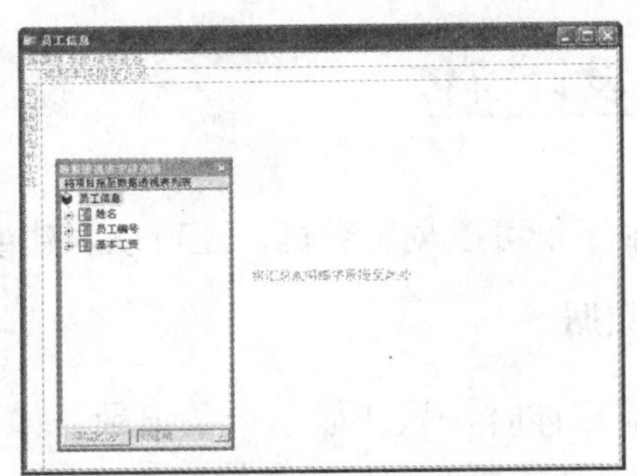

图 14-20　添加行、列、汇总或明细字段窗口

3. 在设计视图中创建窗体

Access 还提供了窗体设计视图，可以在该设计视图中创建窗体，方法很简单，打开【窗体】选项卡，单击【新建】按钮，打开【新建窗体】对话框，选择要创建的窗体类型【设计视图】，并选择数据源，单击【确定】按钮，则新建一个窗体设计视图，此时自动打开工具箱，如图 14-22 所示。

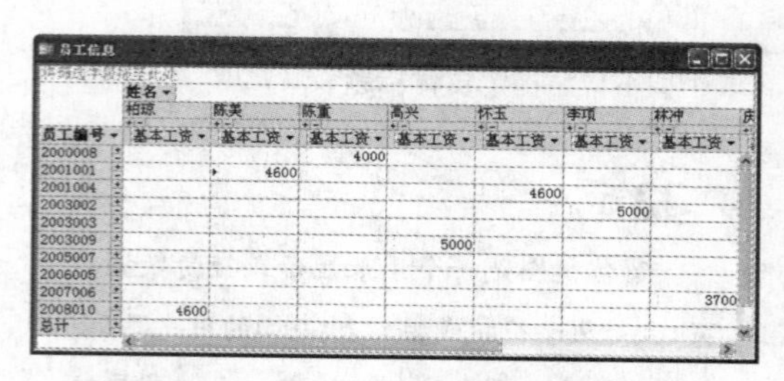

图 14-21　添加字段后的数据透视表窗体

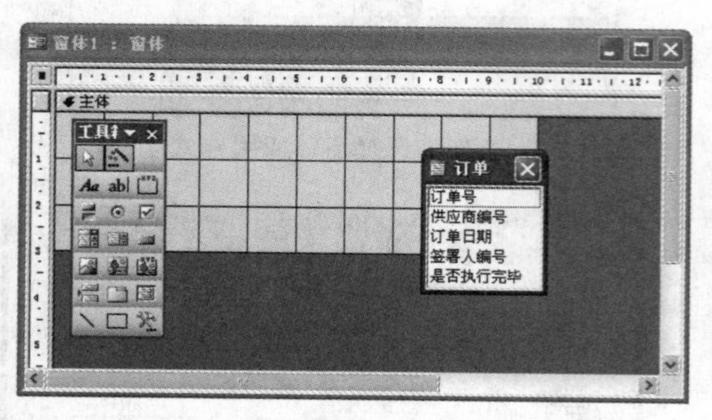

图 14-22　显示打开的工具箱

在图 14-22 中，在【订单】字段列表中选择字段，然后按住鼠标左键将其拖动到窗体上，释放鼠标左键后，效果如图 14-23 所示。选中添加的标签控件和文本框，将它们分别拖动到合适的位置，然后选择【视图】|【窗体视图】命令，用户可以查看在设计视图中创建的窗体效果，如图 14-24 所示。选择【文件】|【保存】命令，将窗体以【订单】名保存。

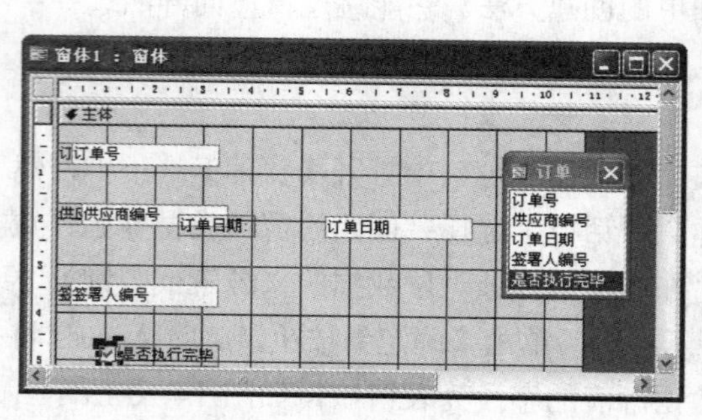

图 14-23　添加字段

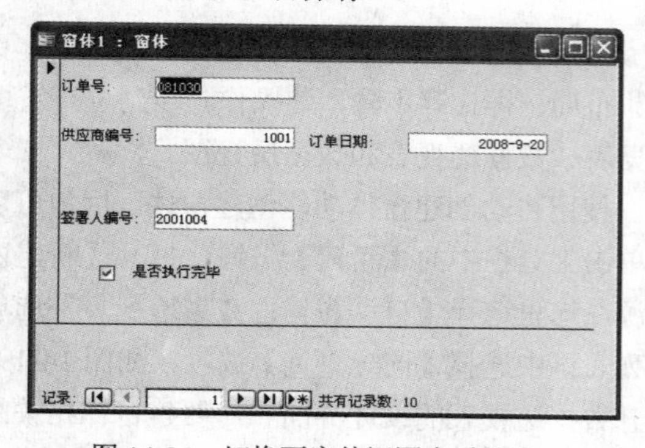

图 14-24　切换至窗体视图查看效果

14.2.2　设计窗体

在窗体中不仅可以浏览数据，还可以新建或编辑数据。

1. 浏览数据

打开当前窗体时，只能显示一条记录。如果想浏览多条记录，可以通过窗体下方的如图 14-25 所示的记录选择器中的相关按钮来定位数据。

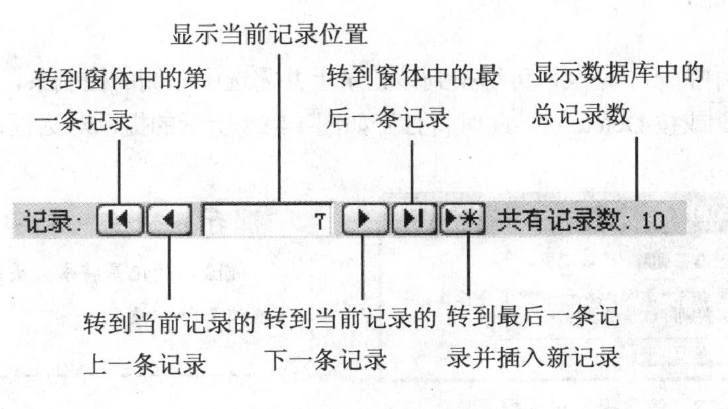

图 14-25　记录选择器

2. 插入记录

当需要在数据库中插入新的记录时，可在窗体浏览器窗口中单击▶*按钮，此时可将新记录添加到原来的数据的末尾，并输入数据，如图 14-26 所示。

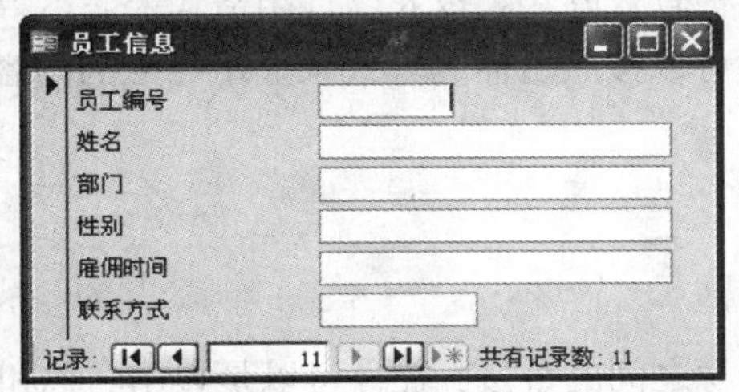

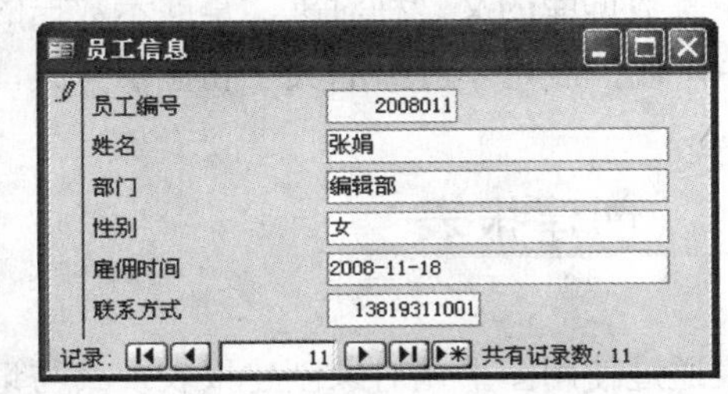

图 14-26　插入新记录

提示

插入记录后，在窗体下的记录选择器中将显示【共有记录数:11】。

3. 复制记录

当新建的记录与原有的记录相似时，可利用复制记录功能来提高工作效率。在窗体中切换到需要复制的记录上，右击窗体左侧的控制条，从弹出的快捷菜单中选择【复制】命令。然后单击在窗体浏览器窗口中单击▶*按钮，此时可将新记录添加到原来的数据的末尾，右击窗体左侧的控制条，从弹出的快捷菜单中选择【粘贴】命令即可，如图 14-27 所示。

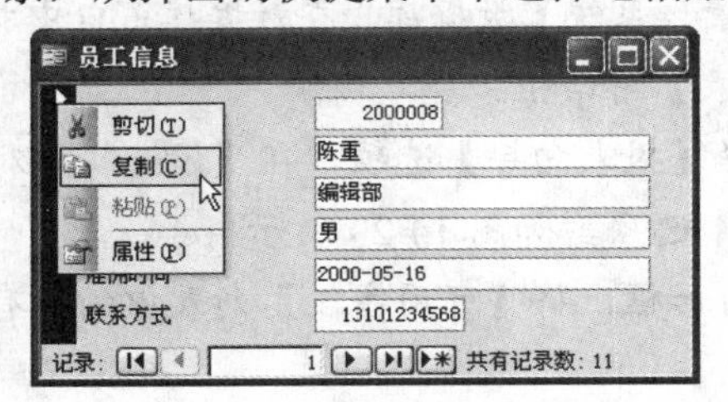

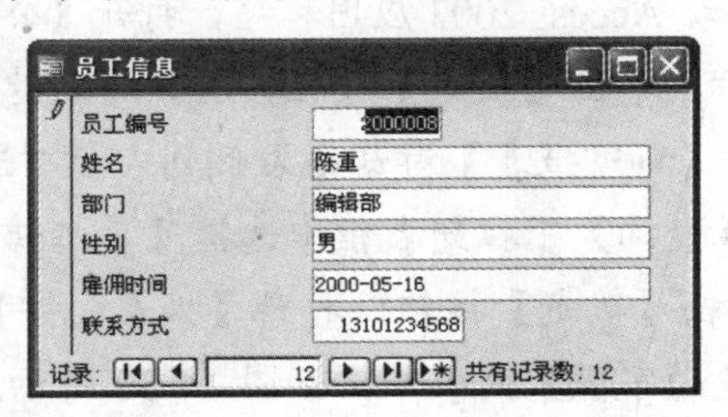

图 14-27　复制记录

4. 删除记录

若要删除窗体中的某个记录，可切换到该记录上并需选中左侧的控制条，然后单击工具栏上的【删除】按钮或按 Delete 键，此时将打开如图 14-28 所示的提示对话框，提示是否删除，单击【是】按钮即可。

图 14-28　信息提示对话框

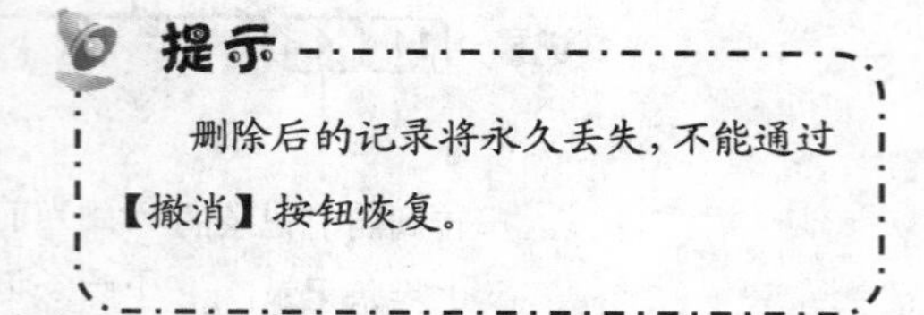

提示

删除后的记录将永久丢失，不能通过【撤消】按钮恢复。

14.3　报表的创建与使用

报表是数据库的又一种对象，是展示数据的一种有效方式。报表以打印格式来显示数据，在报表中可以控制每个对象的大小和显示方式，并可以按照所需的方式来显示相应的内容。

14.3.1　创建报表

报表通过使用图形化对象创建报表及其与记录源之间的链接。控件可以是显示名称和数字的文本框、显示标题的标签，也可以是以图形方式组织数据以使报表更生动的装饰线。在 Access 中，报表的创建方法可以归结为 3 种：使用报表向导、使用自动报表功能和使用设计视图。

1. 使用报表向导创建报表

通过使用报表向导，可以快速创建各种不同类型的报表。例如，使用【标签向导】可以创建邮件标签；使用【图表向导】可以创建图表；使用【报表向导】可以创建标准报表。在报表创建过程中，向导会提出一些问题，并根据用户选择的问题的答案创建报表。报表创建完成后，用户还可以按自己的喜好在报表的设计视图中对报表进行编辑和修改。

【例 14-4】以【员工信息】数据表为数据源，利用报表向导创建一个标准报表。

(1) 启动 Access 2003 应用程序，打开【公司管理系统】数据库。在数据库窗口中打开【报表】选项卡，单击【新建】按钮，打开【新建报表】对话框。

(2) 在【新建报表】对话框右侧列表框中选择【报表向导】选项，在【请选择该对象数据的来源表或查询】下拉列表框中选择【员工信息】选项，如图 14-29 所示。

(3) 单击【确定】按钮，打开【报表向导】对话框，将【可用字段】列表中的所有字段添加到【选定的字段】列表中，如图 14-30 所示。

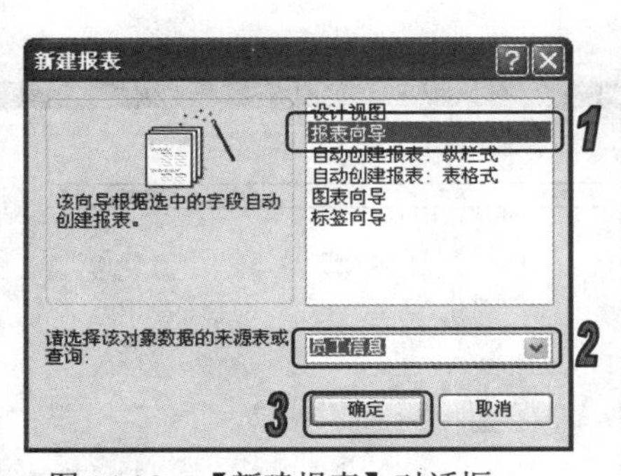

图 14-29　【新建报表】对话框

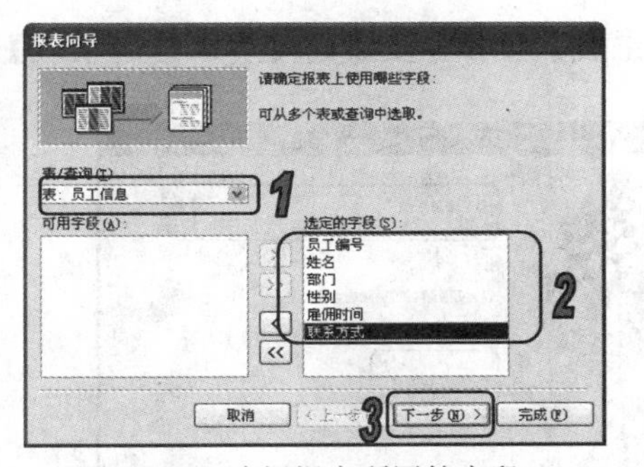

图 14-30　选择报表所用的字段

(4) 单击【下一步】按钮，在打开的对话框中确定是否添加分组级别对话框，将【员工编号】作为第一个分组级别，【姓名】作为第二个分组级别，如图 14-31 所示。

(5) 单击【下一步】按钮，打开如图 14-32 所示的对话框，用户可以根据需要选择升序、降序或不排序，这里保持默认设置。

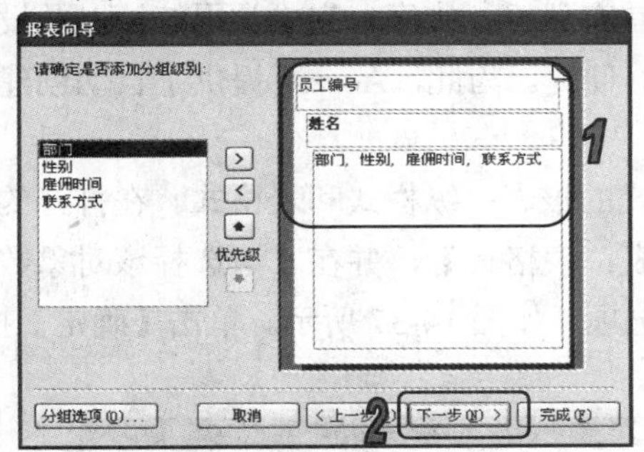

图 14-31　设置分组级别

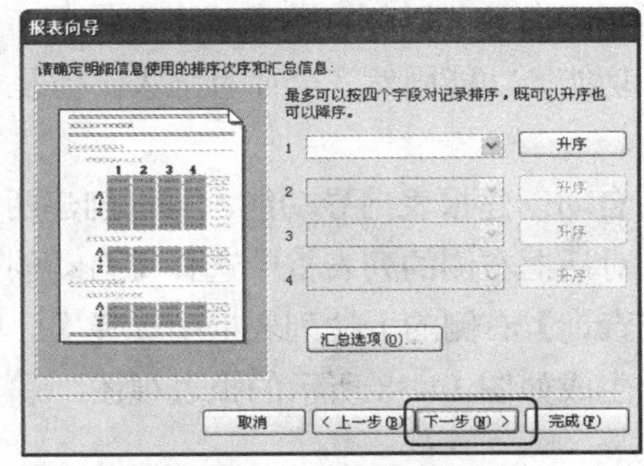

图 14-32　设置数据的排序方式

(6) 单击【下一步】按钮，打开如图 14-33 所示的【报表向导】确定报表布局方式对话框，选择默认的布局方式【递阶】和【纵向】布局。

(7) 单击【下一步】按钮，打开【报表向导】选择报表样式对话框，选择【组织】选项，如图 14-34 所示。

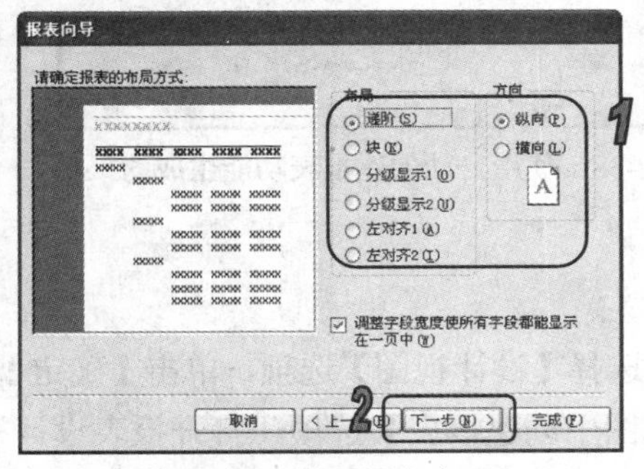

图 14-33　设置报表布局

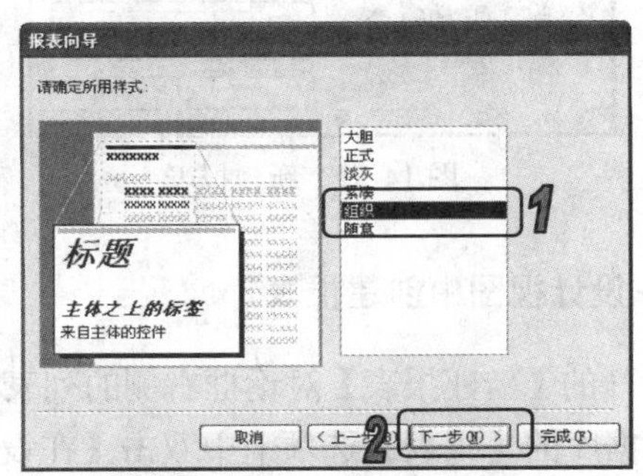

图 14-34　设置报表样式

(8) 单击【下一步】按钮，打开如图 14-35 所示的【报表向导】指定报表标题对话框，在【请为报表指定标题】文本框中输入“员工信息报表”，保持选中【预览报表】单选按钮，然

后单击【完成】按钮。生成的【员工信息报表】，如图 14-36 所示。

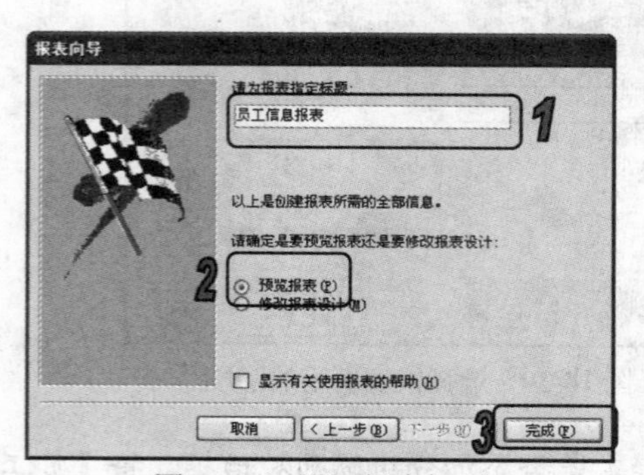

图 14-35　设置报表标题

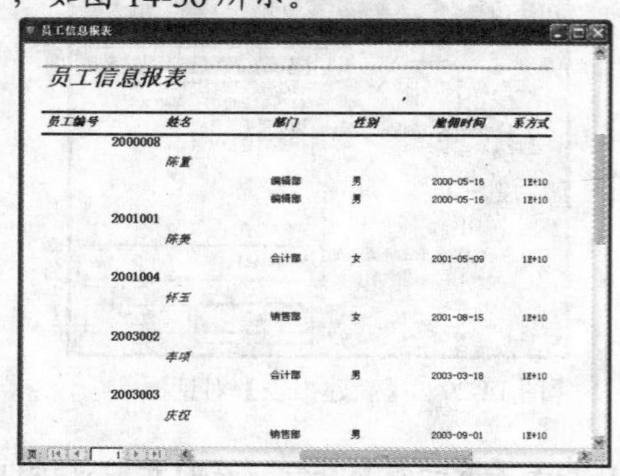

图 14-36　创建的【员工信息报表】

2. 自动创建报表

使用报表向导可以创建单表或多表报表，并且具有分组、排序、完成常用统计以及设置报表布局等功能。功能固然齐全而且强大，但是却不够便捷。为此，Access 提供了自动创建报表向导功能。

使用自动创建报表向导功能，可以创建两种形式的报表：纵栏式和表格式。在打开的【新建报表】对话框右侧的列表框中选择【自动创建报表：表格式】，并在【请选择该对象数据的来源表或查询】右侧的下拉列表框中选择【订单】选项，如图 14-37 所示。单击【确定】按钮，即可自动生成如图 14-38 所示的报表视图。

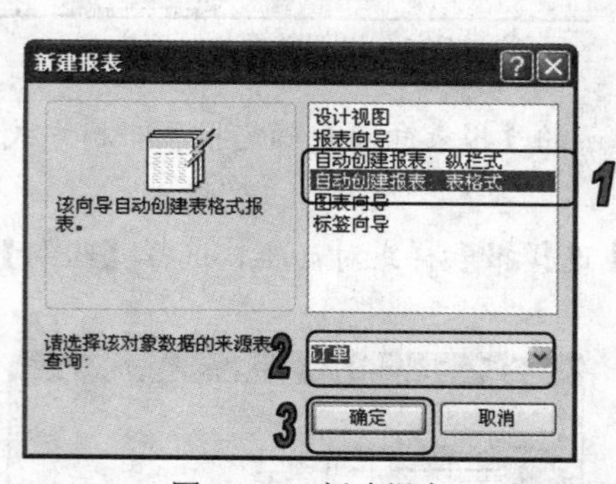

图 14-37　新建报表

图 14-38　使用自动创建报表功能生成的报表

3. 在设计视图中创建报表

在打开的【新建报表】对话框右侧的列表框中选择【设计视图】选项，单击【确定】按钮，或者在数据库的【报表】选项卡中双击【在设计视图中创建报表】选项，打开报表设计视图窗口，如图 14-39 所示。

在设计视图中创建报表与创建窗体的方法类似，只需要将数据源中的字段拖动到报表节。此外，还需要在报表设计视图中插入控件，如页眉和页脚等。创建后的报表效果如图 14-40 所示。

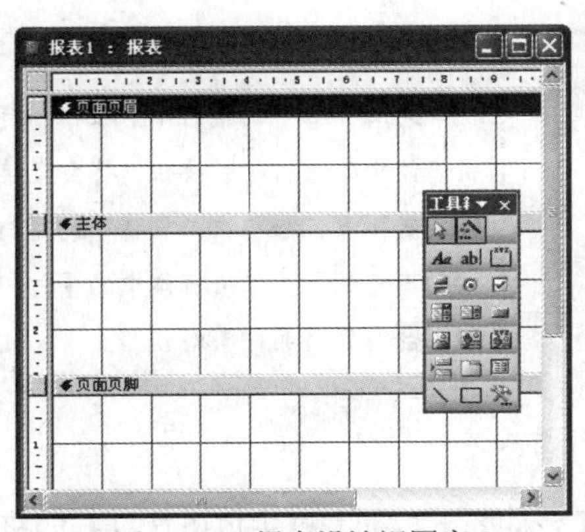

图 14-39 报表设计视图窗口

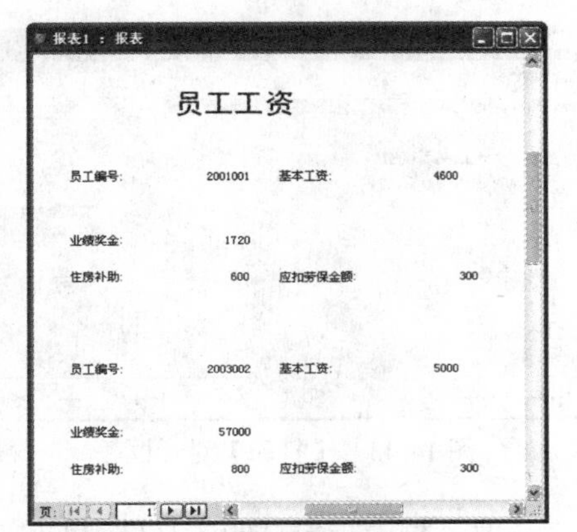

图 14-40 【员工工资】报表

14.3.2 编辑报表

在报表设计视图窗口中，不仅可以创建报表，还可以对报表的相关部分进行编辑操作，如更改字段位置及设置格式等。

打开【员工工资】报表，在报表页眉区域中选中标签，重新输入文字“员工工资信息”，并设置文字字体为【华文琥珀】，字号为 22，字体颜色为黄色；在主体区域中将【基本工资】文本框字体颜色设置为紫色，并重新调节该区域中文本框的位置，如图 14-41 所示。保存报表后，单击【打印预览】按钮，查看编辑后的报表，效果如图 14-42 所示。

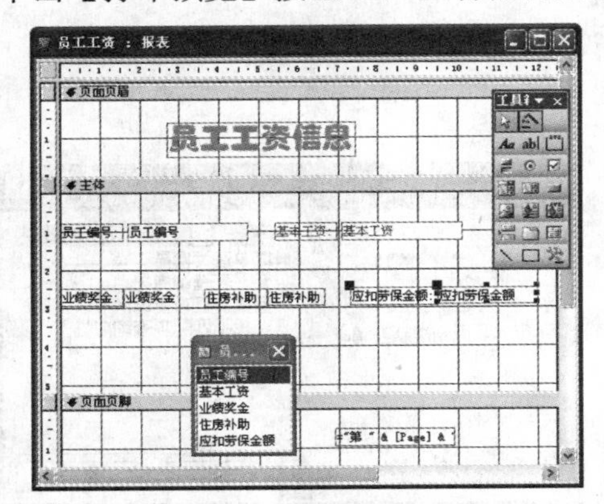

图 14-41 编辑报表

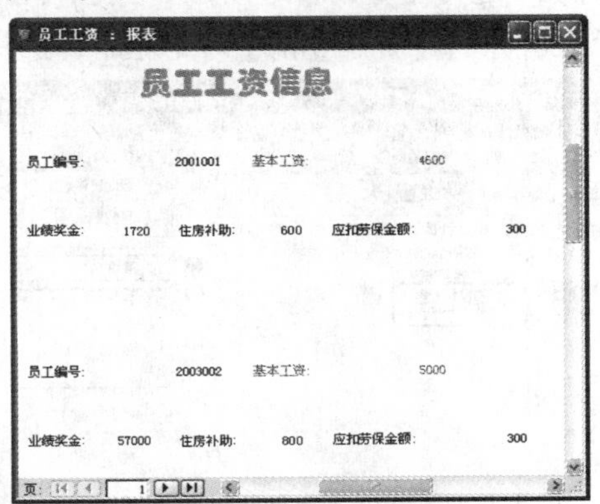

图 14-42 报表预览效果

14.3.3 打印报表

对报表的预览结果满意后，即可开始实施打印工作了。选择【文件】|【打印】命令，打开【打印】对话框，如图 14-43 所示。

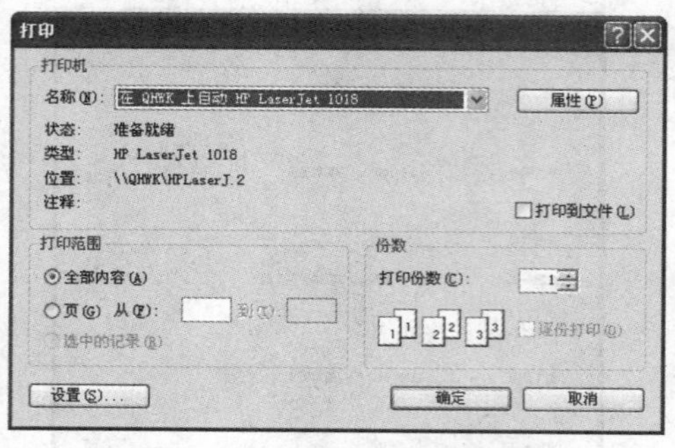

图 14-43　【打印】对话框

> **提示**
>
> 同工具栏中的【打印】按钮一样，单击窗体中的【打印】按钮，将会直接打印指定的报表。与单击工具栏中的【打印】按钮不同的是，单击窗体中的【打印】按钮不会打开【打印】对话框。

用户在该对话框中指定打印的具体细节，在【名称】下拉列表框中可以选择打印机选项；在【打印范围】选项区域中可以设置报表的打印范围；在【份数】选项区域中可以设置报表的打印份数。

14.4　上机练习

通过本章学习的知识，练习在【公司管理系统】数据库中利用查询设计视图，并以【向导查询】中的数据作为数据源之一，创建嵌套查询。

(1) 打开 Access 应用程序，在【公司管理系统】数据库窗口中打开【查询】选项卡，在查询窗口选中【向导查询】选项，在工具栏中单击【新对象：查询】按钮右侧的下拉箭头，在弹出的列表中选择【查询】选项，如图 14-44 所示。

(2) 在打开的【新建查询】对话框中，选择【设计视图】选项，如图 14-45 所示。

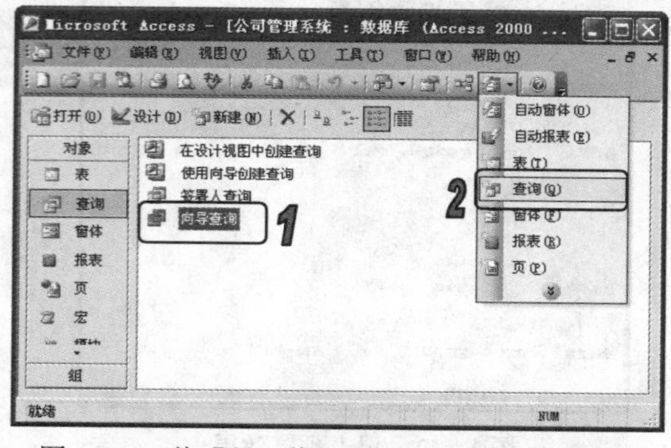

图 14-44　将【员工收入查询】作为查询新对象

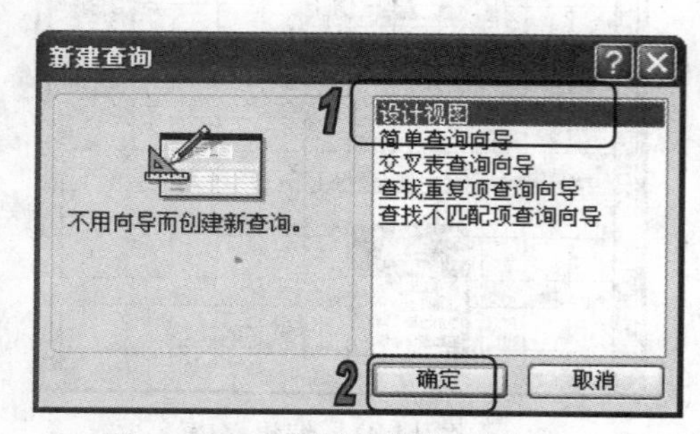

图 14-45　【新建查询】对话框

(3) 单击【确定】按钮，此时【向导查询】添加到查询设计视图窗口中，如图 14-46 所示。

(4) 在工具栏中单击【显示表】按钮，打开【显示表】对话框。

(5) 打开【表】选项卡，选中【员工工资】和【员工信息】选项，如图 14-47 所示。

(6) 单击【添加】按钮，将【员工工资】和【员工信息】数据表添加到查询设计视图窗口中，然后单击【关闭】按钮，关闭【显示表】对话框。

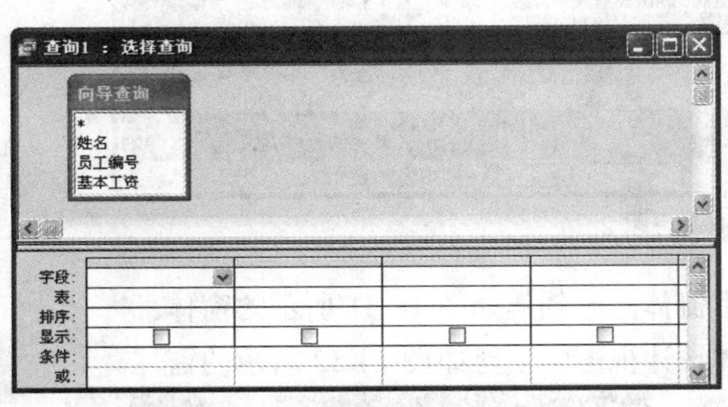

图 14-46　添加【员工收入查询】

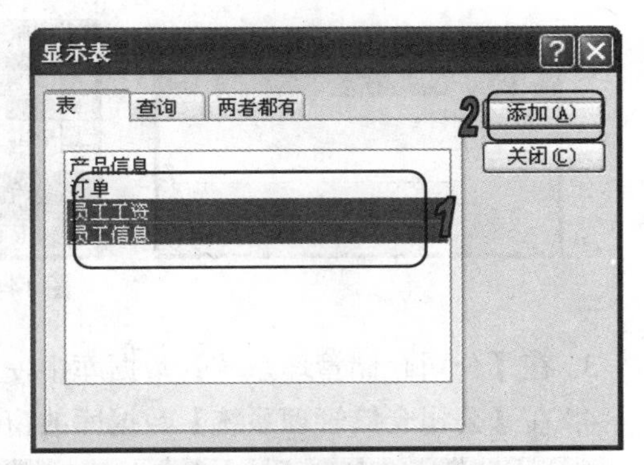

图 14-47　【显示表】对话框

(7) 在查询设计视图窗口，将数据表中的字段，拖动到【字段】文本框中，即可添加需要显示的字段，效果如图 14-48 所示。

(8) 单击【运行】按钮，查询结果如图 14-49 所示。

(9) 选择【文件】|【另存为】命令，将查询以“嵌套查询”为文件名进行保存。

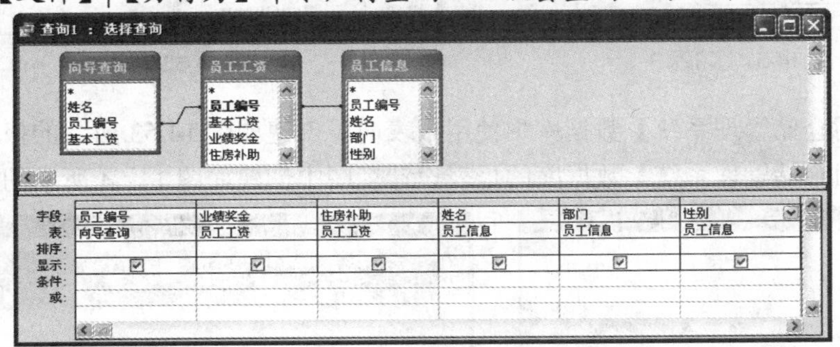

图 14-48　在查询设计视图窗口中添加表和字段

查询1 : 选择查询

员工编号	业绩奖金	住房补助	姓名	部门	性别
2001001	1720	600	陈美	会计部	女
2003002	57000	800	李项	会计部	男
2003003	5600	500	庆祝	销售部	男
2001004	0	500	怀玉	销售部	女
2006005	4080	500	张磊	销售部	男
2007006	0	500	林冲	策划部	男
2005007	12000	600	项羽	策划部	女
2000008	6000	500	陈重	编辑部	男
2000008	6000	500	陈重	编辑部	男
2000008	6000	500	陈重	编辑部	男
2000008	6000	500	陈重	编辑部	男
2003009	35600	800	高兴	编辑部	男

记录: 1 共有记录数: 12

图 14-49　嵌套查询结果

14.5　习题

1. 简述查询的分类。
2. 在【公司仓储管理系统】数据库中创建如图 14-50 所示的查询。

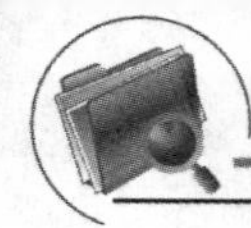

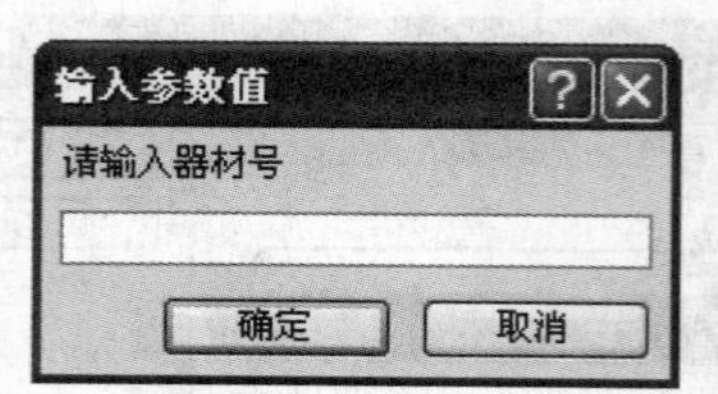

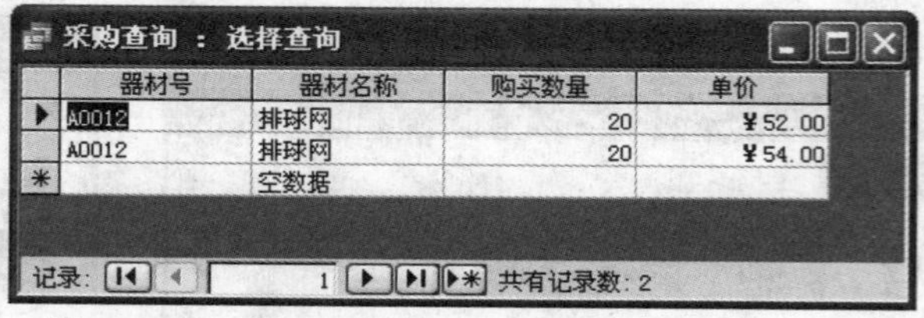

图 14-50　习题 2

3. 在【公司仓储管理系统】数据库中使用窗体向导创建如图 14-51 所示的窗体。

4. 在【公司仓储管理系统】数据库的窗体设计视图中创建如图 14-52 所示的窗体。

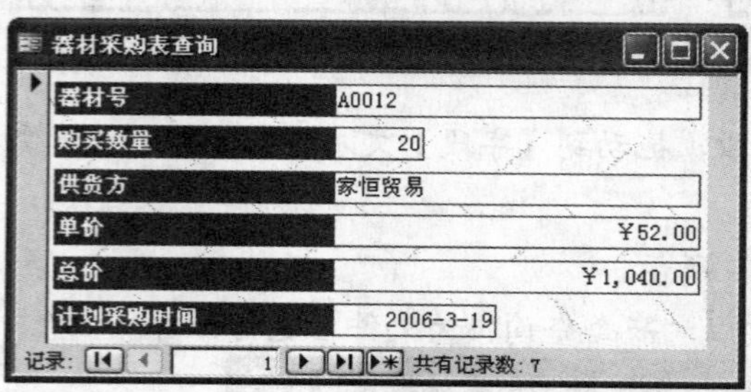

图 14-51　习题 3

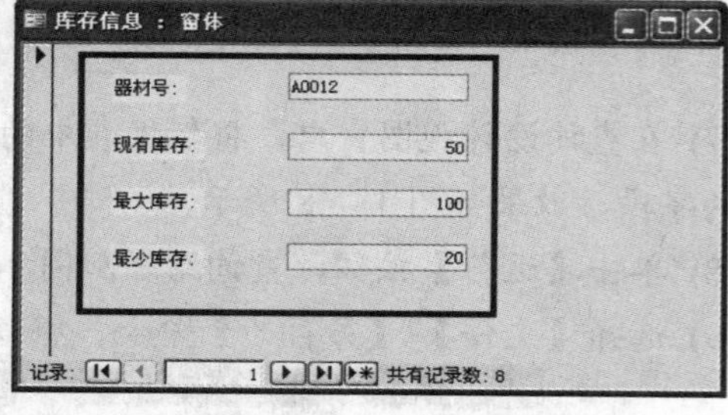

图 14-52　习题 4

5. 在【公司仓储管理系统】数据库中使用报表向导创建如图 14-53 所示的报表。

6. 在【公司仓储管理系统】数据库的报表设计视图中创建如图 14-54 所示的报表。

图 14-53　习题 5

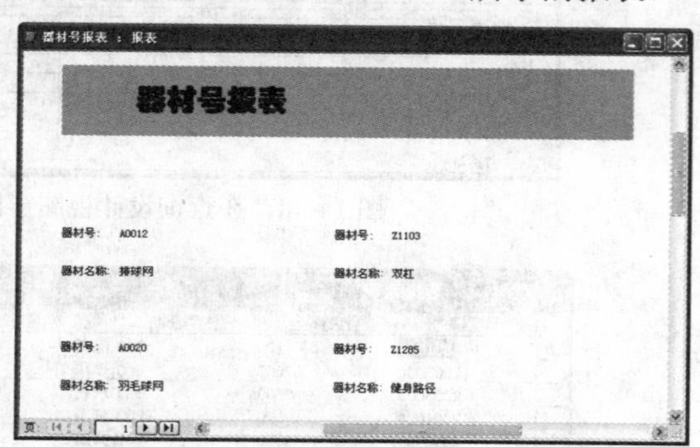

图 14-54　习题 6

第15章 Outlook 2003 办公信息管理

学习目标

Outlook 2003 是 Office 2003 组件中用于信息管理的工具，它的主要功能是管理个人办公事务和实现网络化办公，如邮件收发和管理、日历计划和约会管理、任务计划和分配管理、日记功能和管理、便笺记录。本章将对这些功能进行介绍，让读者掌握 Outlook 2003 的各种基本用法，灵活地利用 Outlook 进行信息管理。

本章重点

- ◎ 收发电子邮件
- ◎ 管理联系人
- ◎ 日历
- ◎ 任务
- ◎ 日记和便笺

15.1 收发电子邮件

电子邮件是目前最流行的网络信息传递工具之一，通过它可在全国各地实现即时通信。如今，Office 2003 办公软件中也融入了能实现电子邮件接收、发送和各种管理工作的 Outlook 2003。使用 Outlook 2003 可以方便地发送和接收邮件。

15.1.1 添加账户

利用 Outlook 2003 进行收发邮件之前，必须先建立一个与申请的电子邮箱相同的电子邮件账户。当第一次启动 Outlook 2003 时，系统自动打开【Outlook 2003 启动】对话框提示用户添加账户，方便以后接收和发送邮件，在其中单击【下一步】按钮即可进入添加邮件向导开始添加账户。下面以实例来接收添加新账户的方法。

【例 15-1】启动 Outlook 2003，添加一个电子邮件账户。

(1) 选择【开始】|【所有程序】|【Microsoft Office】|【Microsoft Office Outlook 2003】命令，启动 Outlook 2003 应用程序，打开如图 15-1 所示的【Outlook 2003 启动】对话框。

(2) 单击【下一步】按钮，打开【电子邮件升级选项】对话框，选中【不升级】单选按钮，如图 15-2 所示。

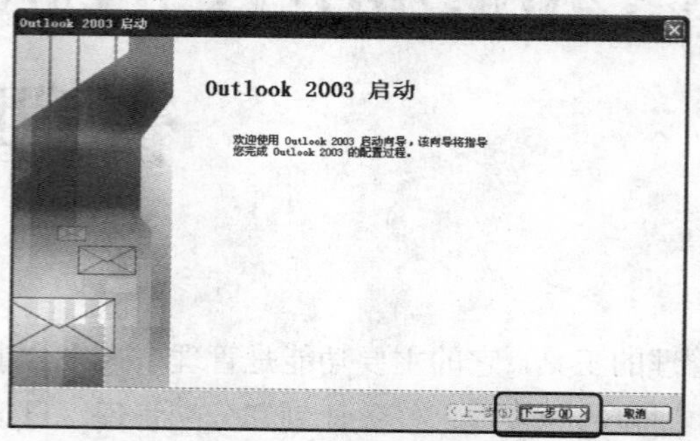

图 15-1 【Outlook 2003 启动】对话框

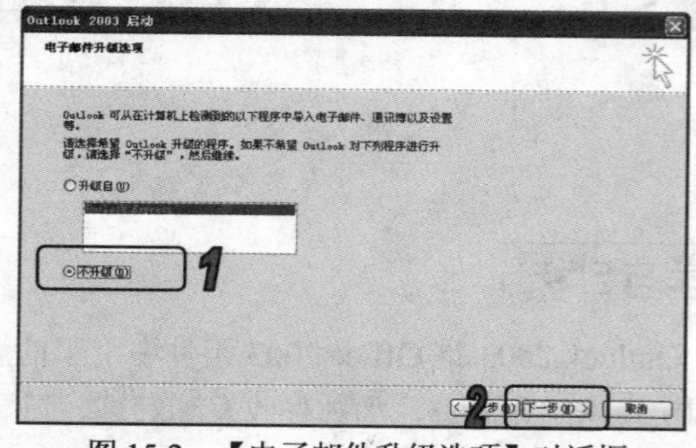

图 15-2 【电子邮件升级选项】对话框

(3) 单击【下一步】按钮，打开【账户配置】对话框，保持默认设置，如图 15-3 所示。

(4) 单击【下一步】按钮，打开【服务器类型】对话框，选中 POP3 单选按钮，如图 15-4 所示。

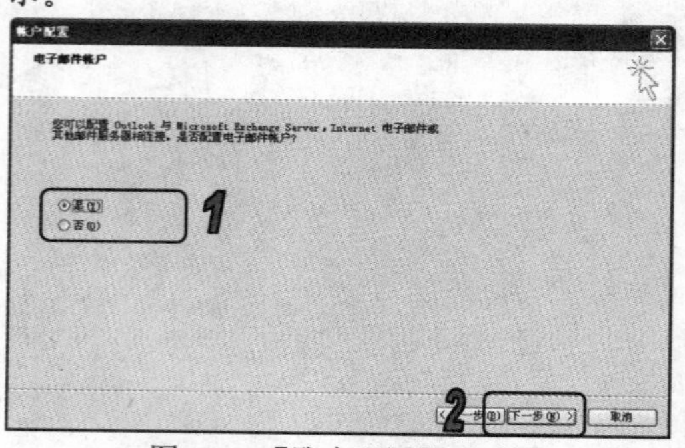

图 15-3 【账户配置】对话框

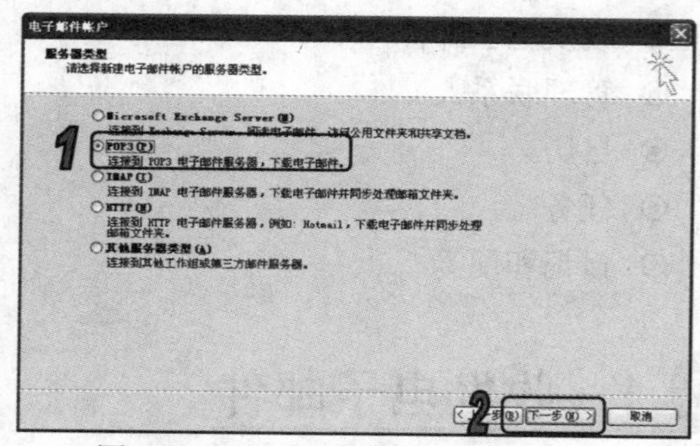

图 15-4 【服务器类型】对话框

(5) 单击【下一步】按钮，打开【Internet 电子邮件设置(POP3)】对话框，在【您的姓名】文本框中输入所需的名称，这里输入 cxz；在【电子邮件地址】文本框中输入在 Internet 中申请的电子邮箱地址 cxz506088208@qq.com；在【服务器信息】区域中输入用户名和密码；在【登录信息】区域的【接收邮件服务器(POP3)】文本框中输入 pop.qq.com；在【发送邮件服务器(SMTP)】文本框中输入 smtp.qq,con，如图 15-5 所示。

(6) 单击【下一步】按钮，打开完成添加账户的对话框，单击【完成】按钮即可，如图 15-6 所示。

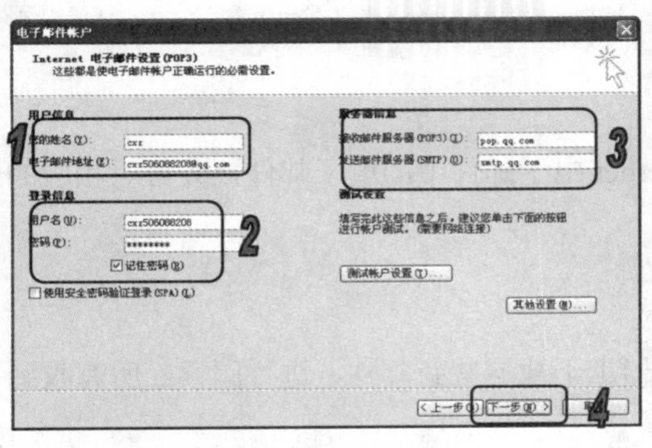

图 15-5　【Internet 电子邮件设置(POP3)】对话框

图 15-6　完成账户的添加

15.1.2　创建和发送电子邮件

创建完电子邮件账户后，便可使用 Outlook 2003 给朋友写信，此时就像编辑 Word 文档一样。当用户编辑好信件内容后，就可以将该邮件发送给用户的好友。操作十分方便，且安全性比较高。

在 Outlook 2003 窗口中，单击【新建】按钮，从弹出的快捷菜单中选择【邮件】命令，如图 15-7 所示。随后打开【未命名的邮件】窗口，在【收件人】文本框中输入收件人的邮件地址，这里输入 caoxzhen@126.com；在【主题】文本框中输入邮件主题“注意保暖”；在下方的邮件内容文本框中输入邮件内容，如图 15-8 所示。

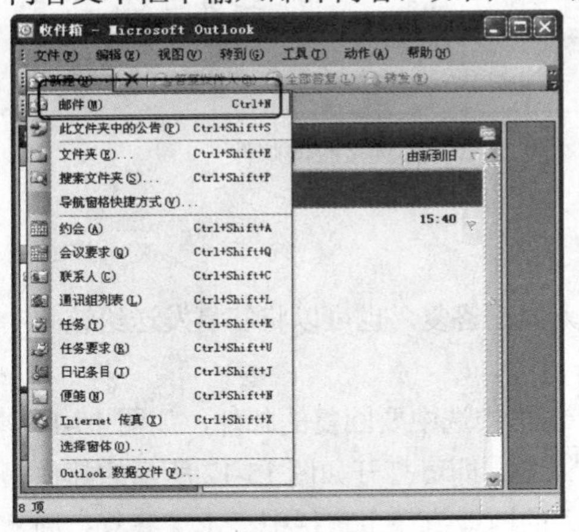

图 15-7　选择【邮件】命令

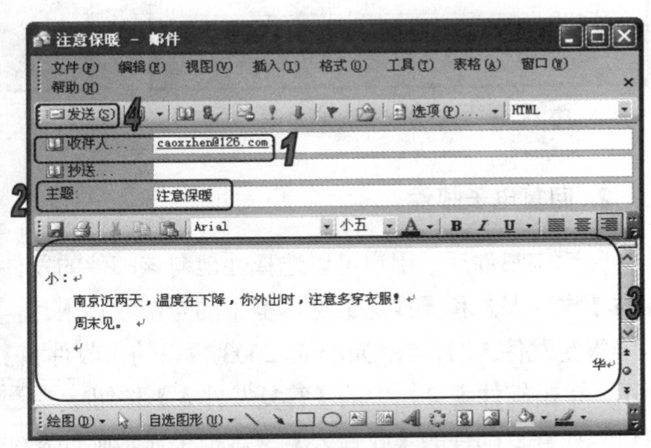

图 15-8　创建邮件

完成邮件内容的输入后，单击工具栏上的【发送】按钮，或者选择【文件】|【发送】命令，即可将新邮件发送出去。

知识点

创建邮件时，在工具栏上单击【附件】按钮，打开【插入文件】对话框，可以创建邮件附件。该附件将随邮件一起发送给收件人。

15.1.3 收取和管理电子邮件

利用 Outlook 2003 接收邮件的功能可接收 Internet 电子邮件中的电子邮件，并可对相应的邮件进行恢复或转发等管理邮件。

1. 接收并阅读电子邮件

当用户连接到邮件服务器时，即可从邮件服务器上下载这些新邮件，进行阅读。所有收到的邮件都保存在【收件箱】文件夹中。

接收电子邮件的方法很简单，在 Outlook 2003 窗口中，选择【工具】|【发送和接收】|【全部发送/接收】命令，打开【Outlook 发送/接收进度】窗口，如图 15-9 所示。在该窗口中将显示发送和接收邮件的进度。接收完成后，系统将自动关闭该窗口，此时在 Outlook 2003 窗口的【收件箱】窗格中选中需要阅读的邮件主题，该邮件内容便会显示在右侧的窗口中，如图 15-10 所示。此时，用户可以拖动滚动条对邮件进行阅读。

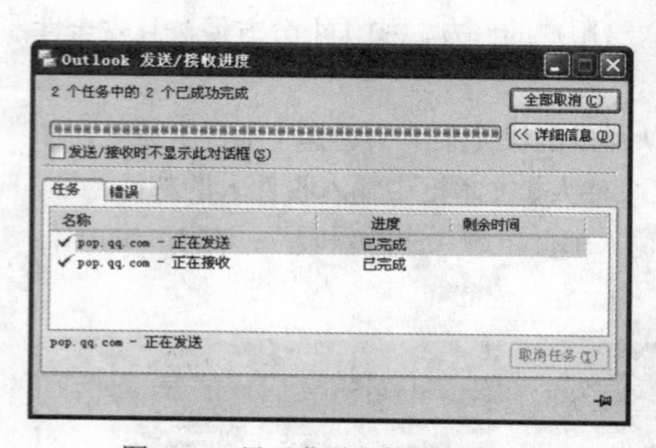

图 15-9　显示发送和接收进度

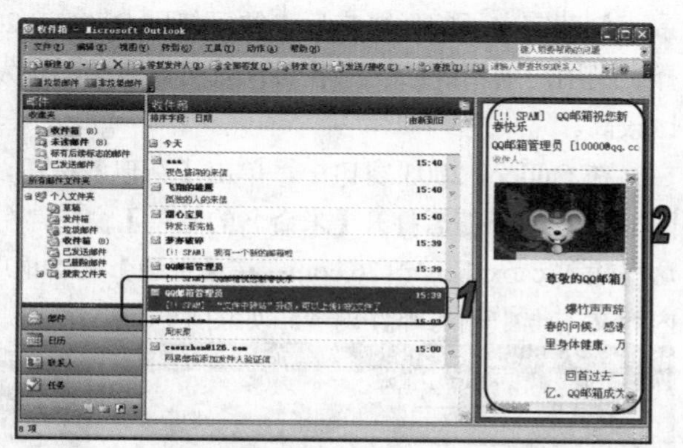

图 15-10　阅读接收的邮件

2. 回复电子邮件

阅读完邮件后，用户可以选择性地向该邮件的发件人发出答复，也可以将答复发送给该邮件的【收件人】和【抄送】文本框中的全部收件人。

答复发件人时，在 Outlook 2003 窗口的【收件箱】窗格中选中要回复的邮件，如图 15-11 所示。单击邮件工具栏中的【答复发件人】按钮 答复发件人(R)，即可打开如图 15-12 所示的邮件窗口。在答复邮件的【收件人】文本框中显示邮件发件人的地址；在主题栏中显示【答复：周末聚】字样；在文本框中显示原始邮件的各种信息。答复邮件时，在正文区中输入需要答复的话，然后单击工具栏中的【发送】按钮即可。

知识点

在【收件箱】选中要回复的邮件，单击【全部答复】按钮，同样可以打开【答复】窗口，用户可以在该窗口中编辑答复内容。

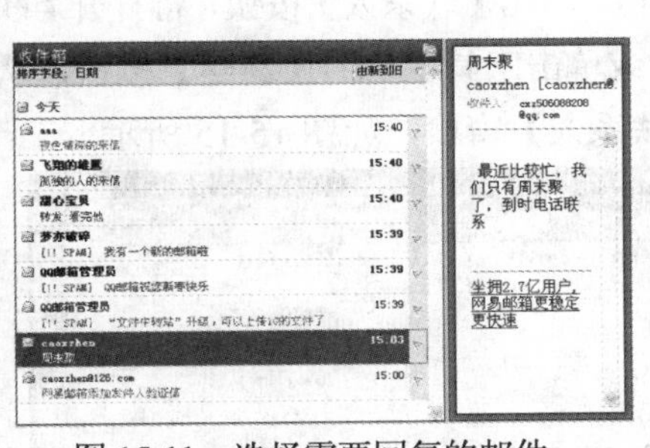
图 15-11　选择需要回复的邮件

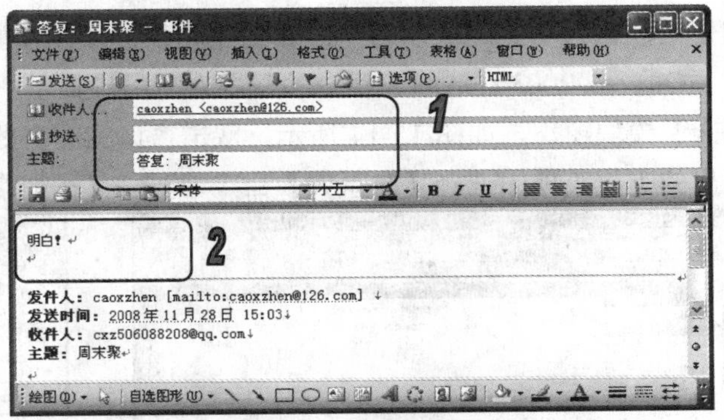

图 15-12　答复邮件

3. 转发电子邮件

Outlook 2003 除了提供回复邮件的功能，还提供了转发的功能。对于含有公众事宜的邮件，如果需要，还可以转发给其他有关的人员。只需在 Outlook Express 窗口中选中要转发的邮件，并单击邮件工具栏中的【转发】按钮，即可打开如图 15-13 所示的邮件窗口，然后在【收件人】文本框中输入要转发的收件人地址，并在邮件内容文本框中输入所需的内容，单击工具栏上的【发送】按钮即可进行邮件转发。

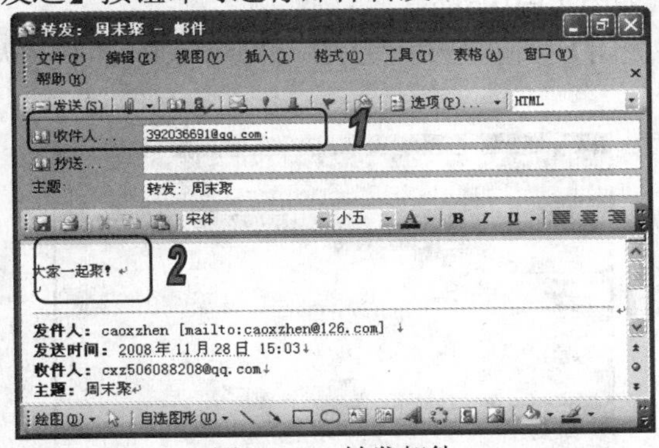

图 15-13　转发邮件

> **提示**
> 在回复或转发邮件的窗口中，【抄送】文本框可输入同时接收邮件的收件人地址，各地址之间需要用英文逗号符号(,)隔开，从而实现一件多发功能。

15.2　管理联系人

Outlook 2003 提供了联系人功能，可以方便用户对联系人的管理，如记录同事、朋友和亲人的相关信，从而便于向联系人发送电子邮件或管理电话簿等操作。

15.2.1　创建联系人

在 Outlook 2003 中创建联系人，可以大大方便用户对联系人进行查看和有效的管理。因此，

在使用联系人功能之前，首先需要创建联系人，并添加通信信息。

Outlook 2003 在导航窗格中为联系人专门设置一个按钮，单击【联系人】按钮，将打开【联系人】模块窗口，如图 15-14 所示。双击窗口的空白处，或单击工具栏上的【新建】按钮，从弹出的下拉菜单中选择【联系人】命令，打开【未命名-联系人】窗口，如图 15-15 所示。

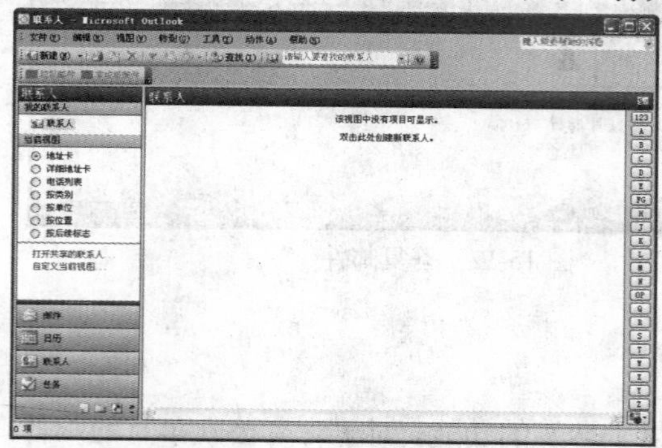

图 15-14 【联系人】模块窗口

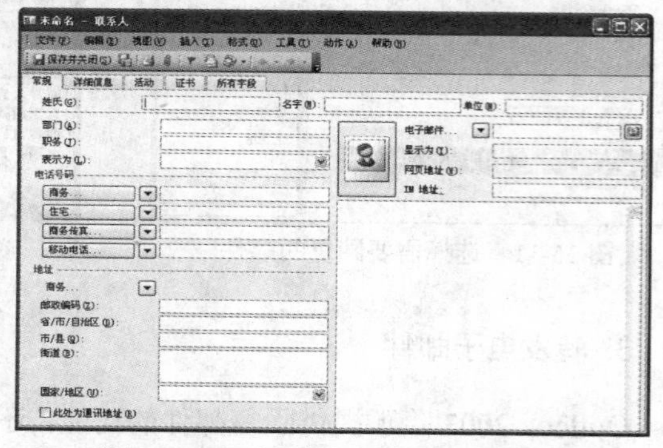

图 15-15 【未命名-联系人】窗口

在打开的【未命名-联系人】窗口中有多个选项卡可以记录联系人的各种信息。单击【常规】标签，打开【常规】选项卡，在【姓氏】、【名字】、【单位】、【电子邮件】和【电话号码】等信息栏中，可以输入联系人的一些基本信息，如图 15-16 所示。

信息填写完毕后，单击工具栏上的【保存并关闭】按钮 保存并关闭(S)，此时新创建的联系人将出现在【联系人】视图中，如图 15-17 所示。

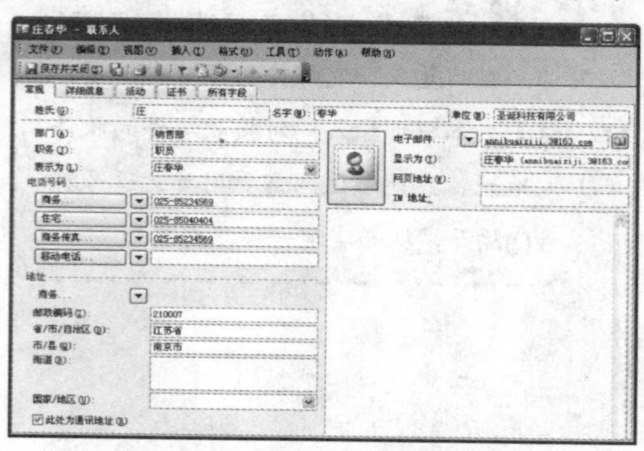

图 15-16 输入相关信息

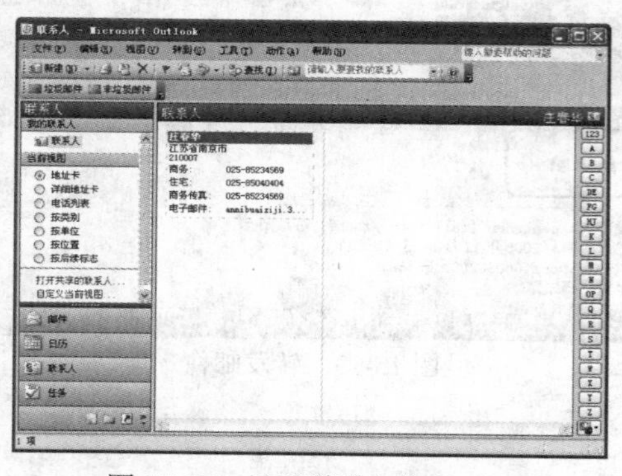

图 15-17 显示联系人信息

当一个联系人信息填写完毕时，若需要添加相同单位的其他联系人，选择【动作】|【来自相同单位的联系人】命令，将打开如图 15-18 所示的联系人窗口。在该窗中标题栏中显示了公司名称，还自动填写了与刚才联系人相同的单位信息、商务电话等信息，然后将要创建的联系人信息添加完毕后，单击工具栏上的【保存并关闭】按钮将联系人窗口的信息进行保存，同时关闭该窗口，此时【联系人】视图窗口如图 15-19 所示。

 **提示**

在【联系人】视图窗口中，由于工具栏上选择的查看方式是详细地址卡，所以每个联系人的信息显示都比较详细。双击该联系人信息，打开该联系人窗口，可以对联系人信息进行更改。

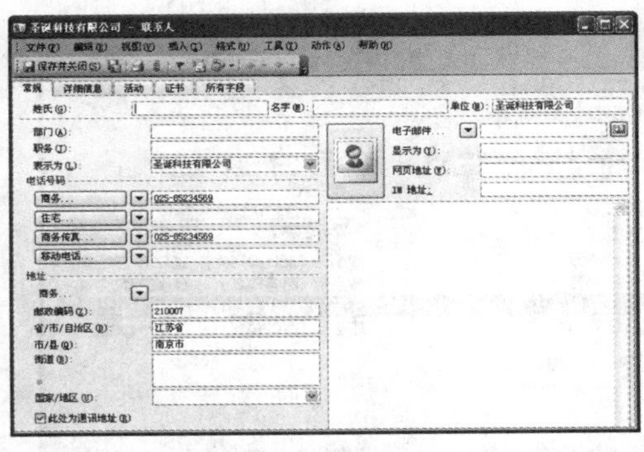

图 15-18 自动填写来自相同单位的联系人信息

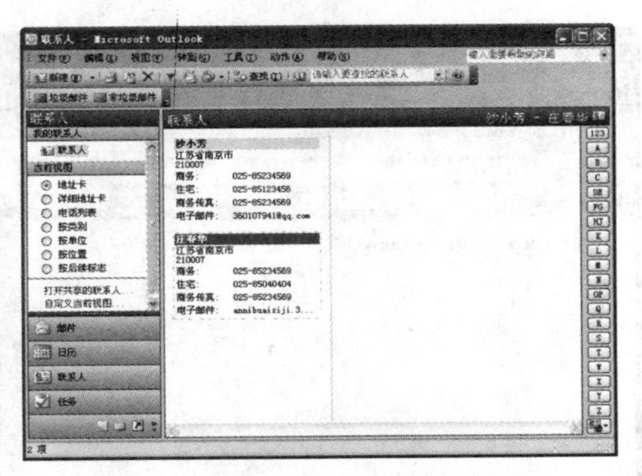

图 15-19 【联系人】视图窗口

15.2.2 使用联系人

创建好联系人之后，发送邮件就十分方便了，只需找到地址簿中的联系人，选择其电子邮件地址即可，向该联系人发送电子邮件。下面以实例来介绍使用联系人地址的方法。

【例 15-2】向刚创建的联系人——庄春华，发送电子邮件。

(1) 启动 Outlook 2003 应用程序，打开【邮件】选项卡，单击工具栏上的【新建】按钮，打开【未命名的邮件】窗口。

(2) 在邮件窗口中，输入电子邮件的正文和主题内容，如图 15-20 所示。

(3) 单击【收件人】按钮，打开【选择姓名】对话框。在该对话框中选择联系人——庄春华，如图 15-21 所示。

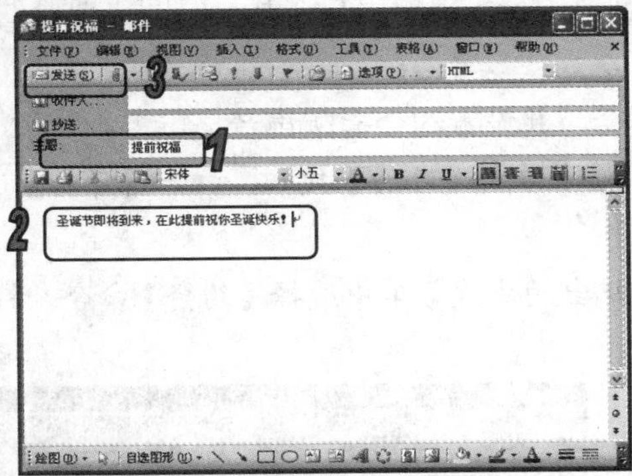

图 15-20 编写邮件

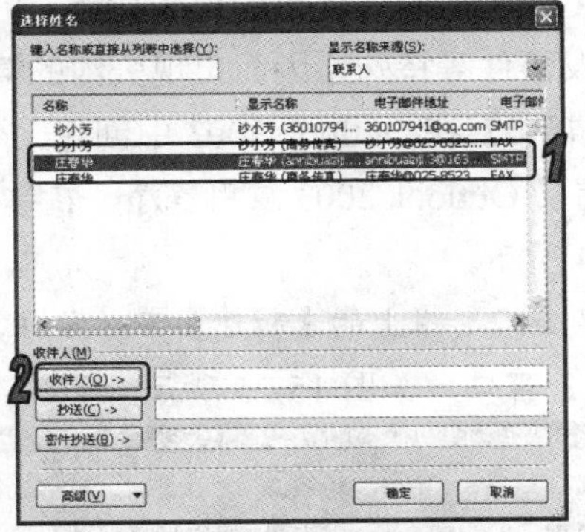

图 15-21 【选择姓名】对话框

(4) 单击【确定】按钮，将选择的联系人的电子邮件地址添加到邮件中，如图 15-22 所示。

(5) 单击【发送】按钮，即可发送刚创建的电子邮件。

提示

选择【工具】|【通讯簿】命令，打开如图 15-23 所示的【通讯簿】窗口。选择联系人后，单击工具栏上的【新邮件】按钮，同样可以打开【未命名的邮件】窗口，此时在该窗口中的收件人地址中将显示了所选择的联系人。继续编辑邮件主题和正文即可。

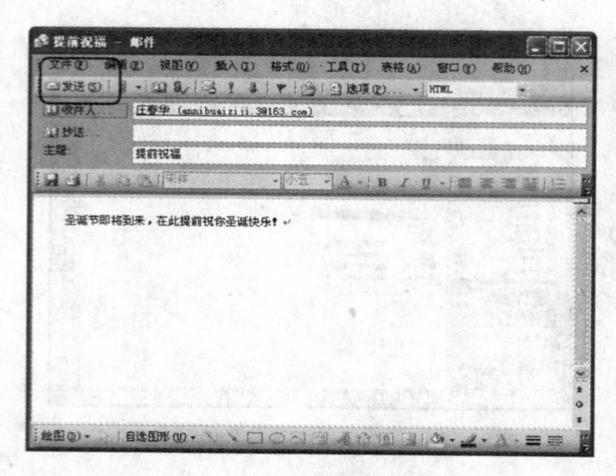

图 15-22　添加联系人

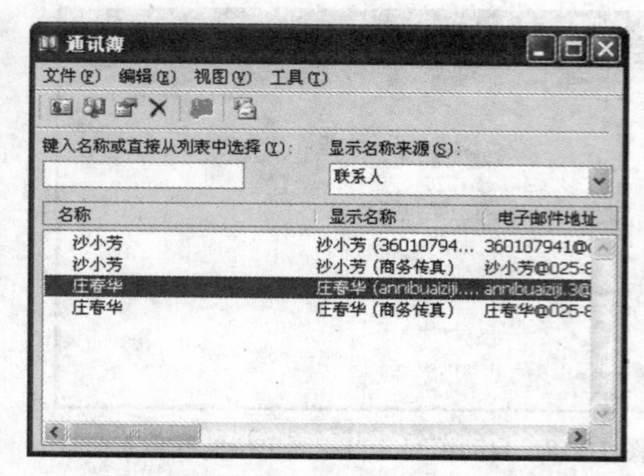

图 15-23　【通讯簿】窗口

15.3　日历

在日常办公中，需要对每天的工作进行日程安排，以便合理利用工作时间处理更多的事务。这时可使用 Outlook 2003 提供的日历功能。使用该功能可以方便、快捷有序地对用户的会议、约会及任务等日常事务进行管理。

15.3.1　设置约会

使用 Outlook 2003 提供的日历功能，可以创建约会，提醒用户在某一时间需要赴约，从而避免因突发事件等特殊原因而出现失约的情况。

【例 15-3】在 Outlook 2003 中创建一个约会，并设置约会提醒声音。

(1) 启动 Outlook 2003 应用程序，在导航窗格中单击【日历】按钮，打开【日历】选项卡，如图 15-24 所示。

(2) 单击工具栏上的【新建】下拉按钮，从弹出的快捷菜单中选择【约会】命令，打开【未命名-约会】窗口，如图 15-25 所示。

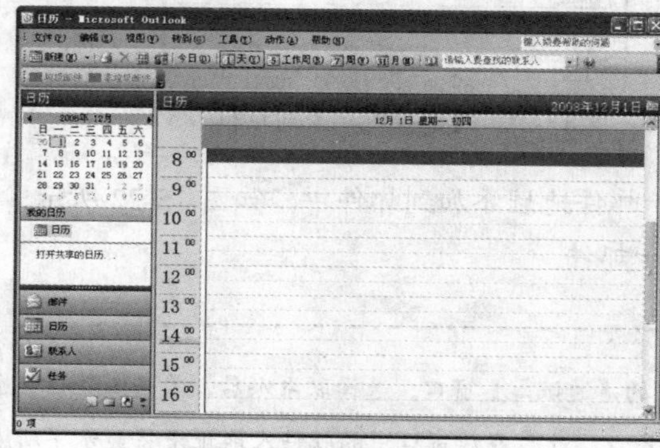

图 15-24　编写邮件

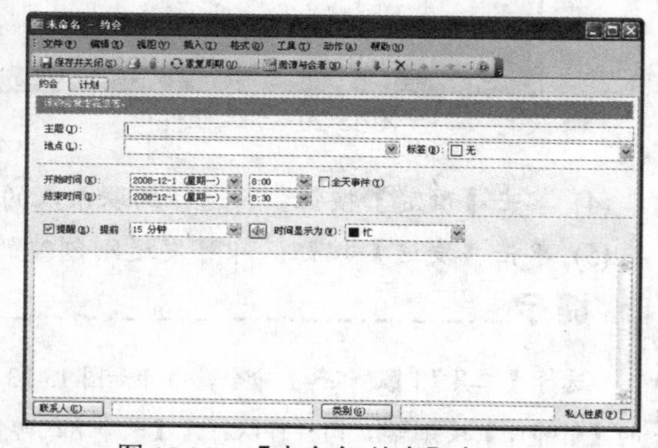

图 15-25　【未命名-约会】窗口

(3) 在【主题】文本框中输入约会的主题“大伙聚会”；在【地点】文本框中输入约会地点“新街口”；在【开始时间】和【结束时间】下拉列表框中分别选择约会开始和结束时间。

(4) 保持选中【提醒】复选框，并在其后的【提前】下拉列表框中设置提醒时间，以免忘记约会。

(5) 在下面的文本框中可对当前约会进行注释，输入相关内容，如图 15-26 所示。

(6) 单击【提醒】后的按钮，打开【提醒声音】对话框，选择提醒声音，如图 15-27 所示。

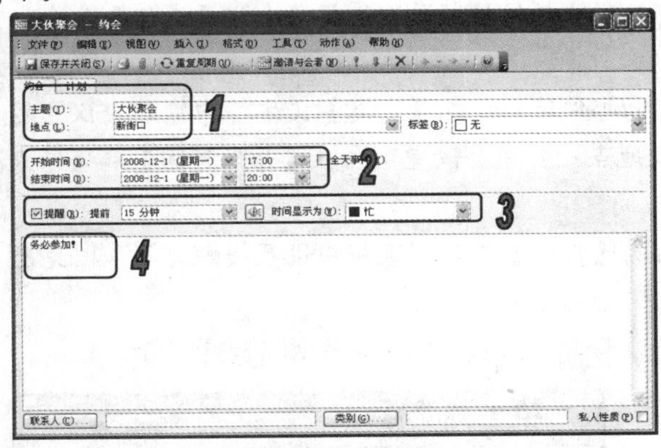

图 15-26　设置约会

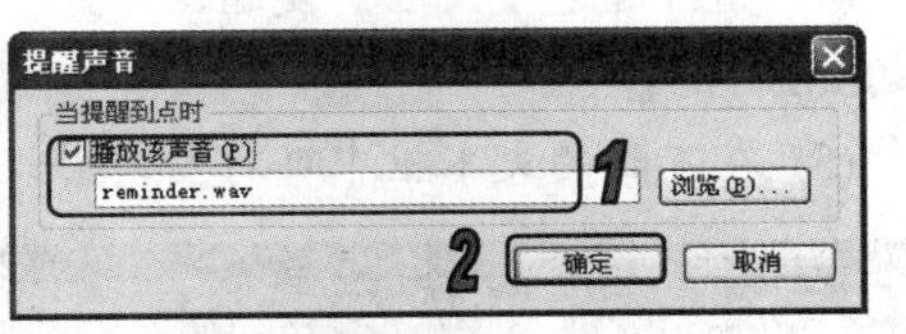

图 15-27　【提醒声音】对话框

(7) 完成约会设置，单击【确定】按钮，返回【约会】窗口，单击【保存并关闭】按钮 保存并关闭(S) 即可，此时在【日历】窗口中可以查看约会的信息，如图 15-28 所示。

提示

当提醒时间到达了约会前的 15 分钟，系统自动打开如图 15-29 所示的提醒对话框，同时并附带声音。单击【打开项目】按钮，即可打开如图 15-26 所示的窗口；单击【暂停】按钮，即可在约会前的 5 分钟再次提醒用户约会；单击【删除】按钮，即可关闭并删除该提醒。

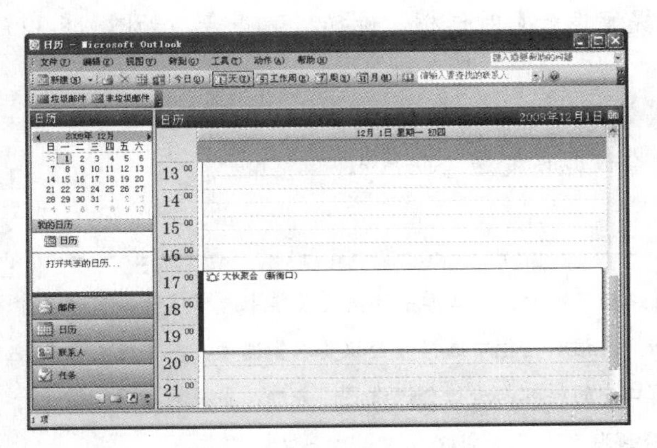

图 15-28　查看约会信息

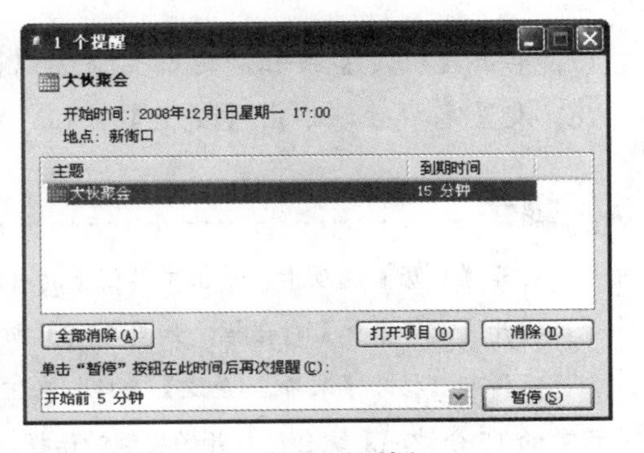

图 15-29　提醒对话框

15.3.2　设置会议

在【日历】窗口中，除了可以设置约会外，还可以设置会议提醒用户准时参加，并可方便地向全体参加会议的人员发送电子邮件。

【例 15-4】在 Outlook 2003 中创建一个会议，并邀请联系人参与。

(1) 启动 Outlook 2003 应用程序，在导航窗格中单击【日历】按钮，打开【日历】选项卡。

(2) 单击工具栏上的【新建】下拉按钮，从弹出的快捷菜单中选择【会议要求体】命令，打开【未命名-会议】窗口，如图 15-30 所示。

(3) 在【收件人】文本框中可输入收件人的邮件地址；在【主题】文本框中输入会议主题“课题讨论”；在【地点】文本框中输入会议地点“2 楼会议室”；在【开始时间】和【结束时间】下拉列表框中选择会议的开始和结束时间。

(4) 保持选中【提醒】复选框，并在其后的【提前】下拉列表框中设置提醒时间，以免忘记约会。

(5) 在下面的文本框中可对当前会议进行注释，输入相关内容，如图 15-31 所示。

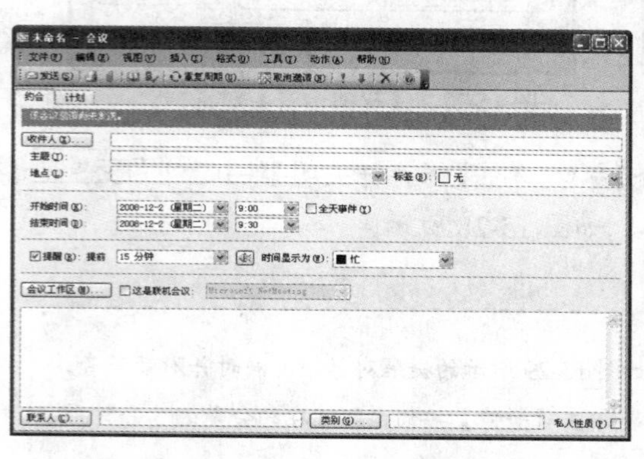

图 15-30　【未命名-会议】窗口

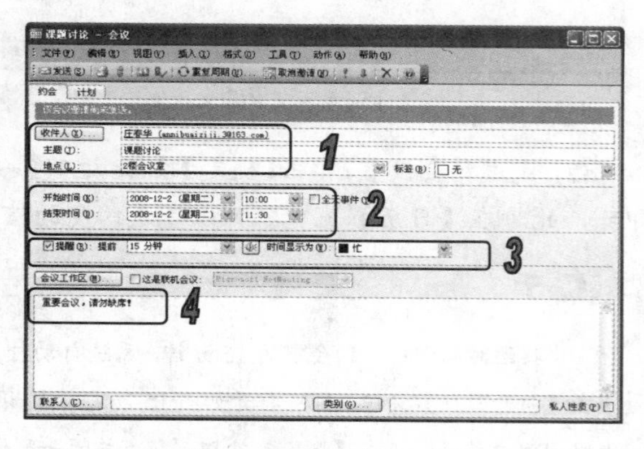

图 15-31　设置会议

(6) 单击【提醒】后的按钮，打开【提醒声音】对话框，选择提醒声音，如图 15-32 所示。

(7) 单击【确定】按钮，返回至【会议】窗口。

(8) 设置完毕后，单击【发送】按钮，将会议邀请发送给联系人。

提示

打开【日历】选项卡，单击工具栏上的【新建】下拉按钮，从弹出的快捷菜单中选择【选择窗体】命令，打开【选择窗体】对话框，如图 15-33 所示。在该对话框中选择【会议要求】选项，单击【打开】按钮，同样可以打开【未命名-会议】窗口。在该窗口中同样可以进行会议设置。另外，当提醒时间到达了会议前的 15 分钟，系统自动打开的提醒对话框，提醒联系人参加会议。

图 15-32　设置提醒声音

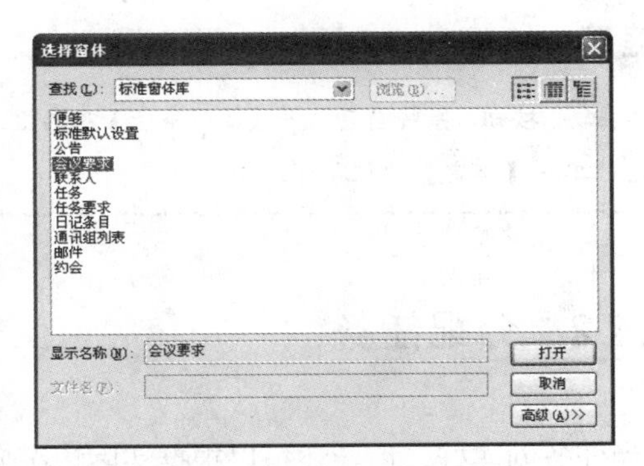

图 15-33　【选择窗体】对话框

15.4　任务

通过 Outlook 2003 提供的任务功能，可以对自己的工作或学习任务进行安排，并将这些任务记录在 Outlook 中进行提醒，以免忘记。

15.4.1　创建任务

在 Outlook 2003 中安排自己的任务前，必须首先创建新任务。

创建任务的方法很简单，启动 Outlook 2003 应用程序，打开【任务】选项卡，然后单击工具栏上的【新建】下拉按钮，从弹出的下拉菜单中选择【任务】命令，打开【未命名-任务】窗口。在【主题】文本框中可以输入任务的主题；在【截止日期】和【开始日期】下拉列表框中选择任务的时间；在【状态】下拉列表框中设置此任务的进度；选中【提醒】复选框，可在其后的下拉列表框中设置提醒时间；在下面的文本框中可对当前任务进行注释，如图 15-34 所示。单击【保存并关闭】按钮，完成任务的创建工作，此时该任务将显示在【任务】窗格中，如图 15-35 所示。

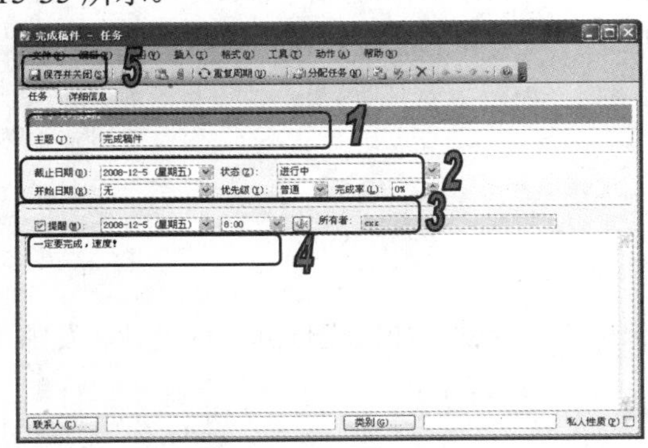

图 15-34　设置任务

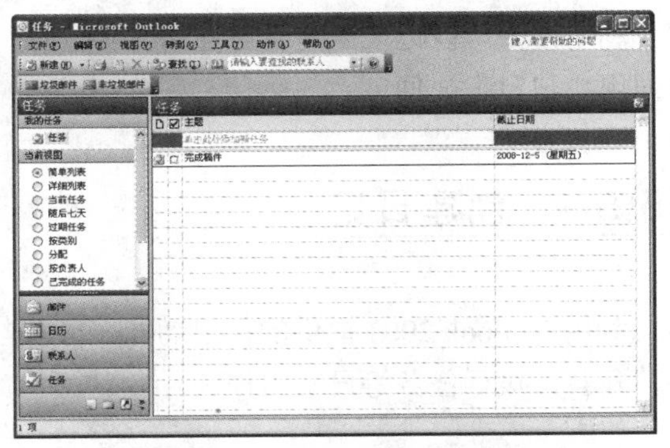

图 15-35　在【任务】窗格中显示任务

提示

单击按钮，系统自动打开【提醒声音】对话框。在该对话框中，可以自定义提醒声音。完成声音的设置后，单击【确定】按钮即可。

15.4.2 分配任务

当任务创建好之后，还可以根据实际情况向参与任务的人员发送电子邮件进行任务分配。

在 Outlook 2003 窗口的【任务】窗格中，右击任务，从弹出的快捷菜单中选择【分配任务】命令，如图 15-36 所示。打开相应的任务窗口，在【收件人】文本框中输入需要发送邮件的联系人；在下面的文本框中输入具体分配给联系人的任务，如图 15-37 所示。完成分配后，单击【发送】按钮即可。

图 15-36 选择【分配任务】命令

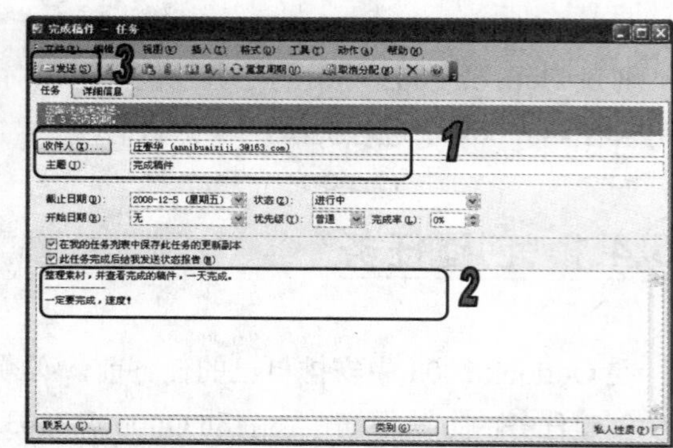

图 15-37 分配任务

15.5 日记和便笺

日记和便笺也是 Outlook 中常用的功能。利用日记可以制作工作日记，记录特殊事件及心情。利用便笺可以记录一些临时性的文字信息，如电话、通知和想法等。使用这些功能，可以方便用户记日记或便笺。

15.5.1 创建日记

利用 Outlook 2003 提供的日记功能，可以自动记录工作活动，如发送传真、打电话、发邮件、开会、执行任务等日常工作。

1. 创建自动记录

有时活动发生时 Outlook 能够知道，比如用 Outlook 来拨号打电话、用 Outlook 来发送电子邮件，用 Office 的其他组件来创建和编辑文件等，这些活动 Outlook 都会自动记录，这就好像流水账一样，日复一日，不用劳神费时了。

在 Outlook 2003 工作界面中，选择【工具】|【选项】命令，打开【选项】对话框，如图 15-38 所示。打开【首选参数】选项卡，单击【日记选项】按钮，打开【日记选项】对话框，如图 15-39 所示。

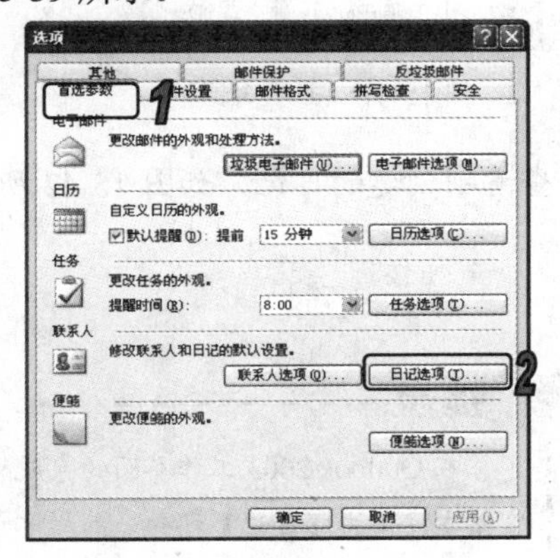

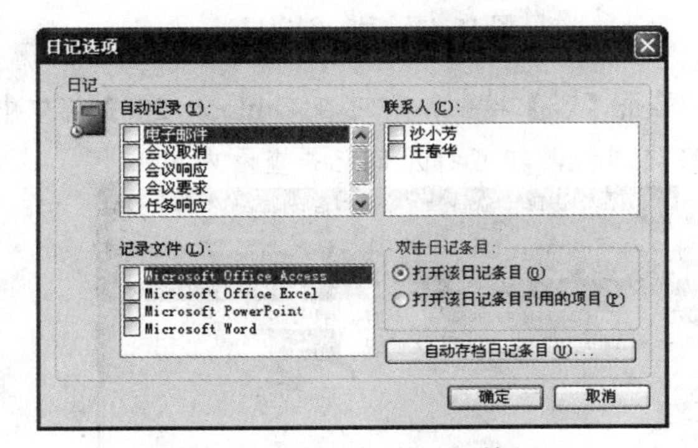

图 15-38　【选项】对话框　　　　图 15-39　【日记选项】对话框

在【日记选项】对话框中，【自动记录】列表框列出记录的方式，【记录文件】列表框列出了可以记录的在 Outlook 中进行的活动，【联系人】列表框中列出联系人。如果这些列表框中的所有的复选框都选中了，因此在 Access、Excel、Power Point 和 Word 中使用文件的活动，包括创建时间、打开时间和存盘时间都会被 Outlook 自动记录。

2. 手动创建记录

对于会议等其他 Outlook 不能侦测到的活动，也可以手动来做记录。手动记录活动也很简单，下面以实例来介绍手动创建日记的方法。

【例 15-5】在 Outlook 2003 中创建日记，记录日记内容。

(1) 启动 Outlook 2003 应用程序，打开 Outlook 2003 工作界面，然后在工具栏上单击【新建】下拉按钮，从弹出的下拉菜单中选择【日记条目】命令，打开【未命名日记条目】对话框。

(2) 在【主题】文本框中可输入日记主题“商务会议”；在【条码类型】下拉列表框中选择【会议要求】选项；在【开始时间】和【持续时间】列表框中选择对应的时间；在【日记内容】文本框中输入会议内容，如图 15-40 所示。

(3) 完成后，单击【保存并关闭】按钮，将该日记条目保存。

(4) 选择【转到】|【日记】命令，打开如图 15-41 所示的提示对话框，提示用户是否打开日记查看日记内容。

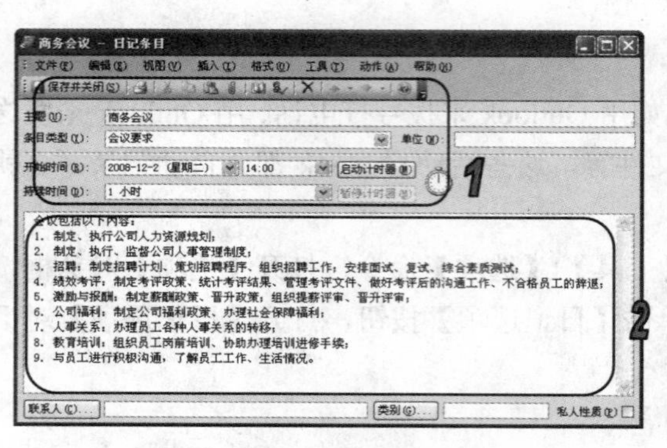

图 15-40　手动创建日记

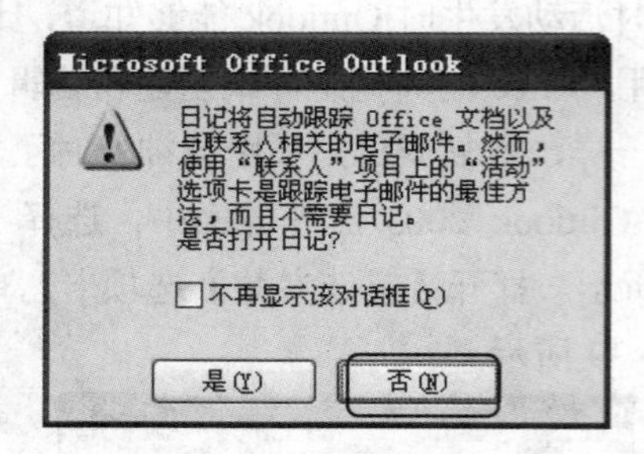

图 15-41　提示对话框

(5) 单击【否】按钮，即可在 Outlook 2003 窗口中查看刚创建的日记，如图 15-42 所示。双击该日记图标，即可打开日记并查看内容。

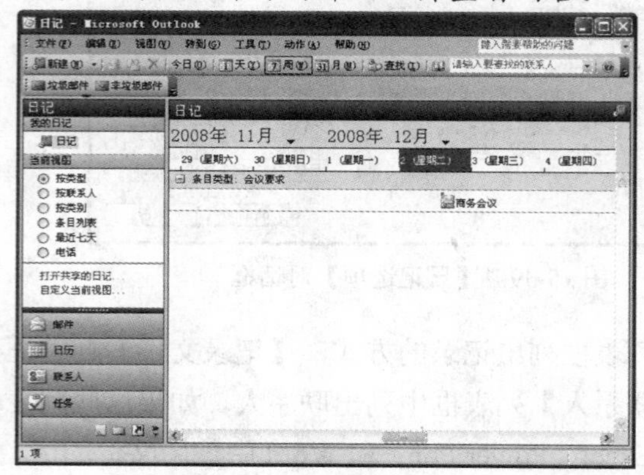

图 15-42　查看日记

提示

在 Outlook 2003 工作界面的导航窗格中，单击【日记】按钮，同样可以切换至如图 15-42 所示的【日记】选项卡。

15.5.2　创建便笺

Outlook 还专门设计了一个专门记录临时信息的工具——便笺。其作用很像办公时用的"便笺纸"。此功能的应用非常简单，没有保存按钮，没有滚动条，只要双击就可以创建，关闭窗口就对便笺进行保存，而且还可以对颜色进行设置，以便查询。

创建便笺的方法很简单，在 Outlook 2003 工作界面的导航窗格中，单击【便笺】按钮，打开【便笺】选项卡。然后在工具栏上单击【新建】下拉按钮，从弹出的快捷菜单中选择【便笺】命令，或者直接在【便笺】窗格空白处双击，打开【便笺】窗口，输入便笺的内容，如图 15-43 所示。输入完成后，单击【关闭】按钮☒，直接关闭窗口。此时【便笺】窗格中显示刚创建的便笺，如图 15-44 所示。

提示

在 Outlook 2003 工作界面的【便笺】窗格中双击该便笺图标，可以打开便笺，使其处于打开状态。更改便笺时，所作更改会自动保存。

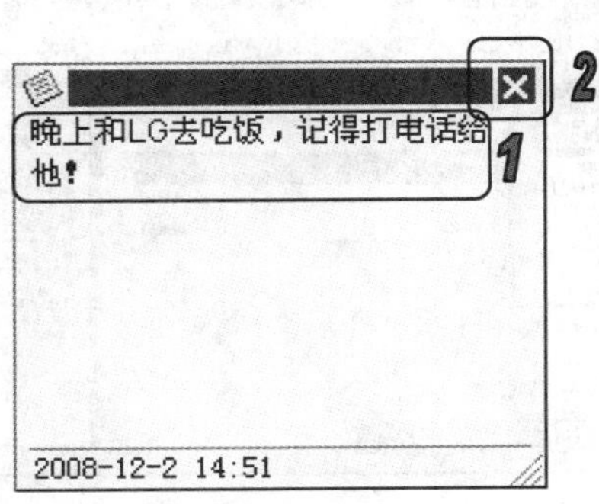

图 15-43　输入便笺内容

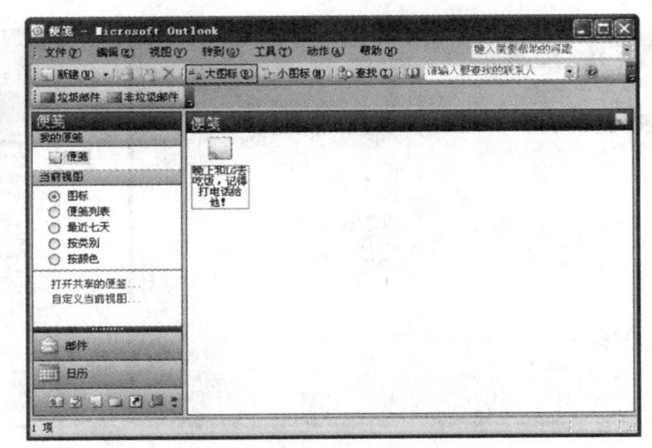

图 15-44　显示便笺

此外，在 Outlook 2003 中，还可以更改当前便笺的颜色，从而便于用户查看和区别便笺。更改便笺颜色为粉色的方法很简单，在【便笺】窗格中右击便笺，从弹出的快捷菜单中选择【颜色】|【粉红】命令，如图 15-45 所示。此时便笺将以粉色图标显示在【便笺】窗格中，如图 15-46 所示。

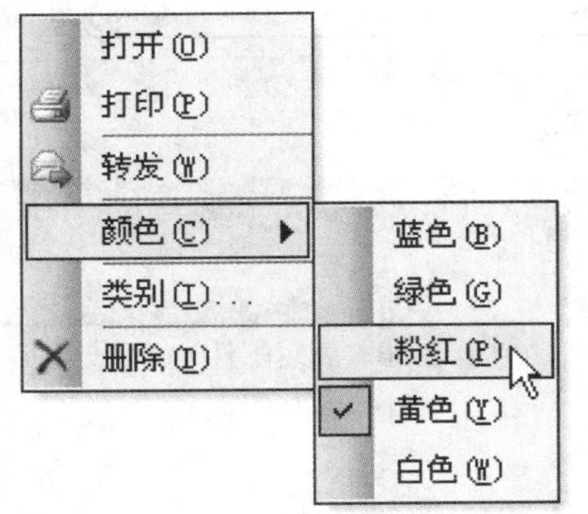

图 15-45　选择【粉红】命令

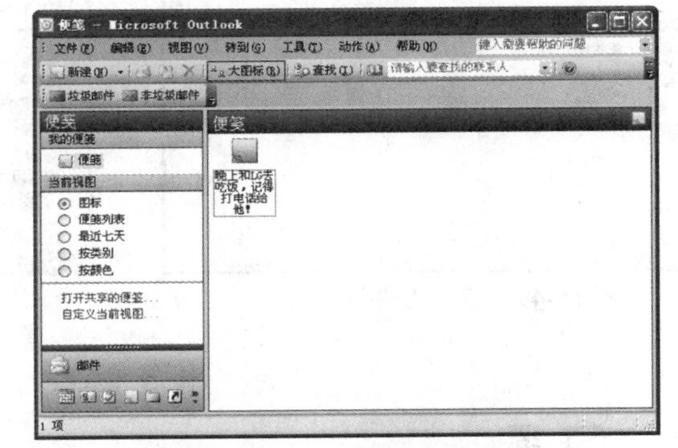

图 15-46　更改便笺颜色

15.6　上机练习

通过本章学习的知识，本次上机练习将主要巩固利用 Outlook 2003 收发电子邮件操作。

(1) 启动 Outlook 2003 应用程序，打开【邮件】选项卡，选择【工具】|【发送和接收】|【全部发送/接收】命令，打开【Outlook 发送/接收进度】窗口，显示发送和接收邮件的进度，如图 15-47 所示。

(2) 接收完成后，系统将自动关闭该窗口，此时在 Outlook 2003 窗口的【收件箱】窗格中显示所收取的邮件主题，该邮件内容便会显示在右侧的窗口中，如图 15-48 所示。

(3) 双击邮件主题，将打开具体邮件窗口，阅读具体内容，如图 15-49 所示。

(4) 单击【答复收件人】按钮 答复发件人(R)，将打开【答复】窗口，在【内容】文本框中输入答复的内容，如图 15-50 所示。

(5) 在工具栏上的【发送】按钮 发送(S)，即可回复所选择的电子邮件。

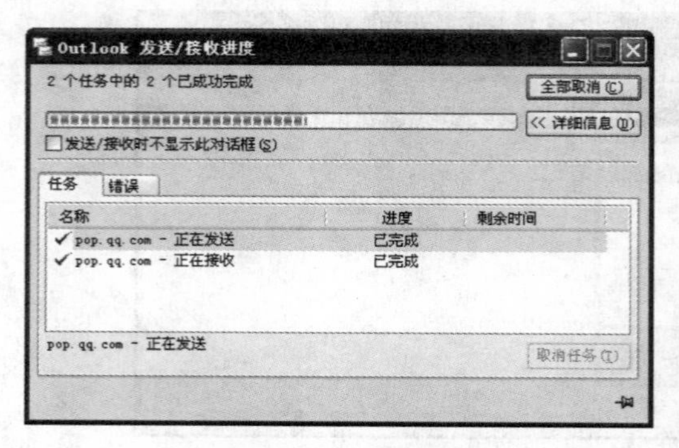

图 15-47　收取邮件

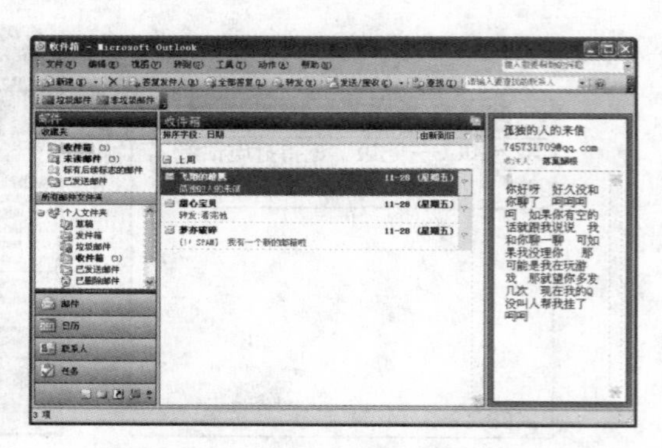

图 15-48　显示所接收到的邮件

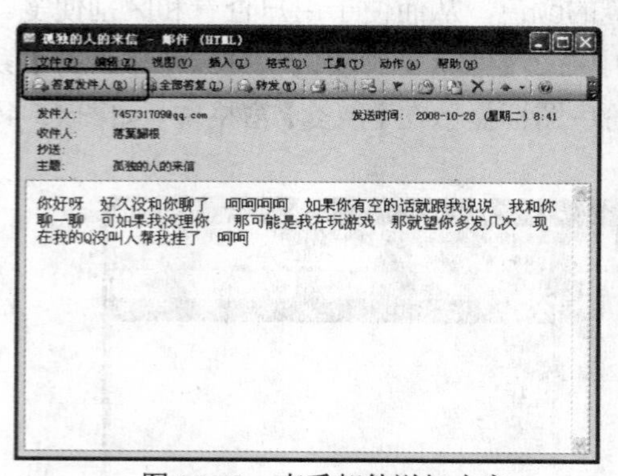

图 15-49　查看邮件详细内容

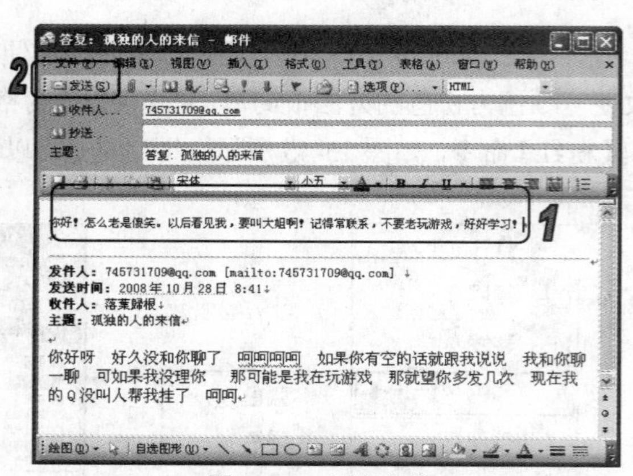

图 15-50　回复邮件

15.7　习题

1. 启动 Outlook 2003，创建一个与申请的电子邮件相同的电子邮件账户(若未申请电子邮件，可在腾讯网站上申请免费 QQ 邮箱)。

2. 利用创建的用户账户向好友发送电子邮件，并接收网站中的电子邮箱中的邮件。

3. 利用 Outlook 2003 将【习题 2】中的好友创建为联系人。

4. 利用 Outlook 2003 日历功能创建与家人约会。

5. 利用 Outlook 2003 日记功能编写一篇当天的日记。

6. 利用 Outlook 2003，创建几个便笺，记录在公司中需要完成的事情。

第16章 使用 Office 2003 组件协同工作

学习目标

广义地讲，Office 2003 中 Word、Excel、PowerPoint 等组件之间是可以协同工作和共享信息的。其中，Word 不但可以与 PowerPoint、Excel 共享信息，同时它还可以与 Access 相互协作。正是由于 Office 组件之间的相互协作才能进一步增强 Office 办公处理功能。因此本章主要介绍在 Word 中调用其他资源、在 Excel 中调用其他资源、在 PowerPoint 中调用其他资源以及共享 Access 数据等操作。

本章重点

- 在 Word 中调用其他资源
- 在 Excel 中调用其他资源
- 在 PowerPoint 中调用其他资源
- 共享 Access 数据

16.1 在 Word 中调用其他资源

在 Word 中不仅可以处理文本、图片等对象，还可以处理 Excel 图表、PowerPoint 幻灯片以及 Access 数据库等其他组件中的对象。

16.1.1 在 Word 中调用 Excel 图表

用户如果要在 Word 文档中显示一个数据图表，可以使用复制粘贴的方法来调用 Excel 图表。使用这种方法调用图表比在 Word 中编辑图表对象方便很多。

启动 Excel 2003 应用程序，打开第 9 章【例 9-3】中创建的“初一各班平均成绩汇总表”工

作簿，选中该工作簿中的图表，并选择【编辑】|【复制】命令，或按 Ctrl+C 快捷键将其复制到剪贴板中。然后启动 Word 2003 应用程序，创建一个空白 Word 文档，选择【编辑】|【选择性粘贴】命令，打开【选择性粘贴】对话框，选中【粘贴】单选按钮，在其右侧的列表框中选择【Microsoft Office Excel 图表 对象】选项，如图 16-1 所示。单击【确定】按钮，此时 Word 文档中将显示 Excel 图表，如图 16-2 所示。

图 16-1 【选择性粘贴】对话框

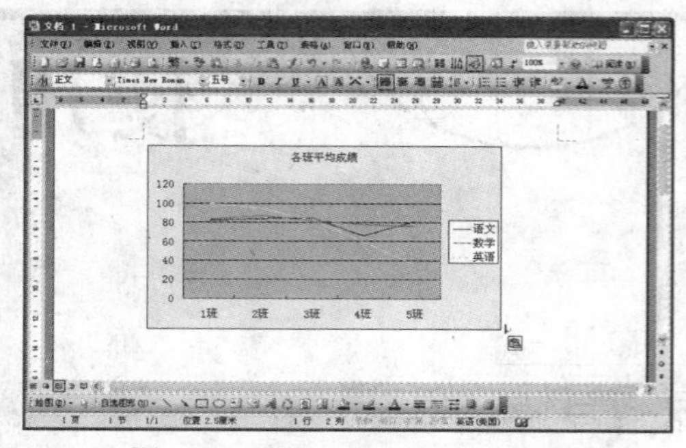

图 16-2 插入 Excel 图表

若在如图 16-1 所示的【选择性粘贴】对话框中，选中【显示为图标】复选框，然后单击【确定】按钮，即可将 Excel 图表以图标嵌入到 Word 文档中，如图 16-3 所示。双击该图标将启动 Excel 2003，并在其中显示图标，如图 16-4 所示。

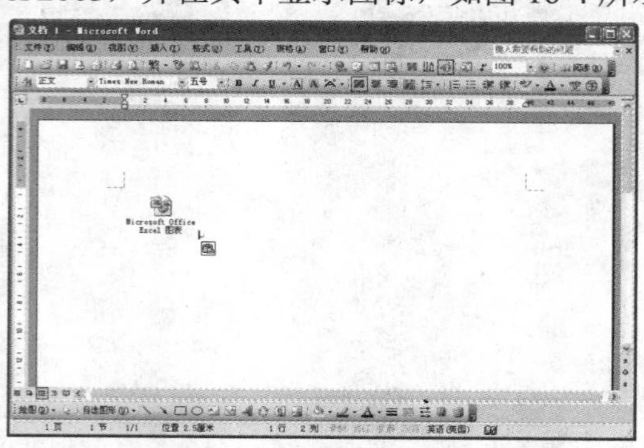

图 16-3 将 Excel 图表以图标嵌入到 Word 文档中

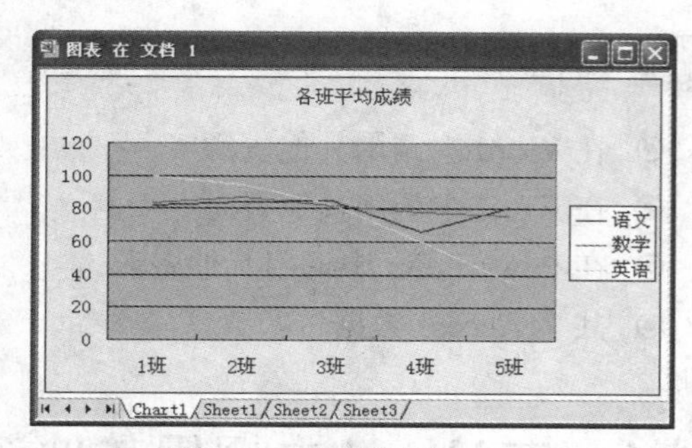

图 16-4 打开图表

提示

选择性粘贴就是只将一个文件中选定的部分作为 OLE 对象链接或嵌入到另一个文档中。所有的 Office 程序都支持 OLE 技术，可以通过链接对象或嵌入对象实现 Office 应用程序直接的数据交换和信息共享。

16.1.2 在 Word 中插入 PowerPoint 幻灯片

利用【对象】对话框可在 Word 文档中插入新建的 PowerPoint 演示文稿对象，此时用户可直接对该对象进行编辑。

【例 16-1】新建一个名为“语文教学课件”的 Word 文档，在其中插入 PowerPoint 幻灯片，并对其进行编辑。

(1) 启动 Word 2003 应用程序，打开一个空白 Word 文档，选择【文件】|【保存】命令，打开【另存为】对话框，选择保存路径后，在【文件名】文本框中输入“语文教学课件”，如图 16-5 所示。

(2) 单击【保存】按钮，将 Word 文档以“语文教学课件”名保存。

(3) 选择【插入】|【对象】命令，打开【对象】对话框，切换至【新建】选项卡，在【对象类型】下拉列表框中选择【Microsoft PowerPoint 演示文稿】选项，如图 16-6 所示。

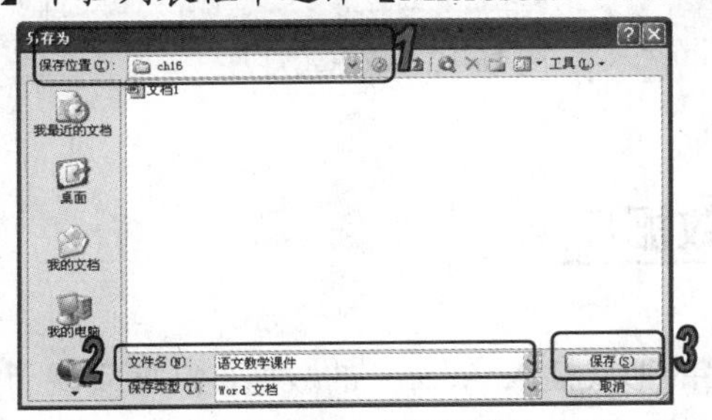

图 16-5　新建【语文教学课件】文档

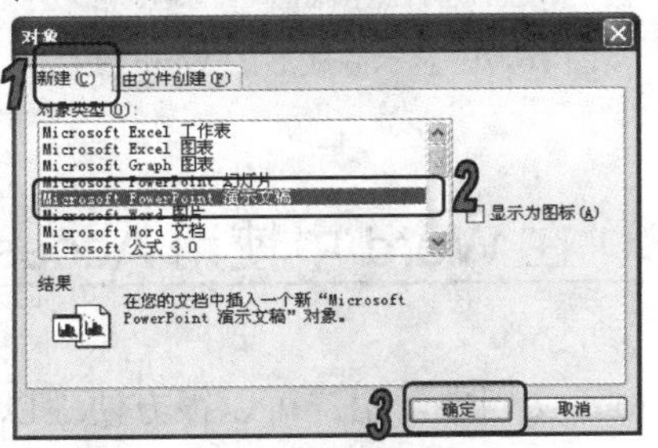

图 16-6　【新建】选项卡

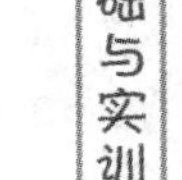

(4) 单击【确定】按钮，在 Word 文档中插入一个 PowerPoint 演示文稿编辑窗口，此时 Word 文档窗口中的菜单栏与工具栏变为 PowerPoint 程序中的菜单栏和工具栏，如图 16-7 所示。

(5) 使用在 PowerPoint 中编辑幻灯片的方法编辑 Word 中插入的演示文稿对象，最终效果如图 16-8 所示。

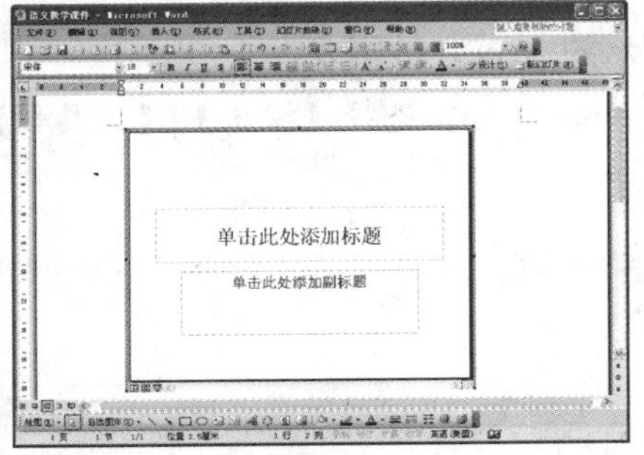

图 16-7　在 Word 中新建 PowerPoint 演示文稿

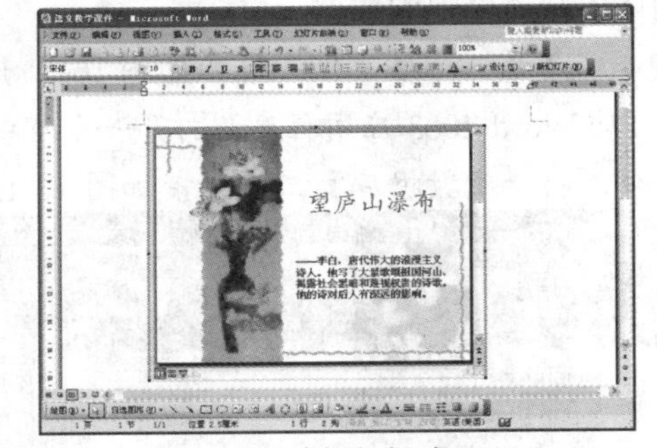

图 16-8　编辑幻灯片

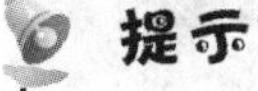

提示

在【对象】对话框的【对象类型】列表框中选择【Microsoft PowerPoint 幻灯片】选项，将在 Word 文档中插入单张幻灯片，与插入演示文稿不同的是插入该对象的左下角没有视图切换按钮。

(6) 用鼠标单击演示文稿以外的 Word 工作区的任意位置，此时菜单栏和工具栏又将恢复为 Word 相应的菜单栏与工具栏，如图 16-9 所示。

(7) 双击演示文稿对象区，即可直接进入幻灯片放映视图，对编辑的幻灯片进行放映操作，效果如图 16-10 所示。

(8) 按 Esc 键结束幻灯片的放映，然后单击【保存】按钮，将【语文教学课件】文档保存。

图 16-9　显示完成后的 Word 文档

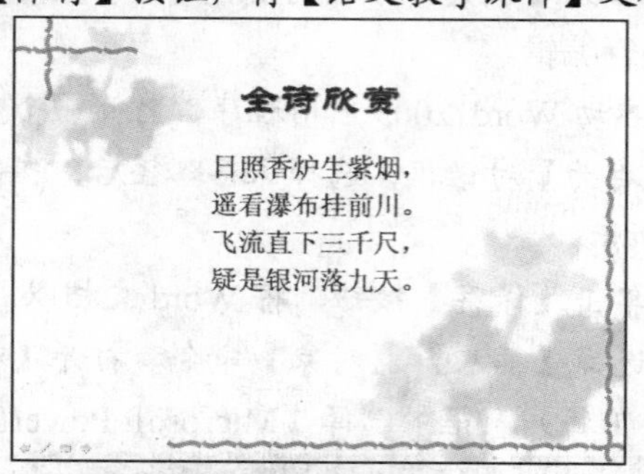

图 16-10　放映幻灯片

16.1.3　在 Word 中使用 Access 数据库

在 Word 文档中，用户可以很方便地以表格的形式插入 Access 的数据，从而实现了 Word 文档能够直接访问数据库的功能。

用户可以在新建或原有的 Word 文档中插入 Microsoft Access 数据。要在已有的 Word 文档中包含 Microsoft Access 数据，可插入 Microsoft Access 表或查询的内容。通过使用查询来对指定的域进行筛选、排序或选择，可精确地从数据源获得所需信息。要保证文档中的数据是最新的，可创建与 Microsoft Access 数据的链接。无论何时 Microsoft Access 中的数据发生变化，Word 都可自动地更新文档中的数据。

【例 16-2】在 Word 文档中插入如图 16-11 所示的 Access 数据表。

(1) 启动 Word 2003 应用程序，打开一个空白 Word 文档。选择【视图】|【工具栏】|【数据库】命令，打开【数据库】工具栏，如图 16-12 所示。

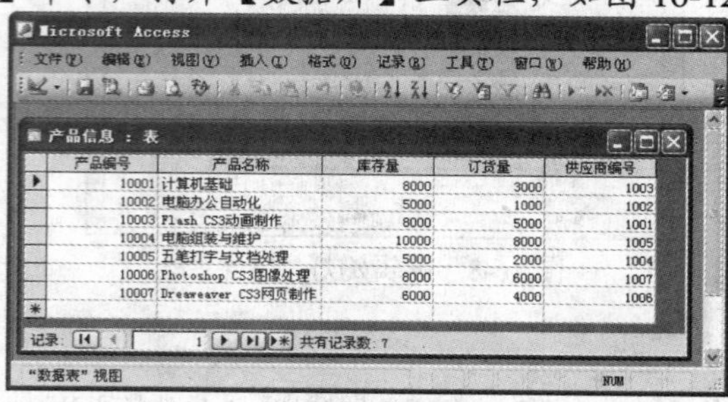

产品编号	产品名称	库存量	订货量	供应商编号
10001	计算机基础	8000	3000	1003
10002	电脑办公自动化	5000	1000	1002
10003	Flash CS3动画制作	8000	5000	1001
10004	电脑组装与维护	10000	8000	1005
10005	五笔打字与文档处理	5000	2000	1004
10006	Photoshop CS3图像处理	8000	6000	1007
10007	Dreaweaver CS3网页制作	6000	4000	1006

图 16-11　Access 数据库文件

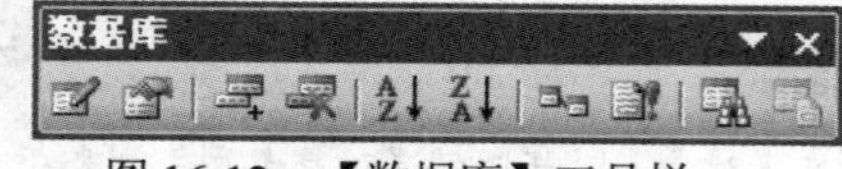

图 16-12　【数据库】工具栏

(2) 在【数据库】工具栏上单击【插入数据库】按钮，打开【数据库】对话框，如图 16-13 所示。

(3) 在该对话框中，单击【获取数据】按钮，打开【选取数据源】对话框。在【文件类型】下拉列表框中选择【Access 数据库】选项，选择数据库的存储路径后，选择一个 Access 数据库文件，如图 16-14 所示。

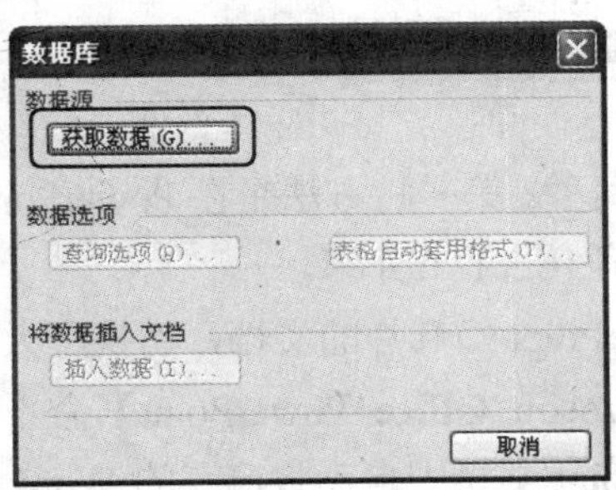
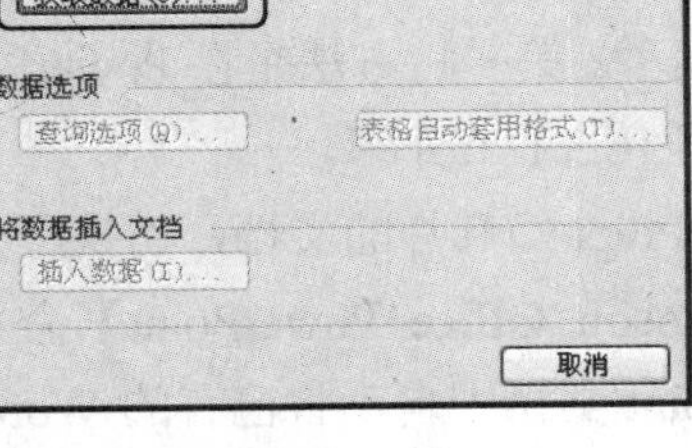

图 16-13　【数据库】对话框

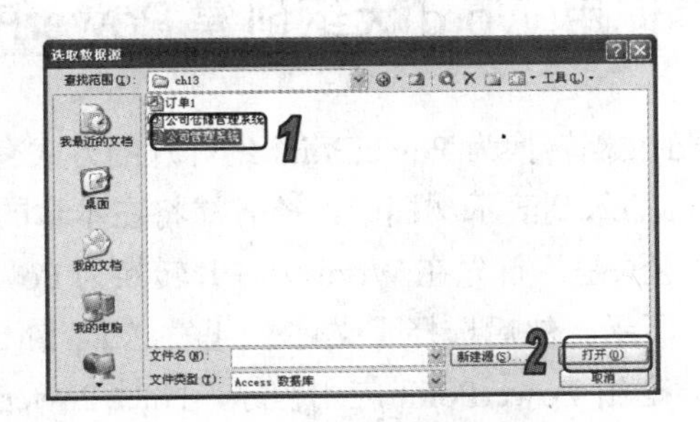

图 16-14　【选取数据源】对话框

(4) 单击【打开】按钮，此时自动打开【选择表格】对话框，在列表框中选择【产品信息】数据表，如图 16-15 所示。

(5) 单击【确定】按钮，返回【选取数据源】对话框。

(6) 单击【表格自动套用格式】按钮，打开【表格自动套用格式】对话框，在【格式】列表框中选择【古典型 1】选项，如图 16-16 所示。

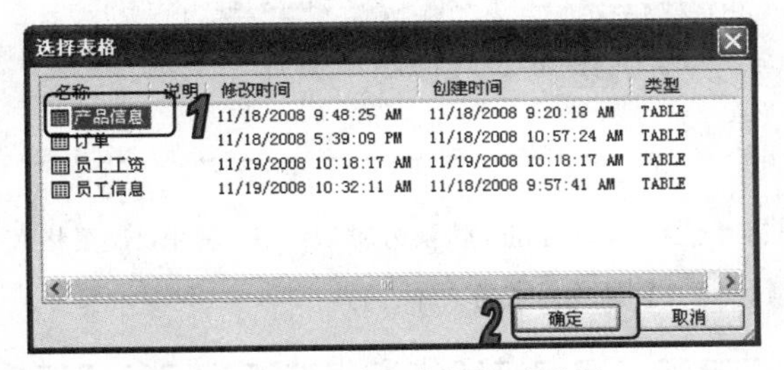

图 16-15　【选择表格】对话框

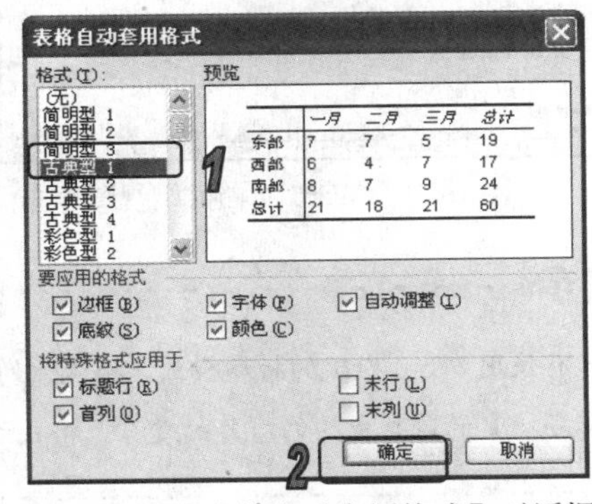

图 16-16　【表格自动套用格式】对话框

(7) 单击【确定】按钮，返回【选取数据源】对话框，然后单击【插入数据】按钮，打开【插入数据】对话框，选中【将数据作为域插入】复选框，如图 16-17 所示。

(8) 单击【确定】按钮，此时 Access 数据表将插入到 Word 文档中，如图 16-18 所示。

(9) 单击【文件】|【保存】按钮，将文档以“插入 Access 数据库”名保存。

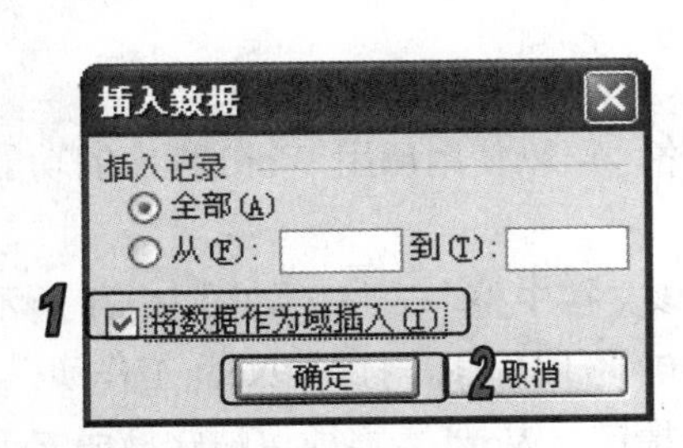

图 16-17　【插入数据】对话框

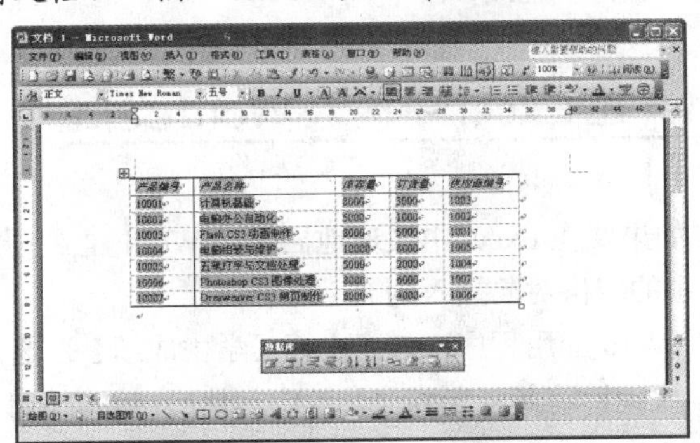

图 16-18　插入的数据库

16.1.4 使用 Word 大纲创建 PowerPoint 幻灯片

将 Word 文档转换为 PowerPoint 幻灯片的方式有两种。第一种方法是在 PowerPoint 状态下将 Word 文档插入到演示文档中，该方法将在本章的第 16.3.1 节介绍。

另一种方法是，首先在 Word 中打开转换为 PowerPoint 幻灯片的文档，切换至大纲视图，如图 16-19 所示。然后选择【文件】|【发送】|【Microsoft Office PowerPoint】命令，以便将 Word 文档发送给 PowerPoint 应用程序，此时 PowerPoint 文档中自动将已有的 Word 文档转换为演示文档，并将其以“论文”名保存，如图 16-20 所示。

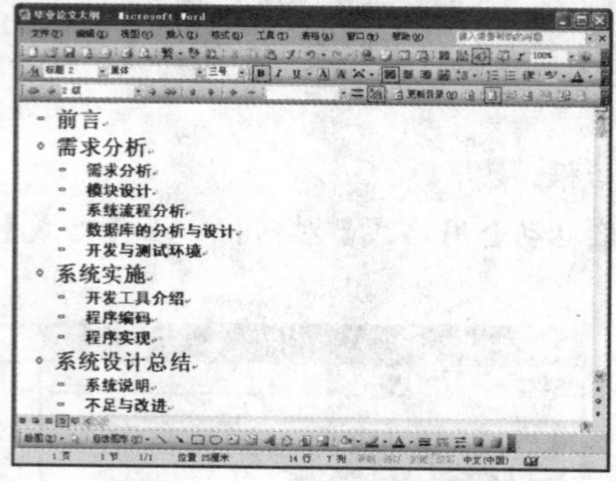

图 16-19　Word 文档大纲视图

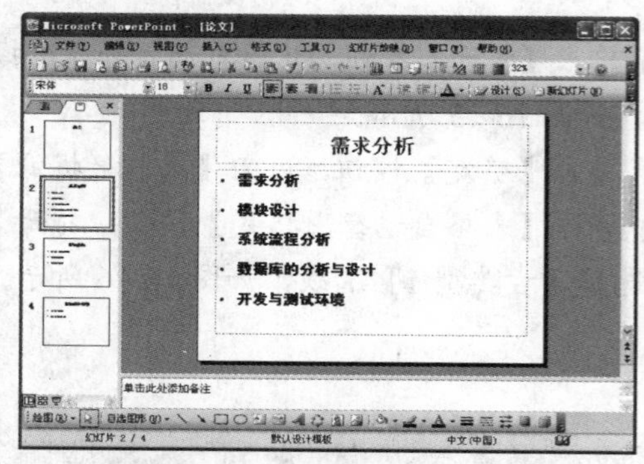

图 16-20　生成的幻灯片

提示

只有使用 Word 内建的标题样式来格式化的段落才能被 PowerPoint 转换为演示文稿。其中，设置格式为【标题 1】的段落成为幻灯片的题目，格式为【标题 2】的段落成为文本。

16.2 在 Excel 中调用其他资源

与 Word 应用程序类似，在 Excel 应用程序中同样可以调用 Word 文档、PowerPoint 幻灯片或 Access 数据库等对象。

16.2.1 在 Excel 中插入 Word 文档

用户如果要在 Excel 中快速地插入在 Word 建立的表格，可以使用调用 Word 程序的功能，将 Word 中的表格对象插入到 Excel 中。

启动 Word 应用程序，打开文档【学生成绩】，选中该文档中整个表格，如图 16-21 所示。按 Ctrl+C 快捷键将其复制到剪贴板中。然后启动 Excel 2003 应用程序，打开 Excel 工作簿，在工作表中选择需要插入 Word 表格的单元格，按 Ctrl+V 快捷键，Word 表格即可被转换成 Excel

表格的形式插入 Excel 工作表中，如图 16-22 所示。

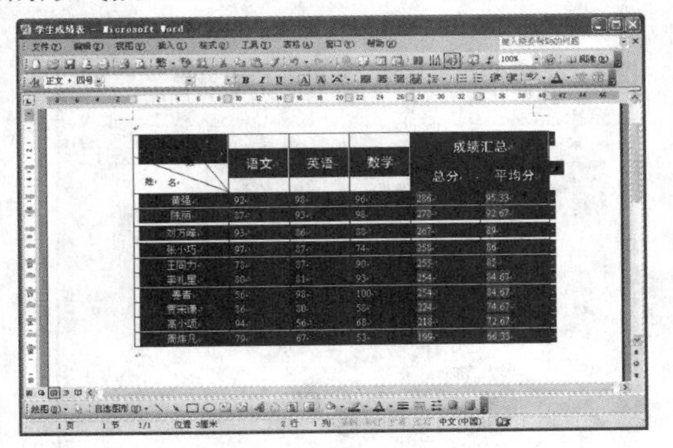

图 16-21　选择 Word 表格

图 16-22　插入 Word 表格

16.2.2　在 Excel 中嵌入 PowerPoint 幻灯片

通过【选择性粘贴】对话框，可以实现在 Excel 程序中嵌入 PowerPoint 幻灯片。下面将以实例来介绍在 Excel 程序中嵌入 PowerPoint 幻灯片的具体方法。

【例 16-3】在 Excel 表格中嵌入【贺卡】演示文稿中的幻灯片。

(1) 启动 PowerPoint 2003 应用程序，打开第 10 章创建的【贺卡】演示文稿，在需要复制的幻灯片缩略图上右击，从弹出的快捷菜单中选择【复制】命令，如图 16-23 所示。

(2) 启动 Excel 2003 应用程序，打开 Excel 工作簿，然后选择【编辑】|【选择性粘贴】命令，打开【选择性粘贴】对话框。

(3) 在【选择性粘贴】对话框中，选中【粘贴】单选按钮，在【方式】列表框中选择【Microsoft PowerPoint 幻灯片 对象】选项，如图 16-24 所示。

图 16-23　选择【复制】命令

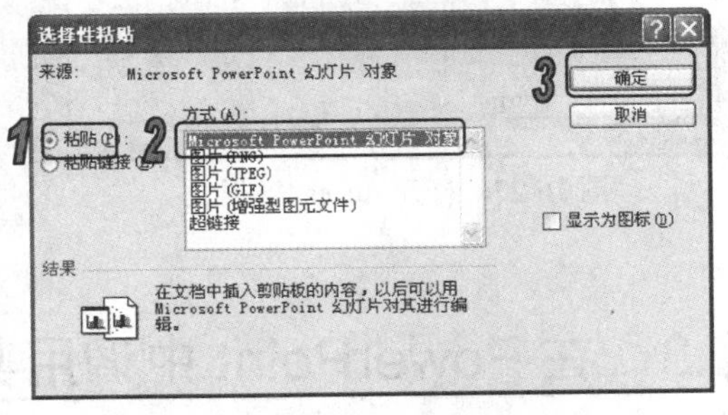

图 16-24　【选择性粘贴】对话框

(4) 单击【确定】按钮，即可将幻灯片嵌入到 Excel 中，如图 16-25 所示。

(5) 双击嵌入的幻灯片，Excel 窗口中的菜单栏与工具栏便变为 PowerPoint 的菜单栏与工具栏，如图 16-26 所示。此时用户可以对幻灯片中的内容进行编辑。

(6) 编辑完幻灯片后，单击 Excel 其他空白区域，然后单击【保存】按钮，将 Excel 工作簿以“Excel 嵌入 PPT 幻灯片”名保存。

图 16-25　在 Excel 中嵌入幻灯片

图 16-26　编辑幻灯片

16.2.3　在 Excel 中使用 Access 数据库

除了调用 Word 或 PowerPoint 中的对象外，在 Excel 中还可以插入 Access 数据库中的数据。方法很简单，首先打开 Access 数据库中数据表(或者查询)，如图 16-27 所示。选择需要复制的记录，按 Ctrr+C 快捷键将选择的记录复制到剪贴板上。然后启动 Excel 2003 应用程序，打开 Excel 工作簿，按 Ctrl+V 快捷键将选择的记录粘贴到 Excel 表格中，效果如图 16-28 所示。

图 16-27　打开 Access 数据表

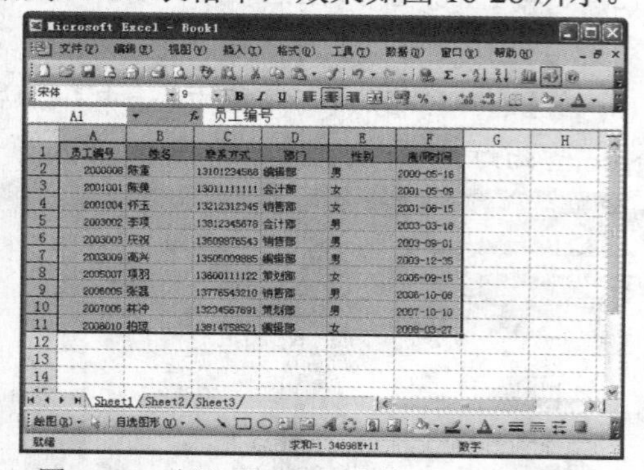

图 16-28　插入到 Excel 中的 Access 数据

16.3　在 PowerPoint 中调用其他资源

同样，在 PowerPoint 中也可调用 Word 文档和 Excel 表格中的资源。本节将介绍在 PowerPoint 中方便地调用 Word、Excel 对象的方法。

16.3.1 在 PowerPoint 中插入 Word 文档

在 PowerPoint 中插入 Word 文档的方法有通过复制和粘贴插入、通过发送插入、通过【插入对象】对话框插入 Word 文档等多种。下面将以实例来介绍其中的通过【插入对象】对话框插入 Word 文档的方法。

【例 16-4】在 PowerPoint 中插入【招聘启事】Word 文档。

(1) 启动 PowerPoint 2003 应用程序，打开一个空白演示文稿，选择【插入】|【对象】命令，如图 16-29 所示。

(2) 打开【插入对象】对话框，选中【由文件创建】单选按钮，如图 16-30 所示。

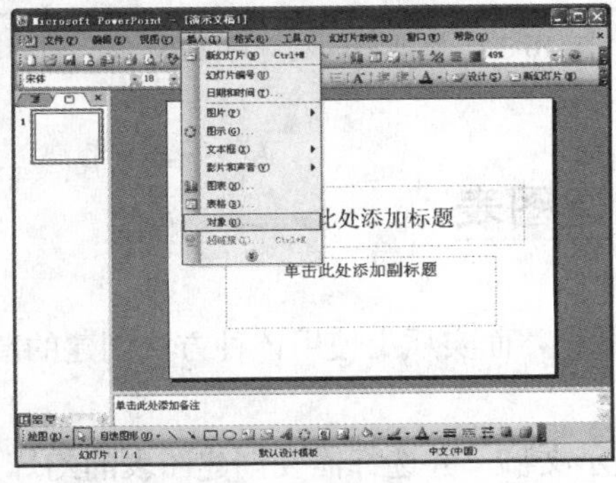
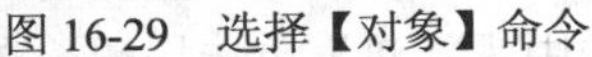

图 16-29 选择【对象】命令

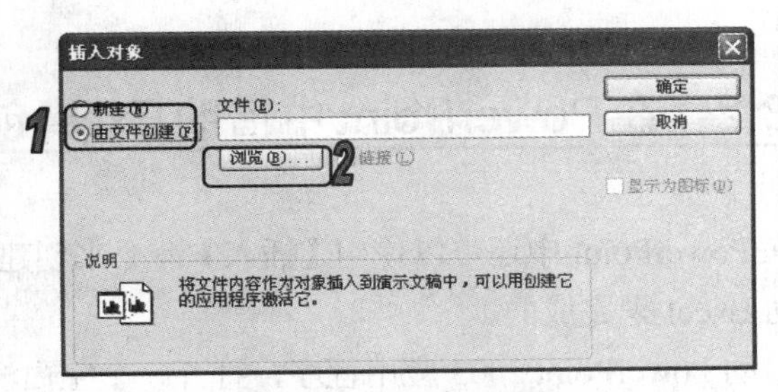

图 16-30 【插入对象】对话框

(3) 单击【浏览】按钮，打开【浏览】对话框，选择第 3 章创建的【】招聘启事文档，如图 16-31 所示。

(4) 单击【确定】按钮，返回至【插入对话框】，然后再次单击【确定】按钮，此时便将选择的 Word 文档插入到幻灯片中，如图 16-32 所示。

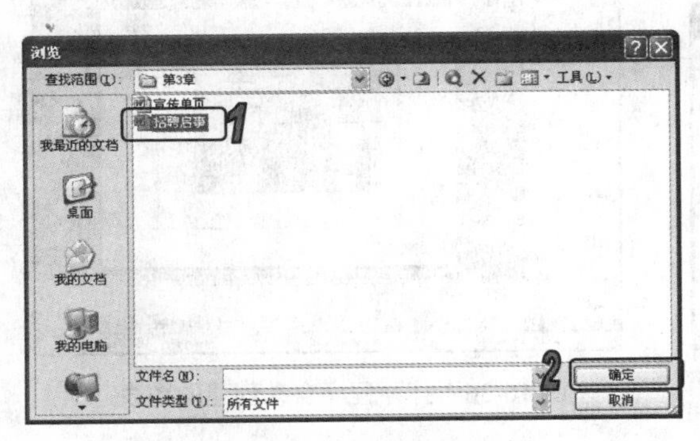

图 16-31 【浏览】对话框

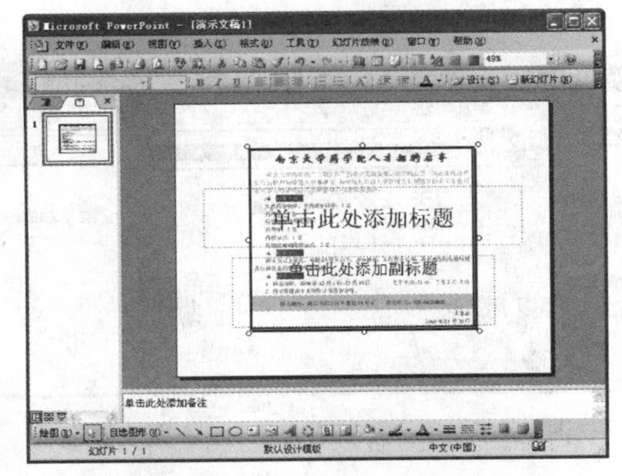

图 16-32 Word 文档插入到幻灯片中

(5) 双击插入的文档，便可在启动的 Word 程序中进行编辑操作，如图 16-33 所示。

(6) 编辑完后，单击 PowerPoint 区域空白处，并删除【标题】和【副标题】占位符，此时幻灯片效果如图 16-34 所示。

(7) 单击【保存】按钮，将演示文稿以“PPT 插入 Word”名保存。

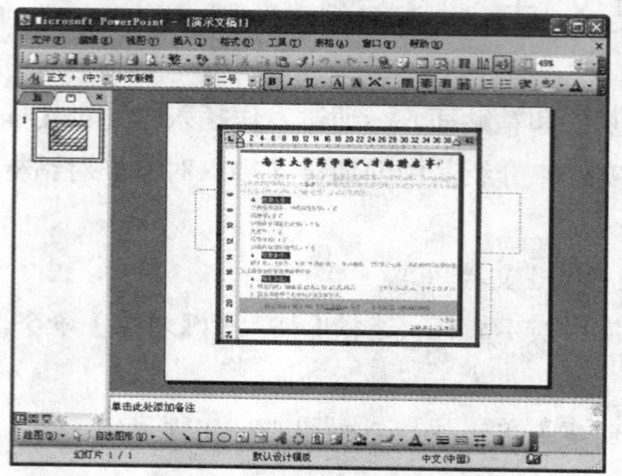

图 16-33 编辑 Word 文档

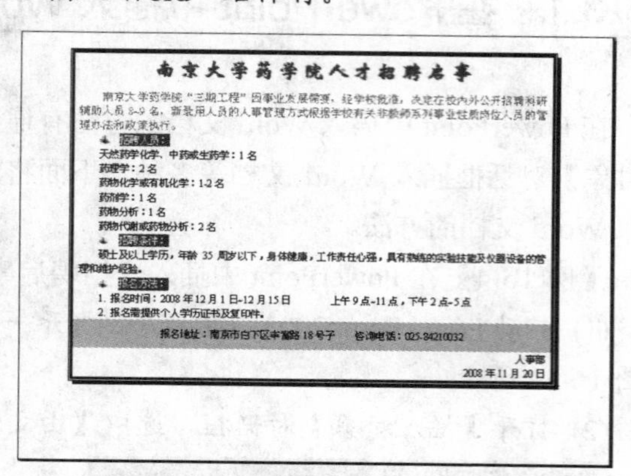

南京大学药学院人才招聘启事

天然药学化学、中药或生药学：1名
药理学：2名
药物化学或有机化学：1-2名
药剂学：1名
药物分析：1名
药物代谢或药物分析：2名
硕士及以上学历，年龄 35 周岁以下，身体健康，工作责任心强，具有熟练的实验技能及仪器设备的管理和维护经验。
1. 报名时间：2008 年 12 月 1 日-12 月 15 日 上午 9 点-11 点，下午 2 点-5 点
2. 报名需提供个人学历证书及复印件。
报名地址：南京市白下区丰富路 18 号子 咨询电话：025-84210032
人事部
2008 年 11 月 20 日

图 16-34 完成后的幻灯片效果

16.3.2 在 PowerPoint 中借助 Excel 创建图表

在 PowerPoint 中还可以使用【插入】命令来创建图表，而实质上使用该种方法创建的图表是借助 Excel 来完成的。

启动 PowerPoint 2003 应用程序，打开一个空白演示文稿，并选择需要创建图表的幻灯片。选择【插入】|【对象】命令，打开【插入对象】对话框，选中【新建】单选按钮，在【对象类型】下拉列表框中选择【Microsoft Excel 图表】选项，如图 16-35 所示。单击【确定】按钮，打开程序自动创建的图表，此时 PowerPoint 菜单和工具栏将变成 Excel 中的菜单和工具栏，如图 16-36 所示。

图 16-35 选择【Microsoft Excel 图表】选项

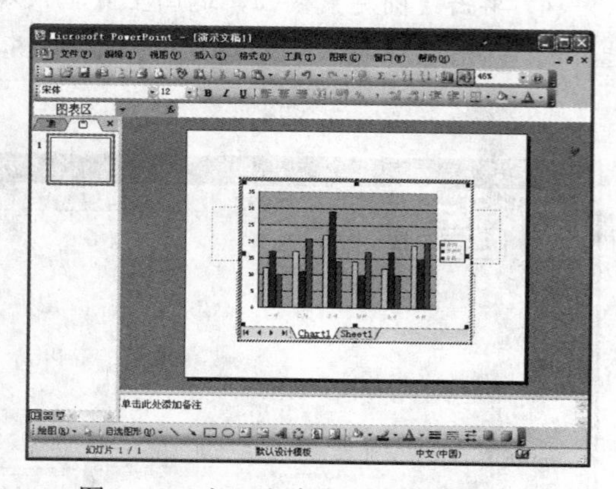

图 16-36 打开程序自动创建的图表

在如图 16-36 所示的窗口中，单击【Sheet 1】标签，在工作表中输入如图 16-37 所示的数据。完成编辑后，切换到【Chart 1】标签，单击幻灯片空白处，并删除【标题】和【副标题】占位符，此时幻灯片效果如图 16-38 所示。

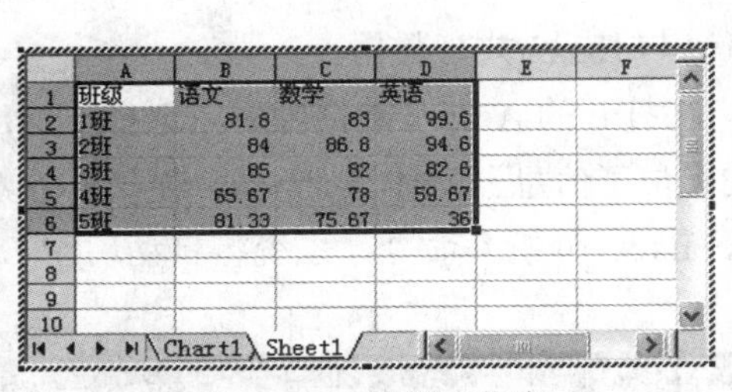

	A	B	C	D
1	班级	语文	数学	英语
2	1班	81.8	83	99.6
3	2班	84	86.8	94.6
4	3班	85	82	82.8
5	4班	65.67	78	59.67
6	5班	81.33	75.87	36

图 16-37　编辑工作表

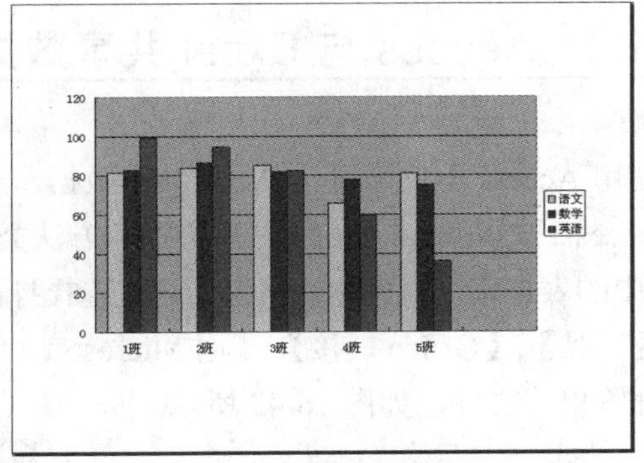

图 16-38　在幻灯片中显示编辑后的图表

16.4　共享 Access 数据

在 Access 中，用户可以将数据输出到 Word 文档中或者 Excel 表格中进行编辑，以达到资源共享数据的目的。

16.4.1　Access 与 Word 共享数据

类似于 Excel、PowerPoint，Access 也可与 Word 共享数据。其方法很简单，在 Access 数据库窗口中选择需要共享到 Word 中的表、查询、窗体或报表，这里选择打开的【订单】报表，如图 16-39 所示。然后选择【工具】|【Office 链接】|【用 Microsoft Office Word 发布】命令，系统自动启动 Word 并打开输出的文件，如图 16-40 所示。

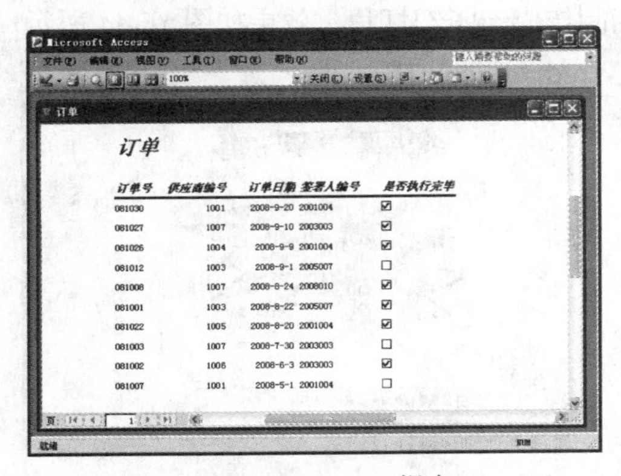

图 16-39　打开 Access 报表

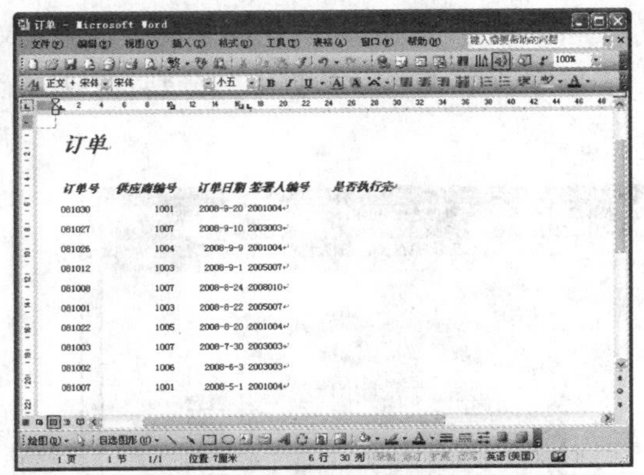

图 16-40　在 Word 中输出 Access 报表

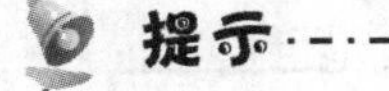

提示

在 Access 中可以导入 Word 文本，首先将 Word 文档以文件副本保存为带有逗号或带制表符定界符的无格式文本文件，然后切换到 Access 数据库窗口中，打开【表】选项卡，选择【文件】|【获取外部数据】|【导入】命令，将打开【导入】对话框。在该对话框中选择文本文件后，单击【确定】按钮即可。

16.4.2 Access 与 Excel 共享数据

使用 Access 不仅可以与 Word 共享数据，还可以与 Excel 共享数据。

Access 与 Word 或 Excel 共享数据的方法类似，在打开的 Access 数据库中，选择要输出到 Excel 中的表、查询、窗体或报表，这里选择打开的【员工信息】窗体，如图 16-41 所示。然后选择【工具】|【Office 链接】|【用 Microsoft Office Excel 分析】命令，系统将自动启动 Excel 并打开输出的文件，如图 16-42 所示。

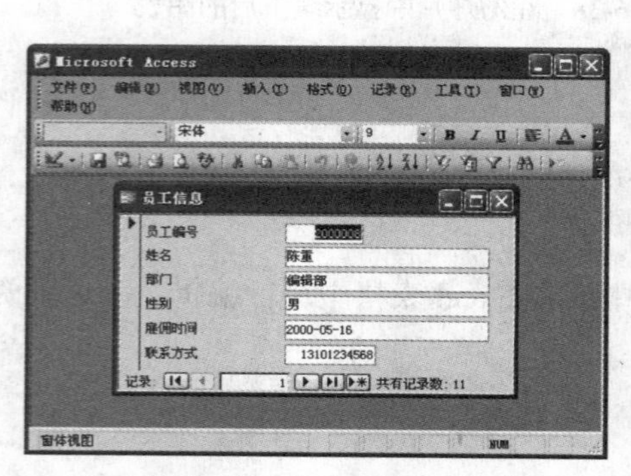

图 16-41　打开 Access 窗体

Microsoft Excel - 员工信息

	A	B	C	D	E	F
1	员工编号	姓名	部门	性别	雇佣时间	联系方式
2	2000008	陈重	编辑部	男	2000-05-16	13101234568
3	2000008	陈重	编辑部	男	2000-05-16	13101234568
4	2001001	陈美	会计部	女	2001-05-09	13011111111
5	2001004	怀玉	销售部	女	2001-08-15	13212312345
6	2003002	李项	会计部	男	2003-03-18	13812345678
7	2003003	庆祝	销售部	男	2003-09-01	13609876543
8	2003009	高兴	编辑部	男	2003-12-35	13505009885
9	2005007	项羽	策划部	女	2005-09-15	13600111122
10	2006005	张磊	销售部	男	2006-10-08	13776543210
11	2007006	林冲	策划部	男	2007-10-10	13234567891
12	2008011	张娟	编辑部	女	2008-11-18	13819311001

图 16-42　在 Excel 中输出 Access 窗体

16.5 习题

1. 新建一个 Word 文档并在文档中嵌入一个 Excel 工作表，效果如图 16-43 所示。
2. 将第 4 章上机练习创建的【宣传海报】文档制作成一张幻灯片，效果如图 16-44 所示。
3. 建立一个 Access 数据库并分别将其插入到 Word、Excel 中。

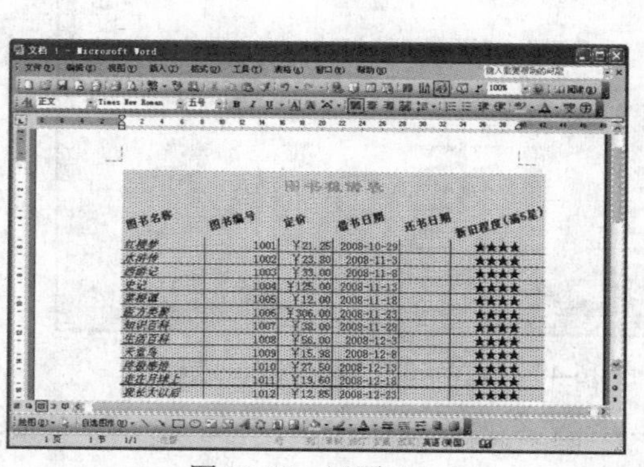

图书借阅表

图书名称	图书编号	定价	借书日期	还书日期	新旧程度(满5星)
红楼梦	1001	￥21.25	2008-10-29		★★★★
水浒传	1002	￥23.80	2008-11-3		★★★★
西游记	1003	￥33.00	2008-11-8		★★★★
史记	1004	￥125.00	2008-11-13		★★★★
菜根谭	1005	￥12.00	2008-11-18		★★★★
[illegible]	1006	￥306.00	2008-11-23		★★★★
知识百科	1007	￥38.00	2008-11-28		★★★★
生活百科	1008	￥56.00	2008-12-3		★★★★
天堂鸟	1009	￥15.98	2008-12-8		★★★★
[illegible]	1010	￥27.50	2008-12-13		★★★★
走在月球上	1011	￥19.60	2008-12-18		★★★★
我长大以后	1012	￥12.85	2008-12-23		★★★★

图 16-43　习题 1

图 16-44　习题 2

第17章 综合应用实例

学习目标

Office 文档的应用十分广泛，它起到了传递信息和记录、管理数据等重要作用。本章主要通过综合应用各种功能制作美观实用的 Word 文档、Excel 数据表和 PowerPoint 演示文稿，帮助用户灵活运用 Office 2003 的各种功能，提高综合应用的能力。

本章重点

- ◉ 使用 Word 编辑文档
- ◉ 使用 Excel 制作表格
- ◉ 使用 PowerPoint 制作演示文稿

17.1 制作商业广告

通过在 Word 2003 中制作【商业广告】文档，巩固设置页面主题与边框、制作标题文字、编辑正文内容、添加插图内容，添加公司信息资料等内容。实例效果如图 17-1 所示。

(1) 启动 Word 2003，创建一个空白 Word 文档，将其以“商业广告”为名保存。

(2) 在【常用】工具栏上的【显示比例】下拉列表框中选择【整页】选项，文档将以整页的形式显示，如图 17-2 所示。

(3) 选择【格式】|【主题】命令，打开【主题】对话框，在【请选择主题】列表框中选择【现代图形】选项，如图 17-3 所示。

(4) 单击【确定】按钮，为页面应用主题样式，如图 17-4 所示。

提示

保存 Word 文档的方法很简单，单击【保存】按钮，或者选择【文件】|【保存】命令，打开【另存为】对话框。在该对话框中选择保存路径和输入文件名称后，单击【保存】按钮即可。

图 17-1 实例效果

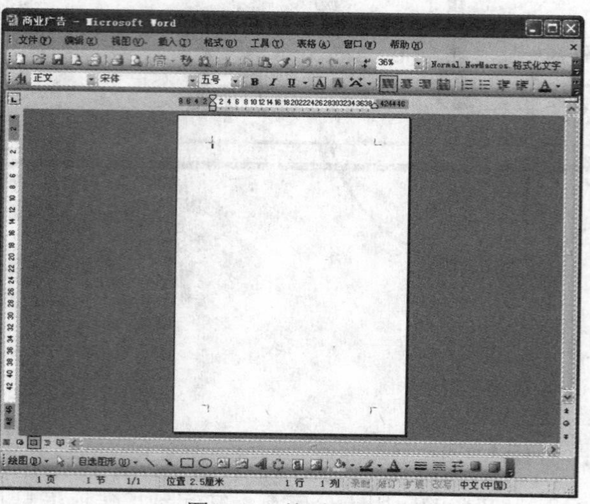

图 17-2 整页显示

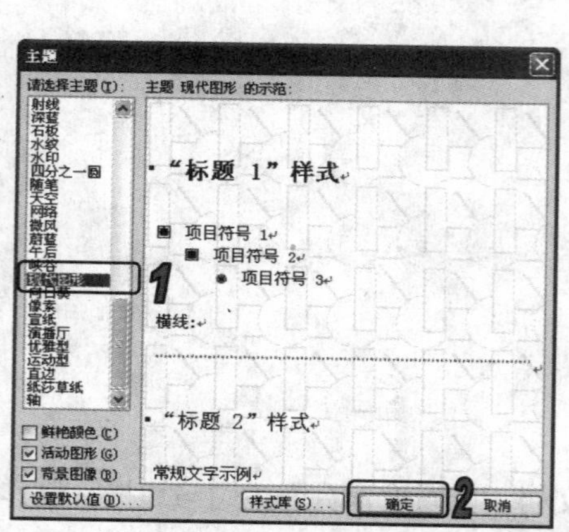

图 17-3 【主题】对话框

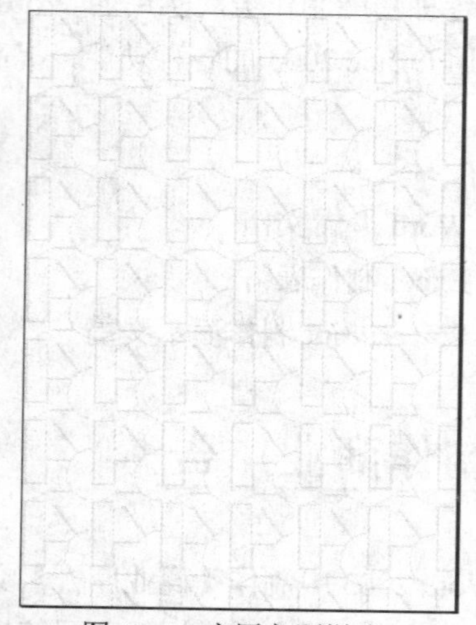

图 17-4 应用主题样式

(5) 选择【格式】|【边框和底纹】命令，打开【边框和底纹】对话框，切换至【页面边框】选项卡，在【艺术型】下拉列表框中选择一种页面样式，如图 17-5 所示。

(6) 单击【确定】按钮，此时设置好的页面边框如图 17-6 所示。

(7) 选择【插入】|【图片】|【艺术字】命令，打开【艺术字库】对话框，在其中选择一种样式，如图 17-7 所示。

(8) 单击【确定】按钮，打开【编辑'艺术字'文字】对话框，在【字体】下拉列表框中选择【宋体】选项，单击【加粗】按钮，并在【文字】列表框中输入"自然之道　奔驰之道"，如图 17-8 所示。

(9) 单击【确定】按钮，即可在文档中插入艺术字。

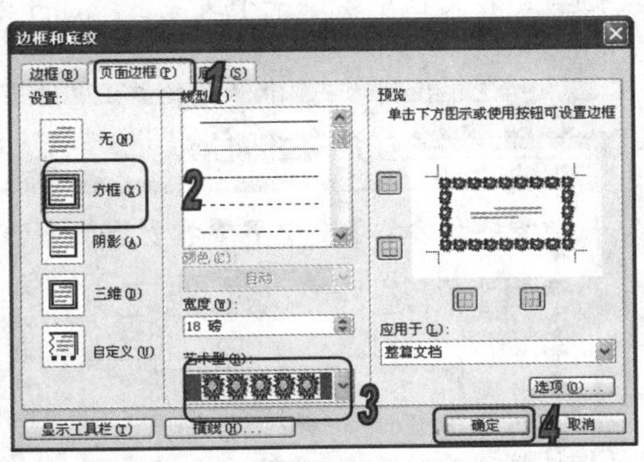

图 17-5　【页面边框】选项卡

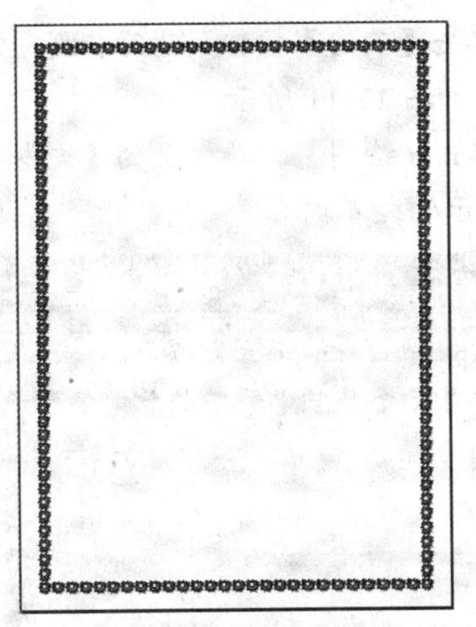

图 17-6　添加页面边框

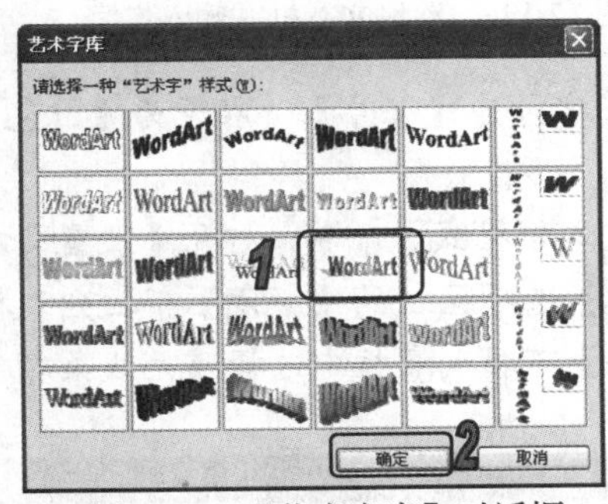

图 17-7　【艺术字库】对话框

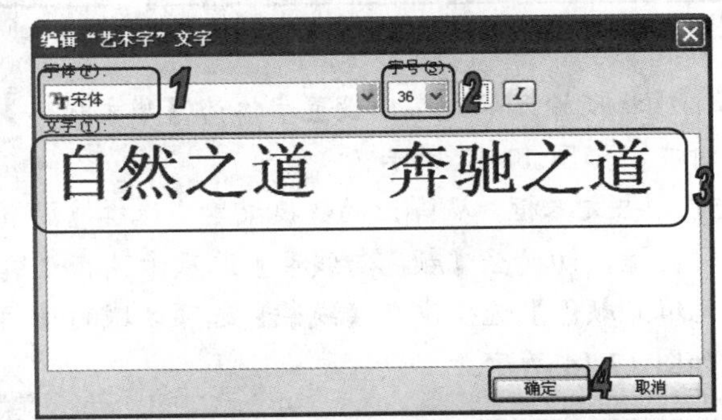

图 17-8　【编辑‘艺术字’文字】对话框

(10) 选中所插入的艺术字，单击【艺术字】工具栏上的【文字环绕】按钮，从打开的菜单中选择【浮于文字上方】命令，如图 17-9 所示。

(11) 单击【艺术字】工具栏上的【设置艺术字格式】按钮，打开【设置艺术字格式】对话框，切换至【颜色与线条】选项卡，设置线条的颜色为白色，如图 17-10 所示。

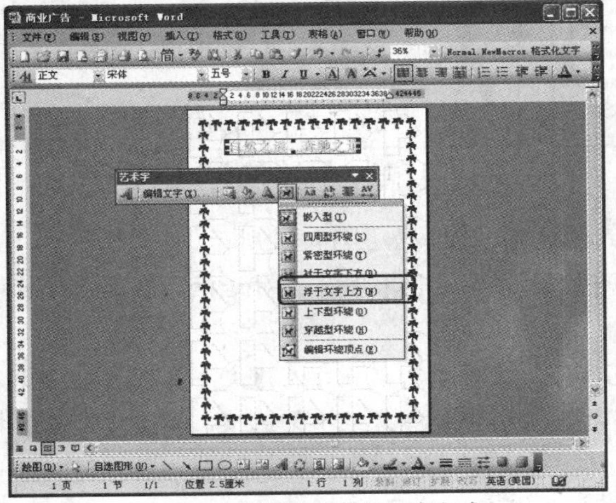

图 17-9　设置艺术字环绕方式

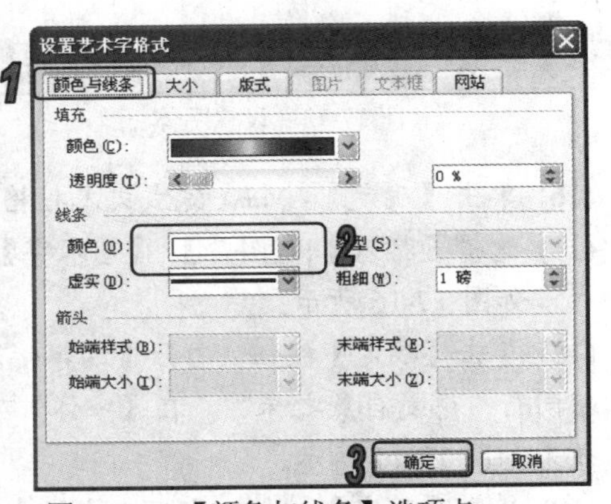

图 17-10　【颜色与线条】选项卡

(12) 单击【确定】按钮，此时标题艺术字编辑完毕，拖动艺术字到适当的位置，并调整其大小，效果如图 17-11 所示。

(13) 单击【绘图】工具栏上的【文本框】按钮，在文档中绘制一个文字区域，并输入如图 17-12 所示的文本内容。

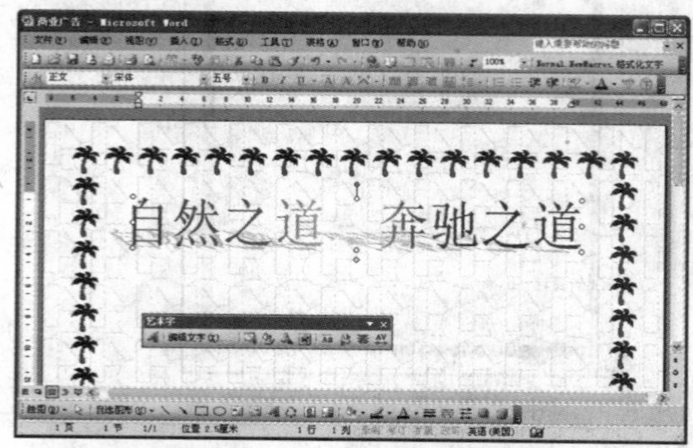

图 17-11　标题艺术字效果

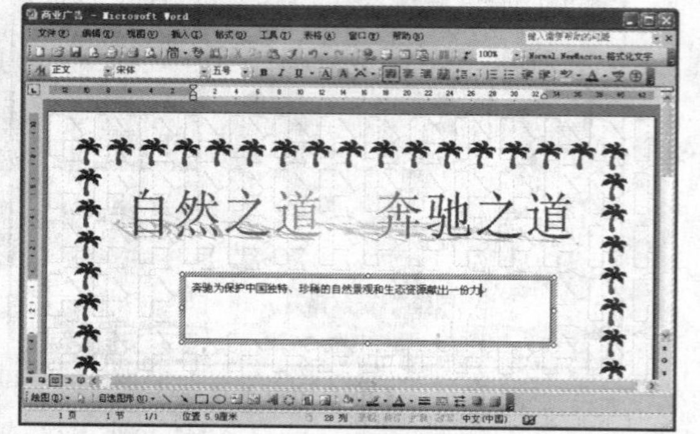

图 17-12　绘制文本框并输入文字

(14) 选择所输入的文字，设置字体为【华文楷体】，字号为【一号】，颜色为【红色】，且居中对齐，如图 17-13 所示。

(15) 右击文本框，从弹出的快捷菜单中选择【设置文本框格式】命令，打开【设置文本框格式】对话框，切换至【颜色与线条】选项卡，在【填充】选项区域的【颜色】下拉列表框中选择【无填充颜色】选项，在【线条】选项区域的【颜色】下拉列表框中选择【无线条颜色】选项，如图 17-14 所示。

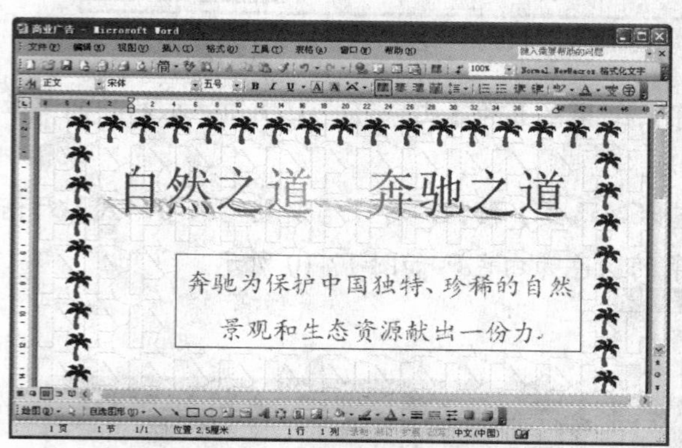

图 17-13　设置字体

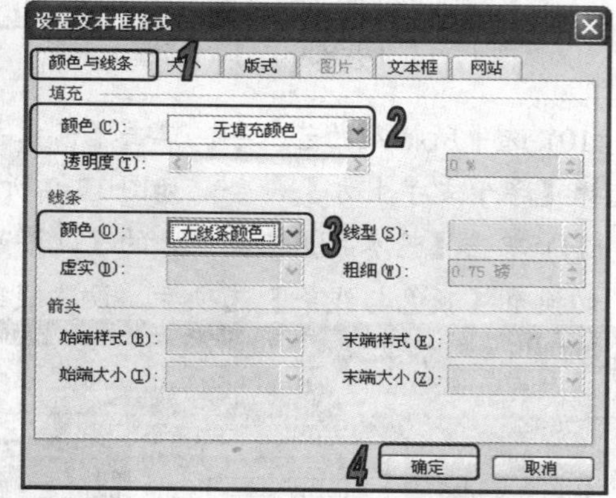

图 17-14　【颜色与线条】选项卡

(16) 单击【确定】按钮，完成文本框格式的设置，效果如图 17-15 所示。

(17) 选择【插入】|【图片】|【艺术字】命令，打开【艺术字库】对话框，在其中选择一种样式，如图 17-16 所示。

(18) 单击【确定】按钮，打开【编辑‘艺术字’文字】对话框，在【文字】列表框中输入“一路同行　感受自然之味”，在【字体】下拉列表框中选择【隶书】选项，单击【加粗】按钮，效果如图 17-17 所示。

(19) 单击【确定】按钮，即可在文档中插入艺术字，如图 17-18 所示。

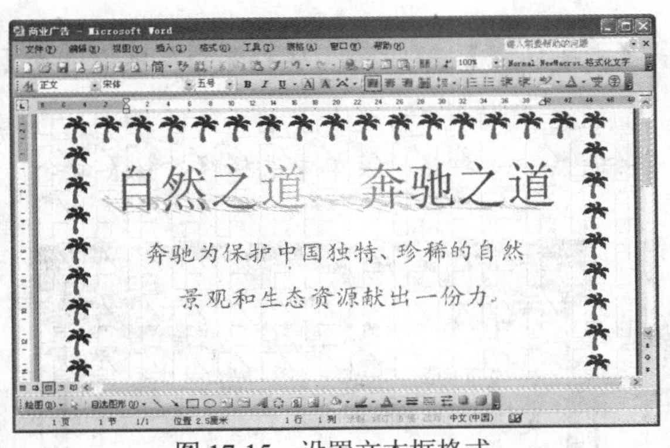

图 17-15　设置文本框格式

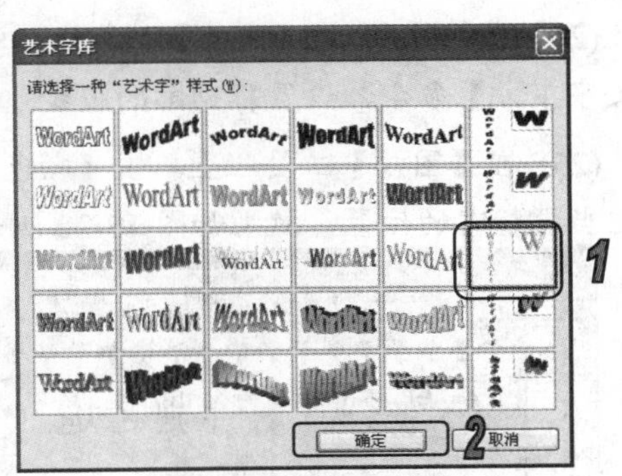

图 17-16　选择艺术字样式

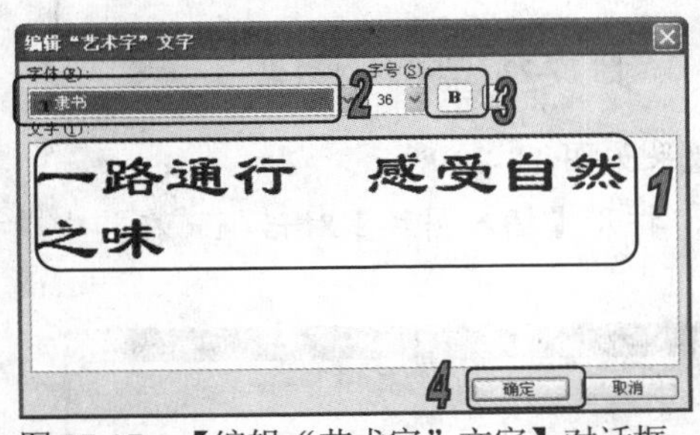

图 17-17　【编辑"艺术字"文字】对话框

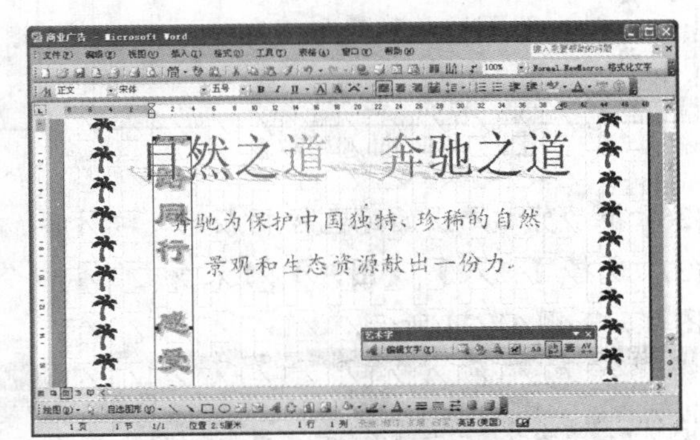

图 17-18　插入的艺术字

(20) 选中所插入的艺术字，单击【艺术字】工具栏上的【文字环绕】按钮，从打开的菜单中选择【浮于文字上方】命令，设置其版式。

(21) 单击【艺术字】工具栏上的【艺术字竖排文字】按钮，将插入的艺术字改成横排，并且适当调整其位置，效果如图 17-19 所示。

(22) 选择【插入】|【图片】|【剪贴画】命令，打开【剪贴画】任务窗格，在【搜索文字】文本框中输入"汽车"，然后单击【搜索】按钮，显示搜索结果，如图 17-20 所示。

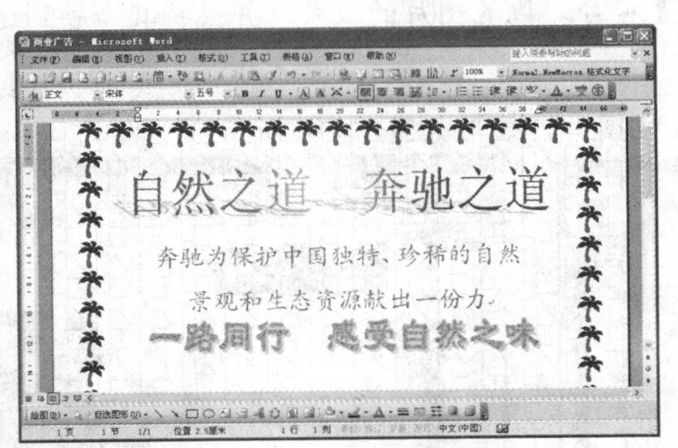

图 17-19　设置艺术字格式

图 17-20　【剪贴画】任务窗格

(23) 在列表框中单击要插入的剪贴画，即可在文档中插入剪贴画，如图 17-21 所示。

(24) 选中图片，在【图片】工具栏上单击【文字环绕】按钮，从打开的菜单中选择【衬于文字下方】命令，设置剪贴画的版式。

(25) 在【图片】工具栏上单击【颜色】按钮，从打开的菜单中选择【冲蚀】命令，并且适当调整它的位置，效果如图 17-22 所示。

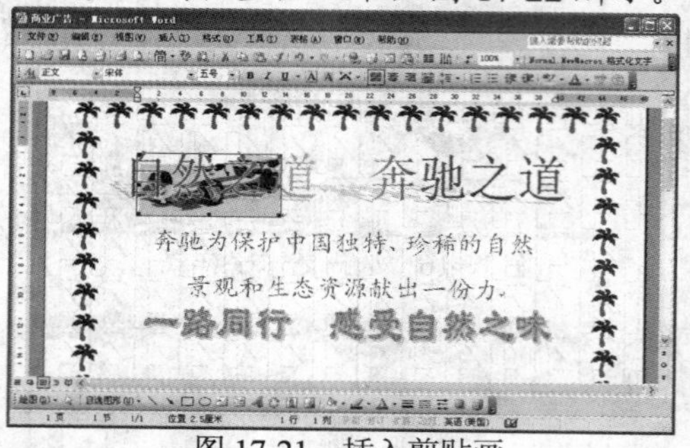

图 17-21　插入剪贴画

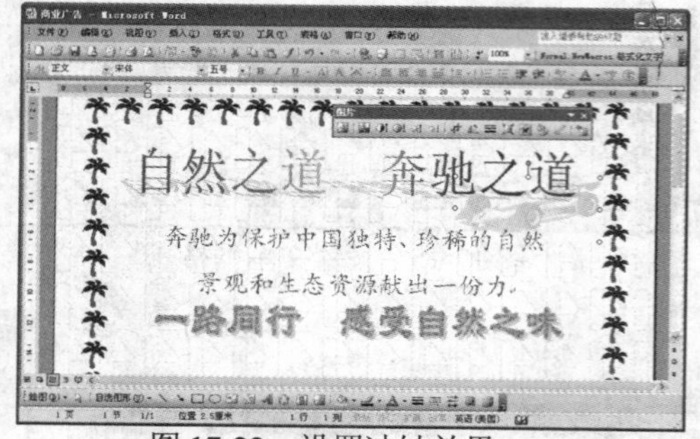

图 17-22　设置冲蚀效果

(26) 拖动剪贴画上的绿色控制点，旋转图形，效果如图 17-23 所示。

(27) 选择【插入】|【图片】|【来自文件】命令，打开【插入图片】对话框，在其中选择一幅图片，如图 17-24 所示。

图 17-23　旋转图形

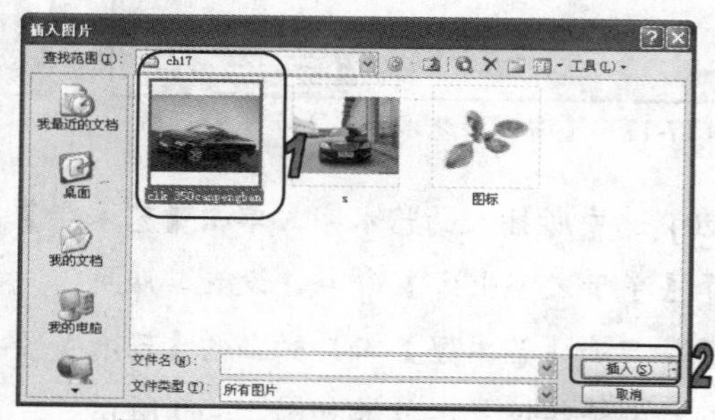

图 17-24　【插入图片】对话框

(28) 单击【插入】按钮，插入图片，然后在【图片】工具栏上单击【文字环绕】按钮，从打开的菜单中选择【浮于文字上方】命令，设置图片的版式，并且将其调整到适当的位置，效果如图 17-25 所示。

(29) 使用同样的方法，插入另一幅图片，效果如图 17-26 所示。

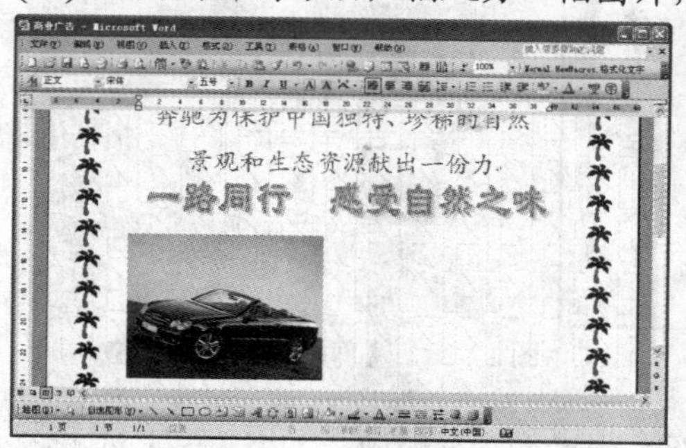

图 17-25　设置图片版式

图 17-26　插入图片

(30) 单击【绘图】工具栏上的【文本框】按钮，在文档中绘制一个文字区域，输入文本内容，设置字体为小四号，并设置一种字体颜色，如图17-27所示。

(31) 使用前面的方法将文本框的填充色和线条颜色都设为无色。然后选中所有的文本，选择【格式】|【项目符号和编号】命令，打开【项目符号和编号】对话框，在其中选择一种样式，如图17-28所示。

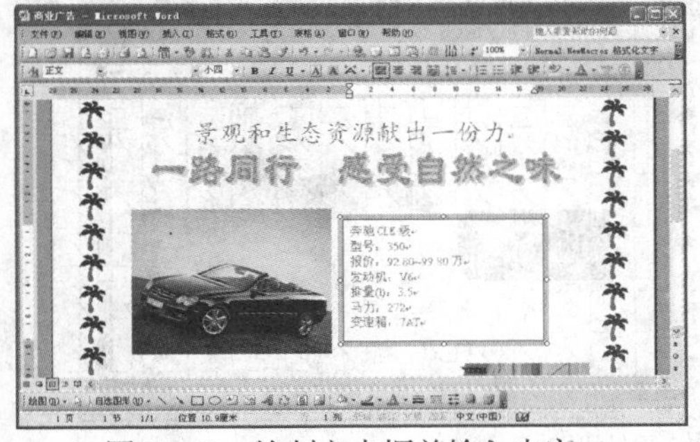

图17-27 绘制文本框并输入内容

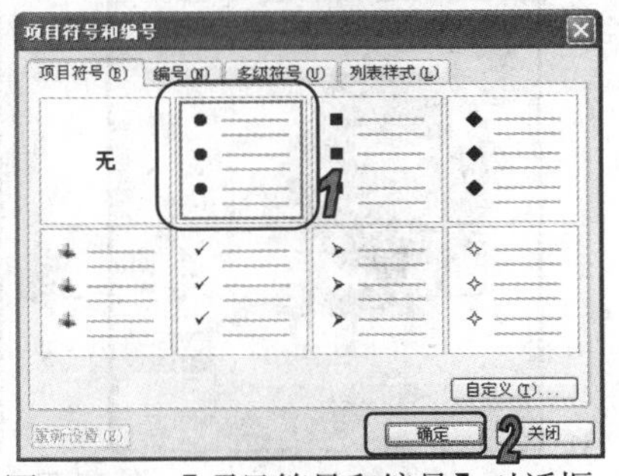

图17-28 【项目符号和编号】对话框

(32) 单击【自定义】按钮，打开【自定义项目符号列表】对话框，如图17-29所示。

(33) 单击【图片】按钮，打开【图片项目符号】对话框，从中选择一种合适的符号类型，如图17-30所示。

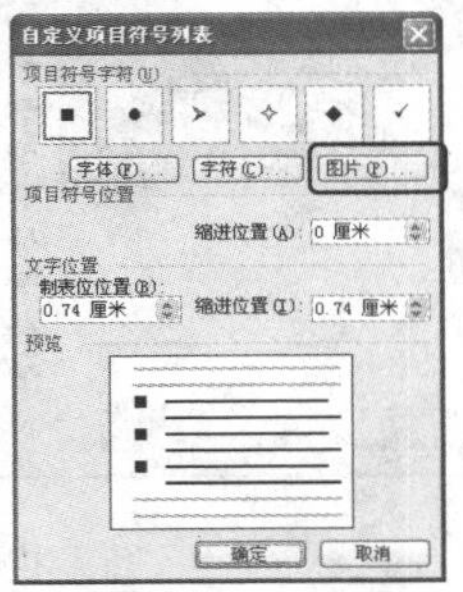

图17-29 【自定义项目符号列表】对话框

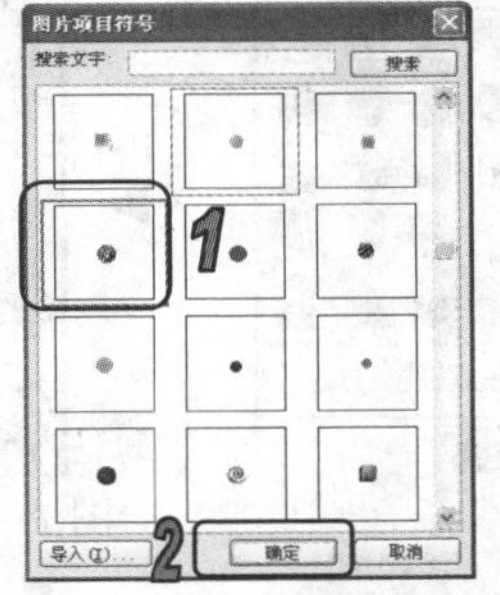

图17-30 【图片项目符号】对话框

(34) 单击【确定】按钮，即可给选定的文本使用项目符号，效果如图17-31所示。

(35) 使用同样的方法，绘制另一个文本框，并设置格式，效果如图17-32所示。

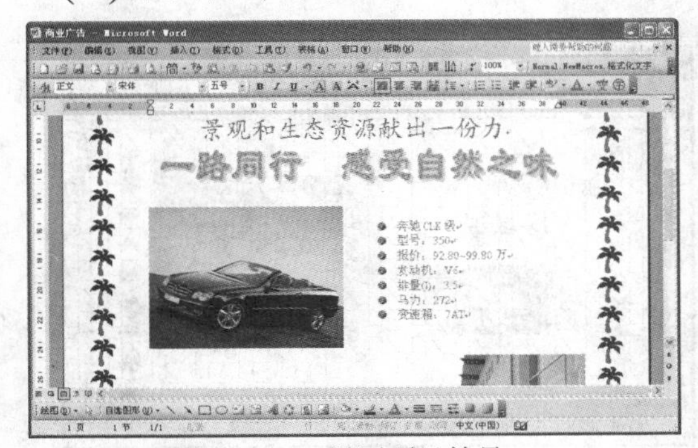

图17-31 设置项目符号

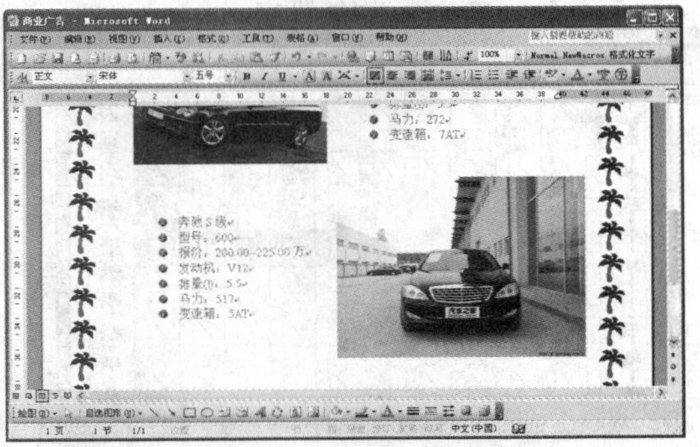

图17-32 绘制另一个文本框

(36) 单击【绘图】工具栏上的【自选图形】按钮，从打开的菜单中选择【基本形状】|【圆角矩形】命令，在文档中绘制圆角矩形，并且右击圆角矩形，从弹出的快捷菜单中选择【设置自选图形格式】命令，打开【设置自选图形格式】对话框。

(37) 打开【颜色与线条】选项卡，在【填充】选项区域的【颜色】下拉列表中选择【其他颜色】命令，打开【颜色】对话框，从中选择一种颜色，效果如图 17-33 所示。

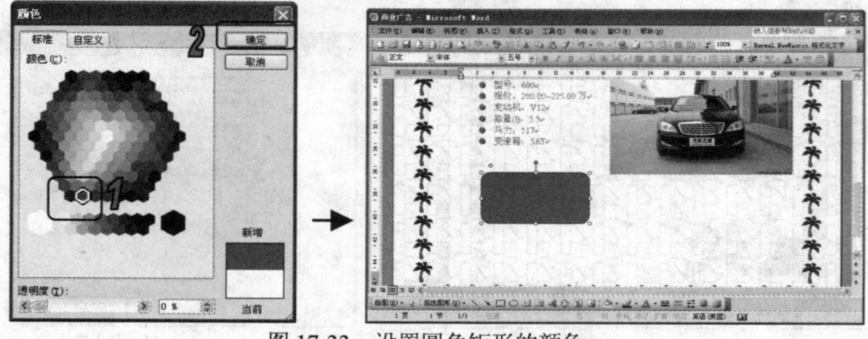

图 17-33 设置圆角矩形的颜色

(38) 选中所绘制的圆角矩形，在【绘图】工具栏上单击【三维效果样式】按钮，从打开的菜单中选择一种效果，如图 17-34 所示。

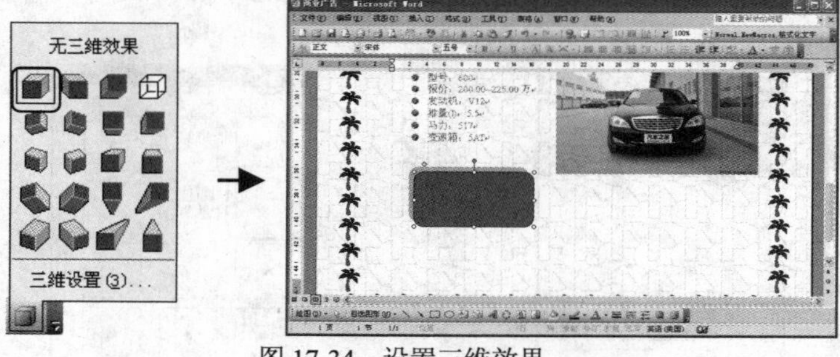

图 17-34 设置三维效果

(39) 右击圆角矩形，从弹出的快捷菜单中选择【添加文字】命令，在其中添加文字，并且设置字体为【华文新魏】，字号为五号，效果如图 17-35 所示。

(40) 单击【绘图】工具栏上的【插入图片】按钮，插入公司标志，并设置环绕方式为【浮于文字上方】，如图 17-36 所示。

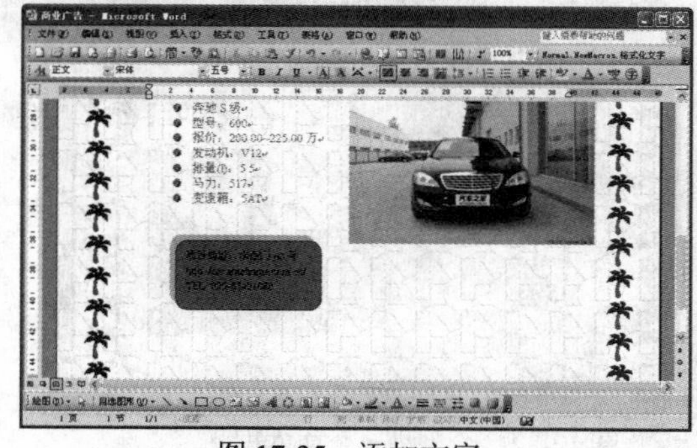

图 17-35 添加文字

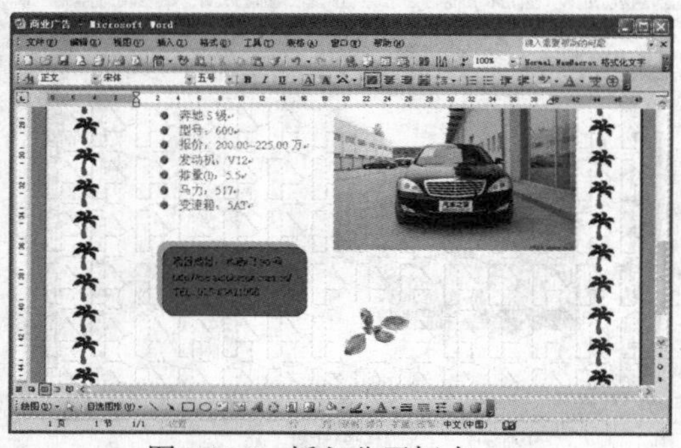

图 17-36 插入公司标志

(41) 单击【绘图】工具栏上的【文本框】工具，输入公司的名称，分别设置字号为小三和小六号，颜色为红色，并且加粗显示，如图 17-37 所示。

(42) 单击【绘图】工具栏上的【自选图形】工具，绘制左小括号和右小括号，如图 17-38 所示。

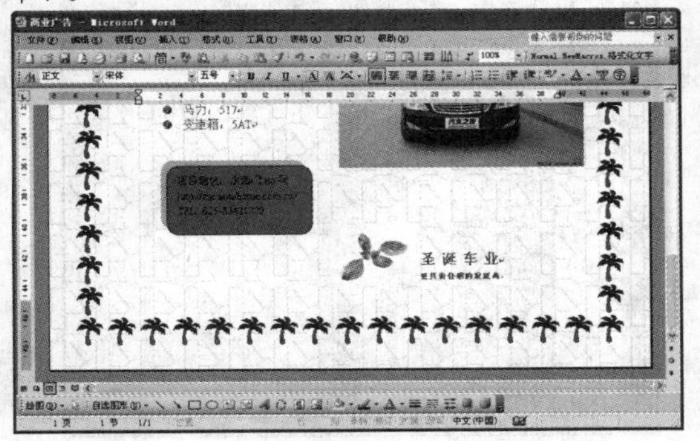

图 17-37　添加文字　　　　图 17-38　绘制括号

(43) 选择图片和自选图形，右击，从弹出的快捷菜单中选择【组合】|【组合】命令，将其组合，并适当调整各个对象的位置，就可以完成商业广告的制作，效果如图 17-1 所示。

17.2　制作产品列表

通过在 Excel 2003 中制作【产品列表】工作簿，巩固 Excel 2003 的基本操作，包括创建工作簿，调整行、列与单元格格式，输入和修改数据，插入对象等。

(1) 在 Excel 2003 中新建【产品列表】工作簿，并在其中输入产品信息，完成后如图 17-39 所示。

(2) 选定 B2:D2 单元格区域，然后在【格式】工具栏中单击【加粗】按钮 B，单击【居中】按钮，设置标题文本的格式，如图 17-40 所示。

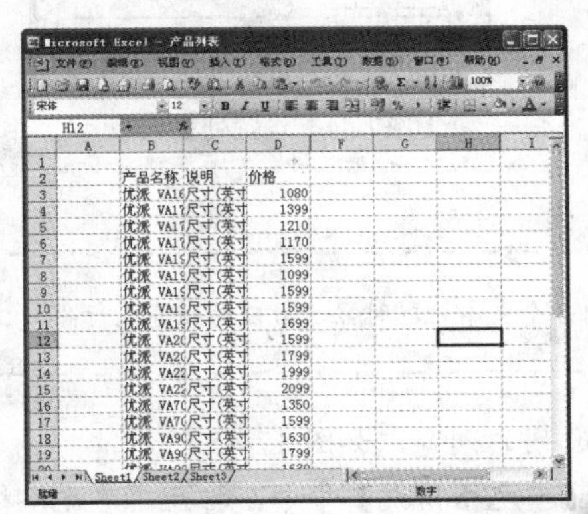

图 17-39　新建【产品列表】工作簿

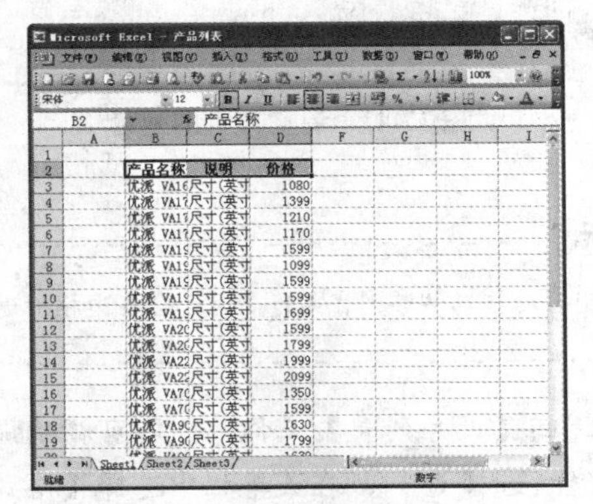

图 17-40　设置标题文本的格式

(3) 选定 B 列，然后在菜单栏中选择【格式】|【列】【最适合的列宽】命令，即可自动调

整列宽，如图 17-41 所示。

(4) 拖动 A 列标与 B 列标之间的边框，调整 A 列的列宽，如图 17-42 所示。

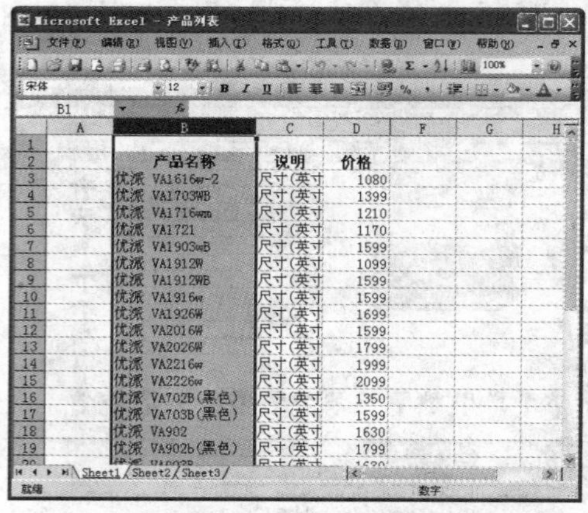

图 17-41　自动调整列宽

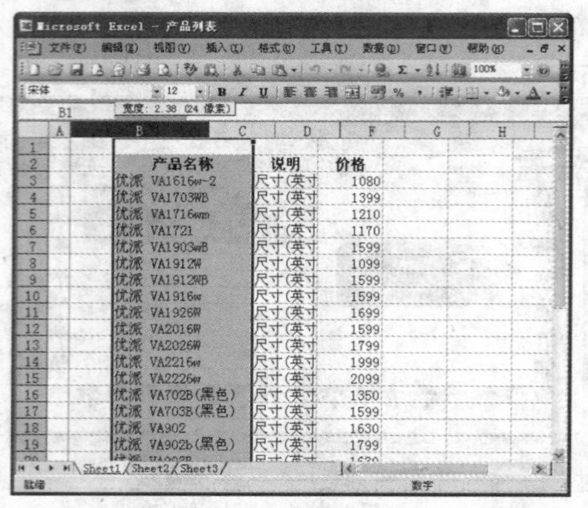

图 17-42　拖动调整列宽

(5) 拖动边框让 A 列为所需宽度时，松开鼠标即可完成调整列宽操作，如图 17-43 所示。

(6) 选定 C 列，在菜单栏中选择【格式】|【列】|【列宽】命令，打开【列宽】对话框。在【列宽】文本框中输入 35，然后单击【确定】按钮，如图 17-44 所示。

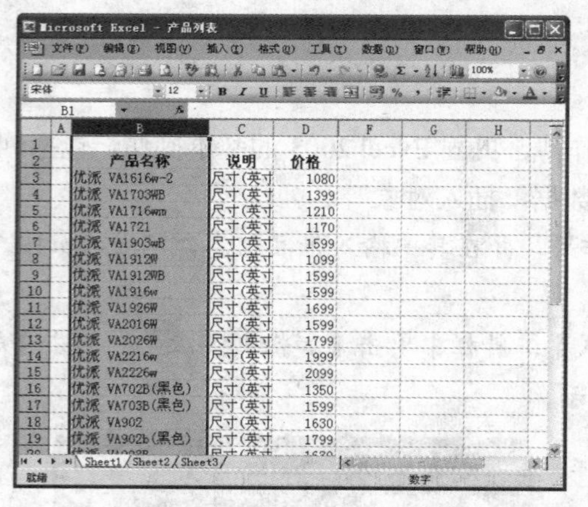

图 17-43　调整 A 列的列宽

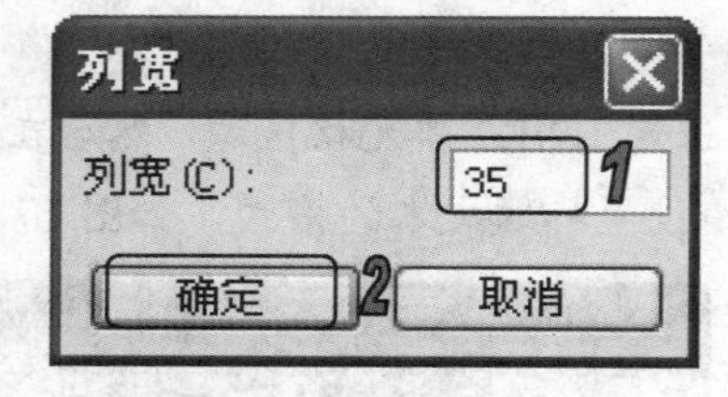

图 17-44　设置列宽大小

提示

使用鼠标拖动调整列宽或行高时，会在边框附近弹出一个文本框即时显示当前的列宽或行高。

(7) 返回【产品列表】工作簿，即可精确调整 C 列的列宽，如图 17-45 所示。

(8) 继续选择 C 列，在菜单栏中选择【格式】|【单元格格式】命令，打开【单元格格式】对话框。

(9) 单击【对齐】标签，打开【对齐】选项卡，在【文本控制】选项区域中选择【自动换行】复选框，然后单击【确定】按钮，如图 17-46 所示。

图 17-45　精确调整列宽

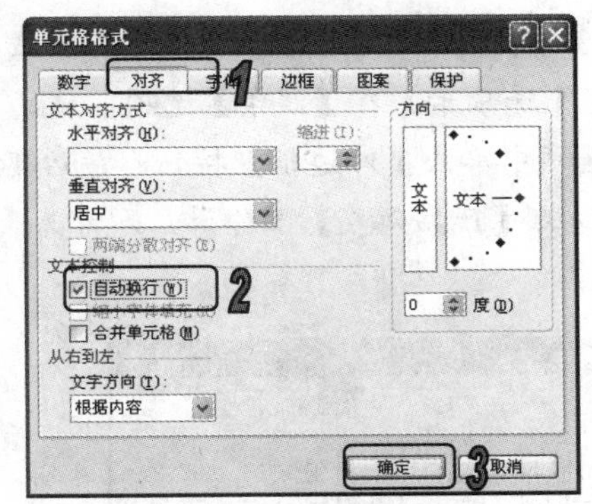

图 17-46　【对齐】选项卡

(10) 返回【产品列表】工作簿，即可设置 C 列中的数据自动换行，如图 17-47 所示。

(11) 选定第一条记录所在的 B3:D3 单元格区域，然后在菜单栏中选择【格式】|【单元格】命令，打开【单元格格式】对话框。

(12) 单击【图案】标签，打开其中的【图案】选项卡。在【颜色】列表框中选择【淡蓝】选项，然后单击【确定】按钮，如图 17-48 所示。

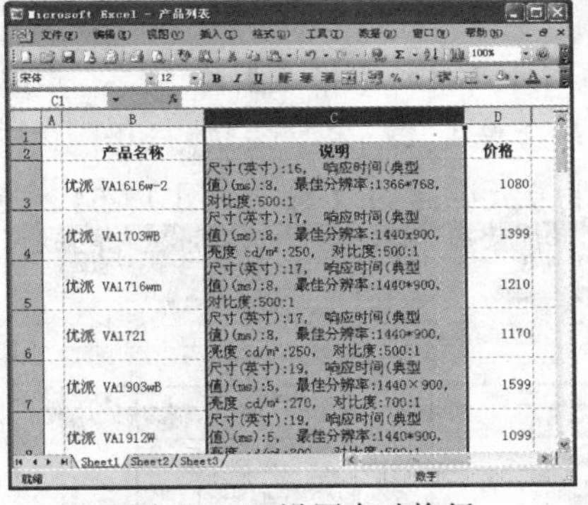

图 17-47　设置自动换行

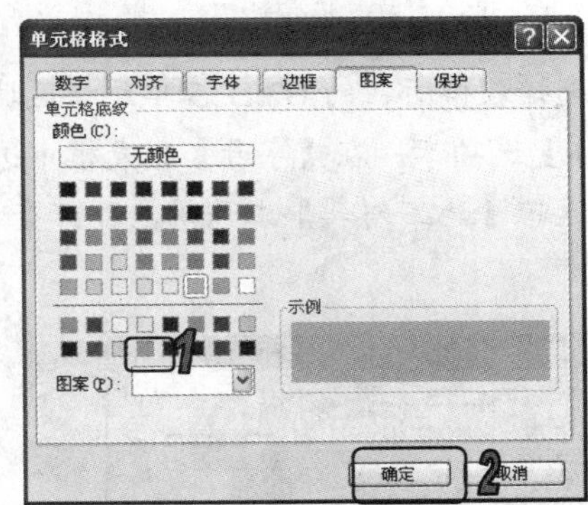

图 17-48　选择颜色

(13) 返回【产品列表】工作簿，即可设置第一条记录的底纹颜色为【淡蓝】色，如图 17-49 所示。

(14) 以同样的方式依次为号为单数的记录设置【淡蓝】色底纹，完成后如图 17-50 所示。

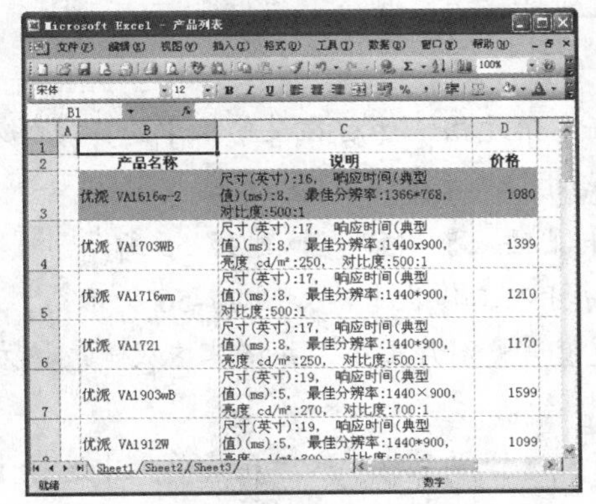

图 17-49　设置底纹颜色

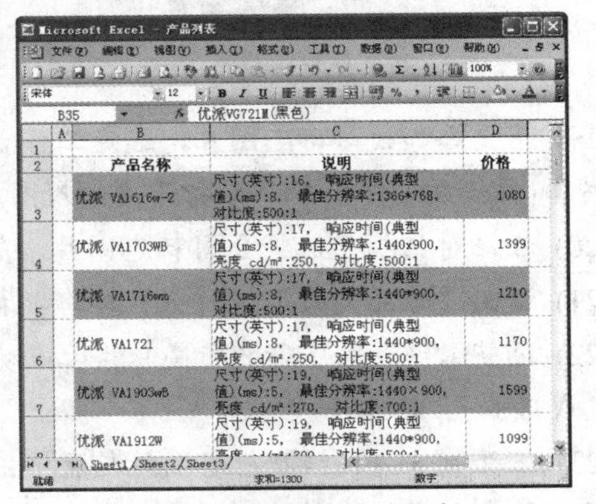

图 17-50　隔行设置底纹颜色

(15) 选择表格所在的 B2:D35 单元格区域，然后打开【单元格格式】对话框，并切换至其中的【边框】选项卡。在【线条】选项区域的【样式】列表中选择一款边框样式，然后在【预置】选项区域中单击【外边框】按钮，最后单击【确定】按钮，如图 17-51 所示。

(16) 返回【产品列表】工作簿，即可为表格添加边框效果，如图 17-52 所示。

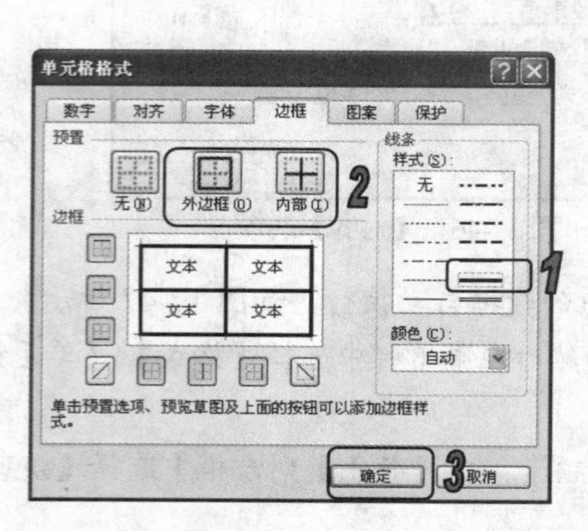

图 17-51　设置边框

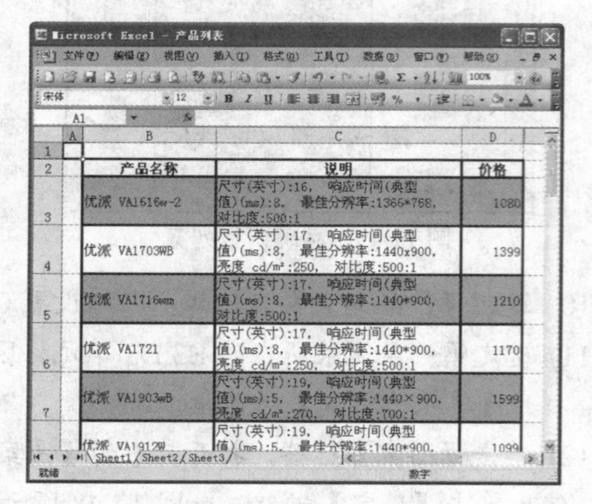

图 17-52　添加边框

(17) 选择表格所在的 B2:D35 单元格区域，然后打开【单元格格式】对话框，并切换至其中的【字体】选项卡。在【字号】列表框中选择 9，然后单击【确定】按钮，如图 17-53 所示。

(18) 返回【产品列表】工作簿，即可查看设置字号大小后的效果，如图 17-54 所示。

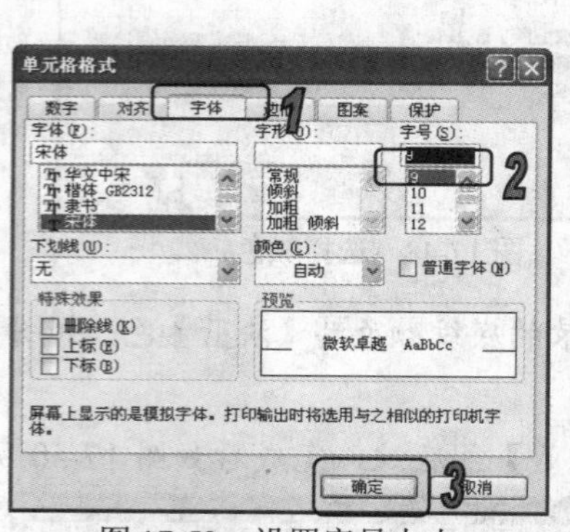

图 17-53　设置字号大小

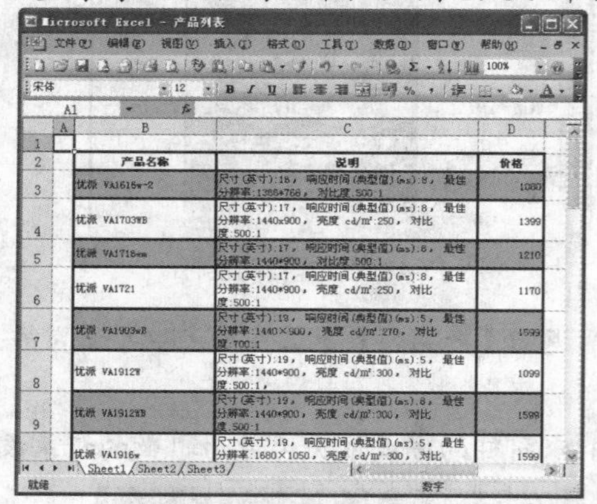

图 17-54　缩小字号大小

(19) 下面添加公司标志图片，选定工作表中的任意单元格，然后在菜单栏中选择【插入】|【图片】|【来自文件】命令，打开【插入图片】对话框。

(20) 在该对话框中选择公司标志图片，然后单击【插入】按钮，如图 17-55 所示。

(21) 返回【产品列表】工作簿，即可将标志图片插入工作表中，如图 17-56 所示。

(22) 调整工作表第 1 行的行高，然后拖动图片边框调整图片大小，并将其拖放至表格左上角，完成后如图 17-57 所示。

(23) 下面制作分割线把标志图片与表格主体分开。选择第 2 行，然后在菜单栏中选择【插入】|【行】命令，插入新行，并缩小新行的行高。

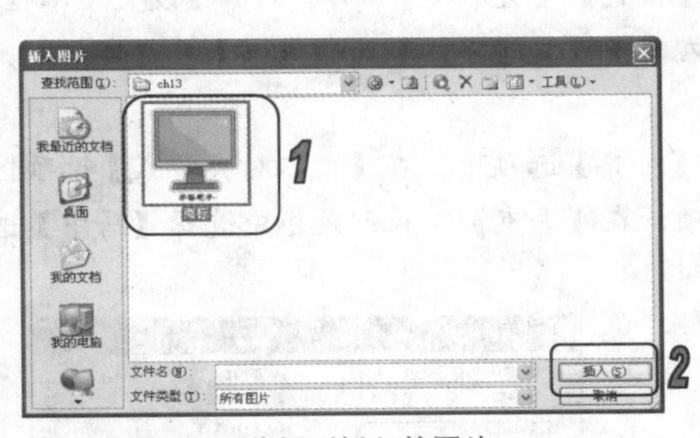

图 17-55 选择要插入的图片

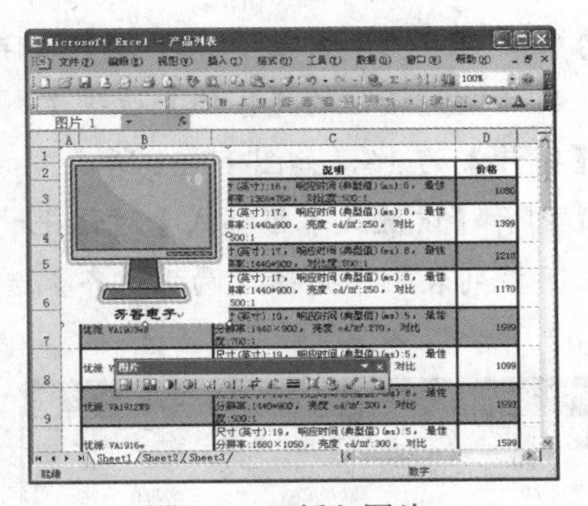

图 17-56 插入图片

(24) 选择 B2:D2 单元格区域，打开【单元格格式】对话框的【边框】选项卡。

(25) 在【线条】选项区域的【样式】列表框中选择较粗的样式，在【颜色】下拉列表框中选择【淡蓝】选项，然后在【边框】选项区域中选择上边框，最后单击【确定】按钮，如图 17-58 所示。

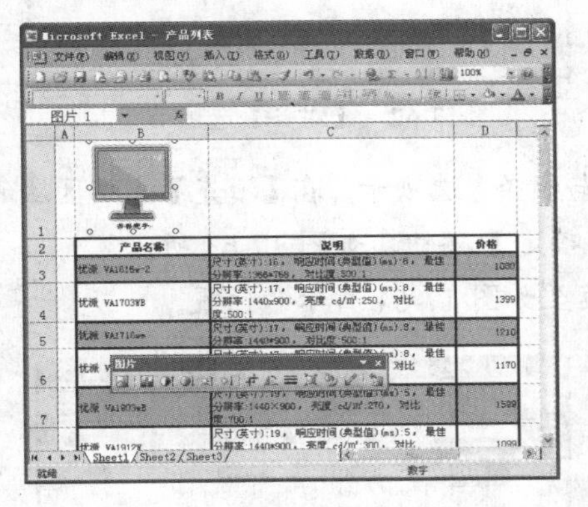

图 17-57 调整图片大小与位置

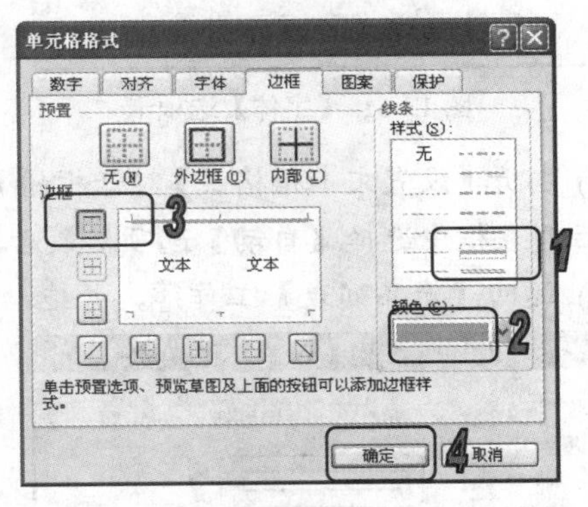

图 17-58 只插入上边框

(26) 返回【产品列表】工作簿，即可完成分割表的制作，如图 17-59 所示。

(27) 在菜单栏中选择【视图】|【工具栏】|【绘图】命令，打开【绘图】工具栏。在工具栏中单击按钮，插入文本框，并在其中输入文本【产品列表】，完成后如图 17-60 所示。

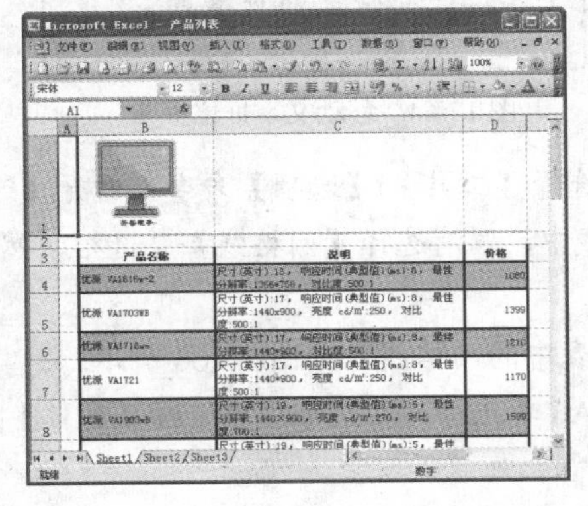

图 17-59 插入分隔线

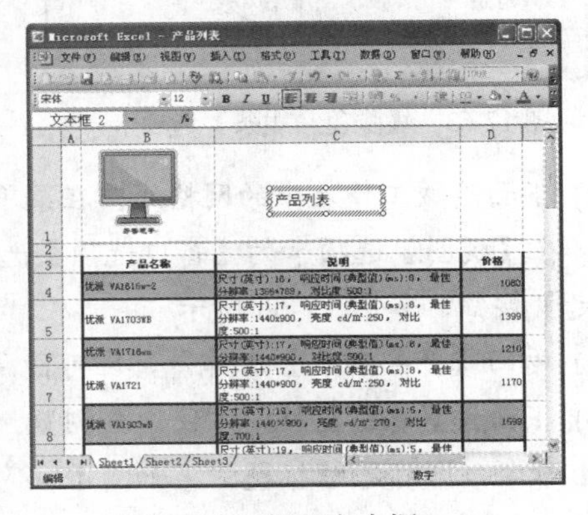

图 17-60 插入文本框

(28) 选定文本框，然后在菜单栏中选择【格式】|【文本框】命令，打开【设置文本框格式】对话框。打开该对话框的【字体】选项卡，在其中设置【字体】为【隶书】，【字形】为【加粗】，【字号】为 16，如图 17-61 所示。

(29) 打开【设置文本框格式】对话框的【对齐】选项卡。在【文本对齐方式】选项区域的【水平】下拉列表框中选择【两端对齐】选项，在【垂直】下拉列表框中选择【居中】选项，如图 17-62 所示。

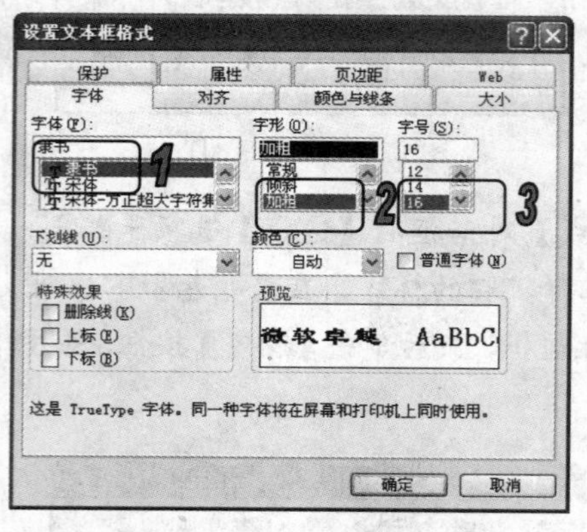

图 17-61 【字体】选项卡

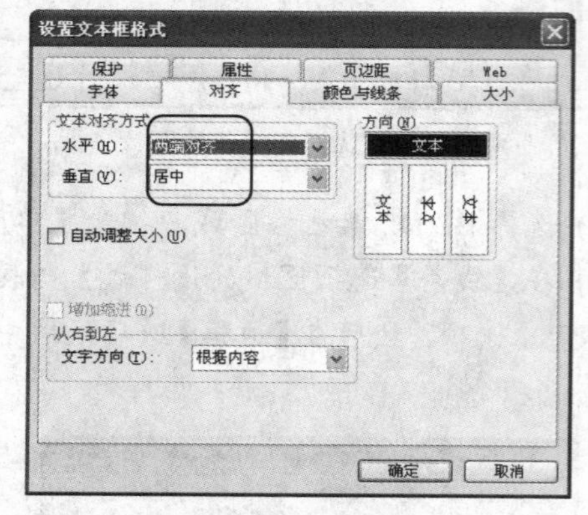

图 17-62 【对齐】选项卡

(30) 打开【设置文本框格式】对话框的【颜色与线条】选项卡。在【填充】选项区域的【颜色】下拉列表框中选择【自动】选项，最后单击【确定】按钮，如图 17-63 所示。

(31) 返回【产品列表】工作簿，并拖动文本框至如图 17-64 所示的位置。

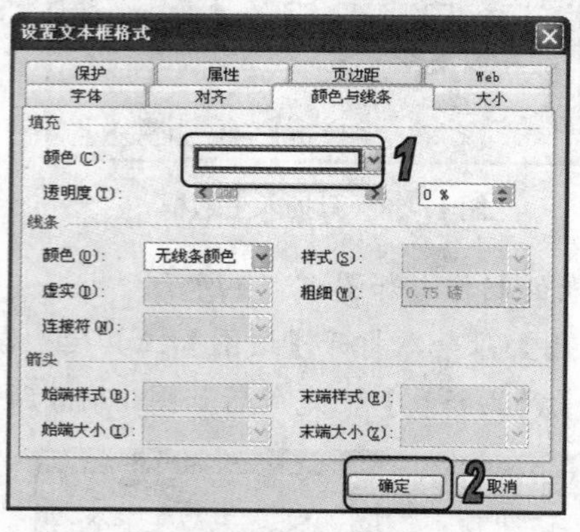

图 17-63 【颜色与线条】选项卡

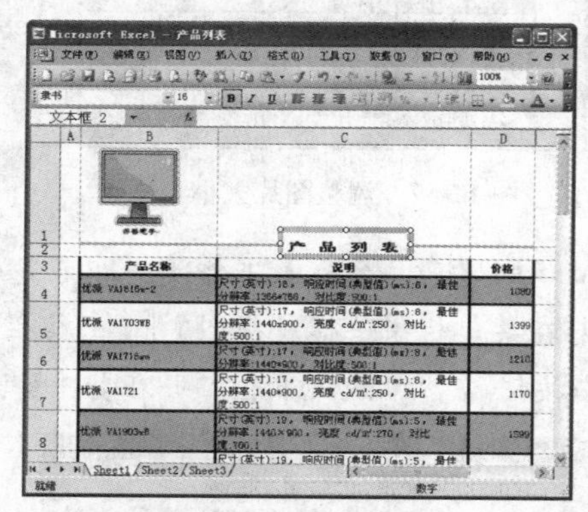

图 17-64 移动文本框位置

(32) 下面隐藏工作表中的网格线。在菜单栏中选择【工具】|【选项】命令，打开【选项】对话框。在【视图】选项卡的【窗口选项】选项区域中，取消选择【网格线】复选框，然后单击【确定】按钮，如图 17-65 所示。

(33) 返回【产品列表】工作簿，即可隐藏工作表中的网格线，如图 17-66 所示。

(34) 下面设置冻结窗格，方便用户浏览。选定 A6 单元格，在菜单栏中选择【窗口】|【冻结窗口】命令，即可冻结标题栏，如图 17-67 所示。

(35) 此时移动水平滚动条会发现前 3 行被固定住，如图 17-68 所示，这样可以方便用户对

照查看产品信息。

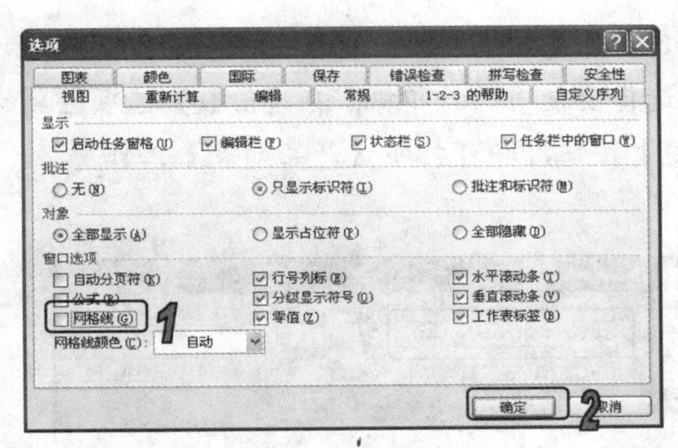

图 17-65　【选项】对话框

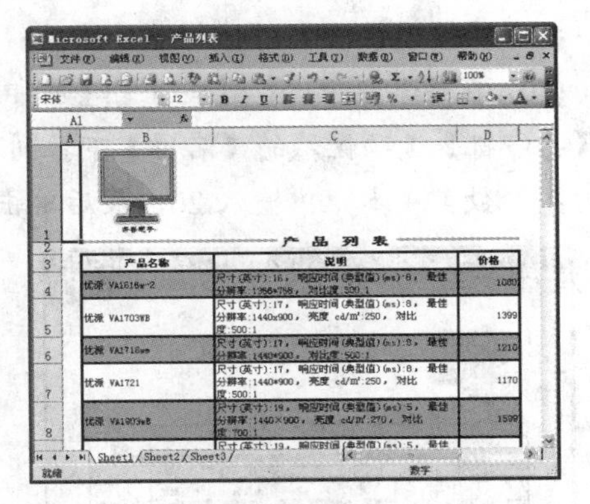

图 17-66　隐藏网格线

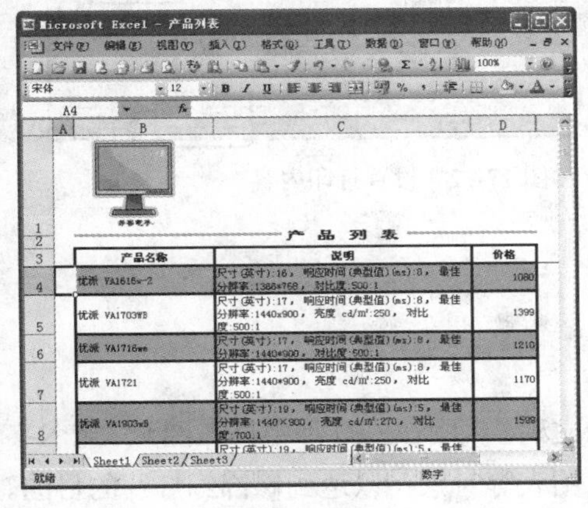

图 17-67　冻结窗格

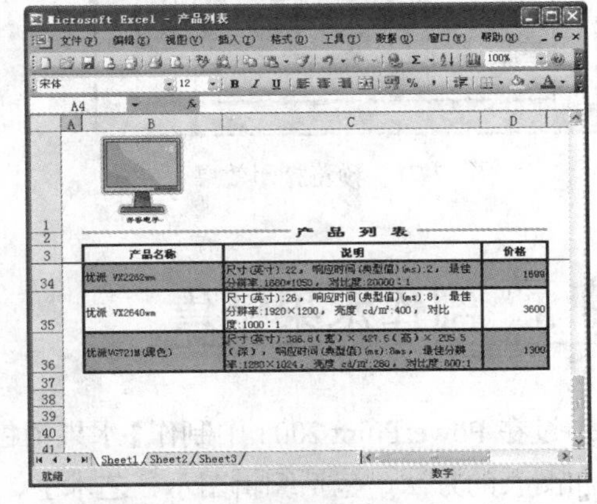

图 17-68　方便拖动查看数据

(36) 下面打印制作完成的产品列表，方便顾客查看。在菜单栏中选择【文件】|【页面设置】命令，打开【页面设置】对话框，然后打开该对话框中的【页眉/页脚】选项卡，单击【自定义页眉】按钮，如图 17-69 所示。

(37) 打开【页眉】对话框，选定【左】文本区域，然后单击按钮，在左边页眉插入“&[页码]”；在【右】文本区域中输入“芳香电子”，然后单击【确定】按钮，如图 17-70 所示。

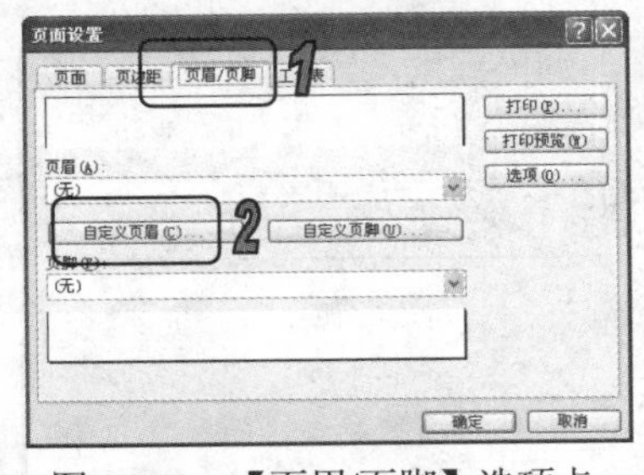

图 17-69　【页眉/页脚】选项卡

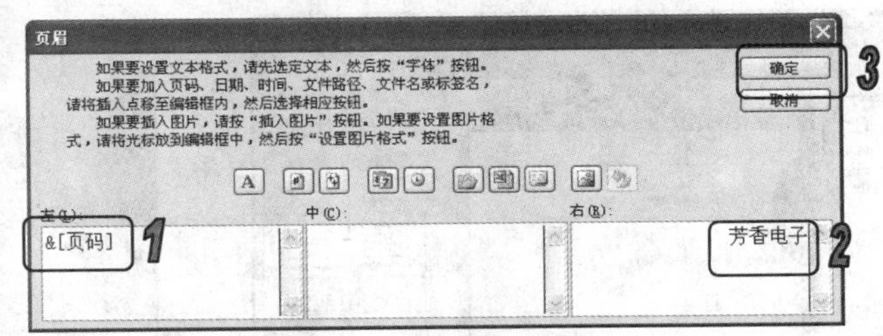

图 17-70　设置页眉内容

(38) 返回【页眉/页脚】选项卡，继续单击【确定】按钮，返回工作簿。

(39) 在菜单栏中选择【文件】|【打印预览】命令，打开【打印预览】窗口，如图 17-71 所

示。查看打印效果，满意后单击【关闭】按钮返回工作簿。若仍然需要修改则单击【设置】按钮，打开【页面设置】对话框继续修改。

(40) 在菜单栏中选择【文件】|【打印】命令，打开【打印内容】对话框，如图 17-72 所示。在【打印机】选项区域的【名称】下拉列表框中选择要使用的打印机；在【份数】选项区域的【打印份数】文本框中输入 20，最后单击【确定】按钮，即可打印【产品列表】工作簿。

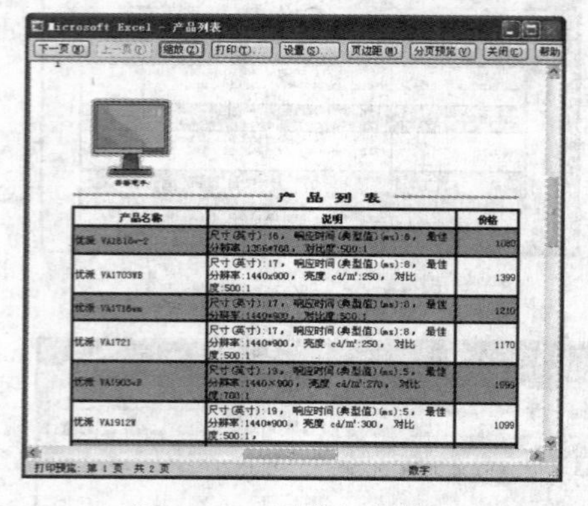

图 17-71　预览打印效果

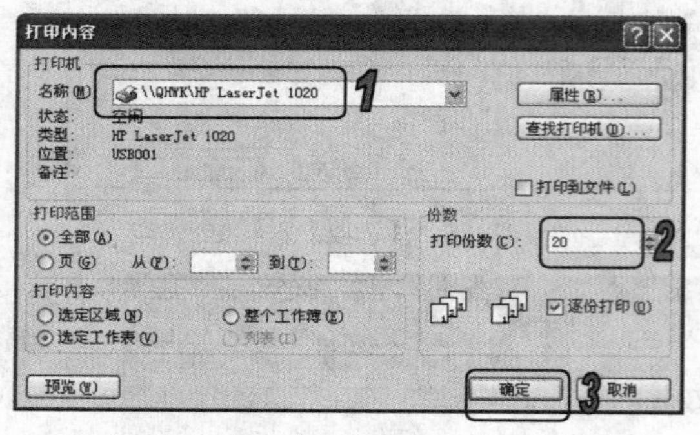

图 17-72　设置打印内容

17.3　制作水果销售

通过在 PowerPoint 2003 中制作【水果销售】演示文稿，巩固在幻灯片中插入图示、艺术字、表格和图表的方法，包括编辑图示、艺术字、表格、图表等对象，以达到修饰幻灯片的目的。

(1) 启动 PowerPoint 2003 应用程序，打开一个空白演示文稿，将其以“水果销售”名保存。

(2) 在任务窗格中单击【开始工作】下拉列表框，在打开的快捷菜单中选择【幻灯片设计】命令，打开【幻灯片】任务窗格。在【应用设计模板】列表中选择 Eclipse 选项，应用模板，如图 17-73 所示。

(3) 在默认打开的幻灯片中输入标题文字“水果节水果销售”，设置文字字体为【华文彩云】，字号为 60，字型为【加粗】，字体效果为【阴影】。删除【单击此处添加副标题】文本占位符，此时幻灯片效果如图 17-74 所示。

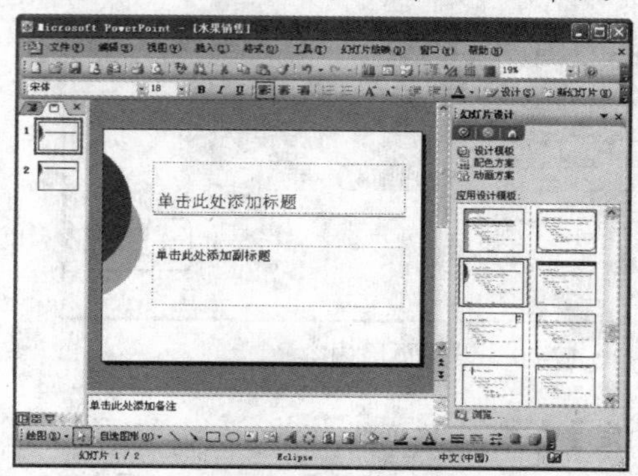

图 17-73　应用模板

图 17-74　在幻灯片中输入标题文字

(4) 选择【插入】|【图片】|【艺术字】命令，打开【艺术字库】对话框，在该对话框中选择第 3 行第 4 列的样式，如图 17-75 所示。

(5) 单击【确定】按钮，打开【编辑“艺术字”文字】对话框，在【文字】文本框中输入文字 FRUITS，在【字体】下拉列表框中选择 Arial 样式，在【字号】下拉列表框中选择 54，如图 17-76 所示。

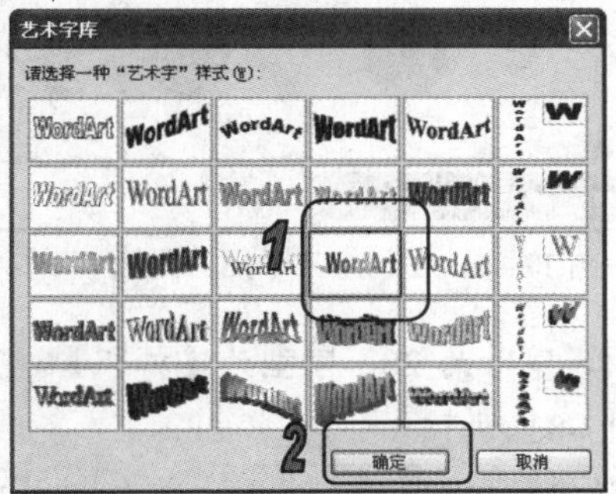

图 17-75　【艺术字库】对话框

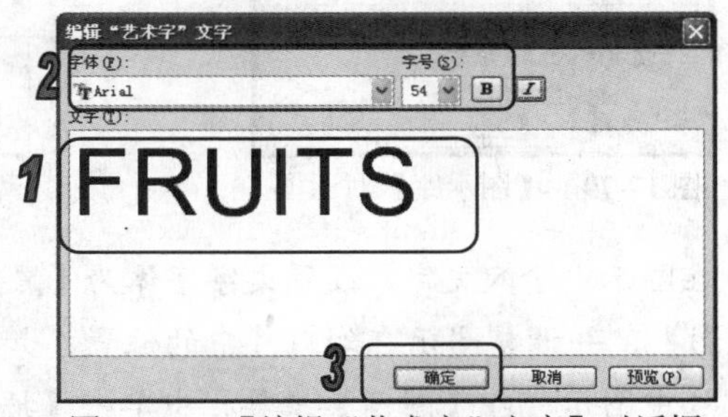

图 17-76　【编辑“艺术字”文字】对话框

(6) 单击【确定】按钮，将艺术字插入到幻灯片中，如图 17-77 所示。

(7) 单击【艺术字】工具栏上的【艺术字形状】按钮，从弹出的快捷菜单中选择【双波形 1】命令。

(8) 在【绘图】工具栏中单击【三维效果样式】按钮，在打开的菜单中选择【三维设置】命令，打开【三维设置】工具栏，然后设置【三维颜色】属性为【墨绿】色，并调整艺术字周围的白色尺寸控制点，放大艺术字，此时幻灯片效果如图 17-78 所示。

图 17-77　插入艺术字

图 17-78　编辑艺术字

(9) 在幻灯片预览窗格中选择第 2 张幻灯片缩略图，将其显示在幻灯片编辑窗口中，在【标题占位符】中输入文字，设置文字字体为【华文楷体】，字号为 44，字型为【加粗】，并删除【单击此处添加文本】占位符。

(10) 选择【插入】|【图示】命令，打开【图示库】对话框，选中【射线图】样式，如图 17-79 所示。

(11) 单击【确定】按钮，在幻灯片中插入图示，如图 17-80 所示。

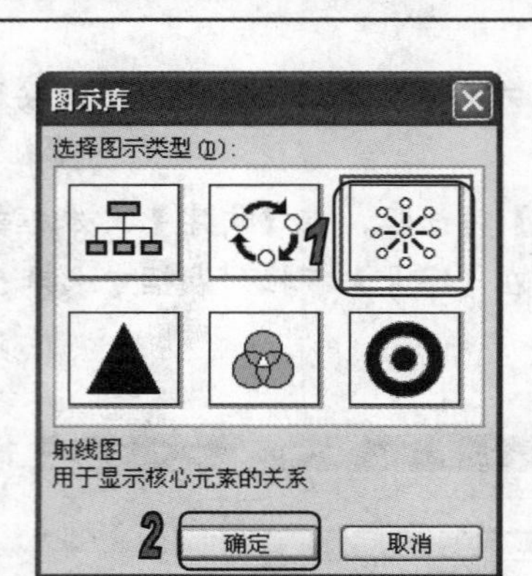

图 17-79 【图示库】对话框

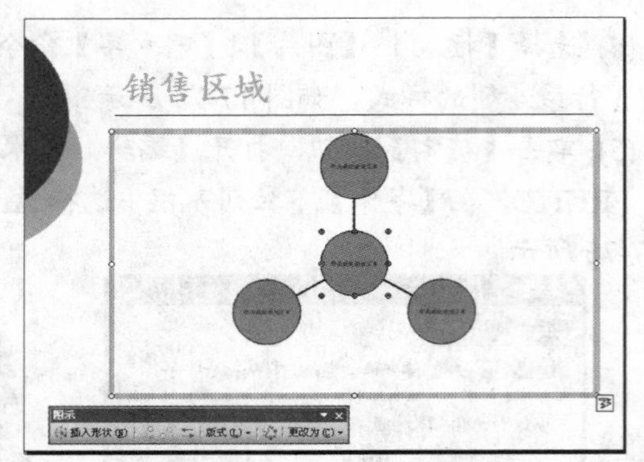

图 17-80 在幻灯片中插入图示

(12) 在图示中输入文字，设置文字字体为【黑体】，字号为 20，字型为【加粗】，字体效果为【阴影】，并调整图示在幻灯片中的位置，如图 17-81 所示，

(13) 选中图示，在【图示】工具栏中单击【插入形状】按钮 插入形状(N)，在幻灯片中插入一个圆型，此时图示效果如图 17-82 所示。

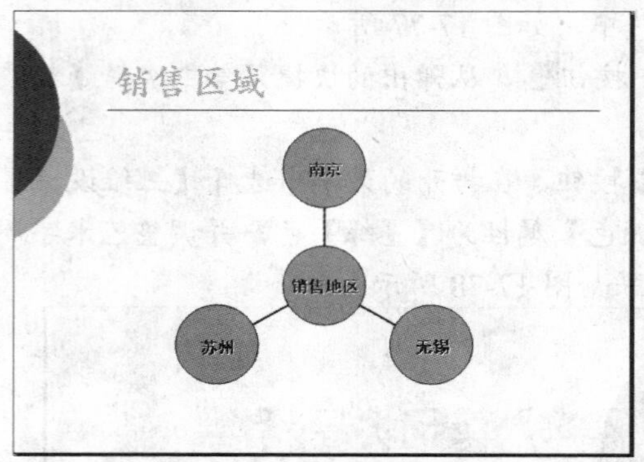

图 17-81 在图示中输入文字

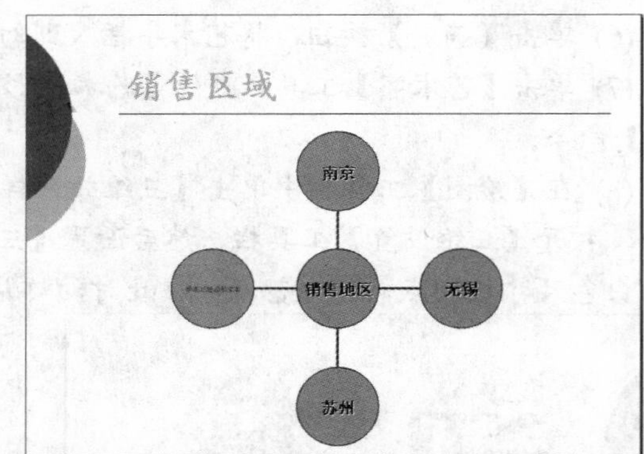

图 17-82 在图示中插入形状

(14) 在添加的图示形状中添加文字，并参照步骤(12)设置文字样式，此时幻灯片效果如图 17-83 所示。

(15) 选中图示，在【图示】工具栏中单击【自动套用格式】按钮，打开如图 17-84 所示的【图示样式库】对话框。

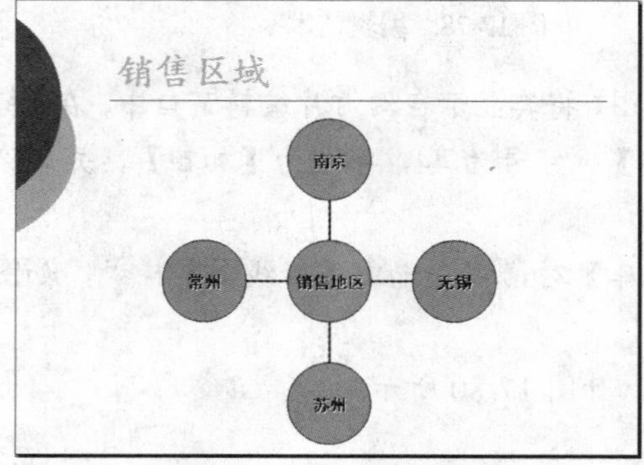

图 17-83 为形状添加文字

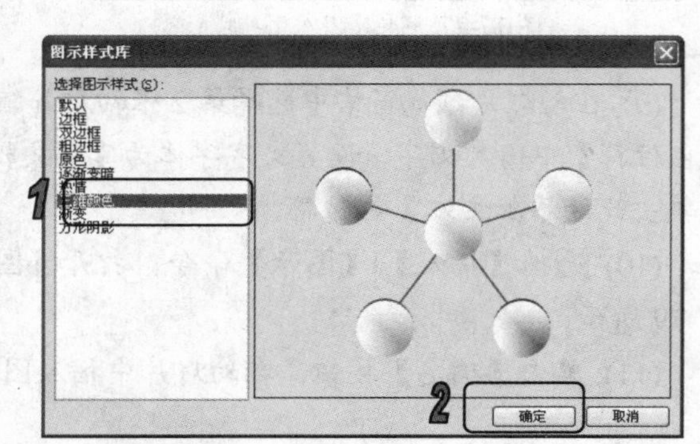

图 17-84 为图示添加三维效果

(16) 在【选择图示样式】列表框中选择【三维颜色】选项，单击【确定】按钮，此时幻灯片效果如图 17-85 所示。

(17) 选择【插入】|【新幻灯片】命令，插入一张空白幻灯片。在幻灯片的标题占位符中输入标题文字，设置文字字体为【华文行楷】，字号为 44，字型为【加粗】，并删除【单击此处添加文本】占位符，如图 17-86 所示。

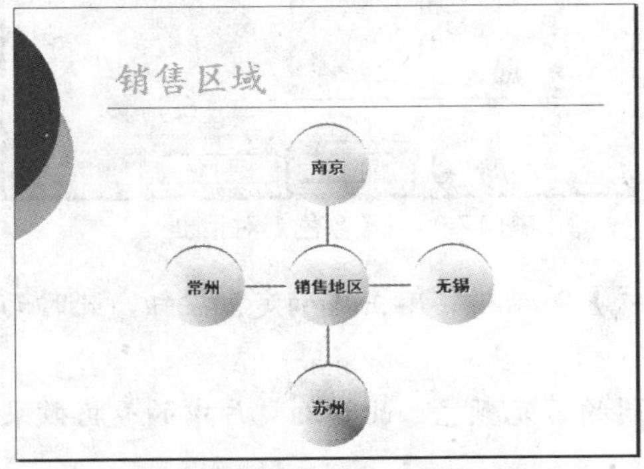

图 17-85　为图示套用格式

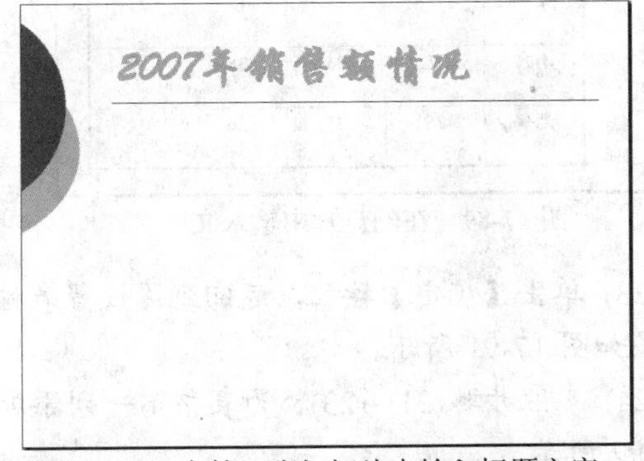

图 17-86　在第 3 张幻灯片中输入标题文字

(18) 选择【插入】|【表格】命令，打开【插入表格】对话框，在该对话框的【列数】和【行数】文本框中都输入数字 5，单击【确定】按钮。此时文本框中插入如图 17-87 所示的表格。

(19) 选中表格，在打开的【表格和边框】工具栏中单击【绘制表格】按钮，在如图 17-88 所示的单元格内绘制线段。

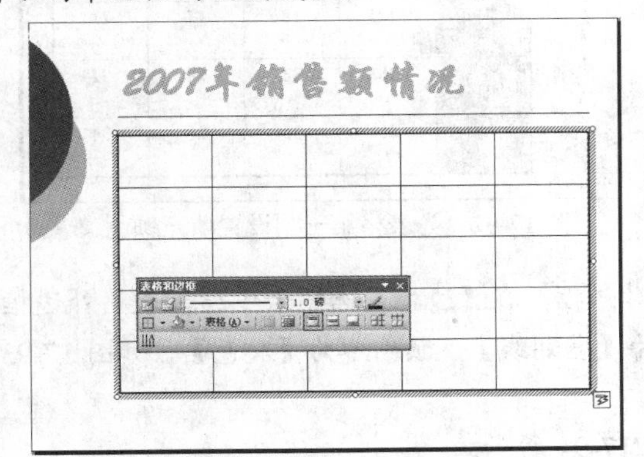

图 17-87　在幻灯片中插入表格

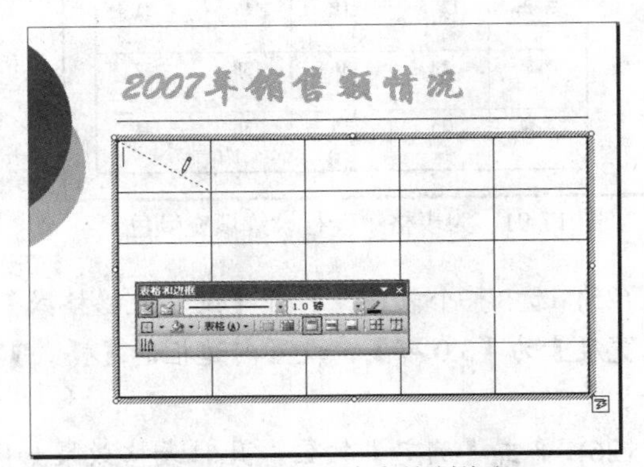

图 17-88　在单元格中绘制线段

(20) 在表格中输入如图 17-89 所示的文字，并设置文字字体为楷体，字型为【加粗】，对齐方式为居中。

(21) 选中表格第一行，单击【表格和边框】工具栏中的【表格】按钮，从弹出的下拉菜单中选择【边框和填充】命令，打开【设置表格格式】对话框。

(22) 打开该对话框中的【填充】选项卡，单击【填充颜色】下拉列表框，选择如图 17-90 所示的颜色。

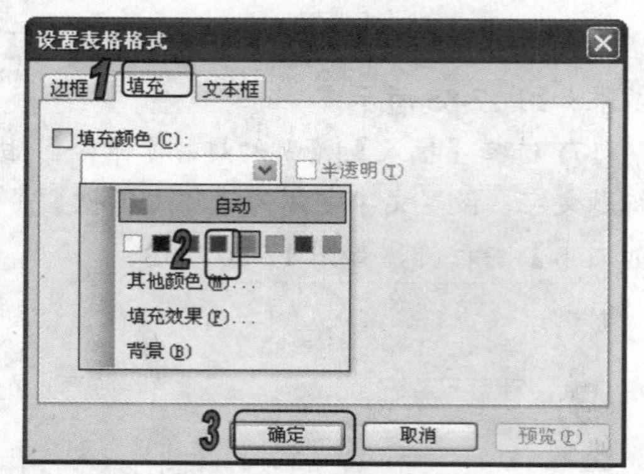

图 17-89 在幻灯片中输入文字

图 17-90 【颜色】对话框

(23) 单击【确定】按钮，返回到【设置表格格式】对话框，单击【确定】按钮，此时幻灯片效果如图 17-91 所示。

(24) 参照步骤(21)~(23)，为表格第一列添加相同的填充颜色，此时幻灯片中的表格效果如图 17-92 所示。

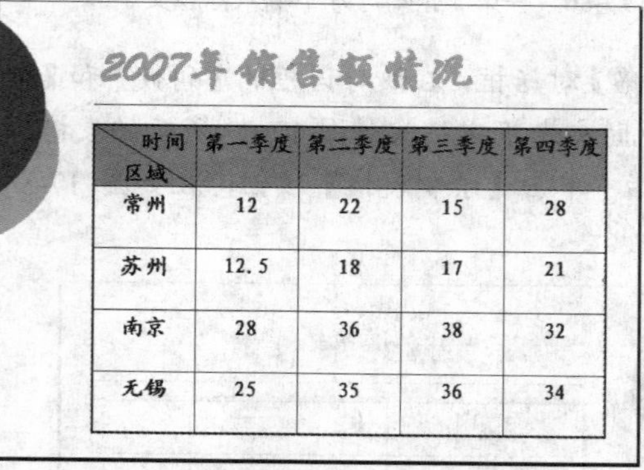

图 17-91 为表格第一行设置填充颜色

图 17-92 为表格第一列设置填充颜色

(25) 选中整个表格，打开【设置表格格式】对话框，在【边框】选项卡中设置表格外边框的【宽度】为【3.0 磅】，设置内边框的【样式】为【虚划线】，颜色都为【灰色】，如图 17-93 所示。

(26) 单击【确定】按钮，此时表格效果如图 17-94 所示。

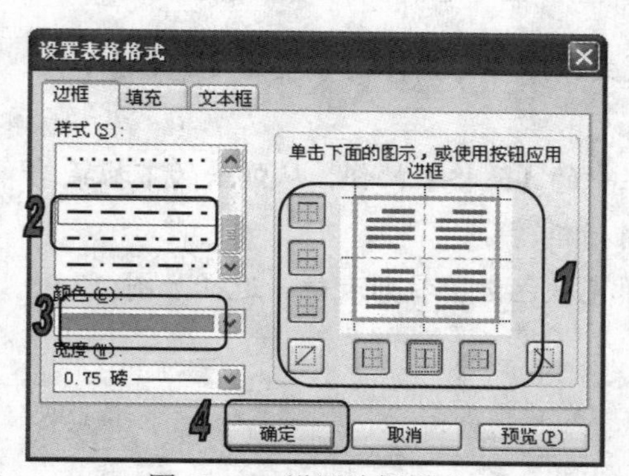

图 17-93 设置边框样式

图 17-94 设置边框样式后的表格效果

(27) 选择【插入】|【新幻灯片】命令，在演示文稿中添加一张新幻灯片，在幻灯片中添加标题文字，并删除【单击此处添加文本】文本占位符。

(28) 单击常用工具栏中的【插入图表】按钮，将打开默认的图表编辑区域及数据表。在数据表中更改数据，使其如图 17-95 所示。

(29) 关闭数据表，此时幻灯片中显示插入的图表，如图 17-96 所示。

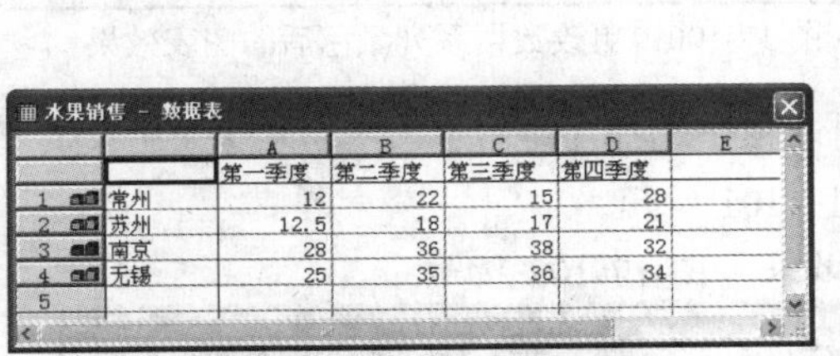

水果销售 - 数据表

		A	B	C	D	E
		第一季度	第二季度	第三季度	第四季度	
1	常州	12	22	15	28	
2	苏州	12.5	18	17	21	
3	南京	28	36	38	32	
4	无锡	25	35	36	34	
5						

图 17-95　更改数据表中的数据

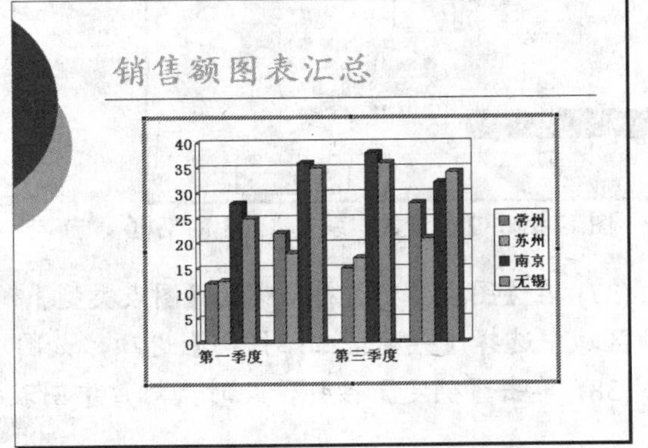

图 17-96　插入的图表

(30) 在幻灯片中调整图表的大小和位置，使其如图 17-97 所示。

(31) 双击图表进入编辑状态，在图表中选中【无锡】系列，如图 17-98 所示。

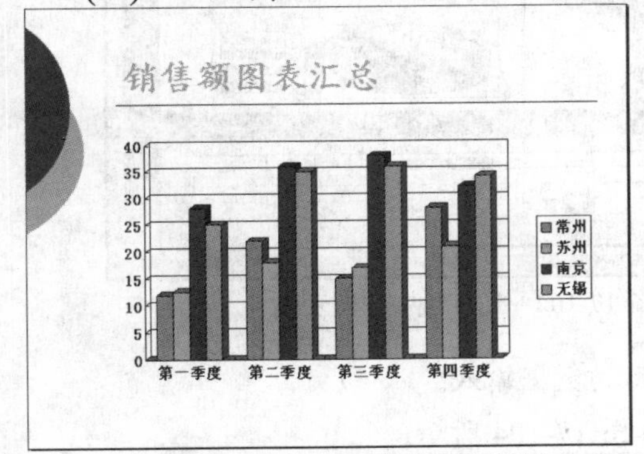

图 17-97　调整图表大小和位置

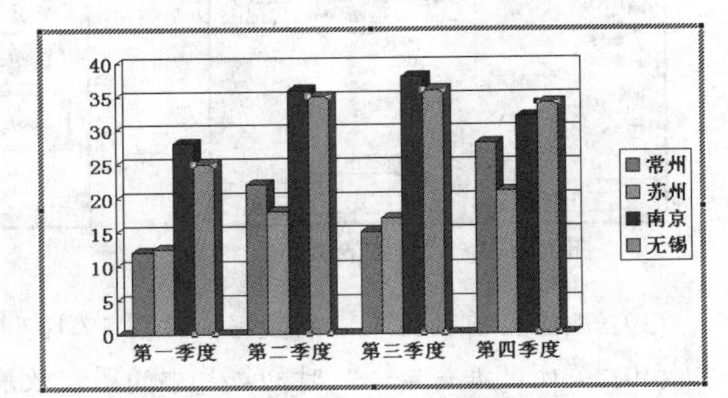

图 17-98　在图表中选中系列

(32) 在选中的系列上右击，从弹出的快捷菜单中选择【设置数据系列格式】命令，打开【数据系列格式】对话框，如图 17-99 所示。

(33) 在【内部】选项区域中选择【紫红】色，单击【确定】按钮，此时幻灯片中图表效果如图 17-100 所示。

(34) 选择【插入】|【新幻灯片】命令，在演示文稿中添加一张新幻灯片，在幻灯片中添加标题文字，并删除【单击此处添加文本】文本占位符。

(35) 单击常用工具栏中的【插入图表】按钮，将打开默认的图表编辑区域及数据表。

(36) 右击图表编辑区空白处，从弹出的快捷菜单中选择【图表类型】命令，打开【图表类型】对话框。

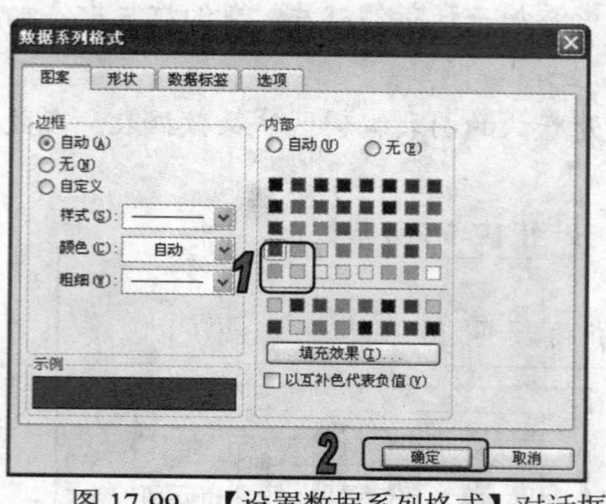

图 17-99 【设置数据系列格式】对话框

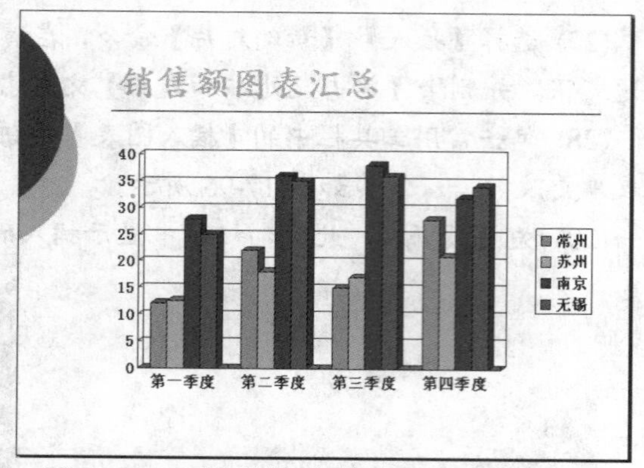

图 17-100 更改数据系列颜色后的图表效果

(37) 在【图表类型】对话框的【图表类型】列表框中选择【饼图】选项，在【子图表类型】选项区域中选择【分离型三维饼图】选项，如图 17-101 所示。

(38) 单击【确定】按钮，此时幻灯片中图表效果如图 17-102 所示。

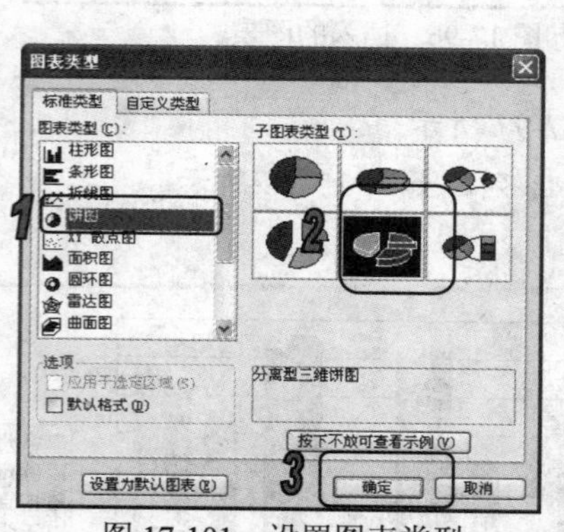

图 17-101 设置图表类型

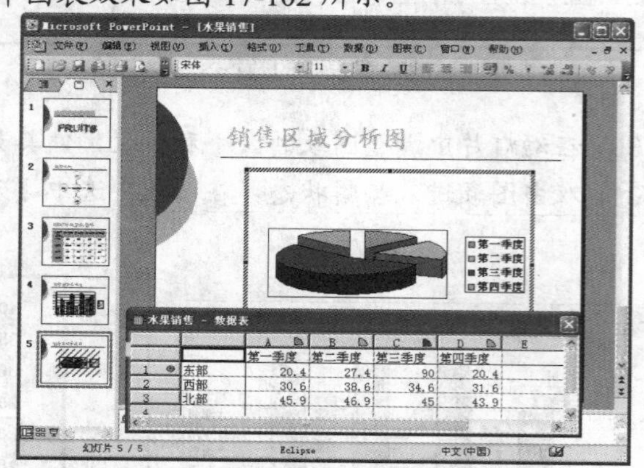

图 17-102 幻灯片中的图表效果

(39) 删除当前数据表中的数据，按图 17-103 所示的数据输入。

(40) 关闭数据窗口，此时幻灯片中的图表效果如图 17-104 所示。

水果销售 - 数据表

		A	B	C	D	E
		第一季度	第二季度	第三季度	第四季度	
1	2007合计	77.5	111	106	115	
2						
3						
4						

图 17-103 修改数据表中的数据

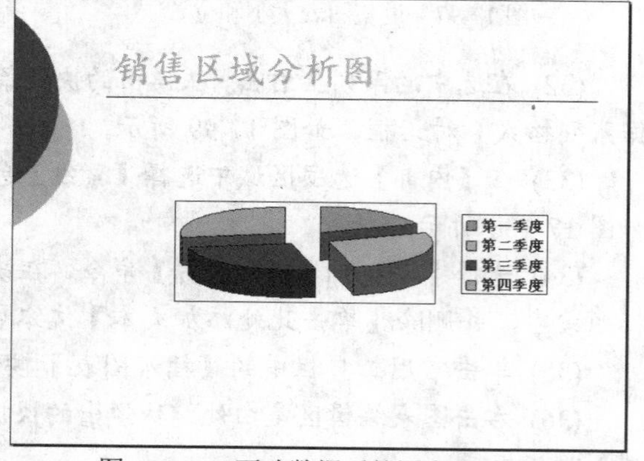

图 17-104 更改数据后的图表效果

(41) 进入图表编辑状态，选择【图表】|【图表选项】命令，打开【图表选项】对话框，在【图例】选项卡的【位置】选项区域中选中【底部】单选按钮，如图 17-105 所示。

(42) 单击【确定】按钮，此时幻灯片效果如图 17-106 所示。

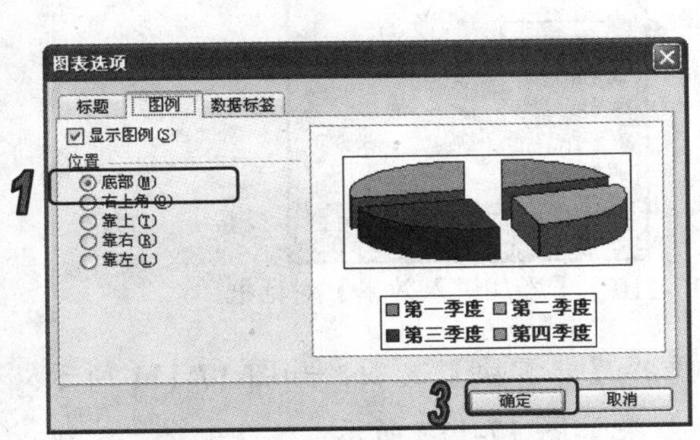

图 17-105　【图例】选项卡

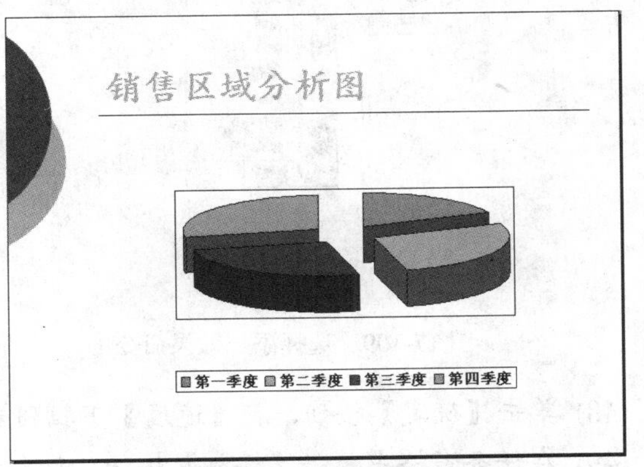

图 17-106　设置图例的位置

(43) 打开【图表选项】对话框的【数据标签】选项卡，在【数据标签包括】选项区域中选中【值】复选框，如图 17-107 所示。

(44) 单击【确定】按钮，调整饼图的大小和位置后的效果如图 17-108 所示。

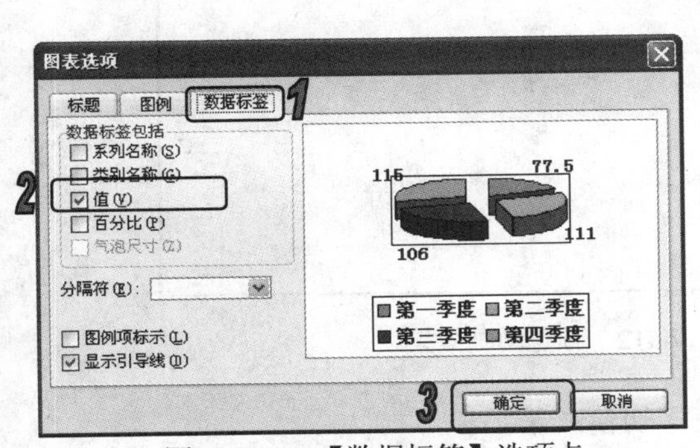

图 17-107　【数据标签】选项卡

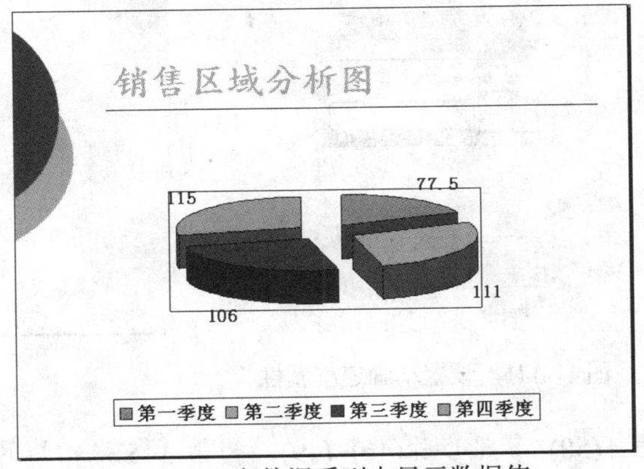

图 17-108　在数据系列中显示数据值

(45) 在幻灯片编辑窗口显示第 2 张幻灯片，选中标题文字后，选择【幻灯片放映】|【自定义动画】命令，打开【自定义动画】任务窗格。

(46) 在【自定义动画】任务窗格中，单击【添加效果】按钮，在弹出的快捷菜单中选择【进入】|【百叶窗】命令，如图 17-109 所示。

(47) 选中图示后，单击【添加效果】按钮，在弹出的快捷菜单中选择【进入】|【其他效果】命令，打开【添加进入效果】对话框，选择【温和型】列表中的【缩放】选项，如图 17-110 所示。

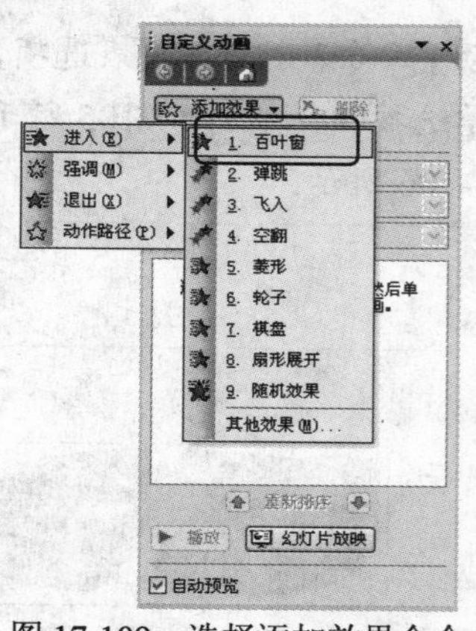

图 17-109　选择添加效果命令

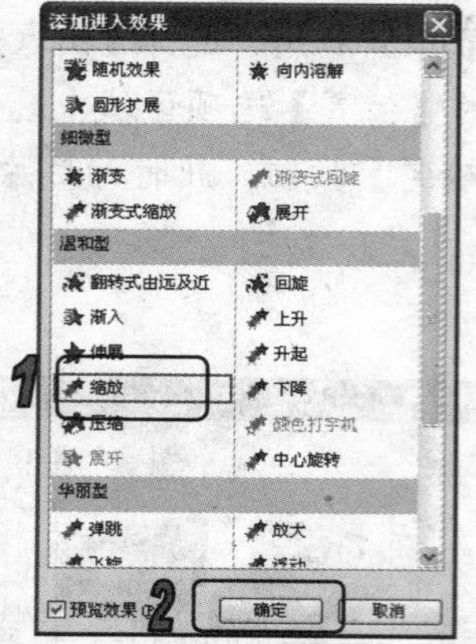

图 17-110　【添加进入效果】对话框

(48) 单击【确定】按钮，在【速度】下拉列表中选择【非常快】选项，如图 17-111 所示。

(49) 在任务窗格中单击【播放】按钮，动画预览效果如图 17-112 所示。

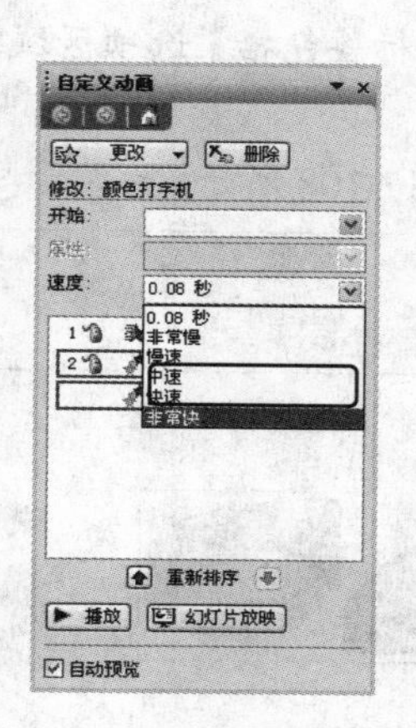

图 17-111　设置动画速度属性

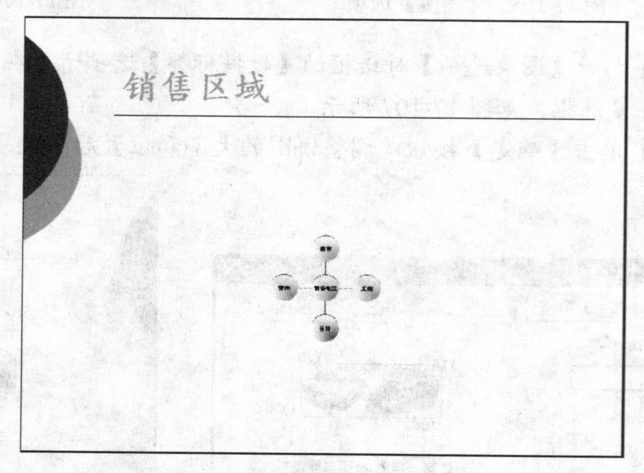

图 17-112　预览动画效果

(50) 参照步骤(46)~(49)，为第 3~5 张幻灯片设置切换效果。

(51) 演示文稿制作完毕，单击【保存】按钮，将演示文稿保存。